海洋土力学

（上册）

王立忠　著

海洋出版社

2024 年·北京

图书在版编目(CIP)数据

海洋土力学：上、下册/王立忠著.—北京：海洋出版社，
2024.2

ISBN 978-7-5210-0585-1

Ⅰ.①海… Ⅱ.①王… Ⅲ.①海洋学-土力学 Ⅳ.
①P754

中国国家版本馆 CIP 数据核字(2024)第 016514 号

策划编辑：江 波

责任编辑：刘 玥 孙 巍

责任印制：安 淼

海洋出版社 出版发行

http：//www.oceanpress.com.cn

北京市海淀区大慧寺路 8 号 邮编：100081

涿州市般润文化传播有限公司印刷 新华书店经销

2024 年 2 月第 1 版 2024 年 2 月北京第 1 次印刷

开本：787mm×1092mm 1/16 印张：41.75

字数：1002 千字 总定价：480.00 元(上、下册)

发行部：010-62100090 总编室：010-62100034

序 一

我认识王立忠同志是在 1991 年，那时他刚上研究生听我开的《高等土力学》课程。该同志勤奋努力，视野开阔，学术功底扎实。他聚焦海洋岩土工程的基础科学问题潜心研究，已成长为我国海洋土力学领域的领头人之一。

21 世纪是海洋的世纪，世界各国正大力建设海洋工程基础设施，以解决能源危机、气候危机、跨海交通等人类面临的共同问题。区别于陆域工程，海洋工程往往承受更为特殊、极端的荷载，海洋建(构)筑物常常坐落在软弱的海床地基上，无论是工程设计、施工，还是运维都面临巨大的挑战。

该书基于作者长期的研究创新成果，对海洋土力学基础理论知识进行详细的论述，包含三大部分共计十五章，第一部分主要介绍海洋工程动力环境、沉积物地质成因与海洋勘探技术，第二部分主要介绍海洋土性状与本构理论，第三部分主要介绍海洋结构与土体相互作用理论和海洋岩土工程灾变机制。该书结构组织合理，内容丰富翔实，具有极大的出版价值，将会填补海洋土力学理论这一领域空白。

该书可作为高校海洋工程高年级本科生、硕士和博士研究生的教材，同时也可作为海洋工程领域各科研院所、高校科研人员等参考用书。该书的内容对海洋土力学基础理论发展和人才培养具有重要价值。

龚晓南

中国工程院院士

1

序　二

　　该书以作者承担的国家自然科学基金杰青项目、重点项目，科技部国际合作项目等为依托，汇集了作者 30 余年的潜心研究成果。该书重点介绍了海洋工程动力环境与沉积物的特性及带来海洋土力学研究的鲜明特征，既包含了丰富翔实的试验数据，又系统地介绍了海洋土形成的地质过程、海洋勘探方法、海洋土本构理论，可为海洋工程建设实践提供坚实的理论基础与指导。书中作者对海洋土性状和本构理论做了深入研究，特别是软黏土结构性、流变性和应变率效应研究透彻，基于土体变形模式首次提出"$P-y+M-\theta$"模型，解决了我国在软弱海床中大直径单桩设计难题。此外还有多处作者的创新发现，在此不再一一列举。该书结构组织合理，内容丰富翔实。作者是我国海洋土力学领域的领头人之一，著作水平处于国际高水平行列，具有极大的出版价值，将会填补海洋土力学理论这一领域空白。

中国工程院院士

序 三

  该书从海洋动力环境、海洋土沉积过程、海洋勘探出发，提出了海洋土性状和本构理论、海洋岩土工程灾变机制和设计方法等前沿问题。其凝聚了作者30余年的科研成果，针对海洋软弱土性状、海洋土本构理论、桩土循环特性、近海风电基础工程设计理论等方面进行了详细论述，内容翔实丰富，体系完备齐整，切实丰富和发展了海洋土力学理论知识体系。无论从科学研究角度，还是从工程实践角度，该书都对海洋土力学理论的发展与海洋工程建设实践有着重要的指导意义。该书作者是我国海洋土力学领域的知名学者，学术水平优秀，具有国际影响力，此专著的内容紧紧围绕海洋强国的战略目标，该书的成功出版必将对我国海洋岩土工程的发展带来积极的推动作用。

中国工程院院士

前　言

21 世纪是海洋的世纪。世界各国正大力建设重大海洋工程，以解决能源危机、气候危机、跨海交通等人类面临的共同问题。区别于陆域工程，海洋工程往往承受更为特殊、极端的荷载，海洋建(构)筑物常常坐落在软弱的海床地基上，而且其基础形式各异，海洋土沉积特征、工程性状与陆域土差别显著。上述特点使海洋地基更容易发生过量变形、灾变破坏，导致各类海洋工程基础灾害频发。这些都说明我们对海洋土力学的认识不足。

人类对海洋的认识还十分有限，包括对海洋沉积物的来源、工程性状和灾变机制的认识。20 世纪 60 年代海洋地质学家对大洋海底沉积物测龄，发现海洋的形成时间小于 2 亿年，结合洋中脊两侧岩石磁性分布特征，勾勒出洋中脊隆起带和大陆架边缘俯冲带，形成共识并建立了板块构造理论。地球进入第四纪，呈现冰期—间冰期交替旋回气候，末次冰盛期结束于 1 万~2 万年前，海平面快速上升平均约 130 米。在冰期近海大陆架主要为陆源沉积，全新世以来海侵带来海相沉积物，近 5 000 年来海平面基本稳定，但海底沉积物还在受海洋动力环境塑造。这也就是海洋土力学面临的复杂的地质学背景。

1994 年荷兰代尔夫特大学的 Verruijt 教授撰写了第一本以海洋土力学命名的著作《Offshore Soil Mechanics》，并在 2006 年做了修订，但其内容以太沙基经典土力学为主，也没有介绍海底土体的沉积学背景。目前，学术界和工程界主要以研究总结海洋岩土工程为主，其杰出代表为西澳大学的 Mark Randolph 和 Susan Gourvenec 在 2011 年撰写的《Offshore Geotechnical Engineering》，该著作具有典型的岩土工程实用主义风格，在工程界广受欢迎。但是国内外尚缺乏一本以海洋沉积学和临界状态土力学为基础、以循环荷载为背景的海洋土力学理论书籍，本书的出版旨在填补这一空白，以便海洋工程大学生和年轻研究人员建立较为系统的海洋土力学知识体系和较扎实的理论基础。

本书对海洋土力学基础理论知识进行详细的介绍与论述，包含 3 大部分共计 15 章，第 1 部分(第 1 章至第 3 章)主要介绍海洋动力环境、沉积物地质成因与海洋勘探技术，具体包括海洋工程动力环境、沉积物与沉积相、海洋勘探与试验；第 2 部分(第 4 章至第 9 章)主要介绍海洋土性状与本构理论，具体包含塑性理论基础、黏土结构性理论、黏土流变理论、黏土性状温度效应、黏土循环剪切效应模拟和砂土循环剪切效应模拟；第3部分(第10章至第15章)主要介绍海洋结构与土体相互作用理论和海洋岩土工程灾变机制，具体包括复合荷载下地基承载力、竖向受荷桩桩土界面循环剪切效应、侧向受荷桩与地基土循环作用、管缆与土相互作用、锚泊基础安装与承载力和海底渐进式滑坡。

本书大部分内容为作者及其团队的研究成果，受到国家自然科学基金杰青项目、重点项目、面上项目，科技部国际合作项目，以及其他省部级重点研发项目等资助，多数成果以国际国内论文、科技报告、国内外专利形式发表。为使读者便于理解理论模型，作者强化了塑性力学基础理论介绍。本书可作为高校海洋工程高年级本科生、硕士和博士研究生的教材，同时也可作为海洋工程领域科研院所、高校科研人员等参考用书。本书的内容对海洋土力学基础理论的发展和人才培养具有重要价值，对海洋岩土工程设计施工与防灾具有重要的指导作用。

本书在撰写过程中得到了浙江大学的同事和学生的大力帮助。这里要特别感谢的是：国振教授、洪义教授、高洋洋教授、沈佳轶教授、孙海泉研究员、丁利博士、沈凯伦博士、潘冬子博士、王秋生博士、李玲玲博士、舒恒博士、但汉波博士、钱匡亮博士、袁峰博士、王湛博士、施若苇博士、余璐庆博士、贺瑞博士、何奔博士、孙廉威博士、王宽君博士、沈侃敏博士、马丽丽博士、李凯博士、王欢博士、刘亚竞博士、赖踊卿博士、芮圣洁博士、周文杰博士。

这里我还要感谢妻子王春波，她不辞辛劳地承担了所有家务，还时常督促我要为学生写参考书。女儿王可文对我的工作充满了好奇，经常要我讲讲专业背景。感谢她们对我几乎不做家务给予的宽容。

王立忠

浙江大学

2023 年 11 月

目 录

（上　册）

（下　册）

第1章 海洋工程动力环境

海洋与大气、陆地昼夜不息地进行着能量交换，海洋工程动力环境既复杂又相互影响。大气压力变化形成风，进而引发海面产生波浪，波浪传递到近岸区受海底地形影响产生变形、折射、绕射、反射等，并产生破碎。除了通过海气界面发生作用外，海洋还受到天体引力的直接作用，使得海洋产生复杂的潮汐现象。我国位于太平洋西北部，台风频发，台风浪及风暴潮等极端海况中恶劣的环境载荷对海洋工程设计提出了严峻的挑战。

本章主要介绍波浪分类及其数学理论、潮汐海流特征及其生成机制、台风海况风浪流特征等，最后介绍了风浪流诱发的海洋工程环境荷载。

1.1 波浪

1.1.1 表面波

波浪是水体的一种运动形式，是水质点在其平衡位置附近产生的一种周期性运动，同时伴随着能量的传播。表面波是海气界面的波浪运动。在深水区域，水质点基本以其平衡位置为中心做圆周运动，在水体表面则表现为上下的波动。水质点圆周运动的直径随水深的增加而减小，波浪运动仅能影响到一定深度，一般为一半波长的水深。

1.1.1.1 波浪要素

波浪要素用于描述波浪特征。假定波浪以一定的周期、波长和波高在一定的水深中传播，可建立数学模型描述其运动规律。图1-1为用正弦曲线描述的波面，其主要波浪要素如下。

波峰：波浪剖面高出静水面的部分称为波峰，其最高点为波峰顶。

波谷：波浪剖面低于静水面的部分称为波谷，其最低点为波谷底。

波向：波浪的传播方向。

波峰线：垂直波浪传播方向上波峰顶的连线。

波高：波峰顶至波谷底的垂直距离，通常用 H 表示。

波长：相邻波峰顶(或波谷底)间的水平距离，通常用 λ 或者 L 表示。

波周期：波浪起伏一次的时间，通常用 T 表示。

波速：波浪沿波向传播的速度，通常用 C 表示，其大小等于波长和周期之比。

波陡：波高与波长之比，通常用 δ 表示，海洋上常见的波陡范围为 $1/10 \sim 1/30$。

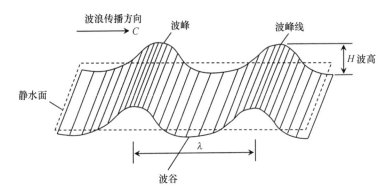

图 1-1　波浪要素的定义

1.1.1.2　波浪的分类

波浪主要分类方式如下。

1）按产生原因分类

按产生原因，波浪可分为风浪、涌浪、潮汐波、海啸波等。

风浪指当地风产生，且一直处在风的作用之下的海面波动状态；涌浪通常指海面上由其他海区传来的波动；潮汐波指由月球对地球的引力产生的波浪；海啸波指由于海底火山爆发或海底地震引起的波浪。

2）按周期分类

Kinsman(1965)根据波浪周期，结合主要扰动力与恢复力划分了海洋波浪的类型，给出了其能量的近似分布，如图 1-2 所示。其中，周期小于 0.1 s 的为表面张力波，0.1～1.0 s的为短周期重力波，0.5～5 min 的为长周期重力波，5 min～24 h 的为长周期波，24 h 以上的为超潮波；周期处于 1～30 s 的波浪为重力波，能量主要集中于该范围。

3）按水深和波长的相对情况分类

根据水深是否大于半个波长可分为深水波和浅水波。在水深大于半个波长的水域中传播的波浪称为深水前进波，简称深水波。深水波不受海底影响，波动主要集中在海面以下

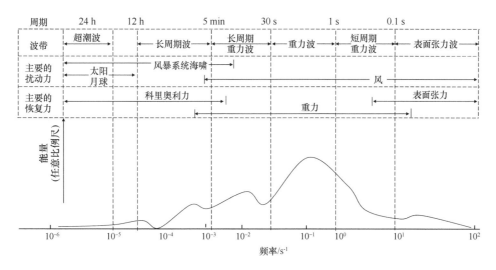

图 1-2　海洋波动的分类

一定深度的水层内，水质点运动轨迹近似圆形。当深水波传播至水深小于半个波长的水域后，称为浅水前进波，简称浅水波。浅水波受海底摩擦的影响，水质点运动轨迹接近于椭圆形。

1.1.1.3　波浪理论

常见的波浪理论主要包括微幅（small amplitude）波理论、斯托克斯（stokes）波理论、椭圆余弦（cnoinal）波理论、孤立（solitary）波理论、摆线（trochoidal）波理论和流函数（dean）理论等。

1）微幅波理论

微幅波也称线性波，是一种简化了的波浪运动，假设波浪的运动幅度很小，水面呈现简单的简谐运动，微幅波理论基本假定如下。

（1）流体是无黏性不可压缩的均匀流体。

（2）流体做有势运动（速度势 Φ）。

（3）重力是唯一的外力。

（4）流体自由表面上的压强 p 等于大气压强。

（5）海底为水平的固体边界。

（6）波幅或波高相对于波长是小值。

如图 1-3 所示，二维线性波运动的基本方程和边界条件为：

$$\nabla^2 \Phi = \frac{\partial^2 \Phi}{\partial x^2} + \frac{\partial^2 \Phi}{\partial z^2} = 0 \qquad (1-1\text{a})$$

$$\eta = -\frac{1}{g} \frac{\partial \Phi}{\partial t}\bigg|_{z=0} \qquad (1-1\text{b})$$

3

$$\frac{\partial \Phi}{\partial z}\bigg|_{z=-d} = 0 \qquad (1-1c)$$

$$\left(\frac{\partial \Phi}{\partial z} + \frac{1}{g}\frac{\partial^2 \Phi}{\partial t^2}\right)\bigg|_{z=0} = 0 \qquad (1-1d)$$

根据微幅波的波面方程：

$$\eta = a\cos(kx - \omega t) \qquad (1-2)$$

该方程应该满足自由水面边界条件，即式(1-1b)，由此可以得到：

$$\Phi\big|_{z=0} = \frac{ga}{\omega}\sin(kx - \omega t) \qquad (1-3)$$

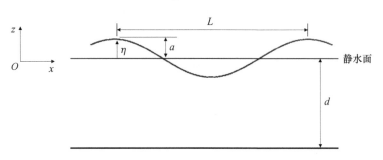

图 1-3 线性波的波剖面

一般情况下，波动的幅值随着深度而衰减，采用分离变量法，可以得到速度势函数的一般形式为：

$$\Phi(x,\ z) = A(z)\sin(kx - \omega t) \qquad (1-4)$$

式中：A 为幅值，仅与坐标 z 有关；波数 k，角频率 ω 为待定参数。将式(1-4)代入式(1-1a)即 Laplace 方程中，得到：

$$A''(z) - k^2 A(z) = 0 \qquad (1-5)$$

求解得到其通解为：

$$A(z) = A_1 e^{kz} + A_2 e^{-kz} \qquad (1-6)$$

式中：A_1，A_2 为待定系数，需要由边界条件确定。波浪运动的速度势函数可表示为：

$$\Phi(x,\ z) = (A_1 e^{kz} + A_2 e^{-kz})\sin(kx - \omega t) \qquad (1-7)$$

为了得到系数 A_1，A_2，通过边界条件来确定其值。将式(1-7)代入海底边界条件式(1-1c)，可以得到：

$$u_z\big|_{z=-d} = \frac{\partial \Phi}{\partial z}\bigg|_{z=-d} = 0 \rightarrow A_2 = A_1 e^{-2kd} \qquad (1-8)$$

将其代入式(1-7)，则速度势函数变为：

$$\Phi(x,\ z) = 2A_1 e^{-kd}\cosh k(z+d)\sin(kx - \omega t) \qquad (1-9)$$

将式(1-9)代入自由水面的运动学边界条件，即式(1-1b)，可以得到：

$$A_1 = \frac{gae^{kd}}{2\omega \cosh kd} \tag{1-10}$$

从而得到速度势函数的表达式为：

$$\Phi = \frac{ga}{\omega} \frac{\cosh k(z+d)}{\cosh kd} \sin(kx - \omega t) \tag{1-11}$$

将速度势函数代入自由液面边界条件式（1-1d），可以得到：

$$\omega^2 = gk \tanh kd \tag{1-12}$$

式（1-12）为线性弥散关系。弥散关系表达了波浪运动中角频率 ω、波数 k、水深 d 之间不是独立无关的，而是存在一定的制约关系。当水深给定时，波浪的周期越大，波长越长，波速也越大，不同波长的波浪在传播过程中会逐渐分离开来，这种不同波长的波浪以不同的波速进行传播，最终导致波浪分散的现象称为波浪的弥散现象。

利用速度势，可以求得流体内部任意一点 (x, z) 处水质点运动的水平分速度 u 和垂直分速度 w：

$$u = \frac{\partial \Phi}{\partial x} = a\omega \frac{\cosh k(z+h)}{\sinh kh} \cos(kx - \omega t) \tag{1-13}$$

$$w = \frac{\partial \Phi}{\partial z} = a\omega \frac{\sinh k(z+h)}{\sinh kh} \sin(kx - \omega t) \tag{1-14}$$

2）斯托克斯波理论

Stokes（1847）建立了高阶波浪理论，Stokes 波除了波高相对于波长不视为无限小这一特点外，与线性波相似，也是一种无旋的、其水表面呈周期性起伏的波动。Stokes 根据势流理论，在推导中考虑了波陡 H/L 的影响，认为 H/L 是决定波动性质的主要因素，证明波面将不再为简单的余弦形式，而是呈波峰较窄而波谷较宽的接近于摆线的形状。

以斯托克斯二阶波为例，其波剖面如图 1-4 所示，该剖面可以看作两个振幅不等、相位角成 2 倍关系的余弦波叠加而成。在波峰附近波面较陡、在波谷附近波面变得平坦。

1.1.1.4　波浪的传播与变形

1）波浪的浅水化效应

当波浪由深海向海岸方向传播时，由于水深变浅而引起的波浪运动要素（波长 L、波速 C、波高 H 等）的变化，称为波浪的浅水化效应。波浪的浅水变形开始于第一次"触底"的时候，此时水深约为波长的一半（$d = L/2$），随着水深的减小，波长和波速逐渐减小，波高逐渐增大；同时，如果波向线与海底等深线斜交，波向也将发生变化，即产生波浪折射。随着水深逐步变浅，波形的演变会受到海底越来越大的约束，到波浪破碎区外附近，波峰尖起，波谷变坦而宽，当深度减小到一定程度时，波峰变得过分尖陡而不稳定，于是出现各

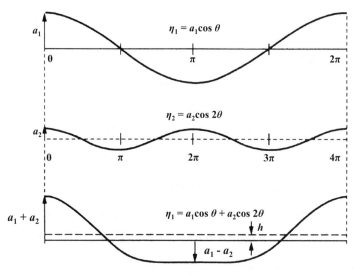

图 1-4　Stokes 二阶波的波剖面

种形式的波浪破碎，最终耗散掉所有波能。

如图 1-5 所示，当波浪从深水传到浅水时，由于风能的输入、底摩阻的耗散等原因，波浪能量并不是守恒的。

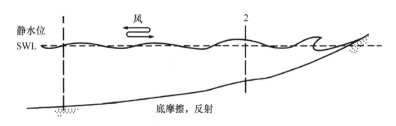

图 1-5　近岸剖面示意

2）波浪的破碎

波浪在海滩上的破碎形态主要与深水入射波的波陡以及海滩的坡度有关，通常有 3 种类型（图 1-6）：崩破波、激破波和卷破波。

（1）崩破波。一般发生在海滩坡度较为平缓且波陡较大时。波浪以崩破波破碎时，首先在波峰顶部附近出现少量浪花，随着波浪向海岸线传播，波峰前沿面布满白色浪花，直至海岸线附近，波面前侧布满泡沫，波浪消失。

（2）激破波。激破波出现在海底坡度较大且入射波陡较小时，开始时波峰变尖，随后波浪前沿的根部首先发生激散破碎，波峰随之坍塌。

（3）卷破波。主要出现在海底坡度中等且入射波波陡也中等时，当波浪传播到浅水区域，波浪的前沿面变得竖直陡立，随后波峰处水质点溢出波面，形成水舌卷曲并掺入大量空气，最后与水面形成冲击，出现较大的旋涡与浪花。

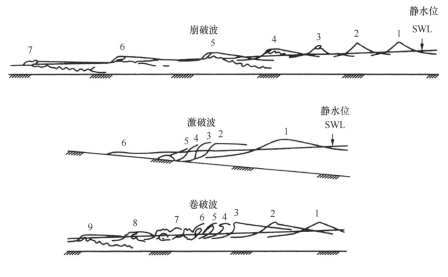

图 1-6　破碎波的类型

破碎波的类型主要取决于波陡与海底坡度，一般用 Iribarren 数来判别。其定义为：

$$\xi = \frac{\tan\alpha}{\sqrt{H_b/L_0}} = \frac{\tan\alpha}{\sqrt{s_0}} \qquad (1-17)$$

式中：$\tan\alpha$ 为岸滩坡度；H_b 为破碎波高；L_0 为深水波长；s_0 为用深水波长表示的位于破碎点的波陡。对不同的破碎波，其典型值如下。

崩破波：$\xi < 0.4$。

卷破波：$0.4 < \xi < 2.0$。

激破波：$\xi > 2.0$。

波浪的破碎类型对于海滩上的泥沙运动以及海滩剖面冲淤演变有着重要影响。崩破波和卷破波水体内均出现较大范围的旋涡和紊动，但崩破波的旋涡与紊动仅发生在水表面，而卷破波可以深入海底。卷破波发生处，波浪剧烈冲击海底，掀动大量泥沙，同时通过波能大量耗散所形成的强烈紊流，使得底部泥沙可能悬浮至整个水深范围，而在崩破波处，底部泥沙悬移的高度有限。卷破波砰击在海洋结构上，如果与结构的自振频率接近，将会激发很大的动力响应。

1.1.1.5　波致海床液化

如图 1-7 所示，当波浪在海洋表面传播时会在海床水土交界面上形成一个瞬变的波压力场，海床土体内部的孔隙水压力将随着波压力场的变化而改变；波浪作用下海床中的超静孔隙水压力可以分解为瞬态振荡孔压和累积残余孔压两部分。Seed 等（1966）基于振动三轴试验提出了土中累积孔压比与振动周次比之间的正弦关系表达式，随后许多专家学者对Seed 提出的孔压模式做了进一步的发展和修正。对波浪荷载作用下海床液化分析的两个核心问题分别是累积孔隙水压力的增长模式和液化判断准则，而孔压增长模式与波浪荷载、土体密实度、土体微观沉积结构等因素密切相关。

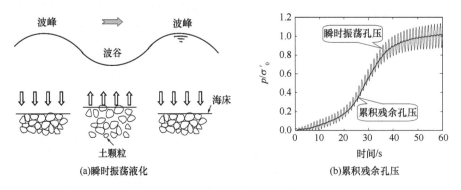

(a)瞬时振荡液化　　　　(b)累积残余孔压

图1-7　波浪引起的海床液化

1）液化判断准则

Zen 等（1990）认为，对于海床中的某一点，当上层土骨架的重量小于该点向上的渗透力时土层液化，即

$$- (\gamma_s - \gamma_w)z + (p_f - p) \leqslant 0 \qquad (1 - 18)$$

式中：p_f 为海床表面的波压力；p 为波浪引起的海床深度 z 处的孔隙水压力；z 在泥面为零，向下为负。

Jeng（1997）将上式推广至三维情况，即

$$-\frac{1}{3}(1 + 2K_0)(\gamma_s - \gamma_w)z + (p_f - p) \leqslant 0 \qquad (1 - 19)$$

上面两个准则均没有考虑累积残余孔隙水压力的影响，因此可以认为只适用于讨论海床液化的初始阶段。

2）瞬态振荡孔压

王立忠等（2006）采用积分变换的方法，并以欧洲北海的波浪和砂土海床特征为参数进行分析。采用 Jeng（1997）提出的瞬态液化判别准则，即式（1-19）。图1-8 给出了在两种不同类型的波浪荷载作用下，海床液化深度和区域随时间的变化示意图。在突加推进波作用下，加载初期液化深度和区域在不断增大，同时沿着轴方向推进，最大液化深度在 $0.4h$（h 为土层厚度）附近；加载一定时间以后，液化深度和区域趋近于稳态解，其最大液化深度在 $0.3h$ 附近。驻波作用下海床的液化特性与推进波区别较大，液化区域仅在腹点两侧对称分布，最大液化深度在 $0.55h$ 附近。

Ishihara 等（1983）最早注意到了推进波引起的海床土体主应力轴连续旋转的现象，半无穷弹性海床中任一点的总偏差应力保持不变，而主应力轴连续旋转 180°。对于有限厚度海床，图1-9 给出了两种类型的波浪荷载作用下海床所在处的应力路径变化图。可以看出，

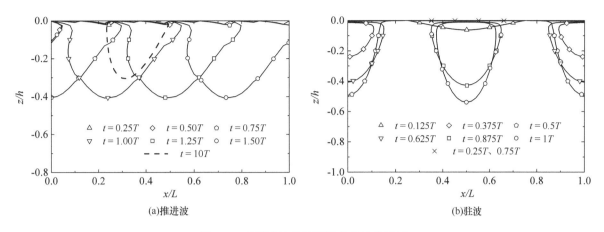

(a)推进波 (b)驻波

图 1-8 两种波浪作用下海床的液化区域

两种情况下稳态解所对应的应力路径均为椭圆形，但是驻波作用下，椭圆形的长轴要远大于其短轴；瞬态解在加载初期与稳态解有一定的差别，但最终趋近于稳态解。

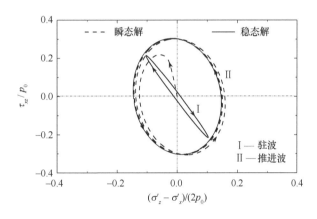

图 1-9 两种波浪荷载作用下的应力路径比较

图 1-10 给出了海床中几个典型位置点的应力路径分布示意图。从图上可以看出，在推进波作用下，海床中各点的应力路径最终都趋近于稳态解，即为一椭圆；同一深度处椭圆的大小和形状相同；随着深度的变化，长轴和短轴在交替改变。在驻波作用下，海床中各点的应力路径分布类似于在一条直线上的往复运动；在节点处，迹线垂直于 x 轴，长度随着深度的增加而变长；在腹点处迹线垂直于 z 轴，长度随着深度的增加而先变长后缩短；节点和腹点之间的迹线与坐标轴斜交，随着深度的变化，迹线长度和倾角均在改变。因此，在空心圆柱动力试验考察主应力旋转作用时，不仅应考虑土体的性状，而且在荷载输入时应考虑土体所在的位置及波浪特点。

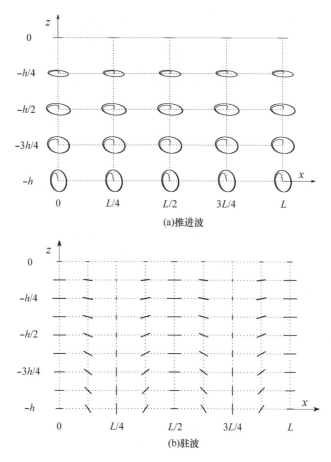

(a)推进波

(b)驻波

图 1-10 两种波浪作用下海床响应的应力路径分布

1.1.2 随机波浪统计特征

1.1.2.1 随机波要素及特征波定义

海面波动是非常不规则的，波动值为一个随机变量。对于随机波浪的波高和周期，目前比较通用的方法是跨零定义法，包括上跨零点法和下跨零点法，下面以上跨零点法为例来讲述随机海浪波高和周期的定义。

图 1-11 为某定点观测得到的波面高度时间历程曲线。取平均水面为零线，把波面上升与零线的交点定义为上跨零点，如图中的 z_1'，z_2'，…如果横坐标为时间，则两个相邻上跨零点的间距即该波的周期；若横坐标为距离，则此间距即该波的波长。相邻两个上跨零点间的波峰最高点至波谷最低点的垂直距离定义为波高。

在随机波浪理论中有不同波高值定义的特征波高。

1)部分大波平均波高

最大波 H_{max}，T_{Hmax}：波浪序列中波高最大值对应的波浪。

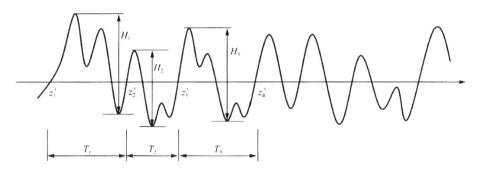

图 1-11　上跨零点法定义波浪要素

平均波 $\bar{H}$，$\bar{T}$：波列中所有波浪的平均波高和平均周期。

1/10 大波 $H_{1/10}$，$T_{H1/10}$：将波浪序列中的各个波从大到小排列，取前面 1/10 大波的平均波高和平均周期作为特征波。

1/3 大波 $H_{1/3}$，$T_{H1/3}$：将波浪序列中的各个波从大到小排列，取前面 1/3 大波的平均波高和平均周期作为特征波，又称为有效波(significant wave)，用 H_s，T_s 表示。

2)超值累积率波高

超值累积率波高 H_F 是指波列中超过此波高的累计概率为 F(F 常用百分数表示)。常用的有 $H_{1\%}$，$H_{5\%}$，$H_{13\%}$ 等，部分大波平均波高和超值累积率波高可由实测资料经过统计分析得到。大量资料表明，$H_{13\%}$ 约等于 $H_{1/3}$，$H_{4\%}$ 约等于 $H_{1/10}$。

1.1.2.2　波高分布

平稳海况下的海浪可视为平稳的具有各态历经性的随机过程，波动可以看作无限多个振幅不等、频率不等、初相位随机，并沿 x，y 平面上与 x 轴成不同角度 θ 方向传播的简谐余弦波叠加而成。该随机海浪模型由 Longuet-Higgins(1975)提出，其波面表达式为：

$$\eta(x, y, t) = \sum_{n=1}^{\infty} a_n \cos(k_n x \cos\theta_n + k_n y \sin\theta_n - \omega_n t - \varepsilon_n) \quad (1-20)$$

式中：a_n——单个组成波的振幅；

ω_n——单个组成波的频率；

k_n——单个组成波的波数；

θ_n——单个组成波的传播方向角度，$0 < \theta_n \leqslant 2\pi$；

ε_n——单个组成波的初相位，是 $0 \sim 2\pi$ 之间均匀分布的随机量。

对某固定点的波面高度，波面表达式(1-20)可以简化为：

$$\eta(t) = \sum_{n=1}^{\infty} a_n \cos(\omega_n t - \varepsilon_n) \quad (1-21)$$

平稳海况下的波面高度符合高斯分布，其形式如下：

$$p(\eta) = \frac{1}{\sqrt{2\pi}\,\sigma_\eta}\exp\left(-\frac{\eta^2}{2\sigma_\eta^2}\right) \qquad\qquad (1-22)$$

对窄带谱的海浪，其波浪能量集中在某一频率附近，波面过程的包络线如图 1-12 所示。各个波的振幅变化缓慢，振动频率远小于波面的变化频率，可近似地取波面包络线的纵坐标值代替波面的振幅值，利用包络线讨论振幅的概率分布。

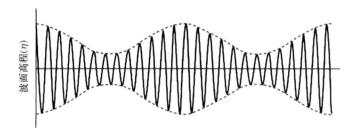

图 1-12　窄带谱的包络线

窄带谱的海浪波高符合瑞利分布，如图 1-13 所示，出现概率最大的波高等于概率分布函数的众值。按照定义

$$\frac{\mathrm{d}p(H)}{\mathrm{d}H} = 0, \quad H_m = \sqrt{\frac{2}{\pi}}\,\overline{H} \approx 0.8\overline{H} \qquad\qquad (1-23)$$

大量的观测结果表明，瑞利分布对于深水的波浪是基本相符的。随着水深变浅，实测波高的分布逐渐偏离瑞利分布。苏联学者格鲁霍夫斯基系统地观测与分析了浅水中的海浪波高分布，提出了与水深有关的经验概率分布公式。

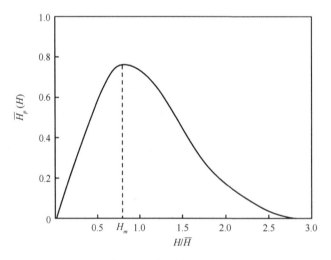

图 1-13　波高瑞利分布

对应不同 H^*（$H^* = \overline{H}/d$，d 为水深）的波高概率密度分布函数如图 1-14 所示。可以看出，随着水深变浅，波高的分布越来越集中在平均波高附近，说明当波浪向浅水区域传播时，波高较大的波浪由于水深变浅而破碎，波列中的波高逐渐减小；而波高较小的波，在

传播过程中由于水深的变浅逐渐消失。

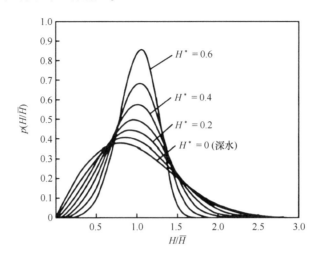

图 1-14　对应不同 H^* 的波高概率密度分布函数

1.1.3　海浪谱

1.1.3.1　海浪谱的引入

海浪是一个复杂的随机过程。20 世纪 50 年代 Pierson 等（1964）最先将无线电噪声的理论用于海浪，从此利用谱以随机过程来描述海浪成为主要的研究途径。固定点的波面表达式为：

$$\eta(t) = \sum_{n=1}^{\infty} a_n \cos(\omega_n t + \varepsilon_n) \tag{1-24}$$

式中：a_n，ω_n 分别为组成波的振幅和圆频率；ε_n 为 0~2π 之间均匀分布的初相位。单个组成波在单位面积铅直水柱内的能量为：

$$E_n = \frac{1}{2} \rho g a_n^2 \tag{1-25}$$

海浪的总能量由其所有的组成波来提供。若组成波的个数无限多，波浪的频率分布于 0~∞ 之间，则位于频率间隔 ω~$(\omega+\mathrm{d}\omega)$ 内的组成波提供的能量为：

$$\Delta E = \sum_{\omega}^{\omega+\mathrm{d}\omega} \frac{1}{2} \rho g a_n^2 \tag{1-26}$$

引入 $S_\eta(\omega)$，令

$$S_\eta(\omega)\,\mathrm{d}\omega = \sum_{\omega}^{\omega+\mathrm{d}\omega} \frac{1}{2} a_n^2 \tag{1-27}$$

图 1-15 为海浪频谱示意图。显然，$S_\eta(\omega)$ 正比于频率间隔 ω~$(\omega+\mathrm{d}\omega)$ 内的组成波提供的能量 E。$S_\eta(\omega)$ 称为波能谱密度函数，简称能谱。即 $S_\eta(\omega)$ 给出了不同频率间隔内组成波

提供的能量，代表的是海浪能量相对于组成波频率的分布，故又称为频谱。

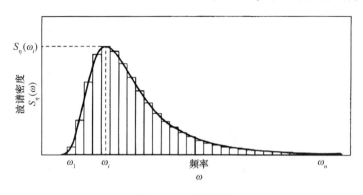

图 1-15　海浪频谱

图 1-16 为海浪频谱、单个组成波及合成波的关系示意图。

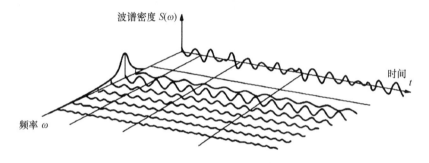

图 1-16　海浪频谱、单个组成波及合成波的关系示意

从图 1-15 和图 1-16 中可以看出，波浪频谱具有以下特点：

（1）在 $\omega = 0$ 附近，$S_\eta(\omega)$ 的值很小；

（2）随着 ω 的增大，$S_\eta(\omega)$ 先增大后减小，当 ω 增大到无穷时，$S_\eta(\omega)$ 趋向于 0；

（3）按照频谱的定义，海浪的总能量正比于频谱曲线下的面积，即

$$E = \rho g \int_0^\infty S_\eta(\omega)\,\mathrm{d}\omega = \sum_{n=1}^\infty \frac{1}{2}\rho g a_n^2 \qquad (1-28)$$

根据海浪波面高度方差的定义，即

$$\sigma_\eta^2 = \sum_{n=1}^\infty \frac{1}{2}a_n^2 \qquad (1-29)$$

因此

$$m_0 = \int_0^\infty S_\eta(\omega)\,\mathrm{d}\omega = \sigma_\eta^2 \qquad (1-30)$$

频谱曲线下的面积等于海浪波面 $\eta(t)$ 的方差 σ_η^2，所以海浪谱又称为方差谱。

理论上讲，海浪的频谱 $S_\eta(\omega)$ 分布于 $\omega = 0 \sim \infty$ 整个频带内，但其显著部分却只集中于一段狭窄的频带内。对于风浪，其能量分布于较宽的频带内，其对应的频谱一般情况下为宽谱，如图 1-17（a）所示；对于涌浪，其对应的频谱一般为窄谱，如图 1-17（b）所示，在

构成海浪的组成波中，能量主要部分由一狭窄频带内的组成波提供。

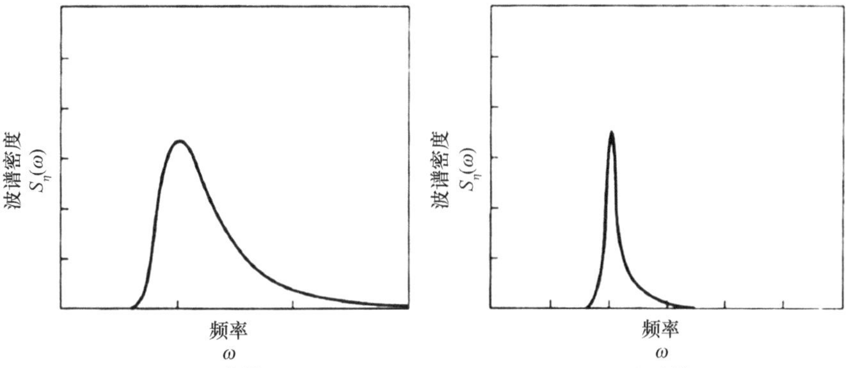

图 1-17　宽谱与窄谱

采用谱宽参数 ε 来表示波浪谱的宽窄，谱宽参数 ε 的定义如下：

$$\varepsilon = \sqrt{1 - \frac{m_2^2}{m_0 m_4}} \qquad (1-31)$$

其中，$m_r = \int_0^\infty \omega^r S_\eta(\omega) \mathrm{d}\omega$ 为谱的第 r 阶矩，$0 \leqslant \varepsilon \leqslant 1$，$\varepsilon$ 越大，谱越宽。

实际的海面是三维的，其能量不仅分布在一定的频率范围内，还分布在相当宽的方向范围内。实际的海面波动是来自不同方向组成波叠加的结果，其波面方程可表示为：

$$\eta(x, y, t) = \sum_{n=1}^\infty a_n \cos(k_n x \cos\theta_n + k_n y \sin\theta_n - \omega_n t - \varepsilon_n) \qquad (1-32)$$

上式表明，在时刻 t 的波面，是由具有各种方向角 $-\pi < \theta_n \leqslant \pi$ 和不同频率 ω_n 的无限多个组成波叠加而成。把波能相对于频率和波向分布的谱称为方向谱，用 $S_\eta(\omega, \theta)$ 来表示。$S_\eta(\omega, \theta)$ 与组成波的振幅有如下关系：

$$S_\eta(\omega, \theta) \mathrm{d}\omega \mathrm{d}\theta = \sum_\omega^{\omega+\mathrm{d}\omega} \sum_\theta^{\theta+\mathrm{d}\theta} \frac{1}{2} a_n^2 \qquad (1-33)$$

图 1-18 为海浪方向谱示意图，给出了不同传播方向上各组成波的能量对于频率的分布。理论上讲，$-\pi < \theta_n \leqslant \pi$，而实际上，海浪的能量主要分布于主传播方向两侧各 $\pi/2$ 范围内。由频谱及方向谱的定义可知，频谱及方向谱有如下关系：

$$S_\eta(\omega) = \int_{-\pi}^\pi S_\eta(\omega, \theta) \mathrm{d}\theta \qquad (1-34)$$

1.1.3.2　常见的深水波浪频谱

1）P-M 谱

该波浪谱于 1964 年由 Pierson 和 Moskowitz 依据北大西洋的实测资料推导而得，适用于外海无限风区充分成长的波浪。P-M 谱为经验谱，由于所依据的资料比较充分，分析方法

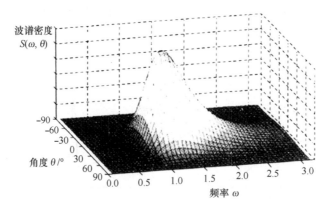

图 1-18　海浪方向谱

比较合理，使用也比较方便，在海洋工程中得到了广泛的应用。

$$S_\eta(\omega) = A\omega^{-5}\exp[-B\omega^{-4}] \tag{1-35}$$

其中，

$$A = \alpha g^2 = 0.78 \tag{1-36}$$

式中：$\alpha = 8.1 \times 10^{-3}$ 为 Phillips 常数。P-M 谱实际上为单参数谱，仅有参数 B 随着海况的变化而变化：

$$B = 0.74\left(\frac{g}{V_{19.4}}\right)^4 = \frac{3.11}{H_s^2} \tag{1-37}$$

式中：$V_{19.4}$ 为海面以上 19.4 m 处的风速。$V_{19.4}$ 与 H_s 的关系基于波浪窄带高斯随机过程来表示，具体关系为：

$$H_s = \frac{2.06}{g^2}V_{19.4}^2 \tag{1-38}$$

有效波高正比于风速的平方。以有效波高 H_s 表示的海浪频谱为：

$$S_\eta(\omega) = \frac{0.78}{\omega^5}\exp\left[-\frac{3.11}{\omega^4 H_s^2}\right] \tag{1-39}$$

P-M 谱的谱峰频率为：

$$\omega_m = 1.257/H_s^{1/2} \tag{1-40}$$

将式(1-40)代入式(1-39)，可以得到：

$$S_\eta(\omega) = \frac{0.78}{\omega^5}\exp\left[-\frac{5}{4}\left(\frac{\omega_m}{\omega}\right)^4\right] \tag{1-41}$$

2）JONSWAP 谱

1968—1969 年，英国、荷兰、美国、德国等国家联合进行"联合北海波浪计划（Joint North Sea Wave Project，JONSWAP）"期间提出 JONSWAP 谱。其谱型为：

$$S_\eta(\omega) = \frac{\alpha g^2}{\omega^5}\exp\left[-\frac{5}{4}\left(\frac{\omega_m}{\omega}\right)^4\right]\gamma^{\exp\left[-\frac{(\omega-\omega_m)^2}{2\sigma^2\omega_m^2}\right]} \tag{1-42}$$

其中，γ 为谱峰升高因子，定义为：

$$\gamma = \frac{S_\eta(\omega_m)}{S_\eta(\omega_m)_{\text{P-M}}} \quad\quad (1-43)$$

γ 的观测值为 1.5~6，平均值为 3.3。σ 为峰形系数，其值为：

$$\begin{cases} \omega \leqslant \omega_m, & \sigma = 0.07 \\ \omega > \omega_m, & \sigma = 0.09 \end{cases} \quad\quad (1-44)$$

系数 α 为无因次风区的函数，即

$$\alpha = 0.076\,\tilde{x}^{-0.22} = 0.076\left(\frac{gx}{U^2}\right)^{-0.22} \quad\quad (1-45)$$

式中：U 为海面以上 10 m 高度处的风速；x 为风区长度。

谱峰频率为：

$$\omega_m = 22\frac{g}{U}\,\tilde{x}^{-0.33} \qu\quad (1-46)$$

为了便于工程应用，Goda(1999)建议采用下列改进的 JONSWAP 谱：

$$S_\eta(\omega) = \alpha^* H_s^2 \frac{\omega_m^4}{\omega^5}\exp\left[-\frac{5}{4}\left(\frac{\omega_m}{\omega}\right)^4\right]\gamma^{\exp\left[-\frac{(\omega-\omega_m)^2}{2\sigma^2\omega_m^2}\right]} \ququad (1-47)$$

其中，系数 α^* 的定义如下：

$$\alpha^* = \frac{0.062\,4}{0.230 + 0.033\,6\gamma - 0.185\,(1.9+\gamma)^{-1}} \quad\quad (1-48)$$

JONSWAP 谱是由中等风况和有限风距情况测得，经验表明，此谱和实测结果是符合的，适用于不同成长阶段的风浪，已得到广泛的应用。

1.1.3.3　浅水波浪 TMA 谱

Phillips(1958)提出在风产生的深水重力波谱中，应存在一个波浪能量密度有上界的区域，表达式如下：

$$E_m(f) = \alpha g^2 f^{-5}(2\pi)^{-4} \qu\quad (1-49)$$

式中：f 为频率；g 为重力加速度；α 为一个常数，约为 8×10^{-3}。

Kitaigordskii 等(1975)提出了水深相关因子 $\varphi(2\pi f, h)$，得到有限水深 h 相应的波浪谱表达式如下：

$$E_m(f, h) = E_m(f)\cdot\varphi(2\pi f, h) = \alpha g^2 f^{-5}(2\pi)^{-4}\cdot\varphi(2\pi f, h) \qu\quad (1-50)$$

采用线性波动理论，得到 $\varphi(2\pi f, h)$ 的迭代表达式：

$$\varphi(2\pi f, h) = [R(\omega_h)]^{-2}\cdot\left\{1 + \frac{2\omega_h R(\omega_h)}{\sinh[2\omega_h^2 R(\omega_h)]}\right\} \ququad (1-51)$$

其中，

$$\omega_h = 2\pi f \left(\frac{h}{g}\right)^{1/2} \tag{1-52}$$

$R(\omega_h)$ 由迭代解得到:

$$R(\omega_h) \tanh[\omega_h^2 R(\omega_h)] = 1 \tag{1-53}$$

如图 1-19 所示,在深水中,函数 φ 值趋于 1,随着深度的减少,其值趋于 0。

Thompson 等(1983)给出 $\varphi(2\pi f, h)$ 的一个简单近似为:

$$\varphi(2\pi f, h) = \begin{cases} \dfrac{1}{2}\omega_h^2, & \omega_h \leqslant 1 \\ 1 - \dfrac{1}{2}(2 - \omega_h)^2, & \omega_h > 1 \end{cases} \tag{1-54}$$

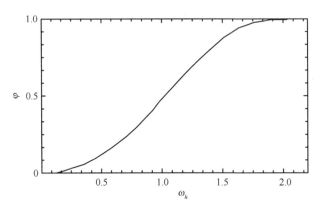

图 1-19　Kitaigorodskii 等的 φ 关于 ω_h 的函数

Bouws(1985)假设,只要用 JONSWAP 方程考虑水深影响即可得到有限深度风浪谱形状的第一个近似:

$$E_{TMA}(f, h) = \alpha g^2 f^{-5}(2\pi)^{-4}\varphi(2\pi f, h)e^{-5/4(f/f_m)^{-4}}\gamma^{\exp[-(f/f_m-1)^2/2\sigma^2]} \tag{1-55}$$

其中,$\varphi(2\pi f, h)$ 由式(1-54)给出。

Bouws 等将用于现场验证的 3 个数据集得到的有限水深波谱命名为 TMA 谱。式(1-55)有 4 个 JONSWAP 参数,α、γ、f_m、σ 和水深 h。图 1-20 是 TMA 谱有限深度效应的一个例子,其中除深度外所有参数均保持不变。

Bouws 等(1985)研究了 TMA 谱参数与各种无量纲量(如无量纲峰值频率和波数)之间的关系。他们确定 α 和 γ 可以用下列所有水深的经验表达式表示:

$$\alpha = 0.0078\kappa^{0.49} \tag{1-56}$$

$$\gamma = 2.47\kappa^{0.39} \tag{1-57}$$

其中,

$$\kappa = \frac{U^2}{g}k_m \tag{1-58}$$

式中:U 为海拔 10 m 时的风速;

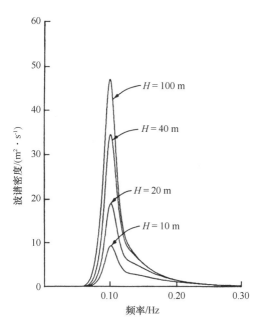

图 1-20　具有相同 JONSWAP 参数的风浪谱

g 为重力加速度；

$k_m = 2\pi / L_m$，为峰频波的波数；

L_m 为线性波理论中与峰值频率 f_m 相关的波长。

TMA 谱中 σ 取值为：

$$\sigma = \begin{cases} \sigma_a = 0.07, & f_m \geqslant f \\ \sigma_b = 0.09, & f_m < f \end{cases} \qquad (1-59)$$

1.2　潮汐与潮流

1.2.1　潮汐

潮汐是指海水在太阳、月球引潮力作用下所产生的周期性运动，水位的垂直涨落称为潮汐，而海水的水平运动称为潮流。二者的主要区别在于运动方向不同，它们的联系在于：在海湾内，潮位随涨潮流升高，而随落潮流降低；在开阔海域，受地转偏向力的影响，潮流流速、流向随时间发生变化，即为旋转潮流；在近岸或狭窄海域，受地形约束，潮流主要在两个方向发生变化，称为往复潮流。

潮汐的分类如图 1-21 所示，通常可分为正规半日潮、正规日潮和混合潮。在一个太阴日内（以月球为参考点所度量的地球自转周期，24 小时 50 分），有两次高潮和两次低潮，从高潮到低潮和从低潮到高潮的潮差几乎相等，即为正规半日潮，简称半日潮，如图 1-21

（a）所示；在一个太阴日内，有一次高潮和一次低潮，即为正规日潮，有时也称为全日潮，如图 1-21（c）所示。混合潮可分为不正规半日潮和不正规全日潮两种：图 1-21（b）是不正规半日潮过程曲线，在一个月中的大多数日子里，有两次高潮和两次低潮；但当月赤纬较大的时候，第二次高潮很小，半日潮特征就不显著；图 1-21（d）是不正规全日潮过程曲线，该潮汐具有日潮型的特征，但当月赤纬接近 0 的时候就变成半日潮。

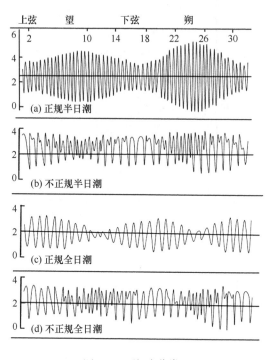

图 1-21　潮汐分类

潮汐变化除半日周期和全日周期外，还有半月周期的变化，如果长时间观测，还将发现潮汐具有一个月、一季一年、18.61 年等长周期的变化。在一个月中，朔望日过后两三天潮差最大，叫大潮潮差；反之在上、下弦之后，潮差最小，叫小潮潮差。凡是一天之中两个潮的潮差不等，涨潮时和落潮时也不等，该不规则现象，称为潮汐的日不等现象。高潮中比较高的一个叫高高潮，比较低的叫低高潮；低潮中比较低的叫低低潮，比较高的叫高低潮。

1.2.2　潮流

在潮汐河口、海岸带、海湾等地区，潮流对物质输运起着重要的作用，是该类地区的主要水动力条件之一。海水在引潮力的作用下水平方向所做的周期性运动称为潮流，相比于潮汐，潮流的大小和方向受地形、海底摩擦及地转偏向力的影响更大，使潮流现象更复杂，如图 1-22 所示。

与潮汐现象相对应，潮流现象具有类似的一些基本特性与规律，如半日周期潮流、日周期潮流、混合潮流、大潮流与小潮流等。潮流的性质也可用以代表该海区的主要性质。

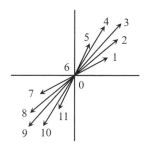

图 1-22　往复潮流示意

(数值代表正点时刻，箭头代表流速方向)

若不计地转偏向力和摩擦力，潮流运动总是周期性地在反向转变方向，潮流与潮汐具有相同的周期，具有这种特性的潮流称为往复潮流。往复潮流一般发生在海峡、海湾等海岸宽度受限处，如我国的辽东湾口、渤海湾口以及渤海海峡的表层潮流，形成海水的往复运动。

若在地转偏向力的作用下，潮流流向周期性地顺着一个方向发生旋转，这种特性的潮流称为旋转潮流，多发生在开阔的沿海地带。若把一个周期内某一观测点的不同时刻潮流流速矢量端点相连，得到一个流速和流向随时间旋转变化的潮汐椭圆，其长半轴对应最大流速，短半轴对应最小流速，如图 1-23 所示。与潮汐的周期性质相对应，旋转潮流可分为半日周期潮流、日周期潮流和混合潮流。

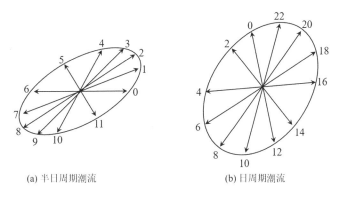

(a) 半日周期潮流　　　　　　　　(b) 日周期潮流

图 1-23　旋转潮流示意

(数值代表正点时刻，箭头代表流速方向)

我国沿岸的潮汐主要由太平洋潮波向我国沿岸传播引起的潮振动及天体引力在我国沿岸直接引起的独立潮两部分组成。由于我国海区总体积远比太平洋小，独立潮相对较小，近海潮汐主要由太平洋传入的潮波所引起。太平洋潮波经日本九州至我国台湾之间的水道进入东海后，小部分进入台湾海峡，绝大部分向西北方向传播，从而形成了渤海、黄海、东海的潮振动。南海的潮振动主要由巴士海峡传入的潮波所引起。

潮波在运动过程中，因受到地转偏向力和复杂地形的影响，致使我国沿岸潮汐复杂，潮差显著变化。潮波进入河口后，在河床变形和摩擦效应以及上游下泻径流的影响下，形成了复杂的河口潮汐现象。水位除周期性变化外，还有因气象因素作用引起的非周期性水位变化，故实际水位是周期和非周期性水位之和。

渤海的秦皇岛和黄河口附近为正规全日潮，其外围环状区域为不规则全日潮，此外大部分海区均为不正规半日潮。最大可能潮差为 2~3 m，渤海海峡平均为 2 m。渤海的潮流以半日潮流为主，流速一般为 0.5~1.0 m/s，最强的潮流出现在老铁山水道附近，可以达到 1.5~2.0 m/s。

黄海除了成山角以东、海州湾和济州岛附近为不规则半日潮外，大部分海区均为正规半日潮。最大可能潮差一般是海区中部小而近岸大，东岸比西岸大。朝鲜半岛西侧潮差一般为 4~8 m，我国大陆沿岸潮差一般为 2~4 m。黄海的潮流，流速一般是东部大于西部，在朝鲜半岛西岸曾观测到 4.8 m/s 的强流，而成山角附近强流达 1.5 m/s。

东海的九州至琉球西侧一带、舟山群岛附近以及台湾海峡南部为不正规半日潮，其余大部分为正规半日潮。潮差西侧大东侧小，西侧的最大可能潮差大多在 4~5 m 以上，杭州湾的海宁可达 9 m，而东侧除了个别海湾可达 5 m，其余大都仅为 2 m。东海西部大多为正规半日潮流，东部则主要为不正规半日潮流，台湾海峡和对马海峡分别为正规和不正规半日潮流。潮流流速近岸大，远岸小。福建、浙江沿岸潮流流速可达 1.5 m/s，而长江口杭州湾、舟山群岛附近为我国沿岸潮流最强区，可高于 3.5 m/s。

南海绝大部分海域为不正规全日潮，正规全日潮分布于北部湾、吕宋岛西岸中北部、加里曼丹岛的米里沿岸、卡里马塔海峡至苏门答腊岛海域以及泰国湾北部，不正规半日潮区主要出现在巴士海峡、广东近岸、越南中部和南部近岸、马来半岛东南端及加里曼丹岛西北近岸。南海最大潮差出现在北部湾，最大可达 7 m。南海潮流较弱，大部分海域潮流的流速不到 0.5 m/s。

1.3　台风

1.3.1　台风概况

1.3.1.1　热带气旋

热带气旋(tropical cyclone)是发生在开阔的热带洋面上，并且带有急速旋转，同时会沿一定方向移动的大气涡旋，它是一种生命周期较短的强烈热带天气系统，是海气相互作用的产物。

台风是热带气旋的一种。根据《热带气旋等级》国家标准（GB/T 19201—2006），热带气旋根据近地面最大风速分为热带低压、热带风暴、强热带风暴、台风、强台风和超强台风 6 个等级，具体分级详见表 1-1。

表 1-1　热带气旋等级划分表（中国气象局 2 min 平均风速）

热带气旋等级	底层中心附近最大平均风速/(m/s)	底层中心附近最大风力/级
热带低压（TD）	10.8~17.1	6~7
热带风暴（TS）	17.2~24.4	8~9
强热带风暴（STS）	24.5~32.6	10~11
台风（TY）	32.7~41.4	12~13
强台风（STY）	41.5~50.9	14~15
超强台风（SuperTY）	≥51.0	16 及以上

1.3.1.2　台风的起源与形成

台风由热带大气内的扰动发展而来。在热带海洋上，海面因太阳直射而使海水温度升高，海水大量蒸发在洋面上形成温度、湿度较大的空气，这些空气因温度高而膨胀上升，发生对流作用，同时周围冷空气流入补充，形成了低压中心。随着对流作用的进一步增强，已形成的低压旋涡继续加深，最终当近地面风速达到 32.7 m/s，形成台风。根据中国气象局发布的台风数据，西北太平洋地区热带气旋主要发源于纬度 5°~22°，即南海到我国台湾省到菲律宾以东的洋面上，包括马里亚纳、加罗林以及马绍尔群岛所在海域。

台风的形成需要具备以下必要条件。

（1）有广阔的高温、高湿的大气。热带洋面上的底层大气的温度和湿度主要决定于海面水温，台风只能形成于海温高于 26℃ 的暖洋面上，而且在 60 m 深度内的海水水温都要高于 26℃。

（2）有低层大气向中心辐合、高层向外扩散的初始扰动。而且高层辐散必须超过低层辐合，才能维持足够的上升气流，低层扰动才能不断加强。

（3）垂直方向风速不能相差太大，上下层空气相对运动很小，才能使初始扰动中水汽凝结所释放的潜热能集中保存在台风眼区的空气柱中，形成并加强台风暖中心结构。

（4）有足够大的地转偏向力作用，地球自转作用有利于气旋性涡旋的生成。地转偏向力在赤道附近接近于零，向南北两极增大，台风发生在大约离赤道 5 个纬度以上的洋面上。

1.3.1.3　台风的结构和路径

台风一般在比较均匀的热带海洋气团中发展起来，所以常常具有对称的气压、温度和风场分布。尤其是对于成熟的台风可以近似地将其看作轴对称的涡旋。台风的半径一般在

500～1000 km，垂直厚度为 15～20 km，竖向尺度与水平尺度之比约为 1：50，所以台风是一个扁平的气旋性涡旋。

图 1-24 给出了成熟阶段台风中心对称轴一侧的垂直结构图，该图将竖向尺度进行了放大，便于更清楚地显示竖向物理量的分布情况，图中虚线示意了台风风速沿径向分布的变化。

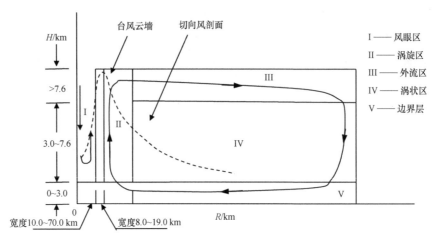

图 1-24　台风结构示意（谢鎏晔，2012）

台风沿竖向可分为低层、中间层和外流层 3 个部分。

低层（Ⅴ区）是从海平面或地表面到 3.0 km 高度的气流流入层。由于地转偏向力的作用，内流气流呈气旋式旋转，并在向内流入过程中，越接近台风中心，旋转半径越短，等压线曲率越大，离心力也相应增大。在地转偏向力和离心力的作用下，内流气流并不能到达台风中心，在台风眼壁附近环绕台风眼壁做强烈地螺旋上升，最强流入主要出现在 1.0 km 以下的边界层中。流入层对于台风的发生、发展和消亡有重要影响。

中间层（Ⅳ区）的高度是 3.0～7.6 km，气流的径向分量已经很小，主要沿着切线方向环绕风眼壁螺旋上升。中间层中的垂直气流很强，从低层流入的大量暖湿空气通过这一层向高层输送。

外流层（Ⅲ区）是从 7.6 km 高度到台风顶部，该层气流从中心向外流出，有很大的切向风速，最强流出出现在 12.0 km 高度附近。当上升气流达到约 10.0 km 的高度时，水平气压梯度小于离心力和水平地转偏向力的合力时就出现向四周外流的气流。流出的空气与四周空气混合后下沉到低层，空气外流的量与流入层的流入量大体相当，这样组成了台风的径向-竖直环流圈。

台风沿半径方向也可以分为 3 个部分，分别是风眼区、云墙区和外层区。风眼区（Ⅰ区）在风暴的最中心，一般范围为 10.0～70.0 km，具有弱风、干暖和少云的特点。台风云墙区（Ⅰ区和Ⅱ区之间的区域）又称眼壁，是由一些高大的对流云组成的，其高度常在 15.0 km 以上，这是围绕着风眼的环状最大风速区，是成熟台风最明显的标志，宽度平均为

8.0~19.0 km，风暴中最强烈的对流和降水就发生在该区域内。外层区（Ⅲ区和Ⅴ区）是从风暴边缘向内到云墙区之间的范围，风速随着向中心靠近而增大，但常常达不到最大风速。

观测表明，台风风场中某一点的风速与其相对台风中心的空间位置和台风强度等因素有关。其中，台风总体强度通常表达为台风中心与台风边缘的气压差，又称中心低压差，相对位置包括水平距离、垂向距离、相对台风整体移动的方位角和速度等。

由于我国毗邻西北太平洋区域，而该区域更是全球台风最高发的区域。在西北太平洋区域的台风生成后，主要受到副热带高压的影响。由于副热带高压中的气压梯度指向赤道，在地球的地转偏向力的作用下，容易形成盛行西风。因此，西北太平洋区域形成的台风一般具有西行特点。

西北太平洋的台风路径主要分为：西进型、西北型和转向型。

（1）西进型路径。台风从菲律宾以东洋面向西移动，经过南海在我国海南岛或越南一带登陆。其主要是受到盛行西风的影响。

（2）西北型路径。台风从菲律宾以东洋面向西北方向移动，穿过琉球群岛在我国江浙，或穿过台湾海峡在浙闽一带登陆。其主要是盛行西风的北方向分量增加导致。

（3）转向型路径。台风从菲律宾以东海区向西北方向移动，然后转向东北方向移动，路径呈抛物线形。出现该路径可能的原因是：台风在行进时，穿过副热带高压区域或其他地域因素所导致。

1.3.2　风场特征

1.3.2.1　风速的垂向分布变化规律

由于存在地表的摩擦作用对风的能量消耗，近地面的风速大小随高度不同而发生变化。即风速与其近地面的距离成正比，越近地面风速越小，反之风速增大。因此，为了进行必要的风速换算和比较，规定以 10 m 高的风速为标准高度，其他非标准高度的风速，则可依据其沿高度的变化规律换算得到。同时，不同的地貌环境对风速的摩擦作用也不同，可用其摩擦参数来表达，造成的摩擦层高度也不同。

平均风速的大小与计算所用时距密切相关，采用不同的时距得到的平均风速也不同。在我国有关风载荷计算的规范中，一般以取 10 min 时距为标准时距，其他时距的平均风速需换算为 10 min 时距的，有关换算比值如表 1-2 所示（Durst，1960）。

表 1-2　不同时距风速换算比值（Durst，1960）

风速时距	1 h	10 min	5 min	2 min	1 min	0.5 min	20 s	10 s	5 s	瞬时
换算比值	0.94	1	1.07	1.16	1.20	1.26	1.28	1.35	1.39	1.50

根据实测风速资料，摩擦层内的风速沿垂向的分布规律基本符合对数公式规律和指数公式规律。

1）对数公式

近地表小于 100 m 高度的风速在垂向的分布变化符合对数公式规律（Logarithmic Law Model）。其计算公式为：

$$\frac{V_z}{V_{10}} = \frac{\lg\left(\dfrac{z}{z_0}\right)}{\lg\left(\dfrac{10}{z_0}\right)} \qquad (1-60)$$

式中：V_z 表示高度 z 处的风速；V_{10} 表示 10 m 标准高度处的风速；z_0 是地面粗糙度（Terrain Roughness），表示不同的地貌对风速的不同摩擦作用，随地面粗糙程度的增大而增大。各国规范给出的 z_0 取值也不同。表 1-3 给出了地面粗糙度 z_0 参考值。

表 1-3　地面粗糙度 z_0

地面类型	海面	空旷平坦地面	城市	大城市中心
z_0/m	0.001~0.010	0.010~0.100	0.100~0.500	0.500~2.000

2）指数公式

高于 100 m 的风速的垂向分布变化符合指数公式规律。其计算公式为：

$$\frac{V_z}{V_{10}} = \left(\frac{z}{10}\right)^m \qquad (1-61)$$

式中：m 主要取决于表面粗糙度及距地表高度 z 值的大小，具体数值可查阅相关资料获得。

API 规范建议取 $m=0.125$。英国船级社（Lloyd's Register of Shipping，LR）建议对 10 min 平均风速取 $m=0.130$，对于 1 min 平均风速取 $m=0.125$。美国船级社（American Bureau of Shipping，ABS）对 1 min 平均风速取 $m=0.100$。对于有波浪的开阔海域，挪威船级社（Det Norske Veritas，DNV）建议取 $m=0.120$。

1.3.2.2　台风气压分布及其风速计算

台风是发生在热带海域的一种大规模低压气旋，具有风速大、范围广的特点，台风场内的风速实测资料很难获取，因此台风风速主要由台风气压场计算得到。

成熟的台风气压场的等压线近似表现为圆形对称，有极大的气压梯度，因此一般就近似认为其等压线分布是以台风眼为中心的闭合圆，建立台风的气压场模式。代表性的计算公式主要有藤田高桥模型和 Holland 模型。

1）藤田高桥模型

$$\vec{W}_r = \vec{W}_m + \vec{W}_s \qquad (1-62)$$

$$\vec{W}_m = (V_x\vec{i} + V_y\vec{j}) \exp\left(-\frac{\pi}{4}\frac{|r-R|}{R}\right) \quad (1-63)$$

$$\vec{W}_s = f(P) = \begin{cases} \frac{4}{5}\left[-\frac{f}{2} + \sqrt{\frac{f^2}{4} + 10^2\frac{2\Delta P}{\rho_a R^2}\left(1 + 2\left(\frac{r^2}{R^2}\right)\right)^{-\frac{3}{2}}}\right](A\vec{i} + B\vec{j}), & 0 \leqslant r \leqslant 2R \\[4mm] \frac{4}{5}\left[-\frac{f}{2} + \sqrt{\frac{f^2}{4} + 10^2\frac{\Delta P}{\rho_a r(1 + r/R)^2 R}}\right](A\vec{i} + B\vec{j}), & 2R < r < \infty \end{cases}$$

$$(1-64)$$

$$\frac{P_r - P_0}{P_\infty - P_0} = \begin{cases} 1 - \dfrac{1}{\sqrt{1 + 2(r/R)^2}}, & (0 \leqslant r \leqslant 2R) \\[4mm] 1 - \dfrac{1}{1 + r/R}, & (2R < r < \infty) \end{cases} \quad (1-65)$$

式中：$\vec{W}_r$ 为计算点的风速；$\vec{W}_m$ 为移行风速部分；$\vec{W}_s$ 为梯度风速部分；P_∞ 为外界大气压（1 013 hPa）；P 为台风中心气压；$\Delta P = P_\infty - P$ 为气压差；f 为科氏参数；ρ_a 为空气密度；V_x 和 V_y 为台风中心移动速度的平面分量；R 为最大风速半径；r 为计算半径（即计算点和台风中心的距离）；$A = -(x - x_0)\sin\theta - (y - y_0)\cos\theta$，$B = (x - x_0)\cos\theta - (y - y_0)\sin\theta$，其中，$x$、$y$ 为计算点坐标；x_0、y_0 为台风中心坐标；θ 为梯度风吹入角；P_r 为计算点气压。

2）Holland 模型

$$\vec{W}_r = \frac{1}{2}\left[(V_x\vec{i} + V_y\vec{j})\sin\alpha - fr\right]$$

$$+ \left[\frac{B\Delta P}{\rho}\left(\frac{R}{r}\right)^B \exp\left[-\left(\frac{R}{r}\right)\right]^B + \frac{1}{4}\left[(V_x\vec{i} + V_y\vec{j})\sin\alpha - fr\right]^2\right]^{1/2} \quad (1-66)$$

$$P_r = P_0 + \Delta P\exp\left[-\left(\frac{R}{r}\right)^B\right] \quad (1-67)$$

式中：B 为变形系数；α 是研究点到台风中心的直线与台风前进方向的夹角；其余参数含义同上。

1.3.2.3　台风大数据机器学习

由于各国历来重视对台风路径、风速、气压数据的测量，积累了大量资料，并有较好的共享性，因此，机器学习和大数据分析成为这一领域研究的有力工具。黄铭枫等（2022）基于历史台风数据和气象再分析数据，研究提出了基于机器学习的西北太平洋台风全路径模拟新方法，该全路径模拟方法能很好重现西北太平洋历史台风关键参数的统计特征（图1-25），并能高效评估气候变化背景下中国沿海及近海区域的台风灾害风险（Huang et al.，2021，2022；王立忠等，2023）。

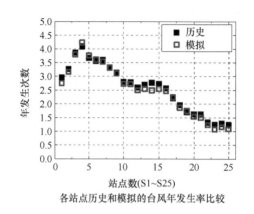

各站点历史和模拟的台风年发生率比较

图 1-25　中国沿海各站点历史和模拟的台风统计参数

1.3.2.4　台风风谱

风能量由大量不同大小尺度的涡旋叠加而成，其发展过程历经成长、成熟直至最终衰减。风紊动的各向同性和均质性保证了风运动在一定频率或波数范围内具有统计特征。随机风理论认为在大气层惯性子区内风运动遵循 Kolmogorov 假说（在惯性子区的频率内，动能仅由耗散率决定），并且风在不同频率上的能量分布可用谱的形式来表达，基于此国内外学者提出各种不同形式的风谱。

1）Davenport 谱

Davenport（1961）由不同地点测得的风速记录通过傅里叶变换计算得到对应的功率谱曲线。Davenport 通过研究发现，不同高度的顺风向功率谱形式相近。Davenport 认为功率谱的能量随高度的变化不是很大，可以归结为由计算或统计误差导致。因此，他认为功率谱与高度无关，并建立如下的顺风向功率谱函数表达式：

$$S(n) = 4k\bar{V}_{10}^2 \frac{x^2}{n\ (1+x^2)^{4/3}} \qquad (1-68)$$

式中：$S(n)$ 为顺风向脉动风速功率谱；n 为脉动风频率；$x = \dfrac{1\,200n}{\bar{V}_{10}}$；$k$ 为地面粗糙度系数。

2）Von Karman 谱

Von Karman（1948）在考虑了湍流积分尺度受高度影响的基础上建立了顺风向的脉动风速功率谱，但 Von Karman 谱仅适合描述风洞试验或距离地面较高处（$z>150$ m）的湍流特性，当需要描述近地面 150 m 高度以下的功率谱时，就要对其进行修正。Von Karman 给出功率谱的数学表达式为：

$$S(n) = \frac{4x\,\sigma_u^2\,L_u^x}{[1+70.8\,x^2\,L_u^{x^2}]^{5/6}} \qquad (1-69)$$

式中：$x = \dfrac{n}{\overline{V}(z)}$，$n$ 为脉动风频率，$\overline{V}(z)$ 为高度 z 处的平均风速；σ_u 为顺风向脉动风速的均方根值；L_u^x 为 u 方向的湍流积分长度。

3）Kaimal 谱

Kaimal（1972）考虑了功率谱随高度的变化，提出了顺风向和横风向的功率谱表达式，其中的顺风向功率谱在我国桥梁抗风规范中推荐使用。Kaimal 将得到的功率谱与 120 m 高度以下的实测谱做了比较，结果表明其与实测谱基本一致。

顺风向脉动风速的 Kaimal 谱数学表达式为：

$$S(n) = 200v^{*2} \frac{x}{n\,(1 + 50x)^{5/3}} \tag{1-70}$$

横风向脉动风速的 Kaimal 谱数学表达式为：

$$S(n) = 15v^{*2} \frac{x}{n\,(1 + 9.5x)^{5/3}} \tag{1-71}$$

式中：$x = \dfrac{nz}{\overline{V}(z)}$；$v^*$ 为摩擦速度。

国内外部分学者已针对台风脉动风谱开展了实测研究。图1-26展示了佛罗里达海湾飓风谱（Yu et al.，2008）、中国南海台风谱（Li et al.，2012）与 Kaimal 谱、Von Karman 谱的区别，可见台风风谱与良态风谱差异较大，影响中国沿海的台风与影响美国海湾的飓风也存在着明显差异。事实上，台风过程中脉动风谱在三个正交方向上（来流纵向、横向和竖向）各有不同，而且具有时变特性，这方面的研究还十分缺乏。因而，迫切需要利用现场实测采集多点高频三维风速数据，研究台风风场工程尺度参数（风速、风向、风谱、湍流度）的时空演化规律。

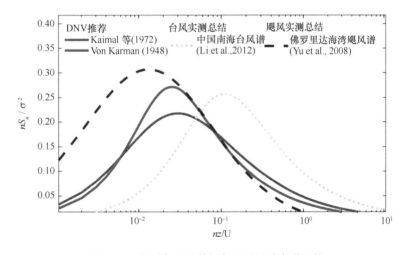

图1-26 实测台风风谱与各通用风功率谱比较

1.3.3 风暴潮

1.3.3.1 风暴潮的定义

风暴潮(storm surges)是指由于强烈的大气扰动——如强风和气压骤变所招致的海面异常升高的现象。当有台风或者寒潮发生时，水位会有一个异常的升降，这时候的水位减去天文潮汐预报水位就是风暴潮水位。当风暴潮水位值为正时，称为风暴潮增水，反之称为风暴潮减水。

然而，实际观测中的潮位是天文潮和风暴潮的叠加，通常采用的分离方法是由实际观测到的验潮曲线减去潮汐预报曲线，"差值"即作为"风暴潮曲线"。这种基于线性叠加原则的分离方法，只有当上述的非线性耦合不严重时，方为良好的近似。在某些情况下，上述差值曲线含有明显的潮周期。如果排除了天文潮预报的误差和潮汐观测技术的不足，若差值曲线明显含有天文潮周期的这一现象，就可归结为风暴潮和天文潮之间的非线性耦合。这种非线性效应，在大潮差的浅海中表现得特别严重，此时必须采用另外的分离方法。

1.3.3.2 风暴潮的分类

按照诱发风暴潮的大气扰动的特征，通常把风暴潮分为由热带气旋(如台风、飓风等)所引起的和由温带气旋或寒潮所引起的两大类。由热带气旋所引起的风暴潮称为热带风暴潮，由温带气旋或寒潮引起的风暴潮称为温带风暴潮。

当热带气旋所引起的风暴潮传到大陆架或港湾中时将呈现出一种特有的现象，它大致可分为3个阶段。

(1)在风暴潮尚未到来以前，在验潮曲线中能觉察到潮位受到了相当的影响，有时可达到20~30 cm波幅的波动。在风暴潮来临前在近岸产生的波，谓之"先兆波"。先兆波表现为海面的微微上升或缓缓下降。

(2)风暴已临近或过境时，该区域将产生急剧的水位升高，潮高能达到数米，故称为主振阶段。但这一阶段时间不太长，一般为数小时或一天的量级。

(3)风暴过境以后，仍然存在一系列的振动——假潮或(和)自由波。这一系列的事后的振动，谓之"余振"，长可达2~3 d。余振阶段若恰巧与天文潮高潮相遇，则实际水位可能超出了该地的"警戒水位"，再次泛滥成灾。

由温带气旋引起的温带风暴潮主要发生于冬、春季节，常见于北海和波罗的海沿岸；此外，另一种类型的温带风暴潮，是渤海、黄海所特有的。在春、秋过渡季节，渤海和北黄海是冷、暖气团角逐较激烈的地域，寒潮或冷空气所激发的风暴潮显著，由于寒潮或冷空气不具有低压中心，其水位变化持续而不急剧。

上述两类风暴潮的明显差别在于，由热带风暴引起的风暴潮，一般伴有急剧的水位变化；而由温带气旋引起者，其水位变化是持续的而不是急剧的。这是由于热带风暴比温带气旋和寒潮移动速度快、风场和气压变化也较急剧的缘故。

依据最大风暴增水的大小将风暴潮强度分为特强、强、较强、中等和一般 5 个等级，分别对应Ⅰ、Ⅱ、Ⅲ、Ⅳ和Ⅴ级，见表 1-4。

表 1-4　风暴潮强度等级

等级	Ⅰ(特强)	Ⅱ(强)	Ⅲ(较强)	Ⅳ(中等)	Ⅴ(一般)
最大风暴增水 h_s/cm	$h_s > 250$	$200 < h_s \leq 250$	$150 < h_s \leq 200$	$100 < h_s \leq 150$	$50 \leq h_s \leq 100$

中国沿岸常有台风或寒潮大风的袭击，是一个风暴潮危害严重的国家。据统计，广东省、福建省、浙江省是风暴潮的多发地。中国有验潮记录以来的最高风暴潮记录是 5.94 m，名列世界第三位，是由 8007 号台风(Joe)登陆广东省时恰遇天文大潮引起的。中国风暴潮一般具有以下特点。

(1)一年四季均有发生。

(2)发生的次数较多。

(3)风暴潮位的高度较大。

(4)风暴潮的规律比较复杂，特别是在潮差大的浅水区，天文潮与风暴潮具有较明显的非线性耦合效应，致使风暴潮的规律更为复杂。

1.3.4　台风浪

台风引起的波浪场具有独特的空间形态和方向特征，Young(2003)采用"延长风区"结合卫星实测结果分析了大洋洲飓风区域波浪场特征。飓风风场和波浪场空间分布均具有不对称性，如图 1-27 所示(Nair et al.，2021)，有效波高分布的不对称程度大于风场，飓风眼右侧的波浪与飓风风场传播方向一致，而在左侧波浪与风场传播方向相反，致使风场和波浪场分布具有明显的"右偏性"特征。

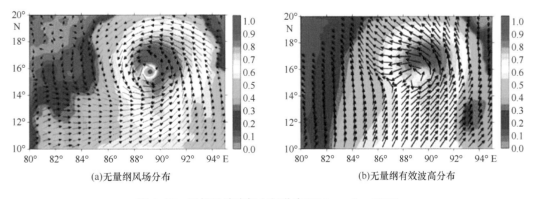

图 1-27　风场及波浪场空间分布(Nair et al.，2021)

Ochi（2003）总结了北美飓风引起的波浪场特征：在最大风速区域，波浪的方向主要追随风的方向，在台风眼以内的波浪表现为局部风引起的短峰波浪，在台风眼前方区域的波浪表现为沿径向方向传播，台风眼后方区域的波浪大多波长短，波陡小。台风浪一般是以风浪和涌浪的混合形式存在，我国通过对台风"韦森特""利奇马"过境期间珠江口和浙江沿海实测海浪资料分析发现，随着台风靠近、登陆和远离，台风浪波形均经历了混合浪—风浪—混合浪的变化过程。

对于台风诱发的波浪场特征，目前主要研究手段包括现场测试（波浪浮标）、遥感（扫描雷达高度计、合成孔径雷达）、数值模拟等。Young（2003，2006）分析了大洋洲海域16个飓风期间的229个飓风浪一维海浪谱，发现当实测位置距离台风中心小于8倍最大风速半径，台风浪的频谱呈现单峰谱形，与JONSWAP谱拟合较好。墨西哥湾海域飓风浪谱主要由右侧象限的单一模态主导，但在左侧象限会变成双模态或三模态（Esquivel et al.，2015）。我国学者基于浮标实测数据分析了不同台风过境期间我国南海与东海海域的台风浪频谱特征（Wei et al.，2021）。研究表明，"灿都"台风浪频谱低频部分与JONSWAP谱拟合较好，高频部分实测波谱则大于JONSWAP谱；"温比亚""飞燕"和"尤特"台风浪谱大多表现为单峰谱形；"泰利"台风期间波谱以双峰为主，外海涌浪与风浪形成混合浪，低频涌浪成分占比大，高频风浪成分占比小；"苏迪罗""杜鹃"台风浪频谱模型的关键参数依赖于台风的时间变化，如图1-28所示，存在双谱型和单谱型波浪谱，在台风浪成长和衰减阶段主要以双谱型为主，在峰值阶段主要以单谱型为主，与传统JONSWAP谱和Ochi-Hubble谱存在显著差异。

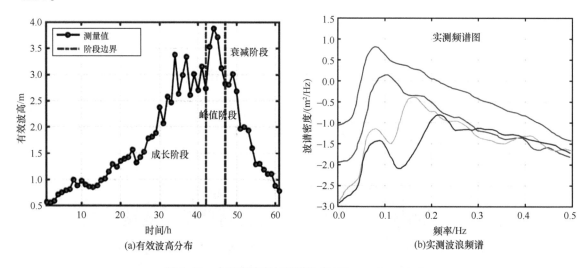

图1-28　台风浪波高与波谱分布（Wei et al.，2021）

由于海上观测资料匮乏，现场测量费用较高，资料难获取，数值模拟也是台风浪研究的重要手段之一，其中，WAM模式、近岸海浪数值模型SWAN模式和WAVEWATCHIII模式均属于第三代海浪模式。国内外部分学者针对台风过程中海浪的分布特征开展了一系列数值研究，构建了台风浪与风暴潮耦合的高精度数学模型，研究了台风浪波高分布与频谱特征。研究表明，在台风浪传播过程中，海面长周期的波动主要是风暴潮和天文潮带来的水面变化，在近海特别是我国东南海域，风暴潮产生的增水与天文潮差为同一量级。因此，对于台风浪传播与破碎特性的计算必须考虑风暴潮影响。然而，已有的基于 SWAN 海浪模式的台风浪研究主要针对外海区域，对台风浪由外海向近岸传播过程中，水深变浅、波浪破碎、波升流、水汽掺混、台风涌浪传播特征、风暴潮对台风浪的影响等认识还不足。台风浪模型的关键参数依赖于台风的时间变化，且对于理想风场和台风浪空间分布的假设主要是用于风浪主导的情况下，多用于台风中心附近，并未考虑近岸传播涌浪的影响，不适用于台风过境期间整个台风波浪场模型。

目前，关于台风条件下工程设计的波浪要素研究仍存在一定的缺陷，比如设计波浪要素确定方法均是基于北美洲、大洋洲台风浪数据库发展的，对我国台风浪数据的适用性尚未明确。国际上关于台风浪频谱描述主要采用欧洲北海 JONSWAP 谱，并不完全适用于我国台风频发的东南海域，且台风浪频谱特征随台风路径与台风浪不同发展阶段变化明显。在近海水深一般在 $10 \sim 50$ m，水深变浅、波浪破碎对台风浪的工程尺度性状有重要影响。

1.4　海洋工程环境荷载

1.4.1　波浪荷载

波浪荷载是海洋工程结构的主要环境荷载。当海洋工程结构断面尺寸 D 相对于波长 L 较小（$D/L \leqslant 0.2$）时，波浪荷载大多采用 Morison 方程进行计算。按照 Morison 方程，作用于单位长度直桩上的波浪力由拖曳力 F_D 和惯性力 F_I 两部分组成，如下式所示：

$$F = F_D + F_I \tag{1-72}$$

$$F_D = \frac{1}{2} \rho D C_D u |u| \tag{1-73}$$

$$F_I = (1 + C_a) \rho \pi \left(\frac{D}{2}\right)^2 \frac{\mathrm{d}u}{\mathrm{d}t} = C_M \rho \pi \left(\frac{D}{2}\right)^2 \frac{\mathrm{d}u}{\mathrm{d}t} \tag{1-74}$$

式中：F 为单位长度直桩上的波浪力（kN）；F_D 为拖曳力；F_I 为惯性力；ρ 为海水密度（kg/m^3）；D 为桩体直径（m）；C_D 为拖曳力系数；C_a 为附加质量系数；C_M 为惯性力系数；$C_M = 1 + C_a$。u 为水质点轨道运动的水平速度（m/s）；$\frac{\mathrm{d}u}{\mathrm{d}t}$ 为水质点运动水平加速度（m/s^2）。

在振荡流中，圆柱两侧的绕流从柱表面分离，在柱后形成尾流。当分离点移动时，涡流从圆柱的两侧不对称地释放。

通常在振荡流中引入 Keulegan-Carpenter（KC）数表征来流：

$$KC = U_{max}T/D \tag{1-75}$$

式中：U_{max} 为波面水质点的最大水平速度；T 为波周期，$\omega = 2\pi/T$；速度 $u(t) = U_{max}\cos(\omega t)$。

作用于单位长度垂直圆柱上的横向力近似可写为：

$$F_L = \frac{1}{2}\rho DC_L u^2 \tag{1-76}$$

式中：C_L 为横向力系数(升力系数)。

在台风过境过程，波浪能量迅速集中、波高急剧增大，形成具有异常大波高和强非线性特征的极端波浪。当极端波浪从深水传播至近岸浅水区域时，受浅水效应影响，导致波浪破碎。破碎波砰击作用会引发海洋工程结构的脉冲动力响应，产生瞬时骤增的砰击荷载，严重影响海洋工程安全。破碎波浪砰击桩柱基础产生的瞬时砰击荷载，具有典型的脉冲荷载特性(图1-29)。研究表明，由于未考虑波浪破碎，线性和非线性波浪理论均低估了波浪荷载，Morison 公式不再适用。现有破碎波浪荷载计算方法是在原有的 Morison 公式基础上，增加波浪瞬时砰击荷载 F_S 项，波浪砰击荷载项计算公式为：

$$F_S = C_S \frac{1}{2}\rho C_b{}^2 D\lambda\eta_b \tag{1-77}$$

式中：C_S 为砰击系数，C_b 为破碎波的波速(m/s)，λ 为卷曲因子，η_b 为破碎波峰高度(m)。

(a)波浪砰击模型试验

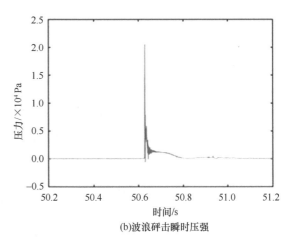

(b)波浪砰击瞬时压强

图1-29 波浪砰击桩基基础物理模型试验(Zhu et al., 2022)

Zhu 等(2022)考虑入射波特征参数，在经验公式中引入坡度 s，提出了改进的波浪砰击荷载计算公式，主要包括砰击系数 $C_S = ae^{-[(s-b)/c]^2}$、动压力 $\frac{1}{2}\rho U^2$ 及砰击区域 DH 三部分，在该公式中，采用 DH 代替 $D\lambda\eta_b$ 表征砰击区域，采用入射波波速 U 代替破碎波波速 C_b。改进的修正公式具体如下：

$$F_S = C_S \frac{1}{2}\rho U^2 DH = ae^{-[(s-b)/c]^2} \cdot \frac{1}{2}\rho U^2 DH \tag{1-78}$$

式中：s 为海底坡度，U 和 H 分别为入射波波速和波高，a、b、c 为结合试验得到的经验系数。图 1-30 说明了修正公式与实测对比效果良好。

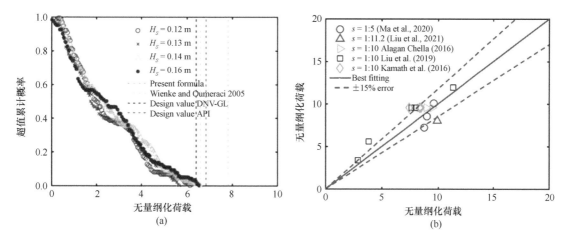

图 1-30　(a)单桩基础波浪砰击荷载概率统计分布特征；(b)修正计算公式结果对比分析(Zhu et al., 2022)

1.4.2　海流荷载

实际海洋中的海流往往是沿水深变化的，流速沿水深是非均匀的，通常采用幂函数分布表示海流剖面。当波浪和海流共存时，使海流流速增加，计算时应将波浪水质点速度与海流水质点速度矢量叠加。

1.4.2.1　海流荷载

作用在海洋工程上的海流拖曳力，计算公式可表述为：

$$F_D = \frac{1}{2}C_D\rho U^2 A \qquad (1-79)$$

式中：F_D——海流拖曳力或阻力(kN)；

$\quad U$——设计海流流速(m/s)；

$\quad \rho$——水的密度(kg/m³)，淡水取 1.0×10^3 kg/m³，海水取 1.025×10^3 kg/m³；

$\quad A$——单位长度构件垂直于海流方向的投影面积(m²)；

$\quad C_D$——垂直于构件轴线的拖曳力系数。

对于圆柱体构件，在垂直于流动的方向上仍存在交替变化的升力，升力是由圆柱绕流的分离点不是固定的，并以尾涡流脱落的频率作振荡产生的，其计算公式可表述为：

$$F_L = \frac{1}{2}\rho C_L U^2 A \qquad (1-80)$$

式中：C_L 为垂直于构件轴线的升力系数。

1.4.2.2　涡激振动(VIV)

当海流流经圆柱体时，在圆柱体两侧会发生旋涡的交替脱落，受到流向和横向的周期性脉动压力作用。当圆柱体为弹性支撑时，其后方脱落的旋涡会引发圆柱体的振动，而圆柱体的振动反过来会影响尾流结构，该流体与圆柱体之间的相互作用被称为涡激振动。

稳定流中，圆柱体的旋涡脱落频率为：

$$f_s = St \frac{U}{D} \tag{1-81}$$

圆柱体斯特鲁哈数随雷诺数 St 的变化曲线如图 1-31 所示。

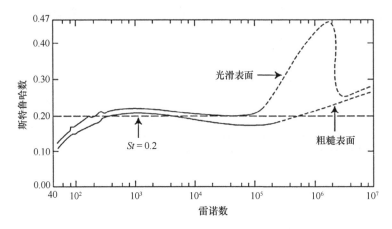

图 1-31　圆柱体斯特鲁哈数随雷诺数的变化曲线

在涡激振动研究中，约化速度可以表征涡激振动发生时的速度范围。其表达式为：

$$U^* r = \frac{U}{f_n D} \tag{1-82}$$

式中：U^* 为约化速度；f_n 为圆柱体的固有频率。

固有频率表达式为：

$$f_n = \frac{1}{2\pi} \sqrt{\frac{k}{m}} \tag{1-83}$$

式中：m 为圆柱质量；k 为系统的弹性常数。

质量比为圆柱体结构的质量与圆柱体排水体积的比值，可用来判断圆柱体动力响应的敏感程度，其表达式为：

$$m^* = \frac{m}{\frac{1}{4}\rho\pi D^2} \tag{1-84}$$

阻尼比为圆柱体阻尼系数与系统阻尼系数的比值，其表达式为：

$$\xi = \frac{c}{2\sqrt{mk}} \tag{1-85}$$

式中：c 为系统阻尼系数。

当旋涡脱落频率和圆柱体固有频率相等或接近时，圆柱体的振动会锁定于柱体自然频率附近。在锁定区间内，圆柱体振动在一定约化速度范围内均具有较大的振幅，出现了共振现象。图 1-32 所示为低质量阻尼比圆柱体涡激振动响应分支、尾流模态与受力系数。低质量阻尼比的圆柱体在涡激振动过程中，振动响应存在初始分支、上端分支和下端分支，涡脱模态主要存在 2S、2P、P+S、2T 等模态。最大振幅出现在上端分支，初始分支和上端分支之间发生迟滞，而上端分支和下端分支存在间歇切换现象。最大横向力出现在初始分支与上端分支的过渡区域，随着约化速度增大，在上端分支与下端分支的过渡区出现急剧下降。

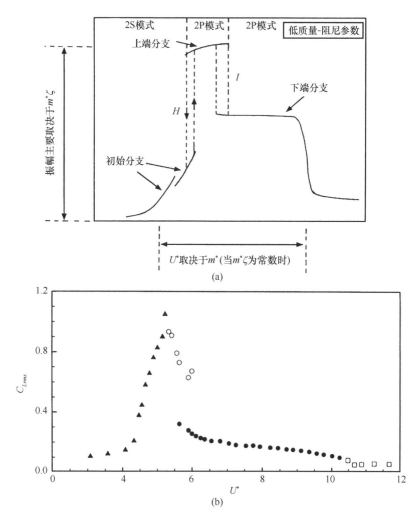

图 1-32 （a）低质量阻尼比响应分支及尾涡模态；（b）受力系数随约化速度变化曲线（Govardhan et al.，2000）

1.4.3 风荷载

风荷载作为海洋环境荷载的一部分，是海洋工程基础结构承受的主要荷载之一。通常所说的风是由稳态风和脉动风两部分组成。稳态风属于长周期部分，其周期一般在 10 min 以上，大大超过结构的固有周期，稳态风对结构的作用通常可当成静力考虑。脉动风属于短周期部分，其对结构的动力作用不可忽略。脉动风具有随机性，风场中任意点处的脉动风速大多满足平稳高斯随机过程。

1.4.3.1　稳态风荷载

作用于海洋工程结构上的稳态风荷载，可按下列公式计算：

$$F_w = KK_z p_0 A_w \qquad (1-86)$$

式中：F_w 为作用在海洋工程上的稳态风荷载；K 为风荷载形状系数，其中，梁及建筑物侧壁取 1.5，圆柱体侧壁取 0.5；K_z 为 z 高度处的风压高度变化系数；p_0 为基本风压；A_w 为构件垂直于风向的轮廓投影面积。

1.4.3.2　脉动风荷载

作用于海洋工程结构上的脉动风荷载，可按下列公式计算：

$$F_w = KK_z p_{w0} A_w \qquad (1-87)$$

$$p_{w0} = \beta \alpha_f v_t^2 \qquad (1-88)$$

式中：F_w 为作用在海洋工程结构上的脉动风荷载；K 为风荷载形状系数，其中，梁及建筑物侧壁取 1.5，圆柱体侧壁取 0.5；K_z 为 z 高度处的风压高度变化系数；p_{w0} 为基本风压；A_w 为构件垂直于风向的轮廓投影面积；β 为风压增大系数；该系数与结构自振周期 T 相关；α_f 为风压系数；v_t 为时距为 t 的设计风速（m/s），可选取平均海平面以上 10 m 处、时距为 3 s 的最大阵风风速或时距为 1 min 的最大持续风速。

参考文献

王立忠，洪义，高洋洋，等，2023. 近海风电结构台风环境动力灾变与控制[J]. 力学学报，55(3)：567-587.

王立忠，潘冬子，凌道盛，2006. 海床波浪响应的积分变换解及其分析应用[J]. 岩土工程学报，28(7)：847-852.

谢鎏晔，2012. 台风风场与波浪场的数值模拟研究[D]. 上海：上海交通大学.

BOUWS J, GÜNTHER H, et al., 1985. Similarity of the wind wave specturm in finite depth water：1 Spectral form. Journal of Geophysical Research Oceans, 90(C1)：975-986.

DAVENPORT A G, 1961. The spectrum of horizontal gustiness near the ground in high winds. Quarterly joural of the royal meteorological society, 57(372)：194-211.

DURST C S, 1960. The statistical variation of wind with distance[J]. Quarterly Journal of the Royal Meteorological Society, 86(370)：543-549.

ESQUIVEL-TRAVA B, OCAMPO-TORRES F J, OSUNA P, 2015. Spatial structure of directional wave spectra in hurricanes[J]. Ocean Dynamics, 65(1)：65-76.

GODA Y, 1999. A comparative review on the functional forms of directional wave spectrum[J]. Coastal Engineering

Journal, 41(1): 1-20.

GOVARDHAN R, WILLIAMSON C H K, 2000. Modes of vortex formation and frequency response of a freely vibrating cylinder[J]. Journal of Fluid Mechanics, 420: 85-130.

HUANG M, WANG Q, JING R, et al., 2022. Tropical cyclone full track simulation in the western North Pacific based on random forests[J]. Journal of Wind Engineering and Industrial Aerodynamics, 228: 105119.

HUANG M, WANG Q, LI Q, et al., 2021. Typhoon wind hazard estimation by full-track simulation with various wind intensity models[J]. Journal of Wind Engineering and Industrial Aerodynamics, 218: 104792.

ISHIHARA K, TOWHATA I, 1983. Sand response to cyclic rotation of principal stress directions as induced by wave loads[J]. Soils and Foundations, 23(4): 11-26.

JENG D S, 1997. Wave-induced seabed instability in front of a breakwater[J]. Ocean Engineering, 24(10): 887-917.

KAIMAL J C, WYNGAARD J C J, IZUMI Y, et al., 1972. Spectral characteristics of surface-layer turbulence[J]. Quarterly Journal of the Royal Meteorological Society, 98(417): 563-589.

KINSMAN B, 1965. Wind waves: their generation and propagation on the ocean surface[M]. Prentice-Hall: Englewood Cliffs: 676.

KITAIGORDSKII S A, KRASTITSKII V P, et al., 1975. On Phillip's theory of equilibrium range in the spectra of wind generated gravity waves, Journal of Physical Oceanography, 5(3): 410-420.

LI L, XIAO Y, KAREEM A, 2012. Modeling typhoon wind power spectra near sea surface based on measurements in the South China sea[J]. Journal of Wind Engineering and Industrial Aerodynamics, 104: 565-576.

LONGUET-HIGGINS M S, 1975. On the joint distribution of the periods and amplitudes of sea waves[J]. Journal of Geophysical Research, 80(18): 2688-2694.

NAIR MA, KUMAR VS, GEORGE V, 2021, Evolution of wave spectra during sea breeze and tropical cyclone[J]. Ocean Engineering, 219: 108341.

OCHI M K, 2003. Hurricane generated seas. Elsevier.

PHILLIPS O M, 1958. The equilibrium range in the spectrum of wind-generated waves. Journal of Fluid Mechanics, 4(4): 426-434.

PIERSON W J, MOSKOWITZ L, 1964. A proposed spectral form for fully developed wind seas based on the similarity theory of S. A. Kitaigoraosku[J]. Journal of Geophysical Research. 69(24): 5181-5190.

SEED H B, LEE K L, 1966. Liquefaction of saturated sands during cyclic loading[J]. Journal of the Soil Mechanics and Foundations Division, 92(6): 105-134.

STOKES G G, 1847. On the theory of oscillatory waves[J]. Transactions of the Cambridge Philosophical Society, 8: 441-455.

THOMPSON E F, VINCONT C L, 1983. Prediction of wave height in shallow water. Coastal Sturctures 83, ASCE: 1000-1007.

VON KARMAN T, 1948. Progress in the statistical theory of turbulence[J]. Proceedings of the National Academy of Sciences, 34(11): 530-539.

WEI K, IMANI H, QIN S, 2021. Parametric wave spectrum model for typhoon-generated waves based on field measurements in nearshore strait water[J]. Journal of Offshore Mechanics and Arctic Engineering, 143(5): 1-36.

YOUNG I R, 2003. A review of the sea state generated by hurricanes[J]. Marine structures, 16(3): 201-218.

YOUNG I R, 2006. Directional spectra of hurricane wind waves[J]. Journal of Geophysical Research: Oceans, 111: C08020.

YU B, GAN CHOWDHURY A, MASTERS F J, 2008. Hurricane wind power spectra, cospectra, and integral length scales[J]. Boundary-layer meteorology, 129: 411-430.

ZEN K, YAMAZAKI H, 1990. Mechanism of wave-induced liquefaction and densification in seabed[J]. Soils and Foundations, 30(4): 90-104.

ZHU J, GAO Y, WANG L, et al., 2022. Experimental investigation of breaking regular and irregular waves slamming on an offshore monopile wind turbine[J]. Marine Structures, 86: 103270.

第 2 章　沉积物与沉积相

海洋沉积物是指海底各种矿物和有机质，包括孔隙水所组成的集合体。矿物颗粒穿过海洋后最后沉积在海底，整个沉降过程中，会受到形成作用、絮凝作用、蚀变作用和生物改造作用等动力系统对它的影响；物质到达海底后，又连续不断地发生蚀变、运动和改造，包括波浪、海流、地震、生物及物理化学作用的影响。正因为如此，海洋土的物理、力学性质与陆地土存在显著的差异，包括成分上的差异和由于沉积速率、压力和温度造成的差异等。本章内容涵盖海洋沉积物成分、颗粒组分，我们将主要讨论碎屑沉积物的搬运、沉积以及各种沉积环境。为加强对岛礁建设地质环境的认识，还着重介绍了碳酸盐沉积物。

2.1　沉积物描述

2.1.1　沉积物成分

碎屑沉积物通常由粗颗粒和细颗粒组成，粗颗粒和细颗粒可能由单一矿物、岩石碎片和一些非晶态化合物组成，如有机质、生物硅等。沉积物成分取决于被侵蚀或风化的母岩、沉积搬运和沉积环境。粒度分布在很大程度上取决于母岩的矿物属性，页岩和火山岩将产生富含黏土的沉积物。

花岗岩和片麻岩的快速侵蚀产生富含长石的砂，而风化则产生与花岗岩中石英晶体对应的砂，以及长石风化形成的高岭石黏土。火山岩产生的富含滑石矿的黏土颗粒非常细，具有与高岭石黏土非常不同的黏性。粒度分布、砂泥岩比以及黏土成分在沉积过程中起着重要作用。

岩芯的描述包括通过显微镜（光学显微镜和扫描电镜 SEM）和 X 射线衍射（XRD）对其结构和矿物成分进行微观分析。这可为解释沉积物逐渐埋藏期间发生的成岩反应以及矿物之间孔隙空间的分布提供依据。

例如，龙凡等(2015)通过微结构扫描发现，舟山海相土和温州海相土的微结构都是片状黏土颗粒相互聚集形成的层状叠聚体，但是舟山土的微结构呈现出一种更加松散无序的"边-面"排列形式，孔隙也更加多，而温州土的微结构呈现出更紧密有序的"面-面"方式堆叠。通过 X 射线能谱分析试验发现，舟山土中的氯元素和钠元素相对温州土含量明显高得多，氯和钠元素在土中主要的矿物成分中含量不高，氯盐和钠盐在海水中的含量比较高，说明舟山土沉积过程中受到海水的影响更大。舟山土中较稳定原生矿物(石英、钠长石和石榴石)含量比温州土更低，而黏土矿物(绿泥石和伊利石)含量更高，其中，伊利石含量明显更高，使得舟山土的工程特性表现为更加不稳定，扰动后强度下降更多，这些矿物组成上的差异也导致舟山土的高灵敏度特性。

2.1.2　沉积物粒径

碎屑沉积物的结构包括沉积物颗粒的外部特征，如大小、形状和排列方向。这些性质可以相对客观地描述，并在很大程度上说明了泥沙输移沉积的起源和条件。

大多数颗粒不是球形的，很难确定代表性的直径，尤其是对于细长或弯曲颗粒。因此，我们采用了"标称"直径(d)的概念，定义为与颗粒体积相同的球形体的直径。图 2-1 是根据粒径大小对沉积物的分类。在实践中，我们很少能够测量单个颗粒的体积，一般都使用间接方法来测量样品中的粒度分布。

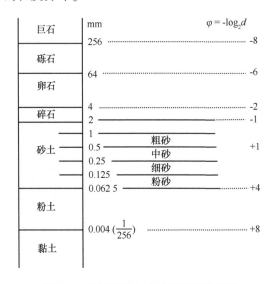

图 2-1　根据粒径大小对沉积物的分类

砂土和砾石最简单的分析方法是筛分法。筛分法是让土样通过一系列不同筛孔的标准筛，大于筛孔尺寸的颗粒将保留下来，而较小的颗粒将落下，并可能保留在下一个筛子上。通过称量残留在每个筛子上的样品百分数，可以构建颗粒级配曲线。筛分法的颗粒粒径下限为 0.04~0.03 mm。

粉土和黏土颗分可以通过多种方式进行分析。大多数经典方法基于液体中沉降速度的测量。当颗粒的沉降速度(例如在水中沉降)恒定时，向上阻力(摩擦力)必须等于向下的重力。早在 1851 年，Stokes 给出了这一恒定沉速：

$$6\pi R v\mu = 4/3\pi gR^3\Delta\rho \tag{2-1}$$

$$v = cg\,R^2\,\frac{\Delta\rho}{\mu} \tag{2-2}$$

$$\log v = 2\log R + c \tag{2-3}$$

式中：c 为一个常数；μ 为水的黏度；R 为颗粒的半径(cm)；$\Delta\rho$ 为颗粒和液体(水)之间的密度差。

通过记录流体密度的比重计测量悬浮泥沙样品的悬浮液密度，可以间接测量泥沙颗粒的沉降速度。实验时使用混合器将样品分散在一个圆筒中，以便在开始时，整个圆筒中均匀分布所有粒度，从而计算密度。随着悬浮颗粒逐渐减少，流体密度的变化是颗粒尺寸分布的函数。这里要注意两点：一是适用于微小颗粒，其中颗粒周围的液体流动为层流，颗粒含量较低；二是沉降速度对温度变化敏感，温度变化会影响水的黏度(μ)。

2.1.3　粒度分布

粒度分布是许多物质类型的自然数据之一，为了方便起见，这些数据以对数形式表示。目前地质文献中应用最广泛的是以 2 为底的对数形式。粒径标量 $\varphi = -\log_2 d$，其中，d 为颗粒直径，单位为 mm。通常大多数沉积物粒径(d)小于 1mm，使用负对数，结果可得到正 φ 值。可以方便地将粒度分布数据绘制为 φ 值的函数，尤其是在累积分布曲线上。如果我们使用概率纸，对数正态分布(遵循对数分布)将绘制为直线，其斜率表示筛分程度。即使整个分布不是对数正态分布，曲线也常常被视为 2~3 个对数正态粒度群体的组合。曲线的某些部分代表两个群体部分的组合，每个部分可能是对数正态分布。每个群体可能代表不同的沉积物运输模式，如跳跃、滚动(推移质)或悬浮(图 2-2)。

大于某一粒径(φ)的颗粒所占的百分比称为百分位数，φ_{30} 表示大于该粒径的颗粒的重量占总重量的 30%。当 $\varphi = 4$ 时，颗粒大小为 0.062 5 mm，即 30% 的样品为砂粒或更大的颗粒。平均直径是通过计算得到的平均粒径。中值粒径由颗粒大小定义，其中 50% 的样品颗粒重量较小，50% 较大。只有在完全对称分布曲线的情况下，平均直径(M)和中值直径(M_d)才会重合。

沉积区域的粒度分布取决于沉积物到该区域的运移机制，沉积物粒度分布反映了水动力条件，也反映了源区可用沉积物的粒度分布。此外，尽管特定粒度分布可能是某一类型沉积物的特征，但它并不能明确指向某一特定的沉积环境，因为不同环境中可能存在类似的水动力条件。

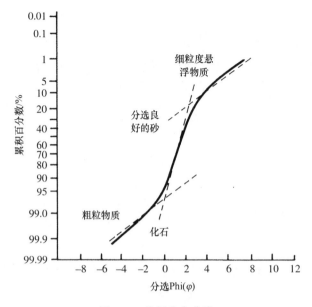

图 2-2　粒径分布曲线

2.1.4　颗粒形状

一般来说，我们可以通过以下几个参数来描述颗粒形状。

（1）圆度是表面形状的一种属性（无论是光滑的还是有棱角的）。

（2）球形度是颗粒偏离球形程度的表达式，定义为颗粒外接圆的直径与相同体积的球体（公称直径）直径的比值。

（3）颗粒形状表述，例如扁平颗粒的圆形或叶形，某一方向比其他方向大得多的长圆形颗粒，三个方向基本相等的均匀颗粒，以及大、中、小尺寸颗粒的扁圆形。

大颗粒比小颗粒更容易磨圆，经过几百米或几千米的运输，石块会变圆。直径小于0.1 mm的颗粒即使在水中会输移较远距离，也不会变圆。沉积时颗粒粒度和分选对于覆盖层应力增加的压实速度起着决定性作用。粒度分布也可能因压实过程中的颗粒破碎和化学反应而发生变化。

2.2　泥沙运移

2.2.1　牵引流

究竟是什么赋予了流水携带泥沙的能力，泥沙颗粒又是如何被运送的呢？流水对床面施加剪切力。摩擦力使得上覆水流转化为湍流，并具有沿海床输送颗粒的牵引作用。部分颗粒将作为推移质沿床面输送，它们通过滚动或缓慢蠕动，或者是通过跳跃发生的，即颗粒沿着海床跃迁。

通过 Bernoulli 方程可以解释跃迁现象：

$$p + \rho gh + \frac{\rho v^2}{2} = C \qquad\qquad (2-4)$$

式中：p 为压力；h 为水深；v 为流速；C 为常数。流过床面沉积物颗粒上面的水将比流过颗粒下面的水具有更大的速度。Bernoulli 方程预测，颗粒上方的压力一定小于颗粒附近的压力(p)，当这种差异变得足够大时，就有可能将颗粒从海床上提起，一旦颗粒浮在海床上方的水中，这种"机翼效应"就不起作用了，颗粒会再次落到海床上。

泥沙颗粒悬浮输送的条件是其沉降速度必须小于向上垂直湍流分量。这就意味着颗粒在水里向上运送的速度必须至少和向下沉降的速度一样快。垂直向上的湍流的大小与水平速度有关(二者之比约为1∶8)。在正常流动条件下(约<1 m/s)，只有黏土和粉土将悬浮运输。较细的颗粒在低速下长时间悬浮。黏土小颗粒在海水中絮凝形成大颗粒，增加了黏土的沉降速度。当泥沙含量相对较低时，流体相的密度和黏度几乎没有增加，流动特征与没有泥沙时大致相同。

2.2.2 重力流

另一种泥沙运移类型主要是由于携带悬浮泥沙的水团与清水间的密度差造成的。这种现象称为重力流[图 2-3(a)和(b)]，它包括浊流和泥石流。由于其密度高于周围环境，重力会引起沉积物/水混合物的运动。

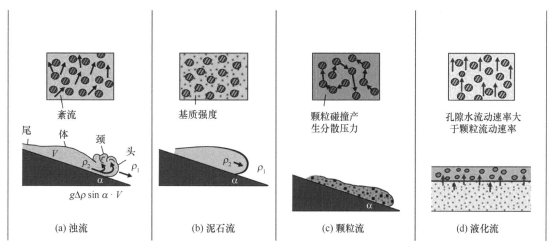

图 2-3　斜坡上不同运移方式

2.2.2.1 浊流

如图 2-3(a)所示，海底滑坡也可能迅速演变成浊流。进入海洋盆地的泥沙将与海水混合，使黏土絮凝并沉积在斜坡上。坡度较大的时候会发生滑坡，形成浊流。当细粒泥沙从悬浮液中沉积在斜坡上时，含水量非常高。有时由地震引起的超孔压会导致孔隙水向上流动并导致细粒泥沙液化，由于强度衰减，缓坡上的泥沙也可能因此开始流动，变成浊流。

浊流可分为头、颈、体和尾。头部区域的泥沙颗粒比水流本身的前部移动更快。这导致泥沙向上扫过，然后向后扫向颈部与上覆水混合。向后带到身体和尾部，在那里悬浮颗粒更细。当浊流失去速度时，由于湍流减少，头部中最大的颗粒将首先从悬浮液中沉淀出来，接着越来越小的颗粒会逐渐沉降。

2.2.2.2 泥石流

如图2-3(b)所示，泥石流既发生在陆地上，也发生在水下，代表了一种质量运移类型，其中泥沙/水的比例远大于浊流，导致流动过程中的高黏性和高内摩擦。这也意味着密度在1.5~2.0 g/cm³，而大多数浊流的密度为1.1~1.2 g/cm³或更小。泥石流具有高密度的特点，基质致密，基质的高黏度也意味着大石头不会迅速向底部下沉。在具有高密度和黏度的流动中，块体可能会留在流动表面附近，直到失水而凝固，并且由于密度和黏聚力的增加而变得更坚硬。基体的抗剪强度常被称为基体强度。由于基体强度高，泥石流很少发生分选。大块往往集中在泥石流的前缘或两侧，由于剪切运动，在泥石流的基部附近可能会有较少的粗料。

泥石流和泥流通常具有触变性：在发生变形(剪切)之前，剪力必须达到一个阈值，材料在变形后失去了大部分抗剪强度。在含蒙脱石的黏土中，这种性质特别明显。在剪应力作用下，水将被释放。黏土矿物的结构被破坏，黏土颗粒趋于平行排列。

海底斜坡的稳定性和泥流的流动特性取决于泥质的黏土矿物组成、孔隙水的地球化学性质以及吸附在黏土矿物上的离子，例如钾和钠的存在会稳定泥浆。在水中，沉积物与周围环境的密度差异远小于陆地，因此对于具有相同内摩擦的流动，坡度必须更大。另一方面，海底泥流不会干涸，它们在移动时很容易吸收更多的水。

"灵敏黏土"(quick clay)是指极易触变的黏土。未受干扰的黏土具有相对较高的剪切强度，但在扰动或其他类型的变形后，可以像液体一样流动，内摩擦非常低。在斯堪的纳维亚半岛，因冰川等静压回升而隆起的全新世海相黏土，在雨水渗滤作用下被缓慢风化，钠被析出，这种灵敏黏土更容易发生滑坡形成泥流。

2.2.3 颗粒流

如图2-3(c)所示，颗粒流是由于颗粒间碰撞而滞留在下卧层之上的一种流动，悬浮物中泥沙颗粒相对分选较好。如果在干燥的沙坑里倒一点沙，或者从袋子里倒糖，就能看到这种流动。只有当初始流动接近休止角时(约34°)，颗粒流才能发生。Bagnold (1956)描述了沉积物颗粒之间的碰撞是如何导致分散应力的。然而这种应力只有在流动的底部附近才是显著的，其流速随基底上方高度的变化很快。速度不同的颗粒会相互撞击，并将速度分量相互传递。

2.2.4　液化流

如图 2-3(d)所示，液化是指沉积物失去大部分内摩擦，从而几乎像流体一样流动的过程。当孔隙压力与上覆层自重相等时，即为这种情况。沉积物沉积时，其含水率较高，沉积物颗粒以不稳定的方式堆积。随着上覆层的增加，颗粒接触面上的应力增大，沉积物颗粒骨架可能会突然崩塌。地震产生的震动也可能使这种结构倒塌，但也可以纯粹由于其他应力(荷载)作用而发生。

当沉积过程中形成的颗粒堆积骨架被破坏时，颗粒可以更加紧密地堆积在一起。然而，要做到这一点，水必须随着孔隙率的降低从土中排出。这会导致孔隙水和细颗粒向上流动，其流速可能大于或等于颗粒的沉降速度，这个过程称为液化。因此，作用在颗粒之间的作用力被中和，颗粒之间的摩擦力趋于零导致液化。当不稳定的颗粒骨架被破坏时，如果测量孔隙水压力，它会在沉降(压实)过程中增加。某一阶段，孔隙压力可能与上覆沉积物的重量一样大。

根据库仑定律：

$$\tau = c + (\sigma_v - p)\tan\varphi \tag{2-5}$$

式中：τ 为抗剪强度；c 为黏聚力；σ_v 为上覆沉积物的重量；p 为孔隙水压力；φ 为内摩擦角(约 34°)；$(\sigma_v - p)$ 为有效应力。当孔隙水压力 p 接近上覆沉积物的重量 (σ_v) 时，摩擦分量 $(\sigma_v - p)\tan\varphi$ 接近于零。

对于砂性土，此时土体强度接近于零。黏土这种细粒沉积物具有较大的黏聚力，即使摩擦力很小，也通常会阻止黏土沉积物滑动。然而，一旦变形平面形成，该平面上的黏聚力减小，黏土沉积物颗粒通常会沿着它移动。

2.3　泥沙沉积

2.3.1　三角洲沉积

2.3.1.1　三角洲类型

大型三角洲需要有足够大的流域和降水才能产生高径流。来自北美、南美及非洲的河流大部分流入大西洋，只有小部分河流从美洲大陆进入太平洋，非洲的河流进入印度洋的相对较少。中国境内的河流大部分汇入太平洋中，像长江、黄河和珠江流入太平洋中并形成了大型三角洲。

流域内泥沙侵蚀将决定河流搬运并沉积在三角洲上的沉积物的组成和粒度。以密西西比河为例，该河流排泄了大量的古生界和年轻的沉积物，其中含有大量的页岩，因此河流输送了大量的黏土和粉砂。三角洲向外推进形成沉积盆地，在入海口附近形成一个三角洲平原。

三角洲的形成可以描绘成三角洲的河流发展与其抵抗海洋侵蚀的历史过程。因此，我们可以区分出向海盆内延伸较远、以河流沉积物为主的河流型三角洲和受海洋环境作用（潮汐和波浪）侵蚀较快、以海洋沉积物为主的三角洲（图2-4）。

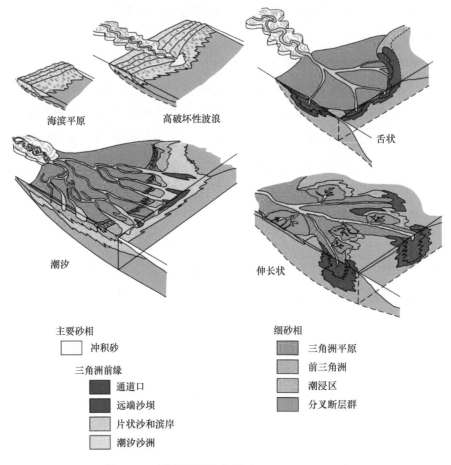

海滨平原　　　　高破坏性波浪

舌状

潮汐　　　　　　伸长状

主要砂相
　□ 冲积砂

三角洲前缘
　■ 通道口
　■ 远端沙坝
　□ 片状沙和滨岸
　□ 潮汐沙洲

细砂相
　■ 三角洲平原
　■ 前三角洲
　■ 潮浸区
　■ 分叉断层群

图2-4　三角洲类型的分类（Fisher et al.，1974）

河流主导的三角洲通常被称为建设性三角洲，因为它们往往在没有太多海洋动力改造的情况下更迅速地向海洋盆地推进。潮汐和波浪主导的三角洲通常被称为破坏性三角洲。我们可以将三角洲划分为三种主要类型：（1）河流控三角洲；（2）潮汐控三角洲；（3）波浪控三角洲。Galloway（1976）根据上述三种作用，对世界各大三角洲进行分类，提出了三角洲三端元分类方案（图2-5）。其三个端元分别代表河流、波浪、潮汐作用为主的三角洲类型。这个分类方案比较系统地反映三角洲的连续变化，而大部分三角洲都介于以上几种类型之间。

在现代三角洲的研究中，考虑到末次冰川后的全新世海侵使海平面上升了100 m以上，

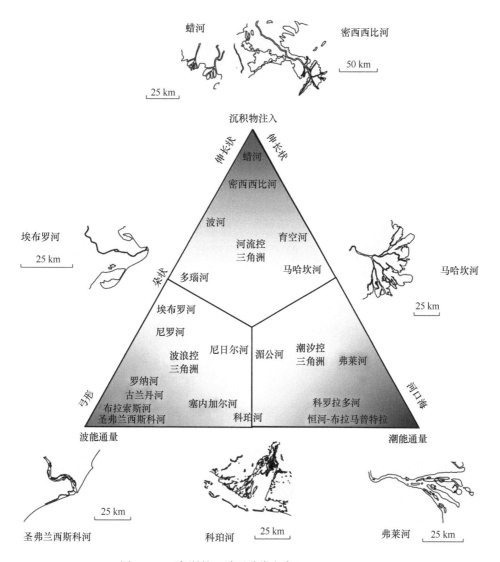

图 2-5 三角洲的三端元分类方案(Galloway, 1976)

因此大多数三角洲相对于海平面的进积作用是相当不平衡的。在尼日尔三角洲,在目前的三角洲前缘沉积之外发现了 12 000~25 000 年的沉积,这相当于冰川的最后一次前行。

2.3.1.2 长江三角洲

长江是中国第一长河,长江三角洲是长江入海之前形成的冲积平原,是典型的潮汐控三角洲。长江三角洲是由长江带来的泥沙冲淤而成,冲积层的厚度,由西向东增加到400 m。长江三角洲自镇江向东展开,北被从扬州向东延伸到泰州和海安的古代海积平原或埋藏的海积平原,南被常州西北向东侧延伸的古代海积平原或埋藏的海积平原,分别将其与北面的里下河平原和其南面的太湖-杭嘉湖平原这两大潟湖平原分隔开来(赵希涛等,2017)。

长江三角洲不是单一的三角洲体,而是由几个亚三角洲组成的。各亚三角洲的分布,按形成的先后顺序依次排列,很有规律。长江各期亚三角洲的发育皆以河口砂坝为主体。砂坝的出现,迫使河流分叉,形成南、北汊道。由于长江属中等强度的潮汐河口,在科氏力的作用下,涨潮主流偏北,落潮主流偏南,致使长江各期亚三角洲的北汊道日渐衰退,其河口砂坝规模小,寿命短,随着北汊道的废弃而并于北岸。而南汊道则日益强盛,成为主要泄水、输沙河道。河口砂坝发展快,规模大,往往成为下一亚三角洲的主体,致使河流再次分叉,形成新的南、北汊道。这新的汊道又孕育着新的河口砂坝,意味着将产生更新的亚三角洲。目前的长江三角洲,崇明岛将河流分为南、北两支,南支河道又产生了新的亚三角洲。

现代长江三角洲主要发育为三角洲平原、三角洲前缘和前三角洲3个亚相,其中三角洲前缘最为发育(图2-6)。河口冲刷南岸,在北岸沉积。主河道以细砂质沉积为主。三角洲前缘微相,是平原分流河道的水下延伸部分,以细砂粉砂质沉积为主。北部河道废弃,南部支汊入海大致分散为4条分流河道。长江三角洲发育的10多个河口沙坝是其主要的地貌特征。河口沙坝呈梭状、透镜状分布在河口,尖部朝向陆地,以细砂质沉积为主。前三角洲主要为黏土质、粉砂质黏土沉积,水平层理,水体深度在20～35 m,平面上呈条带状分布。

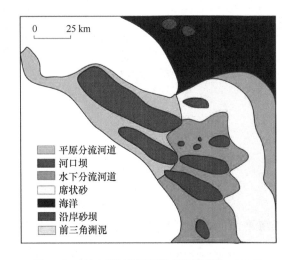

图2-6　长江三角洲沉积相(乔雨朋等,2016)

2.3.1.3　黄河三角洲

黄河由于河流中段流经中国黄土高原地区,所以它是世界上含沙量最多的河流,黄河每年都会携带16亿t泥沙,其中12亿t流入渤海。且黄河频繁改道,快速淤积,导致三角洲全面向海推进。

黄河三角洲和密西西比河三角洲类型一样,属于河流控三角洲,其高含沙量、高输沙量、弱的海洋动力及浅的受水盆地的特征,造就了现代黄河三角洲的高建设速率(成国栋,

1991）。河流的决口改道作用在三角洲平原的发育中也非常重要。决口扇是洪水期间水和沉积物通过天然堤上的缺口涌出形成的，其可以进积到边缘三角洲间海湾的子三角洲。历史上黄河曾多次改道，黄河现代三角洲由五次决口改道形成的亚三角洲依次重叠而成，现代黄河三角洲是 1855 年黄河改道后，在山东半岛北部形成的。黄河携带大量泥沙在渤海凹陷处沉积形成的冲积平原，由一系列三角洲叶瓣构成。

黄河三角洲内部结构复杂，形成泥沙主要由黄河自黄土高原运出。其从陆地向海洋可划分为三角洲平原、三角洲前缘和前三角洲三个亚相。三角洲平原多发育平原分支流河道、沼泽、天然堤等沉积。平原分支流河道间的低洼地区常发育沼泽，主要沉积暗色有机质黏土，为弱还原或还原环境，整体向上发育砂层—黏土层—砂层，常见水平层理、交错层理。洪水时期，黄河水溢出河道向两侧泛滥堆积，形成两行沿岸分布的天然堤。沉积物以粉砂为主，近河床侧沉积物较粗，远河床侧逐渐变细，多发育水平、缓坡状层理，沉积层呈楔状分布。三角洲前缘围绕平原亚相边缘伸向海洋，呈环带分布。常发育水下分流河道、水下分流间湾、河口砂坝等微相。水下分流河道是陆上分支河道在海里的延伸部分，可以分为向前延伸逐渐消失和前端沉积形成河口砂坝、分叉前积等。

河口砂坝发育纵向长度可达几千米，沉积物以细砂、粉砂为主。径流与潮流方向一致，沉积物较粗；径流受潮流顶托，沉积物较细。水下分流间湾指水下分流河道之间相对内凹的海湾地区，偶受波浪和风暴潮影响，沉积物以黏土沉积，含有少量粉砂和细砂，可见生物扰动构造。前三角洲位于浪基面之下的浅海地区，水动力弱，潮汐作用明显，其沉积物以泥为主，夹风暴沙层，多发育水平层理，生物扰动较为强烈。

2.3.2　大陆架沉积

大陆架从近岸环境延伸到陆架边缘，在那里坡度急剧增加，通常深度为 200~500 m。大陆架的宽度变化很大，可能超过 1 000 km。大陆架通常是非常平坦的区域，可能会被从近岸或三角洲较深的沉积物通道切割。由于 1 万年前海平面比现在低 100 多米，现代大陆架沉积及其结构变得复杂，大多数大陆架区域尚未达到现代环境的平衡。

大多数大陆架区域低于正常波浪的波基面，其沉积主要由潮流和风暴潮控制。当吹海风时，波浪通常会倾斜靠近海滩，导致波浪折射效应，尤其是在波浪能量较高的相对陡峭的海滩上。这将产生裂流，堆积在海滩上的水会回流到海里。裂流通常富含悬浮物质，并将物质从海滩输送至陆架。波浪能量另一表达形式为沿海滩平行流动的沿岸流，它造成沉积物运输的沿岸漂移。

在许多现代大陆架地区，潮流与罕见的强风暴流结合是重要的输运方式。在风暴期间，由于风应力、潮汐和风暴相关的低气压的综合影响，海岸附近的海平面可能升高几米。由于这些风暴潮，近海水域的高程增加，这将导致强烈的底部洋流，从而能够将沉积物进一步输送到大陆架上。风暴潮可以输送悬浮状态的细砂和淤泥，丘状交错层理是一种典型的沉积构造，由风暴期间悬浮物中的粗颗粒沉积而成，并形成圆形、起伏的沙面。更细的颗粒将被进一步输送到能量较低的区域。

潮汐大陆架的主要特征是碎屑沉积物的流动性，其时间范围从潮汐的日周期（强风暴）到年周期，以及沉积海床底形的长期逐渐移动。在具有相对较强潮流（>1.5 m/s）的陆架区域，我们可能会看到纵向沟。当流速小于1 m/s时，可能会形成沉积沙垄与流向平行。沙波是大型横向沉积底形，通常高2~15 m，波长为150~500 m。根据逆流的相对强度，沙波两侧的交错层理可能是对称的，也可能是不对称的。

2.3.3　大陆坡沉积

大陆斜坡是指位于200~500 m深度的大陆架边缘和大陆隆起之间的区域。大陆坡坡度通常为2°~6°，宽20~100 km。坡度与许多不同因素有关，陆架边缘的稳定性为主要控制因素。因此，最陡的斜坡位于碳酸盐岩滩附近，珊瑚礁胶结良好，碳酸盐岩层具有高剪切强度。在快速沉积区域，松散沉积物的剪切强度很低，并容易发生海底滑坡、滑塌，维持一个相对平缓的坡度（1°~2°）。在沉积速度较慢的地方，沉积物有更多的时间固结，并且会更稳定。因此，碎屑沉积物中最陡的海底斜坡（>10°）出现在海底峡谷中，在那里侵蚀延伸到更古老、固结良好的沉积地层中。

沿着被动大陆边缘，大陆坡与从大陆壳到海洋壳的过渡有关。在沉积物供应充足地区，陆架可能已向前延伸超过该边界。与大陆架和深海相比，陆坡富含有机质，这是因为斜坡是营养物质从深处上涌最多的地方。大陆斜坡上的水柱含氧量很低，这使得产生的大部分有机质留在了沉积物中。三角洲前面的浅水斜坡也会有较高的生产力，因为河水提供了大量的营养物质，但有机物可能会被快速的碎屑沉积大大稀释。

重力过程在海底斜坡上自然是重要的。重力导致的坡面平行部分剪切力可以克服沉积物的剪切强度，导致滑坡。大量沉积物的下坡滑动在斜坡上部产生拉伸断裂作用，在斜坡下部产生挤压作用。斜坡上的重力不稳定也可能发展成泥石流和浊流。沉积物颗粒骨架的坍塌会引起斜坡沉积物的突然压实和液化。

2.3.4　海底峡谷沉积

海底山谷状的洼地从山坡的顶部延伸到底部，一直向下延伸到2 000~4 000 m。在某些情况下，它们可能开始于靠近海滩的浅水，在其他情况下则接近大陆架边缘。从峡谷底部到斜坡顶部的高度可达2 000 m。

Shepard等（1979）系统地收集了海底峡谷中水流和泥沙输移的数据，发现在海底峡谷的极深处，潮流也具有重要作用。海流测量显示，海流在海底峡谷中上下流动，它们像浅水区的潮流一样每6 h交换一次。水流速度通常只有10~20 cm/s，但在许多峡谷中，速度有时可达40 cm/s，强大到足以输送细到中粒的砂子。水流速度在峡谷上部趋于最大，在峡谷下部趋于减小。大多数沉积物的输送发生在这些偶发的和异常高的流速期间，这可能与风暴有关，风暴会产生风引起的剪切力，将海水扫向海岸（风暴潮），并可能导致洋流沿着海底和海底峡谷发展。

海底峡谷中强大的洋流能够输送沙子，有时甚至是更粗的物质。这些通常不是浊流，而是能够搬运和沉积分选较好的物质的牵引流。在海底峡谷中也观察到浊流，但往往为最大速度 70~100 cm/s 的低流速、低密度浊流。因此，在海底峡谷中，存在由潮汐力控制的牵引流，由潮汐力驱动的向下移动的洋流，如果含有大量的悬浮物质，可能会变成浊流。

大部分的峡谷本身就是一个泥沙搬运和侵蚀的区域。沉积作用发生在盆地底板附近斜坡发生变化的地方。在这里，峡谷所界定的流道分裂成若干条流道，形成了沉积叶片。随着叶状体的形成，坡度的梯度减小，在扇形体坡度较大的部分会形成一条新的河道。这就产生了类似于在河流控制的三角洲中观察到的叶状移动。每个叶瓣都趋向于形成下粗上细的层序，底部附近有砾岩和粗砂。在流道两侧，悬浮的细粒物质沉积成薄层浊积物。

2.4　碳酸盐沉积物

2.4.1　碳酸盐矿物成分

碳酸盐沉积物是碳循环的一部分。大气中的 CO_2 溶于水，生成碳酸（H_2CO_3）并与水中的 Ca^{2+} 或 Mg^{2+} 反应生成 $CaCO_3$ 或 $MgCO_3$ 沉淀物，从而减少水中的 CO_2 含量，是重要的碳汇过程。

碳酸盐沉积物大部分是在沉积盆地内形成的，碳酸盐的沉积学特征与硅质砂、黏土在许多方面存在差异。碳酸盐可以以化学方式在海水中沉淀，但大部分石灰岩是由钙质生物组成。石灰岩的性质取决于其原生生物组分和碳酸盐骨架矿物成分。我们将首先阐述碳酸盐的矿物学特性，这对于理解成岩反应和岩性特征具有重要意义。

碳酸盐岩矿物由碳酸根阴离子（CO_3^{2-}）和一种或多种阳离子组成。表 2-1 列出了碳酸盐岩矿物中最常见的阳离子及其矿物名称。常见的成岩碳酸盐矿物在晶形上主要分为菱形（方解石）或斜方晶（文石）。

表 2-1　最常见碳酸盐岩矿物成分

常见海洋环境中形成的碳酸盐岩沉积物由三种主要矿物组成：
低镁方解石 $CaCO_3$（$MgCO_3$<4 mol%）
高镁方解石（Ca，Mg）CO_3（$MgCO_3$>4 mol%）
文石（$CaCO_3$）（斜方晶系）

续表

其他常见的碳酸盐矿物有
菱铁矿（$FeCO_3$）
菱镁矿（$MgCO_3$）
锶铁矿（$SrCO_3$）
菱锰矿（$MnCO_3$）
菱锌矿（$ZnCO_3$）
铁白云石 $Ca(Mg, Fe)(CO_3)_2$
白云石 $CaMg(CO_3)_2$

根据镁含量，方解石可分为两种类型：低镁方解石（$MgCO_3 < 4$ mol%）和高镁方解石（$MgCO_3 > 4$ mol%）。大部分生物分泌的方解石含有的 $MgCO_3$ 通常在 11 mol% ~ 19 mol%。然而，一些生物如颗石藻类是由低镁方解石组成的。低镁方解石比高镁方解石更稳定，由高镁方解石组成的化石碎屑在成岩过程中会转化为低镁方解石。高镁方解石向低镁方解石的转变是通过 Mg^{2+} 的浸出过程进行的，不影响晶粒的微观结构。浸出的 Mg^{2+} 可能形成菱形微白云石，有时被视为钙化高镁方解石中的包裹体。

沉积碳酸盐骨架的生物演化对碳酸盐沉积物的沉积及其性质起着重要作用。骨架材料的尺寸差别很大，直径从几微米的颗石藻到一些 1 m 多的双壳类和海绵生物不等。图 2-7 显示了骨架生物主要类群的范围和多样性分类。获得相对纯净的碳酸盐沉积物的首要条件是陆源沉积物（如砂或黏土）的供应必须很少或没有，否则会降低碳酸盐含量。许多分泌碳酸盐的生物生长需要清水，泥浆的存在会杀死珊瑚等生物，严重减少碳酸盐的生成。

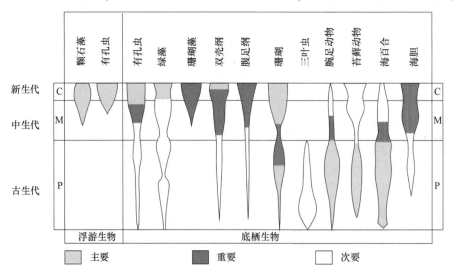

图 2-7 钙质海洋生物的多样性、丰度和相对重要性（改自 Wilkinson，1979）

2.4.2　生物死后骨架变化机制

从前文的描述可知，碳酸盐岩颗粒大小差别很大，直径从几微米的球石藻到一米多的双壳类动物和海绵。除颗粒类型外，颗粒大小还取决于最终埋藏前的力学磨损程度和生物侵蚀程度。

2.4.2.1　力学破坏

磨蚀速率依赖于颗粒输运机制和运动环境中可利用的能量。贝壳碎片和其他骨架颗粒在高能量环境中（如波浪破碎区）迅速被破碎导致结构上无法辨认；而在低能量环境中，可或多或少地保持其原始形态。骨架材料的力学破坏速率取决于壳体厚度、微观结构和事先生物侵蚀的程度，单位质量的表面积是磨损速率的主要控制因素，由于磨蚀率的差异性，可能导致其化石成分与其原始本体的成分存在较大差异。一般来说，在相同环境中单位质量表面积小的骨架材料通常比单位质量表面积大的骨架材料更完整。

2.4.2.2　生物破坏

生物体死亡后，其骨架材料就会被各种微生物侵蚀退化。尤其是海绵、蠕虫、双壳类动物、真菌和藻类具有穿透坚硬钙质基材（如骨架物质）的能力。骨架物质材料硬度低（例如，低镁方解石硬度为 3，文石硬度为 3.5 ~ 4），并且易溶于弱酸中，往往吸引生物侵蚀。暴露在海床上达一年或以上时间，其钙质基材上会附着高密度、多种类的侵蚀微生物。生物侵蚀更易导致骨架材料的力学破坏（图 2-8）。

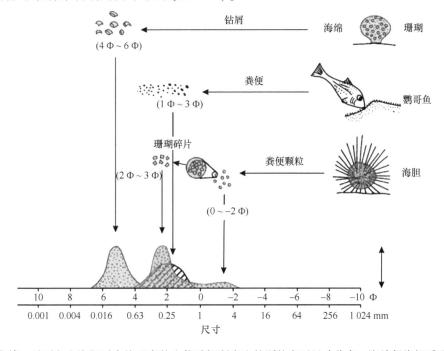

图 2-8　海绵、鹦哥鱼和海胆对大块珊瑚的生物破坏所产生的颗粒主要尺寸分布，海绵侵染钙质珊瑚基质并搭建居住庇护场所，鹦哥鱼和海胆都是重要的食草动物，它们会分解钙质基质的表面，寻找珊瑚内植物作为食物（改自 Scoffin，1987）

2.4.2.3 微晶化

死后暴露在光区内的骨架碎片可作为各种绿藻、蓝藻和真菌的合适底物。这些生物在骨架材料表面钻孔，通过管状钻孔向内分泌酸溶解骨架碎片、破坏骨架表面。生物钻孔直径略有不同，但通常为 5~7 μm（最大为 15 μm）。

当这些主导侵蚀的生物死亡后，孔中均被文石微小晶体（泥晶）或高镁方解石所充填。沉淀出哪种晶体取决于骨架材料的主要矿物成分。如果骨架材料是文石质的，通常沉淀物是文石。然而，一些生活在藻类上的细菌可以分泌文石填充物。在第四纪之前的沉积物中，低镁方解石通常取代高镁方解石和文石泥晶。重复钻孔，随后沉淀，填充空腔导致碎片被深色泥晶涂层取代（图 2-9）。泥晶涂层强度稳定，通常保存在第四纪和前第四纪沉积物中。在文石化石被微晶化的地方，涂层（由低镁方解石组成）通常清楚地表明化石的原始形状（图 2-10）。

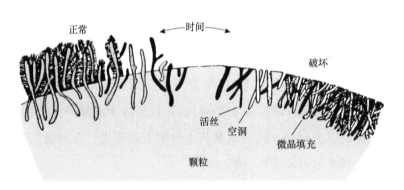

图 2-9　钙质颗粒的微晶化

该过程与微孔藻类、蓝细菌和真菌的活动有关。如果微晶化仅限于外表面，则会形成微晶包络；如果颗粒完全微晶化，最终结果可能是球状或隐晶质颗粒（图示不是按比例画出）（改自 Kobluk，1977）

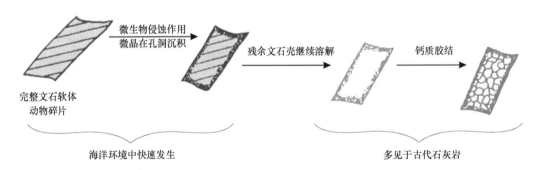

图 2-10　微晶包层的形成和保存图：文石骨架碎片溶解被方解石取代

图左：原始骨架结构在骨架材料逐渐溶解，方解石沿壁膜沉淀时候可被保留下来；图右：骨架碎片的完全溶解，在后期成岩阶段，内部可被方解石胶结（改自 Bjørlykke，1989）

2.4.3　碳酸盐沉积环境

现代珊瑚礁结构主要由造礁珊瑚和钙质红藻组成(图 2-11)，但显生宙的珊瑚礁生物组分多变(图 2-12)。一般来说，所有这些不同的礁型都表现出与现代珊瑚礁相似的模式。珊瑚礁形成、形状与造礁生物所处的生态环境紧密相关：

图 2-11　大堡礁珊瑚

(a)脑形珊瑚；(b)鹿角状珊瑚

地质年代	生物地热成岩	主要生物骨骼材料	
第三纪		珊瑚	
白垩纪		双壳动物　苔藓动物	
		双壳动物	珊瑚，层孔虫
侏罗纪		珊瑚	海绵，层孔虫
三叠纪		珊瑚	层孔虫
		管壳石	珊瑚，海绵
二叠纪		海绵，管壳石，钙质藻类	
		钙质海绵，苔藓动物，珊瑚	
宾夕法尼亚亚纪		叶状藻类，红藻	管状有孔虫
密西西比亚纪			窗格苔藓动物
泥盆纪		层孔虫	珊瑚
志留纪			
奥陶纪		层孔虫，珊瑚	苔藓动物
		海绵	钙质藻类
寒武纪		钙质藻类	
		古藻类和钙质藻类	
前寒武纪			

图 2-12　生物礁和礁丘中的主要生物群变化的简化地层柱状(改自 James,1983)

(1) 造礁珊瑚喜好温暖的表层水，因此，它们仅分布于低纬度地区。但低纬度地区水温并不全都温暖，例如在西非沿岸和美洲大陆西侧赤道附近部分地区，在有冷水上涌的地方，大多数情况下表层水温度都较低，无法形成礁石。在东非海岸和加勒比地区，海水温暖，珊瑚礁丰富。

（2）造礁珊瑚与藻类共生生活，通常需要阳光照射。珊瑚礁对海平面的变化很敏感，因为珊瑚礁生物既不能完全暴露在阳光之下也不能完全淹没在光带之下。大约1万年前的全新世气候温暖，冰川消融，在几千年的时间里使海平面上升了100 m左右，大多数礁体的生长速率足以跟上海平面的上升速率。

（3）珊瑚礁为其他动物提供了一个有利的生态环境，珊瑚礁中的许多生物通过过滤水体来捕捉浮游生物和有机物而生存。如果水中含有过多的硅质碎屑泥或黏土矿物会堵塞过滤器官，使生物体死亡。珊瑚对水中的黏土含量特别敏感，只能生活在洁净水中。来自三角洲的黏土和海水污染，均会杀死珊瑚礁生物。

（4）洁净的海水通常营养非常贫乏，珊瑚礁中的生物依赖于良好的水循环以获得足够的食物。因此，珊瑚礁生物往往生长在海洋盆地的边缘，或生长在海面上凸出的构造，这里有较高的水温，较低含泥量和良好的水循环等环境，适合其生长。

（5）珊瑚礁相是一个破碎波浪作用的结构构造，礁相内部拥有由珊瑚藻所支撑的多重孔隙。红藻数量多且强度大，对礁体结构具有重要的支撑作用，使其能够抵御强浪。然而，在强风暴期间，礁石结构露出水面的部分可被波浪作用破坏。各种大小的礁石碎片就可能落在礁前斜坡上，被运到礁坪上，或者沉积在礁体结构的空隙和孔穴中。

（6）不同生物的侵蚀钻孔作用加速了机械力学破坏进程。许多珊瑚礁的化石其原生结构被破坏也是由于生物侵蚀。贻贝、海绵、蠕虫和藻类也是重要的毁礁生物，贻贝可在珊瑚礁上挖出直径约1 cm的长洞，海绵、蠕虫和藻类可在珊瑚礁上形成细而密的空隙，破坏骨架结构。珊瑚礁可为多种鱼类生存提供有利环境，礁相中的洞穴为捕食者提供保护，但有些鱼类通过小口啃食珊瑚礁从表面获取营养物质为生。

珊瑚礁的生长依赖于其造礁生物与分解侵蚀外在的生物、力学破坏过程相平衡的能力。外部礁体波浪能和养分供应越大，生长越快。珊瑚礁向陆一侧形成潟湖，风暴期间从礁相搬运过来的碳酸盐颗粒、碎屑混合物，以及潟湖本身的生物骨架物质形成障壁礁（图2-13）。障壁礁可保护潟湖防止波浪的侵袭，潟湖通常有2~6 m深，富含钙质绿藻，如仙掌藻属。

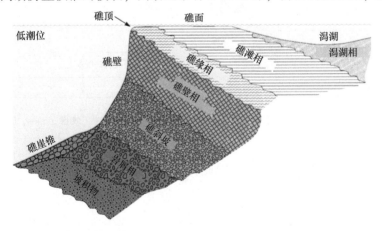

图2-13　珊瑚礁结构剖面，礁相的分布及其性质（改自 Bjørlykke，2015）

2.4.4　岛礁典型工程地质

这里以西沙群岛为例。西沙群岛位于我国南海中北部，距海南省三亚市大约 337 km，是南海的四大群岛之一。

2.4.4.1　造礁生物

朱长歧等(2014)在我国南海西沙群岛的琛航岛上实施了珊瑚礁科学钻探工程。钻探一共完成 2 个钻孔，即琛科 1 井和琛科 2 井，钻孔位于琛航岛东南，两孔相距 36.87 m，钻孔深度分别为 901.90 m 和 928.75 m，揭露的珊瑚礁灰岩厚度分别为 886.20 m 和 878.21 m。

琛科 2 井位于琛航岛东南砂砾堤内侧，其珊瑚藻主要是根据其丝体细胞大小、生殖窝大小、孔径和生长形态、丝体组织构造、细胞融合及次生纹孔等特征鉴定。琛科 2 井珊瑚藻发育，其多样性较高，可划分为 3 科 4 亚科 11 属，包括珊瑚藻科、混石藻科和孢石藻科。珊瑚藻科又可划分为 3 个亚科，分别为石叶藻亚科、宽珊藻亚科、珊瑚藻亚科。石叶藻亚科主要包括石叶藻属和蟹手藻属；宽珊藻亚科包括似绵藻属、新角石藻属和石孔藻属；珊瑚藻亚科包括让氏藻属和珊瑚藻属。

2.4.4.2　岛礁地质状况

1）地层岩性

琛航岛绝大多数是由生物砂砾在礁盘上堆积起来形成的沙岛，称之为灰沙岛，岩层分布上层为粗砂粒层，处于松散状态，厚度较薄，位于地表，下层为碎石土层，分布较稳定、密实，强度较高，属于中低压缩性土。海岸带的上部由珊瑚礁沉积物组成，珊瑚礁由活单体细胞群体如珊瑚、贝壳、牡蛎、蜗牛和不同种类的海藻组成。

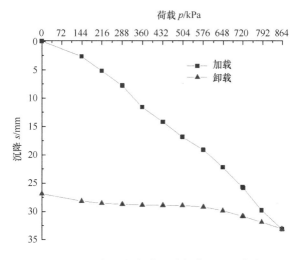

图 2-14　现场平板载荷试验与典型 p-s 曲线

珊瑚群体之间的间隙由小的黏状物和珊瑚碎屑填充。除此之外，珊瑚礁灰岩被钻孔生物如贝壳类、蜗虫和蜗牛钻孔，并在波浪作用下破碎。在这种情况下，更多的珊瑚礁软弱部分破碎成块，磨成毛石、砂和粉砂，这些碎屑物沉积在珊瑚礁的底部。

西沙群岛珊瑚礁灰岩的孔隙率在 5.81% ~36.33%。珊瑚礁灰岩的单轴干燥抗压强度为 1.82~27.42 MPa，平均为 9.15 MPa，单轴饱和抗压强度为 0.86~18.94 MPa，平均为 7.30 MPa。

2) 岛礁沉积物

琛航岛沉积物以白色珊瑚、贝壳碎屑组成的珊瑚礁灰岩为主体。为探明西沙群岛珊瑚礁工程性质，杨永康等（2017）在西沙群岛的 5 个岛礁开展了珊瑚碎屑砂的钻探及平板载荷试验、标准贯入试验、重型动力触探试验等原位测试，研究珊瑚碎屑砂承载力特性。结果如图 2-14 所示。珊瑚碎屑砂的 p-s 曲线均没有出现陡降段，试验终止加载以沉降量与承压板宽度之比大于或等于 0.06，即沉降量达 30 mm 为控制标准。珊瑚碎屑砂的地基承载力特征值取 $s/b = 0.01$ 所对应的荷载，且其值不大于最大加载量的一半。珊瑚碎屑砂在沙堤、沙地、洼地地貌单元的地基承载力特征值依次增大，分别在 107~274 kPa、168~288 kPa 和 195~358 kPa 之间。珊瑚碎屑砂在 0.5 m、1.0 m、1.5 m 和 2.0 m 深度处的地基承载力特征值随深度依次增大，分别在 107~307 kPa、125~331 kPa、140~342 kPa 和 160~358 kPa 之间。

结合 $N_{63.5}$-h 关系曲线图（图 2-15）、室内颗粒分析试验和钻探及野外编录，把重型动力触探试验范围内的地层划分为珊瑚碎屑砂、珊瑚角砾及弱胶结珊瑚礁灰岩。由试验结果可知：珊瑚碎屑砂、珊瑚角砾及弱胶结珊瑚礁灰岩修正后的重型动力触探锤击数平均值分别为 6.6 击、9.7 击和 22.2 击。由于在特殊的海洋沉积环境下，珊瑚碎屑沉积中有软硬互层的现象。

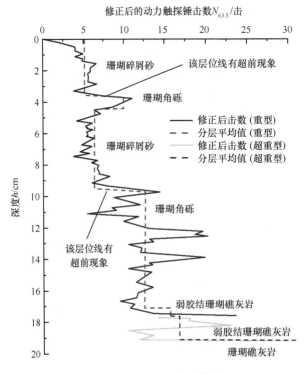

图 2-15 $N_{63.5}$-h 关系曲线

2.4.5 钙质砂细观物理特征

汪轶群等（2018）对取自我国西沙群岛永乐环礁晋卿岛的钙质砂，开展扫描电镜（SEM）试验进行图像分析，获取该海域钙质砂的颗粒形状特征。试验中所使用的钙质砂砂样，均为未胶结的松散体。钙质砂砂粒颜色偏白，颗粒形状不规则，含有红色颗粒（珊瑚细屑）（图2-16）。对原始试样随机取样进行了扫描电镜试验，颗粒图像如图2-17所示。钙质砂颗粒表面能观察到大量颗粒孔隙。

图 2-16 南海西沙群岛永乐环礁晋卿岛的钙质砂样本

图 2-17 典型的颗粒生物骨架扫描电镜图形

（a）60 倍全局扫描结果；（b）、（c）颗粒生物骨架形状；（d）800 倍电镜局部颗粒表面

为了得到不同粒径钙质砂的颗粒形状参数，对钙质砂样本进行了筛分，从颗粒级配曲

线上，选取 8 个试样粒径范围，分别为：<0.075 mm、0.075～0.100 mm、0.100～0.250 mm、0.250～0.500 mm、0.500～1.000 mm、1.000～2.000 mm、2.000～5.000 mm、>5.000 mm。原始钙质砂试样颗分曲线如图 2-18 所示，其基本物理参数如表 2-2 所示。

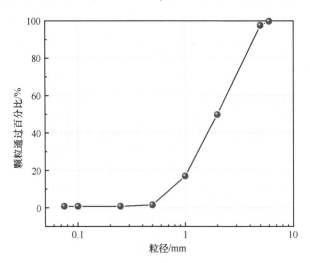

图 2-18　实验钙质砂样本的颗粒级配曲线

表 2-2　微观实验钙质砂样本的基本物理参数

取样点	$G_s/(kg \cdot m^{-3})$	e_{max}	e_{min}	D_{60}/mm	D_{50}/mm	D_{10}/mm	C_u
晋卿岛	2.86	1.45	0.98	2.65	2.05	0.79	3.35

注：G_s 表示砂样比重；e_{max} 和 e_{min} 分别代表了土样最大和最小的孔隙比；D_{60}、D_{50} 和 D_{10} 分别表示颗粒累计分布的 60%、50% 和 10% 处的直径；C_u 表示土颗粒不均匀系数。

对于粒径小于 2 mm 的样本，使用电子显微镜进行图像采集。对于粒径大于 2 mm 的样本(2~5 mm，>5 mm)，使用扫描仪进行图像采集。使用图像软件对颗粒轮廓图进行分析处理，可以直接得到颗粒单元体的基本参数，如颗粒数量、面积、周长等不规则单元体的尺寸参数，另外也可以得到外接椭圆、内接矩形的位置坐标、长短轴、角度等参数。图 2-19 为相关参数的定义以及其几何含义。颗粒的形状、外表面粗糙程度不同，在颗粒移动的定向排列中，会有很大的差别。因此，结合选定 4 个颗粒形状参数，包括圆度(circularity)、环径比(aspect ratio)、磨圆度(roundness)和粗糙度(solidity)。

圆度(circularity)和环径比(aspect ratio)，通过式(2-6)和式(2-7)来定义。

$$circularity = 4\pi \times [area]/[perimeter]^2 \qquad (2-6)$$

$$aspect\ ratio = [major\ axis]/[minor\ axis] \qquad (2-7)$$

圆度和环径比表明颗粒与圆的接近程度。整体形状越接近圆形、越规则，则圆度和环径比值越接近于 1；整体形状越偏离圆形则比值越远离 1。

磨圆度(roundness)表明颗粒的表面光滑程度，为颗粒实际面积与以包络椭圆长轴为直

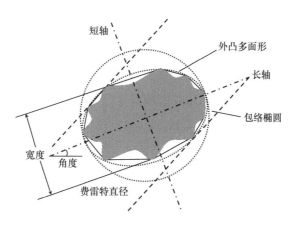

图 2-19　主要颗粒基本参数定义

径的圆面积之比。而粗糙度(*solidity*)是实际面积与颗粒外凸多面形的面积之比，表明了颗粒表面棱角数目及突出程度的参数。它们分别通过式(2-8)和式(2-9)来计算。

$$roundness = 4\pi \times [area] / [major\ axis]^2 \qquad (2-8)$$

$$solidity = [area] / [convex\ area] \qquad (2-9)$$

2.4.5.1　钙质砂颗粒形状

运用上述方法对 8 组不同粒径的实验样本图像进行数据处理。为了保持变量一致，在数据统计过程中，每组试样随机选取 170 个颗粒为样本。不同粒径的颗粒形状参数的分布统计数值如表 2-3 所示。

表 2-3　不同粒径颗粒形状参数的平均值和标准差

参数 粒径	圆度 (*circularity*)		环径比 (*aspect Ratio*)		磨圆度 (*roundness*)		粗糙度 (*solidity*)	
	平均值	标准差	平均值	标准差	平均值	标准差	平均值	标准差
<0.075	0.703	0.124	1.655	0.643	0.658	0.164	0.872	0.056
0.075~0.100	0.684	0.116	1.652	0.781	0.671	0.169	0.872	0.050
0.100~0.250	0.648	0.120	1.677	0.949	0.671	0.173	0.883	0.068
0.250~0.500	0.429	0.185	1.870	0.833	0.603	0.177	0.837	0.134
0.500~1.000	0.265	0.168	1.975	0.959	0.578	0.183	0.666	0.181
1.000~2.000	0.306	0.162	2.360	1.161	0.505	0.187	0.745	0.182
2.000~5.000	0.706	0.113	1.586	0.564	0.677	0.155	0.912	0.054
>5.000	0.645	0.152	1.618	0.562	0.666	0.163	0.878	0.082

从表2-3可知，对于本次试验的钙质砂，包括所有粒径在内的钙质砂颗粒圆度、环径比、磨圆度和粗糙度平均值分别为0.55、1.80、0.63和0.83。参考颗粒形状的定义，长宽比在1~3的为块状、纺锤状颗粒，长宽比均大于3的为片状及枝状颗粒。本次试验所测钙质砂的环径比均在1~3之间，因而钙质砂颗粒基本为块状和纺锤状。

相比于中间粒径(粒径介于0.5~2 mm)的土样，大粒径(粒径大于2 mm)土样和小粒径土样(粒径小于0.5 mm)的4个颗粒形状参数都更接近于1。也就是说，大、小粒径的土样整体更接近圆形、表面相对光滑；而中间粒径土样形状不规则，表面棱角较多，粗糙不平。这也许是由于钙质砂颗粒在搬运、侵蚀以及移动过程中，大粒径钙质砂间的摩擦率先发挥作用抵抗外荷载。颗粒间的摩擦破碎磨圆了大粒径钙质砂，并产生了表面相对光滑的小粒径钙质砂。与此同时，中间粒径砂被镶嵌于大、小粒径钙质砂之间，承担较少的外荷载，而保持了较好的原状性(即棱角较多，表面较不规则)。

2.4.5.2　钙质砂颗粒生物成因

由于钙质砂的土骨架主要为海洋中的生物沉积物，因此在本次取得的钙质砂样本中，在扫描电镜(SEM)图像中发现了保存比较完好的生物骨架，现将观察到的三种比较主要的生物类型进行介绍。

(1)珊瑚纲(Coral)。

在钙质砂样本的SEM图像中，发现颗粒大多数为珊瑚碎屑。珊瑚形态多呈树枝状，在每个珊瑚横断面上均可以观察到同心圆状和放射状条纹。根据其生长发育的生态环境不同，可以将珊瑚分为造礁石珊瑚和非造礁石珊瑚(深水石珊瑚)，在钙质砂颗粒中观察到的珊瑚碎屑多为造礁石珊瑚，如图2-20所示。

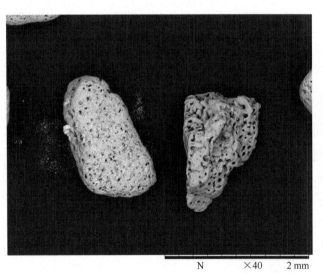
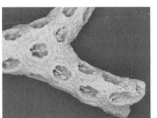

图2-20　钙质砂样本中的珊瑚碎屑颗粒

（2）腹足纲（Gastropoda）。

腹足纲（Gastropoda）通称螺类，是软体动物中最大的一纲。腹足纲多栖息生长于布满岩石的潮间带、沙底的潮下带到深海，比较明显的特征是体外有螺旋卷曲的贝壳，这也是我们在辨认生物成因过程中的主要依据。钙质砂颗粒中的腹足纲化石颗粒如图2-21所示。

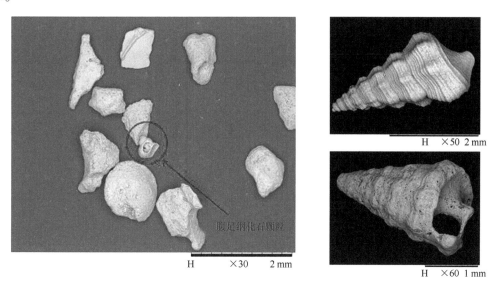

图 2-21　钙质砂样本中的腹足纲化石颗粒

（3）双壳纲（Bivalve）。

双壳纲（Bivalve）也是软体动物门的一个纲，体具两片套膜及两片贝壳，两壳左右对称，大小完全相等。双壳类是无脊椎动物中生活领域最广的门类之一，壳的形态是在辨认生物成因的重要依据：贝壳中央有特别突出并向前方倾斜的部分，称为壳顶（umbo）；以壳顶为中心，可以观察到同心环状排列的生长线，或有自壳顶向腹缘放射的肋或沟。在钙质砂颗粒中发现比较典型的双壳纲化石颗粒，如图2-22所示。

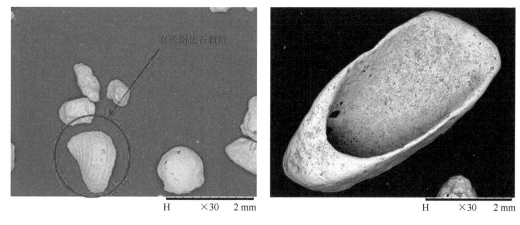

图 2-22　钙质砂样本中的双壳纲化石颗粒

参考文献

成国栋, 1991. 黄河三角洲现代沉积作用及模式[M]. 北京：地质出版社.

龙凡, 王立忠, 李凯, 等, 2015. 舟山黏土和温州黏土灵敏度差别成因[J]. 浙江大学学报(工学版), 49(2)：218—224.

乔雨朋, 邵先杰, 接敬涛, 等, 2016. 长江三角洲沉积相及其成因模式分析[J]. 重庆科技学院学报(自然科学版), 18(03)：10—13.

汪轶群, 洪义, 国振, 等, 2018. 南海钙质砂宏细观破碎力学特性[J]. 岩土力学, 39(1)：199—206.

杨永康, 杨武, 丁学武等, 2017. 西沙群岛珊瑚碎屑砂承载力特性试验研究[J]. 广州大学学报(自然科学版), 16(03)：61-66.

赵希涛, 胡道功, 吴中海, 等, 2017. 长江三角洲地区晚新生代地质与环境研究进展述评[J]. 地质力学学报, 23(01)：1-64.

朱长歧, 2014. 我国西沙群岛珊瑚礁科学钻探工作又取得重大进展[J]. 土工基础, 28(3)：10001.

BAGNOLD, R A, 1956. The flow of cohesionless grains in fluids[J]. Philosophical Transactions of the Royal Society of London. Series A, Mathematical and Physical Sciences, 249(964)：235-297.

BJØRLYKKE K, 1989. Sedimentology and petroleum geology[M]. Berlin：Springer-Verlag.

BJØRLYKKE K, 2015. Petroleum geoscience：From sedimentary environments to rock physics[M]. Second edition, Springer Science & Business Media.

FISHER W L, BROWN L F, SCOTT A J, et al., 1974. Delta systems in the exploration for oil and gas. A research colloquium[C]. Austin, TX：Geology Building, University of Texas campus：78.

GALLOWAY W E, 1976. Sediment and stratigraphic framework of the Copper River fan delta[J]. Journal of Sedimentary Petrology, 46：726-737.

JAMES N P, 1983. Reef environment. In：P. A. Scholle, D. G. Bethout and C. H. Moore (eds.). Carbonate Depositional Environments[M]. AAPG Memoir, 33：345-440.

KOBLUK D R, 1977. Calcification of filaments of boring and cavity-dwelling algae, and the construction of micrite envelopes[M]. Geobotany. Springer, Boston.

SCOFFIN T P, 1987. An introduction to carbonate sediments and rocks[M]. United States.

SHEPARD F P, MARSHALL N F, MCLOUGHLIN P A, et al., 1979. Currents in submarine canyons and other sea valleys[J]. AAPG Studies in Geology, 8：173.

WILKINSON B H, 1979. Biomineralization, paleoceanography, and the evolution of calcareous marine organisms[J]. Geology, 7(11)：524-527.

第3章　海洋勘探与试验

海洋勘探与试验旨在为海洋工程选址、设计和施工提供准确可靠的地质资料。目前，海洋勘探的主要手段包括地球物理勘探、钻探、原位测试、室内单元试验等。地球物理勘探由于其成本低、效率高和覆盖面积大等优点，被广泛应用于项目论证和设计阶段。海洋原位测试技术是在海洋底部原位评价岩土工程性质的方法，它无须取样、简便快捷、真实可靠，是获得岩土工程参数的有效方法。室内单元试验能够实现各种复杂荷载条件下的力学特性研究，离心机试验能够还原现场真实的应力水平和受荷条件，其大大推动了海洋岩土工程设计理论的发展。海洋地质取样技术的快速发展进一步增强了室内试验对于工程设计、施工和安全服役的指导意义。本章介绍典型的海洋勘探技术和试验手段，总结各种方法的基本原理以及发展现状，旨在加深读者对于海洋工程勘探和试验技术的认识和了解。

3.1　海洋物探

海洋物探是通过地球物理探测方法揭示海床特征和土体条件、海底障碍物以及海底油气等海洋地质信息与资源赋存的技术。海洋物探的工作原理与陆地物探的原理大致相同，其最大的区别在于海洋物探的作业场地在海上，海水介质的存在使得海洋物探对仪器装备和工作方法提出了苛刻的要求。

按照探测方法手段的不同，可以将海洋物探分为三类。①船载式地球物理探测。该探测方法依托勘探船，包括海洋地震探测方法、海洋水深测量方法、海洋电磁测量方法等。②海底地球物理探测，如海底摄像、海底地震仪（OBS）、海底光纤（OBC）等布置在海床表面的探测仪器。③井筒地球物理测井，如声波测井、放射性测井、电阻率测井、成像测井等手段。在海洋岩土工程中，海洋物探主要包括水深测深、海底地层学地震测试、侧扫声呐海床地形探测等。海洋物探流程如图 3-1 所示。

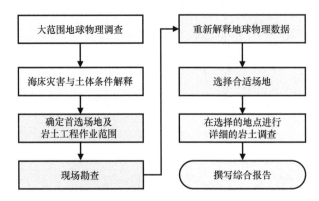

图 3-1　海洋地球物理探测流程（Randolph et al.，2017）

3.1.1　水深测绘

水深测绘的目的是提供一个可视化的三维海底图像，该勘查手段也可以探测泥石流、海底泥火山、陡坡断层和海底障碍物等地质特征，按照使用设备的不同可分为：单波束测深、多波束测深和侧扫声呐。

3.1.1.1　单波束测深

（1）单波束测深工作原理。

传统的单波束回声测深仪记录的是声脉冲从固定在船体上的或拖曳式的传感器到海底的双程旅行时间。对传感器进行深度校正后，测点水深便是双程旅行时和垂直声波速度平均值 v 乘积的一半，可写为：

$$s = v \cdot t/2 \tag{3-1}$$

式中：v 代表垂直声波速度的平均值；t 代表双程旅行时间。

（2）单波束测深系统组成与设备。

如图 3-2 所示，单波束回声测深仪由发射系统、发射换能器、接收系统、接收换能器、显示设备和电源等部分组成。发射系统周期性地产生一定频率的振荡脉冲，由发射换能器按一定周期向海水中发射。发射机由振荡电路、脉冲产生电路、功放电路组成。接收系统将换能器收到的回波信号检测放大，经处理后输入显示设备。每反射和接收一次，记录一个点，连续测深时，各记录点连接为一条直线，这就是所测水深的模拟记录。除了模拟记录外，数字式测深仪还可以将模拟信号转换成数字信号，同时记录所测点的水深值。

单波束测深技术自 20 世纪中叶以来在水道测量和水下地形测绘中逐渐得到广泛应用。随着海洋油气资源开发，海底油气管道日益增多，单波束测深技术逐渐被人们用于检测海底管道的位置、掩埋情况和管道沟的形态。

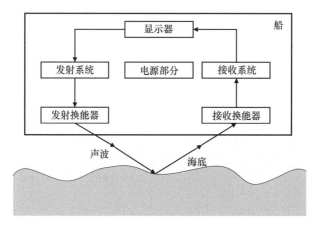

图 3-2　单波束回声测深仪组成示意

3.1.1.2　多波束测深

多波束测深系统是由多个传感器组成的，不同于单波束，在测量过程中能够获得较高的测点密度和较宽的海底扫幅，因此能准确快速地测出沿航线一定宽度水下目标的大小、形状和高低变化，从而比较可靠地描绘出海底地形地貌的精细特征。与单波束测深技术相比，多波束测深技术具有高精度、高效率、高密度和全覆盖的特点，在海底探测中发挥着重要的作用。

（1）多波束测深工作原理。

多波束测深声呐，又称为条带测深声呐或多波束回声测深仪等，其原理是利用发射换能器基阵向海底发射宽覆盖扇区的声波，并由接收换能器基阵对海底回波进行窄波束接收。通过发射、接收波束相交在海底与船行方向垂直的条带区域形成数以百计的照射脚印，对这些脚印内的反向散射信号同时进行到达时间和到达角度的估计，再进一步通过获得的声速剖面数据由公式计算就能得到该点的水深值。当多波束测深声呐沿指定测线连续测量将多条测线测量结果合理拼接后，便可得到该区域的海底地形图。

（2）多波束测深系统组成与设备。

对于不同的多波束系统，虽然单元组成不同，但大体上可将系统分为多波束声学系统（MBES）、多波束数据采集系统（MCS）、数据处理系统和外围辅助设备。其中换能器为多波束的声学系统，负责波束的发射和接收；多波束数据采集系统完成波束的形成和将接收到的声波信号转换为数字信号，并反算其测量距离或记录其往返程时间；外围辅助设备主要包括定位传感器（如 GPS）、姿态传感器（如姿态仪 MRU）、声速剖面仪（如声速剖面仪 SVP）和电罗经，其作用主要为实现测量船瞬时位置、姿态、航向的测定以及海水中声速传播特性的测定；数据处理系统以工作站为代表，综合声波测量、定位、船姿、声速剖面和潮位等信息，计算波束脚印的坐标和深度，并绘制海底平面或三维图，用于海底的调查。其中单波束和多波束区别如图 3-3 所示。

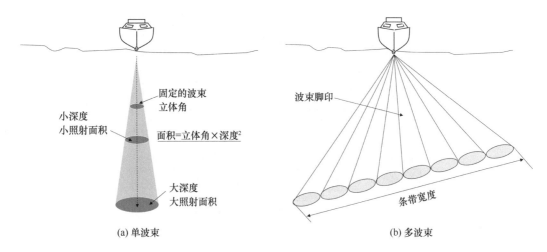

固定的波束立体角

小深度小照射面积

面积＝立体角×深度²

大深度大照射面积

(a) 单波束

波束脚印

条带宽度

(b) 多波束

图 3-3　单波束与多波束区别

多波束测深技术是海底地形地貌测量的最主要手段，能够有效地探测水下地形，得到高精度的三维地形图，主要应用于沉船搜索以及防波堤监测等，如图 3-4 所示。

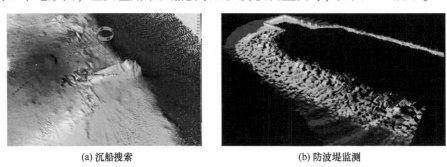

(a) 沉船搜索　　　　　　　　(b) 防波堤监测

图 3-4　多波束测深技术应用

3.1.2　浅地层测试

浅地层剖面技术主要利用了声波在不同介质中传播性质的不同，不同介质界面处(声阻抗界面)会发生反射与透射，透射波在下一个界面处继续产生反射波与透射波，通过分析接收记录的反射波返回时间、振幅、频率等信息，就可以获得声波穿透地层的特征和性质。

通常使用的声波频率在几百赫兹到几万赫兹之间，声波频率越高地层分辨率也越高，但相同条件下的穿透深度越小。声波的传播速度、能量衰减特征都与其经过的介质性质有关，通过反演方法分析反射波的走时、振幅、频率等信息可以得到多层介质的厚度、类型等特征。振幅的大小表示反射波的能量强弱，界面的反射系数决定了反射声波的振幅，以两层水平介质为例：

$$A_r = R \times A_i \qquad\qquad (3-2)$$

$$R = \frac{\rho_2 v_2 - \rho_1 v_1}{\rho_2 v_2 + \rho_1 v_1} \qquad (3-3)$$

式中：A_r 为反射波振幅；A_i 为入射波振幅；R 为反射系数；ρ_1、v_1、ρ_2、v_2 分别为上层介质和下层介质的平均密度和声波传播速度，平均密度与声波传播速度的乘积为介质的声阻抗。

在浅地层剖面图像中通常以灰度表示反射界面的强弱，由式(3-2)和式(3-3)可知相邻介质声阻抗差值越大，反射系数 R 的绝对值就越大，反射波能量就越强，在图像中灰度就越强，也越容易识别。

不同类型的振源产生的声波性质差异较大，压电换能器振源利用压电效应将电能转换为机械振动，具有声波稳定、可操控性强等特点，声波通过相位叠加形成良好的指向性；电磁脉冲振源利用电磁感应使金属片发生连续脉冲振动；电火花振源则是通过高压放电气化海水产生爆炸声波，声波能量高，可穿透几百米地层。

浅地层剖面在根据场地条件选择合适的仪器和工作测试后，还需要对测试的数据进行处理和分析。数据处理通常包括参数校正、噪声去除、信号增强、多次波压制等工作，通常需要借助大型地震处理软件或通过编写相应的程序来进行个性化处理。此外，浅地层剖面探测的分辨率为厘米级，因此该方法对海底地形的变化很敏感，而浅地层剖面探测对海底地形的探测能力较弱，当海床坡度较大时会出现无法找到海底的情况，导致成像时出现海底错段、数据不连续等现象。因此，浅地层剖面方法需要与其他测深方法相结合，可以利用多波束测深获得的地形数据对浅地层剖面进行海底校正，校正后再进行数据处理。图 3-5 为使用水深数据进行校正的成像对比。

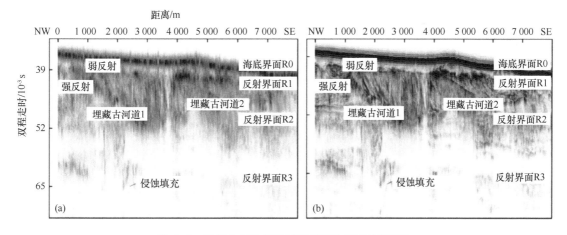

图 3-5　使用水深数据进行海底归位校正处理对比

(a)海底归位校正前；(b)海底归位校正后

3.2　海底取样器

海洋沉积物取样器已成为海底资源勘探、海洋地质调查、海洋岩土工程勘探等不可或缺的技术装备，受到人们的重视。在高压、低温的水环境中取样也会引起样品压力和温度的变化，导致气相溶解、组分损失、有机物分解、嗜压微生物死亡等。因此，如何为科学研究和工程方案提供最原始的沉积物样本一直是世界范围内的研究热点。

目前，已成熟应用于世界范围内海洋调查的深海沉积物取样器主要包括：深海钻探项目使用的保压取芯器（PCB）、大洋钻探计划使用的先进活塞取芯器（APC）与保压取芯器（PCS），用于水合物取芯的 Fugro 保压取芯器（FPC）和旋转保压取芯器（HRC），日本海洋地球科学技术机构开发的保压温度岩芯采样器（PTCS）和混合 PCS，德国教育和研究部设计的多台高压釜取芯器（MAC）、动态高压釜活塞取芯器（DAPC）和 MeBo 压力岩芯取样器（MDP），Geotek 开发的高压温度取芯系统（HPTC）。

我国对深海沉积物采样器的研究起步于 20 世纪 80 年代，相关研究落后于美国、日本、德国等发达国家。2007 年我国正式启动国家高技术研究发展计划（863 计划），该项目包括两个重点项目：一个是保压保温取样器的设计和采集样品的处理技术，另一个是天然气水合物取芯技术。

3.2.1 非保压取样器

2003 年，湖南科技大学研制出我国第一台深海海底取样钻机（图 3-6），该钻机采用水下电池或脐带缆供电，钻深 0.7~2 m。在我国大洋资源调查航次中，该钻机在太平洋和印度洋 3 000 m 范围内进行了 1 000 多次岩芯取样。

图 3-6 我国第一台深海海底取样钻机（万步炎等，2006）

2019 年，广州海洋地质调查局联合浙江大学自主研发了 1.5 m 移动型深海浅钻设备（图3-7），该设备通过自身配备的水下推进系统与 8 路水下视像实现在近海底的可控平稳移动，可直观快捷地选取钻探地址，更好地完成布放、选址、取芯工作。2022 年，广州海洋地质调查局联合浙江大学改进英国 Feritech Global Limited 开发的 FT550 振动取样设备并在南海完

图 3-7 海底移动钻机

成海试(图 3-8),该取样器振动频率在 5~60 Hz 范围可调且最大推力可达 65 kN。作为我国目前海洋地质调查中获取长柱状砂质样品常用的取样设备之一,振动取样器有着作业效率高、操作简便,可获取较长的柱状砂质样品等优点。与海底取样钻机相比,振动取样器更适用于深海砂质沉积物取样。

图 3-8 振动取样器

3.2.2 保压取样器

保压取芯系统的开发始于 20 世纪 70 年代,深海钻探项目(DSDP)引入了保压取芯筒(PCB)并成功部署在布莱克外脊(Blake Outer Ridge),深 3 184 m。该系统采用活塞式蓄能器达到保压取芯的目的。最初蓄能器左侧先预充 27.5 MPa 的压力值,随着取样器内部压力增大,活塞会向左移动,高压气体压缩,当样品室压力超过 34.4 MPa 时,泄压阀门打开并排放氮气(图 3-9)。因此,既能避免取样器内部气体外泄,又保护了泄压阀不被沉积物堵塞。

2001 年,欧盟通过 HYACE/HYACINTH 计划研发了两种保压取芯器,分别是潜孔冲击

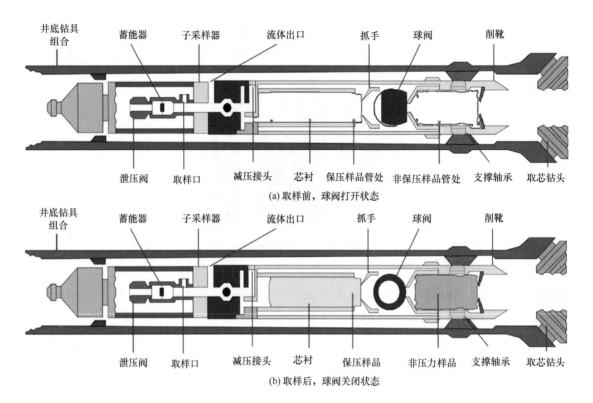

图 3-9　压力取芯筒(PCB)(He et al.，2020)

式保压取芯器(Fugro Pressure Corer，FPC)(图 3-10)和孔底旋转式保压取芯器(Fugro Rotary Pressure Corer，HRC)(图 3-11)。它们都配套了一系列高压岩芯的分析装置，称为压力控制分析和转移系统(PCATS)。该系统可实现在原位压力下提取岩芯，然后将其保压转移到高压釜中进行检测，且可根据不同调查的要求进行二次取样和储存。FPC 和 HRC 是目前天然气水合物勘探首选的压力取芯工具。

3.2.3　保压保温取样器

为了开采海底含天然气水合物的沉积物，日本开发了保压保温取芯系统(PTCS)(图 3-12)(Masayuki et al.，2006)，该系统于 1999—2000 年和 2004 年的日本南海海槽调查中作业。PTCS 在使用绝热材料的基础上采用热电内管冷却实现主动保温功能，采样过程中采用钻井液冷却装置和低温钻井液主动冷却。岩芯样品的温度可以冷却到 5℃或更低，基本上是 6 000 m 以上深海的原位温度。

日本海洋科学技术中心，(Japan Agency for Marine-Earth Science and Technology，JAMSTEC)于 2014 年推出了 Hybrid PCS(图 3-13)。Hybrid PCS 的工作压力为 35 MPa；压力由氮气蓄能器维持。由于采用立管钻井技术，将钻井泥浆用作钻井液并起冷却作用。

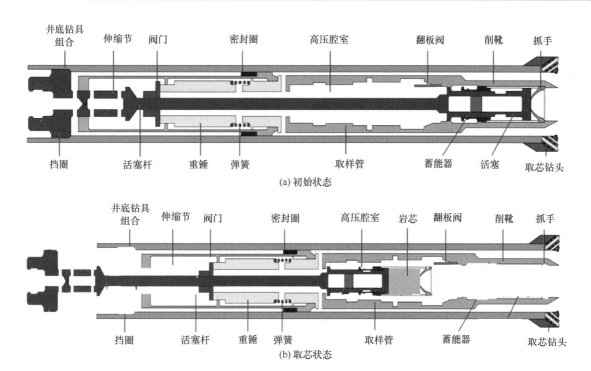

图 3-10 潜孔冲击式保压取芯器(FPC)

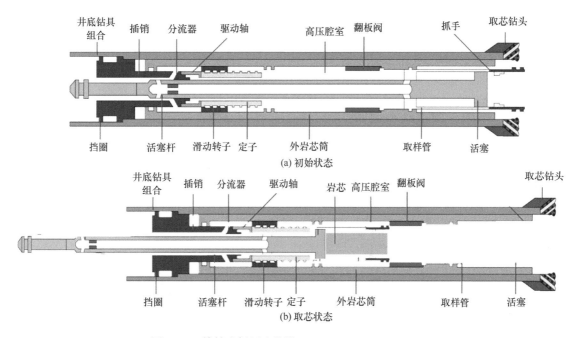

图 3-11 旋转式保压取芯器（HRC）（He et al. , 2020）

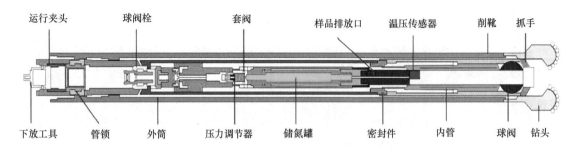

图 3-12 保压保温取芯系统(PTCS)

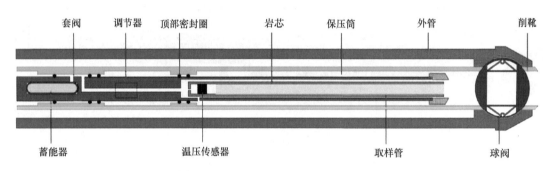

图 3-13 Hybrid PCS (He et al. , 2020)

3.3 海底钻探与取样

海洋钻探是地质环境调查、资源调查和工程地质勘察的必要手段之一。如图 3-14 所示，可采用两种不同的系统进行勘察：(a)钻井式系统；(b)海床式系统。

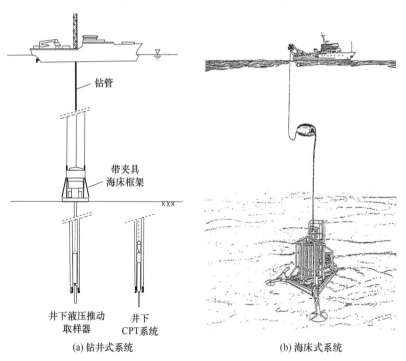

图 3-14 钻井式系统和海床式系统

3.3.1　主要钻探平台

3.3.1.1　钻井船

钻井船是利用单体船、双体船、三体船或驳船的船体作为钻井工作平台的一种海上移动式钻井装置，能在 150~3 000 m 的水深海域作业。钻井船到达井位以后，先要抛锚定位或动力定位。钻井时和半潜式平台一样，整个装置处于漂浮状态，在风浪的作用下，船体也会上下升沉、前后左右摇摆及在海面上飘移等运动，因此需要下水下器具和采用升沉补偿装置、减摇设备和动力定位等多种措施来保证船体定位在需要的范围内，才能进行钻井作业。图 3-15 为不同类型的钻井船。

(a) "滨海66" 科学调查船　　　　　　　　　　(b) 海洋石油708

图 3-15　不同类型钻井船

动力定位系统由声呐发生器、接收器、电子计算机及纵向、横向螺旋桨组成。水下井口的声呐发生器发出信号，船底的接收器能测出船的偏移方位和数值并输入计算机，计算机自动控制相应的螺旋桨运转发出推力使钻井船复位，不需抛锚。

3.3.1.2　海床式系统

海床式系统包括位于海底的设备和从底层沉积物中进行试验和回收样品的设备。一般情况下，最大探测深度小于钻井式系统的钻孔深度。但其具有灵活性和易控制性，作业速度要比钻井船系统快得多。

2005 年，钻井取样工作开始使用一种更加复杂的水下机器人——PROD（便携式远程操作钻机，Kelleher et al.，2005），如图 3-16(a)所示。PROD 系统能够钻取岩芯或土体样本，并在海床下 100 m 以下及水深 2 000 m 处进行原位贯入仪试验。最初设计的 PROD 系统，其钻头直径相对较小，可通过活塞取样获取直径 45 mm 的样品。2009 年推出的第二代 PROD 系统可采集直径 75 mm 的样品。

"海牛"号[图 3-16(b)]是我国首台重型装备"海底 60 米多用途钻机"，于 2015 年 6 月在南海完成深海试验，成功实现了在水深 3 109 m 的深海海底，对海床进行 60 m 钻探。

(a) 远程海底钻井系统(PROD)　　　　　(b) "海牛"号

图 3-16　便携式远程操作钻机 PROD 与我国研发的"海牛"号钻机

3.3.1.3　钻井平台

与钻井船相比，半潜式平台在钻探过程中能抵抗更强的风浪，稳定性更好，工作水深更大。此外，相比于固定式钻探平台，半潜式平台能够灵活移动，满足多海域钻探施工需求。

如图 3-17 所示，半潜式钻探平台是带有甲板的多立柱浮式结构，水下的浮筒与多立柱进行连接。浮筒是提供浮力和稳定性的主要因素。平台上装有动态井架、升降补偿装置、通信、导航等设备，以及安全救生和人员生活设施。

图 3-17　半潜式钻探平台

1）动态井架

动态井架在工作时不仅承受工作载荷，而且还要承受来自波浪、风等环境作用于井架的垂直和摇摆载荷。

2）升沉补偿装置

升沉补偿装置的主要用途是解决钻探中由于平台在波浪和潮汐作用下产生的上下升沉运动，带动钻柱也升沉运动，使其不能进行正常钻进这一特殊的难题。使用钻柱升沉补偿装置不但可以阻隔船体升沉运动对钻柱的影响，减小钻柱和防喷器之间的磨损，并且能根据海洋平台运动补偿钻柱的运动，使之保持在一定的位置。升沉补偿装置还可以保持和调节钻压，给海上钻探的安全性和效率的提高带来好处。

3.3.2　钻进机具

钻探取样的方式主要通过旋转钻柱和钻头进行取样，旋转设备系统主要包括联轴器、方钻杆、转盘、钻杆、钻铤和钻头组成。如图 3-18 所示，下面对各部分构件的功能进行介绍。

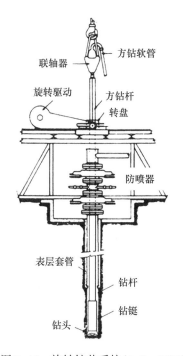

图 3-18　旋转钻井系统(Laik, 2018)

联轴器(swivel)主要提供三种功能：①悬挂井架和钻柱；②允许井架和钻柱自由旋转；③为旋转软管提供连接，为钻井液流入井架顶部和钻柱提供通道。因此，联轴器的主要部件是一个大容量的推力轴承，通常采用圆锥轴承设计，以及一个由橡胶或纤维环组成的旋转流体密封部件。密封可以使轴承避免与腐蚀性钻井泥浆接触，造成轴承的磨损。联轴器顶部接有一个平缓弯曲的管子，被称为鹅颈管，可以提供向下指向的连接。

方钻杆(kelly)被称为夹杆，连接了联轴器和钻杆，主要用于将扭矩从转盘传递到钻柱。其内部是中空的圆柱形，外部通常呈方形。方钻杆的另一个特点是上端和下端的螺纹方向相反，其中下端的接头螺纹为右旋螺纹，顶部为左旋螺纹，这一设计能够使钻杆进行右旋钻进时所有接头保持紧密。

钻台（rotary table）提供了钻孔作业的驱动力，钻台通常由合金铸造而成，其下方装有一个缩入转台本体的环形齿轮。工作台由滚珠轴承或圆锥滚子轴承支撑，能够支撑钻杆或套管柱的静载荷，这些钻杆或套管可能下入井中。

如图 3-19 所示，钻杆（drill pipe）是旋转设备系统的主要组成部分。在钻井作业期间，其上端由方钻杆支撑。钻杆随方钻杆旋转，同时钻井液通过钻杆内部向下引导。在深井中，钻杆的顶部在钻井时承受相当大的应力，因为钻柱的大部分重量由井架支撑。钻杆的下方为钻铤（drill collars），其作用是为钻杆提供重量和刚度，有助于使钻头工作平稳。

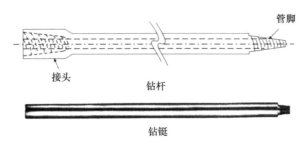

图 3-19　钻杆和钻铤

实际切割岩石的钻头（drill bit）安装在钻铤的下端，在旋转钻井系统中，钻井液通过钻杆向下循环，并通过钻头中的端口或喷嘴喷出，用来保持钻头和孔底的清洁。使用钻头的类型主要取决于要钻探岩石的条件和特性。如图 3-20 所示，钻头类型主要有金刚石钻头、牙轮钻头与刮刀钻头等。

(a) 金刚石钻头　　　　(b) 牙轮钻头　　　　(c) 刮刀钻头

图 3-20　不同钻头类型

3.4　原位测试技术

3.4.1　静力触探测试技术

静力触探测试技术由于其理论完整、功能齐全、参数准确、精度高、稳定性好，在海洋岩土勘察中应用广泛，既可用于准确划分土层、判别土类，又可用于估算土的不排水抗剪强度、超固结比、灵敏度、压缩模量、不排水杨氏模量、初始剪切模量、固结系数和渗透系数等力学参数，广泛应用于海底软弱土工程测试，具有快速、经济、可靠的特点（Lunne et al.，2011）。

　　海洋静力触探测试的依据主要是土体对探头锥尖的阻力。探头贯入海床时，贯入速率应尽可能地保持恒定，通常为 20 mm/s。标准探头锥体的尖端角度为 60°，横截面积在 500～2 000 mm^2，其中 1 000 mm^2 和 1 500 mm^2 的探头是最常见的。

　　探头组件内的电子应变片测量锥尖上的阻力，表示为平均压力（q_c）和单位侧摩擦力（f_s），如图 3-21 所示。在孔压静力触探试验（CPTU）中，土体孔隙水压力是通过锥面或锥尖和摩擦套筒之间的肩部的多孔元件测量的。数据实时传送到水面作业船进行记录和分析。测量的锥尖阻力需要根据锥尖后面的孔隙压力进行校正。净锥体阻力（q_{net}）是通过从校正后的锥体阻力中减去覆土应力而得到的，它能更好地显示出不排水剪切力，提供了一个更好的不排水抗剪强度的指示。

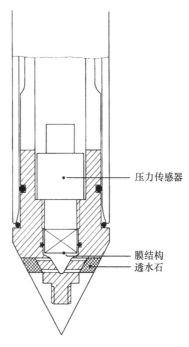

压力传感器

膜结构
透水石

图 3-21　孔压静力触探探头结构

　　土层类型是通过参考锥尖阻力（q_c）和摩擦比的图表来确定的。摩擦比是套筒摩擦力（f_s）除以锥尖阻力（q_c）[在黏性土中，摩擦比 f_s 除以净锥体阻力（q_{net}）更合适]。超孔隙压力也为土层的划分、渗透性和应力历史提供了宝贵的附加信息。其他经验关系也可用于估计黏土的剪切强度和砂土的相对密度和内摩擦角。

　　海洋静力触探测试技术根据装备的作业方式可将作业装备主要分为海床式和下孔式。在多数情况下，采用海床式装备进行原位触探测试能在提供较高质量的结果的同时更具经济性，可以实现贯入海床以下 40~50 m。

1966 年荷兰辉固公司开始设计开发海床式静力触探装备 Seabull(Zuidberg, 1972)，如图 3-22 所示。

图 3-22　荷兰辉固公司研发的 Seabull 静力触探贯入装置

浙江大学与磐索地勘科技(广州)有限公司联合研制的 5 t 静力触探系统也属于海床式静力触探系统(图 3-23)，采用摩擦轮驱动的贯入方式，能提供 50 kN 的贯入力，适宜探测深度在 30 m 左右。

图 3-23　浙江大学与磐索公司联合研发的 5 t 静力触探贯入装置

使用下孔式静力触探设备的好处是可以达到更大的贯入深度，并且可以穿透硬土层。当从水面上进行作业时，重要的是要对探头的运动进行良好的控制，要有一个有效的摇摆补偿系统，以尽量减少对土层的扰动，如辉固公司开发的 hard-tie 系统 (Zuidberg et al., 1986)。辉固公司还设计了一种可与钻探结合使用的有线 CPT 工具。该系统被称为 WISON，原型于 1970 年由 Zuidberg(1972)提出，其原理见图 3-24。开始时，行程被限制在 1.5 m，后来扩展到 3 m。一根脐带缆提供机械连接、实时数据采集和贯入的液压动力。

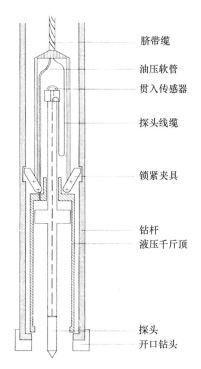

图 3-24　辉固公司的 WISON 下孔式静力触探贯入装置原理

3.4.2　全流触探测试技术

全流触探测试技术(FFP)是 Randolph 根据传统 CPTU 探头在海底软土中所测数据精度随海水深度的增加而降低的问题提出来的，探头主要分为 T 形、球形、板形与锥形等形状(图 3-25)。FFP 作为一种新型海洋软土工程原位测试技术，具有精度高、可靠性好、采集数据量大、测试过程快捷与成本低廉等优点。

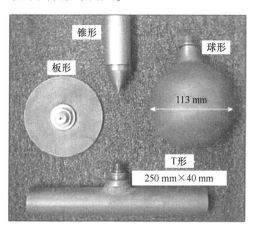

图 3-25　T 形、球形、板形与锥形探头

（1）T形探头。标准T形探头是由直径为40 mm、长度为250 mm的圆柱与探杆垂直连接而成的，投影面积为100 cm²，贯入速度一般为20 mm/s。

（2）球形探头。标准球形探头直径为113 mm，投影面积为100 cm²，贯入速度一般为20 mm/s。

（3）板形探头。标准板形探头直径为113 mm，投影面积为100 cm²，贯入速度一般为20 mm/s。

3.5 室内单元试验

3.5.1 小应变刚度测试

如图3-26所示，许多海洋岩土工程在工作条件下的典型应变范围通常落在小应变范围内（0.001%~1%）。此外，G_0是描述一定应变范围内剪切模量衰减曲线的重要参数。因此，了解非常小应变（0.001%或更低）和小应变（0.001%~1%）下的土体特性对于预测工作条件下许多海工结构的地基沉降和性能至关重要（Viggiani et al.，1995；Clayton，2011）。

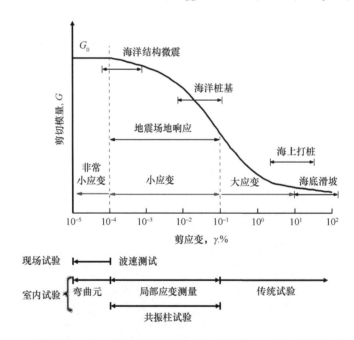

图3-26　工程结构和实验室测试中遇到的典型应变范围内，剪切模量随剪切应变的衰减曲线（Atkinson，2000）

图3-27和图3-28分别为用于小应变测试的GDS三轴装置布置图和示意图。准确测量小应变下的土体变形非常重要。因此，除了使用线性可变差动位移传感器（LVDT）进行轴向应变的常规外部测量外，三轴系统还配备了三对霍尔效应传感器（局部应变测量）（Clayton et al., 1989）。如图 3-28 所示，霍尔效应传感器测量每个样本中间高度的局部土体变形。其中一个霍尔效应传感器用于测量径向变形，而另外两个用于独立测量轴向变形。为了评估局部和外部应变测量的性能，对干燥的 Toyoura 砂进行了三轴压缩试验。图 3-29 显示了使用霍尔效应传感器和 LVDT 测量的轴向应变。正如预期的那样，使用 LVDT（外部设备）获得的轴向应变通常大于使用霍尔效应传感器（局部设备）获得的轴向应变，因为前者测量了土样的整体变形以及系统误差，而后者记录了土样的实际位移。

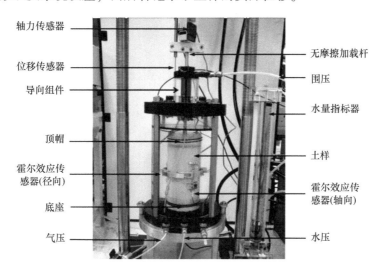

图 3-27　小应变刚度三轴装置布置

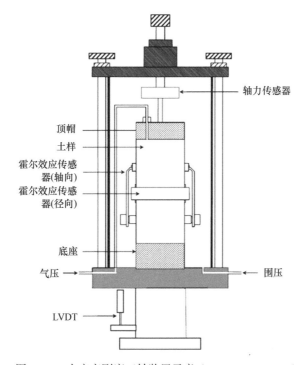

图 3-28　小应变刚度三轴装置示意（Hong et al., 2017）

当应变大于 0.1% 时,差异变得不那么明显。为了获得可靠的数据,应使用霍尔效应传感器测量轴向应变。然而,当应变超过霍尔效应传感器的容量(约 4%)时,宜采用外部 LVDT 进行测量。

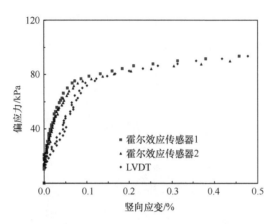

图 3-29 使用霍尔效应传感器和 LVDT 进行应变测量的结果比较

3.5.2 温控三轴系统

温控三轴试验装置主要由三部分组成:GDS 动三轴试验系统、循环恒温浴槽与循环管路。英国 GDS 公司生产的电机控制动三轴试验系统(DYNTTS)如图 3-30 所示,由压力室、围压控制器、反压控制器、信号调节装置/数据传感器接口(DTI)和电脑控制端组成。围压控制器可以控制整个压力室的围压,反压控制器可以控制试样内部反压,压力室内装有孔压传感器和轴力传感器以及位移传感器,传感器的数据需要通过信号调节装置(DTI)将数据传递至电脑控制端,电脑通过 GDSLab 软件对数值进行监测同时可以对压力室内围压、反压、位移和轴力进行控制。为了对试样温度进行测量,在原有基础上额外添加了一个温度传感器,如图 3-30 所示,GDS 温度传感器的位置位于试样边约 1 cm 处,高度位于试样中间。

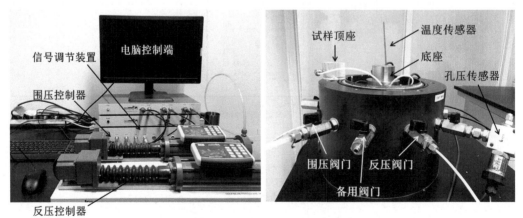

图 3-30 GDS 动三轴试验装置

为了实现 GDS 三轴仪器的温度控制，需要加入能够加热和制冷的恒温浴槽。采用的恒温浴槽为德国产 JULABO 标准型加热制冷循环器，如图 3-31 所示，仪器本身自带恒温浴槽，也可以通过外接循环管对外部进行加热制冷循环，并且可以通过温度显示屏实时监测浴槽内部液体温度，同时具有高温保护并配置散热装置。仪器控制温度范围为 -28~100 ℃，稳定性为 ±0.03 ℃，加热功率为 2 000 W，制冷功率为 350 W。

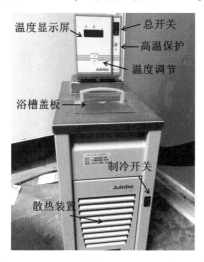

图 3-31　JULABO 标准型 F25-ED 恒温浴槽

为了将 GDS 三轴仪器和 JULABO 标准型加热制冷循环器两者相结合，需要对压力室顶部进行改造，如图 3-32 所示。压力室顶部钻两个大小约为 1 cm 的孔，一个进水孔与一个出水孔，将螺旋循环管从压力室底部放入孔中，将上部出水阀门和进水阀门旋入螺旋循环管并打上螺栓紧固胶，以保证压力室的密封性。最后将两根塑胶管分别接于 JULABO 标准型加热制冷循环器的进水孔和出水孔，在加热制冷循环器工作时，通过 JULABO 标准型加热制冷循环器自带外循环功能，可以实现压力室内的加热。

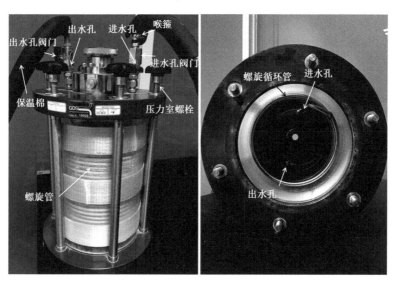

图 3-32　压力室改造

图 3-33 给出了整个温控三轴试验装置的示意图，在进行试验时，首先需要将土样放置于压力室底座，对压力室进行注水，对土样饱和固结后，打开 JULABO 加热制冷循环器，调节温度对压力室加热或者制冷，试验过程中所有的传感器数据都通过数据传感器接口 (DTI) 传入电脑，同时电脑控制端可以对压力室围压、反压、土样轴力等进行控制。

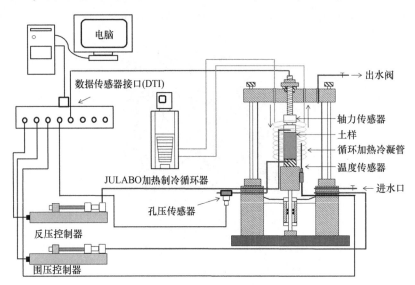

图 3-33　温控三轴试验装置

3.5.3　动单剪试验测试

循环荷载(地震、波浪、风暴潮等)作用时自由场地中土体任意一点的应力-应变状态(图 3-34)的主要特点为：①试样始终在 K_0 固结状态下发生水平剪切变形；②试样在循环剪切过程中可发生由剪胀或剪缩而引起的竖向变形，或者保持常体积剪切；③根据成层场地假设，在循环剪切过程中试样顶面始终保持水平。理想的循环剪切试验装置必须要能实现对试样施加上述变形控制。循环单剪试验被公认为是在实验室内模拟动力荷载作用下土单元应力-应变行为的一种较为适宜的方法，它能够真实地模拟土体在场地中的应力-应变状态。

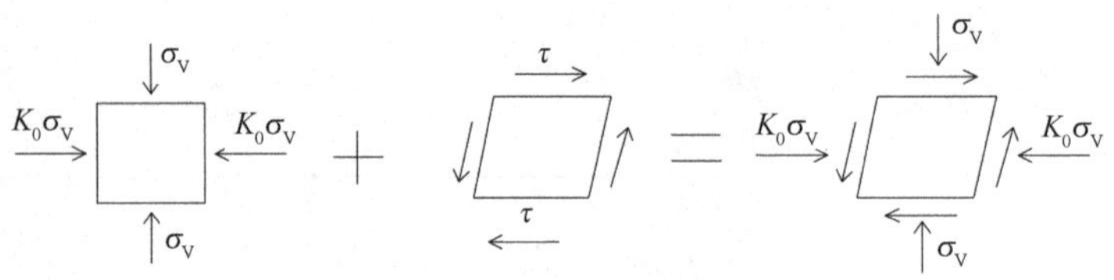

图 3-34　土单元体单剪应力状态

3.5.3.1　动单剪试验原理

单剪试验是从直剪试验发展而来，通过将土样装在环向柔性或刚性约束的剪切盒中，剪切过程中土样沿叠环面可以产生一定的错动变形,接触面破坏位置不固定,且接触面面积不变,克服了直剪试验中人为假定剪切面、应力不均匀分布、无法控制排水条件、土样受剪压缩造成的变截面剪切等缺点(图 3-35)。土样由橡皮膜包裹后套入剪切盒内,由于环向约束作用,可实现土的 K_0 固结。试验过程中,轴向上施加力或控制位移,水平向施加剪力或者控制剪应变,实现多重模式的单剪试验。

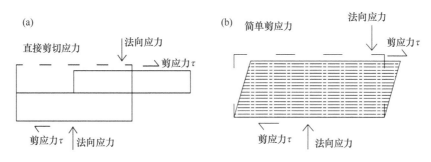

图 3-35　直剪与单剪状态

3.5.3.2　动单剪试验装置

目前,通用的循环单剪仪有两种:一种是柔性式单剪仪,由挪威岩土工程研究所和瑞典岩土工程研究所分别率先研制(Bjerrum et al.,1966),试件截面为圆形,如图 3-36 所示。

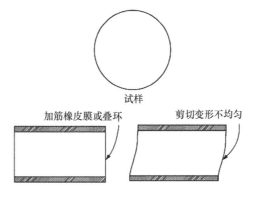

图 3-36　NGI/SGI 型单剪仪(柔性侧限)

典型的 SGI/NGI 型单剪仪主要构造如图 3-37、图 3-38 所示。这类单剪仪在机构运动方式上将水平和竖向运动分开控制,与水平作动器连接的承载板只能沿水平方向发生运动,与竖向作动器连接的加载板则在竖向导轨的约束下只能发生竖直运动,试样上、下表面分别与水平和竖向运动承载板紧密接触并产生相对位移,从而发生剪切变形。竖向运动承载板可实现常固结压力下试样的自由竖向变形,或通过锁定其竖向位置以实现常体积剪切。SGI 型和NGI 型单剪仪的差别,在于对试样侧向边界的限制(确保试样处于 K_0 固结状态)方法不同,前者通过层叠的薄铜环限制(图 3-37),后者则通过环状钢丝加筋橡胶膜予以限制(图 3-38)。

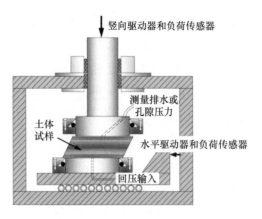

图 3-37 SGI 型单剪仪示意

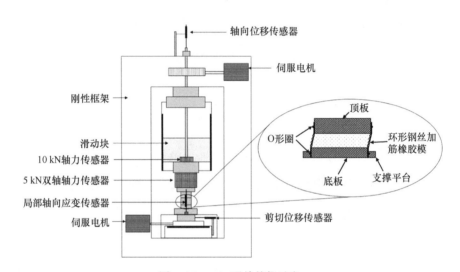

图 3-38 NGI 型单剪仪示意

3.5.4 空心圆柱扭剪测试

土体受循环荷载(如波浪荷载、地震荷载、交通荷载及风力荷载等)作用的最大特点是土单元体的应力状态非常复杂,包括多向振动、应力主轴的连续旋转等。空心圆柱扭剪(Hollow Cylinder Apparatus,HCA)是目前研究应力主轴旋转最理想的仪器。许多学者利用 HCA 对考虑应力主轴旋转的土体变形特性进行研究。

3.5.4.1 空心圆柱扭剪试验原理

HCA 因试样为薄壁空心圆柱形而得名,由于可以施加扭矩,在试样环向产生剪应力,从而使应力主轴发生旋转,因此,可以模拟应力主轴旋转等复杂应力路径(Hight et al.,1983)。图 3-39 为空心圆柱试样中的应力和应变状态。

通过联合施加轴力 F,扭矩 T,内围压 p_i 和外围压 p_o,空心圆柱试样中的单元体中产生了四个应力分量:轴向应力 σ_z,径向应力 σ_r,环向应力 σ_θ 和剪应力 $\tau_{z\theta}$。在这四个应力分量的作用下，试样所受大主应力的方向可以发生连续旋转。对应的应变分量则可表示为：轴向应变 ε_z，径向应变 ε_r，环向应变 ε_θ 和剪应变 $\gamma_{z\theta}$。空心圆柱试样中各应力/应变分量以及各主应力/应变的计算公式如表 3-1 所示。

表 3-1　HCA 边界测量得到的平均应力与平均应变

	应力	应变
竖向	$\sigma_z = \dfrac{F}{\pi(r_o^2 - r_i^2)} + \dfrac{p_o r_o^2 - p_i r_i^2}{r_o^2 - r_i^2}$	$\varepsilon_z = -\dfrac{\Delta H}{H}$
径向	$\sigma_r = \dfrac{p_o r_o + p_i r_i}{r_o + r_i}$	$\varepsilon_r = -\dfrac{\Delta r_o - \Delta r_i}{r_o - r_i}$
环向	$\sigma_\theta = \dfrac{p_o r_o - p_i r_i}{r_o - r_i}$	$\varepsilon_\theta = -\dfrac{\Delta r_o + \Delta r_i}{r_o + r_i}$
剪切	$\tau_{z\theta} = \dfrac{3T}{2\pi(r_o^3 - r_i^3)}$	$\gamma_{z\theta} = \dfrac{2\Delta\theta(r_o^3 - r_i^3)}{3H(r_o^2 - r_i^2)}$
最大主方向	$\sigma_1 = \dfrac{\sigma_z + \sigma_\theta}{2} + \sqrt{\left(\dfrac{\sigma_z - \sigma_\theta}{2}\right)^2 + (\tau_{z\theta})^2}$	$\varepsilon_1 = \dfrac{\varepsilon_z + \varepsilon_\theta}{2} + \sqrt{\left(\dfrac{\varepsilon_z - \varepsilon_\theta}{2}\right)^2 + \left(\dfrac{\gamma_{z\theta}}{2}\right)^2}$
中主方向	$\sigma_2 = \sigma_r$	$\varepsilon_2 = \varepsilon_r$
最小主方向	$\sigma_3 = \dfrac{\sigma_z + \sigma_\theta}{2} - \sqrt{\left(\dfrac{\sigma_z - \sigma_\theta}{2}\right)^2 + (\tau_{z\theta})^2}$	$\varepsilon_3 = \dfrac{\varepsilon_z + \varepsilon_\theta}{2} - \sqrt{\left(\dfrac{\varepsilon_z - \varepsilon_\theta}{2}\right)^2 + \left(\dfrac{\gamma_{z\theta}}{2}\right)^2}$

注：H 为土样高度；r_i 为内径；r_o 为外径；F 为由放置在试样下方的力传感器测量的力减去试样浸没重量的一半；$\Delta\theta$：试样顶部与底部的相对扭转角

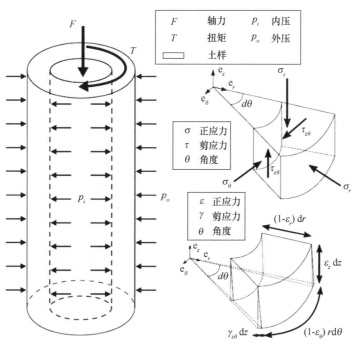

图 3-39　空心圆柱扭剪土样应力与应变状态示意

3.5.4.2 空心圆柱扭剪试验装置

目前，土 HCA 有两种类型：类型 1，静 HCA，即静态施加轴向力、扭矩、内外围压，其最大的缺陷就是不能模拟应力主轴连续旋转；类型 2，动 HCA，即独立施加动态轴向力、内外围压和扭矩。动 HCA 又包括半动态 HCA，即只能实现对部分荷载的独立动态施加。动 HCA 可以较好地模拟各种循环荷载作用下土体中各种复杂应力状态。

GDS 动态空心圆柱系统的仪器实物图和设备布置示意图如图 3-40 所示。DYNHCA 的主要子系统为：压力室和驱动装置（轴向驱动器、扭转驱动器）；内、外部围压控制器；反压控制器；信号调节装置；GDSDCS 数字控制系统。

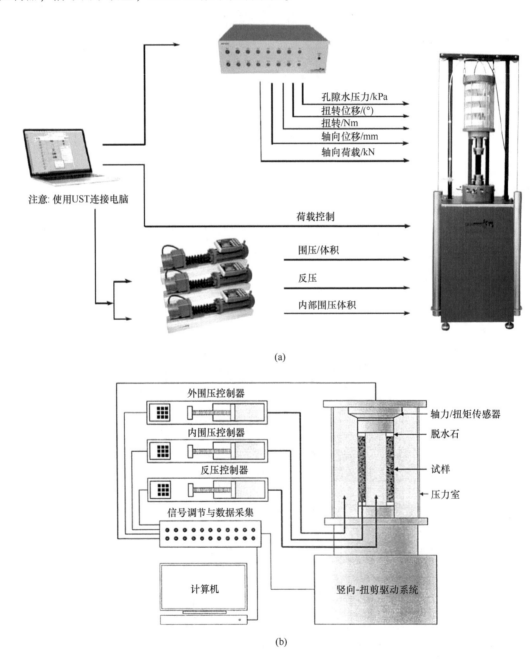

图 3-40　GDS 动态空心圆柱系统的仪器实物与设备布置

3.6　土样组构测试

法国 Grenoble 3SR 实验室建立了一个可实现多种加载路径的试验装置"1γ-2ε"，该装置可以二维成像测试颗粒集合与颗粒接触。采用"1γ-2ε"装置进行试验的照片可以通过计算机程序自动评估，这些照片可以用新的立体摄影测量成像技术获取。这项技术在用于研究岩土颗粒材料的变形接触过程中取得了巨大的成功。

3.6.1　X 射线显微层析成像技术

X 射线可以以不同的方式产生。在实验室条件下，它们是由 X 射线管产生的：电子从热阴极释放并加速以高速撞击阳极，然后自由电子与阳极碰撞时产生 X 射线，X 射线穿透成像物体，探测器在 X 射线管的正对向记录穿透物体的光子，从而形成采集 2D 图像，这些采集的 2D 图像被称为射线照片，可以显示通过成像物体累积 X 射线的衰减情况。

这项技术被广泛用于医学成像，而在岩土力学领域的第一个应用可追溯到 Roscoe。他通过在土体中安装铅标记，在平面应变条件下，在挡土墙后的土压力试验中跟踪土体变形，发现在剪切高变形区域的射线照片中观察到了灰度变化。X 射线断层摄影技术（Computed Tomography，CT）的发展使我们能够在不破坏物体整体性的前提下进行 3D 成像。从 20 世纪 90 年代开始，CT 扫描在岩土力学领域中的应用越来越多。一开始，大多数图像是在特定制备或天然样本上采集的，或在不同试验中的加载后样本上进行事后检验采集。而且，获取的图像像素值不足以分辨和识别单个颗粒，而这对于颗粒材料结构的表征非常重要。计算机断层扫描（μCT）的引入克服了这一问题，成像像素尺寸比 CT 更加精细，能够识别天然砂等单个颗粒。Oda 等（1985）首次将 X 射线 μCT 应用于剪切砂土测试，并断言道："我们现在可以非常自信地说，如果计算机断层扫描技术能够与基于体视学的数据处理方法一起使用，基于微观结构的土力学将大有进步。"

X 射线 μCT 图像可以在同步加速器等特定设施或实验室的工业扫描仪中采集。法国 Grenoble 3SR 实验室的 X 射线 μCT 成像系统是一个相对成熟的岩土力学领域成像系统，如 Edward Andò（2013）和 Max Wiebicke（2020）两人的博士论文工作大都在该实验室中利用 X 射线 μCT 设备开展，获得了优秀的成果，推动着岩土领域微观力学的进一步发展。下一节中将以 Grenoble 3SR 实验室的 X 射线 μCT 成像系统为例，阐释 X 射线 μCT 成像系统的工作方式。

3.6.2　CT 试验装置

Grenoble 3SR 实验室的成像系统是由 RX Solutions 供货的 X 射线断层摄影仪。如图 3-41 所示，断层摄影仪中的 X 射线源向探测器方向发射锥形光束，凭借载物台在轨道上的横向移动，样本能够从探测器向 X 射线源平移，此时视野减小，并且由于近大远小的成像原理，样本在探测器上的成像也被放大。与成像系统相匹配的商业软件是 X-Act，该软件用于重建断层图像。下面主要介绍 X 射线 μCT 成像系统的 X 射线源和探测器的工作原理。

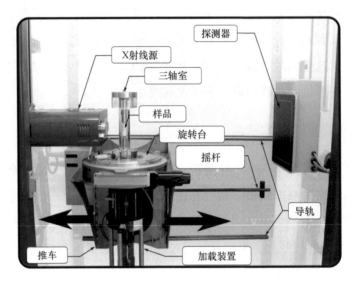

图 3-41　Grenoble 3SR 实验室的 X 射线 μCT 成像系统实物(Andò, 2013)

3.6.2.1　射线源

X 射线源是一个带有固体阳极微聚焦的 X 射线真空管。可向 X 射线管施加 40~150 kV 的电压，并提供 0~500 μA 的电流。如图 3-42 所示，通过在阳极和阴极施加大电压(kV 量级内)产生 X 射线。阴极包含一根灯丝，加热时会产生电子。它们被吸引到阳极靶，阳极靶负责产生 X 射线。在 Grenoble 3SR 实验室 X 射线扫描仪中，可以控制施加到 X 射线管的电压和电流。通常情况下，施加到真空管的电压控制着 X 射线的平均能量大小，电流控制着 X 射线平均通量的大小。

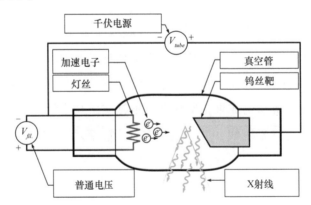

图 3-42　Grenoble 3SR 实验室 X 射线扫描仪源中的 X 射线真空管示意

目前，产生 X 射线有两种互相独立的机制。第一种是制动辐射。当电子接近原子核时，会产生制动辐射，由于原子核自身带正电荷，电子会偏转，从而发射 X 射线光子，该机制产生所有能量的 X 射线光子。第二种机制是由组成靶的原子中电子轨道的变化而产生的，这种机制产生的光子的能量处于特定能量值，这取决于材料的特征。这两种机制都能产生不同能量的 X 射线，因此称之为"X 射线多色源"。

多色 X 射线穿过样品时会出现一种称为"射束硬化"的效果，即部分射束在穿过试样时，会变硬，因为较软（即能量较低）的 X 射线束更容易衰减。"射束硬化"具体表现为试样内部和试样外部的最终成像强度之间的比率被夸大，成像效果产生较大的偏差。为了更真实反映样品的实际模型，在重建这些原始数据时会人为降低中心的线性衰减系数。

3.6.2.2　X 射线探测器

Grenoble 3SR 实验室 X 射线扫描仪使用的探测器的其中一种是"间接"平板 Varian PaxScan© 2 520 V，一般用于医疗用途。它测量 1 920×1 536 像素阵列上入射 X 射线光子的强度，可将其设置为纵向或横向模式，每个像素测量值为 0.127 mm×0.127 mm，即探测器尺寸约为 243.84 mm×195.07 mm。这种探测器使用闪烁体（碘化铯，CsI）将 X 射线转换为可见光，然后利用光电二极管的大阵列捕获。

探测器的工作方式与典型的 CCD 探测器类似：它具有必须遵守的动态范围。如果曝光时间太长，光电二极管可能饱和。如果曝光时间很短，将使用非常小的动态范围来提供非常暗的图像，具有低信噪比。在获取图像时，每秒帧数设置被调整为尽可能多地使用动态范围（不使任何像素饱和），以增加所获取图像的信噪比，同时还力图保持曝光时间较小，以缩短总扫描时间。

3.6.3　CT 图像处理

从原始投影图像处理一般需要三个步骤，以保证每个粒子和接触点更好地被单独识别，分别为：

（1）重建变为 CT 切片；

（2）转换为二值图像；

（3）转换为标记图像。

图 3-43 展示了试样各向同性压缩状态下切片的图像处理过程。

第一步，去除噪声。使用各向异性扩散滤波算法从图 3-43(a)所示的灰度级原始 CT 图像中去除噪声。各向异性扩散滤波器的优点是从图像的特征和背景中去除噪声，同时保留边界并增强它们之间的对比度。这是通过设置扩散停止阈值来实现的，该阈值由参数研究确定。得到的图像是图 3-43(b)所示的平滑灰度图像。

第二步，二值化图像。将全局阈值应用于滤波后的灰度图像变换为二值图像，如图 3-

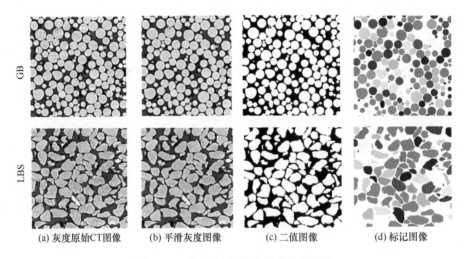

(a) 灰度原始CT图像　　(b) 平滑灰度图像　　(c) 二值图像　　(d) 标记图像

图 3-43　典型 CT 切片的图像处理程序

43(c)所示。应注意的是，由于 CT 图像的部分体积效应，在图像二值化中使用全局阈值可能导致接触过度检测。这些影响可以通过使用局部阈值、提高 X 射线显微断层成像的空间分辨率来缓解。

第三步，再次处理噪声。在粒子分割处理中，使用 $7 \times 7 \times 7$（体素）球形结构元素应用于二值图像，以清除阈值处理中生成的孤立噪声体素。对过滤后的二值图像执行倒角距离变换，并对其应用基于标记的分水岭算法，以获得用于分离单个粒子和提取接触的分水线。

最后，具有分离粒子（或接触）的二值图像被转换为标记图像，其中每个粒子（或接触）对应于隔离区域并且具有唯一的强度值。从图 3-43(d)中可以看出，图像都很好地识别了单个颗粒。

以上是图像处理的一般步骤，最后所得的标记图像可用于检测粒子间接触并计算粒子属性，如粒子体积、质心等，构成确定接触和颗粒组构的基础。提取接触组构信息的两个主要步骤：一是识别接触和计算接触方向，标记图像用作构建接触及其对应粒子拓扑的基础；二是粒子组构也可以更简单、快速地确定，每个粒子的主轴作为其惯性矩张量的特征向量计算。

3.6.4　CT 成像组构演化分析

随着 X 射线 μCT 技术在地球科学领域得到应用推广，有很多科学研究团队使用这项技术来推动微观土力学的发展，尤其是关于颗粒组构的分析。早在 X 射线 μCT 技术广泛运用之前，前人就已经定义了各种组构张量，通常采用二阶对称张量的形式表示。所涉及的微观度量上有所不同，但大致包括：连接接触粒子中心的分支向量、粒子方向向量、接触法向量和孔隙法向量等。

组构张量定义为：

$$\boldsymbol{\Phi}_{ij} = \frac{1}{N}\sum_{k=1}^{N} n_i^k n_j^k \qquad\qquad (3-4)$$

其中，N 是系统中矢量的总数，第 k 个变量 n_i^k 是沿方向 i 的单位方向矢量。组构的定义可应用于描述土体的不同方向矢量，包括颗粒长轴的方向。

Fonseca(2011)在运用 X 射线 μCT 技术分析组构演化时，提出了一种接触面积加权的接触组构张量。每个接触的体素集会形成不规则表面，如图 3-44 所示，Fonseca 应用最小二乘回归法来识别每个表面的最佳拟合平面，并由该平面定义了接触法向。

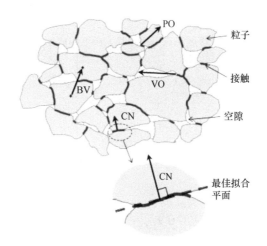

图 3-44　完整样品的组构示意

包括用于组构定量的主要特征和矢量：颗粒取向(PO)、孔隙取向(VO)、接触法向(CN)和枝矢量(BV)。

由于剪切过程中接触面积发生显著变化，在考虑接触面积情况下进行加权组构张量的计算，

$$\boldsymbol{\Phi}_{ij}^{CN(\omega)} = \frac{1}{\omega}\sum_{k=1}^{N} n_i^k n_j^k \omega^k \qquad\qquad (3-5)$$

其中，ω 是所有接触面积之和，ω^k 是第 k 个接触的面积。Fonseca 提出，结合加权接触面积来考虑颗粒尺寸和形状的取向组构张量，更能描述颗粒材料在剪切时的组构演化规律。

但在接触中涉及测量面积，这高度依赖于所选像素大小，如图 3-45 所示，这导致表观接触尺寸与像素尺寸有很大差异，这也是该方法存在的缺陷。

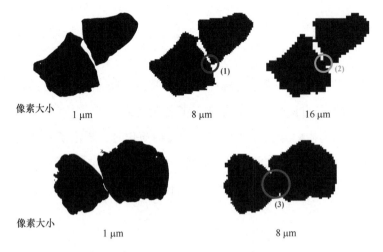

图 3-45　接触点在不同像素大小下的成像效果

3.7　离心机试验

3.7.1　离心试验原理及相似关系

土的力学性质(如强度，刚度)是由其有效应力决定的。当采用小比尺的模型来模拟原型的土体时，原状土体的实际应力状态必须要得到重现。通过土工离心机，可以施加 N 倍的重力加速度到一个 $1/N$ 于原型的模型，从而将模型土的应力水平还原到原型土体，从而反映出相应的力学行为。因此，在离心模型试验中，必须要遵守相关的相似比法则，从而准确地还原原型土体所受到的应力状态。

在离心加速度为 Ng，材料密度和深度分别为 ρ 和 h_m 时的竖向应力可以表示为：

$$\sigma_m = \rho(Ng)h_m \tag{3-6}$$

而在原型条件($1g$ 重力加速度条件)下，深度 h_p 相应的竖向应力 σ_p 为：

$$\sigma_p = \rho g h_p \tag{3-7}$$

根据原型和模型在几何上的相似比尺关系，即 $h_p:h_m$ 为 $N:1$，因此，离心模型试验中，土体所受到的应力和原型土体一致。考虑应变的相似比为1，因此离心模型试验中的应力-应变关系与原型相同。

离心模型试验下的物体质量为：

$$m_m = \rho L_m^3 = \rho\left(\frac{L_p}{N}\right)^3 = \frac{m_p}{N^3} \tag{3-8}$$

式中：m_m 为模型的质量；L_m 为模型的长度；m_p 为原型的质量；L_p 为原型的长度。

根据牛顿第二定律可知，离心模型试验中的力表示为：

$$F_m = m_m a_m = \left(\frac{m_p}{N^3}\right)(a_p N) = \frac{F_p}{N^2} \tag{3-9}$$

式中：F_m、a_m 分别为模型中的力和加速度；F_p、a_p 分别为原型中的力和加速度。

离心模型试验中的压强为：

$$P_m = \frac{F_m}{S_m} = \frac{\dfrac{F_p}{N^2}}{\dfrac{L_p^2}{N^2}} = \frac{F_p}{L_p^2} = P_p \tag{3-10}$$

考虑土体固结问题时，离心模型试验中采用的时间为：

$$t_{m(dif)} = \frac{t_p}{N^2} \tag{3-11}$$

因此，在研究固结渗流问题时，在离心机中所需时间为原型的 $1/N^2$。表 3-2 总结了不同物理量间的相似比尺关系。

表 3-2　试验中所采用的基本相似关系

物理量	加速度 Ng 时的比尺（模型/原型）
加速度 a	N
线性尺度 L	$1/N$
面积 A	$1/N^2$
体积 V	$1/N^3$
时间（固结/渗流）t	$1/N^2$
渗流速度 v	N
渗透系数 k	N
沉降 s	N
应力 σ	1
应变 ε	1
力 F	$1/N^2$
密度 ρ	1
质量 m	$1/N^3$
弯曲刚度 EI	$1/N^4$

3.7.2　转臂式离心机

转臂离心机是一种可以通过旋转转臂产生离心加速度的试验设备，如图 3-46 所示。转臂离心机的特点是有一个可以绕主轴旋转的转臂，其离心机加速度引起的载荷与试件距离旋转轴心的距离成正比。

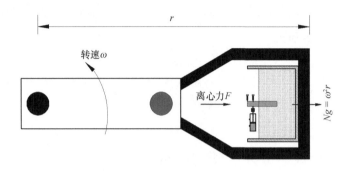

图 3-46　转臂式离心机原理(平面图)

典型的转臂离心机如浙江大学的 ZJU-400 超重力离心机，如图 3-47 所示。它由旋转机构、液压伺服加载系统等大型仪器组成，另配置有激光测距仪、PIV 测试系统等仪器设备。该离心机的容量为 400 gt，有效旋转半径为 4.5 m，最大离心加速度可达 150 g。主要特色及性能如下：①采用德国西门子驱动控制技术，通过双闭环调速方式实现离心机加速度精确控制，保证主机系统性能稳定可靠；②采用动平衡检测装置，通过离心机运行参数的实时监测与启动联锁控制，保证离心机长期安全工作；③动、静态双吊篮设计，吊篮净空容量大，提高了使用灵活性；上下仪器深舱设置为测量仪器提供足够安装空间；④强制风冷和水幕联合冷却试验舱温度控制系统，保证舱内 72 h 温升小于 10℃；⑤单模光纤传输和 1 000 Mib/s的以太网接口，保证了 80 通道动态数采全速采集及高清视频实时通信。

图 3-47　浙江大学超重力离心机

参考文献

万步炎，黄筱军，2006. 深海浅地层岩芯取样钻机的研制［J］. 矿业研究与开发，（S1）：49-51，130.

ANDÒ E，2013. Experimental investigation of microstructural changes in deforming granular media using x-ray tomography［D］. PhD thesis，Université de Grenoble.

ATKINSON J H, 2000. Non-linear soil stiffness in routine design[J]. Geotechnique, 50(5): 487-507.

BJERRUM L, LANDVA A, 1966. Direct simple-shear tests on a Norwegian quick clay[J]. Geotechnique, 16(1): 1-20.

CLAYTON C R I, 2011. Stiffness at small strain: research and practice[J]. Geotechnique, 61(1): 5-37.

CLAYTON C R I, KHATRUSH S A, BICA A V D, et al., 1989. The use of Hall effect semiconductors in geotechnical engineering[J]. Geotechnical Testing Journal, 12(1): 69-76.

FONSECA J, 2011, The evolution of morphology and fabric of a sand during shearing[D]. PhD thesis, Imperial College London, University of London.

HE S, PENG Y, JIN Y, et al., 2020. Review and Analysis of Key Techniques in Marine Sediment Sampling[J]. Chinese Journal of Mechanical Engineering, 33: 1-17.

HIGHT D W, GENS A, SYMES M J, 1983. The development of a new hollow cylinder apparatus for investigating the effects of principal stress rotation in soils[J]. Geotechnique, 33: 355-383.

HONG Y, KOO C H, ZHOU C, et al., 2017. Small strain path-dependent stiffness of toyoura sand: Laboratory measurement and numerical implementation[J]. International Journal of Geomechanics, 17(1): 1-10.

KELLEHER P J, RANDOLPH M F, 2005. Seabed geotechnical characterisation with a ball penetrometer deployed from the portable remotely operated drill[C]. Proceedings of the 1st international symposium on frontiers in offshore geotechnics. Lisse, Switzerland: Swets & Zeitlinger: 365-371.

LAIK S, 2018. Offshore petroleum drilling and production[M]. CRC Press.

LUNNE T, ANDERSEN K H, LOW H E, et al., 2011. Guidelines for offshore in situ testing and interpretation in deepwater[J]. Canadian Geotechnical Journal, 48(4): 543-556.

MASAYUKI K, SATORU U, MASATO Y, 2006, Pressure temperature core sampler (PTCS)[J]. Journal of the Japanese Association for Petroleum Technology, 71(1): 139-147.

ODA M, NEMAT-NASSER S, KONISHI J, 1985. Stress-induced anisotropy in granular masses[J]. Soils and Foundations, 25(3): 85-97.

RANDOLPH M, GOURVENEC S, 2017. Offshore geotechnical engineering[M]. CRC press.

VIGGIANI G, ATKINSON J H, 1995. Stiffness of fine-grained soil at very small strains[J]. Geotechnique, 45(2): 249-265.

WIEBICKE MAX, 2020. Experimental analysis of the evolution of fabric in granular soils upon monotonic loading and load reversals[D]. PhD thesis, Technische Universität Dresden.

ZUIDBERG H M, 1972. Seabed penetrometer tests. Fugro symposium on penetrometer testing, 16Holland, Fugro Ltd: Leidschendam.

ZUIDBERG H M, RICHARDS A F, GEISE J M, 1986. Soil exploration offshore[C]. Proceedings of the 4th International Geotechnical Seminar on Field Instrumentation and In Situ Measurements, Nanyang Technical Institute, Singapore: 3-11.

第4章 塑性理论基础

海洋沉积物在一定范围内的载荷作用下呈弹性响应。即在载荷作用的同时发生变形，变形的大小只决定于载荷的大小，并且在卸载后又可恢复原状。如果所加载荷超过了某个限度，即使卸掉载荷，仍有残留变形，有时还会出现变形随着时间延长而增长的现象，而这一限度，我们一般称为初始屈服状态。

塑性理论从现象论的立场出发，将具有延性的材料所明显表现出来的非弹性特性做数学上的处理，即本构关系的描述。这里要强调一个基本事实：材料响应与观察者无关，即客观性原理。这条基本原理要求对本构关系的描述必须与参考坐标系无关，也即所描述的本构关系在任何坐标系下必须保持不变。这就要求本构关系必须在张量空间里描述。

本章从介绍张量数学标记和应力、应变张量的定义出发，重点介绍表征颗粒材料的内部微结构的组构张量，接着阐述张量函数客观性表示定理，并简单阐述动量守恒定理与弹性本构关系。为了使读者对塑性理论有较为准确的把握，本章介绍了满足 Drucker 稳定假设的材料和 Ziegler 正交假设的材料，把这两个塑性理论假设作为材料分类的基础，分别提出材料的塑性本构关系理论，并指出两者之间的关系。本章强化了组构张量作为内变量的塑性理论，同时简单介绍了常见的材料初始屈服条件和后继屈服面的演化。

4.1 张量与张量函数

4.1.1 张量符号

为了避免引入曲线坐标而出现的张量分析的复杂性，本书原则上采用直角坐标系，在论述塑性理论的基本概念、基本定律和本构方程时尽可能深入浅出，使读者容易掌握。本书采用了爱因斯坦求和约定，即对重复出现的两个哑标进行求和的约定。

本章采用的主要符号为：

φ，A，α，$\cdots$：标量

X，Y，Z，$\cdots$：物质点

$\boldsymbol{X}$：物质点 X 在初始构形中的位置矢量

$\boldsymbol{x}$：物质点 X 在现时构形中的位置矢量

X_K，x_k：$\boldsymbol{X}$，$\boldsymbol{x}$ 的坐标分量

$\boldsymbol{A}$，$\boldsymbol{B}$，$\cdots$：二阶张量

A_{ij}，B_{ij}：$\boldsymbol{A}$，$\boldsymbol{B}$ 的坐标分量

$\boldsymbol{a}$，$\cdots$：矢量及矢量场

a_k，$\cdots$：$\boldsymbol{a}$ 的坐标分量

$\boldsymbol{E}$：应变张量

$\boldsymbol{F}$：材料微结构组构张量

$\boldsymbol{Q}$：任意正交张量

$\boldsymbol{n}$：变形后物质面元的单位法向矢量

$\boldsymbol{\sigma}$：Cauchy 应力张量

$\boldsymbol{D}$：变形率张量

$\boldsymbol{I}_K$：初始构形直角坐标系的基矢量

$\boldsymbol{i}_k$：现时构形直角坐标系的基矢量

δ_{ij}：克罗内克函数

张量的简单运算，如

$$\boldsymbol{a} \cdot \boldsymbol{b} = a_k b_k \tag{4-1}$$

$$\boldsymbol{A} : \boldsymbol{B} = A_{kl} B_{kl} \tag{4-2}$$

$$\mathrm{div}\boldsymbol{a} = a_{k,\,k} \tag{4-3}$$

两个矢量的张量积是一个二阶张量

$$\boldsymbol{T} = \boldsymbol{u} \otimes \boldsymbol{v} \tag{4-4}$$

写成分量形式为：

$$T_{ij} = u_i v_j \tag{4-5}$$

两个二阶张量的乘积仍是一个二阶张量：

$$\boldsymbol{C} = \boldsymbol{A}\boldsymbol{B} \text{ 或 } \boldsymbol{C} = \boldsymbol{A} \cdot \boldsymbol{B} \tag{4-6}$$

写成分量形式为：

$$C_{ij} = A_{ik} B_{kj} \tag{4-7}$$

式中，重复下标 k 是求和的缩写。

二阶张量 $\boldsymbol{A}$、$\boldsymbol{A}^2$、$\boldsymbol{A}^3$ 的迹 $\mathrm{tr}\boldsymbol{A}$、$\mathrm{tr}\boldsymbol{A}^2$、$\mathrm{tr}\boldsymbol{A}^3$ 由下式确定

$$\mathrm{tr}\boldsymbol{A} = A_{kk}, \quad \mathrm{tr}\boldsymbol{A}^2 = A_{ki} A_{ik}, \quad \mathrm{tr}\boldsymbol{A}^3 = A_{ki} A_{ij} A_{jk} \tag{4-8}$$

4.1.2 应力张量

如图4-1所示，P为在外力作用下处于平衡状态的物体中的一点，考虑通过P点的任意平面，此平面的单位法向量用分量表示为n_j。通过此平面并位于法线同一侧物体的单位面积力用t_i表示，简称面积力t_i。而且t_i与n_j之间有如下关系

$$t_i = \sigma_{ji}n_j \qquad (4-9)$$

按照土力学的惯例，应力定义以压力为正时：

$$t_i = -\sigma_{ji}n_j \qquad (4-10)$$

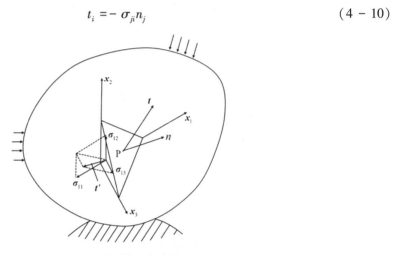

图4-1 单元体应力张量

使式(4-9)式(4-10)成立的二阶张量σ_{ji}称为应力张量(stress tensor)。用$t_i^{(k)}$表示作用于以x_k轴为法线的坐标平面上的单位面积力，这时可以证明x_l轴方向的分量为σ_{kl}。因此，将应力张量表示为方阵的形式：

$$[\sigma_{ij}] = \begin{bmatrix} \sigma_{11} & \sigma_{12} & \sigma_{13} \\ \sigma_{21} & \sigma_{22} & \sigma_{23} \\ \sigma_{31} & \sigma_{32} & \sigma_{33} \end{bmatrix} \qquad (4-11)$$

对角线上各项是垂直于各坐标平面方向上的应力分量，对角线之外各项则是坐标平面内的应力分量。称前者为正应力(normal stress)，后者为剪应力(shear stress)。根据单元体角动量守恒定理要求应力张量是对称的(下一节将进一步说明)，即

$$\sigma_{ij} = \sigma_{ji} \qquad (4-12)$$

由此可见，应力张量的独立分量为6个。

物体中任意一点的单位面积力依赖于作用面的法线方向n_i，因此可以设想存在着面积力t_i的方向刚好与n_i一致的情形(图4-2)。

若找到了这样的平面，令它的单位法向量为$\overset{\circ}{n}_i$，作用于该平面上的单位面积力为$\overset{\circ}{t}_i$，它的大小为σ，这时有

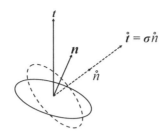

图 4-2　应力的主方向

$$\overset{\circ}{t}_i = \sigma \overset{\circ}{n}_i \tag{4-13}$$

利用式(4-9)可知，σ 和 $\overset{\circ}{n}_i$ 必须满足

$$(\sigma_{ij} - \sigma\delta_{ij})\overset{\circ}{n}_i = 0, \quad j = 1,\ 2,\ 3 \tag{4-14}$$

并且 $\overset{\circ}{n}_i \overset{\circ}{n}_i = 1$ 且 $\overset{\circ}{n}_i$ 不全为零，故有

$$\left| \sigma_{ij} - \sigma\delta_{ij} \right| = 0 \tag{4-15}$$

式(4-15)是关于 σ 的一元三次方程

$$\sigma^3 - I_1\sigma^2 + I_{\mathrm{II}}\sigma - I_{\mathrm{III}} = 0 \tag{4-16}$$

由于 σ_{ij} 是对称张量，可以证明式(4-16)有 3 个实根，且在有 3 个互异实根的情况下，根据对应的式(4-14)可确定 3 个相互正交的单位向量。将式(4-15)的 3 个实根 σ_1、σ_2、σ_3 称为主应力(principal stress)，对应的方向 $\overset{\circ}{n}_i$ 称为应力主轴(principal axis of stress)。

将式(4-15)直接与式(4-16)对比，同时根据 σ_1、σ_2、σ_3 是式(4-16)的根，可以得到

$$\left.\begin{aligned}
I_{\mathrm{I}} &= \sigma_1 + \sigma_2 + \sigma_3 = I_1 \\
I_{\mathrm{II}} &= \sigma_1\sigma_2 + \sigma_2\sigma_3 + \sigma_3\sigma_1 = \frac{1}{2}I_1^2 - I_2 \\
I_{\mathrm{III}} &= \sigma_1\sigma_2\sigma_3 = I_3 - I_2 I_1 + \frac{1}{6}I_1^3
\end{aligned}\right\} \tag{4-17}$$

式中：

$$I_1 = \mathrm{tr}(\boldsymbol{\sigma}) = \sigma_{ii},\ I_2 = \frac{1}{2}\mathrm{tr}(\boldsymbol{\sigma}^2) = \frac{1}{2}\sigma_{ij}\sigma_{ji},\ I_3 = \frac{1}{3}\mathrm{tr}(\boldsymbol{\sigma}^3) = \frac{1}{3}\sigma_{ij}\sigma_{jk}\sigma_{ki} \tag{4-18}$$

I_1、I_2、I_3 和 I_{I}、I_{II}、I_{III} 只取决于物体各点的应力状态而与坐标的选取方式无关，称为应力张量的不变量(invariant)。I_{I}、I_{II}、I_{III} 分别称为第 1、第 2、第 3 不变量。

正应力的平均值为

$$\sigma_m = \frac{1}{3}\sigma_{kk} \tag{4-19}$$

称为平均正应力(mean normal stress)。将剪应力保持不变，只是从正应力中减去平均正应力，将得到的差称为偏应力(deviatoric stress)，表示为

$$s_{ij} = \sigma_{ij} - \sigma_m\delta_{ij} \tag{4-20}$$

与前面一样，可以确定应力偏量的主值，它的主轴与应力主轴方向一致。与式(4-18)相同，偏应力的不变量可定义如下

$$J_1 = s_{ii} = 0, \qquad J_2 = \frac{1}{2} s_{ij} s_{ji}, \qquad J_3 = \frac{1}{3} s_{ij} s_{jk} s_{ki} \qquad (4-21)$$

称 J_1，J_2，J_3 为偏应力的第1、第2、第3不变量，可以由应力张量的不变量唯一表达出来。

土力学中常用与上述等价的3个不变量，分别为平均有效应力 p'、广义剪应力 q 及应力洛德角 θ，即

$$p' = \frac{1}{3} \mathrm{tr}(\sigma_{ij}) = \frac{1}{3} I_1, \qquad q = \sqrt{3 J_2}, \qquad \theta = \frac{1}{3} \cos^{-1} \left(\frac{3\sqrt{3}}{2} \frac{J_3}{J_2^{\frac{3}{2}}} \right) \qquad (4-22)$$

4.1.3 应变张量

如图4-3所示，为了表示物体空间位置，使用正交笛卡尔坐标系 $O - x_1 x_2 x_3$。考虑物体中一个有代表性的点，用笛卡尔坐标 (X_1, X_2, X_3) 或者 X_i，$i = 1, 2, 3$ 表示 $t = 0$ 时该点的位置 P，由于物体变形，此点在 $t = t$ 时移动到以 (x_1, x_2, x_3) 或者 x_i，$i = 1, 2, 3$ 所表示的位置 Q(北川浩，1986)。

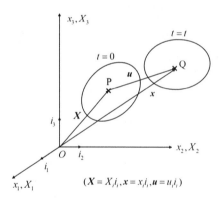

$(\boldsymbol{X} = X_i i_i, \boldsymbol{x} = x_i i_i, \boldsymbol{u} = u_i i_i)$

图4-3 物体的运动

这时物体的运动就可以通过这样的物体内各点的对应关系

$$x_i = x_i(X_1, X_2, X_3, t), \qquad i = 1, 2, 3 \qquad (4-23)$$

表示出来。在连续介质的变形中，变形前后物体内的点是一一对应的，所以式(4-23)的逆关系式也是唯一确定的，可以表示为

$$X_i = X_i(x_1, x_2, x_3, t), \qquad i = 1, 2, 3 \qquad (4-24)$$

物体内的位移场 u_i，$i = 1, 2, 3$ 可写成

$$u_i(X_1, X_2, X_3, t) = x_i(X_1, X_2, X_3, t) - X_i, \qquad i = 1, 2, 3 \qquad (4-25)$$

速度场 v_i，$i = 1, 2, 3$ 则可求得为

$$v_i = \frac{\partial x_i(X_1, X_2, X_3, t)}{\partial t} = \frac{\partial u_i(X_1, X_2, X_3, t)}{\partial t} \qquad (4-26)$$

如图 4-4 所示，考虑 $t = 0$ 时 P 点附近的一点 P′，假定 P′ 点的坐标为（$X_1 + \delta X_1$，$X_2 + \delta X_2$，$X_3 + \delta X_3$）。当 $t = t$ 时，点 P′ 移动到 Q′，Q′ 点的坐标为（$x_1 + \delta x_1$，$x_2 + \delta x_2$，$x_3 + \delta x_3$），这时有

$$\delta x_i = \frac{\partial x_i}{\partial X_j}\delta X_j \quad \text{或} \quad \delta X_i = \frac{\partial X_i}{\partial x_j}\delta x_j \tag{4-27}$$

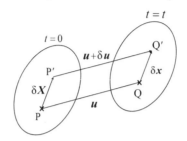

图 4-4　P 点附近的运动

用 δS，δs 分别表示微小向量 $\overline{\text{PP}'}$，$\overline{\text{QQ}'}$ 的长度，则有

$$\delta S^2 = \delta X \cdot \delta X = \delta X_i \delta X_i, \quad \delta s^2 = \delta x \cdot \delta x = \delta x_i \delta x_i \tag{4-28}$$

计算它们的差并且结合式（4-27）就得到

$$\delta s^2 - \delta S^2 = 2E_{ij}\delta X_i \delta X_j, \quad E_{ij} = \frac{1}{2}\left(\frac{\partial x_k}{\partial X_i}\frac{\partial x_k}{\partial X_j} - \delta_{ij}\right) \tag{4-29}$$

式中：E_{ij} 是以变形前的长度为基准，表示物体中所考虑的两个相邻物质点之间距离变化的量，称为格林应变（Green strain）。用位移表示并根据式（4-25）得

$$E_{ij} = \frac{1}{2}\left(\frac{\partial u_i}{\partial X_j} + \frac{\partial u_j}{\partial X_i} + \frac{\partial u_k}{\partial X_i}\frac{\partial u_k}{\partial X_j}\right) \tag{4-30}$$

如果位移梯度 $\partial u_i / \partial X_j$ 与 1 相比足够小，则称这样的位移场为微小位移场。在这种情况下，式（4-30）右边括号中的第三项与其他项相比十分小，可忽略不计，得

$$\varepsilon_{ij} = \frac{1}{2}\left(\frac{\partial u_i}{\partial X_j} + \frac{\partial u_j}{\partial X_i}\right) \tag{4-31}$$

当定义以压为正时，有

$$\varepsilon_{ij} = -\frac{1}{2}\left(\frac{\partial u_i}{\partial X_j} + \frac{\partial u_j}{\partial X_i}\right) \tag{4-32}$$

称 ε_{ij} 为柯西应变（Cauchy strain）或微应变（infinitesimal strain）。本书之中，只要没有特别说明都是处理微小变形，所以继续讨论微应变。

当 $\partial u_i / \partial X_j$ 远小于 1 时，利用式（4-25）可得

$$\frac{\partial u_i}{\partial X_j} = \frac{\partial u_i}{\partial x_k}\frac{\partial x_k}{\partial X_j} = \frac{\partial u_i}{\partial x_k}\left(\delta_{kj} + \frac{\partial u_k}{\partial X_j}\right) \doteq \frac{\partial u_i}{\partial x_j} \tag{4-33}$$

式（4-33）说明在微分时没有必要区别变形前后的坐标。此后，对于位置坐标的偏微分，

无论 $\partial/\partial X_i$ 或者 $\partial/\partial x_i$ 都用"，i"来表示。使用这样的记号后，式(4-31)就变成

$$\varepsilon_{ij} = \frac{1}{2}(u_{i,j} + u_{j,i}) \tag{4-34}$$

点 Q' 对点 Q 的相对位移 δu_i 可表示为

$$\delta u_i = u_{i,j}\delta X_j = \varepsilon_{ij}\delta X_j + \omega_{ij}\delta X_j \tag{4-35}$$

式中

$$\omega_{ij} = \frac{1}{2}(u_{i,j} - u_{j,i}) \tag{4-36}$$

当 $\varepsilon_{ij} = 0$ 时，物体的运动是刚体运动，此时物体内各点间产生的位移是刚体转动，因此称 ω_{ij} 为微小转动张量(infinitesimal rotation tensor)，从定义出发可以知道 ε_{ij} 是对称张量，有 $\varepsilon_{ij} = \varepsilon_{ji}$ 成立；而 ω_{ij} 是反对称张量，因此，$\omega_{ij} = -\omega_{ji}$。

正应变之和

$$\varepsilon_v = \mathrm{tr}(\varepsilon_{ij}) = \varepsilon_{ii} \tag{4-37}$$

相当于单位体积的体积变化，即表示了体应变。从各正应变中减去平均正应变得

$$e_{ij} = \varepsilon_{ij} - \frac{1}{3}\varepsilon_v\delta_{ij} \tag{4-38}$$

称 e_{ij} 为偏应变(deviatoric strain)。与偏应力共轭，土力学中广义剪应变大小 ε_q 也由相应的不变量表示

$$\varepsilon_q = \sqrt{\frac{2}{3}e_{ij}e_{ij}} \tag{4-39}$$

应变对时间的导数称为应变率(strain rate)。从式(4-31)和式(4-26)可得

$$\dot{\varepsilon}_{ij} = \frac{1}{2}(\dot{u}_{i,j} + \dot{u}_{j,i}) = \frac{1}{2}(v_{i,j} + v_{j,i}) \tag{4-40}$$

同时又可从应变率中求出偏应变和体应变的速率

$$\dot{e}_{ij} = \dot{\varepsilon}_{ij} - \frac{1}{3}\dot{\varepsilon}_v\delta_{ij}, \qquad \dot{\varepsilon}_v = \dot{\varepsilon}_{kk} \tag{4-41}$$

4.1.4 组构张量

对于土体这种颗粒材料来说，我们要尽量描述其微结构，因为土体的非弹性变形主要是由土体微结构的演化而成的。许多微结构的标量参数，无论是宏观的还是微观的，对于表征颗粒材料的力学特性都很重要，包括常见的颗粒尺寸、颗粒形状、孔隙率等。然而，标量参数通常不足以描述复杂的颗粒微观结构，需要方向量来表征与方向相关的颗粒排列微结构。组构张量可以作为方向向量来量化微结构基质和孔隙空间的排列。

采用切片或CT扫描等无损检查技术，可以得到如图4-5所示的微结构方向向量，用于描述组构张量。l 表示沿孔隙单元椭圆长轴的单位向量；m 表示连接颗粒几何中心之间的单

位向量；n 表示垂直于连接颗粒的接触面的单位向量。像 l 这样的矢量可以描述发生在颗粒孔隙中流体对流或扩散的方向。m 和 n 向量则可以描述颗粒间的传导和加载路径。考虑微观结构的本构模型中常需要用到这些向量。同时从图 4-5 中可以看出，在只含圆形或球形颗粒的理想情况下，向量 m 和 n 是等价的。

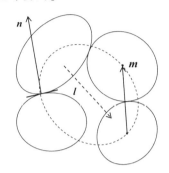

图 4-5　颗粒群中的方向向量：l，沿孔隙单元椭圆长轴的单位向量；m，连接颗粒中心之间的单位向量；n，垂直于连接颗粒的接触面的单位向量。

组构张量不仅限于接触张量，虽然颗粒接触面是颗粒间力传递和热传递的重要界面，但接触面、接触法向量与颗粒孔隙中的液体流动几乎没有关系。孔隙间的液体流动可以通过选择不同的方向向量来更好地描述，例如，孔隙向量可标记相邻空间联系程度，从而构造有效渗透系数的组构张量。

4.1.4.1　接触组构张量

组构张量可以表征颗粒群是否呈现随机分布（各向同性）或一定程度的方向性倾向，是微观结构信息的宏观统计表达，也能作为内变量应用到常见的本构模型中。将组构各向异性与由此产生的应力、应变、热通量和质量通量各向异性联系起来，因此可以考虑内变量演化对宏观响应的影响。

如图 4-5 所示，单位向量 n 垂直于颗粒接触平面。在理想化的球形颗粒中，它代表了热流路径以及两个接触的颗粒之间的荷载路径。Kanatani（1984）详细讨论了组构张量以及如何与 n 等方向向量的分布密度相联系。

将单位接触法向量的张量积的体积平均值定义为接触张量 F。二阶接触张量的张量表达如下

$$F = \frac{1}{N} \sum_{\alpha=1}^{N} n^{\alpha} \otimes n^{\alpha} \qquad (4-42)$$

$$F_{ij} = \frac{1}{N} \sum_{\alpha=1}^{N} n_i^{\alpha} n_j^{\alpha} \qquad (4-43)$$

式中：$\otimes$ 运算为两个向量的并矢积，N 为代表体积中接触法向量 n 的总数。n_i^{α} 是第 α 个单位向量 n 关于 x_i 笛卡尔坐标的分量。

另外，如果 $\boldsymbol{n}$ 的分布密度可以用已知的标量值函数 $P(\boldsymbol{n})$ 来描述，接触张量的张量表达如下：

$$\boldsymbol{F} = \int_{\Omega} P(\boldsymbol{n})\,(\boldsymbol{n} \otimes \boldsymbol{n})\,\mathrm{d}\Omega \tag{4-44}$$

$$F_{ij} = \int_{\Omega} P(\boldsymbol{n})\,n_i n_j \mathrm{d}\Omega \tag{4-45}$$

式中：Ω 是立体角，二维为 2π 弧度，三维为 4π 球面度。

通过式(4-45)计算接触张量需要可以识别接触法向量的颗粒微观结构图像，同时要确定接触张量的各分量需要分布密度函数 $P(\boldsymbol{n})$。从技术上讲，$P(\boldsymbol{n})$ 是一个不可知的分布。这种分布须从大量的法向量样本中统计出来，或者对其形式做一些假设。如果从实测数据中计算接触张量，则使用式(4-43)更直接，这里也采用这种方法。

此外，式(4-44)和式(4-45)清楚地揭示了 $\boldsymbol{F}$ 和 $P(\boldsymbol{n})$ 之间的数学关系(Kanatani，1984)。这种关系将在随后探讨 $P(\boldsymbol{n})$ 与二阶及高阶接触张量之间的联系时可作参考。

考虑图4-6中的两个简单颗粒集合。式(4-43)中求和标记是指接触法向量，而不是接触平面。下面讨论图4-6所示的接触法向量的对称性。

如式(4-43)所定义，图4-6(a)中的二维二阶接触张量如下

$$F_{ij}^{(\mathrm{a})} = \frac{1}{8}\begin{bmatrix} (n_1^1 n_1^1 + \cdots + n_1^8 n_1^8) & (n_1^1 n_2^1 + \cdots + n_1^8 n_2^8) \\ (n_2^1 n_1^1 + \cdots + n_1^8 n_1^8) & (n_2^1 n_2^1 + \cdots + n_2^8 n_2^8) \end{bmatrix}$$

$$= \frac{1}{8}\begin{bmatrix} (-1 \cdot -1 + \cdots + 0 \cdot 0) & (-1 \cdot 0 + \cdots + 0 \cdot -1) \\ (0 \cdot -1 + \cdots + -1 \cdot 0) & (0 \cdot 0 + \cdots + -1 \cdot -1) \end{bmatrix} = \frac{1}{8}\begin{bmatrix} 4 & 0 \\ 0 & 4 \end{bmatrix} = \begin{bmatrix} 1/2 & 0 \\ 0 & 1/2 \end{bmatrix} \tag{4-46}$$

类似地，考虑到图4-6(b)中的三个参考轴，可以得到

$$F_{ij}^{(\mathrm{b})} = \frac{1}{8}\begin{bmatrix} 8 & 0 & 0 \\ 0 & 0 & 0 \\ 0 & 0 & 0 \end{bmatrix} = \begin{bmatrix} 1 & 0 & 0 \\ 0 & 0 & 0 \\ 0 & 0 & 0 \end{bmatrix} \tag{4-47}$$

4.1.4.2 接触向量对称性

接触张量的另一个重要特征与一对接触法向量关于接触平面的对称性相关。要计算图4-6(a)中颗粒的接触张量，每个接触平面上只需要各取一个接触法向量。例如，由向量2、3、6和7可以得到

$$F_{ij}^{(\mathrm{a})} = \frac{1}{4}\begin{bmatrix} (n_1^2 n_1^2 + \cdots + n_1^7 n_1^7) & (n_1^2 n_2^2 + \cdots + n_1^7 n_2^7) \\ (n_2^2 n_1^2 + \cdots + n_2^7 n_1^7) & (n_2^2 n_2^2 + \cdots + n_2^7 n_2^7) \end{bmatrix}$$

$$= \frac{1}{4}\begin{bmatrix} (1 \cdot 1 + 0 \cdot 0 + 1 \cdot 1 + 0 \cdot 0) & (1 \cdot 0 + 0 \cdot 1 + 1 \cdot 0 + 0 \cdot 1) \\ (0 \cdot 1 + 1 \cdot 0 + 0 \cdot 1 + 1 \cdot 0) & (0 \cdot 0 + 1 \cdot 1 + 0 \cdot 0 + 1 \cdot 1) \end{bmatrix}$$

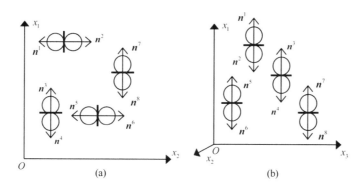

图 4-6 具有 N = 8 接触法向量的两个颗粒集合

（a）二维，其中一半的接触法向量 n 在 $\pm x_1$ 方向，一半在 $\pm x_2$ 方向；（b）三维，所有接触法向量均指向 $\pm x_1$ 方向

$$= \frac{1}{4} \begin{bmatrix} 2 & 0 \\ 0 & 2 \end{bmatrix} = \begin{bmatrix} 1/2 & 0 \\ 0 & 1/2 \end{bmatrix} \qquad (4-48)$$

这与式(4-46)的结果相同。每个接触平面只考虑一个接触法向量而不是两个，并且达到了相同的统计效果，减小了计算量。

利用接触张量的对称性，计算时只需考虑指向第一、二象限的接触法向量。每个接触平面都有一个法向量指向这两个象限中的一个，保证了每个接触平面有且只有一个接触法向量作为代表。

在图 4-6 的简单例子中，所有接触法向量都与参考笛卡尔坐标轴对齐。因此，这些接触张量的主方向即为参考直角坐标轴的方向。而在有统计意义的一般情况中则并非如此。图 4-7 是一个方向量与参考坐标轴不对齐的简单例子。在这个例子中，接触张量的主方向显然不是参考坐标轴方向。

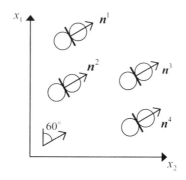

图 4-7 具有 4 个接触平面的颗粒集合。利用方向量的对称性，只考虑了 4 个接触法向量而不是 8 个。所有接触法向量都朝向 $+x_1$ 方向顺时针 60°。

参考图中的笛卡尔坐标系，图 4-7 中颗粒的二维二阶接触张量如下

$$F_{ij} = \frac{1}{4} \begin{bmatrix} (n_1^1 n_1^1 + \cdots + n_1^4 n_1^4) & (n_1^1 n_2^1 + \cdots + n_1^4 n_2^4) \\ (n_2^1 n_1^1 + \cdots + n_2^4 n_1^4) & (n_2^1 n_2^1 + \cdots + n_2^4 n_2^4) \end{bmatrix}$$

$$= \frac{1}{4} \begin{bmatrix} 4(1/2 \cdot 1/2) & 4(1/2 \cdot \sqrt{3}/2) \\ 4(\sqrt{3}/2 \cdot 1/2) & 4(\sqrt{3}/2 \cdot \sqrt{3}/2) \end{bmatrix} = \begin{bmatrix} 1/4 & \sqrt{3}/4 \\ \sqrt{3}/4 & 1/4 \end{bmatrix} \qquad (4-49)$$

非零的非对角项表明这些方向量(此处为接触法向量)的主方向并不是坐标轴方向。然而与任意二阶张量一样,其主值和主方向可以很容易地通过一个特征值问题来计算。用上标(p)表示主方向,主方向上的接触张量如下:

$$F_{ij}^{(p)} = \begin{bmatrix} 0 & 0 \\ 0 & 1 \end{bmatrix} \qquad (4-50)$$

参考坐标系下该接触张量的主方向可以表达为

$$n^{(p)} = \frac{1}{2}i + \frac{\sqrt{3}}{2}j \qquad (4-51)$$

式(4-50)表示所有方向量都是单向的,式(4-51)表示该方向是$+x_1$轴顺时针60°方向。这个例子说明,组构张量可以从任意参考坐标系的方向量数据中计算得到,其主值和主方向则由参考坐标系下所得数组的特征值和特征向量给出。

4.1.4.3 组构张量分解

从式(4-48)和式(4-50)可以看出接触张量的一个特征:第一不变量或迹等于1。考虑一般三维情况,将二阶接触张量分解为各向同性部分和偏量部分的总和。在物理上,各向同性部分代表接触的无方向偏好,偏量部分量化了微结构与这种随机排列的偏差。数学分解说明了接触张量和组构对称性之间的关系

$$F_{ij} = f\delta_{ij} + F'_{ij} \qquad (4-52)$$

式中:δ_{ij}为克罗内克符号;f为张量的标量各向同性值;F'_{ij}为偏量部分。这种分解可以适用于任意二阶张量。f在三维时等于1/3,在二维时等于1/2。对图4-6中的颗粒集合,接触张量可以写成

$$F_{ij}^{(a)} = \frac{1}{2} \begin{bmatrix} 1 & 0 \\ 0 & 1 \end{bmatrix} + \begin{bmatrix} 0 & 0 \\ 0 & 0 \end{bmatrix} \qquad (4-53)$$

$$F_{ij}^{(b)} = \frac{1}{3} \begin{bmatrix} 1 & 0 & 0 \\ 0 & 1 & 0 \\ 0 & 0 & 1 \end{bmatrix} + \begin{bmatrix} 2/3 & 0 & 0 \\ 0 & -1/3 & 0 \\ 0 & 0 & -1/3 \end{bmatrix} \qquad (4-54)$$

如果二阶接触张量不能识别接触法向分布中的方向偏好,F'_{ij}只有零分量。在这种情况下,分布被认为是统计各向同性的,可以用标量值f来表示。在图4-6(a)中,虽然接触法向不是随机分布的,但只有两个不同方向。二维二阶接触张量只有两个主方向,没有足够的自由度来表征这种分布。

组构张量的偏量部分体现了与组构各向同性的偏差。例如在图4-6(b)中,接触法向只

在一个方向上表现出偏好，因此一个主值是不同的，而另两个主值是相等的（各向同性平面），为横观各向同性。事实上，图 4-6（b）是接触法向横观各向同性的一个特殊例子，因为在水平面内没有方向性。最后，如果三个正交方向表现出不同程度的方向偏好，则是显著的接触法向正交各向异性。

四阶张量可以描述更复杂形状接触法向分布。四阶接触张量的下标表达如下

$$F_{ijkl} = \frac{1}{N} \sum_{\alpha=1}^{N} n_i^\alpha n_j^\alpha n_k^\alpha n_l^\alpha \qquad (4-55)$$

图 4-6（a）中的颗粒可以由四阶接触张量充分描述。由于缺乏足够的自由度，二阶接触张量认为定向数据的这种规则排列是均匀的。相反，四阶接触张量可以很好地表征立方排列对称性，而不是简化为组构各向同性的情况（Cowin，1985）。这个例子也表明了二阶接触张量在描述更高层次材料对称性方面的局限性。

方向矢量的概率密度函数具有统计特性，常用来表征接触法向量的方向排列。Kanatani（1984）总结了如何通过方向矢量 $\boldsymbol{n}$ 和概率密度函数 $P(\boldsymbol{n})$ 来得到组构张量。最易获取的统计模型是带系数 Ψ 和 Ψ_{ij} 等的各阶组构张量的线性组合，$P(\boldsymbol{n})$ 可用无穷级数展开

$$P(\boldsymbol{n}) = \frac{1}{\Omega} \{ \Psi + \Psi_{ij} n_i n_j + \Psi_{ijkl} n_i n_j n_k n_l + \cdots \} \qquad (4-56)$$

式中：Ω 二维为 2π 弧度；三维为 4π 球面度；Ψ 是不超过 1 的概率密度函数累积值。

4.1.5　张量函数

本构关系必须不随观察者而变，坐标系的独立性也称标架无差异性（frame indifference）。它要求本构关系在参考坐标改变时保持不变。在数学上，这就意味着：①本构关系涉及的所有量必须是客观量；②具体的本构关系必须表达为各向同性函数（isotropic function）。

本节主要讨论 n 维空间中的二阶张量。所有二阶张量的集合形成 n^2 维空间 L。我们常讨论对称张量，所有对称二阶张量形成 $1/2n(n+1)$ 维空间。在 L 空间中，任何以张量为自变量，取值为标量或张量的函数统称为张量函数（王自强，2000）。令

$$\varepsilon = \varepsilon(\boldsymbol{A}) \qquad (4-57)$$

是取值为标量的张量函数。若 $\boldsymbol{A} \in L$，则 ε 是 n^2 个实变量 A_{ij} 的函数。A_{ij} 显然与直角坐标系的基向量 i_k 相关联，一般来说，这个张量函数 ε 也可能依赖于坐标基的选择。

本章只讨论直角坐标系，采用张量的矩阵表示也就是说所有黑体字均用张量的矩阵表示。典型的标量值张量函数，如

$$\varepsilon(\boldsymbol{A}) = \mathrm{tr}(\boldsymbol{A}^m), \quad \varepsilon(\boldsymbol{A}) = \det \boldsymbol{A} \qquad (4-58)$$

令

$$\boldsymbol{B} = \boldsymbol{f}(\boldsymbol{A}) \qquad (4-59)$$

$\boldsymbol{B}$ 是一个以张量 $\boldsymbol{A}$ 为自变量、取值为张量 $\boldsymbol{f}$ 的张量函数。当 $\boldsymbol{A}$，$\boldsymbol{B} \in L$ 时，式（4-59）的分量

形式给出 n^2 个函数 f_{ij}，它们都是 A_{kl} 的函数。

张量的幂级数

$$\boldsymbol{B} = \sum_{k=0}^{\infty} c_k \boldsymbol{A}^k \tag{4-60}$$

$\boldsymbol{B}$ 是一类特殊的张量函数。利用幂级数展开可以方便地定义很多张量函数，譬如

$$e^{\boldsymbol{A}} = \boldsymbol{I} + \boldsymbol{A} + \cdots + \frac{1}{n!} \boldsymbol{A}^n + \cdots \tag{4-61}$$

$$\ln(\boldsymbol{I} + \boldsymbol{A}) = \boldsymbol{A} - \frac{1}{2} \boldsymbol{A}^2 + \cdots \tag{4-62}$$

一般说来，每一个标量值的线性张量函数 $\lambda(\boldsymbol{A})$ 可表示为

$$\lambda(\boldsymbol{A}) = \mathrm{tr}(\boldsymbol{L}^{\mathrm{T}}\boldsymbol{A}) = L_{kl}A_{kl} \tag{4-63}$$

每一个取值为二阶张量的线性张量函数，可表示为

$$\boldsymbol{B} = \boldsymbol{L} : \boldsymbol{A} \tag{4-64}$$

式（4-64）的分量形式为

$$B_{ij} = L_{ijkl}A_{kl} \tag{4-65}$$

式中：L 是四阶张量。

如果下述关系对所有正交张量 $\boldsymbol{Q}$ 及所有定义域内张量 $\boldsymbol{A}$ 都成立，那么标量值张量函数 $\varepsilon(\boldsymbol{A})$ 被称为各向同性张量函数：

$$\varepsilon(\boldsymbol{A}) = \varepsilon(\boldsymbol{Q}\boldsymbol{A}\boldsymbol{Q}^{\mathrm{T}}) \tag{4-66}$$

标量值各向同性张量函数 $\varepsilon(\boldsymbol{A})$ 也称为 $\boldsymbol{A}$ 的正交不变量，简称不变量。

主值不变量 $I_k(\mathrm{A})$，$k=1, 2, \cdots, n$ 是一类特别重要的不变量。我们有

$$\det(\lambda\boldsymbol{I} + \boldsymbol{A}) = \lambda^n + I_1(\boldsymbol{A}) \lambda^{n-1} + \cdots + I_n(\boldsymbol{A}) \tag{4-67}$$

式中：$I_1(\boldsymbol{A}) = \mathrm{tr}\boldsymbol{A}$，$I_n(\boldsymbol{A}) = \det\boldsymbol{A}$。

以主值不变量为基础，这里我们列举一个典型的各向同性标量函数如下式（修正剑桥模型屈服函数）：

$$f = q^2 - M^2 p'(p'_c - p') = 0 \tag{4-68}$$

式中：p'_c 为初始固结球应力。

如果下述关系对所有正交张量 $\boldsymbol{Q}$ 及所有定义域内的张量 $\boldsymbol{A}$ 成立，那么张量值张量函数 $f(\boldsymbol{A})$ 称为各向同性张量函数

$$\boldsymbol{Q}f(\boldsymbol{A}) \boldsymbol{Q}^{\mathrm{T}} = f(\boldsymbol{Q}\boldsymbol{A}\boldsymbol{Q}^{\mathrm{T}}) \tag{4-69}$$

显然，张量多项式及张量幂级数都是各向同性的张量函数。各向同性张量函数的物理含义是很清楚的。当直角坐标系发生变换的时候，基矢量由 $\boldsymbol{i}_k$ 变成 $\boldsymbol{i}_k^*$。在新的直角坐标系内，张量的矩阵表示转化为 $\boldsymbol{A}^* = \boldsymbol{Q}\boldsymbol{A}\boldsymbol{Q}^{\mathrm{T}}$，$\boldsymbol{B}^* = \boldsymbol{Q}\boldsymbol{B}\boldsymbol{Q}^{\mathrm{T}}$。

式（4-66）表明

$$\varepsilon(\boldsymbol{A}) = \varepsilon(\boldsymbol{A}^*) \tag{4-70}$$

而式(4-69)等价于

$$B = f(A), \qquad B^* = f(A^*) \tag{4-71}$$

式(4-70)意味着标量函数 ε 在直角坐标系发生转换时保持不变。而式(4-71)表明张量函数 f 在直角坐标系发生转换时保持不变。

Wang（1970a）提出了标量值函数 f 各向同性的表示法则，标量值函数的变量可以包括对称张量 A 、矢量 v 和反对称张量 W 。如果存在一个正交张量 Q 满足下式：

$$\bar{A}_1 = QA_1Q^T, \quad \cdots, \quad \bar{A}_a = QA_aQ^T,$$

$$\bar{v}_1 = Qv_1, \quad \cdots, \quad \bar{v}_b = Qv_b,$$

$$\bar{W}_1 = QW_1Q^T, \quad \cdots, \quad \bar{W}_c = QW_cQ^T \tag{4-72}$$

则称 $(A_1, \cdots, A_a, v_1, \cdots, v_b, W_1, \cdots, W_c)$ 和 $(\bar{A}_1, \cdots, \bar{A}_a, \bar{v}_1, \cdots, \bar{v}_b, \bar{W}_1, \cdots, \bar{W}_c)$ 是等价的。

如果标量值函数 f 满足如下条件

$$f(QA_1Q^T, \cdots, QA_aQ^T, Qv_1, \cdots, Qv_b, QW_1Q^T, \cdots, QW_cQ^T)$$

$$= f(A_1, \cdots, A_a, v_1, \cdots, v_b, W_1, \cdots, W_c) \tag{4-73}$$

则称 $f(A_1, \cdots, A_a, v_1, \cdots, v_b, W_1, \cdots, W_c)$ 为各向同性函数。$(A_1, \cdots, A_a, v_1, \cdots, v_b, W_1, \cdots, W_c)$ 的 r 个元素如果对应于 $(\bar{A}_1, \cdots, \bar{A}_a, \bar{v}_1, \cdots, \bar{v}_b, \bar{W}_1, \cdots, \bar{W}_c)$ 子集中 r 个元素，r 是介于 1 和 $(a+b+c)$ 之间的整数，称为服从 E_r 条件。如果服从条件 $E_{(a+b+c)}$，则所有对应的子集是等价的。

Wang（1970a）列出了对称张量、矢量和反对称张量及其耦合的变量相应的不变量如下，这里只列出 E_1、E_2 条件下的不变量：

（a）E_1 条件下不变量：

变量	不变量
A	$\mathrm{tr}A$，$\mathrm{tr}A^2$，$\mathrm{tr}A^3$
v	$v \cdot v$
W	$\mathrm{tr}W^2$

（b）E_2 条件下不变量（E_1 条件满足前提下）：

变量	不变量
A_1，A_2	$\mathrm{tr}A_1A_2$，$\mathrm{tr}A_1^2A_2$，$\mathrm{tr}A_1A_2^2$，$\mathrm{tr}A_1^2A_2^2$
A，v	$v \cdot Av$，$v \cdot A^2v$
A，W	$\mathrm{tr}AW^2$，$\mathrm{tr}A^2W^2$，$\mathrm{tr}A^2W^2AW$

$$v_1, \ v_2 \qquad\qquad\qquad v_1 \cdot v_2$$

$$v, \ W \qquad\qquad\qquad v \cdot W^2 v$$

$$W_1, \ W_2 \qquad\qquad\qquad \mathrm{tr} W_1 W_2$$

Wang（1970b）定义了矢量函数 f、对称张量函数 H 和反对称张量函数 Z 相应的表示法则。对于这些各向同性函数，具体不变量可参阅 Wang（1970b），这里不再展开讨论。

4.2 动量定理

线动量守恒定理指出一个物体的线动量变化率等于加在该物体上的合力。对于图 4-8 所示的体积为 V 与边界为 S 的任意物体，其合力为

$$F = \int_S t \mathrm{d}S + \int_V \rho b \mathrm{d}V \tag{4 - 74}$$

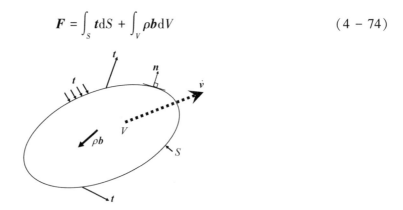

图 4-8　动量守恒定理中物理和几何量的定义

其中，t 为作用在边界 S 上的单位面积的力（traction），b 为单位质量的体积力，ρ 为质量密度。根据柯西应力公式，$t = -n \cdot \sigma$，其中，n 是 t 作用点处 S 的外法线单位向量，σ 为该点的柯西应力。按照土力学的正负号规则压缩为正，所以此处的柯西应力公式中带负号，同时应变也以压为正，$\varepsilon_{ij} = -\dfrac{1}{2}(u_{i,j} + u_{j,i})$。将柯西应力式（4-10）代入式（4-74）并利用散度定理将面积分转为体积分，我们得到

$$F = \int_S -n \cdot \sigma \mathrm{d}S + \int_V \rho b \mathrm{d}V = \int_V -\nabla \cdot \sigma \mathrm{d}V + \int_V \rho b \mathrm{d}V = \int_V (-\nabla \cdot \sigma + \rho b) \ \mathrm{d}V \tag{4 - 75}$$

式中，$\nabla \cdot \sigma$ 是应力 σ 的散度。

按照定义，线动量 P 为质量和速度 v 的乘积，在质量不变的情况下它的变化率为

$$\dot{P} = \int_V \rho \dot{v} \mathrm{d}V \tag{4 - 76}$$

令式（4-75）与式（4-76）相等，有

$$\int_{V} \left(-\nabla \cdot \boldsymbol{\sigma} + \rho \boldsymbol{b} \right) \, \mathrm{d}V = \int_{V} \rho \dot{v} \mathrm{d}V \tag{4-77}$$

因为上式对任意的 V 都有效，等式两侧的被积项必须相等，即

$$\nabla \cdot \boldsymbol{\sigma} - \rho \boldsymbol{b} = -\rho \dot{v} \tag{4-78}$$

式(4-78)即为熟知的运动方程，在静力条件下 $\dot{v} = 0$，简化为熟知的静力平衡条件

$$\nabla \cdot \boldsymbol{\sigma} - \rho \boldsymbol{b} = 0 \tag{4-79}$$

角动量定义为线动量对一个任意参考点的矩。角动量守恒定理指的是角动量的变化率等于加在该物体上对同一参考点的合力矩。对非极化(没有体积和表面力矩)的材料，角动量守恒导出通常的假设，即柯西应力 $\boldsymbol{\sigma}$ 是对称的

$$\boldsymbol{\sigma} = \boldsymbol{\sigma}^{\mathrm{T}} \tag{4-80}$$

此处上标 T 表示转置。

4.3　弹性本构

根据三维应力状态下的虎克定律可以建立弹性应变 $\varepsilon_{ij}^{\mathrm{e}}$ 与应力 σ_{kl} 的关系

$$\varepsilon_{ij}^{\mathrm{e}} = C_{ijkl} \sigma_{kl} \tag{4-81}$$

式中，C_{ijkl} 是弹性常数张量，根据应力和应变的对称性有

$$C_{ijkl} = C_{jikl} = C_{ijlk} \tag{4-82}$$

单位体积的 Gibbs 自由能函数 G 可以表示为

$$G(\sigma_{mn}) = \frac{1}{2} C_{ijkl} \sigma_{ij} \sigma_{kl} \tag{4-83}$$

这里引入了热力学概念，对于热力学的理论框架详见 4.6 节。由式(4-83)可以得到弹性应力应变关系如下

$$\varepsilon_{ij}^{\mathrm{e}} = \frac{\partial G(\sigma_{mn})}{\partial \sigma_{ij}} \tag{4-84}$$

再由式(4-83)知，C_{ijkl} 具有对称性，因此有

$$C_{ijkl} = C_{klij} \tag{4-85}$$

并且只要 σ_{ij} 不为零，G 总为正，即可假定式(4-83)为正定二次型。

式(4-81)的逆关系可以唯一地确定，写成

$$\sigma_{ij} = E_{ijkl} \varepsilon_{kl}^{\mathrm{e}} \tag{4-86}$$

这时可推导出下面的关系式

$$E_{ijkl} = E_{jikl} = E_{ijlk} = E_{klij} \tag{4-87}$$

以及 Helmholtz 自由能函数 ψ 和弹性应力应变关系

$$\psi(\varepsilon_{mn}^{\mathrm{e}}) = \frac{1}{2} E_{ijkl} \varepsilon_{ij}^{\mathrm{e}} \varepsilon_{kl}^{\mathrm{e}} \tag{4-88}$$

$$\sigma_{ij} = \frac{\partial \psi(\varepsilon_{mn}^e)}{\partial \varepsilon_{ij}^e} \tag{4-89}$$

对各向同性体的情况，有

$$E_{ijkl} = \lambda \delta_{ij} \delta_{kl} + \mu(\delta_{ik}\delta_{jl} + \delta_{il}\delta_{jk}) \tag{4-90}$$

这时

$$s_{ij} = 2\mu e_{ij}^e, \qquad \sigma_{kk} = (3\lambda + 2\mu)\varepsilon_{ll}^e \tag{4-91}$$

$$\psi = \frac{1}{2}\lambda \varepsilon_{ii}^e \varepsilon_{jj}^e + \mu \varepsilon_{ij}^e \varepsilon_{ij}^e = \frac{1}{2E}[(1+\nu)\sigma_{ij}\sigma_{ij} - \nu\sigma_{ii}\sigma_{jj}] \tag{4-92}$$

又因为 $\psi > 0$，则从式(4-92)得

$$\mu > 0, \qquad -1 < \nu < \frac{1}{2} \tag{4-93}$$

必须成立，其中，λ，μ 为拉梅(Lame)常数，E 和 ν 为弹性常数和泊松比，有如下关系：

$$\lambda = \frac{E\nu}{(1+\nu)(1-2\nu)}, \qquad \mu = \frac{E}{2(1+\nu)} \tag{4-94}$$

4.4 Drucker 假设材料

4.4.1 Drucker 假设

Drucker (1951)假设，有这样一类稳定材料，在外力作用下，其总变形为弹性变形和塑性变形之和($\boldsymbol{\varepsilon} = \boldsymbol{\varepsilon}^e + \boldsymbol{\varepsilon}^p$)，其弹塑性体响应总是稳定的。

对于稳定材料单向压缩变形中应力与应变的关系，首先在稳定的反应中，当应力单调变化时，应变也是单调变化，且与应力变化的符号相同。在图4-9(a)中，1→2或者1′→2′都是这样的变化。在图4-9(b)中注明不稳定区域的地方，应力与应变的变化符号相反。

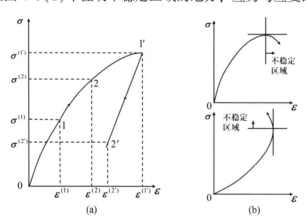

图4-9　(a)稳定的弹塑性体的应力应变关系；(b)不稳定反应的例子

当应力从 $\sigma^{(1)} \rightarrow \sigma^{(2)}$ 变化时，应变相应变化为 $\varepsilon^{(1)} \rightarrow \varepsilon^{(2)}$，这时稳定条件可以表示为

$$(\sigma^{(1)} - \sigma^{(2)})(\varepsilon^{(1)} - \varepsilon^{(2)}) \geqslant 0 \qquad (4-95)$$

弹性应变采用像式(4-81)那样的表达法，就得到

$$C(\sigma^{(1)} - \sigma^{(2)})^2 + (\sigma^{(1)} - \sigma^{(2)})(\varepsilon^{p(1)} - \varepsilon^{p(2)}) \geqslant 0 \qquad (4-96)$$

又因为 $C > 0$，所以式(4-96)成立的充分条件是

$$(\sigma^{(1)} - \sigma^{(2)})(\varepsilon^{p(1)} - \varepsilon^{p(2)}) \geqslant 0 \qquad (4-97)$$

当应力的变化及其对应的塑性应变的变化为无限小时，有 $\sigma^{(2)} = \sigma^{(1)} + \mathrm{d}\sigma$ 及 $\varepsilon^{p(2)} = \varepsilon^{p(1)} + \mathrm{d}\varepsilon^p$。那么，式(4-97)就可表示为

$$\mathrm{d}\sigma\mathrm{d}\varepsilon^p \geqslant 0 \qquad (4-98)$$

此结果意味着附加应力所做的塑性功不能为负值。将上述单向应力下弹塑性体的稳定条件推广到多维应力状态的情形，可得到 Drucker 假设下两点推论：

(1)当应力发生变化时，附加外力所做塑性功非负；

(2)当从任一应力状态应力发生改变后又返回到原来的应力状态而进行应力循环时，引起这种变化的外力做的净功非负。

下面讨论如何用数学公式表达这些推论。考虑到弹塑性体的反应不依赖于时间，因此可将随时间单调增加的任意一个变量作为时间。现在以 t 表示这样的变量，某个量的无限小改变，譬如产生 $\mathrm{d}\sigma_{ij}$ 所需 t 的增量为 $\mathrm{d}t$，从关系式 $\mathrm{d}\sigma_{ij} = \dot{\sigma}_{ij}\mathrm{d}t$ 出发，可以用对变量的变化速率代替增量。另外，认为物体处于均匀的变形状态，可以取出物体中所考虑的任意一个单位体积单元进行分析。

很明显，从式(4-98)立刻可以把推论(1)表示为：

$$\dot{\sigma}_{ij}\dot{\varepsilon}_{ij}^{p} \geqslant 0 \qquad (4-99)$$

下面进行有关推论(2)的讨论，如图 4-10 所示，考虑应力空间中的一个应力循环。即假定在某一时刻 $t = t_0$ 时，处于当时屈服面 f 内部的某个应力状态 $\sigma_{ij}^{(0)}$。从 $\sigma_{ij}^{(0)}$ 开始呈弹性反应，当 $t = t_1$ 时达到屈服面上的一点 $\sigma_{ij}^{(1)}$ 随后向 f 之外进行加载，产生极其微小的变化，在 $t = t_1 + \delta t$ 时移动到 $\sigma_{ij}^{(1)} + \delta\sigma_{ij}$，然后卸载，当 $t = t_2$ 时，又回到最初的应力状态 $\sigma_{ij}^{(0)}$。在此应力循环中，注意到只有在 $t_1 \rightarrow t_1 + \delta t$ 之间，塑性应变才发生变化。

推论(2)要求 w_0 不能为负值，即：

$$w_0 = \int_{t_1}^{t_1 + \delta t} (\sigma_{ij} - \sigma_{ij}^{(0)})\dot{\varepsilon}_{ij}^{p}\mathrm{d}t \geqslant 0 \qquad (4-100)$$

为使上式对屈服面 f 上的点 $\sigma_{ij}^{(1)}$ 出发，在任意小的时间间隔 δt 里产生的加载变化都成立，那么，当 $t = t_1$ 时，必须有 $(\sigma_{ij}^{(1)} - \sigma_{ij}^{(0)})\dot{\varepsilon}_{ij}^{p}\mathrm{d}t \geqslant 0$ 成立，也可改写为：

$$(\sigma_{ij} - \sigma_{ij}^{(0)})\dot{\varepsilon}_{ij}^{p} \geqslant 0 \qquad (4-101)$$

式中：σ_{ij} 为产生塑性应变率 $\dot{\varepsilon}_{ij}^{\mathrm{p}}$ 的屈服面上的应力。

这就是推论（2）的数学表达式。通过以上的分析可知，即使 $\sigma_{ij}^{(0)}$ 在屈服面上，不等式（4-101）也必须成立。当应力循环在屈服面内部进行的情况下，塑性应变不发生改变，因此式（4-101）的等号成立。

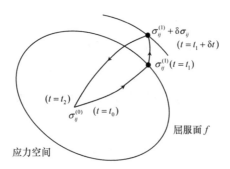

图 4-10　应力空间中的应力循环

4.4.2　加载、中性变载和卸载的条件

为了显式表示出本构关系对加载历史的依赖性，本节中引进了有限个由加载历史决定的内变量集合 ξ_{Σ}，$\Sigma = 1, 2, \cdots, N$。这里 ξ_{Σ} 的下标用 Σ 来表示，就是为了强调该集合可以是标量或者张量，例如塑性体应变或者土体微结构组构张量。这时，弹塑性体的反应就由体现当前状态的量（应力或者应变）及内变量 ξ_{Σ} 来决定。仍把这些内变量 ξ_{Σ} 称为加载历史。这些量只能由试验中可以测得的量来确定，例如塑性功、塑性应变、组构张量等。

那么就可以把屈服面视为应力空间中由 ξ_{Σ} 决定的超曲面。假定存在一个依赖于应力 σ_{ij} 及加载历史 ξ_{Σ} 的标量函数

$$f = f(\sigma_{ij}, \xi_{\Sigma}) \tag{4-102}$$

当 ξ_{Σ} 一定，且 $f = 0$ 为应力空间中弹性区域与塑性区域的分界面时，即 $f = 0$ 表示了屈服面时，则称 f 为屈服函数（yield function）。

对于物体中的某点，如果加载历史清楚，那么 ξ_{Σ} 的值就已知，如果应力点在屈服面上，就满足下式

$$f(\sigma_{ij}, \xi_{\Sigma}) = 0 \tag{4-103}$$

如图 4-11 所示，从这种状态进行卸载，应力点就向屈服面内移动，假设卸载是弹性响应，所以加载历史 ξ_{Σ} 不发生变化。因此，若以 $\mathrm{d}\sigma_{ij}$ 表示这样的应力变化，则有

$$f(\sigma_{ij} + \mathrm{d}\sigma_{ij}, \xi_{\Sigma}) < 0 \tag{4-104}$$

从式（4-103）和式（4-104）可知，卸载时有

$$\mathrm{d}f\big|_{\xi_{\Sigma}: \text{一定}} < 0 \tag{4-105}$$

另一方面，如果

$$\mathrm{d}f\big|_{\xi_{\Sigma}: \text{一定}} > 0 \tag{4-106}$$

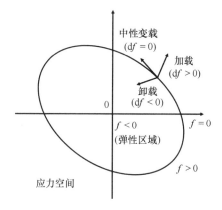

图 4-11 屈服面、加载、中性变载、卸载

则应力点就要超过弹性范围而变成加载状态。对于这种应力变化 $\mathrm{d}\sigma_{ij}$，加载历史也产生变化，应力点移至新的屈服面上，即有后继屈服面

$$f(\sigma_{ij} + \mathrm{d}\sigma_{ij}, \ \xi_\Sigma + \mathrm{d}\xi_\Sigma) = 0 \tag{4-107}$$

根据式（4-103）和式（4-107）得

$$\mathrm{d}f = \mathrm{d}f\big|_{\xi_\Sigma: \ 一定} + \mathrm{d}f\big|_{\sigma_{ij}: \ 一定} = 0 \tag{4-108}$$

再考虑到式（4-106），对于加载的内变量变化屈服函数值的变化满足以下关系

$$\mathrm{d}f\big|_{\sigma_{ij}: \ 一定} < 0 \tag{4-109}$$

在屈服面光滑并对 σ_{ij} 及 ξ_Σ 连续可微的情况下，可将 f 的变化表示为

$$\mathrm{d}f = \frac{\partial f}{\partial \sigma_{ij}}\mathrm{d}\sigma_{ij} + \frac{\partial f}{\partial \xi_\Sigma}\mathrm{d}\xi_\Sigma \tag{4-110}$$

因此，应力增量成为加载的条件是

$$f(\sigma_{ij}, \ \xi_\Sigma) = 0, \qquad \frac{\partial f}{\partial \sigma_{ij}}\mathrm{d}\sigma_{ij} > 0 \tag{4-111}$$

应力增量成为卸载的条件是

$$f(\sigma_{ij}, \ \xi_\Sigma) = 0, \qquad \frac{\partial f}{\partial \sigma_{ij}}\mathrm{d}\sigma_{ij} < 0 \tag{4-112}$$

在此两者之间，即应力点在屈服面上移动的变化称为中性变载（neutral loading），可表示为

$$f(\sigma_{ij}, \ \xi_\Sigma) = 0, \qquad \frac{\partial f}{\partial \sigma_{ij}}\mathrm{d}\sigma_{ij} = 0 \tag{4-113}$$

4.4.3 塑性应变增量

由于当加载历史变化时才发生塑性应变的改变，可将其对应关系做如下表示：

$$\mathrm{d}\varepsilon_{ij}^{\mathrm{p}} = h_{ij\Sigma}(\sigma_{kl}, \ \xi_\Gamma) \, \mathrm{d}\xi_\Sigma \tag{4-114}$$

此式是作为满足上述条件的最简单形式而选择的。此外，加载历史的变化 $\mathrm{d}\xi_\Sigma$ 是加载的应力变化所产生的结果，它变化的方向只由所考虑时刻的状态 $(\sigma_{ij}, \xi_\Sigma)$ 决定，这一内变量的演化法则或者说硬化定律可写成如下形式

$$d\xi_\Sigma = \lambda Z_\Sigma(\sigma_{ij}, \xi_\Gamma), \quad \lambda > 0 \tag{4-115}$$

在加载状态

$$\frac{\partial f}{\partial \sigma_{ij}} d\sigma_{ij} = -\frac{\partial f}{\partial \xi_\Sigma} d\xi_\Sigma \tag{4-116}$$

式(4-115)代入后，得

$$\lambda = -\frac{1}{Z_\Gamma \frac{\partial f}{\partial \xi_\Gamma}} \frac{\partial f}{\partial \sigma_{ij}} d\sigma_{ij} \tag{4-117}$$

因此

$$d\xi_\Sigma = -\frac{Z_\Sigma}{Z_\Gamma \frac{\partial f}{\partial \xi_\Gamma}} \frac{\partial f}{\partial \sigma_{ij}} d\sigma_{ij} \tag{4-118}$$

这样就建立了加载历史的变化与应力增量之间的关系。将式(4-118)代入式(4-114)中可以得到

$$d\varepsilon_{ij}^p = -\frac{h_{ij\Sigma} Z_\Sigma}{Z_\Gamma \frac{\partial f}{\partial \xi_\Gamma}} \frac{\partial f}{\partial \sigma_{kl}} d\sigma_{kl} \tag{4-119}$$

4.4.4 屈服面外凸性与正交法则

由前节的结果知道，塑性应变率(或者增量)的方向只由状态 $(\sigma_{ij}, \xi_\Sigma)$ 来决定。换言之，塑性应变率的方向由屈服面上的各点来决定。由式(4-101)可知，屈服面上任意一点的塑性应变率 $\dot{\varepsilon}_{ij}^p$ 的方向，向量 $(\sigma_{ij} - \sigma_{ij}^{(0)})$ 之间的夹角必须小于 $\pi/2$。根据这个要求，关于屈服面的形状及塑性应变率的方向，可以导出以下的重要性质。

(1)屈服面一定是外凸的曲面。

(2)当屈服面光滑时，塑性应变率一定是屈服面的外法线向量。

如果考虑一下图4-12(b)和(c)状态产生的可能性，关于以上两点性质的证明就一目了然了。如屈服面有凹的部分，如图4-12(b)那样，那么无论怎样选取 $\dot{\varepsilon}_{ij}^p$ 也必定存在着使 $(\sigma_{ij} - \sigma_{ij}^{(0)})$ 与 $\dot{\varepsilon}_{ij}^p$ 成钝角的 $\sigma_{ij}^{(0)}$，此结果与式(4-101)相矛盾。另外，即使屈服面是外凸的，如果 $\dot{\varepsilon}_{ij}^p$ 与曲面的法线方向不一致，像图4-12(c)那样，也存在与式(4-101)相矛盾的 $\sigma_{ij}^{(0)}$。

根据性质(2)，当屈服面光滑时，塑性应变率可表示为

$$\dot{\varepsilon}_{ij}^p = \lambda' \frac{\partial f}{\partial \sigma_{ij}}, \quad \lambda' > 0 \tag{4-120}$$

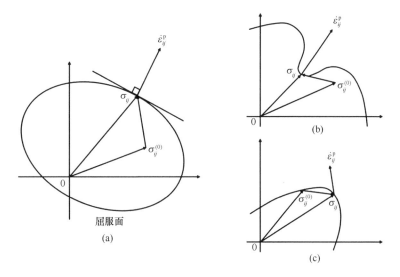

图 4-12　屈服面的外凸性及塑性应变率的法向性

因此将性质(2)也称为塑性应变率(增量)的法向规则或正交法则(normality rule)。上式与式(4-119)作比较,不失一般性,式(4-119)可写为

$$d\varepsilon_{ij}^{p} = -\frac{h_{ij\Sigma}Z_{\Sigma}}{Z_{\Gamma}\dfrac{\partial f}{\partial \xi_{\Gamma}}}\frac{\partial f}{\partial \sigma_{kl}}d\sigma_{kl} = \frac{1}{K_{p}}\frac{\partial f}{\partial \sigma_{kl}}d\sigma_{kl}\frac{\partial f}{\partial \sigma_{ij}} \qquad (4-121)$$

式中: K_p 定义为塑性模量

$$K_{p} = -Z_{\Gamma}\frac{\partial f}{\partial \xi_{\Gamma}} \qquad (4-122)$$

当屈服面不光滑时,已经知道它必须是外凸的,性质(2)在奇点(角点)上的情况可叙述如下:

当屈服面不光滑时,在曲面奇点处,汇集在这点的曲面的外法线将围成一个扇形(一般情形则为一圆锥体),在这点代表 $\dot{\varepsilon}_{ij}^{p}$ 的向量必须位于扇形以内。

如图 4-13 所示,此种情形下 $\dot{\varepsilon}_{ij}^{p}$ 的取向有一定的自由度,不能像光滑的情形仅仅由状态 $(\sigma_{ij}, \xi_{\Sigma})$ 就能唯一地决定,而是由下式

$$\left.\begin{array}{l}\dot{\varepsilon}_{ij}^{p} = \displaystyle\sum_{\alpha=1}^{N} c_{\alpha}\lambda_{\alpha}\dfrac{\partial f_{\alpha}}{\partial \sigma_{ij}}, \ \lambda_{\alpha} > 0 \\[3mm] \text{当} f_{\alpha} = 0 \text{ 时, } c_{\alpha} = 1 \\[2mm] \text{当} f_{\alpha} < 0 \text{ 时, } c_{\alpha} = 0\end{array}\right\} \qquad (4-123)$$

即以与屈服有关的屈服面的外法向量的线性组合来表示。

4.4.5　屈服面演化

对稳定材料而言,所谓应变强化就是引起塑性变形所必需的应力(屈服应力)随着塑性

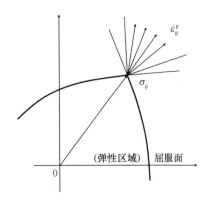

图 4-13 具有奇点的屈服面

变形而增加的现象。因此，应变强化规律就是表述屈服条件随着塑性变形如何进行演化。如在第 4.4.2 节中讲述的那样，由于经受过塑性变形后屈服条件可用式（4-102）的屈服函数表示，应变强化的研究就归结为加载历史 ξ_Σ 与什么样的物理量相联系及以什么样的函数形式包含于 f 中的问题。

但正如第 4.4.2 节所述，加载历史只是在塑性变形进展时才发生变化，当中性变载、卸载或者弹性变形时它保持为常量。具有这样性质的量有很多，在此考虑如下两种物理意义明确、简单且有代表性的量。

塑性功：

$$w^\mathrm{p} = \int \widetilde{w^\mathrm{p}} \mathrm{d}t = \int \sigma_{ij} \dot{\varepsilon}_{ij}^\mathrm{p} \mathrm{d}t \tag{4-124}$$

塑性应变：

$$\varepsilon_{ij}^\mathrm{p} = \int \dot{\varepsilon}_{ij}^\mathrm{p} \mathrm{d}t \tag{4-125}$$

这里用 $\widetilde{w^\mathrm{p}}$ 表示塑性功的变化率，而不用 $\dot{w}^\mathrm{p}$ 来表示，是为了说明塑性功的路径依赖性。这时，式（4-103）可改写为：

$$f(\sigma_{ij},\ \varepsilon_{ij}^\mathrm{p},\ w^\mathrm{p}) = 0 \tag{4-126}$$

在金属塑性理论中，w^p 主要是代表应变强化而产生的各向同性强化（isotropic hardening），$\varepsilon_{ij}^\mathrm{p}$ 则是由于颗粒间相互制约而产生的各向异性强化（anisotropic hardening）。在土力学中，我们往往采用塑性体积变形为内变量，如 $\varepsilon_v^\mathrm{p} = \int \dot{\varepsilon}_v^\mathrm{p} \mathrm{d}t$。

考虑式（4-126）的一个特殊情形，即屈服函数可表示为：

$$\left. \begin{array}{c} f(s_{ij},\ \varepsilon_v^\mathrm{p}) = f_1(s_{ij}) - f_2(\varepsilon_v^\mathrm{p}) \\ f_1(0) = 0 \end{array} \right\} \tag{4-127}$$

f_2 总是正的，而且 f_2 是塑性体积变形的单调递增函数。这就是说，经受塑性变形后的屈服面其形状不变，但其大小随着塑性变形进展而单调增大。作为式（4-127）的一个例子，修正剑桥屈服函数，即：

$$f(s_{ij},\ \varepsilon_v^p) = q^2 - M^2\, p'(p_c' - p') = 0$$
$$p_c' = p_0'\exp\left(\frac{v_0}{\lambda - \kappa}\varepsilon_v^p\right) \tag{4-128}$$

其中，p_0' 为初始球固结应力，v_0 为初始比容。这时的屈服面形状为在主应力空间中主对角线方向（p 轴）为对称轴的一个椭球，随着塑性体积变形椭球单调增大。具体本构关系的导出可见第 4.7 节附录。

考虑式（4-126）的另一个特殊情形，即屈服函数可表示为

$$f = (s_{ij} - \rho_{ij})\,(s_{ij} - \rho_{ij}) - 3k_k^2 \tag{4-129}$$

式中：$\rho_{ij} = \beta e_{ij}^p,\ \beta > 0$。

式（4-129）为塑性运动强化（kinematic hardening）的屈服函数，其初始屈服面为米塞斯屈服面。在这里，我们定义了 ρ_{ij} 为背应力。

从上面的两个例子可以看出，当所有内变量均为标量及背应力只有球应力分量时，硬化过程没有方向性。这样的硬化称为各向同性硬化或等向硬化。其余的硬化过程称为各向异性硬化。这两大类硬化分别反映了内结构各向同性和各向异性的演变。

对土体加载时，伴随着土体微结构的演变，屈服面在应力空间中的大小、形状和位置都有可能改变。在各向同性硬化过程中，屈服面的演变不偏向任何主应力方向，它的主要特征是屈服面尺寸的变化，也许还伴随着与各主应力轴对称的形状变化和其沿平均正应力轴（p 轴）的移动。而在各向异性硬化过程中，屈服面的演变对主应力方向有倾向性，主要反映在其在偏应力空间的平移和转动。通常称导致屈服面平移和转动的硬化为运动硬化。一个较完整的土弹塑性模型通常同时包括各向同性硬化和运动硬化（Mroz et al.，1978）。

图 4-14（a）显示了一个单轴的各向同性硬化响应。当应力从零增加到初始屈服值 σ_{y0}，塑性变形开始。

随着应力继续增加和塑性变形的发展，硬化也逐步发展。当应力到达峰值 σ_A 时，屈服应力也为 σ_A。对各向同性硬化而言，屈服应力（也即屈服面）的演变对应力方向无倾向性，于是对应于峰值应力 σ_A，弹性范围由初始的 $-\sigma_{y0} < \sigma < \sigma_{y0}$ 增加到 $-\sigma_A < \sigma < \sigma_A$。也即屈服面的演变为一个纯粹的大小变化。由图［4-14（a）］可见各向同性硬化基本上反映了从 O 到 A 单调加载的应力应变响应。现在来观察周期荷载情况。随着应力从 σ_A 降到 $-\sigma_A$（点 A 到点 B），整个过程在上下两屈服应力之间进行，从而为没有硬化的纯弹性响应。显然，继续以 $\pm\sigma_A$ 为峰值的周期荷载不会产生任何塑性变形，而应力应变会在同一弹性响应线 AB 上来回重复。这显然不是土在周期荷载下的真实响应。由式（4-68）可知剑桥模型采用初始球应力 p_c' 为唯一的内变量，只有各向同性硬化机制，所以其周期荷载响应就如图 4-14（a）所示，即剑桥模型不适用于周期荷载场合。

真实的土在循环荷载下呈现明显的鲍辛格效应（bauschinger effect），即荷载反向后屈服

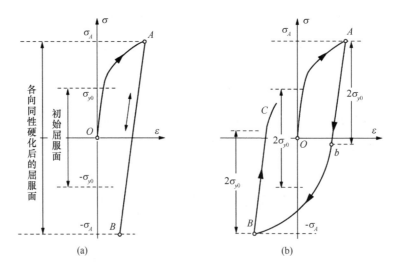

图 4-14　塑性硬化

(a)各向同性硬化；(b)运动硬化

应力的幅值会比荷载方向没有反转前低。相应地，在卸载再加载过程 [图 4-14(b)中 AB 与 BC 段]中会产生一定的塑性变形，从而形成应力应变滞回圈。图 4-14(b)显示出了和图 4-14(a)对应的但采用运动硬化的响应。当应力从零开始到达了初始屈服应力 σ_{y0} 后，屈服面开始移动但不改变大小。当应力到达 σ_A 时，屈服应力的上限是 σ_A 而下限是 $\sigma_A - 2\sigma_{y0}$。在接着的反向加载段当应力到达 $\sigma_A - 2\sigma_{y0}$（点 b）时，应力重新在屈服面上而又开始产生塑性应变。与此同时，屈服面开始下移直到应力到达负峰值 $-\sigma_A$（点 B）。这时正负屈服应力分别为 $2\sigma_{y0} - \sigma_A$ 和 $-\sigma_A$。显然，当再度反向加载(BC 段)并在应力达到 $2\sigma_{y0} - \sigma_A$ 时，塑性机制被再度触发。比较图 4-14(a)和图 4-14(b)，可看出后者的响应要真实得多。这表示对需要模拟循环荷载响应的模型，运动硬化机制是必不可少的。

在模拟土的循环荷载响应的弹塑性模型中常用的运动硬化律多基于嵌套屈服面(nested yield surface, Mroz, 1967; Iwan, 1967)和边界面(bounding surface, Dafalias, et al., 1975; Krieg, 1975)概念。图 4-15 示范了嵌套屈服面的机理。开始时，[图 4-15(a)]的 σ_{ij} 在 $\tilde{f}_1$ 上而不与其他 $\tilde{f}_i$ 接触，所以只有 $\tilde{f}_1$ 为零，也即只有 $\tilde{f}_1$ 为主动屈服面及相应的与其正交的塑性应变增量。$\tilde{f}_1$ 随着 σ_{ij} 的变化而移动，当其与 $\tilde{f}_2$ 接触后[图 4-15(b)]，σ_{ij} 也在 $\tilde{f}_2$ 上，于是 $\tilde{f}_2 = 0$ 也成了主动屈服面，根据式(4-123)，塑性应变增量也有所增大，塑性模量有所下降。以此类推，直到 c 点[图 4-15(c)]。当应力到达 c 点后开始下降，经过 d 点[图 4-15(d)]最后到达 e 点[图 4-15(e)]。在此卸载再加载过程开始时应力在屈服面 $\tilde{f}_1$ 内(cd 段)，所以响应为弹性。当到达 d 点后，应力重返屈服面从而开始塑性变形。随着应力的继续下降，$\tilde{f}_1$ 开始移动并接触 $\tilde{f}_2$ 和相继的后续屈服面。相应地，塑性模量逐步减小，塑性应变增量逐步增大，如图 4-15(f)所示。嵌套面模型能真实地重现土的循环荷载响应。

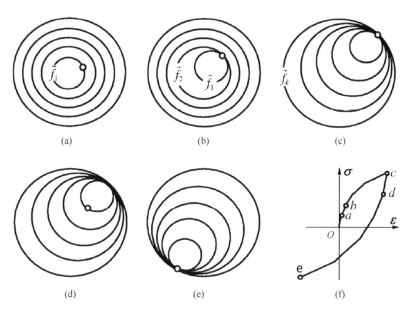

图 4-15　嵌套屈服面示意

和嵌套面模型不同，边界面模型只有一个屈服面，称为加载面(loading surface)，但它另定义了一个边界面 $F = F(\bar{\sigma}, \xi_\Sigma) = 0$，如图 4-16 所示。边界面是一个极限，相当于嵌套面模型的最外面的那个屈服面。边界面有它自身的塑性模量 $\bar{K}_\mathrm{p}$，相当于嵌套面模型中所有屈服面都为主动屈服面时的塑性模量。材料的实际塑性模量 K_p 为屈服面和边界面之间的距离 ρ 的连续函数，可写为 $K_\mathrm{p} = \bar{K}_\mathrm{p} + c(\rho)$。当 σ 在初始屈服面上刚要离开弹性区时[类似图 4-15(a)和(d)的情况]，$\rho = \rho_\mathrm{ini}$，$c(\rho_\mathrm{ini}) = \infty$，相应地，$K_\mathrm{p} = \infty$。这意味着弹性变形将平滑地过渡到弹塑性区。而当屈服面和边界面相切时[相当于嵌套面模型中所有屈服面都相切时，类似图 4-15(c)和(e)的情况]，$c(0) = 0$，相应地，$K_\mathrm{p} = \bar{K}_\mathrm{p}$。而在这两个极端情况之间，$c(\rho)$ 随着 ρ 的减小而减小，K_p 也相应地平滑减小，这相当于嵌套面模型中主动屈服面的数目越来越多。从这个角度来看，边界面模型相当于一个有着无穷多屈服面的嵌套面模型，但只用了两个面来实现。由此可见，边界面模型保证了连续平滑的应力应变响应。边界面模型需定义一个投影规则(projection rule)，用以确定一个与真实应力 σ 对应的在边界面上的影像应力 $\bar{\sigma}$。而边界面和屈服面间的距离 ρ 则可定义为 $\sqrt{(\bar{\sigma} - \sigma):(\bar{\sigma} - \sigma)}$。图 4-16 所示的为所谓的径向投影规则(radial mapping)，其中影像应力 $\bar{\sigma}$ 是由一个投影中心 α 通过 σ 直接投射到边界面上而得。

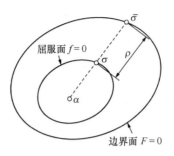

图 4-16　边界面模型硬化原理

4.5　材料各向异性数学表征

　　各向同性函数是这样一类的函数，它的值（不管是标量还是张量）在参考坐标转动时保持不变。为说明这一点，考虑一块土样。为检验材料与方向有关的性质，我们在这土块中沿 3 个互相正交的方向切割 3 个三轴试件，如图 4-17 所示。我们将这 3 个试件按它们的轴向分别命名为 x_1、x_2 和 x_3，同时定义一个直角坐标系并以这 3 个互相垂直的方向为坐标轴。显然，我们定义这样一个坐标系仅是为了方便。而土的性质，无论是各向同性还是各向异性，均是材料的内在特性，与所选坐标系无关，甚至和存不存在一个坐标系都无关。这个显而易见的事实说明，对材料响应的描述必须独立于坐标系，也即材料的本构关系必须以各向同性函数来表达。

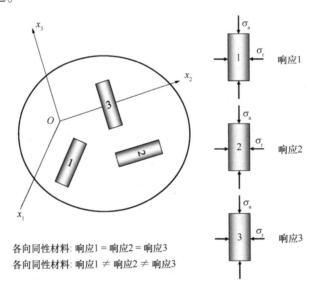

各向同性材料：响应1＝响应2＝响应3

各向同性材料：响应1 ≠ 响应2 ≠ 响应3

图 4-17　各向异性材料响应示意

　　张量具有与坐标无关的内在标量，称之为各向同性不变量或简称不变量。对一个对称二阶张量（例如柯西应力 $\boldsymbol{\sigma}$）而言，解其特征值可知它有 3 个这样的独立不变量：

$$\mathrm{I}_\sigma = \mathrm{tr}(\boldsymbol{\sigma}), \qquad \mathrm{II}_\sigma = \mathrm{tr}(\boldsymbol{\sigma}^2), \qquad \mathrm{III}_\sigma = \mathrm{tr}(\boldsymbol{\sigma}^3) \qquad (4-130)$$

一个对称二阶张量 $\boldsymbol{\sigma}$ 的标量函数要成为各向同性标量函数，它必须满足：

$$f(\boldsymbol{\sigma}) = f(\boldsymbol{Q} \cdot \boldsymbol{\sigma} \cdot \boldsymbol{Q}^{\mathrm{T}}) \qquad (4-131)$$

上式表示 $\boldsymbol{\sigma}$ 相对坐标系有一个转动（因而其分量变了）但函数 f 完全不受影响。显然，满足此条件的函数必须以 $\boldsymbol{\sigma}$ 的不变量为自变量。例如，一个含标量内变量 ξ_i 的屈服函数 $\hat{f}(\boldsymbol{\sigma}, \xi_i)$ 必须写成：

$$f = \hat{f}(\mathrm{I}_\sigma, \mathrm{II}_\sigma, \mathrm{III}_\sigma, \xi_i) = 0 \qquad (4-132)$$

才是客观的。显而易见，以不变量为代表的应力其方向特征已被丢失。相应地，这一类屈服函数对应力方向是完全不敏感的，应力相对于土样内结构的方向（例如土样沉积方向）上的差异是完全得不到反映的，也即它描述的只是各向同性响应。

对于一个对称二阶张量的对称二阶张量函数，其情况也类似。例如，柯西弹性理论假定应力和应变一一对应，即 $\boldsymbol{\sigma} = \hat{\boldsymbol{\sigma}}(\boldsymbol{\varepsilon})$。作为各向同性函数，它必须满足：

$$\boldsymbol{Q} \cdot \boldsymbol{\sigma} \cdot \boldsymbol{Q}^{\mathrm{T}} = \hat{\boldsymbol{\sigma}}(\boldsymbol{Q} \cdot \boldsymbol{\varepsilon} \cdot \boldsymbol{Q}^{\mathrm{T}}) \qquad (4-133)$$

也即旋转坐标后，应力和应变的分量同步改变，但应力应变关系完全不受影响。根据线性代数的 Cayley-Hamilton 定理，这样的函数可被表达为以下形式：

$$\boldsymbol{\sigma} = \hat{\boldsymbol{\sigma}}(\boldsymbol{\varepsilon}) = a_0 \boldsymbol{1} + a_1 \boldsymbol{\varepsilon} + a_2 \boldsymbol{\varepsilon}^2 \qquad (4-134)$$

其中，a_0，a_1 和 a_2 为 $\boldsymbol{\varepsilon}$ 的不变量的任意阶标量函数（因而上式代表的是一个任意阶的非线性函数）。上式即为经典的柯西弹性公式。易于证明，它满足式（4-133）的要求，但也同样不能反映应力方向的影响。从上式可以看出，当应力方向改变时应变方向也同步改变，与材料本身的方向无关。因此，它描述的也只是各向同性的材料响应。

现在来观察多张量自变量的情况。例如，函数 f 是应力 $\boldsymbol{\sigma}$、背应力 $\boldsymbol{\alpha}$ 和其他标量内变量 ξ_i 的函数（$\boldsymbol{\alpha}$ 可被视为一个内变量），也即 $f = \hat{f}(\boldsymbol{\sigma}, \boldsymbol{\alpha}, \xi_i) = 0$。作为各向同性函数，$f$ 必须满足：

$$f = \hat{f}(\boldsymbol{\sigma}, \boldsymbol{\alpha}, \xi_i) = \hat{f}(\boldsymbol{Q} \cdot \boldsymbol{\sigma} \cdot \boldsymbol{Q}^{\mathrm{T}}, \boldsymbol{Q} \cdot \boldsymbol{\alpha} \cdot \boldsymbol{Q}^{\mathrm{T}}, \xi_i) = 0 \qquad (4-135)$$

显然，f 必须被表达为其自变量 $\boldsymbol{\sigma}$ 和 $\boldsymbol{\alpha}$ 的不变量的函数（标量 ξ_i 本身是不变量）。

由张量代数中的表示定理（Wang，1970a，1970b）可知，两个对称二阶张量同时出现时存在有它们之间 4 个独立的联合不变量（joint invariant）

$$K_1 = \mathrm{tr}(\boldsymbol{\sigma} \cdot \boldsymbol{\alpha}), \; K_2 = \mathrm{tr}(\boldsymbol{\sigma}^2 \cdot \boldsymbol{\alpha}), \; K_3 = \mathrm{tr}(\boldsymbol{\sigma} \cdot \boldsymbol{\alpha}^2), \; K_4 = \mathrm{tr}(\boldsymbol{\sigma}^2 \cdot \boldsymbol{\alpha}^2) \quad (4-136)$$

联合不变量代表的是相关张量间的内在关系，和参考坐标无关。包括联合不变量在内，满足式（4-135）的各向同性函数的一般形式为：

$$f = \hat{f}(\boldsymbol{\sigma}, \boldsymbol{\alpha}, \xi_i) = \hat{f}(\mathrm{I}_\sigma, \mathrm{II}_\sigma, \mathrm{III}_\sigma, \mathrm{I}_\alpha, \mathrm{II}_\alpha, \mathrm{III}_\alpha, K_1, K_2, K_3, K_4, \xi_i) = 0$$

$$(4-137)$$

其中，I_α、II_α 和 III_α 为张量 $\boldsymbol{\alpha}$ 的 3 个不变量。当然，一个具体模型的屈服函数并不需要包

括上式中所列的全部变量。例如，一个运动硬化屈服函数为：

$$f = \frac{1}{2}(\boldsymbol{\sigma} - \boldsymbol{\alpha}) : (\boldsymbol{\sigma} - \boldsymbol{\alpha}) - \xi^2 = 0 \qquad (4-138)$$

展开上式得：

$$f = \frac{1}{2}\boldsymbol{\sigma} : \boldsymbol{\sigma} - \boldsymbol{\sigma} : \boldsymbol{\alpha} + \frac{1}{2}\boldsymbol{\alpha} : \boldsymbol{\alpha} - \xi^2 = \frac{1}{2}I_\sigma - K_1 + \frac{1}{2}I_\alpha - \xi^2 = 0 \qquad (4-139)$$

可见它只包括了 3 个不变量，即 $\boldsymbol{\sigma}$ 及 $\boldsymbol{\alpha}$ 各自的第一不变量及其第一联合不变量。

包括两个对称二阶张量（如应变 $\boldsymbol{\varepsilon}$ 和一个内结构张量 $\boldsymbol{N}$）的对称二阶张量各向同性函数（例如应力 $\boldsymbol{\sigma}$）有以下的一般形式：

$$\boldsymbol{\sigma} = \hat{\boldsymbol{\sigma}}(\boldsymbol{\varepsilon}, \boldsymbol{N}) = b_0 \mathbf{1} + b_1 \boldsymbol{\varepsilon} + b_2 \boldsymbol{\varepsilon}^2 + b_3 \boldsymbol{N} + b_4 \boldsymbol{N}^2 + b_5(\boldsymbol{\varepsilon} \cdot \boldsymbol{N} + \boldsymbol{N} \cdot \boldsymbol{\varepsilon}) +$$
$$b_6(\boldsymbol{\varepsilon}^2 \cdot \boldsymbol{N} + \boldsymbol{N} \cdot \boldsymbol{\varepsilon}^2) + b_7(\boldsymbol{\varepsilon} \cdot \boldsymbol{N}^2 + \boldsymbol{N}^2 \cdot \boldsymbol{\varepsilon}) + b_8(\boldsymbol{\varepsilon}^2 \cdot \boldsymbol{N}^2 + \boldsymbol{N}^2 \cdot \boldsymbol{\varepsilon}^2) \qquad (4-140)$$

其中，b_0 到 b_8 为 $\boldsymbol{\varepsilon}$ 和 $\boldsymbol{N}$ 的不变量包括它们的联合不变量的任意阶标量函数。

包括两个对称二阶张量（如应力 $\boldsymbol{\sigma}$ 和一个张量内变量 $\boldsymbol{F}$）的反对称二阶张量各向同性函数（如塑性旋率 $\boldsymbol{W}^p$）有以下的一般形式：

$$\boldsymbol{W}^p = \hat{\boldsymbol{W}}^p(\boldsymbol{\sigma}, \boldsymbol{F}) = c_1(\boldsymbol{\sigma} \cdot \boldsymbol{F} - \boldsymbol{F} \cdot \boldsymbol{\sigma}) + c_2(\boldsymbol{\sigma}^2 \cdot \boldsymbol{F} - \boldsymbol{F} \cdot \boldsymbol{\sigma}^2)$$
$$+ c_3(\boldsymbol{\sigma} \cdot \boldsymbol{F}^2 - \boldsymbol{F}^2 \cdot \boldsymbol{\sigma}) + c_4(\boldsymbol{\sigma}^2 \cdot \boldsymbol{F} \cdot \boldsymbol{\sigma} - \boldsymbol{\sigma} \cdot \boldsymbol{F} \cdot \boldsymbol{\sigma}^2)$$
$$+ c_5(\boldsymbol{F}^2 \cdot \boldsymbol{\sigma} \cdot \boldsymbol{F} - \boldsymbol{F} \cdot \boldsymbol{\sigma} \cdot \boldsymbol{F}^2) \qquad (4-141)$$

其中，c_1 到 c_5 为 $\boldsymbol{\sigma}$ 和 $\boldsymbol{F}$ 的不变量包括它们的联合不变量的任意阶标量函数。

需强调的是各向同性函数和各向同性材料是两个不同的概念。前者是关于标架无差异性的数学概念，后者是材料的物理特性。各向同性函数并不一定和各向同性材料联系在一起。例如，各向同性函数式（4-132）代表的是一个各向同性材料的屈服函数，而同样是各向同性函数的式（4-137）代表的却是一个各向异性材料的屈服函数。

以上的观察说明一个欲模拟各向异性的本构模型必须引入至少一个张量内变量，并必须建立张量内变量和代表外作用的张量（应力或应变）间的耦合关系。对标量值的本构函数而言，此耦合关系意味着函数的自变量中必须包括有外作用张量和内结构张量的联合不变量。

4.6 Ziegler 假设材料

金属塑性特征比较符合 Drucker 假设稳定材料的特性，而土体与金属的性状有着本质的不同，比如它的压硬性、剪胀性、各向异性等。基于 Drucker 假设构建本构模型的过程分为屈服函数、流动法则和硬化定律（内变量演化法则）三部分。而正交法则对砂性土材料并不适用，一般通过假设塑性势面的方法引入非关联流动法则，由于塑性势面定义随意性较大，而根据塑性势面假设得到的本构关系求解弹塑性边值问题的唯一性又不能得到证明，因而传统塑性力学构建土的本构模型过程经常陷入修修补补的局促当中。

Ziegler（1983）通过在经典热力学中引入应变和内变量，把热力学扩展为一种场论（field theory of thermodynamics），Houlsby（1981）第一次把 Ziegler 的这套方法应用到土力学之中，他把 Ziegler 的理论称为广义热力学（generalized thermodynamics）。广义热力学通过构建自由能函数和耗散函数，结合 Ziegler 假设建立本构模型，屈服函数、流动法则和硬化定律可以从自由能函数和耗散函数导出。Collins 等（1997）进一步基于 Legendre 变换技巧建立土的本构关系。广义热力学的理论框架厘清了塑性土力学中的弹塑性耦合、非关联机制等长期困扰土力学界的基本问题。

这里要强调一下热力学状态变量的概念，因这和弹塑性本构理论密切相关。一个热力学系统的状态指的是热力学平衡状态（包括热平衡和力学平衡），而该平衡状态的热力学特性是由一组和历史及周围环境无关的变量称为状态变量来描述。换言之，状态变量只反映当前的系统状态而与到达当前状态之前的历史（积分路径）无关。定义一个系统状态所需的状态变量取决于该系统的特性。

对于图 4-18 所示的系统，基本的状态变量为体积 V、温度 θ 以及该系统的内能 U（或单位体积内能 u）和熵 S（或单位体积熵 s）。注意状态变量的选择是并非唯一的。显然，状态变量的函数仍然为状态变量，而能用以确定一组状态变量的其他变量也为状态变量。例如在弹塑性框架中假定，在给定温度和质量密度的条件下，应力或应变加上材料的内结构可以充分地确定系统的单位体积内能 u 和单位体积熵 s，所以它们也为状态变量。

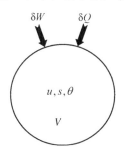

图 4-18 作为封闭热力学系统的土骨架单元

4.6.1 经典热力学

在经典热力学中应用一系列的运动变量 a_k 和热力学温度 θ 描述系统所处的状态，这些运动变量和温度都是相互独立的状态变量。运动变量和温度有微小的变化就会引起系统状态的变化，有时候也把运动变量称为"热力学流"，而与之功共轭的变量称为"热力学力"。设与 a_k 对应的热力学力为 A_k。系统状态微小变化过程中外力对系统做的功为：

$$\widetilde{W} = A_k \, \dot{a}_k \qquad (4-142)$$

上式中功 W 是过程量，用"～"表示单位时间内过程量的增量，单位时间内状态量的增量用"·"表示。所谓状态量，是指只与初始状态和最终状态有关，与过程无关的量，因此功和热量都不是状态量。

按照热力学第一定律，外力对系统做功和外界对系统传递热量都会引起系统内能的增加，并等于系统内能的增量，设系统状态作微小变化过程中外界传递给系统的热量为 $\widetilde{Q}$，系统内能的变化量为 $\dot{U}$，根据热力学第一定律有

$$\dot{U} = \widetilde{W} + \widetilde{Q} = A_k \, \dot{a}_k + \widetilde{Q} \tag{4-143}$$

外界对系统传递热量引起系统熵的变化称为供熵的变化，供熵是一个过程量，满足

$$\widetilde{S}^{(r)} = \frac{\widetilde{Q}}{\theta} \tag{4-144}$$

产熵是一个表征能量耗散的过程量，系统熵的增量等于产熵和供熵的增量和，用 $\widetilde{S}^{(i)}$ 表示系统的产熵增量，热力学第二定律要求

$$\dot{S} = \widetilde{S}^{(r)} + \widetilde{S}^{(i)}, \quad \widetilde{S}^{(i)} \geqslant 0 \tag{4-145}$$

结合式(4-144)和式(4-145)，式(4-143)可以表示为

$$\widetilde{W} = \dot{U} - \widetilde{Q} = \dot{U} - \theta \widetilde{S}^{(r)} = \dot{U} - \theta \dot{S} + \theta \widetilde{S}^{(i)} \tag{4-146}$$

即

$$A_k \, \dot{a}_k = \left(\frac{\partial U}{\partial a_k} - \theta \frac{\partial S}{\partial a_k} \right) \dot{a}_k + \left(\frac{\partial U}{\partial \theta} - \theta \frac{\partial S}{\partial \theta} \right) \dot{\theta} + \theta \widetilde{S}^{(i)} \tag{4-147}$$

由于运动变量 a_k 和热力学温度 θ 的变化相互独立，取 $\dot{a}_k = 0$，相当于体系只存在单纯的热交换，式(4-147)简化为

$$\left(\frac{\partial U}{\partial \theta} - \theta \frac{\partial S}{\partial \theta} \right) \dot{\theta} + \theta \widetilde{S}^{(i)} = 0 \tag{4-148}$$

根据热力学第二定律，上式中的左边第二项是非负的，要保证无论在温度升高或降低时式(4-148)总成立，必然有

$$\frac{\partial U}{\partial \theta} - \theta \frac{\partial S}{\partial \theta} = 0 \tag{4-149}$$

$\frac{\partial U}{\partial \theta} - \theta \frac{\partial S}{\partial \theta}$ 是一个状态函数，与过程无关，因此上式恒成立，式(4-147)可以简化为

$$A_k \, \dot{a}_k = \left(\frac{\partial U}{\partial a_k} - \theta \frac{\partial S}{\partial a_k} \right) \dot{a}_k + \theta \widetilde{S}^{(i)} \tag{4-150}$$

结合式(4-145)，引入耗散函数 $\widetilde{\varphi} = \theta \widetilde{S}^{(i)} = A_k^{(d)} \, \dot{a}_k \geqslant 0$，由式(4-150)可得

$$A_k = A_k^{(q)} + A_k^{(d)} \tag{4-151}$$

$$A_k^{(q)} = \frac{\partial U}{\partial a_k} - \theta \frac{\partial S}{\partial a_k} \tag{4-152}$$

引入 Helmholtz 自由能函数 $\psi = U - \theta S$，对热力学温度 θ 求偏导，并结合式(4-149)得

$$S = -\frac{\partial \psi}{\partial \theta} \qquad (4-153)$$

将 Helmholtz 自由能函数对运动变量 a_k 求偏导，并结合式(4-152)得

$$A_k^{(\mathrm{q})} = \frac{\partial \psi}{\partial a_k} \qquad (4-154)$$

通过式(4-151)将热力学力 A_k 分为保守部分 $A_k^{(\mathrm{q})}$ 和耗散部分 $A_k^{(\mathrm{d})}$。

4.6.2 广义热力学

上述的数学表示方式是用于描述任何一个宏观体系的，当描述连续介质体系时由于各质点状态并不相同，上述公式难以直接应用。Ziegler（1983）通过在经典热力学中引入应变和内变量，在单位质量单元体内建立热力学基本方程。本章限于讨论小变形情况，因此后文中的各能量函数和耗散函数都针对单位体积的单元体，在小变形的假设下，这和以单位质量的单元体作为讨论对象得到的结果是一致的（王秋生，2007）。

把经典热力学推广到一般的连续介质，即用总应变 ε_{ij} 和一系列的内变量来代替上节的运动变量。内变量用来描述材料的演化历史，它可以是标量，也可以是张量，如果要准确描述材料在不可恢复变形中微结构的变化，应该用多个张量内变量来描述。为了与应变相对应，假设内变量是二阶张量 $\alpha_{ij}^{(k)}$，上标 k 表示第 k 个内变量。在一般的连续介质中 ε_{ij} 相当于上节的运动变量 a_k，而内变量是用来描述材料演化历史而另外引进的物理量。假设与 $\alpha_{ij}^{(k)}$ 共轭的热力学力为 $A_{ij}^{(k)}$，称为内应力，把应力和内应力分为与自由能增量对应的保守部分和与耗散能增量对应的耗散部分，即：

$$\sigma_{ij} = \sigma_{ij}^{(\mathrm{q})} + \sigma_{ij}^{(\mathrm{d})}, \qquad A_{ij}^{(k)} = A_{ij}^{(\mathrm{q})(k)} + A_{ij}^{(\mathrm{d})(k)} \qquad (4-155)$$

对于单位体积的单元体，结合式(4-154)应力和内应力的保守部分可以分别表示为

$$\sigma_{ij}^{(\mathrm{q})} = \frac{\partial \psi}{\partial \varepsilon_{ij}}, \qquad A_{ij}^{(\mathrm{q})(k)} = \frac{\partial \psi}{\partial \alpha_{ij}^{(k)}} \qquad (4-156)$$

单位时间内外力对单位体积的单元体做的功：

$$\widetilde{W} = \sigma_{ij}\,\dot{\varepsilon}_{ij} \qquad (4-157)$$

根据热力学第一定律，对于单位体积的单元体，下式成立：

$$\dot{u}(\varepsilon_{ij},\ \alpha_{ij}^{(k)},\ \theta) = \sigma_{ij}\,\dot{\varepsilon}_{ij} - q_{k,\,k} \qquad (4-158)$$

式中：u 表示单位体积单元体的内能；q_k 表示热流密度，假设热流向外传递为正。对于一个体积为 V，表面积为 A 的单元体，单位时间内外界对单元体传递的热量：

$$\widetilde{Q} = -\int q_k \nu_k \mathrm{d}A \qquad (4-159)$$

ν_k 是与单元体表面垂直的单位矢量，所以单位时间内供熵的变化量

$$\tilde{s}^{(r)} = -\int \frac{q_k}{\theta} \nu_k \mathrm{d}A \tag{4-160}$$

根据热力学第二定律 $\dot{s} \geqslant \tilde{\dot{s}}^{(r)}$，有

$$\int \dot{s} \mathrm{d}V \geqslant -\int \frac{q_k}{\theta} \nu_k \mathrm{d}A \tag{4-161}$$

应用高斯公式，式(4-161)可以转化为

$$\int \dot{s} \mathrm{d}V \geqslant -\int \left(\frac{q_k}{\theta} \right)_{,k} \mathrm{d}V = \int \left(\frac{q_k}{\theta^2} \theta_{,k} - \frac{q_{k,k}}{\theta} \right) \mathrm{d}V \tag{4-162}$$

上式对任意 $\mathrm{d}V$ 成立，即

$$\dot{s} \geqslant \frac{q_k}{\theta^2} \theta_{,k} - \frac{q_{k,k}}{\theta} \tag{4-163}$$

单位体积的 Helmholtz 自由能函数

$$\psi(\varepsilon_{ij}, \ \alpha_{ij}^{(k)}, \ \theta) = u(\varepsilon_{ij}, \ \alpha_{ij}^{(k)}, \ \theta) - \theta s \tag{4-164}$$

对上式两边取全微分

$$\dot{\psi} = \dot{u} - \theta \dot{s} - \dot{\theta} s \tag{4-165}$$

同时有

$$\dot{\psi} = \frac{\partial \psi}{\partial \varepsilon_{ij}} \dot{\varepsilon}_{ij} + \frac{\partial \psi}{\partial \alpha_{ij}^{(k)}} \dot{\alpha}_{ij}^{(k)} + \frac{\partial \psi}{\partial \theta} \dot{\theta} \tag{4-166}$$

将式(4-156)代入上式，并考虑式(4-153)、式(4-165)，得

$$\dot{\psi} + \dot{\theta} s = \dot{u} - \theta \dot{s} = \sigma_{ij}^{(q)} \dot{\varepsilon}_{ij} + A_{ij}^{(q)(k)} \dot{\alpha}_{ij}^{(k)} \tag{4-167}$$

对内应力 $A_{ij}^{(k)} = A_{ij}^{(q)(k)} + A_{ij}^{(d)(k)}$ 进行考察。在式(4-157)中可以看出，内应力不对系统做功，即

$$A_{ij}^{(k)} \dot{\alpha}_{ij}^{(k)} = (A_{ij}^{(q)(k)} + A_{ij}^{(d)(k)}) \dot{\alpha}_{ij}^{(k)} = 0 \tag{4-168}$$

$A_{ij}^{(q)(k)}$ 和 $A_{ij}^{(d)(k)}$ 是一对相反力，即

$$A_{ij}^{(q)(k)} = -A_{ij}^{(d)(k)} \tag{4-169}$$

因而式(4-167)可以化为

$$\dot{u} - \theta \dot{s} = \sigma_{ij} \dot{\varepsilon}_{ij} - \sigma_{ij}^{(d)} \dot{\varepsilon}_{ij} - A_{ij}^{(d)(k)} \dot{\alpha}_{ij}^{(k)} \tag{4-170}$$

结合式(4-158)可得

$$\theta \dot{s} = \sigma_{ij}^{(d)} \dot{\varepsilon}_{ij} + A_{ij}^{(d)(k)} \dot{\alpha}_{ij}^{(k)} - q_{k,k} \tag{4-171}$$

由式(4-162)右边等式，因为体积 V 是任意的，所以

$$-\frac{q_{k,k}}{\theta} = -\frac{q_k}{\theta^2} \theta_{,k} - \left(\frac{q_k}{\theta} \right)_{,k} \tag{4-172}$$

而供熵 $\tilde{s}^{(r)} = -\left(\frac{q_k}{\theta} \right)_{,k}$，所以

$$\theta \, \widetilde{s}^{(i)} = \sigma_{ij}^{(d)} \, \dot{\varepsilon}_{ij} + A_{ij}^{(d)(k)} \, \dot{\alpha}_{ij}^{(k)} - \frac{q_k}{\theta} \, \theta_{,k} \qquad (4-173)$$

即单位体积单元体耗散能增量

$$\widetilde{\varphi} = \theta \, \widetilde{s}^{(i)} = \sigma_{ij}^{(d)} \, \dot{\varepsilon}_{ij} + A_{ij}^{(d)(k)} \, \dot{\alpha}_{ij}^{(k)} - \frac{q_k}{\theta} \, \theta_{,k} \qquad (4-174)$$

令上式中右边项大于等于 0，就是热力学中常用的 Clausius-Duhem 不等式。Ziegler(1983)把式(4-174)分为变形引起的能量耗散和温度变化引起的能量耗散，即下式成立

$$\sigma_{ij}^{(d)} \, \dot{\varepsilon}_{ij} + A_{ij}^{(d)(k)} \, \dot{\alpha}_{ij}^{(k)} \geqslant 0, \ \theta_{,k} \, q_k \leqslant 0 \qquad (4-175)$$

式(4-175)显然是比热力学第二定律更强的形式，本章不去分析式(4-175)的适用性，只是用式(4-175)的第一式作为热力学第二定律的简化形式。

4.6.3 Ziegler 正交假设

在式(4-175)中，能量的力学耗散由两部分组成，即

$$\widetilde{\varphi}_1 = \sigma_{ij}^{(d)} \, \dot{\varepsilon}_{ij}, \ \widetilde{\varphi}_2 = A_{ij}^{(d)(k)} \, \dot{\alpha}_{ij}^{(k)} \qquad (4-176)$$

在率无关情况下，耗散函数与总应变的增量无关(如果耗散函数与总应变增量有关，则不能保证在纯弹性变形过程中无能量耗散产生)，即 $\widetilde{\varphi}_1 = 0$。假设单元内温度是均匀的，即不考虑式(4-175)的第二式，那么耗散函数仅由下式决定

$$\widetilde{\varphi} = A_{ij}^{(d)(k)} \, \dot{\alpha}_{ij}^{(k)} \qquad (4-177)$$

同时不考虑热源的影响，热力学第一定律可以用下式表示

$$\sigma_{ij} \, \dot{\varepsilon}_{ij} = \dot{\psi} + \widetilde{\varphi} \qquad (4-178)$$

在率无关情况下，耗散函数必然与内变量增量成正比，是内变量增量的一次齐次函数，由一次齐次函数的 Euler 定理

$$\widetilde{\varphi} = \frac{\partial \widetilde{\varphi}}{\partial \dot{\alpha}_{ij}^{(k)}} \, \dot{\alpha}_{ij}^{(k)} \qquad (4-179)$$

但是根据式(4-177)和式(4-179)不能得出用耗散函数和内变量增量表示的 $A_{ij}^{(d)(k)}$ 的具体形式，因为 $\dfrac{\partial \widetilde{\varphi}}{\partial \dot{\alpha}_{ij}^{(k)}}$ 是与 $\dot{\alpha}_{ij}^{(k)}$ 相关的量，由 $A_{ij}^{(d)(k)} \, \dot{\alpha}_{ij}^{(k)} = \dfrac{\partial \widetilde{\varphi}}{\partial \dot{\alpha}_{ij}^{(k)}} \, \dot{\alpha}_{ij}^{(k)}$ 只能得出 $\left(A_{ij}^{(d)(k)} - \dfrac{\partial \widetilde{\varphi}}{\partial \dot{\alpha}_{ij}^{(k)}} \right)$ 和 $\dot{\alpha}_{ij}^{(k)}$ 正交。Ziegler(1983)认为可以直接令

$$A_{ij}^{(d)(k)} = \frac{\partial \widetilde{\varphi}}{\partial \dot{\alpha}_{ij}^{(k)}} \qquad (4-180)$$

这就是在耗散空间以 Ziegler 命名的正交假设。为了证明这一假设，Ziegler(1983)做了

一个最大耗散率的猜想，他认为可以合理地假定在给定作用力下耗散率总是取其最大可能值，也即一个系统总是以最短（最快）的路径趋向它的终了状态。李相崧（2013）指出，最大耗散率猜想引出两个重要推论：①耗散应力与等耗散势面正交；②等耗散势面必须为凸面。须强调的是，最大耗散率猜想的基础不是物理定理，而是一个被广泛接纳的猜想，即大自然总是通过最经济可行的途径来完成一个过程。最大耗散率原理在很多领域均获得广泛应用，已被认为是非平衡热力学的一个基本原理，但并没能被已有的物理定理证明，所以仍仅具有猜想或假设的地位。事实上最大耗散率假设在热力学第二定理的基础上加设了一个约束条件，是满足热力学第二定理的一个充分条件，但却不是一个必要条件。

这就是率无关情况下的 Ziegler 正交假设。Drucker（1988）指出 Drucker 公设是对材料的一种分类，Ziegler 正交假设也是对材料的一种分类，但是 Ziegler 正交假设比 Drucker 假设所涵盖的范围更为广泛，包括经典的弹塑性本构关系（Collins et al.，1997）。

4.6.4 塑性功与塑性耗散

等温过程中，结合式（4-175）和式（4-178），热力学第一、第二定理可以表示为

$$\widetilde{W} = \sigma_{ij}\dot{\varepsilon}_{ij} = \dot{\psi} + \widetilde{\varphi}, \ \widetilde{\varphi} \geqslant 0 \qquad (4-181)$$

其中，$\widetilde{W} = \sigma_{ij}\dot{\varepsilon}_{ij}$ 为外力对单元体积土所做的功；ψ 表示单位体积自由能函数，是基于弹性应变 ε_{ij}^{e} 和塑性应变 ε_{ij}^{p} 为状态参数的一个状态函数；φ 为耗散函数，对率无关材料 $\widetilde{\varphi}$ 是 $d\varepsilon_{ij}^{p}$ 的一次齐次函数。在不考虑弹塑性耦合的情况下，自由能可以分为由弹性自由能部分和由塑性变形约束的自由能部分（Collins et al.，1997），即

$$\psi = \psi_{1}(\varepsilon_{ij}^{e}) + \psi_{2}(\varepsilon_{ij}^{p}) \qquad (4-182)$$

功的增量可以分为弹性部分和塑性部分，结合式（4-181）和式（4-182），类似式（4-179）可以分别表示为

$$\widetilde{W}^{e} = \sigma_{ij}\dot{\varepsilon}_{ij}^{e} = \dot{\psi}_{1} = \frac{\partial \psi_{1}}{\partial \varepsilon_{ij}^{e}}\dot{\varepsilon}_{ij}^{e} \qquad (4-183)$$

$$\widetilde{W}^{p} = \sigma_{ij}\dot{\varepsilon}_{ij}^{p} = \dot{\psi}_{2} + \widetilde{\varphi} = \left(\frac{\partial \psi_{2}}{\partial \varepsilon_{ij}^{p}} + \frac{\partial \widetilde{\varphi}}{\partial \dot{\varepsilon}_{ij}^{p}}\right)\dot{\varepsilon}_{ij}^{p} \qquad (4-184)$$

由式（4-183）可以得到弹性部分本构关系

$$\sigma_{ij} = \frac{\partial \psi_{1}}{\partial \varepsilon_{ij}^{e}} \qquad (4-185)$$

定义背应力 ρ_{ij} 与耗散应力 π_{ij} 如下

$$\rho_{ij} = \frac{\partial \psi_{2}}{\partial \varepsilon_{ij}^{p}}, \ \pi_{ij} = \frac{\partial \widetilde{\varphi}}{\partial \dot{\varepsilon}_{ij}^{p}} \qquad (4-186)$$

结合式(4-186)，塑性功增量式(4-184)可以改写为

$$\widetilde{W}^{\mathrm{p}} = \sigma_{ij}\,\dot{\varepsilon}_{ij}^{\mathrm{p}} = \dot{\psi}_2 + \widetilde{\varphi} = \rho_{ij}\,\dot{\varepsilon}_{ij}^{\mathrm{p}} + \pi_{ij}\,\dot{\varepsilon}_{ij}^{\mathrm{p}} \qquad (4-187)$$

由上式可见，塑性功增量是真实应力与塑性应变增量之积，而耗散增量是耗散应力与塑性应变增量之积。塑性功不一定全部耗散，在离散元模拟中我们经常可以发现颗粒材料之间有两种类型力链(即强力链和弱力链)，弱力链为强力链所包裹，这些弱力链尚未引起塑性变形，而只是蓄积弹性能(或者说锁住了)，在塑性循环中这些弹性能够做功。如果塑性功要全部耗散掉，背应力必须为零，或者说自由能只决定于弹性应变。

同时，式(4-187)中真实应力可以表示为背应力和耗散应力之和

$$\sigma_{ij} = \rho_{ij} + \pi_{ij} \qquad (4-188)$$

值得注意的是，式(4-188)不能通过式(4-187)的方式直接得到。耗散应力 π_{ij} 与塑性应变增量 $\dot{\varepsilon}_{ij}^{\mathrm{p}}$ 相关，式(4-188)是基于 Ziegler 正交假设的结果。如图 4-19 所示，式(4-188)表示的应力分解在各向异性材料运动硬化模型中十分常见，背应力为运动硬化的中心。

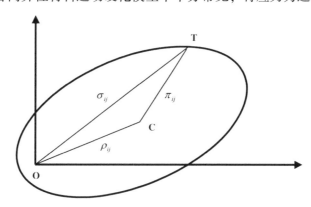

图 4-19　真实应力分解为背应力和耗散应力

4.6.5　塑性各向异性本构模型

Collins 等(1997，2002)以及 Collins(2005)基于 Ziegler 等人提出的热力学基本构架重新演绎了土体弹塑性本构模型。对于率无关弹塑性材料的等温变形过程，只要确定了两个热力学函数(耗散函数的变化率和自由能函数)，弹塑性本构关系(包括弹性关系、屈服条件、流动法则和硬化规则等)就可以自然导出。

这样，先是通过构造合适的耗散势函数，可以得到耗散应力空间的屈服面方程和流动法则；再通过构造合适的第二自由能函数可以求得背应力，从而将耗散应力空间的屈服面方程和流动法则转换到真实应力空间，加上一定形式的硬化规则便得到塑性应力应变关系；最后通过构造合适的第一自由能函数可以求得弹性应力应变关系，加上先前求得的塑性应力应变关系便得到最终的增量形式的应力应变关系(王立忠等，2007)。

Collins 等(2002)指出，基于 Ziegler 的理论，修正剑桥模型对应的第二自由能函数(塑

性应变相关的自由能函数)和耗散势函数的增量分别为

$$\dot{\psi}_2 = \frac{p_c'}{2} \dot{\varepsilon}_v^p, \quad \widetilde{\varphi} = \frac{p_c'}{2} \sqrt{(\dot{\varepsilon}_v^p)^2 + M^2 (\dot{\varepsilon}_q^p)^2} \qquad (4-189)$$

为模拟各向异性土体的倾斜椭圆屈服面，须在各向同性土体本构模型的耗散势函数增量 $\widetilde{\varphi}$ 中增加一个 $\dot{\varepsilon}_v^p \dot{\varepsilon}_q^p$ 的交叉项，即采用以下通式

$$\widetilde{\varphi} = \sqrt{(A(\dot{\varepsilon}_v^p + \tan\theta_n \dot{\varepsilon}_q^p))^2 + (B\dot{\varepsilon}_q^p)^2} \qquad (4-190)$$

式中：A、B 为模型参数，θ_n 为倾斜椭圆左右切点连线 NCL 的倾角（图4-20）。

三轴应力空间下，背应力 ρ_{ij} 与耗散应力 π_{ij} 分别表示为 $\rho_{ij} = (\rho, \zeta)^T$，$\pi_{ij} = (\pi, \tau)^T$。由此得到耗散应力空间 $(\pi-\tau)$ 屈服面方程

$$\left(\frac{\pi}{A}\right)^2 + \left(\frac{\tau - \pi\tan\theta_n}{B}\right)^2 = 1 \qquad (4-191)$$

为得到真实应力空间倾斜椭圆屈服面，且使椭圆左切点位于应力原点，须使背应力为 $\zeta = \rho\tan\theta_n$ 的形式，模型参数须为 $A = \frac{1}{2}p_c'$，$B = \frac{1}{2}Mp_c'$，相应真实应力空间屈服面方程为

$$\left(\frac{p - \frac{1}{2}p_c'}{\frac{1}{2}p_c'}\right)^2 + \left(\frac{q - p'\tan\theta_n}{\frac{1}{2}Mp_c'}\right)^2 = 1 \qquad (4-192)$$

耗散应力空间和真实应力空间的屈服面如图4-20所示。

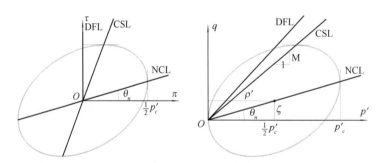

图4-20　热力学模型耗散应力和真实应力空间的屈服面

由上述背应力形式，Collins 等(2002)构造了以下形式塑性部分自由能函数

$$\psi_2 = \frac{1}{2}p_{c0}'(\lambda - \kappa)\exp\left(\frac{\varepsilon_v^p + \varepsilon_q^p\tan\theta_n}{\lambda - \kappa}\right) \qquad (4-193)$$

由此导出的硬化准则为

$$(\lambda - \kappa)\frac{\dot{p}_c'}{p_c'} = \dot{\varepsilon}_v^p + \dot{\varepsilon}_q^p\tan\theta_n \qquad (4-194)$$

该模型当 $\theta_n = 0$ 时回归到各向同性的修正剑桥模型，但对应的硬化规则表现在 $\ln e - \ln p$

平面为一条直线，这与 Butterfield（1979）的观点一致，有别于剑桥模型体系单对数坐标系 e-$\ln p$ 平面的直线关系。另外需要指出的是，各向异性模型的硬化规则中不仅包含了传统模型一贯采用的塑性体积变形，同时也包含了塑性剪切变形的影响，该硬化规则中内变量的选取与其转换应力的形式是一一对应的，是热力学模型本身的导出结果。由此可见，在该体系中构建各向异性的土体本构模型，硬化规则中综合采用塑性体积变形和塑性剪切变形作为内变量是个必要条件。

Collins 等（2002）的本构模型中，应力应变关系曲线峰值点（硬化模量为零）的土体应力状态定义为土体的破坏状态，在 p-q 平面上用破坏状态线（drained failure line，DFL）表示。如果只考虑体积变形引起的硬化，该模型的 DFL 将和传统模型 CSL（塑性体积应变增量为零的状态）重合。而 Collins 等（2002）的各向异性模型中同时考虑体积变形和剪切变形引起的硬化，DFL 与 CSL 不再重合，三轴压缩情况下 DFL 在 CSL 的上方，如图 4-20 所示。DFL 和 CSL 的斜率可以用下式表示

$$\eta_{\mathrm{CSL}} = \sqrt{M^2 + \tan^2\theta_n}, \qquad \eta_{\mathrm{DFL}} = M + \tan\theta_n \tag{4-195}$$

Collins 等（2002）从热动力学基本原理出发，以更为严密的数学推导演绎了土体本构模型的建立过程，详细对比了各向同性模型和各向异性模型的异同，尤其对于各向异性模型作了较为详尽的阐述，为以后模型的发展奠定了更为扎实的理论基础。

4.7　附录-修正剑桥模型

剑桥模型属于体积硬化的弹塑性模型，在众多的岩土弹塑性模型中提出较早，发展也比较完善，故得到广泛的应用。Roscoe 等（1963）最初提出的原始剑桥模型（Original Cam clay model）的屈服面为子弹头型，后由 Roscoe 等（1968）修正为椭圆形屈服面，通常称为修正剑桥模型（Modified Cam clay model）。临界状态土力学的提出和（修正）剑桥模型的建立对现代土力学的发展产生了深远的影响。Muir Wood（1990）结合该本构模型对临界状态土力学进行了系统全面的阐述。以下简要介绍由修正剑桥模型导出的应力应变关系。

（1）弹性应力应变关系。

弹性应力应变本构关系写成矩阵形式为：

$$\begin{Bmatrix} \delta\varepsilon_{\mathrm{v}}^{\mathrm{e}} \\ \delta\varepsilon_{\mathrm{s}}^{\mathrm{e}} \end{Bmatrix} = C^{\mathrm{e}} \begin{Bmatrix} \delta p' \\ \delta q \end{Bmatrix} = \begin{bmatrix} C_{11}^{\mathrm{e}} & C_{12}^{\mathrm{e}} \\ C_{21}^{\mathrm{e}} & C_{22}^{\mathrm{e}} \end{bmatrix} \begin{Bmatrix} \delta p' \\ \delta q \end{Bmatrix} \tag{A1}$$

式中：$C^{\mathrm{e}} = \begin{bmatrix} C_{11}^{\mathrm{e}} & C_{12}^{\mathrm{e}} \\ C_{21}^{\mathrm{e}} & C_{22}^{\mathrm{e}} \end{bmatrix}$ 为弹性柔度矩阵。修正剑桥模型假定土体弹性性状体积应力应变和剪切应变应力关系不耦合，即 $C_{12}^{\mathrm{e}} = C_{21}^{\mathrm{e}} = 0$，而 $C_{11}^{\mathrm{e}} = \dfrac{1}{K'}$，$C_{22}^{\mathrm{e}} = \dfrac{1}{3G'}$。

（2）屈服面。

p'-q 平面修正剑桥屈服面为一过原点的椭圆，$M<1$ 时，椭圆长轴为 p' 轴，短轴平行于 q 轴，$M>1$ 时反之，$M=1$ 时，屈服面为圆形。屈服面函数式（4-68）可以写成规范的椭圆屈服面方程为：

$$\frac{\left(p' - \dfrac{p'_c}{2}\right)^2}{\left(\dfrac{p'_c}{2}\right)^2} + \frac{q^2}{\left(M\dfrac{p'_c}{2}\right)^2} = 1 \tag{A2}$$

屈服面方程的微分形式（一致性条件）为：

$$\frac{\partial f}{\partial p'}\delta p' + \frac{\partial f}{\partial q}\delta q + \frac{\partial f}{\partial p'_c}\delta p'_c = 0 \tag{A3}$$

（3）流动法则。

修正剑桥模型采用的是相关联流动法则，塑性势面与屈服面重合，即：

$$\delta \varepsilon_v^p = \mu \frac{\partial f}{\partial p'}, \quad \delta \varepsilon_s^p = \mu \frac{\partial f}{\partial q} \tag{A4}$$

（4）硬化规律。

修正剑桥模型采用的是体积硬化规律，即屈服面大小的变化只和体积应变增量相关，用硬化参数 p'_c 表征屈服面大小，硬化规律为：

$$\delta p'_c = \frac{\nu}{\lambda - \kappa} p'_c \delta \varepsilon_v^p \tag{A5}$$

（5）修正剑桥模型的应力应变关系。

将流动法则代入硬化规律然后代入一致性条件，可求得比例因子为：

$$\mu = -\frac{\dfrac{\partial f}{\partial p'}\delta p' + \dfrac{\partial f}{\partial q}\delta q}{\dfrac{vp'_c}{\lambda - \kappa}\dfrac{\partial f}{\partial p'_c}\dfrac{\partial f}{\partial p'}} \tag{A6}$$

将上述比例因子 μ 的表达式代入流动法则，得到修正剑桥模型塑性应力应变关系为：

$$\begin{Bmatrix}\delta \varepsilon_v^p \\ \delta \varepsilon_s^p\end{Bmatrix} = \frac{\lambda - \kappa}{v(M^2 + \eta^2)}\begin{bmatrix} M^2 - \eta^2 & 2\eta \\ 2\eta & 4\eta^2/(M^2 - \eta^2)\end{bmatrix}\begin{Bmatrix}\delta p' \\ \delta q\end{Bmatrix} \tag{A7}$$

最后将弹性和塑性变形相加即得修正剑桥模型的应力应变关系。

参考文献

北川浩，1986. 塑性力学基础[M]. 刘文斌，张宏，译. 北京：高等教育出版社.

李相崧，2013. 饱和土弹塑性理论的数理基础——纪念黄文熙教授[J]. 岩土工程学报，35（1）：1-33.

王自强，2000. 理性力学基础[M]. 北京：科学出版社.

王立忠，沈恺伦，2007. K_0 固结结构性软黏土的本构模型[J]. 岩土工程学报，29（4）：496-504.

王秋生，2009. 基于超塑性力学的本构理论研究［D］. 浙江杭州：浙江大学.

Butterfield R, 1979. A natural compression law for soils (an advance on e-log p′)［J］. Géotechnique, 29(4)：469 −480.

COLLINS I F, 2005. Elastic/plastic models for soils and sands［J］. International Journal of Mechanical Sciences, 47 (4-5)：493-508.

COLLINS I F, HILDER T, 2002. A theoretical framework for constructing elastic/plastic constitutive models of triaxial tests［J］. International Journal for Numerical and Analytical Methods in Geomechanics, 26(13)：1313-1347.

COLLINS I F, HOULSBY G T, 1997. Application of thermomechanical principles to the modelling of geotechnical materials［J］. Proceedings of the Royal Society of London. Series A：Mathematical, Physical and Engineering Sciences, 453(1964)：1975-2001.

COWIN S C, 1985. The relationship between the elasticity tensor and the fabric tensor［J］. Mechanics of Materials, 4 (2)：137-147.

DAFALIAS Y F, POPOV E P, 1975. A model of nonlinearly hardening materials for complex loading［J］. Acta Mechanica, 21(3)：173-192.

DRUCKER D C, 1951. A more fundamental approach to plastic stress-strain relations［C］//Proc. of 1st US National Congress of Applied Mechanics, 1951：487-491.

DRUCKER D C, 1988. Conventional and unconventional plastic response and representation［J］. Applied Mechanics Reviews, 41(4)：151-167.

HOULSBY G T, 1981. A study of plasticity theories and their application to soils［D］. Cambridge：University of Cambridge.

IWAN W D, 1967. On a class of models for the yielding behavior of continuous and composite systems［J］. Journal of Applied Mechanics, ASME, 34(3)：612-617.

KANATANI K, 1984. Distribution of directional data and fabric tensors［J］. International Journal of Engineering Science, 22(2)：149-164.

KRIEG R D, 1975. A practical two-surface plasticity theory［J］. Journal of Applied Mechanics, ASME, 42：641 −646.

MROZ Z, 1967. On the description of anisotropic work hardening［J］. Journal of the Mechanics and Physics of Solids, 15：163-175.

MROZ Z, NORRIS V A, ZIENKIEWICZ O C, 1978. An anisotropic hardening model for soils and its application to cyclic loading［J］. International Journal for Numerical and Analytical Methods in Geomechanics, 2：203-221.

ROSCOE K H, BURLAND J B, 1968. On the generalized stress-strain behaviour of "wet clay"［J］. Engineering Plasticity：535-609.

ROSCOE K H, SCHOFIELD A N, 1963. Mechanical behaviour of an idealized "wet clay"［C］. Proc. 2nd European Conf. on Soil Mechanics and Foundation Engineering, Wiesbaden, 1：47-54.

WANG C C, 1970a. A new representation theorem for isotropic functions：An answer to Professor G. F. Smith's criticism of my papers on representations for isotropic functions. I. Scalar-valued isotropic functions［J］. Archive for Rational Mechanics and Analysis, 36(3)：166-197.

WANG C C, 1970b. A new representation theorem for isotropic functions: An answer to Professor G. F. Smith's criticism of my papers on representations for isotropic functions. II. Vector-valued isotropic functions, symmetric tensor-valued isotropic functions, and skew-symmetric tensor-valued isotropic functions[J]. Archive for Rational Mechanics and Analysis, 36(3): 198-223.

WOOD D M, 1990. Soil behaviour and critical state soil mechanics[M]. Cambridge university press.

ZIEGLER H, 1983. An introduction to thermomechanics[M]. 2nd ed. Amsterdam: North-Holland.

第5章 黏土结构性理论

土体的变形和强度是岩土工程最为关心的两大问题。天然沉积的软黏土，通常具有与相应的重塑土不同的力学性质，结构性是其中最为重要的特性之一，因而被沈珠江院士称为21世纪土力学的核心问题。对软黏土结构性的考虑不足，往往带来两方面的问题：一是只看到了较低应力状态下天然软黏土呈现低压缩性的特点而忽视了当应力水平超过屈服应力后土体变形将迅速增大的现象，从而高估了软黏土抵抗变形的能力，带来工程安全隐患；二是基于扰动土样甚至重塑土样的土工试验结果，没有考虑结构性对土体的有利作用，在软黏土工程设计时低估了土体抵抗变形和破坏的能力，从而留有过大的安全裕度而带来不必要的浪费。

本章从软黏土结构性的定义及其对软黏土力学性状的影响出发，重点介绍了天然结构性软黏土的屈服特性和硬化规律，并建立了结构性软黏土本构关系。本章内容严格区分了临界状态和破坏状态的定义，并给出了结构性软黏土不排水抗剪强度的解析表达。

5.1 海相黏土结构性

5.1.1 结构性状态与成因

黏土结构性是指其天然状态与重塑状态的力学性状差别，是由土颗粒和孔隙的性状、排列形式及颗粒之间力的相互作用机制变化导致的。国际上对黏土的结构性较为明确、全面的阐述出现于20世纪末，如 Burland(1990)和 Cotecchia 等(2000)。

Burland(1990)通过归一化方法比较了重塑黏土和天然黏土的压缩曲线的性状，阐明了结构性和土体沉积特征之间的联系。Burland 根据各种黏土的重塑土在常规 $e-\log\sigma_v'$ 坐标下一维压缩曲线在应力逐渐增大后最终趋于一致的特征，将一维压缩曲线的纵坐标孔隙比 e 用

孔隙指数 $I_v^* = (e - e_{100}^*)/(e_{100}^* - e_{1000}^*)$ 代替。

如图 5-1 所示，纵坐标孔隙指数 I_v^* 的定义中以压缩系数 $C_c^* = e_{100}^* - e_{1000}^*$ 为分母，这样 e-$\log\sigma_v'$ 坐标下不同土质的重塑黏土一维压缩曲线在 I_v^*-$\log\sigma_v'$ 坐标下将形成一条单一的曲线，称之为固有压缩曲线 ICL（intrinsic compression line）。ICL 基于重塑土，能表现软黏土的最为本质的颗粒材料的压缩特征。与绘制 ICL 相似，将某一种黏土不同深度黏土的天然孔隙比 e 也换算为孔隙指数 I_v^*，将其与土体的原位竖向应力 σ_v' 的对应关系绘制成 I_v^*-$\log\sigma_v'$ 关系曲线，称为沉积压缩曲线 SCC（sedimentation compression curve）。SCC 描绘的是某种特定的黏土在当前状态下不同深度的孔隙比和竖向应力的关系，所反映的是土体的天然沉积状态。

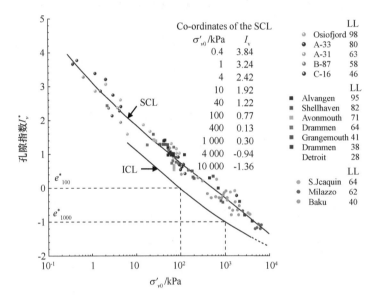

图 5-1　正常固结黏土的 ICL 和 SCL（Burland，1990）

Cotecchia 等（2000）将结构性分为两种基本类型：沉积结构（sedimentation structure）和后沉积结构（post-sedimentation structure）。

沉积结构指天然土或重塑土在沉积过程中和沉积完成之后由于一维固结形成的结构。这种结构只在正常固结过程中产生，主要为土体沉积过程中形成的各种颗粒组构和颗粒间胶结。其 e-σ_v' 坐标下一维压缩曲线表现如图 5-2（a）所示。后沉积结构指在正常固结完成之后由于地质作用形成的结构，同时原沉积结构也发生改变。后沉积结构主要包含由于卸载、蠕变、触变、后沉积胶结和成岩作用形成的土体结构，而沉积过程中的黏结、风化和构造剪切作用形成的土体结构暂时不在考虑范围之内。其一维压缩曲线表现如图 5-2（b）所示。

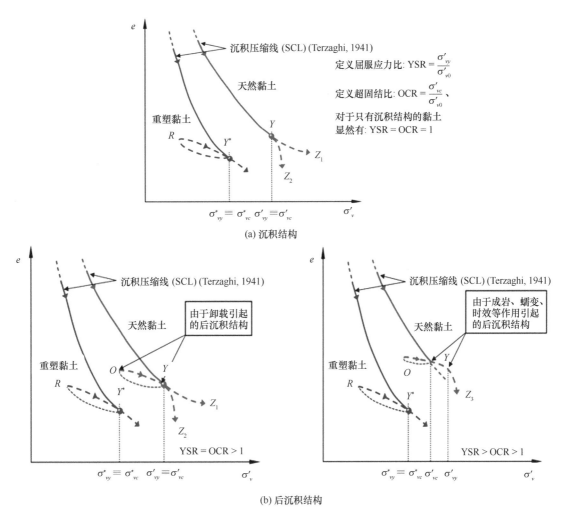

图 5-2　沉积结构和后沉积结构的一维压缩曲线（Cotecchia et al. , 2000）

5.1.2　结构性软黏土力学性状

5.1.2.1　压缩特性

研究表明（Mesri，1975；Burland，1990），结构性黏土的压缩曲线明显不同于重塑土体的压缩曲线，结构性的存在使未扰动土样的压缩试验曲线有明显转折。压缩曲线上转折点处的应力称为结构屈服压力（又称表观前期固结压力）。在低于结构屈服压力的范围内，土的压缩性较小，超出结构屈服压力，则压缩性显著增大，最后趋向于重塑土的压缩曲线，这个特性在等向压缩曲线上也十分明显。

早期求土体前期固结压力最常使用的方法是 Casagrande 于 1936 年所提出的方法：作试验曲线上最大曲率点的水平线和切线的角平分线，与试验曲线直线部分的延长线的交点即为前期固结压力。王立忠等（2002，2004）在对 Schmertmann 和 Nagaraj 的曲线拟合方法进行充分讨论的基础上，提出并改进了一种更为简便的天然软黏土原位压缩曲线的拟合方法。

5.1.2.2　固结特性

饱和黏土的透水性受孔隙比和土体结构性的影响，但对于结构性软黏土的渗透系数有一定的争议。一种观点认为对于许多黏土，由于结构性的存在渗透系数较大，加载至结构屈服应力附近时，渗透系数急剧降低，然后趋于稳定，如图 5-3 中温州软黏土原状样 N3-3 的渗透系数随压力的变化规律即是如此（王立忠等，2004）。有些学者则对此持有不同的观点，比如，Delage（1984）通过扫描电镜技术对结构性黏土固结过程中的渗透性进行研究，发现同样孔隙比时结构性黏土的渗透系数与重塑土基本相同。

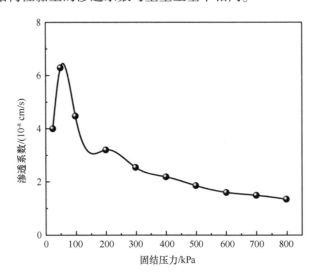

图 5-3　温州软黏土原状样 N3-3 的渗透系数随压力变化曲线

5.1.2.3　强度特性

结构性软黏土的强度包络线也呈现出屈服应力前后分段的特征。固结压力较小时，结构强度保持完好，软黏土峰值强度主要受结构性影响，表现出类似于超固结土的特性；当固结压力较大，超过结构屈服应力时，软黏土峰值强度主要受固结应力控制，强度性状与重塑土相似。天然软黏土由于具有结构性，峰值强度包络线为折线形，在结构屈服应力附近有明显的转折，而残余强度包络线则与重塑土相似为一条过原点的直线。

5.1.2.4　应力应变关系

典型结构性软黏土室内三轴不排水压缩试验同样表明，天然软黏土的不排水应力应变关系曲线呈现出屈服前后明显的分段性：屈服前为陡升型曲线，屈服后发生转折成为缓降型曲线，呈现应变软化的特征。当结构性土受扰动时，结构强度降低，峰值强度减小，且达到峰值强度时的应变增大，如图 5-4 所示。对结构性较强的土类，结构性的存在增大了土的刚度，应力-应变曲线的起始段呈弹性状态，之后塑性变形所占的比例增大，达峰值之后，结构性急剧地被破坏，致使变形增大而应力降低，当结构性完全破坏后达到残余应力状态，最后趋向的稳定值即残余强度。

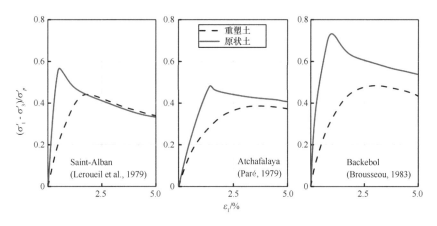

图 5-4　天然软黏土不排水三轴试验的应力应变曲线(Leroueil et al.，1990)

5.1.2.5　屈服面和流动法则

沈凯伦等(2009)对温州软黏土进行各种应力路径下三轴试验表明，温州软黏土有明显的结构屈服的特征，各种应力路径试验得到的屈服点一并用 Y3 表示于图中，*in situ* 表示天然固结应力状态，即应力路径试验加载的起始点。三轴不排水压缩和拉伸试验的应力路径和剪切应力应变曲线如图 5-5 所示。图 5-5(a)所示 K_0 固结三轴不排水压缩试验和拉伸试验的总应力路径和有效应力路径中，TSP 表示总应力路径，ESP 表示有效应力路径。不排水试验的屈服点由试验的剪应力剪应变曲线的曲率最大点确定，图中以 Y3 表示。

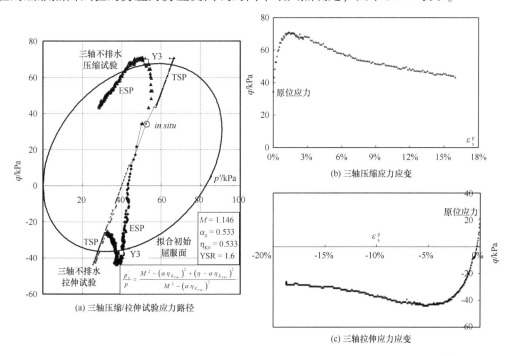

图 5-5　温州软黏土三轴不排水试验应力路径和剪切应力应变曲线

将这些屈服应力点描绘在应力平面上，即可得到部分的初始屈服面几何形状，如图 5-6（a）所示。由图 5-6（a）中屈服面形状可见，试验确定的初始屈服面与英国的 Bothkennar 软黏土等典型结构性软黏土屈服面相似，大致呈现倾斜椭圆的形状。

为了验证正交法则的适用性，其将屈服点处的塑性应变增量方向也表示在图 5-6（a）中（应力应变共轴），以短直线表示。根据图 5-6（c）中屈服后各应力路径试验塑性体积应变和塑性剪切应变关系曲线可以看出，塑性应变增量的矢量长度（约等于图中曲线段长度）为 1% 左右时对应的塑性应变增长方向基本可以代表屈服时刻的塑性应变方向，同时经历的试验点足够多，可以较好避免试验误差。

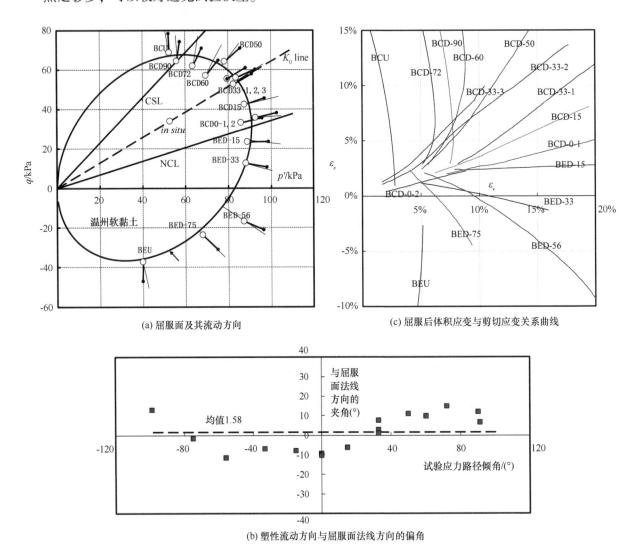

(a) 屈服面及其流动方向

(c) 屈服后体积应变与剪切应变关系曲线

(b) 塑性流动方向与屈服面法线方向的偏角

图 5-6　温州软黏土屈服面及其塑性流动方向

由温州软黏土屈服时的塑性应变方向和屈服面的相互关系可见，大部分应变方向垂直于屈服面切线方向，塑性应变方向与屈服面法线的夹角在 -11°~15° 范围之内，如图 5-6（b）所示（以顺时针偏转为正），说明总体上正交法则对于温州软黏土是适用的。

5.2　常规屈服面与"次加载/超加载"屈服面

5.2.1　K_0固结软黏土常规屈服面函数

关于 K_0固结软土屈服面在 $p'-q$ 平面上近似为一旋转变形椭圆的事实已为大量的室内试验所证实（Graham et al.，1983；沈恺伦，2006）。在本书第 4 章已经提到天然土体初始屈服面为一个倾斜椭圆；Wheeler 等（2003）、Nakano 等（2005）在修正剑桥模型的基础上调整了屈服面方程，考虑了 K_0固结引起的诱发各向异性及其在加载过程中的演变规律。

图 5-7 所示为四个模型的屈服面形状和相应的临界状态线，图 5-7(a) 为各向同性重塑软黏土修正剑桥模型的屈服面，图 5-7(b) 为 Nakano 等（2005）所采用的 K_0固结软土屈服面，图 5-7(c) 为 Collins 等（2002b）模型屈服面，图 5-7(d) 为 Wheeler 等（2003）所采用的 K_0固结软土屈服面。$p'-q$ 平面上四种屈服面方程分别为：

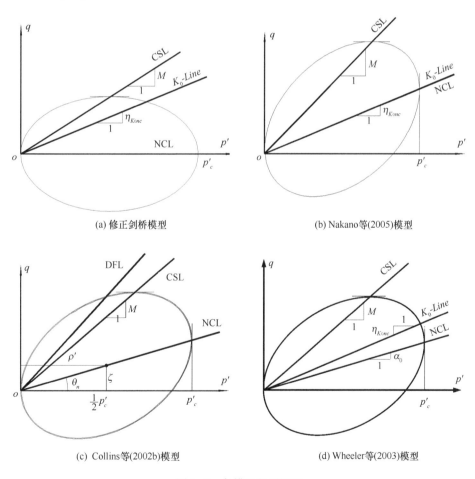

(a) 修正剑桥模型　　　　　　　　　　(b) Nakano等(2005)模型

(c) Collins等(2002b)模型　　　　　　(d) Wheeler等(2003)模型

图 5-7　各模型的屈服面

（a）修正剑桥模型

$$\frac{p'_c}{p'} = \frac{M^2 + \eta^2}{M^2} \tag{5-1}$$

（b）Nakano 等（2005）的模型

$$\frac{p'_c}{p'} = \frac{M^2 + (\eta - \eta_{K_0 nc})^2}{M^2} \tag{5-2}$$

式中：$\eta_{K_0 nc}$ 为正常一维固结应力比。

（c）Collins 等（2002b）的模型

$$\left(\frac{p' - \frac{1}{2}p'_c}{\frac{1}{2}p'_c}\right)^2 + \left(\frac{q - p'\tan\theta_n}{\frac{1}{2}Mp'_c}\right)^2 = 1 \tag{5-3}$$

式中：$\tan\theta_n$ 的初始值为 $\eta_{K_0 nc}$，并随着塑性变形演化。

（d）Wheeler 等（2003）的模型

$$\frac{p'_c}{p'} = \frac{M^2 - \alpha^2 + (\eta - \alpha)^2}{M^2 - \alpha^2} \tag{5-4}$$

图 5-7（a）屈服面是关于等向固结线 p' 轴对称的，即 NCL 与 p' 轴重合；而（b）、（c）和（d）屈服面的 NCL 则与 p' 轴均有一倾角，对于初始屈服面（b）和（c），NCL 的斜率分别为 $\eta_{K_0 nc}$，初始屈服面（d）斜率为 α_0。符号含义见本章附录。

本章采用的屈服面的倾斜程度（即 NCL 斜率的大小）由 α 控制，其初始值为 α_0，根据 Wheeler 等（2003）的分析，由模型一维压缩条件下的体积应变和剪切应变的比例关系，结合相应屈服面流动法则，可推导出以下关系：

$$\alpha_0 = \frac{\eta_{K_0 nc}^2 + 3\eta_{K_0 nc} - M^2}{3} \tag{5-5}$$

5.2.2 次加载/超加载屈服面

如图 5-8 所示，Nakano 等（2005）基于修正剑桥模型，同时考虑到土体各向异性，将修正剑桥模型水平的椭圆屈服面改为倾斜的椭圆屈服面。

重塑土在该模型中视为天然土结构性完全丧失的状态，该状态定义为"正常固结状态"（normally consolidation state），对应的屈服面称为"正常屈服面"（normal yield surface）。与传统修正剑桥模型关于 p' 轴对称的椭圆屈服面不同的是，此处改为一个倾斜的椭圆屈服面。倾斜椭圆左边与 q 轴在应力原点相切，与该切点相应的椭圆右切点不在 p' 轴上，初始状态时其与原点（左切点）的连线 NCL 与 K_0 线重合。正常屈服面位置和形状如图 5-8 所示，随着塑性应变的增加，该屈服面不断增大。

超加载屈服面（superloading yield surface）定义为与正常屈服面关于原点相似的倾斜椭

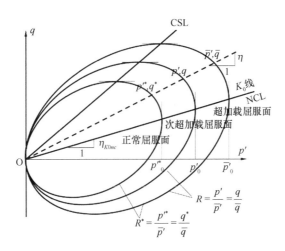

图 5-8　次加载/超加载屈服面模型的屈服面(Nakano et al.，2005)

圆，其倾斜度与正常屈服面相同。对于天然软黏土，超加载屈服面为应力可能到达的最外边界，相当于 Dafalias 理论的边界面(Dafalias，1980)。由于超加载屈服面和正常屈服面关于原点相似，因此在一定时刻，从原点出发的任一直线(斜率为 η)与这两个椭圆交点的应力比值应为一恒定值。以超加载屈服面为参照定义 $R^* = p'^*/\bar{p}' = q^*/\bar{q}$，相似比 R^* 就表征了正常屈服面相对于超加载屈服面的大小。

次加载屈服面(subloading yield surface)也定义为与正常屈服面关于原点相似的倾斜椭圆，其倾斜度也与正常屈服面相同。同样以超加载屈服面为参照定义 $R = p'/\bar{p}' = q/\bar{q}$，相似比 R 就表征了次加载屈服面相对于超加载屈服面的大小，反映了土体的超固结或表观超固结性状。

王立忠等(2007，2008)指出，Nakano 模型能很好模拟正常固结和超固结天然软黏土的受力变形性状的同时，也存在以下不足之处：初始椭圆屈服面左右切点连线为 K_0 线的假定缺乏可靠依据，由此计算所得的临界状态参数 M 的取值偏大；R 的初始值认为完全由超固结引起而由 OCR 获得，对于结构性软黏土应该用 YSR 替代 OCR 更为合适；R^* 的初始值选取表征了软土天然状态结构性的大小，文中没有讨论具体的取值方法；演化参数过多，尤其是 R^* 的演化参数有 3 个，参数确定比较困难；旋转硬化简单引用了 Hashiguchi(1989)以及 Hashiguchi 等(1998)的研究成果，没有作具体适用性分析，也没有讨论其演化规律。

5.3　塑性各向异性旋转硬化

Wheeler 认为塑性体积应变和塑性剪切应变对椭圆屈服面的旋转都有影响，且分别随着这两种塑性应变的发展，旋转硬化变量 α 将趋向于不同的终值。对于从应力原点出发的直线型单调加载的应力路径(应力比始终为 η)，认为塑性体积应变对应的 α 终值为 $3\eta/4$，塑性剪切应变对应的 α 终值为 $\eta/3$，由此构造了以下形式的旋转硬化方程：

$$\delta\alpha = b\left[r\left(\frac{1}{3}\eta - \alpha\right)|\delta\varepsilon_s^p| + \left(\frac{3}{4}\eta - \alpha\right)\langle\delta\varepsilon_v^p\rangle\right] \qquad (5-6)$$

式中：b 表征旋转硬化的速率，通过对 Otaniemi 软黏土试验结果的拟合反演，Wheeler 等（2003）认为其值在 $10/\lambda \sim 15/\lambda$ 的范围内；参数 r 则表征了塑性剪切应变和塑性体积应变对旋转硬化影响程度的比例关系，通过对 K_0 固结一维压缩过程的分析，可得到以下 r 的确定公式：

$$r = \frac{3(4M^2 - 4\eta_{K_0nc}^2 - 3\eta_{K_0nc})}{8(\eta_{K_0nc}^2 - M^2 + 2\eta_{K_0nc})} \qquad (5-7)$$

Otaniemi 软黏土的初始屈服面对应的 α_0 值为 0.42，各种不同的应力路径试验得到的 α 与 η 的关系如表 5-1 所示，表中 n 表示用以确定旋转椭圆屈服面的屈服点个数（包括第一次加载的最大应力点）。

表 5-1 Otaniemi 软黏土旋转硬化试验结果

η	α	n	η	α	n	η	α	n
-0.66	-0.11	2	0.11	0.11	6	0.60	0.38	3
-0.59	-0.15	2	0.25	0.15	2	0.75	0.34	6
-0.40	-0.06	2	0.30	0.25	2	0.90	0.34	3
-0.35	-0.11	2	0.50	0.33	2	1.00	0.44	2
						1.08	0.46	2

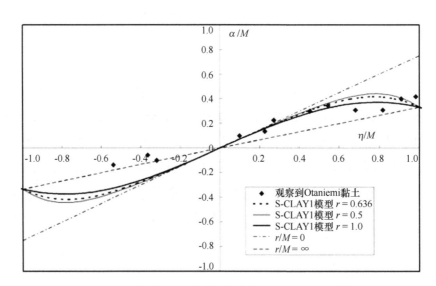

图 5-9 α/M 与 η/M 的关系曲线（Wheeler et al.，2003）

上述表中 α 与 η 的关系用 M 作归一化，即如图 5-9 所示。图 5-9 中 $r/M=0$ 对应的直线斜率为 3/4，表示随着体积应变的增加 α 将趋近于 $3\eta/4$；而 $r/M=\infty$ 对应的直线斜率为 1/3，表示随着体积应变的增加 α 将趋近于 $\eta/3$。此外，三轴压缩应力路径（$\eta>0$）试验点多数落在 r/M

=0.5~1.0 的范围内，说明上述由模型一维压缩过程确定的 $r/M=0.61$ 是合理的。

Wheeler 等（2003）提出的 S-CLAY1 模型考虑了 K_0 固结诱发的各向异性，并根据固结后不同应力路径加载试验结果构造了各向异性的演化规律，即通常所说的旋转硬化规律。演化方程中综合考虑了塑性体积应变和塑性剪切应变的综合影响，并在一定程度上给出了其理论推导依据和试验佐证，能较好地体现软黏土旋转硬化的特征。

5.4　K_0 固结结构性软黏土本构模型

5.4.1　屈服面函数

基于第 5.2 节关于 K_0 固结天然软黏土屈服面的讨论，王立忠等（2007，2008）选取了 Wheeler 等（2003）的屈服面形状。同时，为了准确地对天然软黏土结构性进行描述，构建了类似于 Nakano 等（2005）模型的次加载/超加载屈服面模型。次加载屈服面和超加载屈服面与正常屈服面形状相似，均为倾斜的椭圆屈服面，它们的屈服面方程如下。

正常屈服面方程可表述为（上标 $*$ 表示重塑土状态）：

$$f(p'^*,\ q^*,\ p_c'^*,\ \alpha) = \ln\frac{p'^*}{p_c'^*} + \ln\frac{M^2 - \alpha^2 + \left(\dfrac{q^*}{p'^*} - \alpha\right)^2}{M^2 - \alpha^2} = 0 \qquad (5-8)$$

超加载屈服面方程为：

$$f(\bar{p}',\ \bar{q},\ p_c'^*,\ \alpha,\ R^*) = \ln\frac{\bar{p}'}{p_c'^*} + \ln\frac{M^2 - \alpha^2 + \left(\dfrac{\bar{q}}{p'} - \alpha\right)^2}{M^2 - \alpha^2} + \ln R^* = 0 \qquad (5-9)$$

次加载屈服面方程为：

$$f(p',\ q,\ p_c'^*,\ \alpha,\ R^*,\ R) = \ln\frac{p'}{p_c'^*} + \ln\frac{M^2 - \alpha^2 + \left(\dfrac{q}{p'} - \alpha\right)^2}{M^2 - \alpha^2} + \ln R^* - \ln R = 0$$

$$(5-10)$$

次加载屈服面即为当前应力所在屈服面，其中包含了对结构性和 K_0 固结诱发的各向异性的考虑。式中 NCL 的斜率 $\alpha = \tan\theta$ 为变量，其初始值为 $\alpha_0 = \tan\theta_n$，α_0 的取值如上节所述为：

$$\alpha_0 = \frac{\eta_{K_0 nc}^2 + 3\eta_{K_0 nc} - M}{3}\ \left(\text{即} \tan\theta_n = \frac{\eta_{K_0 nc}^2 + 3\eta_{K_0 nc} - M}{3}\right) \qquad (5-11)$$

次加载屈服面方程的微分形式，即一致性条件为：

$$\frac{\partial f}{\partial p'}\delta p' + \frac{\partial f}{\partial q}\delta q + \frac{\partial f}{\partial p_c'^*}\delta p_c'^* + \frac{\partial f}{\partial \alpha}\delta\alpha + \frac{\partial f}{\partial R^*}\delta R^* + \frac{\partial f}{\partial R}\delta R = 0 \qquad (5-12)$$

由式(5-10)中屈服面函数 f 的表达式，可得 f 对各变量的偏导数分别为：

$$\frac{\partial f}{\partial p'} = \frac{M^2 - \eta^2}{[(M^2 - \alpha^2) + (\eta - \alpha)^2] p'} \tag{5-13a}$$

$$\frac{\partial f}{\partial q} = \frac{2(\eta - \alpha)}{[(M^2 - \alpha^2) + (\eta - \alpha)^2] p'} \tag{5-13b}$$

$$\frac{\partial f}{\partial p_c'^*} = -\frac{1}{p_c'^*} \tag{5-13c}$$

$$\frac{\partial f}{\partial \alpha} = -\frac{2(\eta - \alpha)(M^2 - \alpha^2)}{[M^2 - \alpha^2 + (\eta - \alpha)^2](M^2 - \alpha^2)} \tag{5-13d}$$

$$\frac{\partial f}{\partial R^*} = \frac{1}{R^*} \tag{5-13e}$$

$$\frac{\partial f}{\partial R} = -\frac{1}{R} \tag{5-13f}$$

5.4.2 流动法则

王立忠等(2007，2008)采用正交流动法则，塑性流动方程可表示为：

$$\delta\varepsilon_v^p = \mu\frac{\partial f}{\partial p'}, \quad \delta\varepsilon_s^p = \mu\frac{\partial f}{\partial q} \tag{5-14}$$

5.4.3 硬化规律、结构性演化规律和各向异性演化规律

硬化规律、结构性演化规律和各向异性演化规律分别表现为 $\delta p_c'^*$、δR^* 和 δR、$\delta\alpha$ 的演化，演变内变量均为塑性体积应变增量和塑性剪切应变增量的组合，分别记为 S_p、S_R 和 S_α。本节中统一用 $S(\ )$ 表示不同的组合函数，下标 p、R 和 α 分别对应硬化规律、结构性演化规律和各向异性演化规律，括号中为组合函数的自变量，可以为应变增量 $\delta\varepsilon_v^p$、$\delta\varepsilon_s^p$ 或屈服面函数对应力的偏导数 $\frac{\partial f}{\partial p'}$、$\frac{\partial f}{\partial q}$。

（1）硬化规律，构造增量形式的硬化方程：

$$\delta p_c'^* = H(p_c'^*) \cdot S_p(\delta\varepsilon_v^p, \delta\varepsilon_s^p) \tag{5-15}$$

（2）结构性演化规律，构造增量形式的演化方程：

$$\delta R^* = U^*(R^*) \cdot S_R(\delta\varepsilon_v^p, \delta\varepsilon_s^p) \tag{5-16a}$$

$$\delta R = U(R) \cdot S_R(\delta\varepsilon_v^p, \delta\varepsilon_s^p) \tag{5-16b}$$

（3）各向异性演化规律，构造增量形式的演化方程：

$$\delta\alpha = A(\alpha) \cdot S_\alpha(\delta\varepsilon_v^p, \delta\varepsilon_s^p) \tag{5-17}$$

5.4.4 应力应变关系

将硬化规律、结构性演化规律和各向异性演化规律分别代入一致性条件，同时利用流

动法则消去内变量中的 $\delta\varepsilon_v^p$ 和 $\delta\varepsilon_s^p$ ，可求解出比例因子 μ 关于应力增量 $\delta p'$ 和 δq 的表达式，最后代入流动法则，则可得到增量形式的应力应变关系。

将流动法则(5-14)代入各演化式(5-15)、式(5-16)、式(5-17)得：

$$\delta p_c'{}^* = H(p_c'{}^*) \cdot S_p(\delta\varepsilon_v^p, \delta\varepsilon_s^p) = \mu \cdot H(p_c'{}^*) \cdot S_p\left(\frac{\partial f}{\partial p'}, \ \frac{\partial f}{\partial q}\right) \qquad (5-18a)$$

$$\delta R^* = U(R^*) \cdot S_R(\delta\varepsilon_v^p, \delta\varepsilon_s^p) = \mu \cdot U^*(R^*) \cdot S_R\left(\frac{\partial f}{\partial p'}, \ \frac{\partial f}{\partial q}\right) \qquad (5-18b)$$

$$\delta R = U(R) \cdot S_R(\delta\varepsilon_v^p, \delta\varepsilon_s^p) = \mu \cdot U(R) \cdot S_R\left(\frac{\partial f}{\partial p'}, \ \frac{\partial f}{\partial q}\right) \qquad (5-18c)$$

$$\delta\alpha = A(\alpha) \cdot S_\alpha(\delta\varepsilon_v^p, \delta\varepsilon_s^p) = \mu \cdot A(\alpha) \cdot S_\alpha\left(\frac{\partial f}{\partial p'}, \ \frac{\partial f}{\partial q}\right) \qquad (5-18d)$$

将式(5-18)代入一致性条件式(5-12)各项得：

$$\frac{\partial f}{\partial p'}\delta p' + \frac{\partial f}{\partial q}\delta q + \frac{\partial f}{\partial p_c'{}^*} \mu \cdot H(p_c'{}^*) \cdot S_p\left(\frac{\partial f}{\partial p'}, \ \frac{\partial f}{\partial q}\right) + \frac{\partial f}{\partial\alpha}\mu \cdot A(\alpha) \cdot S_\alpha\left(\frac{\partial f}{\partial p'}, \ \frac{\partial f}{\partial q}\right)$$

$$+ \frac{\partial f}{\partial R^*}\mu \cdot U^*(R^*) \cdot S_R\left(\frac{\partial f}{\partial p'}, \ \frac{\partial f}{\partial q}\right) + \frac{\partial f}{\partial R}\mu \cdot U(R) \cdot S_R\left(\frac{\partial f}{\partial p'}, \ \frac{\partial f}{\partial q}\right) = 0$$

$$(5-19)$$

移项求得 μ 为：

$$\mu = -\frac{\left(\dfrac{\partial f}{\partial p'}\delta p' + \dfrac{\partial f}{\partial q}\delta q\right)}{\dfrac{\partial f}{\partial p_c'{}^*}H(p_c'{}^*) \cdot S_p + \dfrac{\partial f}{\partial\alpha}A(\alpha) \cdot S_\alpha + \left(\dfrac{\partial f}{\partial R^*}U^*(R^*) + \dfrac{\partial f}{\partial R}U(R)\right) \cdot S_R} \qquad (5-20)$$

再将上式代入流动法则式(5-14)，即可求得以增量形式表示的土体塑性应力应变关系为：

$$\begin{cases} \delta\varepsilon_v^p = \mu \dfrac{\partial f}{\partial p'} \\[4mm] \qquad = -\dfrac{\dfrac{\partial f}{\partial p'}\dfrac{\partial f}{\partial p'}\delta p' + \dfrac{\partial f}{\partial p'}\dfrac{\partial f}{\partial q}\delta q}{\dfrac{\partial f}{\partial p_c'{}^*} H(p_c'{}^*) \cdot S_p + \dfrac{\partial f}{\partial\alpha}A(\alpha) \cdot S_\alpha + \left(\dfrac{\partial f}{\partial R^*}U^*(R^*) + \dfrac{\partial f}{\partial R}U(R)\right) \cdot S_R} \\[8mm] \delta\varepsilon_s^p = \mu \dfrac{\partial f}{\partial q} \\[4mm] \qquad = -\dfrac{\dfrac{\partial f}{\partial p'}\dfrac{\partial f}{\partial q}\delta p' + \dfrac{\partial f}{\partial q}\dfrac{\partial f}{\partial q}\delta q}{\dfrac{\partial f}{\partial p_c'{}^*} H(p_c'{}^*) \cdot S_p + \dfrac{\partial f}{\partial\alpha}A(\alpha) \cdot S_\alpha + \left(\dfrac{\partial f}{\partial R^*}U^*(R^*) + \dfrac{\partial f}{\partial R}U(R)\right) \cdot S_R} \end{cases} \qquad (5-21)$$

记 $\Omega = \Omega_p + \Omega_\alpha + \Omega_R$ ，其中：

$$\Omega_p = -\frac{\partial f}{\partial p_c'^*} \, A(p_c'^*) \cdot S_p\left(\frac{\partial f}{\partial p'}, \ \frac{\partial f}{\partial q}\right)$$

$$\Omega_\alpha = -\frac{\partial f}{\partial \alpha} A(\alpha) \cdot S_\alpha\left(\frac{\partial f}{\partial p'}, \ \frac{\partial f}{\partial q}\right)$$

$$\Omega_R = -\left(\frac{\partial f}{\partial R^*}U^*(R^*) + \frac{\partial f}{\partial R}U(R)\right) \cdot S_R\left(\frac{\partial f}{\partial p'}, \ \frac{\partial f}{\partial q}\right)$$

又记：$C_{11}^p = \dfrac{1}{\Omega}\dfrac{\partial f}{\partial p'}\dfrac{\partial f}{\partial p'}$，$C_{12}^p = C_{21}^p = \dfrac{1}{\Omega}\dfrac{\partial f}{\partial p'}\dfrac{\partial f}{\partial q}$，$C_{22}^p = \dfrac{1}{\Omega}\dfrac{\partial f}{\partial q}\dfrac{\partial f}{\partial q}$，则塑性应力应变本构关系可写成矩阵形式：

$$\begin{Bmatrix}\delta\varepsilon_v^p \\ \delta\varepsilon_s^p\end{Bmatrix} = \begin{bmatrix}C_{11}^p & C_{12}^p \\ C_{21}^p & C_{22}^p\end{bmatrix}\begin{Bmatrix}\delta p' \\ \delta q\end{Bmatrix} \Rightarrow \begin{Bmatrix}\delta\varepsilon_v^p \\ \delta\varepsilon_s^p\end{Bmatrix} = [C^p]\begin{Bmatrix}\delta p' \\ \delta q\end{Bmatrix} \tag{5-22}$$

式中：$[C^p] = \begin{bmatrix}C_{11}^p & C_{12}^p \\ C_{21}^p & C_{22}^p\end{bmatrix}$ 为塑性柔度矩阵。

弹性应力应变本构关系与修正剑桥模型相同，写成矩阵形式为：

$$\begin{Bmatrix}\delta\varepsilon_v^e \\ \delta\varepsilon_s^e\end{Bmatrix} = [C^e]\begin{Bmatrix}\delta p' \\ \delta q\end{Bmatrix} = \begin{bmatrix}C_{11}^e & C_{12}^e \\ C_{21}^e & C_{22}^e\end{bmatrix}\begin{Bmatrix}\delta p' \\ \delta q\end{Bmatrix} \tag{5-23}$$

式中：$[C^e]$ 为弹性柔度矩阵，其中，$C_{12}^e = C_{21}^e = 0$，$C_{11}^e = \dfrac{1}{K'}$，$C_{22}^e = \dfrac{1}{3G'}$。

最终总应变为弹塑性两部分之和，即：

$$\begin{Bmatrix}\delta\varepsilon_v \\ \delta\varepsilon_s\end{Bmatrix} = [C^{ep}]\begin{Bmatrix}\delta p' \\ \delta q\end{Bmatrix} \tag{5-24}$$

$$[C^{ep}] = [C^e] + [C^p] = \begin{bmatrix}C_{11}^e & C_{12}^e \\ C_{21}^e & C_{22}^e\end{bmatrix} + \begin{bmatrix}C_{11}^p & C_{12}^p \\ C_{21}^p & C_{22}^p\end{bmatrix} = \begin{bmatrix}\dfrac{1}{K'} & 0 \\ 0 & \dfrac{1}{3G'}\end{bmatrix} + \begin{bmatrix}\dfrac{1}{\Omega}\dfrac{\partial f}{\partial p'}\dfrac{\partial f}{\partial p'} & \dfrac{1}{\Omega}\dfrac{\partial f}{\partial p'}\dfrac{\partial f}{\partial q} \\ \dfrac{1}{\Omega}\dfrac{\partial f}{\partial p'}\dfrac{\partial f}{\partial q} & \dfrac{1}{\Omega}\dfrac{\partial f}{\partial q}\dfrac{\partial f}{\partial q}\end{bmatrix}$$

$$= \begin{bmatrix}\dfrac{1}{K'} + \dfrac{1}{\Omega}\dfrac{\partial f}{\partial p'}\dfrac{\partial f}{\partial p'} & \dfrac{1}{\Omega}\dfrac{\partial f}{\partial p'}\dfrac{\partial f}{\partial q} \\ \dfrac{1}{\Omega}\dfrac{\partial f}{\partial p'}\dfrac{\partial f}{\partial q} & \dfrac{1}{3G'} + \dfrac{1}{\Omega}\dfrac{\partial f}{\partial q}\dfrac{\partial f}{\partial q}\end{bmatrix}$$

也可将本构关系写成用刚度矩阵表达的方程：

$$\begin{Bmatrix}\delta p' \\ \delta q\end{Bmatrix} = [D^{ep}]\begin{Bmatrix}\delta\varepsilon_v \\ \delta\varepsilon_s\end{Bmatrix} = [C^{ep}]^{-1}\begin{Bmatrix}\delta\varepsilon_v \\ \delta\varepsilon_s\end{Bmatrix} \tag{5-25}$$

其中，刚度矩阵可由柔度矩阵求逆得到：

$$[D^{ep}] = [C^{ep}]^{-1} = \frac{\begin{bmatrix} K'\Omega + 3G'K'\dfrac{\partial f}{\partial q}\dfrac{\partial f}{\partial q} & -3G'K'\dfrac{\partial f}{\partial p'}\dfrac{\partial f}{\partial q} \\[4mm] -3G'K'\dfrac{\partial f}{\partial p'}\dfrac{\partial f}{\partial q} & 3G'\Omega + 3G'K'\dfrac{\partial f}{\partial p'}\dfrac{\partial f}{\partial p'} \end{bmatrix}}{\Omega + K'\dfrac{\partial f}{\partial p'}\dfrac{\partial f}{\partial p'} + 3G'\dfrac{\partial f}{\partial q}\dfrac{\partial f}{\partial q}} \qquad (5-26)$$

5.5 临界状态和破坏状态

5.5.1 临界状态和破坏状态

传统临界状态土力学中，临界状态与破坏状态一般不做区分。以修正剑桥模型为例，临界状态和破坏状态均对应为塑性体积应变增量为零，而塑性剪切应变增量为无穷大即开始出现塑性流动的状态。

Collins 等（2002a）各向异性本构模型中，由于硬化规则不再是单纯的体积应变硬化，而是包含了剪切应变的硬化，以塑性体积应变增量和塑性剪切应变增量共同作为硬化内变量，因此须对临界状态和破坏状态做严格区分。在 p'-q 平面上用 CSL（critical state line）表示临界状态线，DFL（drained failure line）表示破坏状态线，如图 5-10 所示。DFL 与 CSL 不再重合。对于 Collins 等（2002a）塑性各向异性本构模型：

$$\mu = \frac{\dfrac{\partial f}{\partial p'}\delta p' + \dfrac{\partial f}{\partial q}\delta q}{\dfrac{v_0}{\lambda - \kappa}\left(\dfrac{\partial f}{\partial p'} + \tan\theta_n \dfrac{\partial f}{\partial q}\right)} = \frac{(M^2 - \eta^2 + \tan\theta_n^2)\delta p' + 2(\eta - \tan\theta_n)\delta q}{\dfrac{v_0}{\lambda - \kappa}[M^2 - \eta^2 + \tan\theta_n^2 + 2\tan\theta_n(\eta - \tan\theta_n)]}$$

$$(5-27)$$

土体到达临界状态时 $\dfrac{\partial f}{\partial p'} = 0$，即 $M^2 - \eta^2 + \tan\theta_n^2 = 0$，得 $\eta_{\mathrm{CSL}} = \sqrt{M^2 + \tan^2\theta_n}$。此时由式 (5-27) 可知 $\mu \neq +\infty$，因此塑性流动并没有完全发生。又根据破坏状态的定义，破坏时应有 $\mu = +\infty$，由此，令式 (5-27) 右边分母为零即 $M^2 - \eta^2 + \tan\theta_n^2 + 2\tan\theta_n(\eta - \tan\theta_n) = 0$，解得破坏状态的应力比为 $\eta_{\mathrm{DFL}} = M + \tan\theta_n$，此时土体进入塑性破坏流动状态。

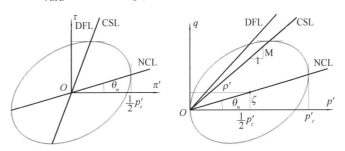

图 5-10　热力学模型耗散应力和真实应力空间屈服面（Collins et al. , 2002）

由此可见，对于像 Collins 各向异性模型这样包含体积应变硬化和剪切应变硬化的本构模型，体积应变增量为零即 $\delta\varepsilon_v^p = 0$ 的临界状态与发生塑性流动即 $\mu = \infty$ 的破坏状态并不重合，对于三轴压缩情况通常 DFL 在 CSL 上方（$\eta_{DFL} > \eta_{CSL}$）。

5.5.2 修正的临界状态和破坏状态

王立忠等（2007）模型在引入对 K_0 固结诱发的各向异性时采用了与 Collins 等（2002a）各向异性模型类似的方法，采用以塑性体积应变增量和塑性剪切应变增量共同作为内变量的硬化规则，临界状态线 CSL 和破坏状态线 DFL 也不重合。与 Collins 等（2002a）各向异性模型不同的是，王立忠等（2007）模型屈服面方程中用 $\sqrt{M^2 - \alpha^2}$ 代替了 Collins 模型中的 M，同时与 Collins 模型相比增加了对结构性的考虑。

CSL 的斜率仍可通过求解 $\dfrac{\partial f}{\partial p'} = 0$ 或 $\delta\varepsilon_v^p / \delta\varepsilon_s^p = \dfrac{\partial f}{\partial p'} / \dfrac{\partial f}{\partial q} = 0$ 获得，由式（5-13a）可得 CSL 的斜率为：

$$\frac{M^2 - \eta^2}{\left[M^2 - \alpha^2 + (\eta - \alpha)^2\right] p'} = 0 \Rightarrow \eta_{\text{CSL}} = \pm M \tag{5-28}$$

"+" "−" 分别对应三轴压缩和三轴拉伸情况。通常认为，强度参数 M（或 φ'）并不因固结应力形式的不同而异，这已经为诸多软黏土等向固结和 K_0 固结不排水强度试验所证实。

DFL 的斜率可通过求解 $\mu = \infty$ 获得，由式（5-20）得：

$$\frac{\partial f}{\partial p_c'^{\,*}} H(p_c'^{\,*}) \cdot S_p + \frac{\partial f}{\partial \alpha} A(\alpha) \cdot S_\alpha + \left(\frac{\partial f}{\partial R^*} U^*(R^*) + \frac{\partial f}{\partial R} U(R)\right) \cdot S_R = 0 \tag{5-29}$$

该方程须迭代求解，不能给出 η_{DFL} 的显式解，但可以借此考察其退化解的情况。若不考虑结构性及其演化，也不考虑旋转硬化（即认为 α 恒等于 α_0），上述方程变为：

$$\frac{\partial f}{\partial p_c'^{\,*}} H(p_c'^{\,*}) \cdot S_p = \frac{v_o}{\lambda - \kappa} \frac{M^2 - \eta^2 + 2(\eta - \alpha)\alpha}{\left[M^2 - \alpha^2 + (\eta - \alpha)^2\right] p'} = 0 \tag{5-30}$$

由此解得 DFL 的斜率为：

$$\eta_{\text{DFL}} = \pm\sqrt{M^2 - \alpha^2} + \alpha \tag{5-31}$$

"+" "−" 分别对应三轴压缩和三轴拉伸情况。若不考虑各向异性，则可退化到修正剑桥模型。

5.6　演化规律的研究

5.6.1　基于热力学原理的硬化规律

5.6.1.1　正常屈服面的硬化规律

根据 Collins 理论，如图 5-10 所示，背应力 ρ'，ζ 须满足以下关系：

$$\frac{\zeta}{\rho'} = \tan\theta = \alpha \tag{5-32}$$

根据背应力定义：

$$\rho' = \frac{\partial \Psi_2}{\partial \varepsilon_v^p}, \quad \zeta = \frac{\partial \Psi_2}{\partial \varepsilon_s^p} \tag{5-33}$$

背应力 ρ'，ζ 关系可写成

$$\frac{\partial \Psi_2}{\partial \varepsilon_s^p} - \alpha \frac{\partial \Psi_2}{\partial \varepsilon_v^p} = 0 \tag{5-34}$$

基于热力学方法，考虑 NCL 在半对数坐标压缩平面内的直线关系（不同于 Collins 各向异性模型 NCL 在双对数压缩平面内的直线关系），本节模型构造了以下第二自由能（塑性部分自由能）函数：

$$\Psi_2 = \frac{1}{2} p_{c0}^{\prime *} \cdot \frac{\lambda - \kappa}{v_0} \cdot \exp\left(\frac{\varepsilon_v^p + \alpha \varepsilon_s^p}{(\lambda - \kappa)} \middle/ v_0 \right) \tag{5-35}$$

可由式（5-33）得转换应力为：

$$\rho' = \frac{\partial \Psi_2}{\partial \varepsilon_v^p} = \frac{1}{2} p_{c0}^{\prime *} \cdot \exp\left(\frac{\varepsilon_v^p + \alpha \varepsilon_s^p}{(\lambda - \kappa)} \middle/ v_0 \right), \quad \zeta = \frac{\partial \Psi_2}{\partial \varepsilon_s^p} = \frac{1}{2} p_{c0}^{\prime *} \cdot \alpha \cdot \exp\left(\frac{\varepsilon_v^p + \alpha \varepsilon_s^p}{(\lambda - \kappa)} \middle/ v_0 \right) \tag{5-36}$$

上式满足式（5-32）限定的条件。此外，如图 5-10 所示，转换应力 ρ' 还须满足以下关系：

$$\rho' = \frac{p_c^{\prime *}}{2} \tag{5-37}$$

综合式（5-36）中第一式和式（5-37）得硬化规律为：

$$p_c^{\prime *} = p_{c0}^{\prime *} \cdot \exp\left(\frac{\varepsilon_v^p + \alpha \varepsilon_s^p}{(\lambda - \kappa)} \middle/ v_0 \right) \tag{5-38}$$

上式两边取对数得：

$$\ln \frac{p_c'^*}{p_{c0}'^*} = \frac{v_0}{\lambda - \kappa}(\varepsilon_v^p + \alpha \varepsilon_s^p) \tag{5-39}$$

再微分并移项得：

$$\delta p_c'^* = \frac{v_0}{\lambda - \kappa} p_c'^* (\delta \varepsilon_v^p + \alpha \delta \varepsilon_s^p + \varepsilon_s^p \delta \alpha) \tag{5-40}$$

对照式(5-15)得：

$$H(\delta p_c'^*) = \frac{v_0}{\lambda - \kappa} p_c'^*, \quad S_p = (\delta \varepsilon_v^p + \alpha \delta \varepsilon_s^p + \varepsilon_s^p \delta \alpha) \tag{5-41}$$

需要指出的是，由于硬化规则的不同，本节模型的压缩系数和回弹系数的选取与修正剑桥模型不同。硬化规则中的参数 λ、κ 一般由一维压缩试验获得，一维压缩试验可近似认为塑性各向异性不发生变化即 $\delta\alpha = 0$，即 α 恒等于其初始值 α_0。结合 $\delta\alpha = 0$、一维压缩条件下的近似关系 $\delta\varepsilon_s^p / \delta\varepsilon_v^p \approx 2/3$ 以及式(5-40)可得：

$$\delta v = - v_0 \delta \varepsilon_{v_*}^p = -\frac{\lambda - \kappa}{1 + \alpha_0 \dfrac{\delta\varepsilon_s^p}{\delta\varepsilon_v^p}} \frac{\delta p_c'^*}{p_c'^*} \approx -\frac{\lambda - \kappa}{1 + \dfrac{2}{3}\alpha_0} \delta \ln p_c'^* \tag{5-42}$$

上式对应在压缩平面 v-$\ln p'$ 中的直线关系(即 NCL)，该直线斜率为 $-\dfrac{\lambda}{1 + \dfrac{2}{3}\alpha_0}$，而修

正剑桥模型的体变硬化规则中 NCL 斜率为 $-\lambda$。可见两者的参数 λ(以及 κ)定义不同。因此，由通常一维压缩试验得到的 v-$\ln p'$ 平面中压缩线(或回弹线)的斜率在用于修正剑桥模型这类的体变硬化模型时可以直接取其负值得到 λ(或 κ)，而用于本节这类综合考虑体积应变硬化和剪切应变硬化的模型时，则需要将试验得到的 v-$\ln p'$ 平面中压缩线(或回弹线)的斜率除以常数 $\left(1 + \dfrac{2}{3}\alpha_0\right)$ 得到用于计算的参数 λ(或 κ)，而该常数中 α_0 可由式(5-5)得到。

5.6.2 结构性演化规律

5.6.2.1 R 和 R^* 演化规律

研究 R 和 R^* 的演化规律首先要选择合适的内变量。以符号 $\boldsymbol{D}$ 表示主应变空间的应变增量矢量，三轴情况下 $\|D\| = \sqrt{\delta\varepsilon_1^2 + 2\delta\varepsilon_3^2} = \sqrt{\dfrac{1}{3}\delta\varepsilon_v^2 + \dfrac{3}{2}\delta\varepsilon_s^2}$，主应变空间中其具体几何意义如图5-11所示。本节模型综合考虑体积应变和剪切应变对软黏土结构性演变的影响，因此采用塑性 $\|\boldsymbol{D}^p\|$ 作为演化内变量。

天然软黏土一维压缩试验表明，多数结构性软黏土的应力应变关系曲线大致可分为两个阶段：阶段 I，从原始固结到屈服阶段，为结构性轻微衰减段，变形模量相对较大，对

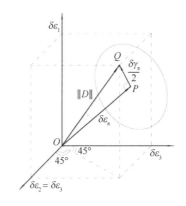

图 5-11　主应变空间(三轴情况)应变矢量 **D**

应的应变比较小；阶段 Ⅱ，屈服后阶段，为结构性显著衰减段，变形模量减小明显，应变发展较快。

典型的 Bothkennar 结构性软黏土(Smith et al.，1992；Hight et al.，1992)$e\text{-}\log\sigma_v'$平面中一维压缩试验曲线如图 5-12 所示，可见天然软黏土的压缩曲线有明显的分段性，与相应的重塑土一维压缩曲线(ICC)基本为一直线的特征有明显区别。

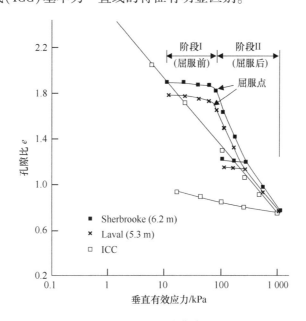

图 5-12　Bothkennar clay 一维压缩曲线(Smith et al.，1992)

本节模型模拟土体加载过程大致也可分为两个阶段。

阶段 Ⅰ，R 由 R_0 迅速趋向于 1，同时 R^* 由初始值 R^* 略有增加，此时 R^* 增加速率较慢。$p'\text{-}q$ 应力平面中表现为三个屈服面都有所增大，增大速率依次为：次加载屈服面>正常屈服面>超加载屈服面。该阶段最终状态为次加载屈服面和超加载屈服面重合，此后开始一起变化。

阶段Ⅱ，R 始终等于 1，而 R^* 继续增大并逐渐趋近于 1，R^* 增加的速率经历了由慢到快最后减慢的过程。p'-q 应力平面中表现为三个屈服面继续增大（次加载屈服面和超加载屈服面始终重合），增大速率正常屈服面>次加载屈服面/超加载屈服面。该阶段最终理想状态为三屈服面重合，R 和 R^* 均到达 1。

Mitchell 等（2005）将土体应力应变关系按应变量级划分为四个阶段，随着应变量级的增加，反映在土体模量（G 或 E）与应变量级的相关关系上如图 5-13 所示。其中前三个阶段为土体屈服前的小应变阶段，传统的弹塑性模型如剑桥模型往往将其视为线弹性处理，无法反映土体尤其是结构性软黏土的真实性状（如土体模量衰减的特性）。本节采用次加载/超加载屈服面模型的概念，阶段Ⅰ对应 Mitchell 等（2005）定义的前三个阶段，阶段Ⅱ则对应最后的完全塑性阶段，分别反映土体屈服前和屈服后的特性。

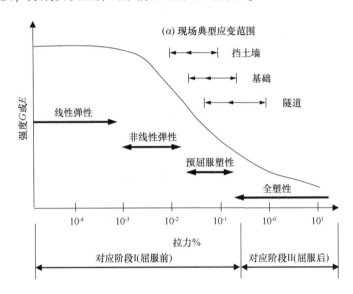

图 5-13 土体刚度与应变量级关系曲线（Mitchell et al.，2005）

在构造 R 和 R^* 演化规律时，本模型参考 Karstunen 等（2005）的结构性参数演化规律，同时考虑体积应变和剪切应变对软黏土结构性衰减的影响以 $\| D^p \|$ 作为演化内变量即构造了以下 R 和 R^* 演化方程：

$$\delta R = U(R) \| D^p \|, \quad \delta R^* = U^*(R^*) \| D^p \| \tag{5 - 43}$$

U 和 U^* 的构造参考了 Asaoka 等（2000）的方法，须满足 R 和 R^* 边界条件。具体过程如下。

1）构造 U

边界条件（a）：R→0 时，模型应趋向于完全弹性性状，塑性体积应变和剪切应变增量均为零，即 $\| D^p \| = 0$，又 $R = 0$ 时有 $\delta R > 0$，因此 $U = \dfrac{\delta R}{\| D^p \|} \to + \infty$。由此需构造函数 $U(R)$，满足 $R \to 0$ 时 $U(R) \to +\infty$。

边界条件(b)：$R = 1$ 时，模型中次加载屈服面和超加载屈服面重合，R 不再增加，即 $\delta R = 0$，又 $R = 1$ 时有 $\| \boldsymbol{D}^p \| > 0$，因此 $U = \dfrac{\delta R}{\| \boldsymbol{D}^p \|} = 0$。由此需构造函数 $U(R)$，满足 $R = 1$ 时 $U(R) = 0$。

综合以上边界条件(a)、(b)，构造以下形式的函数 $U(R)$：

$$U(R) = -m \frac{v}{\lambda - \kappa} M \ln R \qquad (5 - 44)$$

王立忠等(2002，2004)、沈恺伦(2006)、沈恺伦等(2009)做了大量的温州结构性软黏土试验。$U \sim R$ 关系曲线如图 5-14 所示，图中曲线参数 v、λ、κ 和 M 均取温州软黏土的试验结果，对于其他软黏土如 Bothkennar 软黏土，曲线随 m 的变化也有相似规律。可见本模型中所构造的 $U(R)$ 函数满足上述边界条件(a)、(b)。其中，m 为材料常数，m 越大曲线越靠上即 U 越大，从而 R 随应变 $\int \| \boldsymbol{D}^p \|$ 增加而增加的速率越快(图 5-15)，即次加载屈服面向超加载屈服面趋近的速度越快。

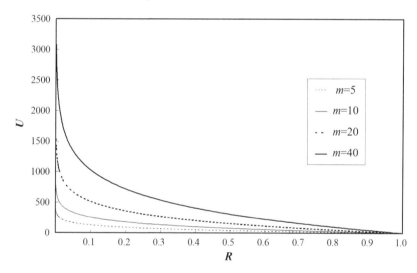

图 5-14　U-R 关系曲线

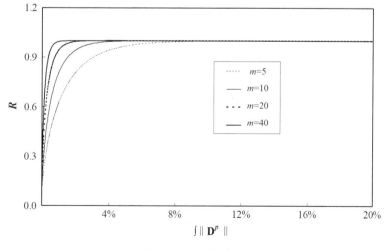

图 5-15　R 演化规律

2)构造 U^*

边界条件(a)：$R^* \to 0$ 时，参考 Asaoka 等(2000)和 Nakano 等(2005)的方法，可构造函数 $U^*(R^*)$，满足 $R^* \to 0$ 时 $U^*(R^*) \to 0$。

边界条件(b)：$R^* = 1$ 时，模型中次加载屈服面、超加载屈服面和正常加载面三者重合，R^* 不再增加，即 $\delta R^* = 0$，又 $R^* = 1$ 时有 $\|\boldsymbol{D}^p\| > 0$，因此 $U^* = \dfrac{\delta R^*}{\|\boldsymbol{D}^p\|} = 0$。由此需构造函数 $U^*(R^*)$，满足 $R^* = 1$ 时 $U^*(R^*) = 0$。

综合以上边界条件(a)、(b)构造以下形式的函数 $U^*(R^*)$：

$$U^*(R^*) = a\frac{v}{\lambda - \kappa}MR^*(1 - R^*) \tag{5-45}$$

$U^* - R^*$ 关系曲线如图 5-16 所示，图中曲线参数 v、λ、κ 和 M 均取温州软黏土的试验结果，对于其他软黏土如 Bothkennar 软黏土，曲线随 a 的变化也有相似规律。可见本模型中所构造的 $U^*(R^*)$ 函数满足上述边界条件(a)、(b)。其中，a 为材料常数，a 越大曲线越靠上即 U^* 越大，从而 R^* 随应变 $\int\|\boldsymbol{D}^p\|$ 增加而增加的速率越快(图 5-17)，即次加载屈服面向正常屈服面趋近的速度越快。

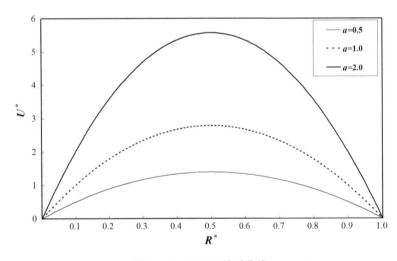

图 5-16　$U^* - R^*$ 关系曲线

基于以上结构性演化规律的分析，对照式(5-16a、5-16b)得：

$$S_R = \|D^p\| = \sqrt{\frac{1}{3}\delta\varepsilon_v^{p2} + \frac{3}{2}\delta\varepsilon_v^{p2}}$$

$$U(R) = -m\frac{v}{\lambda - \kappa}M\ln R, \quad U^*(R^*) = a\frac{v}{\lambda - \kappa}MR^*(1 - R^*) \tag{5-46}$$

将流动法则分别代入硬化方程和结构性演化方程可得式(5-20)，塑性比例因子 μ 的表达式中分母各项分别为(在本节不考虑旋转硬化影响的情况下，中间一项始终为零)：

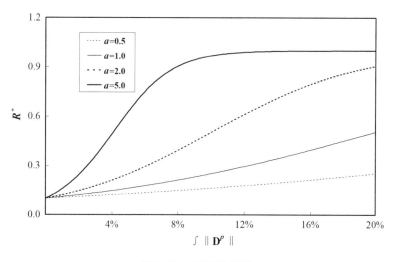

图 5-17　R^* 演化规律

$$\frac{\partial f}{\partial p'_c}H(p'^*_c) \cdot S_p\left(\frac{\partial f}{\partial p'}, \frac{\partial f}{\partial q}\right) = -\frac{v}{\lambda - \kappa}\left(\frac{\partial f}{\partial p'} + \alpha\frac{\partial f}{\partial q} + \frac{\partial f}{\partial q}\delta\alpha\right) \qquad (5-47)$$

$$\left(\frac{\partial f}{\partial R^*}U^*(R^*) + \frac{\partial f}{\partial R}U(R)\right)S_R\left(\frac{\partial f}{\partial p'}, \frac{\partial f}{\partial q}\right)$$

$$= \frac{v}{\lambda - \kappa}M\left(\frac{-m\ln R}{R} - \frac{aR^*(1-R^*)}{R^*}\right)\sqrt{\frac{1}{3}\left(\frac{\partial f}{\partial p'}\right)^2 + \frac{3}{2}\left(\frac{\partial f}{\partial q}\right)^2} \qquad (5-48)$$

将式（5-13）代入上两式以及式（5-20）可得塑性比例因子 μ，最后代入式（5-21）得到应力应变本构关系。

5.6.2.2　R 和 R^* 演化参数的确定

结构性演化规律在本模型中主要是研究 R 和 R^* 的演化规律，其中所要确定的参数是这两个变量的初始值 R_0、R_0^* 及其演化参数 m、a。

R_0 表征土体初始状态和屈服状态的相对位置，即次加载屈服面上应力与超加载屈服面上应力的比值。对于正常固结软黏土，次加载屈服面上应力即天然状态下当前应力，以温州软黏土（深度 11 m）一维压缩试验为例，该应力为 $\sigma'_{v0} = 75.4$ kPa；图 5-18 所示为温州软黏土 BCD33 试验本章模型计算的三个屈服面的 p'_c 值随塑性应变 $\int\|\mathbf{D}^p\|$ 的变化曲线，意在演示正常屈服面和次加载/超加载屈服面大小随应变增加而变化的过程。

由图 5-18 可见，加载初期（屈服以前）超加载屈服面增大的速率与正常屈服面接近，而次加载屈服面增大速率很快；屈服后次加载屈服面和超加载屈服面逐渐重合，随后一起增大。上述 p'_c 的变化规律与前述 R 和 R^* 的演化规律是一致的，都体现了结构性的演变过程。对一维压缩情况，由 $\bar{p}'_{c0} \approx p'_{cy}$ 可类似得到 $\bar{\sigma}'_{v0} \approx \sigma'_{vy}$，而由屈服应力比的定义 YSR $= \sigma'_{vy}/\sigma'_{v0}$ 和 R 初始值的定义 $R_0 = \sigma'_{v0}/\bar{\sigma}'_{v0}$，可得由 YSR 近似确定 R_0 的方法：

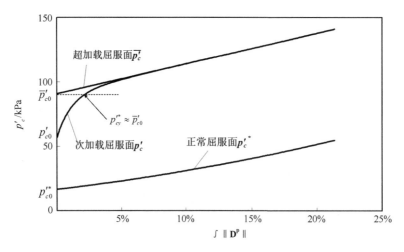

图 5-18 三个屈服面 p'_c(表征屈服面大小)的演化规律(BCD33 试验)

$$R_0 = \frac{\sigma'_{v0}}{\bar{\sigma}'_{v0}} \approx \frac{\sigma'_{v0}}{\sigma'_{vy}} = \frac{1}{\mathrm{YSR}} \qquad (5-49)$$

R_0^* 为初始重塑土屈服面相对于初始超加载屈服面的椭圆大小比值,表征了土体的初始结构强度的大小。根据 Cotecchia 等(2000)的灵敏度归一化的结构性本构模型框架,强度灵敏度与应力灵敏度相同,即 $S_t = S_\sigma$,其值可定义为结构屈服面和重塑土屈服面大小的比值,因此可根据两者定义由灵敏度 S_t 的倒数确定 R^* 的初始值 R_0^*:

$$R_0^* = \frac{1}{S_t} \qquad (5-50)$$

R_0、R_0^* 的演化参数 m、a 的确定通过试验拟合得到,其大小根据软黏土不同的土质及天然结构性而异。根据温州软黏土的试验结果,考察结构性演化的三轴排水试验计算模拟所增加(相对于修正剑桥模型)的计算参数列于表 5-2,表 5-3 列出了 Bothkennar 软黏土的计算参数。需要说明的是,本节计算过程只考察结构性演化规律,暂时不考虑旋转硬化的影响,即认为各向异性演化变量 $\alpha = \alpha_0$ 为一常数。温州软黏土和 Bothkennar 软黏土的计算所得各向异性变量初始值分别为 $\alpha_0 = 0.533$ 和 $\alpha_0 = 0.59$;而由第 5.6.1 节分析,表中用于本节模型计算的参数 λ 和 κ 为同时考虑体积硬化和剪切硬化对应的取值。

表 5-2　温州软黏土的计算参数(结构性演化部分)

参数	值	参数	值	参数	值	参数	值
w	68.4%	$Depth(\mathrm{m})$	11.0	S_t	5.45	R_0	0.625
G_s	2.75	$\rho_0/(\mathrm{g/cm^3})$	1.588	v	0.3	m	10
w_L	63.4%	$\sigma'_{v0}/\mathrm{kPa}$	75.4	$\varphi'/(°)$	28.8	R_0^*	0.183
w_P	27.6%	e_0	1.916	M	1.15	a	0.7

参数	值	参数	值	参数	值	参数	值
I_P	35.8%	OCR	1.00	K_0	0.550	λ	0.424
I_L	1.140	YSR	1.60	η_{K_0}	0.643	κ	0.006 3

表 5-3　Bothkennar 软黏土的计算参数(结构性演化部分)

参数	值	参数	值	参数	值	参数	值
w	70.0%	$Depth/m$	5.8	S_t	7.3	R_0	0.67
G_s	2.65	$\rho_0/(g/cm^3)$	1.59	v	0.3	m	40
w_L	80.0%	σ'_{t0}/kPa	46	$\varphi'/(°)$	34	R_0^*	0.14
w_P	31.0%	e_0	1.83	M	1.38	a	0.7
I_P	49.0%	OCR	1.25	K_0	0.61	λ	0.219
I_L	0.796	YSR	1.50	η_{K_0}	0.529	κ	0.003 0

此外，表征弹性形状的回弹指数 κ 需做相应说明，其取值与修正剑桥模型有所不同。修正剑桥模型的 κ 为一维压缩曲线回弹段的斜率(等于屈服前压缩曲线斜率)，认为在屈服点前为纯弹性应力应变关系，但实际土体通常表现为非线性应力应变关系，本节模型在该段考虑了塑性应变的发展(由 R 及其演变控制)，因此，弹性常数 κ 应为初始压缩阶段的相应取值，须由小应变循环剪切试验近似确定，其值应远小于修正剑桥模型的 κ。本节计算所采用参数 κ 的确定依据来自于与温州软黏土土质相近的 Bothkennar 软黏土的小应变循环剪切试验结果。Bothkennar 软黏土纯弹性段的临界剪切应变约为 0.02%，相应剪切应力增量约为 7 kPa(Smith et al.，1992)，用弹性本构关系反算的 κ 值约为 0.002 5，仅为其一维压缩试验回弹曲线所得 $\kappa = 0.025$ 的 1/10。本节模型计算时采用简化方法，取试验结果 $\kappa = 0.051$ 的 1/10，即取 $\kappa = 0.005\ 1$。计算表明，在 κ 较小的情况下即使是在屈服前小变形段内，弹性变形所占比重也是极小的，κ 取值大小的波动对整体弹塑性计算结果影响不大。因此，采用以上简化方法在计算上是可行的，相反若采用试验所得 κ 值用于本节模型将带来计算上较大的误差，这是由次加载屈服面模型本身的特点决定的。

5.6.2.3　试验结果对比

1)温州软黏土计算与试验结果对比

如上所述，此处模拟的三轴试验均为 K_0 固结排水慢速加压试验，以 $BCD\theta$ 表示，θ 为 $p'-q$ 平面直线加载路径的倾角如图 5-19 所示。

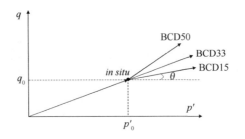

图 5-19　计算模拟的三轴试验应力路径

BCD33 表示 p'-q 平面加载应力路径倾角 $\theta = 33°$，$\eta_{K_0} = 0.643$，即加载路径与 K_0 固结线重合。该加载路径大致延续了 K_0 固结过程，可认为土体各向异性即 α 基本不发生变化，在不考虑旋转硬化的情况下比较适合做计算和试验的对比。计算和试验所得应力应变曲线如图 5-20 所示。如图 5-20(a)所示，屈服前的第一阶段 R 由 0 到 1 过程中塑性应变较小，而 R^* 的增长幅度即使到加载结束时也不大(全过程由 0.18 增加到 0.40)；图 5-20(b)、(c)对比了计算和试验曲线，可见在应变较小区域计算结果吻合较好，在应变较大区域计算结果与试验结果产生了一些分离，剪切应力应变曲线计算所得应变值偏小，计算曲线偏于试验曲线上方。

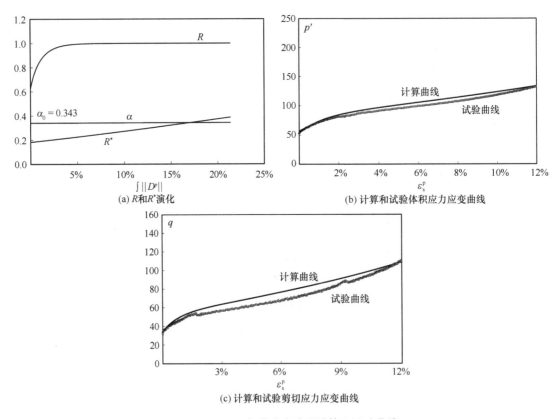

图 5-20　BCD33 加载应力路径计算和试验曲线

此外，与 BCD33 较为接近的加载路径 BCD15 和 BCD50 计算和试验对比曲线如图 5-21

所示。由计算结果可见拟合情况良好，但相比 BCD33 试验的拟合情况偏离程度有所加大。BCD50 试验计算曲线在试验曲线下方，相反，BCD15 试验计算曲线在试验曲线上方。可见旋转硬化对 K_0 固结结构性软黏土的应力应变性状是有一定影响的。

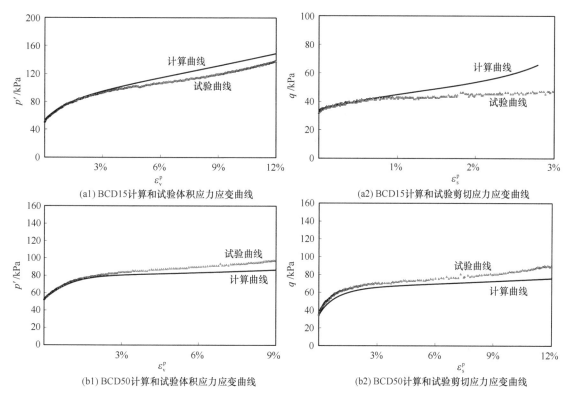

(a1) BCD15 计算和试验体积应力应变曲线   (a2) BCD15 计算和试验剪切应力应变曲线

(b1) BCD50 计算和试验体积应力应变曲线   (b2) BCD50 计算和试验剪切应力应变曲线

图 5-21　BCD15 和 BCD50 加载路径计算和试验曲线

5.6.3　旋转硬化规律

5.6.3.1　理论基础

Kobayashi 等（2003）假设土体的各向异性、结构性的形成和消失过程如图 5-22 所示：土体沉积前是各向同性体，土颗粒排列是杂乱无章的；在不等向的天然固结应力作用下，土颗粒排列逐渐呈现出方向性，形成土体的各向异性，同时结构性也增强；此后在土体剪切过程中，土颗粒有序的排列结构遭到破坏直至最后又趋于杂乱排列的形式，土体各向异性消失，同时结构性也逐渐丧失。

这里应该指出的是国际上对于砂土在剪切临界状态下组构演化仍为各向异性逐渐取得了共识，而对黏性土在临界状态是否各向异性正开始着手研究，目前尚未取得共识。本节作为初步探索，参考 Kobayashi 等（2003）结构性剪切演化猜想，采用 Wheeler 等（2003）S-CLAY1 模型屈服面研究旋转硬化规律。

本节模型以 α 作为旋转硬化变量，该斜率随着 α 的演变而变化。在构造旋转硬化规律

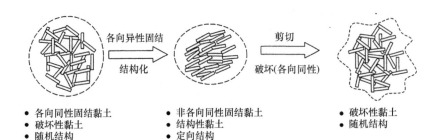

图 5-22　土体结构性和各向异性演变示意(Kobayashi et al.，2003)

时，结合 Kobayashi 等(2003)模型和 Wheeler 等(2003)模型的优点，做了以下一些假设。

(1)旋转硬化变量的增量 $\delta\alpha$ 是塑性体积应变增量 $\delta\varepsilon_v^p$ 和塑性剪切应变增量 $\delta\varepsilon_s^p$ 的函数。

(2)塑性体积变形的增加将导致定向排列的土颗粒趋于杂乱排列，从而导致各向异性的减小，最终趋向于各向同性的特征。

(3)塑性剪切变形对土体各向异性演变的影响因加载应力路径的不同而异，存在一个旋转极限面 RLS(表现在 p'-q 应力平面中为两条过原点的射线 RLL)；在 RLS 内土体各向异性的演变因应力路径而异，而在 RLS 以外由于剪切作用明显，导致原先定向排列的土颗粒又趋于杂乱排列，各向异性逐渐消失。

(4)同一种土质不同深度的 K_0 系数相同，也即对于 K_0 固结后继续加压 $\eta=\eta_{K_0nc}$ 情况，α 保持其初始值 α_0 不变。

根据以上假设，构造了以下旋转硬化方程：

$$\delta\alpha = b\{ [(\beta_s + |\beta_s|)\eta - 2|\beta_s|\alpha] |\delta\varepsilon_s^p| + r(2|\beta_s|)(-\alpha)\langle\delta\varepsilon_v^p\rangle\} \tag{5-51}$$

式中：b 为旋转硬化参数，表征椭圆屈服面旋转的速率；r 的意义同 Wheeler 等(2003) S-CLAY1 模型，表征了塑性体积应变和塑性剪切应变对旋转硬化影响程度的相对大小；β_s 为确定 RLL 的函数：

$$\beta_s = |M - |\alpha|| - |\eta| \tag{5-52}$$

令 $\beta_s = 0$ 即可得到 RLL 的方程，本节模型屈服面以及 RLL 和 CSL、NCL 的关系如图 5-23 所示(图中以 $\alpha>0$ 为例)。

结合图 5-23 从 β_s 的表达式可见：当 $\beta_s \geq 0$ 时，$-M+|\alpha| \leq \eta \leq M-|\alpha|$，加载应力路径落于上下 RLL 之间的范围内，土体呈现各向异性化特征(anisotropization)，式(5-51)变为：

$$\delta\alpha = b\{ [2\beta_s(\eta-\alpha)] |\delta\varepsilon_s^p| + r(-2\beta_s\alpha)\langle\delta\varepsilon_v^p\rangle\} \tag{5-53}$$

此时若不考虑塑性体积应变的影响，随着塑性剪切应变的增加，易知 α 的终值为 η，即 NCL 的斜率 α 最终趋向于 η，这与 Kobayashi 等(2003)各向异性模型的旋转硬化规律是一致的。

当 $\beta_s<0$ 时，$\eta>M-|\alpha|$ 或 $\eta<-M+|\alpha|$，加载应力路径落于上下 RLL 以外的范围，土体呈现各向同性化特征(isotropization)，式(5-51)变为：

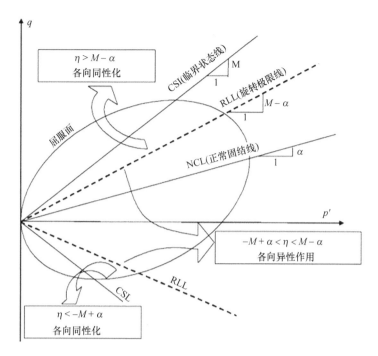

图 5-23 本节模型屈服面和旋转硬化规律

$$\delta\alpha = b\{(2\beta_s\alpha)\ |\delta\varepsilon_s^p| + r(2\beta_s\alpha)\ \langle\delta\varepsilon_v^p\rangle\} \tag{5-54}$$

由上文所述，Kobayashi 等（2003）各向异性模型的旋转硬化规律中认为屈服面的旋转只与塑性剪切应变相关，而忽视了塑性体积应变的影响。为此，本节模型在构建 α 的演化方程的时候，参考 Wheeler 等（2003）S-CLAY1 模型的旋转硬化规律，引入了体积塑性变形对旋转硬化的影响如式（5-51）所示。通过选取一定的比例参数 r，可以使得本节模型的演化方程满足一维压缩 $\eta = \eta_{K_0nc}$ 的应力路径下 α 始终保持其初始值 α_0 不变的条件。以下说明比例参数 r 的推导过程。

对于本节模型的旋转硬化方程，各向异性演化的最终平衡状态下应有 $\delta\alpha = 0$。为满足一维压缩 $\eta = \eta_{K_0nc}$ 时 $\alpha \equiv \alpha_0$ 的条件，须有 $\delta\alpha \equiv 0$，根据各向异性演化方程式（5-53），参数 r 须满足下式（$\eta = \eta_{K_0nc}$ 时通常有 $\beta_s > 0$）：

$$[(\eta - \alpha)]\ \delta\varepsilon_s^p + r(-\alpha)\ \delta\varepsilon_v^p = 0 \tag{5-55}$$

再考虑一维压缩塑性应变关系 $\dfrac{\delta\varepsilon_s^p}{\delta\varepsilon_v^p} = \dfrac{2(\eta_{K_0nc} - \alpha_0)}{M^2 - \eta_{K_0nc}^2}$（不考虑结构性），并将 $\eta = \eta_{K_0nc}$ 和 $\alpha = \alpha_0$ 代入上式可得：

$$r = \frac{2\ (\eta_{K_0nc} - \alpha_0)^2}{\alpha_0\ (M^2 - \eta_{K_0nc}^2)} \tag{5-56}$$

至此，本模型的旋转硬化规律已经确定，引入旋转硬化后本模型增加了一个表征屈服面旋转速率的参数 b。对照前文模型的构架，将流动法则分别代入所有演化方程，得式（5-20）分母各项分别为：

$$H(p_c'^*) \frac{\partial f}{\partial p_c'^*} S_p\left(\frac{\partial f}{\partial p'}, \frac{\partial f}{\partial q}\right) = -\frac{v}{\lambda - \kappa}\left(\frac{\partial f}{\partial p'} + \alpha \frac{\partial f}{\partial q} + \frac{\partial f}{\partial q}\delta\alpha\right) \tag{5-57}$$

$$\left(U^*(R^*)\frac{\partial f}{\partial R^*} + U(R)\frac{\partial f}{\partial R}\right)S_R\left(\frac{\partial f}{\partial p'}, \frac{\partial f}{\partial q}\right) =$$

$$\frac{v}{\lambda - \kappa}M\left(\frac{-m\ln R}{R^*} - \frac{a R^*(1 - R^*)}{R}\right)\sqrt{\frac{1}{3}\left(\frac{\partial f}{\partial p'}\right)^2 + \frac{3}{2}\left(\frac{\partial f}{\partial p'}\right)^2} \tag{5-58}$$

$$A(\alpha)\frac{\partial f}{\partial \alpha}S_\alpha\left(\frac{\partial f}{\partial p'}, \frac{\partial f}{\partial q}\right) = -\frac{2(\eta - \alpha)(M^2 - \alpha\eta)}{(M^2 - \alpha^2 + (\eta - \alpha)^2)(M^2 - \alpha^2)} \cdot$$

$$b\left\{[(\beta_s + |\beta_s|)\eta - 2|\beta_s|\alpha]\left|\frac{\partial f}{\partial q}\right| + r(2|\beta_s|)(-\alpha)\left\langle\frac{\partial f}{\partial p'}\right\rangle\right\} \tag{5-59}$$

由以上三式代入式(5-20)可求得塑性比例乘子 μ，最后代入得到应力应变本构关系。

5.6.3.2 试验结果对比

1）三轴排水试验计算与试验结果对比

温州软黏土的各项物理力学参数如前文所述，在上节只考虑结构性的模型的基础上，本节加入了对屈服面旋转硬化的考虑，表现在模型计算上，只增加了一个表示旋转硬化速率的参数 b 尚需确定。

为了建立对演化参数 b 取值的初步认识，选取了温州软黏土应力路径试验中的 BED-15 试验做分析。BED-15 应力路径试验以体积应变为主，其加载应力路径如图 5-24 所示，先由应力原点固结到原位应力，然后沿水平向下 15°的直线应力路径排水加载，当 p' 约为 180 kPa 时，剪应力 $q=0$ kPa。

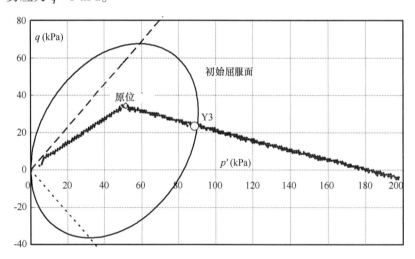

图 5-24　温州软黏土 BED-15 试验的应力路径

本节对 BED-15 应力路径试验进行计算，计算中考虑了旋转硬化的影响，为考察参数 b 的取值，对不同 b 值下旋转硬化变量 α 的演化（α-ε_v^p 关系曲线）做对比分析，如图

5-25 所示。由 BED-15 应力路径试验结果，当 $p'=180$ kPa、$q=0$ kPa 时土体的剪切应变很小（约为 0.55%），变形主要表现为体积应变，其值约为 13%，此时旋转硬化变量 α 的值应接近于 0。考察 $b=5$、10、29、50 的情况，发现对于温州软黏土，$b=29$ 和 50 的情况比较符合旋转硬化规律，$b=5$ 和 10 偏小。此后，与研究结构性演化速率参数 m 和 a 一样，在上述 b 的大致取值范围内，通过不断试算该应力路径下的应力应变关系曲线，并与试验结果对比，通过反分析拟合的方法最终获得温州软黏土的 b 值为 29，即如图 5-25 中粗实线所示。

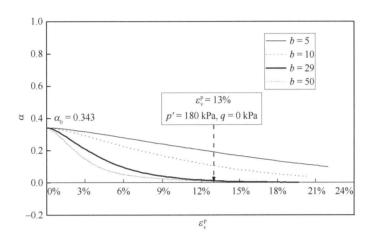

图 5-25　温州软黏土 BED-15 应力路径试验 α 的演化

基于以上讨论，本节选取了如图 5-26 所示的温州软黏土排水应力路径试验进行了计算，图中符号意义同上节。其中，BCD50 和 BCD15 与上节相同，其应力路径与一维固结应力路径（BCD33）相比转折不明显；而 BED-33 和 BED-56 为典型的拉伸试验应力路径，其中，BED-56 为轴压不变围压不断增加的三轴试验，拉伸剪切作用较 BED-33 更为明显。

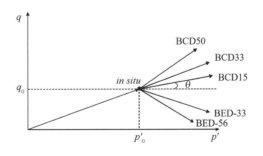

图 5-26　计算模拟的三轴试验应力路径

对于 BCD33 试验 $\eta=\eta_{K_0nc}$ 的应力路径，根据本节模型的旋转硬化规律，α 为一恒定值 α_0，考虑旋转硬化与否并不影响模型计算结果。其他应力路径试验 BCD15、BCD50、BED-33 和 BED-56 的计算和试验结果如图 5-27～图 5-30 所示。

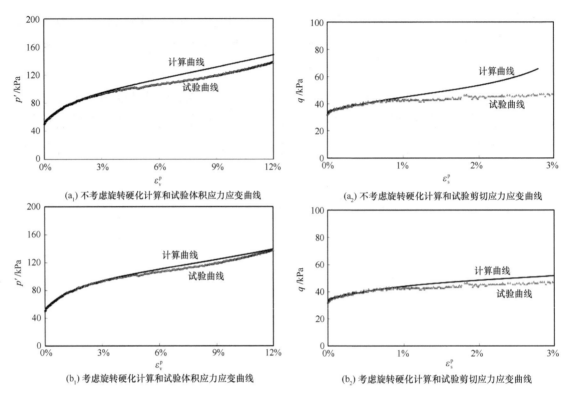

图 5-27　BCD15 加载应力路径计算和试验曲线

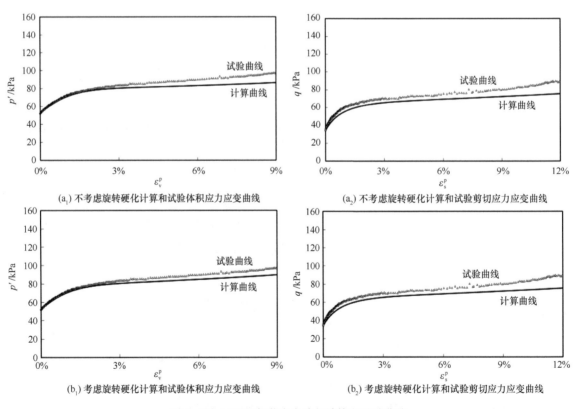

图 5-28　BCD50 加载应力路径计算和试验曲线

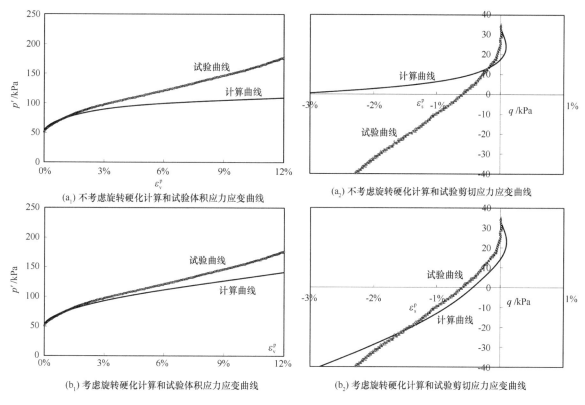

(a₁) 不考虑旋转硬化计算和试验体积应力应变曲线　　(a₂) 不考虑旋转硬化计算和试验剪切应力应变曲线

(b₁) 考虑旋转硬化计算和试验体积应力应变曲线　　(b₂) 考虑旋转硬化计算和试验剪切应力应变曲线

图 5-29　BED-33 加载应力路径计算和试验曲线

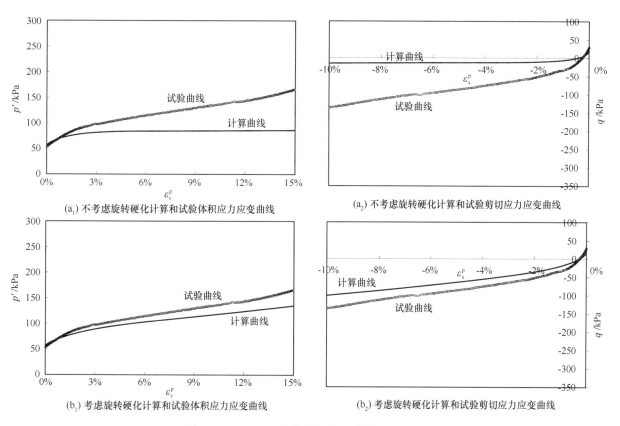

(a₁) 不考虑旋转硬化计算和试验体积应力应变曲线　　(a₂) 不考虑旋转硬化计算和试验剪切应力应变曲线

(b₁) 考虑旋转硬化计算和试验体积应力应变曲线　　(b₂) 考虑旋转硬化计算和试验剪切应力应变曲线

图 5-30　BED-56 加载应力路径计算和试验曲线

可见，对于像 BCD15、BCD50 这样的三轴压缩试验，由于其应力路径与 K_0 固结过程的应力路径较为接近，考虑旋转硬化对计算结果的影响相对较小，但其总体趋势是更接近试验结果。而对于 BED-33 和 BED-56 这样的三轴拉伸试验，由于其应力路径与 K_0 固结过程的应力路径相比有一个明显的转折，考虑旋转硬化对计算结果的影响很大，更加符合实际。

2) K_0 固结不排水强度试验与计算比较

温州软黏土 K_0 固结不排水三轴试验结果显示，无论三轴压缩还是三轴拉伸情况，均表现出明显的应变软化特征。三轴不排水压缩和拉伸情况本节模型的计算结果如图 5-31(a)、(b)所示，剪切过程中结构性和各向异性的演化规律如图 5-31(c)所示。本节模型能较好地模拟 K_0 固结结构性软黏土不排水剪切过程中应变软化的特征；计算所得不排水剪切应力应变曲线与试验结果的吻合程度总体上不如三轴排水试验，但剪切至临界状态后计算和试验曲线逐渐接近；不排水试验土体体积应变始终为零，过程中只有剪切应变对结构性演化和旋转硬化起作用，因此 R^* 和 α 在剪切过程中的变化幅度相对排水试验较小。

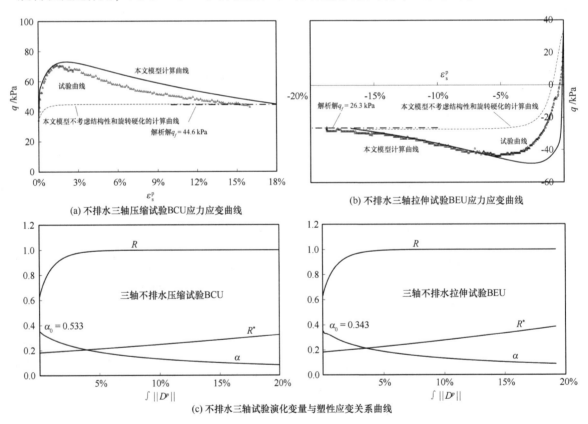

图 5-31 温州软黏土三轴不排水试验结果及其计算曲线

此外，作者还利用所建模型，在不考虑结构性和旋转硬化的情况下（只考虑初始各向异性）对这两种软黏土不排水试验作了数值模拟，如图 5-31(a)、(b)。由计算结果可见，不考虑结构性和旋转硬化的应力应变计算曲线与试验曲线相差较大，计算结果不能反映屈服后应变软化的特征；但当剪切应变逐渐增大以至土体进入临界状态以后，该曲线与试验结果以及本节模型考虑结构性和旋转硬化的计算结果接近。

5.7　K_0 固结软黏土的不排水抗剪强度

本节在分析 K_0 固结软黏土的不排水强度时，主要考虑了 K_0 固结引起的各向异性的影响，并根据第 5.6.3 节中关于不排水剪切试验的模型分析忽略了结构性及其演变的影响和旋转硬化对不排水强度的影响，从而可以像修正剑桥模型等传统模型一样给出临界状态三轴不排水压缩及拉伸强度的解析解，并提供可用于实际工程计算的不排水强度推荐值。

Wang 等（2008）采用了 Wheeler 等（2003）的屈服面方程，结合 K_0 固结三轴不排水应力路径，得到了修正的三轴压缩和三轴拉伸不排水强度公式如下：

$$\left(\frac{S_u}{\sigma'_{v0}}\right)_{OCA} = OCR^{\bar{\Lambda}} \left(\frac{S_u}{\sigma'_{vm}}\right)_{NCA} \tag{5-60a}$$

其中，

$$\left(\frac{s_u}{\sigma'_{v0}}\right)_{NCA} = \frac{1+2K_0}{3} \cdot \frac{M}{2} \left[\frac{M^2 + \eta_{K_0nc}^2 - 2\alpha_0 \eta_{K_0nc}}{M^2 - \alpha_0^2} \cdot \frac{M \pm \alpha_0}{2M}\right]^{\Lambda} \tag{5-60b}$$

式中：$\bar{\Lambda} = (\lambda - \bar{\kappa})/\lambda$；± 分别代表三轴压缩和三轴拉伸的不排水强度；

$\bar{\kappa}$ 为 v-$\ln \sigma'_v$ 为回弹再压塑线斜率，如图 5-32 所示。

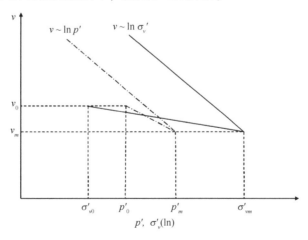

图 5-32　v-$\ln p'$ 和 v-$\ln \sigma'_v$ 中的 K_0 回弹再压缩线

对于等向固结土，式（5-60）可以退化为 Wood（1990）的不排水强度式（5-61）如下：

$$\left(\frac{S_u}{\sigma'_{v0}}\right)_{OCI} = n^{\Lambda} \cdot \left(\frac{S_u}{\sigma'_{vm}}\right)_{NCI} \tag{5-61a}$$

$$\left(\frac{S_u}{\sigma'_{vm}}\right)_{NCI} = \frac{M}{2^{\Lambda+1}} \qquad (5-61b)$$

5.7.1　三轴试验结果对比

图 5-33 显示了 K_0 固结的 Ariake 黏土和 Weald 黏土的三轴压缩试验，参数见表 5-4，编号 12 和 8，来自文献 Ohta 等(1985)。每组各有一个正常固结样品和少量超固结样品。在图 5-33 中，横坐标为 OCR，纵坐标为不排水强度竖向固结应力比。上面的深黑线理论线由公式(5-60)得到，而浅黑线从 Ohta 等(1985)的理论得到。在三轴压缩中，可以看到，本节提出的公式与 Ohta 等(1985)所预测的结果都很接近测试结果。

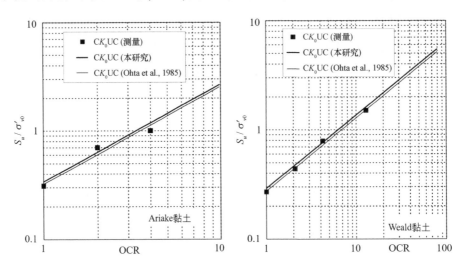

图 5-33　K_0 固结的 Ariake 黏土和 Weald 黏土的三轴压缩试验

图 5-34 为三种日本天然黏土(Shogaki et al.，2004)的 K_0 固结三轴拉伸试验结果，相关参数列于表 5-4 (No. 13)。由于没有报道参数 Λ，作者采用了 Ohta 等(1985)提出的经验方程：$\Lambda = M/1.75$。从图 5-34 中可以看出，从本节给出的方程得到的试验值与预测值之间的偏差远远小于 Ohta 等(1985)预测的偏差。

图 5-35 为以往文献报道的 K_0 固结三轴试验的试验与计算不排水抗剪强度对比，参考参数和土体参数如表 5-4 所示。当 $\tilde{\Lambda}$ 的值没有被报告时，它们被假定为等于 Ohta 等(1985)所建议的 Λ。横坐标为实测值，纵坐标为理论值。从图 5-35 可以看出，对于三轴压缩，本研究得到的预测值略大于实测值，而 Ohta 等(1985)得到的预测值略小于实测值；对于三轴拉伸，本研究得到的预测值与实测值之间有很好的一致性，而 Ohta 等(1985)的计算值明显小于实测值。

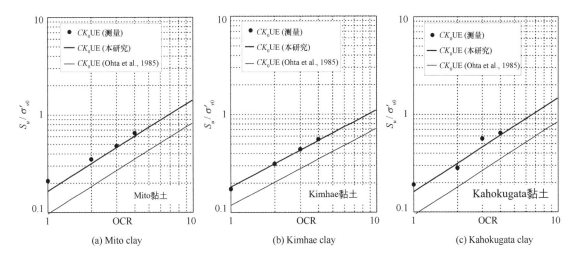

图 5-34　三种天然黏土 K_0 固结三轴拉伸试验（Shogaki et al.，2004）与预测

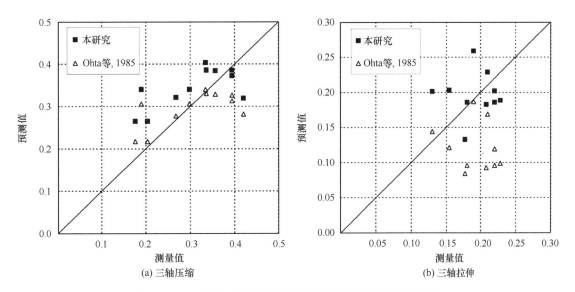

图 5-35　K_0 固结三轴试验的试验与计算不排水抗剪强度对比

表 5-4　土体参数（Ohta et al.，1985）

编号	参考文献	土体	$\varphi'/(°)$	K_0	Λ	$\overline{\Lambda}$
1	Parry et al.，1973	Spestone 高岭土	20.80	0.64	0.82	0.83
2	Hazawa et al.，1980	Khor Al-Zubair 黏土	33.60	0.49	—	—
3	Bjerrum et al.，1967	Manglerud quik 黏土	24.80	0.51	—	—
4	Ladd，1967	Boston 蓝黏土	33.00	0.50	—	—
5	Mitachi et al.，1976	黏土 1	26.80	0.52	0.49	—
		黏土 2	32.00	0.50		

编号	参考文献	土体	$\varphi'/(°)$	K_0	Λ	$\overline{\Lambda}$
6	Nakase et al., 1983	M-30	41.00	0.42	—	—
		M-20	40.10	0.42	—	—
		M-15	40.10	0.41	—	—
		M-10	39.30	0.43	—	—
7	Vaid et al., 1974	Honey 灵敏性土	34.30	0.56	—	—
8	Henkel et al., 1963	Weald 黏土	25.90	0.60	0.67	—
9	Nakase et al., 1969	Nagoya 黏土	35.60	0.46	0.88	0.93
		Chiba 黏土	38.40	0.50	—	—
10	Mitachi et al., 1976	Hokkaido 粉土	35.10	0.45	0.82	0.80
		Hokkaido 黏土	34.90	0.45	—	0.84
		Hokkaido 黏土	34.00	0.47	0.91	0.89
11	Ladd, 1965	Vicksburg C	25.00	0.54	—	—
		Kawasaki C	39.00	0.52	—	0.91
		Skabo 黏土	30.00	0.47	—	—
12	Ohta et al., 1985	Ariake 黏土	39.00	0.47	0.96	0.90
13	Shogaki et al., 2004	Mito 黏土	40.00	0.36	—	—
		Kahokugata 黏土	41.00	0.34	—	—
		Kimhae 黏土	34.00	0.44	—	—

5.7.2 平均不排水强度的推荐值

Mayne（1980）收集了世界各地 105 种土的基本参数，整理分析后发现这 105 种土 Λ 的平均值为 0.63。而对于大多数土，Wood（1990）指出 Λ 基本落在 0.6 ~ 0.8，而 φ' 一般为 20° ~ 35°。

如图 5-36 所示，$\Lambda = 0.6 \sim 0.8$、$\varphi' = 20° \sim 35°$ 的三轴计算曲线和表 5-5 所示模型计算结果的平均值可见，在一定内摩擦角范围内与 Bjerrum（1972，1973）、Mesri 等基于堤坝失稳分析反演得到的 $S_u/\sigma'_{v0} = 0.22$ 的结果接近(失稳堤坝主要在加拿大、斯堪的纳维亚半岛和泰国)。其中，$\varphi' = 20° \sim 25°$ 的计算结果略低于 0.22，$\varphi' = 25° \sim 30°$ 的计算结果略高于 0.22，而 $\varphi' = 20° \sim 30°$ 的计算结果平均值更接近 0.22。

表 5-5 软黏土不排水强度比平均值列表

临界状态摩擦角范围	$20° < \varphi' < 25°$	$25° < \varphi' < 30°$	$30° < \varphi' < 35°$
不排水强度比平均值	0.174 ~ 0.236	0.209 ~ 0.270	0.240 ~ 0.298
建议值	0.204	0.239	0.27
	0.22 ($20° < \varphi' < 30°$)		

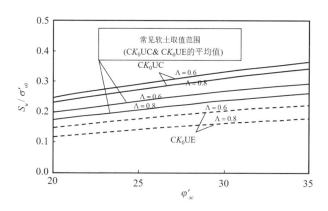

图 5-36　常见正常固结软黏土 S_u/σ'_{v0} 计算值

5.8　附录-主要符号与说明

（1）应力相关符号。

p'：平均有效应力，$p' = \dfrac{\sigma'_1 + \sigma'_2 + \sigma'_3}{3} = \dfrac{I_1}{3}$，三轴条件下 $p' = \dfrac{\sigma'_1 + 2\sigma'_3}{3}$；

q：广义剪应力，$q = \sqrt{\dfrac{(\sigma'_1 - \sigma'_2)^2 + (\sigma'_2 - \sigma'_3)^2 + (\sigma'_3 - \sigma'_1)^2}{2}} = \sqrt{3J_2}$，三轴条件下 $q = \sigma'_1 - \sigma'_3$；

p'_c：正常固结线 NCL 上的平均有效应力；

f：$p' - q$ 应力平面屈服面函数；

π'，τ：耗散应力空间与 p'，q 对应的有效应力分量；

σ^*，p'^*，q^* 等：上标"$*$"表示正常屈服面上应力（与土体重塑状态相对应）；

σ，p'，q 等：无任何上标表示次加载屈服面上的应力（即当前应力）；

$\bar{\sigma}$，$\bar{p}'$，$\bar{q}$ 等：上标"$-$"表示超加载屈服面上的应力；

R，R^*：结构性参数，定义为次加载/超加载屈服面模型中各屈服面应力比，分别为

$R = \dfrac{q}{\bar{q}} = \dfrac{p'}{\bar{p}'}$，$R = \dfrac{q^*}{\bar{q}} = \dfrac{p'^*}{\bar{p}'}$，加下标"$_0$"则表示初始值；

σ_m 等：下标"$_m$"表示历史上所受的最大应力；

σ_0 等：下标"$_0$"表示原位固结应力（正常固结土即为 σ_m，超固结土 $\sigma_0 < \sigma_m$）；

σ_y 等：下标"$_y$"表示屈服应力；

K_{0nc}，K_0：静止土压力系数，分别定义为 $K_{0nc} = \dfrac{\sigma'_{hm}}{\sigma'_{vm}}$，$K_0 = \dfrac{\sigma'_{h0}}{\sigma'_{v0}}$；

OCR，n：超固结比，分别定义为 $\text{OCR} = \dfrac{\sigma'_{vm}}{\sigma'_{v0}}$，$n = \dfrac{p'_{c0}}{p'_0}$；

YSR：屈服应力比，定义为 $YSR = \dfrac{\sigma'_{vy}}{\sigma'_{v0}}$；

η：应力比，$\eta = \dfrac{q}{p'}$；

η_{K_0nc}：正常一维固结应力比；

η_{CSL}：临界状态应力比；

α：旋转硬化参数，定义为 p'-q 平面上正常固结线 NCL(K_{0nc}固结线)的斜率比，加下标"$_0$"则表示其初始值；

（2）应变相关符号。

ε_v：总体积应变，$\varepsilon_v = \varepsilon_1 + \varepsilon_2 + \varepsilon_3$；

ε_s：总广义剪应变，$\varepsilon_s = \sqrt{\dfrac{2\left[\left(\varepsilon_1 - \varepsilon_2\right)^2 + \left(\varepsilon_2 - \varepsilon_3\right)^2 + \left(\varepsilon_1 - \varepsilon_3\right)^2\right]}{9}}$；

ε_v^e，ε_s^e：弹性体积应变、广义剪应变；

ε_v^p，ε_s^p：塑性体积应变、广义剪应变；

e，e_0：孔隙比，初始孔隙比；

v，v_0：比容 $v = 1 + e$，初始比容 $v_0 = 1 + e_0$；

N，Γ：v-$\ln p'$ 压缩平面上正常固结线 NCL 和临界状态线 CSL 的参考比容；

λ，κ：v-$\ln p'$ 压缩平面重塑土的压缩指数和回弹指数；

Λ：$\Lambda = \dfrac{\lambda - \kappa}{\lambda}$；

（3）其他符号。

$M(M_{tc}, M_{te})$：临界状态参数(分别对应三轴压缩、三轴拉伸)；

K'，G'：体积模量，剪切模量；

θ：$p' - q$ 应力平面上 NCL 的倾角；

θ_n：θ 的初始值；

μ：塑性比例因子；

Φ：耗散势函数；

Ψ：自由能函数；

Ψ_1：第一自由能函数，即弹性部分自由能函数；

Ψ_2：第二自由能函数，即塑性部分自由能函数；

$\langle f \rangle$：取正函数；

$|f|$：绝对值函数；

$\|V\|$：矢量的模，如应变增量矢量用主应变增量表示 $\|D\| = \sqrt{\delta\varepsilon_1^2 + \delta\varepsilon_2^2 + \delta\varepsilon_3^2}$；

参考文献

王立忠, 丁利, 陈云敏, 等, 2004. 结构性软土压缩特性研究[J]. 土木工程学报, 37(4): 46-53.

王立忠, 李玲玲, 丁利, 等, 2002. 温州煤场软土结构性试验研究[J]. 土木工程学报, 35(1): 88-92.

王立忠, 沈恺伦, 2007. K_0 固结结构性软黏土的本构模型[J]. 岩土工程学报, 29(4): 496-504.

王立忠, 沈恺伦, 2008. K_0 固结结构性软黏土的旋转硬化规律研究[J]. 岩土工程学报, 30(06): 863-872.

沈恺伦, 2006. 软黏土结构性、塑性各向异性及其演化[D]. 浙江杭州: 浙江大学.

沈恺伦, 王立忠, 2009. 天然软黏土屈服面及流动法则试验研究[J]. 土木工程学报, 42(4): 119-127.

ASAOKA A, NAKANO M, NODA T, 2000. Superloading yield surface concept for highly structured soil behavior[J]. Soils and Foundations, 40(2): 99-110.

BJERRUM L, 1972. Embankment on soft ground[C]. Proc Speciality Conf Performance Earth and Earth-Supported Structures, ASCE, Lafayete, Indiana, (2): 1-54.

BJERRUM L, 1973. Problems of soil mechanics and construction of soft clays and structurally unstable soils[C]. Proc 8th ICSMFE, Moscow, (3): 111-159.

BJERRUM L, KENNY T C, 1967. Effect of structure on the shear behaviour of normally consolidated quick clays[C]. Proc. Geotechnical Conf. Oslo 1967 on Shear Stregth Properties of Natural Soils and Rocks, 2: 19-27.

BURLAND J B, 1990. On the compressibility and shear strength of natural clays[J]. Geotechnique, 40 (3): 329 -378.

CASAGRANDE A, 1936. Characteristic of cohesionless soils affecting the stability of slopes and earth fills[J]. Journal of the Boston Society of Civil Engineers, 23(1): 13-22.

COLLINS I F, HILDER T, 2002a. A theoretical framework for constructing elastic/plastic constitutive models of triaxial tests[J]. International Journal for Numerical and Analytical Methods in Geomechanics, 26(13): 1313-1347.

COLLINS I F, KELLY P A, 2002b. A thermomechanical analysis of a family of soil models[J]. Geotechnique, 52 (7): 507-518.

COTECCHIA F, CHANDLER R J, 2000. A general framework for the mechanical behabiour of clays[J]. Geotechnique, 50(4): 431-447.

DAFALIAS Y F, 1980. A bounding surface soil plasticity model[C]//Proc. Int. Symp. Soils under Cyclic Trans. Load: 335-345.

DELAGE P, LEFEBVRE, 1984. Study of the structure of a sensitive champlain clay and of its evolution during consolidation[J]. Canadian Geotechnical Journal, 21: 21-25.

GRAHAM J, NOONAN M L, LEW K V, 1983. Yield states and stress-strain relationships in a natural plastic clay [J]. Canadian geotechnical journal, 20(3): 502-516.

HANZAWA H, MATSUDA E, SUZUKI K, et al., 1980. Stability analysis and field behaviour of earth fills on an alluvial marine clay[J] Soils and Foundations, 20(4): 37-51.

HASHIGUCHI K, 1989. Subloading surface model in unconventional plasticity[J]. International journal of solids and structures, 25(8): 917-945.

HASHIGUCHI K, CHEN Z P, 1998. Elastoplastic constitutive equation of soils with the subloading surface and the rotational hardening[J]. International Journal for Numerical and Analytical Methods in Geomechanics, 22(3): 197-227.

HENKEL D J, SOWA V A, 1963. The influence of stress history on stress paths in undrained triaxial tests on clay[J]. ASTM, STP 361: 280-291.

HIGHT D W, BOND A J, LEGGE J D, 1992. Characterization of the Bothkennar clay: an overview[J]. Geotehcnique, 42(2): 303-347.

KARSTUNEN M, KRENN H, WHEELER S J, et al. , 2005. Effect of anisotropy and destructuration on the behavior of Murro test embankment[J]. International Journal of Geomechanics, 5(2): 87-97.

KOBAYASHI K, SOGA K, ATSUSHI I, et al. , 2003. Numerical interpretation of a shape of yield surface obtained from stress probe tests[J]. Soils and foundations, 43(3): 95-103.

LADD C C, 1965. Stress-strain behavior of anisotropically consolidated clays during undrained shear[C]. Proc. 6th ICSMFE, Montreal, 1: 282-286.

LADD C C, 1967. Panel discussion on Session 1 "Shear strength of soft clay"[C]. Proc. Geotechnical Conf. Oslo 1967 on Shear Strength Properties of Natural Soils and Rocks, 2: 112-115.

LEROUEIL S, VAUGHAN P R, 1990. The general and congruent effects of struture in natural soils and weak rocks [J]. Geotechnique, 40(3): 467-488.

MAYNE P W, 1980. Cam-Clay predictions of undrained strength[J]. Journal of Geotechnical Engineering, ASCE, 106: 1219-1242.

MESRI G, 1975. Compositon and compressibility of typical samples of Mexico city clay[J]. Geotechnique, 25(3): 527-554.

MITACHI T, KITAGO S, 1976. Change in undrained shear strength characteristics of saturated remolded clay due to swelling[J]. Soils and Foundations, 16(1): 45-58.

MITCHELL J K, SOGA K, 2005. Fundamentals of soil behavior (3rd Edition) [M]. New York: John Wiley & Sons.

NAKANO M, NAKAI K, NODA T, et al. , 2005. Simulation of shear and one-dimensional compression behavior of naturally deposited clays by super/subloading yield surface Cam-clay model[J]. Soils and Foundations, 45(1): 141-151.

NAKASE A, KAMEI T, 1983. Undrained shear strength anisotropy of normally consolidated cohesive soils[J]. Soils and Foundations, 23(1): 91-101.

NAKASE A, KOBAYASHI M, KATSUNO M, 1969. Change in undrained shear strength of saturated clays through consolidation and rebound[R]. Report of the Port and Harbour Research Institute, 8(4): 103-141.

OHTA H, NISHIHARA, 1985. Anisotropy of undrained shear strength of clays under axi-symmetric loading conditions [J]. Soils and Foundations, 25(2): 78-86.

PARRY R H G, NADARAJAH V, 1973. Observation on laboratory prepared lightly overconsolidated specimens of Kaolin. [J]. Geotechnique, 24(3): 345-358.

SHOGAKI T, NOCHIKAWA Y, 2004. Triaxial strength properties of natural deposits at K0 consolidation state using a precision triaxial apparatus with small size specimens[J]. Soils and Foundations, 44(2): 41-52.

SMITH P R, JARDINE R J, HIGHT D W, 1992. The yielding of Bothkennar clay[J]. Géotechnique, 42(2): 257-274.

184

TERZAGHI K, 1941. Undisturbed clay samples and undisturbed clay[J]. Journal of the Boston Society of Civil Engineers, 28: 211-231.

VAID Y P, CAMPANELLA R G, 1974. Triaxial and plane strain behavior of natural clay[J]. ASCE Journal of the Geotechnical Engineering Division, 100(GT3): 207-224.

WANG L Z, SHEN K L, YE S H, 2008. Undrained shear strength of K_0 consolidated soft soils[J]. International Journal of Goemechanics, 8(2): 105-113

WHEELER S J, NÄÄTÄNEN A, KARSTUNEN M, et al. , 2003. An anisotropic elastoplastic model for soft clays[J]. Canadian Geotechnical Journal, 40(2): 403-418.

WOOD D M, 1990. Soil behaviour and critical state soil mechanics[M]. London: Cambridge University Press.

第6章　黏土流变理论

土体流变学的基本课题是研究土体应力-应变规律及其随时间的变化。当土体处于不同的应力(或应变)的状态时,其流变特性的外在宏观表现也会有所不同,一般包括蠕变、应力松弛、应变率效应等。通过试验研究和试验规律的归纳总结,可以更清楚地认识土体在各种外在条件下的宏观流变表现和与时间相关的应力应变关系,是解决岩土工程问题的前提。而在性状认识的基础上,建立合适的流变本构模型来反映流变对土体变形和强度的影响,并通过数学手段对其进行解析应用,是解决实际岩土工程问题的关键。

本章首先介绍了黏土流变理论的基本框架与假设,重点介绍了作者提出的天然软黏土弹黏塑性本构模型的建模思路。该模型通过对前人提出的一维"绝对时间线"体系进一步扩展,在三维应力条件下,借鉴过应力理论的建模思路,并引入参考面的概念,构建与弹黏塑性本构模型相匹配的旋转硬化规律,实现了天然软黏土流变特性的描述。同时介绍了软黏土表观先期固结压力和不排水抗剪强度的应变率效应,并给出了相应不排水抗剪强度的解析表达。

6.1　黏土流变理论框架

黏土流变理论有三种体系,分别为 Bjerrum(1967)采用的"等时间线"体系(图 6-1)以及 Yin 等(1994)在其基础上进一步发展的"等效时间线"体系(图 6-2)和 Leroueil 等(1985)建议的"等速率线"体系,这三种体系虽然所选取的表征土体黏性效应的变量各不相同,但研究方法是基本一致的,均假定在一维压缩平面上,不同时间或应变率对应的压缩曲线是一簇平行线,通过土体状态点在压缩平面上的相对位置变化来对土体的各种宏观黏性性状作出定量分析。

实际工程中土体并非处于简单的一维应变状态,因此各国土力学专家着力建立能够描述一般应力条件下土体流变性状的率相关模型。建模的假定主要在以下三方面有所区别（Kutter et al.，1992）。

（1）弹性变形是否与时间有关。

目前大多数模型均认为弹性变形是瞬时发生，与时间是无关的。

（2）非弹性变形是否完全与时间相关。

大多数流变模型是假定土体的非弹性变形与时间相关，属于弹-黏塑性模型一类。

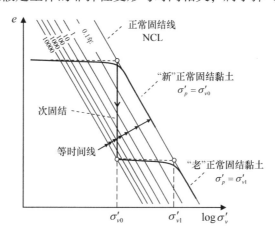

图 6-1 "等时间线"体系（Bjerrum，1967）

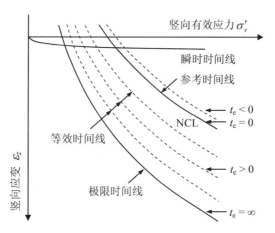

图 6-2 "等效时间线"体系（Yin et al.，1994）

（3）是否存在弹性核。

早期的流变模型与弹塑性理论一样，模型具有弹性核，在弹性核中土体只发生弹性变形。而众多研究表明，土体即使在超固结状态下也会有蠕变现象，只是蠕变速率较小而已，因此近期流变本构模型更倾向于不引入弹性核，假定土体在任何状态下均有黏塑性变形产生。

这里重点介绍过应力理论。过应力理论的思想最初由 Prandtl（1928）提出，后来由 Perzyna（1966）加以完善，并给出了一般应力条件下的模型框架。模型用应变率来间接反映时间对土体性状的影响，并假定土体在外荷载下的变形分为瞬时弹性部分和与时间相关的黏塑性部分：

$$\dot{\varepsilon}_{ij} = \dot{\varepsilon}_{ij}^{e} + \dot{\varepsilon}_{ij}^{vp} \tag{6-1}$$

式中：$\dot{\varepsilon}_{ij}$ 为总应变率张量，而上标"e"和"vp"则分别表示弹性和非弹性部分。弹性应变率 $\dot{\varepsilon}_{ij}^{e}$ 可按广义虎克定律计算，模型的关键是在对黏塑性应变率 $\dot{\varepsilon}_{ij}^{vp}$ 的描述上。

过应力理论的基本假定就是在应力空间中，除了经过土体当前应力状态点的动态屈服面 f_d 外，还存在一静态屈服面 f_s，此面上各点对应的黏塑性应变率均为零。当土体应力超过初始静态屈服面 f_{s0} 时，土体发生塑性流动，同时动态屈服面 f_d 与相应的静态屈服面 f_s 发生分离，而两者距离的远近则决定了土体当前应变率的大小，如图 6-3 所示。初始静态屈服面 f_{s0} 为模型的弹性核，当应力处在此面之内时，土体不发生黏塑性变形。

土体黏塑性应变率 $\dot{\varepsilon}_{ij}^{vp}$ 可用下式表达：

$$\dot{\varepsilon}_{ij}^{vp} = \gamma \ < \varphi(F) \ > \ \frac{\partial g}{\partial \sigma'_{ij}} \tag{6-2}$$

式中，γ 为土体黏滞性参数；g 为黏塑性势函数；σ'_{ij} 为土体有效应力张量。φ 为黏塑性流动函数，其大小仅取决于土体当前动态屈服面 f_d 和静态屈服面 f_s 的相对距离，f_d 和 f_s 均是流动函数 φ 的等值面。

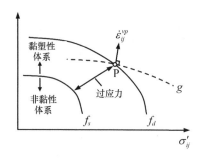

图 6-3 过应力理论应力状态及屈服面示意

$F = f_d / f_s - 1$，为过应力函数，与 f_d 和 f_s 之间的距离有关。静态屈服面 f_s 随着土体黏塑性体应变 ε^{vp} 的发展发生硬化，而动态加载面 f_d 的大小则与土体的黏塑性应变以及应变率状态均有关。模型认为只有当动态加载面 f_d 在静态屈服面 f_s 之外时，土体才会发生黏塑性流动，因此面 f_d 在面 f_s 之内是不可能的情况，而式(6-2)中的黏塑性流动函数 φ 满足：

$$< \varphi(F) > = \begin{cases} 0, & \text{当 } F \leqslant 0 \text{ 时} \\ \varphi(F), & \text{当 } F > 0 \text{ 时} \end{cases} \tag{6-3}$$

式(6-3)即为过应力理论发生非弹性应变的加载条件，而黏塑性应变率 $\dot{\varepsilon}_{ij}^{vp}$ 的方向与过当前应力点的黏塑性势面外法线一致。

过应力体系的关键在于确定过应力函数 F 以及黏塑性流动函数 φ 的表达式，而各过应力类模型的差异也基本都集中于此。模型的静态屈服面 f_s 存在与否以及如何确定仍存在意见分歧，目前较多过应力类模型倾向于不引入弹性核，假定土体在任何状态下均有黏塑性变形产生。

6.2 K_0 固结软黏土的弹黏塑性本构模型

本节详细介绍了 K_0 固结软黏土的弹黏塑性本构模型(王立忠等，2007；Wang et al.，2012；但汉波，2009)。首先针对土体在一维应变条件下的蠕变速率进行必要的探讨，然后借鉴过应力理论的建模思路，构建了一般应力条件下的弹黏塑性本构模型。模型的加载面和参考面均为倾斜的椭圆，同时进一步引入了与率相关模型体系相匹配的旋转硬化规律(但汉波等，2010)，并推导了各向异性演化参数的理论表达式，使得模型能够较为准确地模拟土体各向异性随着不同应力路径下黏塑性应变发展而逐渐丧失的全过程。

6.2.1 基本假定与一维蠕变模型

6.2.1.1 基本假定

传统的土力学将土体一维压缩分为主固结和次固结两部分，且认为次固结是在主固结完成后才开始发展，称之为"假说 A"。随着人们对土体流变特性认识的逐渐深入，认为土体的次固结、率相关性等均是由其黏性引起的，黏性对土体的影响应存在于整个变形过程，因而产生了相应的"假说 B"。Bjerrum(1967)在假说 B 的基础上，认为土体一维压缩时的体积变形可分为瞬时压缩和延时压缩两部分，如图 6-4 所示。此后这一变形分类标准被广泛地采用，并将其扩展应用至一般的三维应力状态，本章的流变模型的建立也是基于假说 B 而展开的。

假定土体在外荷载作用下的变形按可恢复与否，分为弹性和黏塑性两部分，弹性变形与时间无关，瞬时完成且可完全恢复，而黏塑性变形完全与时间相关，不可恢复。在一维压缩条件下，土体无侧向变形，其体积应变与竖向应变相等。其体积应变及应变率可表达为：

$$\varepsilon_{vn} = \varepsilon_{vn}^e + \varepsilon_{vn}^{vp} \tag{6-4}$$

$$\dot{\varepsilon}_{vn} = \dot{\varepsilon}_{vn}^e + \dot{\varepsilon}_{vn}^{vp} \tag{6-5}$$

式中：下标"n"表征一维应变情况；上标"e"和"vp"分别表示应变的弹性和黏塑性部分；"$\cdot$"表征变量的速率。

6.2.1.2 绝对时间线体系

Bjerrum(1967)首次提出了"等时间线"的概念，即对于正常固结土，不同固结时间对应

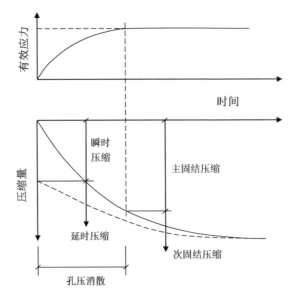

图 6-4　瞬时压缩和延时压缩的定义（Bjerrum，1967）

的 $e\text{-}\ln\sigma_v'$ 曲线是一组平行的直线（图 6-1），同一条直线上各点具有相同的流变时间和流变速率。该体系能合理地解释正常固结土由于次固结的发展而表现出来的拟超固结现象，为正确认识次固结的发展奠定了基础。该体系采用的是实际加载时间，仅对正常固结土适用。

为更好地解释超固结土的蠕变性状，Yin 等（1994）建立了增量形式的"等效时间线"模型，能够较好地解释一维应变条件下的各种黏性效应，但等效时间 t_e 是以土体正常固结状态为基准的相对时间，是为建模而引入的变量，当土体处于欠固结状态时，t_e 为负值。

殷宗泽等（2003）建议采用绝对时间坐标系来计算软土的次固结，同时引入了与等时间线体系类似的绝对时间线体系，认为同一 $e\text{-}\ln\sigma_v'$ 曲线上各点对应的绝对时间 T 相同而非实际加载时间 t，如图 6-5 所示。所谓绝对时间，是不管土体当前处于正常固结还是超固结状态，均将时间零点取为正常固结状态的加载开始时刻。

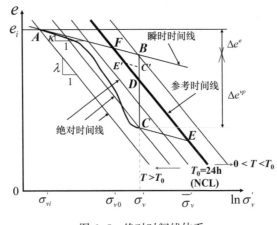

图 6-5　绝对时间线体系

一维条件下的次固结、应变率效应等都是软土流变的不同表现，可以统一在一个模型体系下进行解释。对于大部分一维 CRS 试验，其对应的试验应变率都要大于常规 24 h 多级加载试验的速率，因此在同一压缩平面内，CRS 试验曲线很多都在 NCL 的上方，此时若按照原始的"绝对时间线"体系则无法作出较为合理的解释。

本章在殷宗泽等（2003）"绝对时间线"基础上，进一步认为对于 NCL 上方的状态点，"绝对时间线"体系仍然是适用的，此时对应的绝对时间 $T<T_0$（T_0 为 NCL 上各点对应的绝对时间）。采用此种推广后，"绝对时间线"体系除具备原有优点外，还能较好地解释 CRS 试验中表观先期固结压力的应变率效应。

6.2.1.3　一维应变条件下土体的蠕变速率

分析一维应变条件下土体的蠕变速率是建立一般应力条件下率相关本构模型的基础，本章采用扩展后的"绝对时间线"体系来加以考察，如图 6-5 所示。考虑土体从初始状态 A 点（σ'_{vi}，e_i）经任意一维压缩路径至当前应力状态 C 点（σ'_v，e），此过程的总孔隙比变化 Δe 按前文假设可分为瞬时弹性部分 Δe^e（AB 段）和与时间相关的黏塑性部分 Δe^{vp}（BC 段），对应的体积应变可分别按下式计算：

$$\Delta \varepsilon_{vn}^e = \kappa/V_i \cdot \ln(\sigma'_v/\sigma'_{vi}) \tag{6-6}$$

$$\Delta \varepsilon_{vn}^{vp} = \psi/V_i \cdot \ln(T_C/T_i) \tag{6-7}$$

式中：$\kappa=C_s/\ln10$，$\psi=C_\alpha/\ln10$，分别为自然对数坐标下的回弹指数和次固结系数；V_i 为初始比容，满足 $V_i=1+e_i$；T_C 和 T_i 分别为当前状态点 C 和 B 点对应的绝对时间。

为求得式（6-7）中各点的绝对时间 T_C，同时考虑到土体正常固结状态对考察土体压缩性的基础性，本章将正常固结线 NCL 定义为参考时间线（图 6-5 中用粗黑线表示），其上各点的绝对时间均为 T_0。

对于图中位于 NCL 下方的 C 点，由于次固结的发展，土体产生拟超固结现象。过 C 点作与瞬时时间线平行的直线交 NCL 于 E 点，E 点为 C 点的参考应力状态点，其对应的竖向参考应力 $\bar{\sigma}'_v$ 即为土体从初始状态 A 点加载到 C 点过程中由于次固结产生的表观先期固结压力。

考察图 6-5 中 D、C、E 三点的几何关系，有：

$$\Delta e_{DE} = \Delta e_{DC} + \Delta e_{CE} \tag{6-8}$$

式中：Δe_{DE} 和 Δe_{CE} 分别为竖向有效应力从 σ'_v 增加至 $\bar{\sigma}'_v$ 的全部不可恢复孔隙比变化以及弹性孔隙比变化量；Δe_{DC} 为在竖向有效应力 σ'_v 不变情况下从正常固结状态 D 点次固结到当前状态 C 点的孔隙比变化。另外，D 点和 E 点的绝对时间满足 $T_D=T_E=T_0$。

因此，式（6-8）可变化为：

$$\lambda \cdot \ln(\bar{\sigma}'_v/\sigma'_v) = \psi \cdot \ln(T_C/T_0) + \kappa \cdot \ln(\bar{\sigma}'_v/\sigma'_v) \tag{6-9}$$

式中，$\lambda=C_c/\ln10$ 为自然对数坐标下的压缩指数；T_0 为正常固结线上各点的绝对时间。

因此，可求得当前状态 C 点的绝对时间 T_C 为：

$$T_C = T_0 \cdot (\bar{\sigma}'_v / \sigma'_v)^{(\lambda-\kappa)/\psi} \qquad (6-10)$$

另外，由图中 BDC 三点的关系可知，$\Delta e_{BC} = \Delta e_{BD} + \Delta e_{DC}$，因此 BC 段的黏塑性体积应变又可表示为：

$$\Delta \varepsilon_{vn}^{vp} = \frac{\lambda - \kappa}{V_i} \cdot \ln\left(\frac{\sigma'_v}{\bar{\sigma}'_{v0}}\right) + \frac{\psi}{V_i} \cdot \ln\left(\frac{T_C}{T_0}\right) \qquad (6-11)$$

式中：$\bar{\sigma}'_{v0}$ 为土体初始状态对应的参考应力，也为压缩过程中初始屈服点的竖向应力。

对于土体的当前状态 C 点，式(6-11)中的 σ'_v、$\bar{\sigma}'_{v0}$ 和 T_0 均为定值，其黏塑性体积应变率仅与绝对时间 T_C 有关，同时结合式(6-10)可得：

$$\dot{\varepsilon}_{vn}^{vp} = \frac{\psi}{V_i} \cdot \frac{1}{T_C} = \frac{\psi}{V_i T_0} \cdot \left(\frac{\sigma'_v}{\bar{\sigma}'_v}\right)^{(\lambda-\kappa)/\psi} \qquad (6-12)$$

由于图中 C 点处于超固结状态，对应的 $\bar{\sigma}'_v / \sigma'_v > 1$，因此其绝对时间 $T_C > T_0$，黏塑性体积应变率较小。土体的超固结程度越严重，对应的绝对时间越大，蠕变速率越小。

而对于图中位于 NCL 上方的任意一点 C'，上述推求过程仍然适用，D 点位置不变，但是相应的参考状态点 E' 在 D 点上方，对应的参考竖向应力 $\bar{\sigma}'_v < \sigma'_v$。对于此时的应力状态点，可知其此时的绝对时间 $T_{C'} < T_0$，而蠕变速率则较大。B 点对应的绝对时间 T_i 仅为中间变量，不影响加载过程中体积应变及应变率的计算，其表达式如式(6-13)所示。

$$T_i = T_0 \cdot (\bar{\sigma}'_{v0} / \sigma'_v)^{(\lambda-\kappa)/\psi} \qquad (6-13)$$

另外，由参考点 E 与初始屈服点 F 的相对位置关系，可得参考状态点的 $\bar{\sigma}'_v$ 满足：

$$\bar{\sigma}'_v = \bar{\sigma}'_{v0} \cdot \exp\left(\frac{\Delta \varepsilon_{vn}^{vp}}{(\lambda-\kappa)/V_i}\right) \qquad (6-14)$$

$$\frac{\dot{\bar{\sigma}}'_v}{\bar{\sigma}'_v} = \frac{1}{(\lambda-\kappa)/V_i} \cdot \dot{\varepsilon}_{vn}^{vp} \qquad (6-15)$$

由上述讨论可知，土体的绝对时间 T 和蠕变速率 $\dot{\varepsilon}_{vn}^{vp}$ 只与土体当前的应力状态以及其与对应参考应力状态的相对位置有关，而与土体达到当前状态的实际加载路径无关。蠕变速率与绝对时间 T 一一对应，绝对时间线体系实际上反映了有效应力 σ'_v-应变 ε_{vn}-蠕变速率 $\dot{\varepsilon}_{vn}^{vp}$ 三者之间的一一对应关系，可通过绝对时间的变化描述不同应力状态下土体蠕变性状的差异。

一维应变条件下，土体任意状态对应的蠕变速率可由式(6-12)进行计算，此时参数 T_0 的取值则至关重要。本章以 NCL 为参考时间线，此压缩曲线一般通过常规 24 h 多级加载试验得到，而且线上各点对应着土体的正常固结状态。按照绝对时间 T 的定义，此线的绝对时间 T_0 就是试验中每级载荷的实际加载时间，因此 $T_0 = 1$ d，而 NCL 上的各状态点的蠕变速率为：

$$(\dot{\varepsilon}_{vn}^{vp})_{NC} = \psi / (V_i T_0) \tag{6-16}$$

另外，与殷宗泽等（2003）不同的是，本章 T_0 并非土样或土层的主固结完成时间，而且 $T_0 = 1$ d 仅对应着参考时间线为常规 24 h 压缩试验所得 NCL 的情况。

因此，考虑弹性部分的应变率，可得一维应变条件下任意状态的体积应变率为：

$$\dot{\varepsilon}_{vn} = \frac{\kappa}{V_i} \cdot \frac{\dot{\sigma}_v'}{\sigma_v'} + \frac{\psi}{V_i T_0} \cdot \left(\frac{\sigma_v'}{\bar{\sigma}_v'} \right)^{\frac{\lambda-\kappa}{\psi}} \tag{6-17}$$

式中：参考竖向有效应力 $\bar{\sigma}_v'$ 满足如式（6-14）所示的硬化规律。

6.2.2　三维弹黏塑性本构模型的建立

本节在前文一维蠕变本构关系的基础上，进一步考虑土体的一般应力状态，建立了适用于软黏土的三维弹黏塑性本构模型。模型通过选取倾斜的加载面和参考面，考虑了黏土 K_0 固结历史诱发的各向异性的影响，并细化分析土体发生不可恢复变形时其各向异性的演化规律，使得模型更加适用于描述天然软土的流变性状。

6.2.2.1　三维弹黏塑性本构模型的建模思路

一般应力条件下，土体的应变率仍分为瞬时弹性部分和完全与时间相关的黏塑性部分：

$$\dot{\varepsilon}_{ij} = \dot{\varepsilon}_{ij}^e + \dot{\varepsilon}_{ij}^{vp} \tag{6-18}$$

式中：ε_{ij} 为应变的张量形式，下标 $i, j = 1, 2, 3$。

为计算简便，假定土体弹性变形是各向同性的，此时弹性应变率可按下式计算：

$$\dot{\varepsilon}_{ij}^e = \frac{\kappa}{3V_i} \cdot \frac{\dot{p}'}{p'} \cdot \delta_{ij} + \frac{1}{2G} \cdot \dot{s}_{ij} \tag{6-19}$$

式中：p' 为土体当前的平均有效应力，$p' = \sigma_{kk}'/3$（下标相同代表张量求和）；s_{ij} 为土体的偏应力张量，$s_{ij} = \sigma_{ij}' - p'\delta_{ij}$（当 $i \neq j$ 时，$\delta_{ij} = 0$；当 $i = j$ 时，$\delta_{ij} = 1$），σ_{ij}' 为有效应力张量；κ 和 V_i 的意义同前。

G 为土体的剪切模量，取决于当前的体积压缩模量 K 和泊松比 ν，与当前应力水平 p' 有关：

$$G = \frac{3(1-2\nu)}{2(1+\nu)} \cdot K = \frac{3(1-2\nu)}{2(1+\nu)} \cdot \frac{p'}{\kappa/V_i} \tag{6-20}$$

为避免过应力理论中的静态屈服面 f_s 难以确定的弊端，在此借鉴前文一维绝对时间线体系中参考应力点的做法，对过应力理论加以修正。本章模型假定，对于加载过程中的任意状态，在应力空间中均存在两个相对应的面：加载面 f 和参考面 $\bar{f}$，而 $\dot{\varepsilon}_{ij}^{vp}$ 则按下式计算：

$$\dot{\varepsilon}_{ij}^{vp} = \varphi \cdot \frac{\partial f}{\partial \sigma_{ij}'} \tag{6-21}$$

式中，φ 为土体的流动函数。

加载面 f 和参考面 $\bar{f}$ 在 $p' \sim q$ 平面上的相互关系如图 6-6 所示，其中，q 为土体的偏应力，$q = \left(\dfrac{3}{2} s_{ij} \cdot s_{ij}\right)^{1/2}$。两面的性质如下。

（1）加载面 f：为 φ 的等值面，经过土体当前的应力状态点 (p', q)，其大小与黏塑性应变及应变率均相关，用 p'_c 表征。

（2）参考面 $\bar{f}$：也为 φ 的等值面，形状与加载面 f 相似，其上各点的应力为土体在当前应力下蠕变一段时间后达到的屈服应力。为与一维绝对时间线中的参考时间线 NCL 相对应，本章参考面上各点对应的绝对时间 T_0 为 1 d，此面上各点对应着土体的正常固结状态。

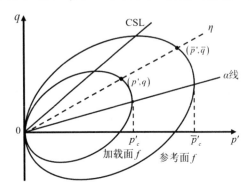

图 6-6　加载面和参考面示意

另外，与一维绝对时间线体系相同，当前应力点 (p', q) 的参考状态在参考面 $\bar{f}$ 上，其确定方法采用与 Kutter 等（1992）相同的"径向映射准则"：从原点出发，过当前应力点 (p', q) 作一条射线，与参考屈服面的交点即为参考应力状态 $(\bar{p}', \bar{q})$。采用此映射准则的优点在于射线上每点的有效应力比 η 均相同，便于比较。

6.2.2.2　加载面和参考面的选取

Leroueil（1997）总结了应变率对天然 Berthieville 黏土不同应力比下屈服点的影响。结果表明，应变率对土体的屈服性状有显著影响，同一应力比时，土体的屈服应力随着应变率的增大而增大；应变率不同时，土体的屈服面也为一系列形状相似、倾斜度相同的椭圆，代表性结果如图 6-7 所示。

因此，为考虑 K_0 固结诱发各向异性的影响，本章模型的加载面 f 和参考面 $\bar{f}$ 均为倾斜椭圆，对于土体的任意状态，f 和 $\bar{f}$ 的形状相似且倾斜度相同。借鉴 Wheeler 等（2003）提出的 K_0 固结软土屈服面方程，本章加载面 f 和参考面 $\bar{f}$ 的具体函数表达式如下：

$$f = \frac{(M^2 - \alpha^2) + (q/p' - \alpha)^2}{M^2 - \alpha^2} p' - p'_c = 0 \tag{6-22}$$

$$\bar{f} = \frac{(M^2 - \alpha^2) + (\bar{q}/\bar{p}' - \alpha)^2}{M^2 - \alpha^2} \bar{p}' - \bar{p}'_c = 0 \tag{6-23}$$

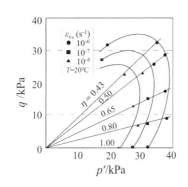

图 6-7　应变率对初始屈服面的影响（Leroueil，1997）

式中：p'_c 和 $\bar{p}'_c$ 分别为加载面和参考面右切点对应的平均有效应力，表征两面大小；而由本章当前应力与参考应力的相互关系可知，有效应力比 $\eta = q/p' = \bar{q}/\bar{p}'$。

加载面 f 和参考面 $\bar{f}$ 的倾斜程度均由参数 α 控制。如果考虑土体发生黏塑性变形后其各向异性的演化，加载面 f 和参考面 $\bar{f}$ 将会发生旋转，此时 α 为一变化的量；反之 α 则为一定值。

6.2.2.3　流动函数 φ

与弹塑性理论中的塑性乘子不同，流动函数 φ 表征的是应变率对土体屈服性状的影响，其大小仅取决于当前应力状态与其参考状态的差别，也即是 φ 仅与加载面 f 和参考面 $\bar{f}$ 的相对位置有关。

为探求流动函数的具体解析表达式，考虑如图 6-8 所示的应力路径：土体的初始应力状态为 A 点（p'_0，q_0），经过任意路径达到当前状态点 B，B 点在当前加载面 f 上，B 点对应的参考状态为图中 $\bar{B}$ 点（$\bar{p}'$，$\bar{q}$），B 点和 $\bar{B}$ 点的相对位置则代表着土体当前蠕变速率的大小，图示加载面 f 在参考面 $\bar{f}$ 之内的情况对应着土体当前蠕变速率较小的情况。

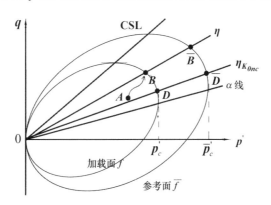

图 6-8　p'-q 平面内的各点的相对位置

由于本章采用了与过应力理论类似的建模思想，文中加载面 f 和参考面 $\bar{f}$ 与原始过应力理论中相应面有相同的性质，均是流动函数 φ 的等值面，对于位于与 B 点同一加载面 f 上的其他状态点，流动函数 φ 与 B 点所对应的 φ 是相等的。对于一维条件的 D 点，其体积蠕变速率 $\dot{\varepsilon}_{vn}^{vp}$，由式(6-21)得：

$$\varphi = \frac{\dot{\varepsilon}_{vn}^{vp}}{(\partial f/\partial p')_n} \tag{6-24}$$

式中：$(\partial f/\partial p')_n$ 为一维应变条件下的 $(\partial f/\partial p')$ 值。

一维条件的 D 点在 $p' \sim q$ 平面上的参考点为 $\bar{D}$，两者的有效应力比为 $\eta_{K_{0nc}}$，而由加载面 f 和参考面 $\bar{f}$ 的相似性，D 点和 $\bar{D}$ 点的竖向有效应力满足：

$$\sigma_v'/\bar{\sigma}_v' = p_c'/\bar{p}_c' \tag{6-25}$$

式中，p_c' 和 $\bar{p}_c'$ 分别表征加载面和参考面的大小。

因此，将式(6-12)代入式(6-24)，D 点的流动函数 φ 可表达为：

$$\varphi = \frac{\psi}{V_i T_0} \cdot \left(\frac{p_c'}{\bar{p}_c'}\right)^{(\lambda-\kappa)/\psi} \cdot \frac{1}{(\partial f/\partial p')_n} \tag{6-26}$$

考虑到加载面 f 的具体方程式(6-22)，以及 B 点和 D 点的流动函数 φ 相等，可得 $p'-q$ 平面上任意一状态点的流动函数表达式为：

$$\varphi = \frac{\psi}{V_i T_0} \cdot \left(\frac{p_c'}{\bar{p}_c'}\right)^{(\lambda-\kappa)/\psi} \cdot \frac{M^2 - \alpha_0^2}{M^2 - \eta_{K_{0nc}}^2} \tag{6-27}$$

上述求解流动函数的过程与 Zhou 等(2005)的方法是不同的。Zhou 等(2005)的三维流变模型完全省略了原始过应力理论中的静态屈服面 f_s 或者本章采用的定义参考面的做法，他先利用等效时间线分析了一维压缩情况的体积蠕变速率 $\dot{\varepsilon}_{vn}^{vp}$，然后直接假设加载面上任意一点的黏塑性体积应变率 $\dot{\varepsilon}_v^{vp}$ 与其同一面上的 $\dot{\varepsilon}_{vn}^{vp}$ 相等，然后再根据类似式(6-21)求得流动函数，即加载面 f 是黏塑性体积应变率 $\dot{\varepsilon}_v^{vp}$ 的等值面，求解过程如下：

$$\dot{\varepsilon}_v^{vp} = \dot{\varepsilon}_{vn}^{vp} \Rightarrow \varphi = \frac{\dot{\varepsilon}_v^{vp}}{\partial f/\partial p'} = \frac{\dot{\varepsilon}_{vn}^{vp}}{\partial f/\partial p'} \tag{6-28}$$

而本章建模思路是原始过应力理论的一种发展，定义了相对容易确定且物理意义较明确的参考面 $\bar{f}$，与原始过应力理论一致，本章加载面 f 与参考面 $\bar{f}$ 仍是流动函数 φ 的等值面，φ 的大小仅取决于加载面和参考面的相对位置，因此可直接利用同一加载面上、处于一维条件的状态点的体积蠕变速率来求解，简化求解过程如下：

$$\varphi_n = \frac{\dot{\varepsilon}_{vn}^{vp}}{(\partial f/\partial p')_n}, \quad \varphi = \varphi_n \tag{6-29}$$

6.2.2.4　三维弹黏塑性模型的表达及模型参数的确定

式(6-27)给出了流动函数 φ 的表达式，代入式(6-21)可得一般应力状态下土体的黏塑

性应变率 $\dot{\varepsilon}_{ij}^{vp}$ 为：

$$\dot{\varepsilon}_{ij}^{vp} = \frac{\psi}{V_i T_0} \cdot \left(\frac{p_c'}{\overline{p}_c'}\right)^{(\lambda-\kappa)/\psi} \cdot \frac{M^2 - \alpha_0^2}{M^2 - \eta_{K_{0nc}}^2} \cdot \frac{\partial f}{\partial \sigma_{ij}'} \tag{6-30}$$

结合式(6-19)所示的弹性应变率 $\dot{\varepsilon}_{ij}^e$ ，可得 K_0 固结软黏土在一般应力状态下完整的三维弹黏塑性本构关系：

$$\dot{\varepsilon}_{ij} = \frac{\kappa}{3V_i} \cdot \frac{\dot{p}'}{p'} \cdot \delta_{ij} + \frac{1}{2G} \cdot \dot{s}_{ij} + \frac{\psi}{V_i T_0} \cdot \left(\frac{p_c'}{\overline{p}_c'}\right)^{(\lambda-\kappa)/\psi} \cdot \frac{M^2 - \alpha_0^2}{M^2 - \eta_{K_{0nc}}^2} \cdot \frac{\partial f}{\partial \sigma_{ij}'} \tag{6-31}$$

另外，参考面 $\overline{f}$ 以土体黏塑性体积应变增量为硬化参数，满足如下硬化规律：

$$\overline{p}_c' = \overline{p}_{c0}' \cdot \exp\left(\frac{\Delta\varepsilon_v^{vp}}{(\lambda-\kappa)/V_i}\right) \tag{6-32}$$

若考虑土体发生不可恢复变形时各向异性的变化，则式(6-31)中的各向异性参数 α 还应满足一定的旋转硬化规律，构造与模型匹配的增量形式演化方程如下，其具体表达式详见后文探讨。

$$\dot{\alpha} = A(\alpha) \cdot S_\alpha(\dot{\varepsilon}_v^{vp}, \dot{\varepsilon}_s^{vp}) \tag{6-33}$$

模型参数除了修正剑桥模型的基本参数(λ、κ、M、v 和 e_i)外，还有描述蠕变快慢的参数 ψ 以及表征土体各向异性的相关参数，下面分别对各参数的取值进行讨论。

(1)修正剑桥模型的基本参数。

e_i 为土样 K_0 固结完毕、剪切之前的孔隙比，可通过测定土样的天然孔隙比 e_0 以及 K_0 固结阶段的体积变化计算得到；M 可通过测定不同围压下常规三轴压缩试验，土样临界状态时的有效应力比得到，另外若得到土体的压缩有效内摩擦角 φ_c'，也可按如下关系计算 $M = 6\sin\varphi_c'/(3 - \sin\varphi_c')$。对于软黏土，泊松比 ν 一般取 0.3。$\kappa = C_s/\ln10$，$\lambda = C_c/\ln10$，C_s 和 C_c 可分别由一维常规 24 h 压缩试验以及回弹再压缩试验获得，一般情况下，软黏土满足 $\lambda/\kappa = 5\sim10$。

(2)黏性参数 ψ。

黏性参数 ψ 表征了软黏土在一维情况下蠕变(次固结)的快慢程度，满足 $\psi = C_\alpha/\ln10$，C_α 为次固结系数。本章假定次固结系数 C_α 为常数，通过正常固结土在一维压缩试验的 2~3 个对数时间内的 $e\sim\log t$ 曲线得到。本章模型中，λ/ψ 和 $(\lambda-\kappa)/\psi$ 均以指数项出现，ψ 值的变化将会对土体的应力应变关系及应力路径等产生较大的影响，一般软黏土的 $\lambda/\psi = 15\sim25$。

另外，通过比较大量的试验数据，Mesri 等(1987)发现，次固结系数 C_α 与压缩指数 C_c 存在着很好的一一对应关系，C_α/C_c 基本为定值，对于无机质软黏土，$C_\alpha/C_c = 0.04\pm0.01$，对于有机质软黏土，$C_\alpha/C_c = 0.05\pm0.01$。因此，在没有试验条件得到 C_α 的确定值时，原则上也可按上述经验关系取值。

(3)各向异性变量 α 的初始值 α_0。

模型引入旋转硬化规律后，α 为一变量。土体各向异性的参数有三个，分别为 α 的初

始值 α_0、以及描述 α 变化规律的旋转硬化参数 r 和 b，在此对 α_0 的确定方法进行讨论，而参数 r 和 b 的解析表达在后文第 6.2.3 节结合具体的旋转硬化规律给出。

对于正常 K_0 固结黏土，其固结历史诱发的各向异性用 α_0 表征，此过程中土体侧向变形为零，处于一维应变状态，体积应变 ε_v 和剪切应变 ε_s 满足 $\varepsilon_s/\varepsilon_v = 2/3$，相应的应变率也满足此比例关系。当土体在一维压缩情况发生黏塑性流动时，弹性应变较小，基本有 $\dot{\varepsilon}_{ij} \approx \dot{\varepsilon}_{ij}^{vp}$，因此，根据式(6-21)的流动法则，有：

$$\frac{\dot{\varepsilon}_s^{vp}}{\dot{\varepsilon}_v^{vp}} = \frac{\partial f/\partial q}{\partial f/\partial p'} \approx \frac{2}{3} \tag{6-34}$$

将加载面 f 的方程式(6-22)代入上式，同时正常 K_0 固结土体满足 $\eta = \eta_{K_{0nc}}$，$\alpha = \alpha_0$，可得 α_0 的表达式为：

$$\alpha_0 = (\eta_{K_{0nc}}^2 + 3\eta_{K_{0nc}} - M^2)/3 \tag{6-35}$$

式中：$\eta_{K_{0nc}} = 3(1-K_{0nc})/(1+2K_{0nc})$，而 K_{0nc} 可按 $K_{0nc} = 1 - \sin\varphi'_c$ 计算。由于 M 也与土体的有效压缩内摩擦角 φ'_c 有关，因此 α_0 也是 φ'_c 的函数。

6.2.3 K_0 固结黏塑性软土的旋转硬化规律

当 K_0 固结软土在外荷载作用下发生不可恢复的变形时，其应力诱发的各向异性发生变化，相应的加载面 f 与参考面 $\bar{f}$ 发生旋转，其旋转硬化规律通过各向异性参数 α 的演化来描述。

6.2.3.1 旋转硬化规律

沈恺伦(2006)和王立忠等(2008)对 K_0 固结结构性软土的各向异性演化进行了探讨，建立了与塑性剪应力增量 $\delta\varepsilon_s^p$ 和塑性体应变增量 $\delta\varepsilon_v^p$ 均相关的旋转硬化规律，并通过对温州软黏土进行旋转硬化试验，验证了所建立的旋转硬化规律的正确性。此旋转硬化规律同样没有考虑到土体黏性的影响，对相关旋转硬化参数的取值只给出了大致的范围。

本节考虑到土体黏塑性变形的特性，对王立忠等(2008)所建立的旋转硬化规律进一步细化，采用与其相同形式的旋转硬化规律，但是旋转硬化内变量变为黏塑性体积应变率 $\dot{\varepsilon}_v^{vp}$ 和黏塑性剪应变率 $\dot{\varepsilon}_s^{vp}$，同时推导了相关旋转硬化参数的解析表达式，使模型能更为方便地进行弹黏塑性分析。

本节采用的旋转硬化规律的具体形式如下：

$$\dot{\alpha} = b\{[(\beta_s + |\beta_s|)\eta - 2|\beta_s|\alpha] \cdot |\dot{\varepsilon}_s^{vp}| - r(2|\beta_s|\alpha)\langle\dot{\varepsilon}_v^{vp}\rangle\} \tag{6-36}$$

式中：b 表征土体剪切过程中加载面和参考面旋转的快慢，r 反映了黏塑性体积应变率 $\dot{\varepsilon}_v^{vp}$ 与塑性剪切应变率 $\dot{\varepsilon}_s^{vp}$ 对旋转硬化影响的比例关系。

在考虑 $\dot{\varepsilon}_s^{vp}$ 对各向异性演化的影响时，假定存在一旋转极限面 RLS(表现在 $p'-q$ 平面内为两条过原点的射线 RLL，β_s 为确定 RLL 的函数：

$$\beta_s = \big| M - |\alpha| \big| - |\eta| \qquad (6-37)$$

令 $\beta_s = 0$ 即可得到 RLL 的方程，本节模型的加载面以及 RLL、CSL 和 α 线的相互关系如图 6-9 所示。

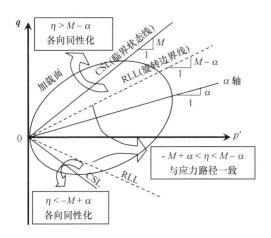

图 6-9　模型加载面和旋转硬化规律示意

当加载路径中的应力点位于上下 RLL 之间时，即 $\beta_s \geqslant 0$，$-M+|\alpha| \leqslant \eta \leqslant M-|\alpha|$ 时，土体呈现各向异性化特征（anisotropization），式（6-36）变为：

$$\dot{\alpha} = b\{[2\beta_s(\eta-\alpha)] \cdot |\dot{\varepsilon}_s^{vp}| - r(2\beta_s\alpha)\langle\dot{\varepsilon}_v^{vp}\rangle\} \qquad (6-38)$$

此时若不考虑黏塑性体积应变的影响，随着黏塑性剪切应变的增加，α 的终值为 η，即加载面 f 与参考面 $\bar{f}$ 的倾斜度会逐渐趋向于 η，土体各向异性演变取决于应力路径方向。

当加载路径中的应力点位于上下 RLL 范围之外时，即 $\beta_s < 0$，$\eta > M-|\alpha|$ 或 $\eta < -M+|\alpha|$ 时，土体呈现各向同性化特征（isotropization），式（6-36）变为：

$$\dot{\alpha} = b\{[2\beta_s\alpha] \cdot |\dot{\varepsilon}_s^{vp}| + r(2\beta_s\alpha)\langle\dot{\varepsilon}_v^{vp}\rangle\} \qquad (6-39)$$

此时若不考虑黏塑性体积应变的影响，随着黏塑性剪切应变的增加，α 的终值为 0，即加载面 f 与参考面 $\bar{f}$ 的倾斜度会逐渐减小直至关于 p' 轴对称，土体各向异性消失。

由式（6-38）和式（6-39）可知，加载过程中，黏塑性体积应变的增加均会导致土体各向异性的减小，最终土体趋于各向同性，α 的终值为 0。

6.2.3.2　旋转硬化参数的确定

引入旋转硬化规律后，模型在原有参数基础上会增加两个旋转硬化参数 r 和 b，在此对 r 和 b 的确定方法进行探讨。

（1）旋转硬化参数 r。

一般认为，同一种土质不同深度的 K_0 系数相同，因此土体若在 K_0 固结后仍按 $\eta = \eta_{K_{0nc}}$ 的路径加载（一维压缩），则 α 应满足 $\alpha \equiv \alpha_0$，$\dot{\alpha} = 0$。而一维压缩时，$\beta_s > 0$，由式（6-38）可

知，参数 r 须满足：

$$(\eta - \alpha)\dot{\varepsilon}_s^{vp} - r\alpha\dot{\varepsilon}_v^{vp} = 0 \qquad (6-40)$$

而由式（6-21），加载过程中黏塑性应变率满足：

$$\dot{\varepsilon}_s^{vp}/\dot{\varepsilon}_v^{vp} = 2(\eta - \alpha)/(M^2 - \eta^2) \qquad (6-41)$$

将 $\eta = \eta_{K_{0nc}}$ 和 $\alpha \equiv \alpha_0$ 的条件以及式（6-41）的关系代入式（6-40），可得：

$$r = \frac{2(\eta_{K_{0nc}} - \alpha_0)^2}{\alpha_0(M^2 - \eta_{K_{0nc}}^2)} \qquad (6-42)$$

（2）旋转硬化参数 b。

参数 b 控制着土体各向异性的演变速率，以往采用试验数据反算得到，不确定性较大。王立忠等（2008）仅给出了参数 b 的大致范围，认为正常固结软黏土，参数 b 应在 $10 \sim 50$ 之间取值，但 b 具体取值多少或确定方法没有给出。

本章对于参数 b 的确定，采用与参数 r 类似的方法，通过考察等向固结这一特殊路径下土体的黏塑性体积应变增量，推求了参数 b 的理论表达式。

Anandarajah 等（1996）的试验结果指出，若对原状三轴土样进行从应力为 0 开始的等向固结，当固结应力达到初始屈服应力的 $2 \sim 3$ 倍时，土体的初始各向异性会完全消失。此过程中的黏塑性体应变可按下式计算：

$$\Delta\varepsilon_v^{vp} = \frac{\lambda - \kappa}{V_i}\ln\left(\frac{\bar{p}_c'}{\bar{p}_{c0}'}\right) = \frac{\lambda - \kappa}{V_i}\ln(2 \sim 3) \approx \frac{\lambda - \kappa}{V_i} \qquad (6-43)$$

另外，式（6-41）中 $\dot{\varepsilon}_s^{vp}$ 与 $\dot{\varepsilon}_v^{vp}$ 的关系在等向固结过程中仍成立，而且此过程中 $q = 0$、$\eta = 0$，$\beta_s = M - \alpha > 0$，代入式（6-38）所示的 α 演化规律，并化简可得：

$$\frac{M^2\dot{\alpha}}{(M - \alpha) \cdot \alpha \cdot |2\alpha - rM^2|} = 2b\dot{\varepsilon}_v^{vp} \qquad (6-44)$$

对上式两边分别积分，积分条件满足：在等向固结过程中，土体黏塑性体积应变从 0 增加到 $\Delta\varepsilon_v^{vp}$，α 则从初始值 α_0 逐渐减少至当前值。因此有：

$$\left[\frac{1}{2 - rM}\ln\left(\frac{|rM^2 - 2\alpha|}{M - \alpha}\right) + \frac{1}{rM}\ln\left(\frac{|rM^2 - 2\alpha|}{\alpha}\right)\right]\Bigg|_{\alpha_0}^{\alpha} = 2b\Delta\varepsilon_v^{vp} \qquad (6-45)$$

当 α 减少到初始值 α_0 的 $1/10$ 时，可认为土体的各向异性已基本消失，将式（6-43）所示的黏塑性体积应变代入上式右边，即可求得参数 b 的表达式如下：

$$b = \frac{V_i}{2(\lambda - \kappa)}\left[\frac{2}{(2 - rM)rM}\ln\left(\frac{|rM^2 - 2\alpha_0/10|}{|rM^2 - 2\alpha_0|}\right) + \frac{\ln 10}{rM} - \frac{1}{(2 - rM)}\ln\left(\frac{M - \alpha_0/10}{M - \alpha_0}\right)\right]$$

$$(6-46)$$

参数 M、α_0 和 $\eta_{K_{0nc}}$ 均可由有效内摩擦角 φ_c' 计算求得，由式（6-42）和式（6-46）可知，旋转硬化参数 r 以及 $2b(\lambda - \kappa)/V_i$ 理论上也为 φ_c' 的函数。参数 r 和 $2b(\lambda - \kappa)/V_i$ 随 φ_c' 的变化如图 6-10 所示，均随 φ_c' 的增加而增大。对于一般 K_0 固结软土，$\varphi_c' = 20° \sim 35°$，此时 $r = 0.29 \sim$

0.5，而 $2b(\lambda - \kappa)/V_i$ 则从 3.0 逐渐增大至 7.1。当然，若参数 M 和 K_{0nc} 有具体的实测值，则可通过本章关系式更为精确的确定参数 r 和 b 的值。

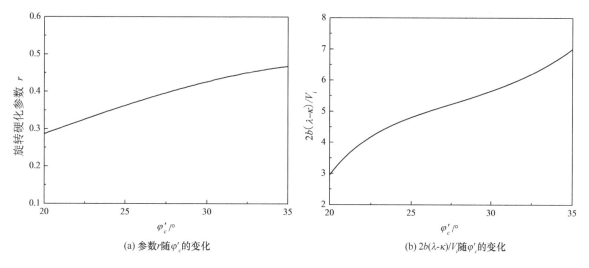

(a) 参数 r 随 φ'_c 的变化　　　　　　　　(b) $2b(\lambda - \kappa)/V_i$ 随 φ'_c 的变化

图 6-10　旋转硬化参数随有效内摩擦角 φ'_c 的变化关系

6.2.4　模型验证与应用

为验证模型的正确性及有效性，将模型应用于本章针对原状温州黏土的三轴试验以及其他黏土的试验结果的模拟预测，通过对比分析，阐述本章模型的特点及适用性。

6.2.4.1　模型在三轴条件下的相关讨论

1) 三轴条件下的本构关系

土体处于三轴条件时，其应力、应变率满足如下关系：

$$p' = (\sigma'_a + 2\sigma'_r)/3, \quad q = \sigma'_a - \sigma'_r$$

$$\dot{\varepsilon}_v = \dot{\varepsilon}_a + 2\dot{\varepsilon}_r, \quad \dot{\varepsilon}_s = 2(\dot{\varepsilon}_a - \dot{\varepsilon}_r)/3 \tag{6-47}$$

式中：下标"a"和"r"分别表示变量的轴向和径向分量。

将上述应力、应变条件分别代入式(6-31)所示的本构模型中，可得三轴条件下土体的体积应变率 $\dot{\varepsilon}_v$ 和剪切应变率 $\dot{\varepsilon}_s$ 分别为：

$$\dot{\varepsilon}_v = \frac{\kappa}{V_i} \cdot \frac{\dot{p}'}{p'} + \frac{\psi}{V_i T_0} \cdot \left(\frac{p'_c}{p'_{c0}}\right)^{\frac{\lambda - \kappa}{\psi}} \cdot \exp\left(\frac{-\Delta\varepsilon_v^{vp}}{\psi/V_i}\right) \cdot \frac{M^2 - \alpha_0^2}{M^2 - \eta_{K_{0nc}}^2} \cdot \frac{M^2 - \eta^2}{M^2 - \alpha^2}$$

$$\dot{\varepsilon}_s = \frac{1}{3G} \cdot \dot{q} + \frac{\psi}{V_i T_0} \cdot \left(\frac{p'_c}{p'_{c0}}\right)^{\frac{\lambda - \kappa}{\psi}} \cdot \exp\left(\frac{-\Delta\varepsilon_v^{vp}}{\psi/V_i}\right) \cdot \frac{M^2 - \alpha_0^2}{M^2 - \eta_{K_{0nc}}^2} \cdot \frac{2(\eta - \alpha)}{M^2 - \alpha^2} \tag{6-48}$$

2) 临界状态

土体剪切过程中，黏塑性体积应变和黏塑性剪切应变同时发生；剪切到最后，黏塑性体积应变增量为零，而黏塑性剪切应变持续增加，土体到达临界状态，在 $p' \sim q$ 平面上用临界状态线 CSL(critical state line)表示。本章模型的 CSL 斜率可通过 $\dot{\varepsilon}_v^{vp}/\dot{\varepsilon}_s^{vp} = 0$ 求得，由式(6-48)中的黏塑性体积应变可知土体临界状态时满足：

$$\eta_{\text{CSL}} = \pm M \tag{6-49}$$

式中："+""-"分别对应三轴压缩和三轴拉伸情况。

3)三轴不排水条件

不排水情况下，土体总体积应变为零，则有：

$$\Delta \varepsilon_v^e + \Delta \varepsilon_v^{vp} = 0 \Rightarrow \Delta \varepsilon_v^{vp} = -\kappa/V_i \cdot \ln(p'/p'_0) \tag{6-50}$$

式中，p'_0 为土体固结完毕、剪切之前的初始平均有效应力。

利用式(6-50)和式(6-48)，黏塑性剪切应变率在三轴不排水条件下的表达式为：

$$\dot{\varepsilon}_s^{vp} = \frac{\psi}{V_i T_0} \left(\frac{M^2 - \alpha^2 + (\eta - \alpha)^2}{M^2 - \alpha^2} \right)^{\frac{\lambda - \kappa}{\psi}} \left(\frac{p'}{p'_0} \right)^{\frac{\lambda}{\psi}} \cdot (n)^{-\frac{\lambda - \kappa}{\psi}} \cdot \frac{M^2 - \alpha_0^2}{M^2 - \eta_{K_{0nc}}^2} \frac{2(\eta - \alpha)}{M^2 - \alpha^2} \tag{6-51}$$

式中：$n = \bar{p}'_{c0}/p'_0 = \beta \cdot \sigma'_{p0}/\sigma'_{v0}$，为常规 24 h 压缩试验所得、以 p' 定义的屈服应力比(不考虑土体结构性时，为超固结比)。β 为无量纲参数：

$$\beta = \left(\frac{M^2 - \alpha_0^2 + (\eta_{K_{0nc}} - \alpha_0)^2}{M^2 - \alpha_0^2} \right) \cdot \frac{1 + 2K_{0nc}}{1 + 2K_0} \tag{6-52}$$

式中，K_0 为土体剪切前的初始状态所对应的 K_0 系数，若土体初始为超固结状态，则一般有 $K_0 > K_{0nc}$。

6.2.4.2　三轴不排水剪切性状率相关性的模拟

1)与温州黏土试验结果的对比

(1)压缩剪切试验。

温州黏土的模型计算参数如表 6-1 所示。模型中的 V_i 为固结完成后剪切开始前土体的比容，与土样在剪切前 K_0 固结阶段产生的体积应变 ε_{v0} 有关。根据实际试验结果，轴向固结应力分别为 75.4 kPa、150 kPa 和 300 kPa，计算时 V_i 分别取值：2.80、2.516 和 2.316。

表 6-1　原状温州黏土的模型计算参数

λ	κ	ψ	$M[\varphi'_c/(\degree)]$	T_0/min	α_0	r	b	v
0.384	0.042	0.01	1.23 [31]	1440	0.4	0.55	39.1	0.3

图 6-11~图 6-13 分别为原状温州黏土的三轴不排水压缩试验结果及本章三维模型计算结果的对比情况。从模型的预测模拟情况来看，由于引入了黏塑性相关的旋转硬化规律，

模型对土样在压缩过程中的软化有一定程度的模拟，计算结果（除 C75.4 情况外）总体上与各组试验结果均较为吻合。根据各压缩试验结果，温州黏土在剪应变平均达到 10% 左右后，基本已达到临界状态（σ_1'/σ_3' 达到最大），平均的 $M = 1.23$。压缩剪切过程中，土样均产生了明显的斜向下约 45° 的剪切带，应变局部化显著，致使试验测得的土体剪切后期的应力值有一定误差，计算曲线和试验结果也在试验后期产生一定偏差，如图 6-12（a）和图 6-13（a）所示。

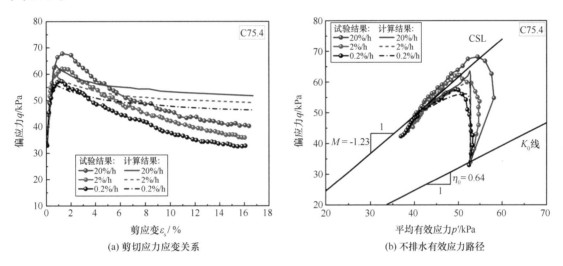

图 6-11　C75.4 情况下的试验结果和计算曲线

模型计算结果与 C75.4 试验差异较大（图 6-11），这主要是本章弹黏塑性模型没有考虑土体结构性的影响所致。在 C75.4 的试验情况下，土体的固结应力较小，在后续剪切过程中土体结构性的破损会加剧土体的软化；而在 C150 和 C300 情况下，由于固结应力较大，土体结构性在固结阶段已经基本丧失，因此对剪切阶段的土体性状影响不大，也使得模型计算曲线与试验结果吻合程度改善。

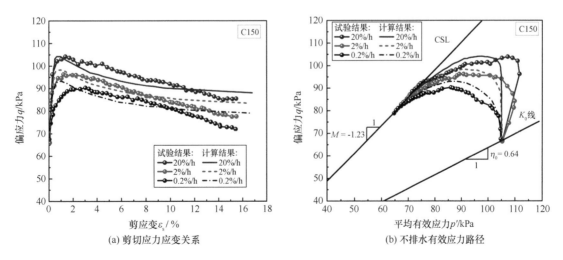

图 6-12　C150 情况下的试验结果和计算曲线

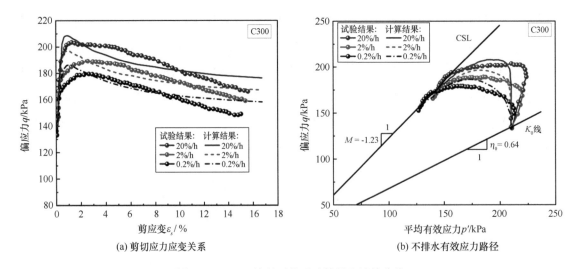

(a) 剪切应力应变关系   (b) 不排水有效应力路径

图 6-13   C300 情况下的试验结果和计算曲线

总体而言，本章考虑各向异性演化的弹黏塑性模型能够较好地反映温州黏土在不排水压缩剪切过程中的应变率效应，计算所得土体的压缩剪切性状的应变率效应持续存在于整个剪切过程，在同一固结应力条件下，不同加载速率的应力应变曲线在峰值强度过后基本平行，与试验结果的规律较为符合。

（2）拉伸剪切试验。

图 6-14~图 6-16 分别给出了温州黏土的三轴不排水拉伸试验结果以及模型计算曲线。与压缩试验类似，应变率对土体的不排水拉伸剪切性状有较显著影响，模型也较好地模拟了土样在不排水拉伸全过程的应变率效应，计算应力路径与实测结果在试验初期有一定偏差，但后期则吻合较好。

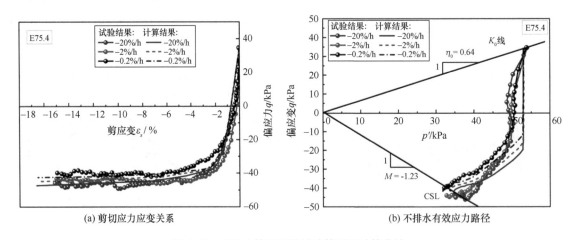

(a) 剪切应力应变关系   (b) 不排水有效应力路径

图 6-14   E75.4 情况下的试验结果和计算曲线

与压缩试验现象不同的是，拉伸试验中，模型计算和试验结果均没有应变软化发生，拉伸应力应变关系均为硬化型。计算曲线与试验结果吻合较好，这也证明了本章模型可用

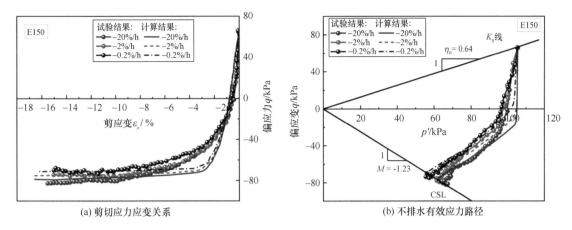

图 6-15　E150 情况下的试验结果和计算曲线

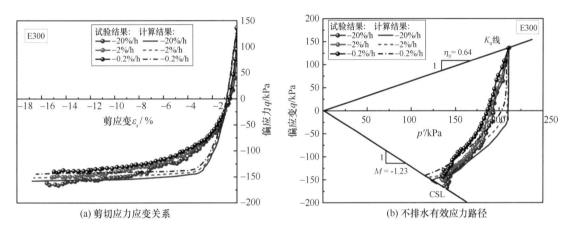

图 6-16　E300 情况下的试验结果和计算曲线

于模拟分析 K_0 固结软黏土的拉伸剪切性状及其应变率效应。

（3）剪切过程中各向异性参数 α 的变化。

土体各向异性演化通过模型参数 α 的变化来反映。在此以 C150 和 E150 两组试验为例，探讨不排水剪切过程 α 的变化规律，如图 6-17 所示，其他固结应力下的剪切试验中 α 的演化与图示规律一致。

从图 6-17 中可以看出，在 K_0 固结后的不排水压缩或拉伸剪切过程中，随着剪应变的发展，α 均从初始值 $\alpha_0 = 0.4$ 逐渐减小，土体各向异性在剪切中逐渐消失，最终到达临界状态时表现出各向同性特性。拉伸过程中 α 的衰减速率相对较大，这是由于拉伸过程中轴向应力逐渐减小，偏应力 q 发生了从正变负的符号反向，加速了加载面 f 和参考面 $\bar{f}$ 向 p' 轴的旋转。在不排水剪切过程中，无论是压缩还是拉伸，始终有 $\alpha \geq 0$。

2）与其他代表性软黏土试验结果的对比

为进一步探讨本章三维弹黏塑性本构模型的适用性，本章将此模型运用于其他国内外

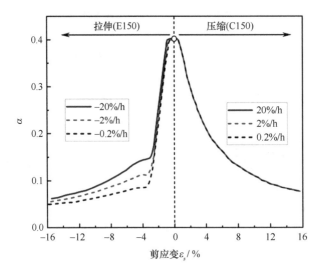

图 6-17　C150 和 E150 情况计算所得 α 的变化规律

代表性软黏土的三轴试验结果的预测模拟，并对模型特点进行进一步阐述。

（1）各向不等压固结的 Sackville 黏土。

1989 年，加拿大 New Brunswick 省 Sackville 地区建造了一段人工试验堤，此处地基浅层主要是淤泥质粉质黏土，Hinchberger 等（2005）对此区域地表以下 2~7 m 深度范围内的土体做了大量室内试验。结合 Hinchberger 等（2005）的试验资料，本章计算了试验堤底面以下 5.6 m 处软黏土的三轴不排水压缩剪切性状的率相关性。

试验时，试样先在 $K_0 = 0.76$ 的条件下固结 24 h，达到正常固结范围，然后在不排水条件下分别按 0.009%/min，0.1%/min 和 1.14%/min 的轴向应变率加载至土样破坏。该软黏土的计算参数如表 6-2 所示，除黏性参数 ψ 外，其他全部源自 Hinchberger 等（2005）的论文。黏性参数 ψ 由于缺乏确定的试验结果，一般可在 $C_\alpha/C_c = 0.04\pm0.01$ 范围内取值，综合考虑了 3 种应变率下的结果，本章计算时取 $C_\alpha/C_c = 0.05$。

表 6-2　其他代表性软黏土的模型计算算数

土体名称	κ/V_i	λ/V_i	ψ/V_i	$M_c[\varphi_c'/(°)]$	$T_0/\min$	α_0	r	b	v	p_0'/kPa	OCR
Sackville 黏土	0.024	0.112	0.006	1.72[30.5]	1440	0.03	0.4	10.4	0.3	61.8	1.0
Fukakusa 黏土	0.012	0.058	0.0023	1.5[29]	1440	0	0.41	6.2	0.3	392	1.0
香港海相 黏土	0.018	0.079	0.0025	1.243[31]	1440	0.47	0.44	48.3	0.25	—	1.0
Osaka 黏土	0.014	0.149	0.0059	1.26[31.3]	1440	0	0.45	10.6	0.3	294	1.0

Sackville 黏土的三轴不排水压缩过程的试验结果和模型计算曲线（图中实线）比较如图 6-18 所示。从图 6-18（a）的应力应变关系可以看出，本章模型较好地反映了等应变率剪切过程中，剪切速率越大，土体不排水强度越大的规律。计算所得偏应力 q 在压缩剪切的前期发展较实际要快，在有效应力路径图 6-18（b）中表现为试验前期的计算曲线比试验结果要陡，且应变率越大，计算曲线与试验结果偏离越多。但由于黏性参数 ψ 取值较合理，总体上，试验后期的计算曲线与试验结果吻合较好，模型能反映不等向固结软土在等应变率加载过程中应力增长和应变发展的规律。

由于 Sackville 黏土固结过程的 K_0 较大（$K_0 = 0.76$），土体压缩剪切前的初始偏应力 q_0 较小，相应的各向异性参数 α_0 和 b 较小，因此尽管模型考虑了土体剪切过程中各向异性的变化，但计算曲线没有表现出明显的应变软化现象。

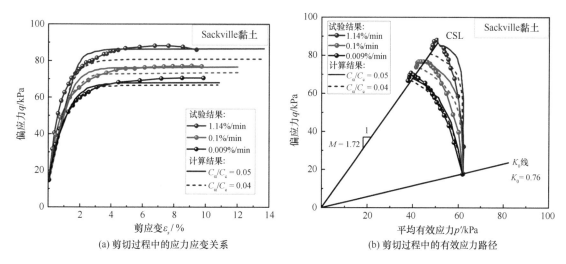

(a) 剪切过程中的应力应变关系　　　　　(b) 剪切过程中的有效应力路径

图 6-18　Sackville 黏土三轴不排水压缩试验结果及计算曲线

另外，黏性参数 ψ 控制着土体剪切性状的率相关程度。为比较黏性参数 ψ 的影响，图 6-18 中还给出了 ψ 按 $C_\alpha/C_c = 0.04$ 取值时的模型计算结果（图中虚线）。模型也能反映土体剪切性状的率相关性，但在各轴向应变率情况下计算所得的偏应力 q 均比 ψ 按 $C_\alpha/C_c = 0.05$ 取值的计算结果（图中实线）以及试验结果要小，试验的应变率越大，$C_\alpha/C_c = 0.04$ 情况的计算结果偏小越多。由此可见，黏性参数 ψ 是控制模型计算精度的关键参数之一，须针对具体黏土进行一维次压缩试验来加以确定，若无试验条件或资料时，原则上可以在 $C_\alpha/C_c = 0.04 \pm 0.01$ 范围内取值，但计算精度会受一定程度的影响。

（2）等向固结的 Fukakusa 黏土。

Adachi 等（1982）对重塑的正常固结 Fukakusa 黏土进行了三轴不排水的等应变率压缩试验。等应变率压缩试验时，试样先在 392 kPa 的有效围压下等向固结 24 h，此后在不排水条件下分别按 0.083 5%/min 和 0.008 17%/min 的轴向应变率加载直至土体破坏。表 6-2 中 Fukakusa 黏土的计算参数也取自此文，同样黏性参数 ψ 由于没有确定的试验结果，计算时

按照 $C_\alpha/C_c = 0.04$ 取值。

图6-19为等向固结的Fukakusa黏土的三轴压缩试验以及模型预测的剪切应力应变关系的比较，由图示结果可知，模型能反映等向固结Fukakusa黏土压缩剪切的率相关性，对土体的三轴不排水临界压缩强度模拟较为准确，但是对剪切初期的偏应力 q 及相应的土体剪切刚度的模拟则略大于试验结果。造成这种偏差的原因可能是：①由于无法获得Fukakusa黏土的原始压缩曲线及确定的 C_α 值，在此仅按经验关系 $C_\alpha/C_c = 0.04$ 取值，C_α 值可能略偏大从而影响了计算精度；②本章模型采用"径向映射准则"定义参考应力，而Kutter等（1992）曾指出采用此种映射准则，会在一定程度上高估不排水剪切过程中的剪应力。从实际计算结果来看，q 偏大的程度仅表现在剪切前期且尚在可接受范围内，而径向映射准则相对简单，故本章模型采用此应力映射准则仍认为是可行的。

另外，由于Fukakusa黏土在压缩剪切前为等向固结，相应的初始各向异性参数 α_0 为0，按本章方法计算的旋转硬化参数 b 也较小，仅为6.2，因此计算所得的应力应变关系基本没有应变软化现象，与试验规律也基本一致。

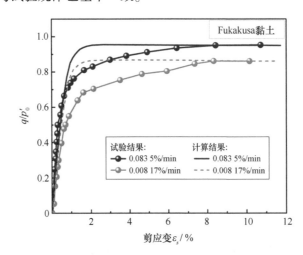

图6-19 Fukakusa黏土三轴不排水压缩试验应力应变关系及计算曲线

（3）K_0 固结的香港海相黏土。

香港海相黏土为深灰色的粉质黏土，Zhou等（2005）及Yin等（2006）通过系统的试验，考察了原状香港海相黏土的三轴不排水剪切性状及其应变率效应。试验时，原状土样先进行 K_0 固结（$K_{0nc} = 0.48$），然后在围压保持不变的情况下对土样进行压缩或拉伸，通过改变不同阶段的剪切应变率，对土样进行多级加载剪切试验。本章取围压分别为150 kPa和400 kPa、初始剪切应变率为 $-2\%/h$ 的拉伸试验结果作为研究对象，分别用"E150"和"E400"表示。模型计算参数见表6-2，除本章旋转硬化参数 r 和 b 外，其他参数均来自Zhou等（2005）的文章。需说明的是，由于 K_0 固结香港海相黏土试验所得的 M_e 比 M_c 小很多，计算时参数 M 按实测结果取值，$M_e = 0.879$。

　　计算曲线与试验结果的对比如图 6-20 所示。从图示结果可以看出，对于 E150 和 E400 两种情况，在相同的剪切应变下，模型计算所得的偏应力 q 的衰减速度在拉伸剪切前期均比试验结果要稍微偏慢，而当剪应变大于 1% 后，计算所得的偏应力 q 绝对值较试验结果有一定偏大，但两者偏差并不多。这说明本章模型能较好地反映土体三轴不排水拉伸剪切性状，在模型参数取值合理的条件下，利用本章模型来模拟三轴拉伸性状是可行的。

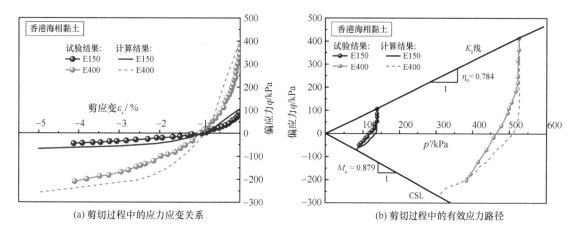

(a) 剪切过程中的应力应变关系　　　(b) 剪切过程中的有效应力路径

图 6-20　香港海相黏土三轴不排水拉伸试验结果及计算曲线

　　另外，图 6-21 还给出了在 E150 和 E400 两种情况下，由模型计算所得的各向异性参数 α 的变化规律。从图中可以看出，对于 K_0 固结土体，在拉伸剪切初期（$\varepsilon_s = 0 \sim -1\%$），受模型模拟偏应力 q 的衰减速率的影响，此阶段的 α 变化较小，但当剪应变较大后，α 迅速减小，土体的应力诱发各向异性会逐渐丧失，这与图 6-17 所示本章温州黏土的 α 演化规律基本是一致的。另外，图中 E150 和 E400 两种情况的 α 变化曲线基本重合，说明 α 的演变主要取决于土体的变形。

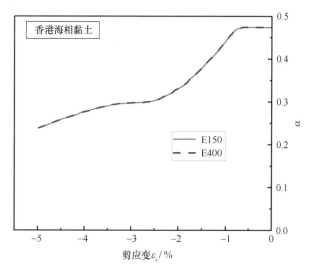

图 6-21　计算所得香港海相黏土在三轴不排水拉伸过程中 α 的衰减

6.2.4.3 三轴不排水蠕变性状模拟

三轴不排水剪切蠕变试验中，加载后偏应力 q 始终保持不变，随着土体蠕变剪切的发生，其超静孔压会增大，而平均有效应力会逐渐降低。

1）与温州黏土试验结果的对比

图 6-22 给出了 K_0 固结温州黏土的三轴不排水蠕变试验结果以及模型预测曲线。在蠕变前期模型预测的剪切应变要稍微偏低于试验值，剪切应变率也稍小，但当土体的偏应力增量 Δq 较大时，模型很好地预测了土样的加速蠕变破坏过程，破坏时间 t_f 与试验结果也较为接近。试验所得 K_0 固结温州黏土发生蠕变破坏所需的偏应力增量门槛值 Δq 介于（0.12~0.16）p_0' 之间，而模型的计算结果显示，土样在 $\Delta q = 0.12p_0'$ 时蠕变呈衰减型发展，当 $\Delta q = 0.16p_0'$ 时土样则会发生加速蠕变破坏，与试验规律非常一致。

从图 6-22（b）所示的超静孔压累积的模拟情况可以看出，在蠕变前期，模型计算所得的超静孔压要高于试验结果。这主要是由于模型计算时按照有效应力原理的假设，认为土体在加载的初始时刻外荷载全部由孔隙水承担，而实际上外荷载可能是由土骨架和孔隙水共同承担，另外在试验前期所测得的超静孔压还存在着一定的滞后，因此造成两者存在一定的差异，模型对试验后期孔压发展的模拟相对较好。

图 6-23 给出了不排水蠕变过程中模型各向异性参数 α 的变化曲线，由图中结果可知，在不排水蠕变过程中，K_0 固结温州黏土的 α 随着土体剪应变 ε_s 的增大而不断衰减，应力诱发各向异性逐渐消失，土体趋于各向同性。

2）与其他代表性软黏土试验结果的对比

（1）各向不等压固结的 Sackville 黏土。

Hinchberger 等（2005）对地表以下 5.6 m 处的原状 Sackville 黏土还进行了三轴多级不排水蠕变试验，土体各物理力学性质如前文所述。试验时，土样先在 $K_0 = 0.76$、$p_0' = 61.8$ kPa（$q_0 = 17.66$ kPa）的条件下固结 24 h，然后在不排水情况下增加土样的偏应力，保持偏应力不变土体发生蠕变，当前一级荷载作用下土样孔压和应变基本不变后才进行下一级加载蠕变试验。试验分三级加载，每级加载后土样的总偏应力 q 分别为 35 kPa、44.5 kPa 和 50 kPa，每级荷载持续作用时间分别为 8 000 min、12 000 min 和 12 000 min。Sackville 黏土的各模型计算参数仍按表 6-2 中取值，其不排水蠕变试验结果及模型计算曲线对比如图 6-24 所示。

从图 6-24（a）中的剪切应变发展趋势可以看出，在前两级荷载作用下（q 分别达到 35 kPa 和 44.5 kPa），土体的剪切应变发展较小且最后会趋于稳定；在第三级荷载时，由于总偏应力较大，土体在一定时间后开始出现加速蠕变的趋势。本章模型较好地反映了各级荷载下土体蠕变发展的规律，计算所得各级荷载下土体剪切应变最终值均较符合试验结果，

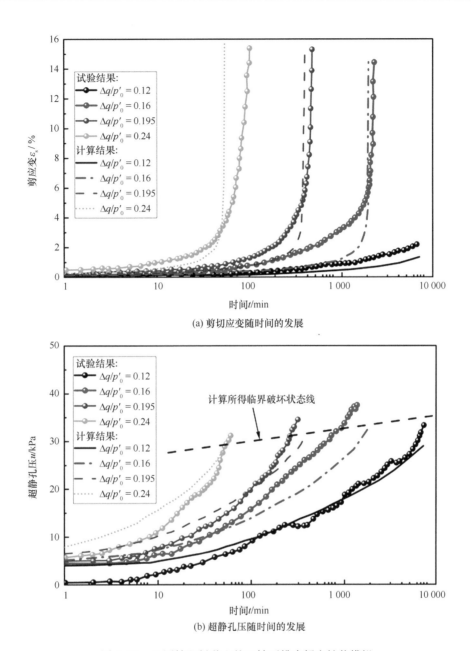

(a) 剪切应变随时间的发展

(b) 超静孔压随时间的发展

图 6-22　K_0 固结温州黏土的三轴不排水蠕变性状模拟

只是在加载前期的应变略微偏大，这大致是由于本章模型假设土体的弹性变形与时间无关，均为瞬时完成所造成的。

　　而从图 6-24(b) 所示结果可以看出，本章模型也能较好地反映 Sackville 黏土在多级加载蠕变过程中的超静孔压随时间的发展。相对而言，对后两级荷载的超静孔压预测较好，在第一级荷载情况下计算所得的孔压比试验结果略小，但从数值上看，在试验时间 $t = 8\,000$ min 时，两者仅相差 3.5 kPa，模型计算精度是可以接受的。

　　(2) 等向固结的 Osaka 黏土。

　　Sekiguchi(1984) 对正常固结的原状日本 Osaka 黏土的三轴不排水蠕变性状进行了详尽

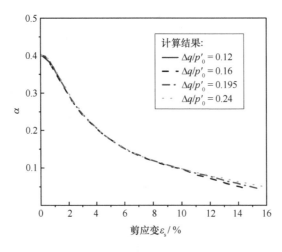

图 6-23　计算所得 K_0 固结温州黏土不排水蠕变过程中 α 的变化

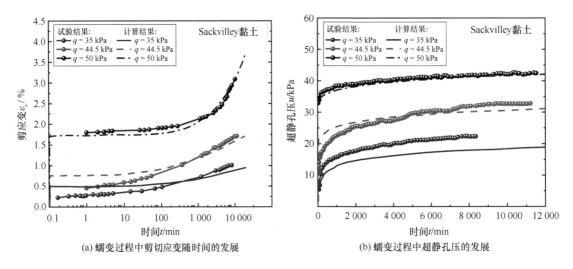

(a) 蠕变过程中剪切应变随时间的发展　　　　(b) 蠕变过程中超静孔压的发展

图 6-24　各向不等压固结 Sackville 黏土三轴不排水蠕变性状的模拟

的试验研究。试验土样取自大阪湾的 Umeda 地区，天然孔隙比 $e_0 = 1.303$。试验路径与本章对温州黏土的三轴不排水蠕变试验类似，均为单级加载，但土样蠕变前为等向固结，初始固结应力 $p'_0 = 294$ kPa，其后的加载偏应力增量幅度为 $\Delta q/p'_0 = 0.2 \sim 0.867$。

土体的计算参数按 Sekiguchi(1984) 及 Adachi 等(1985) 的建议取值，如表 6-2 所示，模型计算结果与试验结果的对比情况见图 6-25。从图 6-25(a) 所示的剪切应变发展情况来看，土样在 $\Delta q/p'_0$ 大于 0.663 后会发生加速蠕变破坏，本章模型能够较为准确地反映等向固结的 Osaka 黏土的这一蠕变特征，计算所得各荷载下的蠕变破坏时间也较为符合试验结果。而由图 6-25(b) 所示结果可知，模型较好地反映了在各荷载作用的不排水蠕变过程中，平均有效应力 p' 随时间不断减小的规律，但相对来说预测精度不如对剪切应变的模拟，特别是在蠕变初期，计算所得的 p' 要比试验结果偏大，这可能是与参数 κ 的取值及模型对土体弹性性状的假设有关。

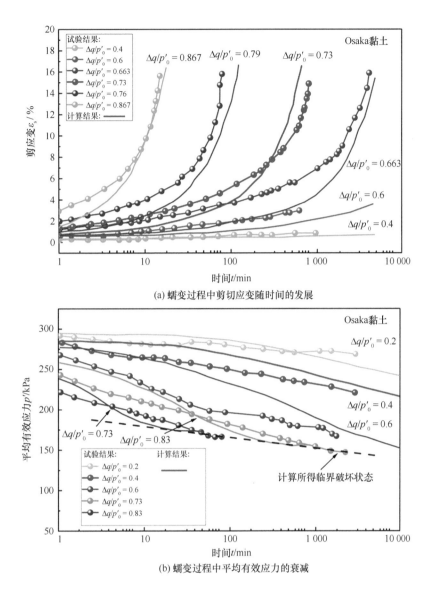

(a) 蠕变过程中剪切应变随时间的发展

(b) 蠕变过程中平均有效应力的衰减

图 6-25　等向固结 Osaka 黏土三轴不排水蠕变性状的模拟

6.2.5　旋转硬化规律的相关讨论

天然 K_0 固结软土在实际剪切过程中，各向异性发生变化。在此，以本章温州黏土的试验结果为基础，进一步探讨旋转硬化规律的合理性和必要性。

6.2.5.1　模型引入旋转硬化规律的必要性

1) 旋转硬化对三轴不排水剪切性状模拟的影响

以本章温州黏土在轴向应变率 $\dot{\varepsilon}_a = 20\%/h$ 时的 C150 和 E150 两个试验为例，讨论考虑各向异性演化与否对三轴不排水剪切性状计算结果的影响，如图 6-26 所示，图中 $\alpha = \alpha_0$ 恒定情况对应着旋转硬化参数 $b=0$。从图中可以看出，无论是压缩还是拉伸情况，考虑剪切过程中的各向异性演化后，计算结果更加符合试验规律。

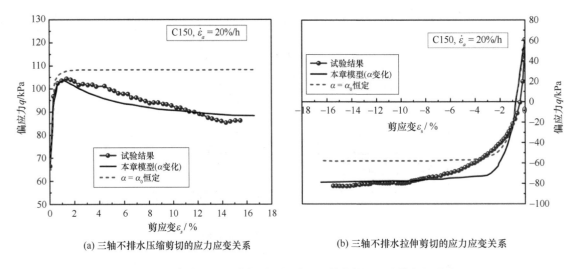

(a) 三轴不排水压缩剪切的应力应变关系　　(b) 三轴不排水拉伸剪切的应力应变关系

图 6-26　各向异性的演化对温州黏土不排水剪切试验模拟的影响

对于原状黏土的压缩情况，尽管本章模型没有考虑结构性、剪切带、应变局部化等因素的影响，但是由于引入旋转硬化规律，α 逐渐衰减，模型仍能在一定程度上模拟剪切过程中的应变软化现象。对于原状黏土的拉伸情况，本章模型相比于 α 恒定情况，计算结果与试验更符合。α 恒定情况所得的拉伸强度偏小，但是对拉伸前期的土体刚度模拟较好。

2) 旋转硬化对三轴不排水蠕变性状模拟的影响

以原状 K_0 固结温州黏土在偏应力增量 $\Delta q=0.195p_0'$ 的试验结果为研究对象，讨论旋转硬化规律对三轴不排水蠕变性状的影响。图 6-27 分别为采用本章的旋转硬化规律以及不考虑各向异性演化（$\alpha=\alpha_0$）时模型对温州黏土不排水蠕变性状的模拟情况。

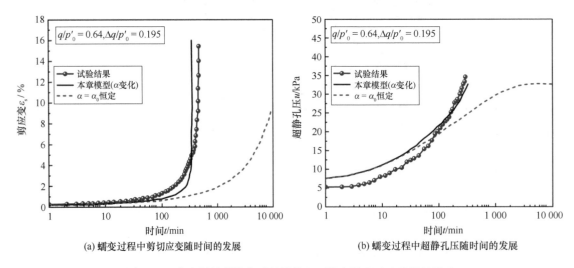

(a) 蠕变过程中剪切应变随时间的发展　　(b) 蠕变过程中超静孔压随时间的发展

图 6-27　各向异性的演化对温州黏土不排水蠕变试验模拟的影响

从计算曲线与试验结果的对比可知，采用旋转硬化规律后，由于考虑了 K_0 固结土体在蠕变过程中各向异性的衰减，使得模型对剪切应变、孔压以及土样的蠕变破坏时间等均与试验结果较为吻合，而 $\alpha = \alpha_0$ 时对土样的蠕变破坏时间模拟偏大，致使与试验结果相差较远。

6.2.5.2　旋转硬化参数敏感性分析

参数 b 控制了剪切过程中土体各向异性衰减速率，是旋转硬化规律的关键参数。王立忠等(2008)对此参数仅做了初步讨论，给出了软黏土的 b 值取值范围 $b = 10 \sim 50$。本章通过探讨等向固结这一特殊路径下土样的体积变化，建立了参数 b 的计算表达式(6-46)。通过前文模型计算结果与实际试验的比较可以看出，本章参数 b 的确定方法是合理的，在此进一步探讨不同 b 值对计算结果的影响。

1)参数 b 对三轴不排水剪切性状模拟的影响

以原状温州黏土的轴向应变率 $\dot{\varepsilon}_a = 20\%/\mathrm{h}$ 的 C150 试验为研究对象，通过不同 b 值情况下模型计算结果与试验的对比，讨论参数 b 对三轴不排水剪切性状模拟的影响，如图 6-28 所示。

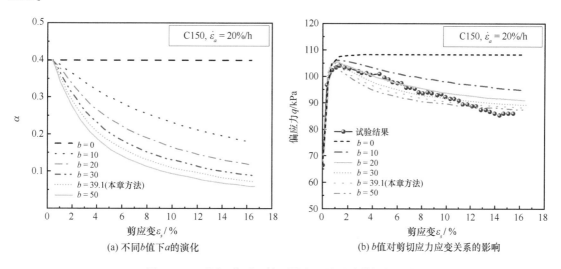

图 6-28　不同 b 值对三轴不排水压缩试验模拟的影响

从图中可以看出，b 值越大，α 衰减越快，剪切过程中土体各向异性衰减越迅速，只要剪切应变足够大，除 $b = 0$ 外，其他情况的 α 最终均会衰减至 0，土体表现为完全各向同性特征。对于原状温州黏土，图 6-28 中 $b \geqslant 30$ 后计算所得的应力应变关系与试验结果均有较好的吻合。

2)参数 b 对三轴不排水蠕变性状模拟的影响

以原状 K_0 固结温州黏土在偏应力增量 $\Delta q = 0.195 p'_0$ 的情况为研究对象，讨论参数 b 对三轴不排水蠕变性状模拟的影响。不同 b 值情况下模型计算结果与试验结果的对比如图 6-29 所示。而从图6-29示剪切应变及超静孔压的计算结果可以看出，b 值越小，在此偏应力状态下，计算所得土体的蠕变破坏时间 t_f 越长；超静孔压的计算最终值仅取决于临界状态参数 M，与 b 值的关系不大，但是 b 值影响孔压的增长速度，b 值越小，计算所得孔压增长得越慢。

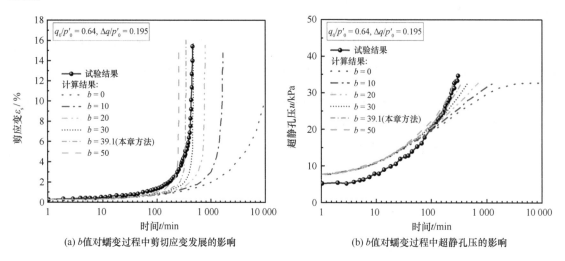

(a) b 值对蠕变过程中剪切应变发展的影响　　　　(b) b 值对蠕变过程中超静孔压的影响

图 6-29　不同 b 值对三轴不排水蠕变试验模拟的影响

6.3　K_0 固结软黏土的应变率效应

6.3.1　研究现状

地基土体的先期固结压力和不排水抗剪强度是研究建（构）筑物及基础变形和稳定的两个基本参数，其取值的合理与否直接决定着计算分析的准确性。先期固结压力 σ_p' 一般由一维多级加载试验或等应变率加载试验得到，而不排水抗剪强度 S_u 则由三轴不排水剪切试验得到，两者的大小均与试验所采用的应变率有关。另外，原位实际的加载速率与室内试验速率范围不同，应用时须考虑到加载速率的影响。

Leroueil 等（1985）总结了加拿大东部多种黏土不同类型的一维压缩试验后，认为软黏土的 $\sigma_v' - \varepsilon_z - \dot{\varepsilon}_z$ 三者是一一对应的，压缩曲线的应变率相关性可由先期固结压力 σ_p' 的应变率效应来表征，一般试验的竖向应变率 $\dot{\varepsilon}_z$ 越大，σ_p' 越大，在双对数坐标下两者有较好的线性关系。另外，很多三轴试验表明，先期固结压力的应变率效应可扩展至整个初始屈服面，应变率越大，初始屈服面也越大（Leroueil，1996）。

Graham 等（1983）总结了 15 种软黏土的试验结果，发现当 $\dot{\varepsilon}_a$ 增大 10 倍时，黏土的 S_u 增长 10%～20%。其后大部分无机质软黏土的试验结果显示，S_u 随 $\log \dot{\varepsilon}_a$ 的增长率为 8%～12%，

平均为 10%(Sheahan et al., 1996)。

土体的应变率效应归根到底是由土体的流变性导致的，因此，本节在前文已建立的 K_0 固结软黏土的弹黏塑性本构模型的基础上，对土体的应变率效应进行探讨。

首先，利用一维绝对时间线体系，对黏土的表观先期固结压力 σ'_p 的率相关性进行阐述，并推求了其应变率参数 ρ_n 的解析表达式。其次，结合三轴不排水条件以及广义 Von Mises 破坏准则，利用本章的三维弹黏塑性本构模型，推导了 K_0 固结软土率相关的三轴不排水抗剪强度解析解，并给出了强度应变率参数 ρ 的表达式。最后，通过与本章温州黏土及其他黏土的试验结果比较，探讨所得软黏土应变率效应计算关系的正确性，同时对两应变率参数 ρ_n 和 ρ 进行细化讨论，得出规律性结论，便于指导工程实践。

6.3.2 表观先期固结压力及其应变率效应

6.3.2.1 不同应变率对应的表观先期固结压力

对于一维应变条件下的土体，其竖向应变与体积应变相等，即：

$$\varepsilon_z = \varepsilon_{vn}, \quad \dot{\varepsilon}_z = \dot{\varepsilon}_{vn} \tag{6-53}$$

对于一维等应变率 CRS 试验的任意一点，结合式(6-17)及式(6-15)，同时考虑一维应变条件式(6-53)，可得其竖向应变率 $\dot{\varepsilon}_z$ 为：

$$\dot{\varepsilon}_z = \dot{\varepsilon}_z^e + \dot{\varepsilon}_z^{vp} = \frac{\kappa}{V_i} \cdot \frac{\dot{\sigma}'_v}{\sigma'_v} + \frac{\lambda - \kappa}{V_i} \cdot \frac{\dot{\bar{\sigma}}'_v}{\bar{\sigma}'_v} \tag{6-54}$$

根据土体参考应力状态的定义，在 CRS 试验中，当土体发生屈服后，其当前应力 σ'_v 与参考应力 $\bar{\sigma}'_v$ 同步增长，满足如下关系：

$$\dot{\sigma}'_v / \sigma'_v = \dot{\bar{\sigma}}'_v / \bar{\sigma}'_v \tag{6-55}$$

因此，此时土样的弹性应变率与黏塑性应变率的比例关系为：

$$\dot{\varepsilon}_z^e = \kappa / (\lambda - \kappa) \cdot \dot{\varepsilon}_z^{vp} \tag{6-56}$$

将上述比例关系代入式(6-54)，可得 CRS 试验中土样屈服后的总应变率为：

$$\dot{\varepsilon}_z = \lambda / (\lambda - \kappa) \cdot \dot{\varepsilon}_z^{vp} \tag{6-57}$$

由于绝对时间 T 与土体的蠕变速率 $\dot{\varepsilon}_z^{vp}$ 一一对应，因此，绝对时间线体系对一维 CRS 试验压缩性状的描述可变化为如图 6-30 所示的等应变率线体系，每条压缩曲线对应的竖向应变率相等，压缩曲线与弹性线的交点为各 CRS 试验过程中土样的初始屈服点，其对应的竖向应力即为土体的表观先期固结压力 σ'_p。由于一般 CRS 试验的应变率 $\dot{\varepsilon}_z$ 大于常规 24 h 加载试验(MSL$_{24}$)的应变率 $\dot{\varepsilon}_{z,24h}$，因此其相应的表观先期固结压力 σ'_p 也大于 MSL$_{24}$ 试验的先期固结压力 $\sigma'_{p,24h}$。

考察图 6-30 中 A、B 两状态点，A 点为由常规 MSL$_{24}$ 试验所得的初始屈服点，位于 NCL

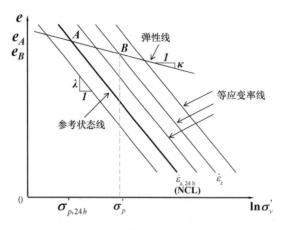

图 6-30　等应变率线体系

上，其竖向应力为 $\sigma'_{p, 24h}$；而 B 点对应任意应变率 $\dot{\varepsilon}_z$ 的 CRS 试验所得的初始屈服点，其竖向应力即为此应变率条件下对应的表观先期固结压力 σ'_p。由前文定义，B 点在参考时间线 NCL 上的参考状态即为 A 点，B 点的蠕变速率按式(6-12)计算：

$$\dot{\varepsilon}_z^{vp} = \frac{\psi}{V_i T_0} \cdot \left(\frac{\sigma'_p}{\sigma'_{p, 24h}} \right)^{(\lambda-\kappa)/\psi} \qquad (6-58)$$

而参考时间线 NCL 上各点的蠕变速率为：

$$(\dot{\varepsilon}_z^{vp})_{NC} = \psi / (V_i T_0) \qquad (6-59)$$

因此，式(6-58)可变化为：

$$\frac{\sigma'_p}{\sigma'_{p, 24h}} = \left(\frac{\dot{\varepsilon}_z^{vp}}{(\dot{\varepsilon}_z^{vp})_{NC}} \right)^{\psi/(\lambda-\kappa)} \qquad (6-60)$$

由式(6-57)所示土体屈服后的应变率关系，可知 A、B 两点的总应变率满足：

$$\dot{\varepsilon}_z / \dot{\varepsilon}_{z, 24h} = \dot{\varepsilon}_z^{vp} / (\dot{\varepsilon}_z^{vp})_{NC} \qquad (6-61)$$

因此，代入式(6-60)可得任意应变率 $\dot{\varepsilon}_z$ 对应的表观先期固结压力 σ'_p 为：

$$\sigma'_p = (\dot{\varepsilon}_z / \dot{\varepsilon}_{z, 24h})^{(\psi/\lambda)/\Lambda} \cdot \sigma'_{p, 24h} \qquad (6-62)$$

式中，$\Lambda = (\lambda-\kappa)/\lambda$，为土体的压缩参数。$\sigma'_{p, 24h}$ 和 $\dot{\varepsilon}_{z, 24h}$ 分别为常规 MSL_{24} 试验获得的土体的先期固结压力及其竖向应变率，根据式(6-57)和式(6-59)可知：

$$\dot{\varepsilon}_{z, 24h} = \frac{\lambda}{\lambda-\kappa} \cdot \frac{\psi}{V_i T_0} \qquad (6-63)$$

其中，$T_0 = 24\ \mathrm{h}$，V_i 为第一级加载前土样的初始比容。

土体的表观先期固结压力 σ'_p 与竖向应变率 $\dot{\varepsilon}_z$ 在双对数坐标下呈线性关系，斜率为 $(\psi/\lambda)/\Lambda$。

6.3.2.2　表观先期固结压力的应变率参数

由式(6-62)可知，对于两不同应变率 $\dot{\varepsilon}_{z1}$ 和 $\dot{\varepsilon}_{z2}$ 的一维 CRS 试验，其各自的表观先期固

结压力满足如下关系：

$$\sigma'_{p2}/\sigma'_{p1} = (\dot{\varepsilon}_{z2}/\dot{\varepsilon}_{z1})^{(\psi/\lambda)/\Lambda} \tag{6-64}$$

根据 Graham 等(1983)的建议，定义一个无量纲应变率参数 ρ_n 来定量描述表观先期固结压力 σ'_p 的应变率效应，具体的表达式为：

$$\rho_n = (\Delta\sigma'_p/\sigma'_{p1})/\Delta\log\dot{\varepsilon}_z \tag{6-65}$$

式中，$\Delta\sigma'_p$ 为应变率增大引起的先期固结压力的增长量，σ'_{p1} 为竖向应变率为 $\dot{\varepsilon}_{z1}$ 时对应的表观先期固结压力。

当竖向应变率满足 $\dot{\varepsilon}_{z2}/\dot{\varepsilon}_{z1} = 10$ 时，可得表观先期固结压力的应变率参数 ρ_n 为：

$$\rho_n = 10^{(\psi/\lambda)/\Lambda} - 1 = 10^{(C_\alpha/C_c)/\Lambda} - 1 \tag{6-66}$$

ρ_n 表征了竖向应变率 $\dot{\varepsilon}_z$ 增大 10 倍时，土体表观先期固结压力的增长幅度，其大小仅取决于土体的次固结系数 C_α 和压缩相关参数 C_c、C_s。对于某一土体，这些参数是确定的，因此 ρ_n 是一常数，与基准应变率 $\dot{\varepsilon}_{z1}$ 取值无关。

6.3.3　不排水抗剪强度及其应变率效应

从本构模型出发推导软黏土的不排水抗剪强度比 S_u/σ'_{v0} 是一种常见的土体强度求解方法，Wood(1990)在系统阐述剑桥模型和修正剑桥模型时就不排水强度问题做了详细分析，并给出了等向固结土体临界状态不排水强度比的求解公式。其后许多学者(Chang et al.，1999；王立忠等，2006，2008)考虑到土体 K_0 固结历史的各向异性影响，在其基础上通过不同形式的屈服面，研究了 K_0 固结软土的不排水抗剪强度。然而这些强度研究成果均是建立在率无关的弹塑性本构体系基础之上的，不能反映不排水抗剪强度的率相关性。

三维各向异性弹黏塑性本构模型能较好地模拟 K_0 固结软黏土的流变特性，而且模型考虑了剪切过程中各向异性的演化，其预测结果更符合天然软土的变形性状。因此，本节在弹黏塑性本构模型的基础上，结合三轴不排水条件，同时选取合适的破坏准则，推导了三轴不排水抗压强度 S_{uc} 和抗拉强度 S_{ue} 的解析表达式，并对其应变率效应参数 ρ 进行细化探讨。

6.3.3.1　三轴不排水抗剪强度公式的推导

要求解 K_0 固结软黏土三轴不排水抗剪强度，需联合不排水条件、临界状态条件及破坏准则，在此分别对此三方面进行探讨。

1)三轴不排水条件下的本构关系

三轴不排水条件下，土体剪切过程中的总体积应变 $\Delta\varepsilon_v = 0$，由式(6-47)可知

$$\varepsilon_s = \varepsilon_a, \quad \dot{\varepsilon}_s = \dot{\varepsilon}_a \tag{6-67}$$

由式(6-48)和(6-51)可知，三轴不排水条件下的轴向应变率为：

$$\dot{\varepsilon}_a^e = \frac{\dot{q}}{3G} \tag{6-68}$$

$$\dot{\varepsilon}_a^{vp} = \frac{\psi}{V_i T_0}\left(\frac{M^2 - \alpha^2 + (\eta - \alpha)^2}{M^2 - \alpha^2}\right)^{\frac{\lambda - \kappa}{\psi}}\left(\frac{p'}{p_0'}\right)^{\frac{\lambda}{\psi}} \cdot (n)^{-\frac{\lambda - \kappa}{\psi}} \cdot \frac{M^2 - \alpha_0^2}{M^2 - \eta_{K_{0nc}}^2}\frac{2(\eta - \alpha)}{M^2 - \alpha^2}$$

$$\tag{6-69}$$

式中，$n = \bar{p}_{c0}'/p_0' = \beta \cdot \sigma_{p0}'/\sigma_{v0}'$，为常规24 h压缩试验所得、以$p'$定义的屈服应力比(不考虑土体结构性时为超固结比)。β为无量纲参数，可由加载面f方程求得：

$$\beta = \left(\frac{M^2 - \alpha_0^2 + (\eta_{K_{0nc}} - \alpha_0)^2}{M^2 - \alpha_0^2}\right) \cdot \frac{1 + 2K_{0nc}}{1 + 2K_0} \tag{6-70}$$

式中，K_0和K_{0nc}分别为土体剪切前的初始状态及正常固结状态所对应的K_0系数。

当土体发生塑性流动后，其剪切变形以不可恢复的黏塑性部分为主，弹性变形部分相对较小，因此近似有$\dot{\varepsilon}_s = \dot{\varepsilon}_a \approx \dot{\varepsilon}_a^{vp}$，代入式(6-69)可得：

$$\dot{\varepsilon}_a = \frac{\psi}{V_i T_0}\left(\frac{M^2 - \alpha^2 + (\eta - \alpha)^2}{M^2 - \alpha^2}\right)^{\frac{\lambda - \kappa}{\psi}}\left(\frac{p'}{p_0'}\right)^{\frac{\lambda}{\psi}} \cdot (n)^{-\frac{\lambda - \kappa}{\psi}} \cdot \frac{M^2 - \alpha_0^2}{M^2 - \eta_{K_{0nc}}^2}\frac{2(\eta - \alpha)}{M^2 - \alpha^2} \tag{6-71}$$

2) 三轴不排水抗剪强度破坏准则选取

三轴情况下的临界状态条件为：

$$\eta_{\text{CSL}} = \pm M \tag{6-72}$$

式中，"+""-"分别对应三轴压缩和三轴拉伸情况。M的具体表达与所选取的破坏准则有关，因此还需要对K_0固结软土的破坏准则进行探讨。

基于温州黏土的试验结果，本章采用在应力空间中由压缩临界状态线张成的圆锥面作为破坏面，因此$M = M_c = M_e$。M_c可由常规等向固结三轴不排水压缩试验获得：

$$M_c = \frac{6\sin\varphi_c'}{3 - \sin\varphi_c'} \tag{6-73}$$

3) K_0固结软土的不排水抗剪强度比

三轴不排水抗压强度S_{uc}为压缩过程中的峰值强度，其大小近似与本章模型不考虑各向异性演化情况求得的压缩临界强度相等。可得K_0固结软黏土的三轴不排水压缩强度比为(但汉波等，2008)：

$$\frac{S_{uc}}{\sigma_{v0}'} = \frac{1 + 2K_0}{3} \cdot \frac{M}{2} \cdot \left(\frac{M + \alpha_0}{M} \cdot \frac{n}{2}\right)^{\Lambda} \cdot \left(\frac{\dot{\varepsilon}_a}{\psi/(V_i T_0)} \cdot \frac{M^2 - \eta_{K_{0nc}}^2}{2(M - \alpha_0)}\right)^{\psi/\lambda} \tag{6-74}$$

而对于K_0固结软黏土的三轴不排水拉伸强度S_{ue}，其大小近似为本章模型考虑旋转硬化规律后求得的拉伸临界强度。达到临界状态时，土体的各向异性几乎完全丧失，取此时的$\alpha = \alpha_0/10$，可得到K_0固结软黏土的三轴不排水拉伸强度比为(但汉波和王立忠，2008)：

$$\frac{S_{ue}}{\sigma_{v0}'} = \frac{1 + 2K_0}{3} \cdot \frac{M}{2} \cdot \left(\frac{M - \dfrac{\alpha_0}{10}}{M} \cdot \frac{n}{2} \right)^{\Lambda} \left(\frac{\dot{\varepsilon}_a}{\psi / (V_i T_0)} \cdot \frac{(M^2 - \eta_{K_{0nc}}^2)(M - \dfrac{\alpha_0}{10})}{2(M^2 - \alpha_0^2)} \right)^{\psi / \lambda}$$

$$(6 - 75)$$

6.3.3.2　不排水抗剪强度的应变率效应参数

从应变率的角度可知，对于两个不同轴向应变率 $\dot{\varepsilon}_{a1}$ 和 $\dot{\varepsilon}_{a2}$ 的三轴不排水剪切试验，其压缩或拉伸的不排水抗剪强度均满足如下关系：

$$S_{u2} / S_{u1} = (\dot{\varepsilon}_{a2} / \dot{\varepsilon}_{a1})^{\psi / \lambda} \qquad (6 - 76)$$

根据 Sheahan 等（1996）的建议，定义一个无量纲应变率参数 ρ 来定量描述三轴不排水抗剪强度 S_u 的应变率效应：

$$\rho = (\Delta S_u / S_{u1}) / \Delta \lg \dot{\varepsilon}_a \qquad (6 - 77)$$

式中，ΔS_u 为应变率增大引起的三轴不排水抗剪强度的增长量，S_{u1} 为轴向应变率为 $\dot{\varepsilon}_{a1}$ 时对应的三轴不排水抗剪强度。

当轴向应变率满足 $\dot{\varepsilon}_{a2} / \dot{\varepsilon}_{a1} = 10$ 时，可得强度应变率参数 ρ 的表达式为：

$$\rho = 10^{\psi / \lambda} - 1 = 10^{C_\alpha / C_c} - 1 \qquad (6 - 78)$$

ρ 表征了轴向应变率 $\dot{\varepsilon}_a$ 增大 10 倍时，土体三轴不排水抗剪强度的增长幅度，其大小仅取决于土体的次固结系 C_α 和压缩指数 C_c。对于某一土体，两参数是确定的，因此强度应变率参数 ρ 是一常数，与基准应变率 $\dot{\varepsilon}_{a1}$ 取值无关。

6.3.4　计算与试验结果对比及讨论

本节以原状温州黏土及其他代表性黏土的试验结果为基础，分别探讨前文所得的一维表观先期固结压力和三轴不排水抗剪强度的应变率效应计算关系的正确性。

6.3.4.1　一维表观先期固结压力的应变率效应

不同竖向应变率 $\dot{\varepsilon}_z$ 对应的一维表观先期固结压力 σ_p' 满足如式（6-64）所示的比例关系，竖向应变率越大，对应的表观先期固结压力越大。图 6-31 为本章温州黏土一维 CRS 试验所得的 $\dot{\varepsilon}_z$-σ_p' 试验结果以及计算曲线的比较，图中各表观先期固结压力 σ_p' 用试验采用的最小竖向应变率 0.2%/h 情况得到的先期固结压力值 $\sigma_{p, 0.2}'$ 进行了无量纲化。计算参数按表 6-1 取值，分别为 $\lambda = 0.384$、$\kappa = 0.042$ 和 $\psi = 0.01$。从图中所示结果可以看出，计算曲线与试验结果是较为吻合的，本章所得表观先期固结压力 σ_p' 与竖向应变率 $\dot{\varepsilon}_z$ 的对应关系对温州黏土是合适的。

图 6-32 为其他代表性天然软黏土 $\dot{\varepsilon}_z$ ~ σ_p' 试验结果和计算曲线的对比，其中图 6-32

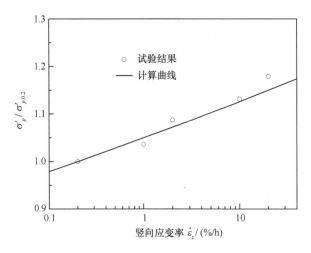

图 6-31　原状温州黏土表观先期固结压力的应变率效应

（a）对应加拿大 Champlain 地区 11 种性状相近的原状软黏土（Leroueil et al.，1983；Leroueil et al.，1985），而图 6-32（b）为芬兰 6 个区域黏土的结果（Leroueil，1996）。图中不同点的标识代表不同土种，与文献严格对应（但汉波等，2008）。图中各点的先期固结压力用 $\dot{\varepsilon}_z = 4×10^{-6}\ \mathrm{s}^{-1}$ 时的 $\dot{\varepsilon}_z$ 进行了无量纲化处理。

对于 Champlain 地区各黏土，其对应的竖向应变率 $\dot{\varepsilon}_{z,24\,h}$ 约为 $10^{-7}\ \mathrm{s}^{-1}$，Leroueil 等（1983）的试验结果表明，各黏土由竖向应变率为 $\dot{\varepsilon}_z = 4×10^{-6}\,\mathrm{s}^{-1}$ 的 CRS 试验测得的表观先期固结压力 σ'_p 大致为常规 24 h 压缩试验所得的 $\sigma'_{p,24\,h}$ 的 1.25 倍，即 $\sigma'_p = 1.25\sigma'_{p,24\,h}$。当计算参数按 $C_\alpha / C_c = 0.04$ 及 $\Lambda = 0.85$ 取值时，按式（6-62）关系可计算得到 $\sigma'_p = 1.22\sigma'_{p,24\,h}$，与实测结果非常接近。图 6-33 为 Champlain 地区各黏土的 $\sigma'_p / \sigma'_{p,24\,h}$ 随竖向应变率 $\dot{\varepsilon}_z$ 变化的计算曲线与试验点的对比，尽管试验点较为离散，但基本均匀分布在计算曲线两侧，计算曲线较好地反映了 $\sigma'_p / \sigma'_{p,24\,h}$ 随竖向应变率 $\dot{\varepsilon}_z$ 的变化规律。

本章还收集了其他黏土 CRS 试验的 $\sigma'_p / \sigma'_{p,24\,h}$ 试验结果，如表 6-3 所示，各试验的竖向应变率 $\dot{\varepsilon}_z$ 在 0.36~1.44%/h 范围内。对于一般正常固结的无机质软黏土，$C_\alpha/C_c = 0.03~0.05$，$\Lambda = 0.6~0.9$，计算可知 $\sigma'_p / \sigma'_{p,24\,h} = 1.08~1.36$，而表 6-3 中绝大部分试验结果均在此范围内。Leroueil 等（1983）曾指出，原位情况的压缩应变率一般约为 $10^{-3}\%/\mathrm{min}$，与常规 24 h 压缩试验的 $\dot{\varepsilon}_z$ 较为接近，因此从本章对表观先期固结压力应变率效应的分析来看，常规 24 h 加载试验所得的 $\sigma'_{p,24\,h}$ 原则上可直接应用于原位分析，而其他试验所得的 σ'_p 则可先根据本章关系进行应变率修正，然后再予以应用。

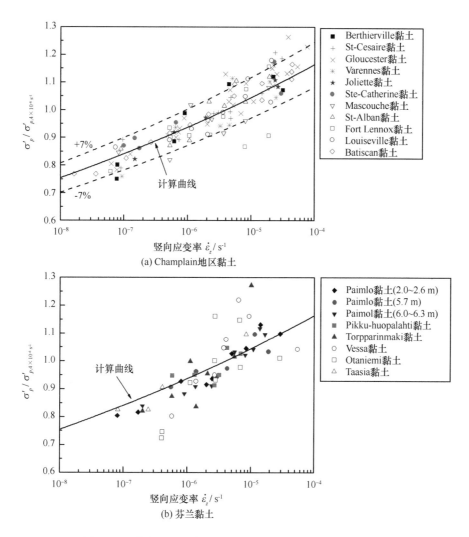

图 6-32　代表性天然软黏土表观先期固结压力的应变率效应

表 6-3　CRS 试验（ $\dot{\varepsilon}_z = 0.36\% \sim 1.44\%/\,h$ ）与常规 24 h 加载试验的 σ'_p 比较

土样来源	$\sigma'_p / \sigma'_{p,\,24h}$	参考文献
Champlain 地区，加拿大	1.25~1.28	Leroueil et al.，1983
芬兰	1.16	Kolisoja et al.，1989
Osaka 黏土，日本	1.3~1.5	Hanzawa et al.，1990
Fucina 黏土，意大利	1.2	Burghignoli et al.，1991
Ariake、Kuwana 黏土，日本	1.3~1.4	Hanzawa et al.，1992
Yokohama，日本	1.25	Okumura et al.，1991
芬兰，三区域	1.3	Hoikkala，1991
日本	1.18	Mizukami et al.，1992
Bothkennar 黏土，英国	1.33	Nash et al.，1992
香港海相黏土	1.14~1.36	Cheng et al.，2005
温州黏土	1.13~1.23	本章试验

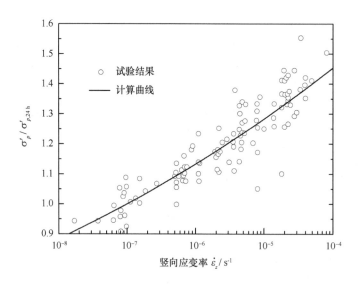

图 6-33　Champlain 地区黏土的 $\sigma'_p / \sigma'_{p,\,24\,h}$ 与 $\dot{\varepsilon}_z$ 实测关系与计算结果

6.3.4.2　三轴不排水抗剪强度及其应变率效应

由本章弹黏塑性本构模型推求得到的三轴不排水压缩强度比和拉伸强度比分别为式 (6-74) 和式 (6-75)，同时也反映了轴向应变率 $\dot{\varepsilon}_a$ 对土体抗剪强度的影响，应变率越大，对应的压缩强度和拉伸强度均越大。

1) 三轴不排水抗剪强度

图 6-34 给出了本章原状 K_0 固结温州黏土的三轴不排水剪切强度比实测值与计算结果的对比情况，而计算时的各模型参数按表 6-1 取值。由图示结果可知，当抗剪强度 S_u 采用各固结状态对应的 $\sigma'_{p,\,24\,h}$ 无量纲化后，计算所得的 $S_u / \sigma'_{p,\,24\,h} - \dot{\varepsilon}_a$ 关系曲线与固结应力无关，与试验结果基本一致，计算曲线较好地反映了不排水抗剪强度随应变率增加而增大的规律。

从图 6-34(a) 可看出，在 C150 和 C300 的压缩情况下，本章计算所得的压缩强度比试验结果略大，这是因为本章在求解压缩强度时利用了 $\alpha = \alpha_0$ 的假设。由前文旋转硬化规律的讨论可知，原状 K_0 固结软土在剪应变较小的压缩剪切初期即会达到峰值强度，此过程中土体各向异性会发生一定程度的演化，各向异性参数 α 相应减小但衰减幅度并不会太大（按本章的旋转硬化规律，温州黏土的 α 在达到压缩峰值强度时平均减小了约 7%），因此本章采用 $\alpha = \alpha_0$ 的假设还是基本可行的，从计算结果和试验值的比较情况来看，其偏高程度尚在可接受范围之内，因此本章推求的不排水压缩强度公式还是较为合理的。

由图 6-34(b) 可知，由于考虑了各向异性演化对三轴拉伸强度的影响，计算曲线均与试验结果吻合程度较高。综合三轴压缩和三轴拉伸情况，基于本章模型推求的三轴不排水抗剪强度公式是合理有效的，能够较准确地反映温州黏土的三轴不排水抗剪强度随轴向应

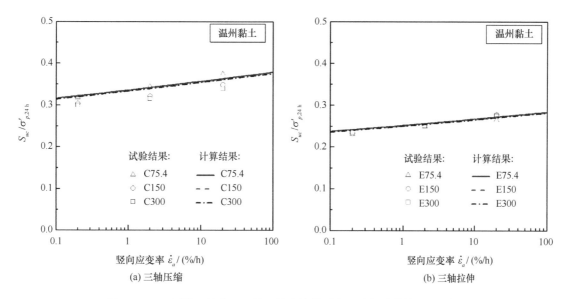

图 6-34 K_0 固结温州黏土三轴不排水抗剪强度试验与计算结果的比较

变率增大而增大的规律。

Kulhawy 等 (1990) 收集了 Henay 黏土等 26 种代表性 K_0 固结软土的三轴不排水压缩强度, 其结果显示当轴向应变率增大 10 倍时, 这些软黏土的三轴不排水压缩强度平均增长约 9%。根据 Mesri 等 (1987) 的建议, 将 $C_\alpha / C_c = 0.04$ 关系代入式 (6-78), 可算得软土的强度应变率效应参数 $\rho = 9.65\%$, 与上述试验结果基本吻合。各试验的压缩强度 S_{uc} 用 $\dot{\varepsilon}_a = 2\%/h$ 对应的强度 $S_{u,2\%/h}$ 无量纲化后的试验结果和计算曲线如图 6-35 所示, 各试验点基本均匀分布于计算曲线的两边, 本章强度应变率效应参数较好地定量反映了土体不排水抗剪强度的率相关性。

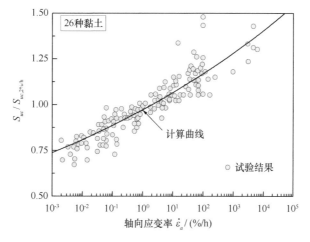

图 6-35 无量纲化后的三轴压缩强度随应变率的变化 (Kulhawy et al. , 1990)

2)OCR 对三轴不排水抗剪强度及其应变率效应的影响

在本章式(6-74)和式(6-75)所示的不排水强度比计算中,参数 n 为以 p' 定义的屈服应力比(超固结比),实际上反映了土体超固结程度 OCR 对其强度的影响。由压缩和拉伸强度比的具体表达形式可知,OCR 以指数为 Λ 的幂函数形式影响着强度 S_u 的大小。

$$(S_u/\sigma'_{v0})_{OC} = (S_u/\sigma'_{v0})_{NC} \cdot (OCR)^{\Lambda} \qquad (6-79)$$

Sheahan 等(1996)对不同超固结程度的重塑 K_0 固结 Boston blue 黏土进行了三轴不排水压缩试验结果,而 Zhu 等(2000)则对重塑的超固结香港海相黏土进行了三轴等向固结不排水压缩和拉伸试验。在此,以两者的试验结果为基础,通过计算对比分析,讨论 OCR 对三轴不排水抗剪强度及其应变率效应的影响。具体计算结果如图 6-36 和图 6-37 所示,两黏土的模型计算参数见(但汉波等,2008)。

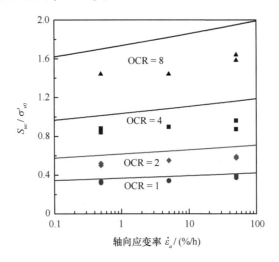

图 6-36　Boston Blue 黏土不同 OCR 情况下的三轴不排水压缩强度比

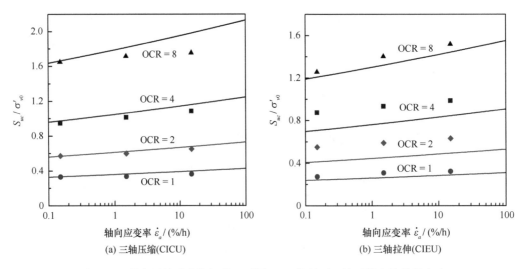

图 6-37　等向固结香港海相黏土不同 OCR 情况下三轴不排水抗剪强度比

从图中结果可知，对于三轴压缩和三轴拉伸情况，计算曲线和试验结果均有如下规律：轴向应变率 $\dot{\varepsilon}_a$ 一定时，OCR 越大，不排水强度 S_u 越大；OCR 越大，S_u 随 $\dot{\varepsilon}_a$ 增大而增长的速率也越快。计算曲线总体上与试验值基本吻合，只是在 OCR 较大（OCR = 8）时的压缩计算结果偏大，这是因为本章推导强度比时用 $\dot{\varepsilon}_a$ 替代了 $\dot{\varepsilon}_a^{vp}$，OCR 越大，弹性变形所占比例增大，加剧了采用此种替换所产生的误差，而 OCR 又以幂函数将偏大误差放大，特别在压缩时表现得尤为显著。

6.3.5　应变率参数 ρ_n 和 ρ 的对比及讨论

应变率参数 ρ_n 和 ρ 能简单定量地描述一维表观先期固结压力 σ'_p 和三轴不排水抗剪强度 S_u 的应变率效应，其解析表达分别为式（6-66）和式（6-78）。比较两式可知，应变率参数 ρ_n 和 ρ 互有异同。

两者的相同点在于：两者的表达式相似，都与土体的 C_α / C_c 值有关，其中，强度应变率参数 ρ 仅取决于此比值的大小。根据 Mesri 等（1987）总结的试验规律，对于同一种土体，C_α / C_c 值基本恒定，而本章模型也假定 C_α 为常数，且对同一种土，压缩参数 $\Lambda = 1 - \kappa / \lambda$ 也基本不变，因此应变率参数 ρ_n 和 ρ 对某一种软黏土均是恒定的。

两者的不同点在于：应变率参数 ρ_n 除与 C_α / C_c 值有关外，还取决于压缩参数 Λ，一般 Λ 小于 1，因此本章的 $\rho_n > \rho$。Leroueil（1996）总结了大量软土的一维试验后，曾提出 $\lg \sigma'_p$ 与 $\lg \dot{\varepsilon}_z$ 近似满足斜率为 C_α / C_c 的线性关系，Graham 等（1983）也曾得出过 ρ_n 只与 C_α / C_c 有关的结论，这实际上隐含了"土样在不同应变率情况下达到屈服时的应变是相同"的假定，此假定与许多实际试验结果有一定出入。本章对原状温州黏土的一维 CRS 试验也显示，试验的 $\dot{\varepsilon}_z$ 越大，土样发生初始屈服时对应的竖向应变也基本有增加的趋势。采用绝对时间线体系来描述土体一维 CRS 试验性状，考虑了应变率不同时应力从 σ'_{z0} 增加至 σ'_p 过程中的弹性应变差异，土体屈服时对应的竖向应变是不同的，因此先期固结压力的应变率效应参数 ρ_n 的表达更为准确，有较为严密的理论基础。实际上，Cheng 等（2005）对香港海相黏土的多组试验以及本章原状温州黏土的试验结果均有 $\rho_n > \rho$ 的规律。

对于一般无机质软黏土，$C_\alpha / C_c = 0.03 \sim 0.05$，$\Lambda = 0.6 \sim 0.9$，可得 $\rho_n = 8\% \sim 21.2\%$，$\rho = 7.2\% \sim 12.2\%$，ρ_n 比 ρ 大 $10\% \sim 80\%$，两者差异取决于土体的压缩参数 Λ 值。对于结构性较强的土体，Λ 很大接近于 1，因此 ρ_n 也与 ρ 很接近。

6.4　附录-主要符号与说明

e、e_0 和 e_i ——孔隙比、天然孔隙比和固结完毕剪切开始前的初始孔隙比；

V、V_0 和 V_i ——比容、天然比容和固结完毕剪切开始前的初始比容；

w_0、w_P 和 w_L ——天然含水量、塑限含水量和液限含水量;

I_p、I_L ——塑限指数、液限指数;

ρ_0、d_s ——天然密度、相对密度;

S_t ——灵敏度;

C_α、ψ ——e-$\log t$ 平面内和 $e \sim \ln t$ 平面内的次固结系数;

C_s、C_c ——e-$\log p'$ 压缩平面内的回弹指数和压缩指数;

κ、λ ——e-$\ln p'$ 压缩平面内的回弹指数和压缩指数;

OCR、YSR——超固结比和结构屈服应力比;

σ'_{ij}、s_{ij} ——有效应力张量和偏应力 σ'_a 张量;

p'、q ——平均有效应力和偏应力;

$\bar{p}'$、$\bar{q}$ ——参考状态点的平均有效应力和偏应力;

p'_0、q_0 ——初始平均有效应力和初始偏应力;

σ'_{v0}、σ'_{h0} ——原位上覆有效应力和水平向有效应力;

σ'_a、σ'_r ——三轴条件下轴向有效应力和径向有效应力;

σ'_v、$\bar{\sigma}'_v$ ——一维情况下的竖向有效应力、NCL 线上参考点的竖向有效应力;

σ'_p、$\sigma'_{p,\,24\,h}$ ——表观先期固结压力、常规 24 h 多级加载试验确定的先期固结压力;

$\sigma'_{p,\,0.2}$、$\sigma'_{p,\,4\times10^{-6}\,s^{-1}}$ ——竖向应变率分别为 0.2%/h 和 4×10^{-6} s^{-1} 时的表观先期固结压力;

ρ_n ——表观先期固结压力应变率效应参数;

η、η^* 和 $\eta_{K_{0nc}}$ ——有效应力比、主应力空间内的广义应力比和正常一维固结的应力比;

M、M_c 和 M_e ——临界状态时的有效应力比、压缩和拉伸剪切至临界状态时的 M 值;

φ'_c、φ'_e ——由压缩和拉伸试验确定的有效内摩擦角;

S_{uc}、S_{ue} ——三轴不排水压缩强度、三轴不排水拉伸强度;

$S_{u,\,0.2\%/h}$、$S_{u,\,2\%/h}$ ——轴向应变率分别为 0.2%/h 和 2%/h 时的三轴不排水抗剪强度;

ρ ——强度应变率效应参数;

K_0、K_{0nc} ——静止土压力系数、正常一维固结对应的土压力系数;

K、G ——体积模量、剪切模量;

$\dot{\varepsilon}_{ij}$、$\dot{\varepsilon}_{ij}^e$ 和 $\dot{\varepsilon}_{ij}^{vp}$ ——总应变率张量、弹性应变率张量和黏塑性应变率张量;

$\dot{\varepsilon}_z$、$\dot{\varepsilon}_{vn}^{vp}$ ——一维条件下的竖向应变率和体积蠕变速率;

ε_a、ε_r、ε_v 和 ε_s ——三轴情况下轴向应变、径向应变、体积应变和剪切应变;

$d\varepsilon_v^p$、$d\varepsilon_s^p$ ——塑性体积应变增量和塑性剪切应变增量;

$\dot{\varepsilon}_v^{vp}$、$\dot{\varepsilon}_s^{vp}$ ——黏塑性体积应变率和黏塑性剪切应变率;

f ——在弹黏塑性模型体系中指加载面,而在不排水循环剪切特性分析时指加载频率;

$\bar{f}$ ——参考面;

φ、F——黏塑性流动函数和过应力函数；

p_c'、$\bar{p}_c'$——分别表征加载面和参考面的大小；

α、α_0——加载面和参考面的倾斜程度参数及其初始值；

r、b 和 β_s——旋转硬化参数以及旋转极限线 RLL 的方程函数；

n、β——以 p' 定义的超固结比以及表征 n 与 OCR 关系的无量纲参数；

t、t_f——荷载持续时间和破坏时间；

T、T_0——绝对时间、正常固结线（NCL）对应的绝对时间。

参考文献

但汉波，2009. 天然软黏土的流变特性［D］. 浙江杭州：浙江大学.

但汉波，王立忠，2008. K_0 固结软黏土的应变率效应研究［J］. 岩土工程学报，30（5）：718-725.

但汉波，王立忠，2010. 基于弹黏塑性本构模型的旋转硬化规律［J］. 岩石力学与工程学报，29（1）：184-192.

沈恺伦，2006，软黏土结构性、塑性各向异性及其演化［D］. 浙江杭州：浙江大学.

王立忠，但汉波，2007. K_0 固结软黏土的弹粘塑性本构模型［J］. 岩土工程学报，29（9）：1344-1354.

王立忠，沈恺伦，2008. K_0 固结结构性软黏土的旋转硬化规律研究［J］. 岩土工程学报，30（6）：863-872.

王立忠，叶盛华，沈恺伦，等，2006. K_0 固结软黏土不排水抗剪强度［J］. 岩土工程学报，28（8）：970-977.

殷宗泽，张海波，朱俊高，等，2003. 软土的次固结［J］. 岩土工程学报，25（5）：521-526.

ADACHI T, MIMURA M, OKA F, 1985. Descriptive accuracy of several existing constitutive models for normally consolidated clays［C］. In Proceedings of the 5th International Conference on Numerical Methods of Geomechanics, Nagoya, Japan, 1：259-266.

ADACHI T, OKA F, 1982. Constitutive equations for normally consolidated clay based on elasto-viscoplasticity［J］. Soils and Foundations, 22（4）：57-70.

ANANDARAJAH A, KUGANENTHIRA N, ZHAO D, 1996. Variation of fabric anisotropy of kaolinite in triaxial loading［J］. Journal of Geotechnical Engineering, 122（8）：633-640.

BJERRUM L, 1967. Engineering geology of Norwegian normally consolidated marine clays as related to the settlement of buildings［J］. Geotechnique, 17（2）：81-118.

BURGHIGNOLI A, CAVALERA L, CHIEPPA V, et al. , 1991. Geotechnical characterization of Fucino clay［J］. Proc. X ECSMFE, Firenze, 1：27-40.

CHANG M F, TEH C I, CAO L F, 1999. Critical state strength parameters of saturated clays from modified Cam clay model［J］. Canadian Geotechnical Journal, 36：876-890.

CHENG C M, YIN J H, 2005. Strain-rate dependent stress-strain behavior of undisturbed Hong Kong marine deposits under oedometer and triaxial stress states［J］. Marine Georesources and Geotechnology, 23：61-92.

GRAHAM J, CROOKS J H A, BELL A L, 1983. Time effects on the stress-strain behaviour of natural soft clays［J］. Geotechnique, 33（3）：327-340.

HANZAWA H, SUZUKI K, KURIHARA M, 1990. Shear strength and consolidation yielding stress of Pleistocene clay found at Izumi-Hill of Osaka District[J]. Soils and Foundations, 30(1): 129-141.

HANZAWA H, TANAKA H, 1992. Normalized undrained strength of clay in the normally consolidated state and in the field [J]. Soils and Foundations, 32(1): 132-148.

HINCHBERGER S D, ROWE R K, 2005. Evaluation of the predictive ability of two elastic-viscoplastic constitutive models[J]. Canadian Geotechnical Journal, 42: 1675-1694.

HOIKKALA S, 1991. Continuous and incremental loading oedometer tests[D]. M. S. thesis, Helsinki University of Technology, Espoo, Finland.

KOLISOJA P, SAHI K, HARTIKAINEN J, 1989. An automatic triaxial-oedometer device[C]//Congrès international de mécanique des sols et des travaux de fondations. 12: 61-64.

KULHAWY F H, MAYNE P W, 1990. Manual of estimating soil properties for foundation design[M]. Ithaca, NY, Cornell University.

KUTTER B L, SATHIALINGAM N, 1992. Elastic-viscoplastic modeling of the rate-dependent behavior of clays[J]. Geotechnique, 42(3): 427-441.

LEROUEIL S, 1996. Compressibility of clays: fundamental and practical aspects[J]. Journal of Geotechnical Engineering, 122(7): 534-543.

LEROUEIL S, 1997. Critical state soil mechanics and the behaviour of real soils[M]. Recent developments in soil and pavement mechanics. Rotterdam, Almeida: 41-80.

LEROUEIL S, TAVENAS F, 1983. Preconsolidation pressure of Champlain clays, Part II: Laboratory determination [J]. Canadian Geotechnical Journal, 20(4): 803-816.

LEROUEIL S, KABBAJ M, TAVENAS F, et al. , 1985. Stress-strain-strain rate relation for the compressibility of sensitive clays[J]. Geotechnique, 35: 159-180.

MESRI G, CASTRO A, 1987. C_α/C_c concept and K_0 during secondary compression[J]. Journal of the Geotechnical Engineering, 113(3): 230-247.

MIZUKAMI J I, MOTOYASHIKI M, 1992. Consolidation yield stress by constant rate of strain test[C]. Proceeding of 28th Annual Conference. Japanese Society of Soil Mechanics and Foundation Engineers: 419-420.

NASH D F T, SILLS G C, DAVISON L R, 1992. One-dimensional consolidation testing of soft clay from Bothkennar [J]. Geotechnique, 42(2): 241-256.

OKUMURA T, SUZUKI K, 1991. Analysis of consolidation settlement considering the change in compressibility[C]. Proceedings of International Conference on Geotrchnical Engineering for Costal Development, Geo-Coast-91, Yokohama, Japan, 1: 57-62

PERZYNA P, 1966. Fundamental problems in viscoplasticity[C]. Advances in applied mechanics, Academic, New York. 6: 244-368.

PRANDTL L, 1928. Ein Gedankenmodell zur kinetischen Theorie der festen Körper[J]. ZAMM-Journal of Applied Mathematics and Mechanics/Zeitschrift für Angewandte Mathematik und Mechanik, 8(2): 85-106.

SEKIGUCHI H, 1984. Theory of undrained creep rupture of normally consolidated clay based on elasto- viscoplasticity [J]. Soils and Foundations, 24(1): 129-147.

SHEAHAN T C, LADD C C, GERMAINE J T, 1996. Rate-dependent undrained shear behavior of saturated clay[J].

Journal of Geotechnical Engineering, 22(2): 99-108.

WANG L Z, DAN H B, LI L L, 2012. Modelling strain-rate dependent behavior of K0-consolidated soft clays[J]. Journal of Engineering Mechanics, ASCE, 138(7): 738-748.

WHEELER S J, NAATANEN A, KARSTUNEN M, et al. , 2003. An anisotropic elastoplastic model for soft clays[J]. Canadian Geotechnical Journal, 40: 403-418.

WOOD D M, 1990. Soil behavior and critical state soil mechanics[M]. Cambridge: Cambridge University Press.

YIN J H, CHENG C M, 2006. Comparison of strain-rate dependent stress-strain behavior from K_0-consolidated compression and extension tests on natural Hong Kong marine deposits[J]. Marine Georesources and Geotechnology, 24: 119-147.

YIN J H, GRAHAM J, 1994. Equivalent times and one-dimensional elastic visco-plastic modeling of time-dependent stress-strain behaviour of clays[J]. Canadian Geotechnical Journal, 31: 42-52.

ZHOU C, YIN J H, ZHU J G, et al. , 2005. Elastic anisotropic viscoplastic modeling of the strain-rate -dependent stress-strain behavior of K_0-consolidated natural marine clays in triaxial shear tests[J]. International Journal of Geomechanics, ASCE, 5(3): 218-232.

ZHU J G, YIN J H, 2000. strain-rate dependent stress-strain behaviour of overconsolidated Hong Kong marine clay [J]. Canadian Geotechnical Journal, 37(6): 1272-1282.

第7章 黏土性状温度效应

从 20 世纪 60 年代开始，岩土工程师开始关注土体性状的温度效应。1969 年，在美国华盛顿召开的"温度和热效应对土体工程特性的影响"专题研讨会让众多岩土工程师发现土体的温度效应不可忽视，土体温度将影响土体的强度，并且众多学者得到了不同的结论，这一困扰岩土工程师们的问题，大大激发了学者们对于土体温度效应研究的兴趣。土体的温度效应的外在宏观表现一般包括变形、孔压、强度和渗透性的改变。

本章首先总结了黏土温度效应的外在宏观表征以及常见的考虑温度效应的本构模型。为了使读者更好地了解如何构建考虑温度效应的本构关系，重点介绍了作者提出的热弹塑性本构模型的建模思路，同时推导了考虑温度效应的软黏土不排水抗剪强度的解析表达。

7.1 黏土温度效应

7.1.1 温度荷载下变形响应

Paaswell(1967)通过恒载荷升温试验，发现升温过程中试样体积变化与标准一维固结试验得到的曲线形状基本一致，由此提出了热固结(thermal consolidation)这一概念。

Campanella 等(1968)为了研究温度对饱和土体变形的影响，基于温控三轴仪，采用重塑伊利土进行了各向同性压缩试验，试验温度分别为 24.7℃、37.7℃ 和 51.7℃。如图 7-1 所示，温度较高土体的 $e\text{-}\ln p'$ 曲线比温度较低土体的 $e\text{-}\ln p'$ 曲线低，并且不同温度下的 $e\text{-}\ln p'$ 曲线是平行的，仅仅出现了向下平移的情况，也就是说加热排水过程导致正常固结饱和土体体积降低，并且与土体当前应力状态无关，同时，压缩指数 λ 和回弹指数 κ 与温度无关。

Campanella 等(1968)同时发现对于伊利土在第一次升温与降温循环(40~140°F)后会产

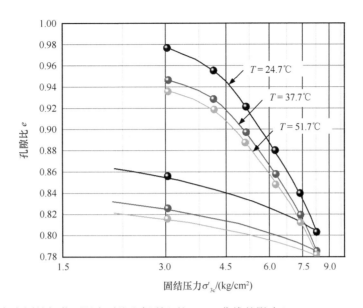

图 7-1　各向同性加载下温度对饱和伊利土的 $e\text{-}\ln p'$ 曲线的影响（Campanella et al.，1968）

生大约 1% 的永久体积压缩（图 7-2），而在接下来的升温与降温循环后产生的永久体积压缩变小（大约只有 0.1%）。

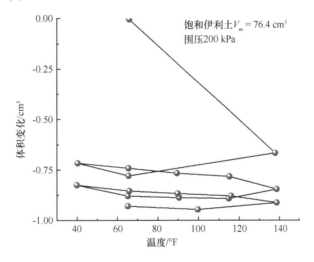

图 7-2　温度循环对伊利土体积变形的影响（Campanella et al.，1968）

　　Eriksson（1989）对三个不同场地的 Sulphide 黏土，在不同温度下进行了单向固结试验和 CRS 试验，试验温度在 5~45℃，如图 7-3 所示，温度升高，先期固结压力以 1%/℃ 的速率在减小。

　　Baldi 等（1991）对 Boom 黏土做了一系列温控固结实验以及三轴试验，试验结果表明，重度超固结土（OCR=6）升温过程中产生膨胀变形，降温过程中产生压缩变形；对于轻度超固结土（OCR=2）和正常固结土（OCR=1）升温过程中产生压缩变形，降温过程中也产生压缩变形。如图 7-4 所示，三种土体降温过程中产生的压缩变形大小几乎一样。

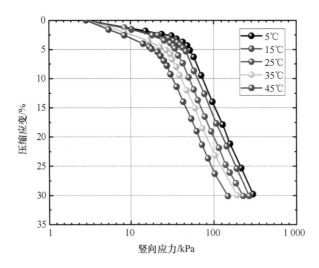

图 7-3　温度循环对黏土体积变形的影响(Eriksson，1989)

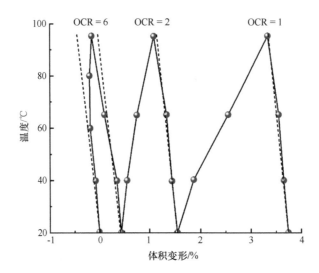

图 7-4　温度循环对 Boom 黏土体积变形的影响(Baldi et al.，1991)

　　Towhata 等(1993)对 MC 黏土和膨润土做了一系列的温控固结试验，研究发现对于重度超固结土，OCR 越大，体积膨胀变形越大(图 7-5)。同时发现，温度越大的试样，固结速率越快，即温度有加速土体固结的效果。

　　Moritz(1995)对瑞典 Linkoping 黏土进行了不同温度下的 CRS 试验，得到与 Eriksson (1989)与 Tidfors 等(1989)相同的压缩曲线移动的现象，即升温先期固结压力降低。在总结了大量试验数据的同时，给出了能够考虑温度对土体先期固结压力影响的双对数经验公式：

$$\frac{\sigma_{cT}{}'}{\sigma_{cT_0}{}'} = \left(\frac{T_0}{T}\right)^{\theta} \qquad (7-1)$$

式中：$\sigma_{cT}{}'$ 为温度 T 下的先期固结压力；$\sigma_{cT_0}{}'$ 为温度 T_0 下的先期固结压力；θ 为温度相关系数，一般为 0.15。

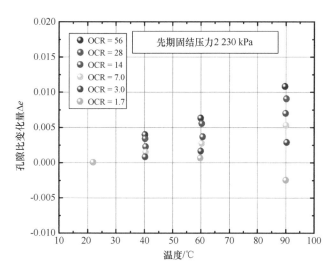

图 7-5　不同 OCR 的 MC 黏土升温过程中体积的变化(Towhata et al.，1993)

　　Laloui 等(2003)对不同温度下的高岭土进行了一维固结试验，同时总结了前人温度与先期固结压力试验数据，提出了温度与先期固结压力的单对数经验公式：

$$\sigma_{cT}{}' = \sigma_{cT_0}{}'\left[1 - \gamma\log\left(\frac{T}{T_0}\right)\right] \qquad (7-2)$$

式中：γ 为温度相关系数，不同土体 γ 的值不一样，但是对于同种土 γ 为定值。

　　Laloui 等(2005)对不同 OCR 的高岭土进行了升温-降温循环试验，试验结果如图 7-6 所示。升温过程中，正常固结土呈现压缩变形，超固结土呈现先膨胀而后具有部分收缩趋势，整体上呈现膨胀；降温过程中，正常固结土呈现膨胀变形，而超固结土先呈现膨胀变形，而后出现收缩趋势。通过与图 7-4 对比，可以发现 Laloui 等(2005)的高岭土试验数据升温过程与 Baldi 等(1991)的 Boom 黏土的试验数据规律一致。但是，对于降温过程，Baldi 等(1991)的 Boom 黏土的数据为压缩变形，并且对于超固结和正常固结土来说，可逆变形的

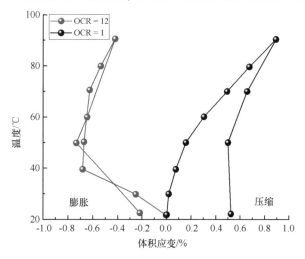

图 7-6　温度循环对不同 OCR 的高岭土体积变形的影响(Laloui et al.，2005)

235

数值都一样，这一试验数据与 Laloui 等（2005）的试验数据规律出现了不一致。

Abuel-Naga 等（2007a）对泰国 Bangkok 黏土的温度特性进行了研究，试验结果如图7-7所示。研究发现，对于正常固结土，温度升高产生压缩变形；对于轻度超固结土，温度升高先产生膨胀变形，而后具有收缩趋势，但是总体呈现压缩变形；对于重度超固结土，温度升高产生膨胀变形。值得注意的是，在土体降温过程中，可逆变形量（热弹性变形）非常小，从图 7-7 中可以看到可逆变形小于 0.2%，并且有的可逆变形呈现压缩变形，有的呈现膨胀变形。

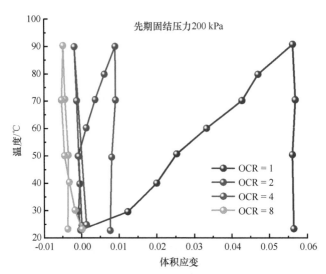

图 7-7　温度循环对不同 OCR 的 Bangkok 黏土体积变形的影响（Abuel-Naga et al.，2007a）

综上所述，到目前为止，土体升温引起的变形依旧存在争议，争议主要存在于降温引起的可逆变形（热弹性变形）是压缩变形还是膨胀变形。

7.1.2　温度变化对土体孔压影响

温度升高过程中，土体如果处于不排水条件下，将不会产生体积变形，取而代之的则是孔压的变化，对于土体不排水条件下孔压的变化，早在 20 世纪 60 年代就有学者开展了一系列的研究。

Campanella 等（1968）发现饱和伊利土在不排水条件下，升温会产生超孔压。在降温时，孔压持续降低，到达初始温度时，孔压比初始孔压低，产生了负孔压情况。如图7-8所示，土样初始围压为 400 kPa，反压为 200 kPa，初始有效应力为 200 kPa。Campanella 和 Mitchell（1968）基于试验数据，提出了孔压与温度的关系：

$$\Delta u = \frac{n\Delta T(\alpha_s - \alpha_w) + \alpha_{st}\Delta T}{m_v + nm_w} \tag{7-3}$$

式中：α_w 为水的膨胀系数，α_s 为土的膨胀系数，并且 $\alpha_w > \alpha_s$；α_{st} 为土在温度作用下产生的物理化学变化过程中的体积改变系数；m_v 为土的体积压缩系数；m_w 为水的体积压缩系数；n

为土的孔隙率。

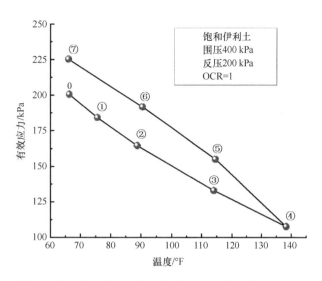

图 7-8　不排水条件下升温-降温循环对饱和伊利土的有效应力(Campanella et al.，1968)

如图 7-9 所示，Houston 等(1985)对不同初始温度的伊利土进行了升温试验，试验发现，土样初始温度越高，相同温度增量引起的孔压越高，并且温度升高，孔压与温度的反应为非线性变化，初期增长较快，后期增长较慢。

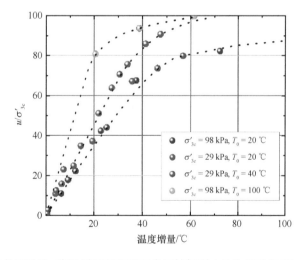

图 7-9　不排水条件下升温-降温循环对饱和正常固结伊利土的孔压反应(Houston et al.，1985)

如图 7-10 所示，Hueckel 等(1992)通过温控三轴仪研究了 Boom 黏土不排水条件下孔压的响应，土体首先不排水剪切至某一点(距离临界破坏线一定的距离)，而后从 21 ℃升温至 92 ℃，最后发生了热破坏现象(thermal failure)。

Graham 等(2001)基于 Tanaka 等(1997)对重塑伊利土进行了不排水升温试验，发现正常固结土与超固结土(OCR=2)升温过程中产生的孔压与升温前有效应力(并非先期固结压力)的比值 $\Delta u'/p'_{\text{cons}}$ 较为接近(图 7-11)。

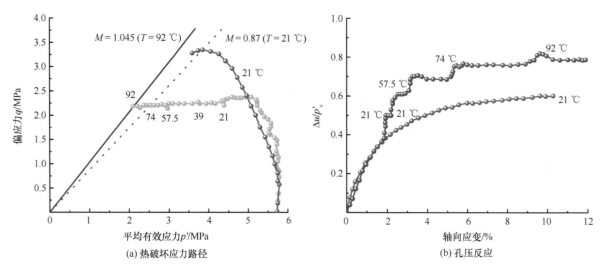

图 7-10　升温过程中 Boom 黏土的应力路径以及孔压反应(Hueckel et al.，1992)

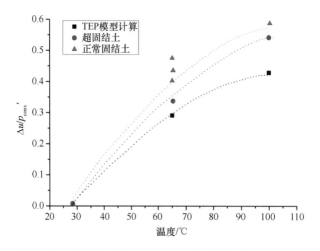

图 7-11　伊利土归一化的孔压值 $\Delta u'/p'_{cons}$ 与温度的关系(Graham et al.，2001)

　　Abuel-Naga 等(2007a)研究了泰国 Bangkok 黏土在不排水条件升温-降温循环下土体孔压的反应。对于正常固结土升温-降温循环下土体孔压先升高而后降低，无残余孔压出现；而对于轻微超固结(OCR=2，4)土升温-降温循环下土体孔压先升高而后降低，产生了负的残余孔压(图 7-12)。

　　综上所述，在不排水条件下，对土体孔压反应的研究不是很多，远不及排水条件下土体的变形，并且关于孔压与温度的关系，不同学者的实验结果略有不同(升温中孔压增长趋势不同)。而在实际工程中，结构变形速度较快(例如，埋地管道升温屈曲)，而黏土本身渗透系数较小，土体处于不排水条件。因此，对于黏土不排水条件下孔压反应的研究显得尤其重要。

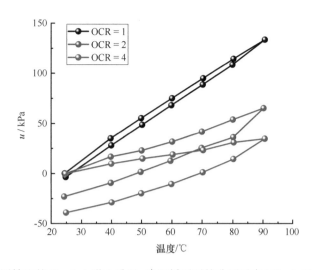

图 7-12　不同超固结比的 Bangkok 黏土升温-降温循环下的孔压反应(Abuel-Naga et al.，2007a)

7.1.3　温度变化对土体强度影响

温度对土体强度的影响从 20 世纪 60 年代就有学者开始研究，作为土体本身一个重要的特性，其常常与土体升温过程中产生的体积变形与孔压一起进行研究。

Houston 等(1985)在各向等压不排水三轴试验中对海洋伊利土(中太平洋北部取土)进行了研究，伊利土黏粒含量为 68%，液限 $w_L = 88\%$，塑性指数 $I_p = 47$，原状土含水量为 111%。重塑土样制作过程中，采用海水替代淡水，将混合好的泥浆倒入直径 30.5 cm 粗的固结仪里固结，最终测得土体含水量为 75%。如图 7-13 所示，试验土样分两组，一组固结压力为 29.4 kPa，另一组为 98.1 kPa，固结完毕以后先进行不排水升温，而后将排水阀打开，使得土体本身孔压消散，最后进行不排水剪切试验，试验的温度范围为 4~200 ℃。结果表明，4 ℃的土样与 40 ℃的土样相比，土体强度变化不大，40 ℃、100 ℃和 200 ℃的土样，随着温度升高土体强度变大，在 200 ℃的温度下进行试验的土体，具有明显的应力跌落现象。

Kuntiwattanakul 等(1995)对不同超固结比的(OCR = 1，2.2，4，8)MC 黏土(液限 $w_L = 70$，塑性指数 $I_p = 29$)开展了一系列的固结不排水剪切试验。试验温度为 20℃和 90℃，剪切条件为不排水。排水升温试验数据显示，正常固结土的升温后土体不排水抗剪强度升高，而对于超固结土，升温后土体的不排水抗剪强度基本与常温情况一致，不过 90 ℃土体剪切过程孔压的反应和应力路径与 20 ℃土体有少许不同。而不排水升温试验数据显示，对于正常固结土，不排水升温后土体的不排水抗剪强度降低，Kuntiwattanakul 等(1995)认为升温过程排水条件是影响土体强度变化的重要因素，不排水升温导致土体强度降低，而排水升温导致土体强度升高。

Moritz(1995)对瑞典 Linkoping 黏土进行了不同温度下的三轴试验，试验发现，在不排

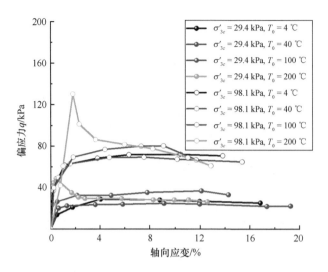

图 7-13　海洋伊利土排水升温不排水剪切数据（Houston et al.，1985）

水升温情况下，6 m 深取的原状土的土体峰值强度 $S_{up8℃} > S_{up40℃} > S_{up70℃}$；而 9 m 深取的原状土的土体峰值强度 $S_{up40℃} > S_{up70℃} > S_{up8℃}$（图 7-14）。

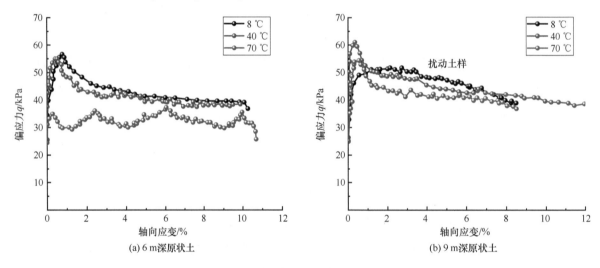

图 7-14　Linkoping 黏土不同温度下不排水剪切试验数据（Moritz，1995）

Cekerevac 等（2004）研究了不同 OCR 的高岭土在不同温度下的排水剪切特性，试验温度为 20 ℃ 和 90 ℃，升温条件为排水。试验数据显示，对于正常固结土和超固结土（OCR ＝ 1，1.2，1.5，2.0，3.0，6.0），90 ℃ 下土体的排水剪切峰值强度大于 20 ℃ 的土体，最后土体残余强度基本一致，即温度对土体临界状态线（CSL）的斜率无影响；而对于 OCR ＝ 12 的超固结土，90 ℃ 下土体的应力应变曲线与 20 ℃ 土体的应力应变曲线基本重合，即温度对于重度超固结土排水剪切性状几乎无影响。

Abuel-Naga 等（2007b）对泰国 Bangkok 黏土进行了一系列排水剪切与不排水剪切试验，试验温度为 25 ℃、70 ℃ 和 90 ℃，试验中土体各向同性固结的围压为 300 kPa 或者 200 kPa，超固结土的试验中需要卸载至相应围压以得到 OCR = 1.5, 2.0, 4.0, 8.0, 9.0 的情况, 高温试样经过排水升温从 25 ℃升至目标温度(70 ℃和 90 ℃), 待温度达到稳定以后对试样进行排水剪切或不排水剪切试验。试验结果显示, 在不排水剪切试验中, 清晰地观察到对于正常固结土, 排水升温固结后土体的不排水抗剪强度增大; 并且对于超固结土, 该试验现象仍然存在, 与正常固结土一致。在排水剪切试验中, 正常固结土与超固结土的试验结果一致, 排水升温后土体的排水抗剪强度峰值增大, 最后达到相同的残余强度, 也就是说临界状态线(CSL)的斜率与温度无关, 这和 Cekerevac 等(2004)的试验得到的结论一致。

在排水抗剪试验中, 土体经过排水升温后的排水抗剪强度规律为高温土体峰值强度大, 而后残余强度基本相同; 但是对于不排水抗剪试验, 不同学者的试验得到的数据不同, 并且规律也不同, 尤其是对超固结土。所以对于不同温度下的正常固结土的强度特性, 尤其是超固结土的强度特性还需要进一步的试验研究。

7.1.4 温度变化对土体渗透性影响

有关温度对黏性土渗透性质的影响在很早就引起了学者们的注意, 对于土体渗透性的研究主要通过排水升温条件下升温固结曲线计算得到, 另一种途径则是直接在高温情况下进行渗透试验。

Habibagahi(1977)进行的等向固结试验, 通过间接计算发现了黏性土的渗透系数随着温度升高而升高, 并提出间接计算得到渗透系数的增加很有可能是因为水的黏滞性降低, 导致表观的渗透系数提高, 而实际土体的渗透系数不一定在升高。

Towhata 等(1993)对 MC 黏土和膨润土的渗透特性进行了研究, 试验温度为 20 ℃ ~ 90 ℃, 同样也发现了与 Morin 等(1984)的海洋土试验数据相同的试验, 温度从 20 ℃升高至 90 ℃, 渗透系数提高 5 倍左右(图 7-15)。

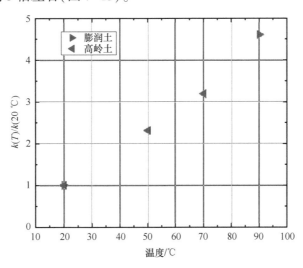

图 7-15 温度与归一化的渗透系数 $k(T)/k(20\ ℃)$(Towhata et al., 1993)

Delage 等(2000)对 Boom 黏土的渗透性进行了深入研究，发现利用固结试验中的体积变化系数间接计算土体的渗透系数会产生较大误差，指出利用固结曲线计算得到的高温土体的渗透系数会过高地估计土体的渗透系数，最终得到的结果比实际结果高 4 倍左右，建议采用直接的水头压力渗透试验。并且 Delage 等提出了改进的绝对渗透系数，利用 Hillel(1980)提出的水的黏滞系数 μ_w 与温度 T 的关系，得到了 Boom 黏土的绝对渗透系数与温度、孔隙率、压力的关系，发现温度和压力与土体绝对渗透系数无关，土体绝对渗透系数只与孔隙率相关，并且在总结了 Morin 等(1984)的实验数据的基础上，发现塑性指数越高的土，土的渗透性越差。

Tsutsumi 等(2012)提出土体表观渗透系数与水的黏滞系数存在一定的相关性，随着温度升高，水的黏滞系数降低，土体表观渗透系数增大，两者关系符合以下关系式：

$$\frac{k_T}{k_{20}} = \frac{\eta_{20}}{\eta_T} \qquad (7-4)$$

式中，k_T 为温度 T 下土体的渗透系数，k_{20} 为温度 20 ℃下土体的渗透系数，η_T 为温度 T 下水的黏滞系数，η_{20} 为温度 20 ℃下水的黏滞系数。

Monfared 等(2014)通过对空心扭剪仪器进行改造，对 Opalinus 黏土进行了一系列的试验，试验发现在进行升温-降温循环后的土样，渗透系数存在降低的现象。并且温度引起的弹性膨胀会导致渗透系数轻微增加，而温度引起的塑性压缩变形会导致渗透系数降低。

综上所述，土体的绝对渗透系数与温度的关系不大，固结曲线间接方法计算得到的高温土体渗透系数比低温土体渗透系数大是由于水的黏滞性变化导致，因此表观地看温度增加的确会导致土体渗透性增强。从直接的常水头压力渗透试验得到的数据显示，温度与压力对土体绝对渗透系数影响不大，但孔隙比是影响绝对渗透系数的重要因素，而排水过程中温度引起的土体体积变形恰恰影响了土体的孔隙比，导致在温度影响下，体积压缩时绝对渗透系数降低，体积膨胀时，绝对渗透系数增大。

7.2 考虑温度效应的软土本构关系

关于考虑土体温度变量的本构模型，最早可以追溯到 20 世纪 90 年代。Hueckel 和 Borsetto(1990)基于 Roscoe 等(1968)提出的修正剑桥模型，基于热塑性理论进行了扩展，对三种不同类型的土进行了温控三轴实验，并进行了比对，结果发现模型在预测热固结和升温引起的热破坏时拟合情况较好。

Cui 等(2000)基于不同类型的超固结饱和黏土(Pontida 黏土和 Boom 黏土)试验成果，在 Hueckel 等(1990)模型基础上进行了扩展，得到了能够考虑超固结土的热塑性本构模型，该模型将应力变量对应的屈服面定义为 LY(Loading Yield)面，将温度变量对应的屈服面定义为 TY(Thermal Yield)面，模型对土体升温引起的变形拟合较好，但是并未对土体剪切过程进行验证。

Gramham 等(2001)基于 Tanaka(1995)和 Lingnau 等(1995)的试验数据,提出了基于剑桥模型的热弹塑性模型(TEP),该模型为了考虑超固结土升温过程体积的变化,将回弹指数 κ 定义成随温度增加而增加,而 λ 不受温度影响,临界状态线的斜率 M 与温度无关,最后得到温度升高导致正常固结线 NCL 向下平移,导致不排水抗剪强度增加。最后与正常固结的伊利土不排水剪切试验进行对比,发现规律一致,但是模拟效果并不太好。

Abuel-Naga 等(2009)基于 Masad 等(1998)提出的倾斜椭圆屈服面模型(与修正剑桥模型类似),建立了可以考虑土体各向异性的模型,认为各向异性参数 α 与温度相关,温度越大,α 值越大。虽然该模型分析结果与泰国 Bangkok 黏土的不排水剪切实验数据相比拟合较好,但是对于温度是否会引起土体产生各向异性还有待商榷。

Laloui 等(2009)基于边界面模型,加入了非线性热弹性关系,以及考虑热塑性的两种过程机制,最后得到了 ACMEG-T 模型,模型本身对于土体升温过程产生的体积变形以及剪切过程具有很好的模拟效果,不过模型本身参数多达 16 个,对于实际工程应用性较差。

Yao 等(2013)基于 UH(Unified Hardening)模型,通过引入考虑排水条件下土体体积变形的两个参数即热弹塑性压缩参数 λ_T(thermo-elasto-plastic compression index)和热弹性压缩参数 κ_T(thermoelastic compression index),建立了考虑温度变量的 UH 模型,通过与前人的试验数据对比,该模型对于超固结土升温剪切特性的模拟效果较好。

本章基于前人导出的温度与先期固结压力的两种经验关系式,得到了温度效应参数 θ 和 γ 的关联性,并基于双对数经验公式得到了黏土热弹塑性体积变形公式。通过整合前人试验数据,得到了温度参数 θ 与塑性指数 I_p 和液限 w_L 的关系。在修正剑桥模型的基础上增加了可以考虑各向异性以及温度效应的参数,建立了热弹塑性本构模型。通过将模型计算结果与泰国黏土以及伊利土的试验数据的对比,验证了本章提出的模型的合理性。

7.2.1 温度对先期固结压力影响

7.2.1.1 温度与土体先期固结压力的关系

Moritz(1995)整理了不同温度下瑞典 Linkoping 黏土的 CRS 试验结果,提出了考虑温度对土体先期固结压力影响的双对数公式:

$$\frac{\sigma_{cT}'}{\sigma_{cT_0}'} = \left(\frac{T_0}{T}\right)^{\theta} \tag{7-5}$$

式中:σ_{cT}' 为温度 T 下的先期固结压力,σ_{cT_0}' 为温度 T_0 下的先期固结压力,θ 为温度相关参数,一般为 0.15。

Laloui 等(2003)对不同温度下的高岭土进行了一维固结试验,并总结了前人的实验数据,提出了温度与先期固结压力的单对数公式:

$$\frac{\sigma_{cT}{}'}{\sigma_{cT_0}{}'} = \left[1 - \gamma \lg \left(\frac{T}{T_0} \right) \right] \tag{7-6}$$

式中：γ 为温度相关系数，不同土体 γ 的值不一样，但是对于同种土 γ 为定值。

将式(7-5)和式(7-6)两边同时取自然对数，得：

$$\ln \frac{\sigma_{cT}{}'}{\sigma_{cT_0}{}'} = \theta \ln \left(\frac{T_0}{T} \right) \tag{7-7}$$

$$\ln \frac{\sigma_{cT}{}'}{\sigma_{cT_0}{}'} = \ln \left[1 - \gamma \lg \left(\frac{T}{T_0} \right) \right] \tag{7-8}$$

注意到式(7-8)右边可进行泰勒级数展开，忽略二阶以上项得到：

$$\ln \left[1 - \gamma \lg \left(\frac{T}{T_0} \right) \right] \approx - \gamma \lg \left(\frac{T}{T_0} \right) = \frac{\gamma}{\ln 10} \cdot \ln \left(\frac{T_0}{T} \right) \tag{7-9}$$

联立式(7-7)、式(7-8)和式(7-9)，得到 θ 与 γ 的关系：

$$\theta \approx \gamma / \ln 10 \tag{7-10}$$

7.2.1.2 温度相关参数 θ 与土体基本性质的关系

Abuel-Naga 等(2005)发现正常固结土温度产生的体积变形大小与塑性指数(I_p)可能存在一定的正比关系，并且发现温度相关系数 γ 可能与液限存在一定的正比关系，对于不同土体 θ 的值并不与 Moritz 认为的一样(等于 0.15)。由于前节中给出的 θ 与 γ 关系，可以猜想对于温度相关参数 θ 并不恒等于 0.15，θ 可能也与土体的塑性指数(I_p)、液限(w_L)或塑限(w_p)存在一定的关系。

为了研究温度相关参数 θ 与塑性指数(I_p)、液限(w_L)和塑限(w_p)的关系，Wang(2016)基于 Eriksson(1989)、Tidfor 等(1989)、Boudali 等(1997)、Moritz (1995)、Tanaka(1995)、Marques 等(2007)和 Abuel-Naga 等(2007a)的试验数据，对 7 种土的温度相关参数 θ 进行了分析，表7-1 给出了 7 种黏土的基本性质、温度相关参数 θ。

表 7-1　7 种黏土的温度相关参数 θ 及其基本参数

土体	w_0 /%	w_p /%	w_L /%	I_p /%	θ	温度/℃	参考文献
Sulphide 黏土 （瑞典）	110	50	110	60	0.194	5~55	Eriksson，1989
Bäckebol 黏土 （瑞典）	76~82	28~35	78~85	50	0.165	7~50	Tidfors et al.，1989
Berthierville 黏土 （魁北克）	63	22	45	23	0.142	5~35	Boudali et al.，1994
Linköping 黏土 （瑞典）	51.5	N/A	45.5	N/A	0.152	20~70	Moritz，1995

土体	w_0 /%	w_p /%	w_L /%	I_p /%	θ	温度/℃	参考文献
伊利土	13~30	21	30	9	0.125	28~100	Tanaka, 1995
St-Roch-de-l'Achigan 黏土 （魁北克）	85	25~30	68~74	41~46	0.163	8~50	Marques et al., 2004
曼谷黏土 （泰国）	90~95	43	103	60	0.187	25~90	Abuel-Naga et al., 2007a

图 7-16 为对数坐标下 $\ln(\sigma_{cT}{'}/\sigma_{cT_0}{'})$ 和 $\ln(T_0/T)$ 的关系，可知两者呈线性关系，图中给出了 7 种黏土的温度相关系数 θ 的线性拟合情况，可以发现 7 种黏土的温度相关参数 θ 位于 0.125~0.194，拟合相关系数 R^2 位于 0.81~0.99，拟合情况较好。

将液限、塑性指数、塑限作为横坐标，温度相关系数 θ 作为纵坐标，绘制散点图，可以发现两者之间呈现一定的线性关系，线性拟合分析之后如图 7-17、图 7-18 和图 7-19 所示。可以发现液限 w_L 与温度相关系数 θ 的拟合相关系数和塑性指数 I_p 与温度相关参数 θ 的拟合相关系数都为 0.95，液限 w_L 和塑性指数 I_p 都与温度相关系数 θ 具有较好的线性关系：

$$\theta = 0.107\,2 + 0.000\,8\,w_L \tag{7-11}$$

$$\theta = 0.112\,0 + 0.001\,2\,I_p \tag{7-12}$$

在本身无试验条件或者需要简单快速确定温度相关系数 θ 的时候，可以通过测定土体的液限以及塑性指数，利用式(7-11)和式(7-12)快速估算土体的温度相关参数 θ。

7.2.2　热弹塑性本构关系

7.2.2.1　基本假定

为了建立考虑温度变量的土的本构关系，Wang 等(2016)作出如下基本假定：

假定 1：压缩指数 λ 和回弹指数 κ 与温度无关(Campanella et al., 1968)，同时泊松比也与温度无关(Abuel-Naga et al., 2009；Yao et al., 2013)。

假定 2：在一维条件下，对于同种土体在给定温度下只有一条正常固结线，即 $e\text{-ln}p'\text{-}T$ 线具有唯一性(Campanella et al., 1968；Tidfors et al., 1989；Marques et al., 2004)。

假定 3：土体屈服面的形状具有相似性，符合径向映射法则(Graham et al., 2001)。

7.2.2.2　热弹性参数

与修正剑桥模型相同，平均有效应力 p' 与偏应力 q 在一般应力空间中可以表示为：

$$p' = \sigma_{kk}{'}/3 = (\sigma_{11}{'} + \sigma_{22}{'} + \sigma_{33}{'})/3, \quad q = \sqrt{3s_{ij}s_{ij}/2} \tag{7-13}$$

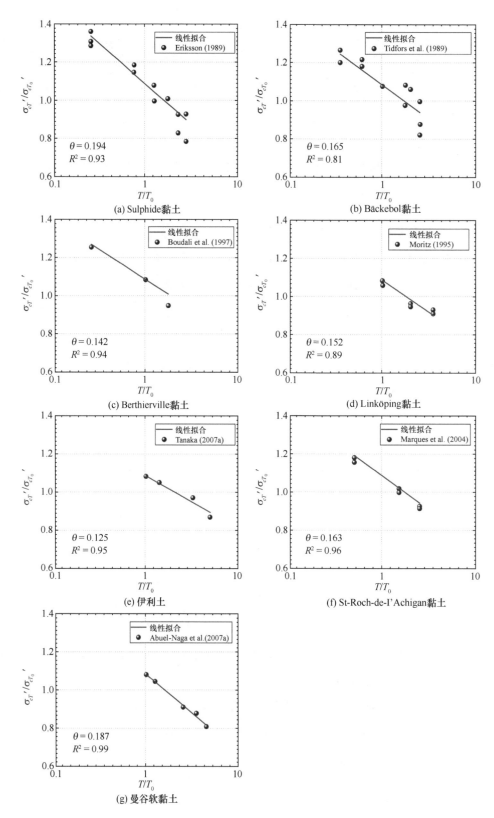

图 7-16　7 种黏性土的先期固结压力与温度的关系

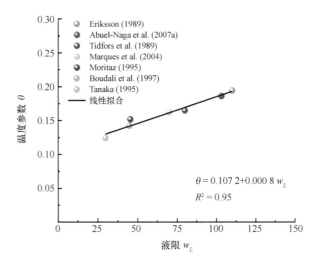

图 7-17　温度相关参数 θ 与液限 w_L 的关系

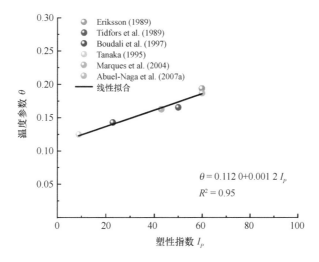

图 7-18　温度相关系数 θ 与塑性指数 I_p 的关系

式中：下标为 $i=1$, 2, 3 和 $j=1$, 2, 3, $\sigma_{ij}{}'$ 为有效应力张量，$s_{ij}=\sigma_{ij}{}'-p'\delta_{ij}$，$\delta_{ij}$ 为克罗内克符号（当 $i=j$ 时，$\delta_{ij}=1$；当 $i\neq j$ 时，$\delta_{ij}=0$）。

上文假定 1 中假定压缩指数 λ 和回弹指数 κ 与温度无关，许多学者（Hueckel et al.，1990；Tanaka，1995；Crilly，1996；Cui et al.，2000；Abuel-Naga et al.，2007a；Kurz，2014）通过试验总结得到压缩指数 λ 与温度无关。而对于回弹指数 κ，Graham 等（2001）指出随着温度升高回弹指数 κ 增加，这一观点的提出主要基于 Tanaka（1995）的试验数据及理论分析，而 Crilly（1996）对 Tanaka（1995）提出的理论进行了一系列一维固结试验验证，最后发现回弹指数 κ 与温度无关。Cui 等（2000）与 Yao 等（2013）在他们提出的本构模型中假定回弹指数 κ 为常数。Kurz（2014）认为 Tanaka（1995）的试验数据存在错误，从而得到了错误的结论。基于以上文献，本文中假定回弹指数 κ 与温度无关。对于泊松比，迄今为止并没有文

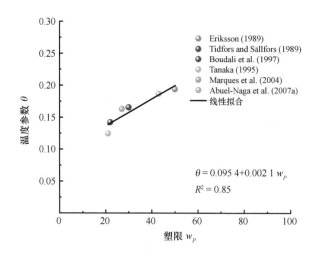

图 7-19　温度相关系数 θ 与塑限 w_p 的关系

献有直接的试验结果得到泊松比受到温度影响，基于 Abuel-Naga 等（2009）与 Yao 等（2013）中提出的假定，本章为了简便，也假定泊松比与温度无关为常数。

在热弹塑性本构模型中，应变由两部分组成：①应力改变引起的应变；②温度改变引起的应变。应力引起的弹性应变与修正剑桥模型相同，由弹性体积应变和弹性偏应变组成。

$$d\varepsilon_v^{me} = \frac{\kappa dp'}{vp'} \tag{7-14}$$

$$d\varepsilon_d^{me} = \frac{dq'}{3G} \tag{7-15}$$

式中：v 为比容（$v=1+e$，其中，e 为孔隙比），κ 为 $v-\ln p'$ 下弹性回弹线的斜率（回弹指数），G 为弹性剪切模量，与体积模量 K 和泊松比 v' 具有以下关系 $G = 3(1-2v')K/[2(1+v')]$，其中，$K = vp'/\kappa$。

通常假定温度仅仅引起热弹性体积应变，而不产生热弹性剪切应变（Hueckel et al.，1990；Cui et al.，2000；Laloui et al.，2009；Abuel-Naga et al.，2009；Yao et al.，2013）。本章基于 Abuel-Naga 等（2007b）提出的热弹性体积应变增量式的理论框架，对其参数进行了改进如下：

$$d\varepsilon_v^{Te} = \frac{\alpha_T}{T}dT \tag{7-16}$$

式（7-16）中，α_T 可以用下式表示：

$$\alpha_T = \frac{\theta \cdot \kappa}{v_i} \tag{7-17}$$

其中，θ 为温度相关参数，为 v_i 初始比容，式（7-17）的推导过程将在下节详述。

7.2.2.3　一维条件下热弹塑性应变的推导

Tidfors 等（1989）及 Marques 等（2004）在不同的黏土试样中进行了一系列的温控 CRS 试

验(constant rate of strain consolidation)，从图 7-20 中可以清晰地看到对于温度较高土体的 e $-\ln\sigma'_v$ 曲线比温度较低土体的 $e-\ln\sigma'_v$ 曲线低，并且不同温度下的 $e-\ln\sigma'_v$ 曲线是平行的，仅仅出现了向下平移的情况，也就是说加热排水过程导致正常固结饱和土体体积降低，并且与土体当前应力状态无关，同时压缩指数 λ 和回弹指数 κ 与温度无关。而图 7-20(a)中显示在温度从 7 ℃ 升高至 25 ℃ 和 40 ℃ 时，正常固结线向下平移；而温度从 40 ℃ 降低至 25 ℃ 和 7 ℃ 时，正常固结线向上平移，并且回升至原有位置。可以认为图 7-20(a)显示了假定 2 的正确性，即对于相同土体在给定温度下的正常固结线具有"唯一性"。

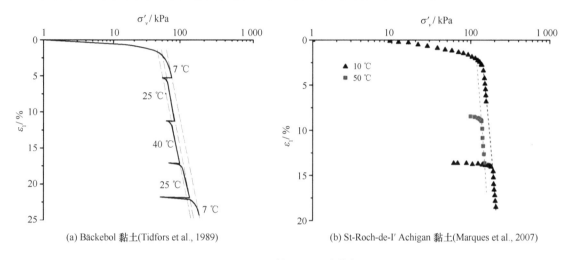

(a) Bäckebol 黏土(Tidfors et al., 1989)　　　(b) St-Roch-de-I' Achigan 黏土(Marques et al., 2007)

图 7-20　温控 CRS 试验数据

通过以上试验数据以及前人文献总结，我们可以认为压缩指数 λ 和回弹指数 κ 与温度无关。为了反映升温与降温过程中土体的体积变形，需要建立一个简单的概念模型，如图 7-21(a)所示。假设在排水条件下，有一正常固结土样沿着正常固结线在 T_0 温度下从 A 点压缩至 B 点，B 点当前竖向应力为 σ'_v。将温度从 T_0 升高至 T，土体状态从 B 点移动至 C 点；随后将温度从 T 降低回 T_0，土体状态从 C 点移动至 D 点。从上文文献综述来看，升温固结后降温是膨胀变形还是压缩变形仍无统一意见。从图 7-21(a)可以看出，我们采纳了 Laloui 等(2005)的降温过程为膨胀变形的试验成果，尽管这一现象仍无统一意见，但总体来讲，降温引起的变形量相对于升温引起的压缩变形量并不大。

根据假定 1(回弹指数 κ 为材料常数与温度和当前应力无关)，在排水条件下的降温过程 $C \rightarrow D$ 可以划分为两个过程：①不排水条件下温度从 T 降低为 T_0(土体状态从 C 点移动到 E 点)，伴随着土体产生一部分的负孔压，最终导致土体的先期固结压力从 σ'_v 提高至 $\overline{\sigma'_v}$；②排水条件下，降温引起的负孔压在温度 T_0 消散，土体沿着回弹线 EE' 移动，最后土体状态从 E 点移动到 D 点。

当土体在排水条件下经历升温-降温循环($T_0 \rightarrow T \rightarrow T_0$)后，正常固结土样本身将从正常固结土变为超固结土，先期固结压力将从 σ'_v 提高至 $\overline{\sigma'_v}$(当前屈服面从 B 点扩大至 E 点)。

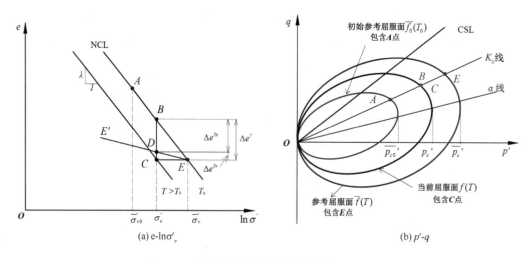

图 7-21 当前应力点与参考应力点的相对关系

降温过程中产生的可恢复体积变形 Δe^{CD} 可以表示为：

$$\Delta e^{Te} = \Delta e^{CD} = \kappa \ln\left(\frac{\overline{\sigma_v}'}{\sigma_v'}\right) \tag{7-18}$$

升温引起的总体积变形 Δe^{BC} 可以表示为：

$$\Delta e^{T} = \Delta e^{BC} = \lambda \ln\left(\frac{\overline{\sigma_v}'}{\sigma_v'}\right) \tag{7-19}$$

温度引起的塑性体积变形可以 Δe^{BD} 通过总体积变形 Δe^{BC} 减去可恢复体积变形 Δe^{CD} 得到：

$$\Delta e^{Tp} = \Delta e^{BC} - \Delta e^{CD} = \Delta e^{BD} = (\lambda - \kappa)\ln\left(\frac{\overline{\sigma_v}'}{\sigma_v'}\right) \tag{7-20}$$

Moritz(1995)给出的先期固结压力与温度的关系式，在此处可以写为：

$$\frac{\overline{\sigma_v}'}{\sigma_v'} = \left(\frac{T}{T_0}\right)^{\theta} \tag{7-21}$$

将式(7-21)代入式(7-18)、式(7-19)和式(7-20)，温度引起的弹性体积变形、总体积变形和塑性体积变形可以写成：

$$\Delta e^{Te} = \kappa\theta\ln\left(\frac{T}{T_0}\right) \tag{7-22}$$

$$\Delta e^{T} = \lambda\theta\ln\left(\frac{T}{T_0}\right) \tag{7-23}$$

$$\Delta e^{Tp} = \theta(\lambda - \kappa)\ln\left(\frac{T}{T_0}\right) \tag{7-24}$$

将式(7-22)和式(7-24)除以初始比容 v_i，最后得到了温度引起的热弹性体积应变和热塑性体积应变：

$$\varepsilon_v^{Te} = \frac{\theta\kappa}{v_i}\ln\left(\frac{T}{T_0}\right) \tag{7-25}$$

$$\varepsilon_v^{Tp} = \frac{\theta(\lambda - \kappa)}{v_i} \ln\left(\frac{T}{T_0}\right) \tag{7-26}$$

从式(7-25)可以得到 $\alpha_T = \theta \cdot \kappa/v_i$，即式(7-17)得到了验证。

7. 2. 2. 4　三维热弹塑性模型的表达

Marques 等(2004)在 e-p'-q 空间中给出了不同温度与应变率下的屈服面变化的示意图，可以发现温度与应变率对屈服面的影响具有相似的作用。Wang 等(2012)建立了应变率相关的能够考虑 K_0 固结的软土各向异性的本构模型，该模型借鉴"过应力"思想进行建模，引入绝对时间线体系，采用径向映射准则，将流动函数定义为加载面 f 与参考面 $\bar{f}$ 之间的距离，即当前状态点(p', q)与参考状态点($\bar{p}'$, $\bar{q}$)的差异，从而得到不同应变率下土体的应力应变关系以及强度变化。本节的建模思想基于 Wang 等(2012)的建模架构，将参考屈服面定义为室温 $T = T_0 = 20\ ℃$ 时的屈服面 $\bar{f}$，加载面定义为温度为 T 下的当前屈服面 f。当前屈服面可以位于参考屈服面内($T > T_0 = 20\ ℃$)，或者参考屈服面上($T = T_0 = 20\ ℃$)，甚至参考屈服面外($T < T_0 = 20\ ℃$)。当土体的应力或者温度改变时，当前屈服面和参考屈服面随之改变，并且遵循径向映射法则(Wang et al., 2016)。

如图 7-21(b)所示为当前屈服面 f 与参考屈服面 $\bar{f}$，为了考虑 K_0 固结土的初始各向异性，当前屈服面方程和参考屈服面方程采用 Wheeler 等(2003)提出的方程：

$$f = \frac{(M^2 - \alpha^2) + (q/p' - \alpha)^2}{M^2 - \alpha^2} p' - p_c' = 0 \tag{7-27}$$

$$\bar{f} = \frac{(M^2 - \alpha^2) + (\bar{q}/\bar{p}' - \alpha)^2}{M^2 - \alpha^2} \bar{p}' - \bar{p}_c' = 0 \tag{7-28}$$

式中：p' 和 q 为当前的平均有效应力与偏应力；$\bar{p}'$ 为参考平均有效应力，$\bar{q}$ 为参考偏应力；M 为临界状态时的应力比($\eta = q/p'$)；$\bar{p}_c'$ 为倾斜的椭圆轴线 α 线与参考屈服面 $\bar{f}$ 的交点所对应的平均有效应力；p_c' 为倾斜的椭圆轴线 α 线与当前屈服面 f 的交点所对应的平均有效应力[图 7-21(b)]。

参数 α 为考虑土体各向异性的参数，表征了当前屈服面与参考屈服面的倾斜程度，当土体初始为各向同性固结时，α 为 0，式(7-27)和式(7-28)退化为修正剑桥模型的屈服面方程。为简化起见，这里不考虑旋转硬化，即 α 为常数。

需要注意的是，上节中给出的方程为一维条件下得到的，需要通过径向映射法则将图 7-21(a)转换为三维情况下的关系式，如图 7-21(b)所示，由径向映射法则可知：

$$\sigma_v'/\bar{\sigma}_v' = p_c'/\bar{p}_c' \tag{7-29}$$

将式(7-29)代入式(7-21)，可以得到三维情况下先期固结压力与温度的关系：

$$\ln\left(\frac{\bar{p}_c'}{p_c'}\right) = \ln\left(\frac{\bar{\sigma}_v'}{\sigma_v'}\right) = \theta \ln\left(\frac{T}{T_0}\right) \tag{7-30}$$

采用与修正剑桥模型相同的硬化准则，参考屈服面的变化仅仅取决于塑性体积应变：

$$\bar{p}'_c = \bar{p}'_{c0} \cdot \exp\left(\frac{\varepsilon_v^p}{(\lambda - \kappa)/v_i}\right) \tag{7-31}$$

式中：$\bar{p}'_{c0}$ 为倾斜的椭圆轴线 α 线与初始参考屈服面 $\bar{f}_0$ 的交点所对应的平均有效应力，当前屈服面的硬化准则与参考屈服面相同，在此不再赘述。

从式（7-31）可以得到塑性体积应变的表达式：

$$\varepsilon_v^p = \frac{\lambda - \kappa}{v_i}\ln\left(\frac{\bar{p}'_c}{\bar{p}'_{c0}}\right) = \frac{\lambda - \kappa}{v_i}\ln\left(\frac{p'_c}{\bar{p}'_{c0}}\right) + \frac{\lambda - \kappa}{v_i}\ln\left(\frac{\bar{p}'_c}{p'_c}\right) \tag{7-32}$$

将屈服面方程（7-27）代入式（7-32）可以得到：

$$\varepsilon_v^p = \frac{\lambda - \kappa}{v_i}\ln\left(\frac{p'}{\bar{p}'_{c0}}\right) + \frac{\lambda - \kappa}{v_i}\ln\frac{M^2 - \alpha^2 + (\eta - \alpha)^2}{M^2 - \alpha^2} + \frac{\lambda - \kappa}{v_i}\ln\left(\frac{\bar{p}'_c}{p'_c}\right) \tag{7-33}$$

为了考虑温度效应，将式（7-30）代入式（7-33）可以得到：

$$\varepsilon_v^p = \frac{\lambda - \kappa}{v_i}\ln\left(\frac{p'}{\bar{p}'_{c0}}\right) + \frac{\lambda - \kappa}{v_i}\ln\frac{M^2 - \alpha^2 + (\eta - \alpha)^2}{M^2 - \alpha^2} + \frac{\theta(\lambda - \kappa)}{v_i}\ln\left(\frac{T}{T_0}\right) \tag{7-34}$$

两边取微分可得：

$$d\varepsilon_v^p = \frac{(\lambda - \kappa)}{v_i} \cdot \frac{1}{p'}dp' + \frac{(\lambda - \kappa)}{v_i} \cdot \frac{1}{(M^2 - \alpha^2) + (\eta - \alpha)^2} \cdot$$
$$d(\eta - \alpha)^2 + \frac{\theta(\lambda - \kappa)}{v_i T}dT \tag{7-35}$$

注意到 $\eta = q/p'$，则 $d(\eta-\alpha)^2$ 可以表示为

$$d(\eta - \alpha)^2 = 2(\eta - \alpha) \cdot d\eta = 2(\eta - \alpha) \cdot \frac{p' \cdot dq - q \cdot dp'}{p'^2} \tag{7-36}$$

最后可以得到关于 dp'、dq 和 dT 的表达式：

$$d\varepsilon_v^p = \frac{(\lambda - \kappa)}{v_i p'}\left(\frac{M^2 - \eta^2}{(M^2 - \alpha^2) + (\eta - \alpha)^2}\right)dp' + \frac{(\lambda - \kappa)}{v_i p'}\left(\frac{2(\eta - \alpha)}{(M^2 - \alpha^2) + (\eta - \alpha)^2}\right)dq +$$
$$\frac{\theta(\lambda - \kappa)}{v_i T}dT \tag{7-37}$$

Graham 等（1983）通过试验验证，指出对于天然软黏土采用相关联流动法则是合理的，本节采取相关联流动法则，塑性势函数与屈服面相同，则：

$$\frac{d\varepsilon_s^p}{d\varepsilon_v^p} = \frac{\partial f/\partial q}{\partial f/\partial p'} = \frac{2(\eta - \alpha)}{M^2 - \eta^2} \tag{7-38}$$

式中：

$$\frac{\partial f}{\partial p'} = \frac{M^2 - \eta^2}{M^2 - \alpha^2 + (\eta - \alpha)^2} \cdot \frac{1}{p'} \tag{7-39}$$

$$\frac{\partial f}{\partial q} = \frac{2(\eta - \alpha)}{M^2 - \alpha^2 + (\eta - \alpha)^2} \cdot \frac{1}{p'} \tag{7-40}$$

则相应的塑性偏应变可以表示为：

$$d\varepsilon_s^p = \frac{(\lambda - \kappa)}{v_i p'}\left(\frac{2(\eta - \alpha)}{(M^2 - \alpha^2) + (\eta - \alpha)^2}\right)dp' + \frac{(\lambda - \kappa)}{v_i p'}\left(\frac{4(\eta - \alpha)^2/(M^2 - \eta^2)}{(M^2 - \alpha^2) + (\eta - \alpha)^2}\right)dq +$$

$$\frac{\theta(\lambda - \kappa)}{v_i T} \cdot \frac{2(\eta - \alpha)}{M^2 - \eta^2}dT \tag{7-41}$$

7.2.2.5　模型参数

模型本身与修正剑桥模型相似，只增加了两个参数，一个是考虑土体各向异性的参数 α，一个是考虑土体温度效应的参数 θ。修正剑桥模型中的土体的压缩指数 λ 和回弹指数 κ 可以通过固结仪进行一维压缩试验得到的压缩曲线斜率 C_c 和回弹曲线斜率 C_s 换算得到，$\lambda = C_c/\ln 10$，$\kappa = C_s/\ln 10$，一般软黏土 λ/κ 取值为 5~10。临界状态线的斜率 M 可以通过下式进行估算：

$$M = \frac{6\sin\varphi'}{3 - \sin\varphi'} \tag{7-42}$$

式中：φ' 为土体的有效内摩擦角。黏土的泊松比一般取 0.3（Nadarajah，1973）。

对于考虑土体各向异性的参数 α，在外载荷作用发生不可逆转的变形时，应力诱发的各向异性将发生变化，对应的各向异性参数 α 也会随之变化（旋转硬化）。本节为了模型简便，将不考虑参数 α 的旋转硬化。根据 Wheeler 等（2003）给出的参数 α 的计算公式，初始值 α_0 可以用如下公式表示：

$$\alpha_0 = (\eta_{K_{0nc}}^2 + 3\eta_{K_{0nc}} - M^2)/3 \tag{7-43}$$

式中：$\eta_{K_{0nc}} = 3(1 - K_{0nc})/(1 + 2K_{0nc})$ 为 K_0 正常固结土的初始应力比，K_{0nc} 为静止侧向土压力系数，$K_{0nc} = 1 - \sin\varphi'$。

而考虑土体温度效应的参数可以通过测定土体液限 w_L 或者塑性指数 I_p，采用式（7-11）或式（7-12）进行估算。

7.2.3　土体不排水抗剪强度与温度的关系

本节基于 Wang 等（2008）的理论框架推导了排水升温固结后，土体的不排水抗剪强度与温度的关系。

如图 7-22 所示，在等温条件下，对于 K_0 固结条件下（等温条件）的超固结土的剪切路径为 I—H—Y—J。状态点 I，H 和 Y 的比容和应力可以表示为 $I(v_i, p_i', \eta_i)$，$H(v_h, p_h', \eta_h)$，$Y(v, p', \eta)$，其中，I 点表示初始状态点，H 点位于初始参考屈服面 $\overline{f_0}$（温度为 T_0 时的初始屈服面）上，Y 点位于当前屈服面。从图 7-22 可知，IH 路径中土体只产生弹性变形，到达 H 点以后，土体开始硬化。HY 路径表示土体塑性变形产生，屈服面开始增大，基于 Wang 等（2008）的理论推导，结合式（7-27）给出的土体屈服面方程，从 I 至 Y 过程中的体积应变

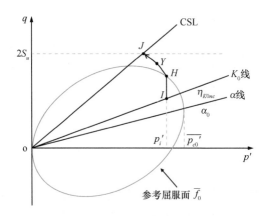

图 7-22 等温条件下三轴加载土体的应力路径

可以表示成:

$$\varepsilon_v = \varepsilon_v^e + \varepsilon_v^p = \frac{\lambda}{v_i}\ln\left(\frac{p'}{p_i'}\right) + \frac{(\lambda - \kappa)}{v_i}\ln\left(\frac{M^2 - \alpha^2 + (\eta - \alpha)^2}{M^2 - \alpha^2}\right) \quad (7-44)$$

根据体积应变的定义 $\varepsilon_v = (v_i - v)/v_i$,式(7-44)可以写成:

$$v = v_i - \lambda\ln\left(\frac{p'}{p_i'}\right) - (\lambda - \kappa)\ln\left(\frac{M^2 - \alpha^2 + (\eta - \alpha)^2}{M^2 - \alpha^2}\right) \quad (7-45)$$

IH 路径下的体积变化可以表达为:

$$\Delta v = v_h - v_i = -\kappa\ln\frac{p_h'}{p_i'} \quad (7-46)$$

由于土体在剪切过程中不排水,则 IH 路径下的总体积变化为 0,由式(7-46)可以看出 $p_h' = p_i'$。

而在 HY 路径下的体积变化可以表示为:

$$\Delta v = v - v_h = \lambda\ln\frac{p_h'}{p'} + (\lambda - \kappa)\ln\left(\frac{M^2 - \alpha^2 + (\eta_h - \alpha)^2}{M^2 - \alpha^2 + (\eta - \alpha)^2}\right) \quad (7-47)$$

同样,根据不排水条件可以得到

$$\lambda\ln\frac{p_h'}{p'} + (\lambda - \kappa)\ln\left(\frac{M^2 - \alpha^2 + (\eta_h - \alpha)^2}{M^2 - \alpha^2 + (\eta - \alpha)^2}\right) = 0 \quad (7-48)$$

由于 H 点位于参考屈服面上,则:

$$\frac{p_h'}{\bar{p}_{c0}'} = \frac{M^2 - \alpha^2}{M^2 - \alpha^2 + (\eta_h - \alpha)^2} \quad (7-49)$$

以上推导皆基于等温条件,当土体受到温度变化的影响,比如排水升温时,土体的参考屈服面将发生膨胀,从初始参考面对应的 $\bar{p}_{c0}'$ 增加至 $\bar{p}_c'$,则当前应力状态 $\bar{p}_c'$ 满足下式:

$$\frac{p_h'}{\bar{p}_c'} = \frac{M^2 - \alpha^2}{M^2 - \alpha^2 + (\eta_h - \alpha)^2} \quad (7-50)$$

将式(7-50)代入式(7-48)，并由 $p'_h = p'_i$ 可以得到：

$$\lambda \ln \frac{p'_i}{p'} + (\lambda - \kappa) \ln \left(\frac{\overline{p}'_c}{p'_i} \cdot \frac{M^2 - \alpha^2}{M^2 - \alpha^2 + (\eta - \alpha)^2} \right) = 0 \qquad (7-51)$$

根据上一节所提出的硬化准则式(7-31)，$\overline{p}'_c$ 可以表示为 $\overline{p}'_{c0}$ 和热塑性体积应变 ε_v^{Tp} 的关系式：

$$\overline{p}'_c = \overline{p}'_{c0} \cdot \exp \left(\frac{\varepsilon_v^p}{(\lambda - \kappa) / v_i} \right) = \overline{p}'_{c0} \cdot \exp \left(\frac{\varepsilon_v^{Tp}}{(\lambda - \kappa) / v_i} \right) \qquad (7-52)$$

将式(7-52)代入式(7-51)可以得到：

$$\lambda \ln \frac{p'_i}{p'} + (\lambda - \kappa) \ln \left(\frac{\overline{p}'_{c0}}{p'_i} \cdot \frac{M^2 - \alpha^2}{M^2 - \alpha^2 + (\eta - \alpha)^2} \right) + \varepsilon_v^{Tp} \cdot v_i = 0 \qquad (7-53)$$

将式(7-53)左右两边同时取自然指数：

$$\left(\frac{p'_i}{p'} \right)^{\lambda} \cdot \left(\frac{M^2 - \alpha^2}{M^2 - \alpha^2 + (\eta - \alpha)^2} \right)^{\lambda - \kappa} \cdot n^{\lambda - \kappa} \cdot \exp(\varepsilon_v^{Tp} \cdot v_i) = 1 \qquad (7-54)$$

式中：$n = \overline{p}'_{c0} / p'_i$，表示三维应力空间以 p' 定义的屈服应力比（当不考虑土体结构性时，n 为超固结比）。

当土体沿着不排水剪切应力路径 HY 到达 p'-q 平面上的临界状态线（J 点）时，应力比 η 将会达到 M，而相应的不排水抗剪强度 $s_u = Mp'/2$，经过转换之后：

$$\frac{s_u}{p'_i} = \frac{M}{2} \cdot \left(\frac{M + \alpha_0}{2M} \right)^{\Lambda} \cdot n^{\Lambda} \cdot \exp \left(\frac{\varepsilon_v^{Tp} \cdot v_i}{\lambda} \right) \qquad (7-55)$$

式中：$\Lambda = 1 - \kappa / \lambda$。

热塑性体积应变 ε_v^{Tp} 可以用温度表示，将式(7-26)代入式(7-55)中：

$$\frac{s_u}{p'_i} = \frac{M}{2} \cdot \left(\frac{M + \alpha_0}{2M} \right)^{\Lambda} \cdot n^{\Lambda} \cdot \left(\frac{T}{T_0} \right)^{\theta \Lambda} \qquad (7-56)$$

从式(7-56)可以看出，将土体从 T_0 升温至 T 排水固结后进行不排水剪切或在 T_0 进行不排水剪切，两者相对应的不排水抗剪强度 s_{u0} 和 s_{uT} 满足以下关系：

$$\frac{s_{uT}}{s_{u0}} = \left(\frac{T}{T_0} \right)^{\theta \Lambda} \qquad (7-57)$$

将式(7-57)两边同时取自然对数：

$$\ln \frac{s_{uT}}{s_{u0}} = \theta \Lambda \ln \left(\frac{T}{T_0} \right) \qquad (7-58)$$

对式(7-58)左边进行一阶泰勒展开，忽略高阶项：

$$\ln \frac{s_{uT}}{s_{u0}} = \ln \frac{s_{u0} + \Delta s_u}{s_{u0}} \approx \frac{\Delta s_u}{s_{u0}} = \theta \Lambda \ln \left(\frac{T}{T_0} \right) \qquad (7-59)$$

值得注意的是，以上各式虽然是基于 K_0 固结土推导出的，同样也适用于各向同性固结土。

以深海软黏土为例，对于深海取样土所处水温为 4℃，而对于试验室内的室温一般为 20℃，在室内进行固结三轴不排水剪切试验时，强度就会与土体实际强度有所偏差。通过式(7-59)可以对强度偏差进行快速评估，从表 7-1 中可以看出 θ 的范围为 0.1~0.2；Muir Wood(1990)指出对于黏土 Λ 为 0.6~0.8。取 $\theta = 0.15$，$\Lambda = 0.7$ 进行粗略估算，代入式(7-59)，计算得到从深海中取土在常温室内进行试验时，得到的不排水抗剪强度会有大约 17%的高估。

7.2.4　模型验证

为了对模型进行验证，本节采用了 Tanaka(1995)和 Abuel-Naga 等(2007a)的三轴试验数据，在与原始试验数据进行对比的同时，还与 Graham 等(2001)和 Abuel-Naga 等(2007a)提出的本构模型的计算结果进行了对比。

7.2.4.1　曼谷黏土

Abuel-Naga 等(2007a)研究了泰国曼谷黏土在不同温度下的不排水剪切特性。黏土试样采用各向同性压缩，围压分别为 200 kPa 和 300 kPa，常温试样温度选定为 25 ℃，高温试样温度选定为 70 ℃，中间 25 ℃升温至 70 ℃的过程为排水固结，所有试样剪切过程均不排水。Abuel-Naga 等(2009)发现天然的曼谷黏土在再固结的过程中，即使各向同性压力很大，土体性状仍具有一定的各向异性。所以即使为各向同性固结，模型验证时各向异性参数 α 并不为 0，具体的土体参数见表 7-2。

表 7-2　曼谷黏土的模型计算参数

参数		参考文献
$e-\ln p$ 空间正常固结线的斜率 λ	0.56	Abuel-Naga et al. , 2007a
$e-\ln p$ 空间回弹线的斜率 κ	0.1	
$e-\ln p$ 空间正常固结线的截距 N	3.4	
临界状态时的土体应力比 M	0.8	
初始各向异性参数 α	0.05	
温度相关参数 θ	0.187	Abuel-Naga et al. , 2007b

图 7-23(a)、(b)、(c)分别给出了在 200 kPa 下固结的黏土的应力应变关系及应力路径。图中实线为本章模型计算结果，虚线为 Abuel-Naga 等(2009)提出的模型的计算结果。结果显示本章提出的本构模型与 Abuel-Naga 等(2009)提出的模型的计算结果都与实际数据较为吻合，而本章模型的参数数量要小于 Abuel-Naga 等(2009)提出的模型(需要 7 个参数)，使用起来更加方便。

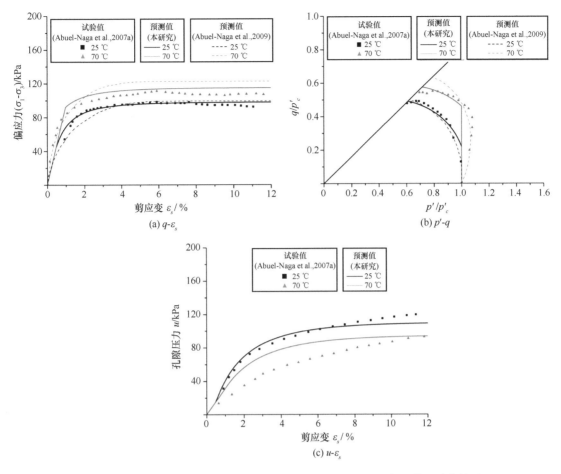

图 7-23　曼谷黏土的三轴不排水剪切实验(围压 200 kPa)数据与模型计算结果

从图 7-23 中可以看出，在 200 kPa 的围压下，25 ℃时的不排水抗剪强度(s_u = $(\sigma_1 - \sigma_3)/2$)为 49 kPa，而在 70 ℃时，强度为 58 kPa。将以上数据对式(7-59)进行验证，将 25 ℃下的不排水抗剪强度当作参考强度代入式(7-59)，计算得到 70 ℃下的不排水抗剪强度为 59 kPa，与实际得到的强度 58 kPa 偏差约为 2%。

图 7-24(a)(b)(c)分别给出了在 300 kPa 下固结的黏土的应力应变关系及应力路径。从图 7-24(a)中可以看出，在 300 kPa 的围压下，25 ℃时的不排水抗剪强度(s_u = $(\sigma_1 - \sigma_3)/2$)为 71 kPa，而在 70 ℃时，强度为 81 kPa，通过式(7-59)计算得到的 70 ℃时的不排水抗剪强度为 83 kPa，与实际数据相比略微高估了 2%左右。

从图 7-23(a)和图 7-24(a)中可以看出，本章给出的模型在计算应力路径时具有一定的直线段，这是由于修正剑桥模型本身在屈服面内时仅仅产生弹性变形，无塑性变形产生，所以会有一部分直线段产生。Abuel-Naga 等(2009)提出的模型将高温土体的强度改变用各向异性参数 α 的改变来表示，当温度升高时，土体的各向异性会增大，所以模型计算得到的应力路径会如图 7-23(b)和图 7-24(b)所示。而温度对于土体的各向异性是否存在影响还有待商榷。

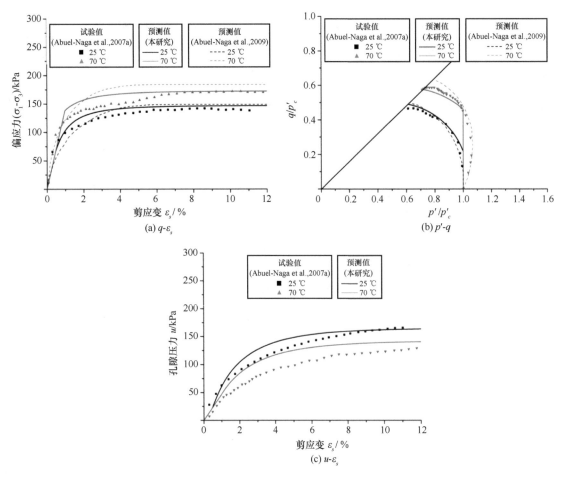

图 7-24　曼谷黏土的三轴不排水剪切试验(围压 300 kPa)数据与模型计算结果

由于 Abuel-Naga 等(2009)在原文中并未给出孔压的模型计算曲线,所以在图 7-23(c)和图 7-24(c)中仅仅给出了本章模型计算得到的孔压发展曲线,从中可以看出本章模型计算得到的孔压发展曲线与实际数据吻合较好。

7.2.4.2　伊利土

Tanaka(1995)对重塑伊利土的温度特性进行了一系列的温控三轴试验,温度环境分别为 28 ℃和 65 ℃。所有的土试样都是先各向同性固结至 1 500 kPa,部分土样升温至 28 ℃,其余的土样升温至 65 ℃,升温过程皆为排水,最后再进行不排水剪切试验直至土样破坏。伊利土的具体参数见表 7-3 所示。

表 7-3　伊利土的模型计算参数

参数		参考文献
e-$\ln p$ 空间正常固结线的斜率：λ	0.087	
e-$\ln p$ 空间回弹线的斜率：κ	0.017	
e-$\ln p$ 空间正常固结线的截距：N	2.105	Graham et al.，2001
临界状态时的土体应力比：M	1.07	
初始各向异性参数：α	0	
温度相关系数：θ	0.125	Tanaka，1995

如图 7-25(a)、(b)和(c)所示，分别给出了伊利土的应力应变关系、应力路径及孔压发展曲线。从图 7-25(a)中可以发现，伊利土在 28 ℃下的不排水抗剪强度为 460 kPa，而在 65 ℃下的不排水抗剪强度为 546 kPa。以 28 ℃下的不排水抗剪强度为参考强度，通过式(7-59)计算得到的 65 ℃下强度为 501 kPa，与实际强度 546 kPa 相差 8%。

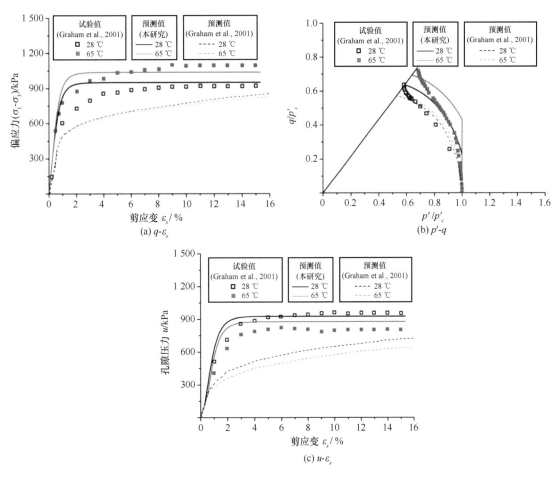

图 7-25　伊利土的三轴不排水剪切实验数据与模型计算结果

如图 7-25 中虚线所示为 Graham 等(2001)提出的本构模型的计算结果，该模型在修正剑桥模型的基础上添加了 3 个新的参数，但是其计算结果并不如本章提出模型的计算结果好，而本章模型仅仅在修正剑桥模型的基础上添加了一个新的参数，充分反映了本章提出模型的简便性以及正确性。

综上所述，本章提出的本构模型具有其他模型没有的简便性，仅仅添加一个温度相关参数 θ，就可以对土体的温度效应进行评估，而参数本身与土体的液限和塑性指数具有一定的相关性，在试验条件受限却又需要对土体温度效应进行评估的时候，可以通过本章提出的模型快速进行计算，计算结果与实际吻合较好，具有一定的工程实用意义。

参考文献

但汉波, 2009. 天然软黏土的流变特性[D]. 浙江杭州：浙江大学.

ABUEL-NAGA H M, BERGADO D T, SORALUMP S, et al. , 2005. Thermal consolidation of soft Bangkok clay[J]. Lowland Technology International, 7(1, June)：13-21.

ABUEL-NAGA H M, BERGADO D T, BOUAZZA A, 2007a. Thermally induced volume change and excess pore water pressure of soft Bangkok clay[J]. Engineering Geology, 89(1-2)：144-154.

ABUEL-NAGA H M, BERGADO D T, LIM B F, 2007b. Effect of temperature on shear strength and yielding behavior of soft Bangkok clay[J]. Soils and Foundations, 47(3)：423-436.

ABUEL-NAGA H M, BERGADO D T, BOUAZZA A, et al. , 2009. Thermomechanical model for saturated clays[J]. Géotechnique, 59(3)：273-278.

BALDI G, HUECKEL T, PEANO A, et al. , 1991. Developments in modelling of thermo-hydro-geomechanical behaviour of Boom clay and clay-based buffer materials, Report 13365/2 EN[J]. Luxembourg：Publications of the European Communities.

BOUDALI M, LEROUEIL S, SRINIVASA MURTHY, et al. , 1994. Viscous behaviour of natural clays[C]. Proceedings of the 13th International Conference on Soil Mechanics and Foundation Engineering, vol. 1. Oxford & IBH Publishing Co. PVT. Ltd, New Delhi：411-416.

CAMPANELLA R G, MITCHELL J K, 1968. Influence of temperature variations on soil behavior[J]. Journal of the Soil Mechanics and Foundations Division , 94(3)：709-734.

CEKEREVAC C, LALOUI L, 2004. Experimental study of thermal effects on the mechanical behaviour of a clay[J]. International Journal for Numerical and Analytical Methods in Geomechanics, 28(3)：209-228.

CRILLY T N, 1996. Unload-reload tests on saturated illite specimens at elevated temperatures[D]. M. Sc. thesis, University of Manitoba, Winnipeg, Man.

CUI Y J, SULTAN N, DELAGE P, 2000. A thermomechanical model for saturated clays[J]. Canadian Geotechnical Journal, 37(3)：607-620.

DELAGE P, SULTAN N, CUI Y J, 2000. On the thermal consolidation of Boom clay[J]. Canadian Geotechnical Journal, 37(2)：343-354.

ERIKSSON L G, 1989. Temperature effects on consolidation properties of sulphide clays [C]//International

Conference on Soil Mechanics and Foundation Engineering: 13/08/1989-18/08/1989. Balkema Publishers, AA/ Taylor & Francis The Netherlands: 2087-2090.

GRAHAM J, CROOKS J H A, BELL A L, 1983. Time effects on the stress-strain behaviour of natural soft clays [J]. Geotechnique, 33(3): 327-340.

GRAHAM J, TANAKA N, CRILLY T, et al. , 2001. Modified Cam-Clay modelling of temperature effects in clays [J]. Canadian geotechnical Journal, 38(3): 608-621.

HABIBAGAHI K, 1977. Temperature effect and the concept of effective void ratio[J]. Indian Geotechnical Journal, 7 (1): 14-34.

HILLEL D, 1980. Fundamentals of soil physics[M]. Academic Press, New York.

HOUSTON S L, HOUSTON W N, WILLIAMS N D, 1985. Thermo-mechanical behavior of seafloor sediments[J]. Journal of Geotechnical Engineering, 111(11): 1249-1263.

HUECKEL T, BALDI G, 1990. Thermoplasticity of saturated clays: experimental constitutive study[J]. Journal of Geotechnical Engineering, 116(12): 1778-1796.

HUECKEL T, BORSETTO M, 1990. Thermoplasticity of saturated soils and shales: constitutive equations[J]. Journal of Geotechnical Engineering, 116(12): 1765-1777.

HUECKEL T, PELLEGRINI R, 1992. Effective stress and water pressure in saturated clays during heating-cooling cycles[J]. Canadian Geotechnical Journal, 29(6): 1095-1102.

LALOUI L, CEKEREVAC C, 2003. Thermo-plasticity of clays: an isotropic yield mechanism[J]. Computers and Geotechnics, 30(8): 649-660.

LALOUI L, CEKEREVAC C, FRANÇOIS B, 2005. Constitutive modelling of the thermo-plastic behaviour of soils [J]. Revue européenne de génie civil, 9(5-6): 635-650.

LALOUI L, FRANÇOIS B, 2009. ACMEG-T: A soil thermo-plasticity model[J]. Journal of Engineering Mechanics, 135(9): 932-944.

LINGNAU B E, GRAHAM J, TANAKA N, 1995. Isothermal modeling of sand-bentonite mixtures at elevated temperatures[J]. Canadian Geotechnical Journal, 32(1): 78-88.

KUNTIWATTANAKUL P, TOWHATA I, OHISHI K, et al. , 1995. Temperature effects on undrained shear characteristics of clay[J]. Soils and Foundations, 35(1): 147-162.

KURZ D, 2014. Understanding the effects of temperature on the behaviour of clay[D]. Ph. D. thesis, Univ. of Manitoba, Winnipeg, Man, Canada.

MARQUES M E S, LEROUEIL S, SOARES DE ALMEIDA M S, 2004. Viscous behaviour of St-Roch-de-l'Achigan clay, Quebec[J]. Canadian Geotechnical Journal, 41(1): 25-38.

MASAD E, MUHUNTHAN B, CHAMEAU J L, 1998. Stress-strain model for clays with anisotropic void ratio distribution[J]. International Journal for Numerical and Analytical Methods in Geomechanics, 22(5): 393-416.

MONFARED M, SULEM J, DELAGE P, et al. , 2014. Temperature and damage impact on the permeability of Opalinus Clay[J]. Rock Mechanics and Rock Engineering, 47(1): 101-110.

MORIN R, SILVA A J, 1984. The effects of high pressure and high temperature on some physical properties of ocean sediments[J]. Journal of Geophysical Research: Solid Earth, 89(B1): 511-526

MORITZ L, 1995. Geotechnical properties of clay at elevated temperatures[M]. Rep. No. 47, Swedish Geotechnical Institute, Linköping.

MUIR WOOD D, 1990. Soil behaviour and critical state soil mechanics [M]. Cambridge: Cambridge University Press.

NADARAJAH V, 1973. Ground Stress-strain properties of lightly over-consolidated clays[D]. Ph. D. thesis, University of Cambridge, Cambridge, U. K.

PAASWELL R E, 1967. Temperature effects on clay soil consolidation[J]. Journal of the Soil Mechanics and Foundations Division, 93(3): 9-22.

ROSCOE K H, BURLAND J B, 1968. On the generalised stress-strain behaviour of wet clay[J]. Engineering Plasticity. (eds. Heyman, J. and Leckie, F. P.), Cambridge University Press, Cambridge.

TANAKA N, 1995. Thermal elastic plastic behaviour and modelling of saturated clays[D]. Ph. D. thesis, Univ. of Manitoba, Winnipeg, Man, Canada.

TANAKA N, GRAHAM J, CRILLY T, 1997. Stress-strain behaviour of reconstituted illitic clay at different temperatures[J]. Engineering Geology, 47(4): 339-350.

TIDFORS M, SÄLLFORS G, 1989. Temperature effect on preconsolidation pressure [J]. Geotechnical Testing Journal, 12(1): 93-97.

TOWHATA I, KUNTIWATTANAKU P, SEKO I, et al., 1993. Volume change of clays induced by heating as observed in consolidation tests[J]. Soils and Foundations, 33(7): 170-183

TSUTSUMI A, TANAKA H, 2012. Combined effects of strain rate and temperature on consolidation behavior of clayey soils[J]. Soils and Foundations, 52(2): 207-215.

WANG L Z, DAN H B, LI L L, 2012. Modeling strain-rate dependent behaviour of k0-consolidated soft clays[J]. Journal of Engineering Mechanics, 138(7): 738-748.

WANG L Z, SHEN K, YE S H, 2008. Undrained shear strength of K0 consolidated soft soils[J]. International Journal of Geomechanics, 8(2): 105-113

WANG L Z, WANG K J, HONG Y, 2016. Modeling temperature-dependent behavior of soft clay[J]. Journal of Engineering Mechanics, 172(8): 07016057.

WHEELER S J, NÄÄTÄNEN A, KARSTUNEN M, et al., 2003. An anisotropic elastoplastic model for soft clays[J]. Canadian Geotechnical Journal, 70(2): 703-718.

YAO Y P, ZHOU A N, 2013. Non-isothermal unified hardening model: a thermo-elasto-plastic model for clays[J]. Géotechnique, 63(15): 1328-1375.

第8章 黏土循环剪切效应模拟

软黏土由于本身渗透性差，而且一般土层较厚，因此，其在循环荷载(如地震荷载、交通荷载和波浪荷载等)作用下的不排水工作性状，已经成为土力学中一项重要的研究课题。目前，已有许多学者对其进行了试验研究，主要包括软黏土在循环荷载作用下的变形性状、超静孔压发展规律以及循环剪切导致的不排水强度衰减等，同时，也有学者致力于从理论角度建立本构模型来描述这些现象。

本章从循环荷载作用下海洋地基设计内容和所需土体循环参数出发，首先基于作者团队开展的温州软黏土循环剪切试验，总结了循环受荷条件下黏土的外在宏观表现，然后重点介绍了如何基于第6章建立的静力弹黏塑性本构模型实现对黏土循环剪切性状的模拟，最后介绍了经典的循环等值线理论框架。

8.1 引言

在各种海洋结构的基础设计中，需要了解海床地基在循环荷载作用下的行为。这包括承受波浪荷载、风荷载、地震荷载以及机器振动的结构。承受波浪荷载的结构包括固定的海上油气平台、浮动锚泊平台系统、防波堤、海上风电结构等；受风荷载作用的结构包括风力发电结构、桥梁和高层建筑。波浪和风荷载的加载周期通常为10 s或更长，浮动平台慢漂荷载周期达到100 s量级，而地震、交通和机器振动的加载周期较低，为1 s左右。土的基本特性与荷载周期无关，一般原理也与荷载周期无关。然而，土体响应过程和响应幅值依赖于速率，其值将是输入荷载周期的函数。

循环载荷是海洋岩土工程设计的一个重要方面，与永久荷载相比，极端风暴条件下的环境循环载荷通常占主导地位。在大多数情况下，循环加载作用引起土体剪切强度降低，进而诱发地基承载能力降低，因此极端风暴条件下的基础稳定成为设计焦点。当然，循环载荷导致的累积位移对一些变形敏感结构物的影响也是设计人员十分关心的问题。图 8-1 为典型的欧洲北海重力式平台，北海海况恶劣，百年一遇的典型设计风暴有效波高为 15 m；最大波高高达 30 m。重力式平台的稳定性主要是由巨大的循环倾覆力矩和循环水平力控制。

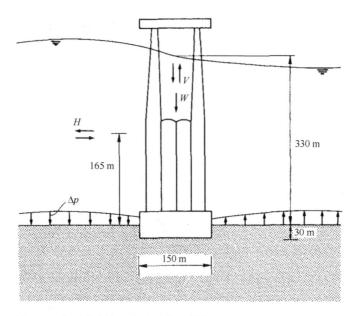

图 8-1 典型的北海重力式平台及其海况(Andersen et al., 1988)

百年一遇的典型设计风暴：有效波高：15 m；最大波高：30 m；波浪周期(最大波浪)：15~20 s；典型特征负荷：有效重量，W'：2 500 MN；循环水平波浪荷载，H：600 MN；循环波矩，M：100 000 MNm；循环垂直波浪荷载，V：400 MN.

图 8-2 为欧洲北海 Sleipner 平台，是典型的吸力式桶型基础导管架平台。目前，国内外在海上风电中等水深(40~60 m)基础结构中，也开始采用三脚架式或四脚架吸力式桶型导管架基础。该类基础承受较高的循环水平荷载，通过水平载荷的杠杆臂导致桶型基础的双向竖向循环荷载，其中极限荷载为负(即上拔)。模型试验表明循环荷载引发显著的超孔隙压力和强度损失。但是，如果基础上平均荷载仍然为受压，则净效应主要是导致累积沉降而不是上拔(Byrne et al., 2002；Kelly et al., 2006)。循环荷载引起的不均匀沉降对海上风机高耸结构特别敏感，一般风机厂家要求运行期间累计倾角不得大于 0.25°。

计算海浪施加的力一般有两种方法：①设计波法；②随机波浪方法。随着工程师对后一种分析方法的熟悉，其应用也越来越广泛，逐渐成为变形分析和疲劳预测的主要手段。实验室里模拟土体单元的试验，往往不能直接采用随机波浪荷载。为了达到模拟目的，有很多简化方法。根据地基中不同部位会遵循不同的受力路径和破坏机制，可以通过进行适当的单元测试来解决，以评估不同循环载荷路径造成的土体弱化。

如图 8-3 所示，循环应力状态的性质可以分为四种不同的类型，分别是双向对称循环

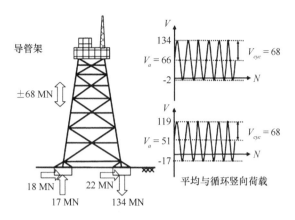

图 8-2　Sleipner 四腿导管架吸力式桶型基础

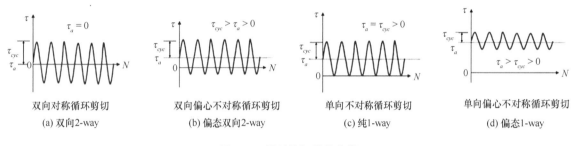

图 8-3　循环剪切荷载分类

剪切、双向偏心不对称(2-way)循环剪切、单向不对称(1-way)循环剪切、单向偏心不对称循环剪切。最后一类，其中剪应力不反向，是危害最小的循环加载类型，一般导致温和的累积应变，超孔隙压力发育有限。

8.2　海洋地基设计内容

受波浪和风荷载作用的地基基础设计的主要内容有：（1）承载力；（2）循环位移；（3）结构动态分析中使用的等效土弹簧刚度；（4）循环荷载引起的沉降，分别由循环荷载引起的剪切变形和由循环荷载诱发的孔隙压力消散导致；（5）土对结构的反作用力。在下面将展开讨论这些内容。

8.2.1　承载力

海洋岩土工程设计分析必须确保地基有足够的能力来承受结构的重量和循环荷载，并有足够的安全性来防止过度变形。循环荷载作用下的承载力可能与静荷载作用下有所不同。图 8-4 对比了模型试验中黏土地基在循环荷载和单调荷载作用下的承载力，可见循环承载力小于单调承载力，其差异取决于循环次数和循环振幅的组成。

265

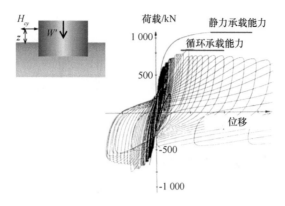

图 8-4　单调和循环加载模型试验结果(Dyvik et al.，1989)

8.2.2　循环位移

循环位移可能是一个结构服役性性能问题，也可能在土体中的结构元件或结构连接件上引起应力，如油井、立管和海上平台的管道连接。以北海 Brent B Condeep 平台在风暴荷载作用下的位移为例，测量和计算的结果表明，在平台安装后的第一个冬天，在平台下面的土体固结之前发生的设计风暴，在海底泥面高度处的预期循环水平位移为 90 mm，循环旋转为 7×10^{-4} rad(图 8-5)。如果海底水平位移超过 15 cm，平台下方的油井可能发生屈服。

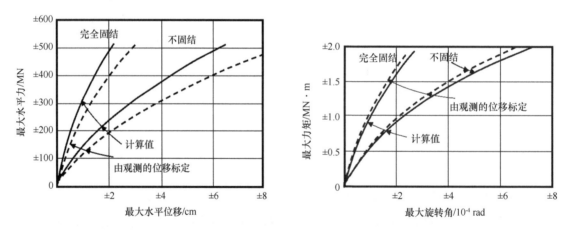

图 8-5　Brent B Condeep 平台在海底泥面高度处的循环位移

设计荷载为水平荷载 500 MN，力矩 2×10^4 MN·m(Aas et al.，1992)

8.2.3　等效土弹簧刚度

等效土弹簧刚度是进行结构动力分析的必要参数。还是以 Brent B Condeep 平台为例。如图 8-6 所示，平台观测到的共振周期分别为 1.78 s、1.71 s 和 1.19 s。这远低于 10 s 的主要波浪载荷周期。对于水深较深或结构刚度较低的平台，共振周期向波浪荷载周期移动，这可能会使波浪荷载显著放大。因此，确保共振周期距离循环载荷周期足够远是很重要的。

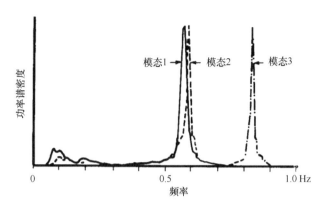

图 8-6　Brent B Condeep 平台（Hansteen，1980）

8.2.4　循环荷载引起的沉降

结构的自重和循环荷载会引起海洋地基的永久变形。永久位移可能会对土体中的结构元件或结构连接产生应力，如油井、立管和海上平台的管道连接。对于海上平台，垂直沉降还将减少甲板与海面之间的隔空距离。

循环荷载引起的沉降增加实例如图 8-7 所示。该图显示了欧洲北海 Ekofisk 储油罐在安装、压载和压载后不久的强烈风暴期间观测到的沉降。可以看出，在 1973 年 11 月的风暴中，沉降量增加了约 60 mm。

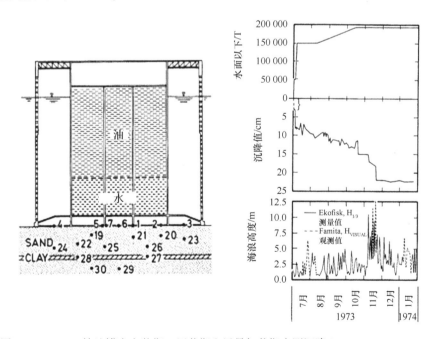

图 8-7　Ekofisk 储油罐在安装期、压载期和风暴加载期实测沉降（Clausen et al.，1975）

循环荷载作用下的变形来源可分为两部分：①由于循环加载引起永久剪切变形；②循环诱发的孔隙压力消散。

8.2.5 土体反力与分布

基础结构设计必须考虑到来自土体的反力与分布，包括静力荷载和循环荷载。这些反力可能由于循环荷载引起的土体模量退化而重新分布。

8.3 土体循环参数

在第8.2节所述地基设计分析时，需要以下土体参数。

（1）循环剪切强度。

（2）循环剪切模量。

（3）阻尼。

（4）循环加载引起的永久剪切应变。

（5）累积孔隙压力。

（6）再压缩模量。

前五个土体参数可以从循环实验室试验中确定，再压缩模量可以通过循环单剪（DSS）试验以及随后循环诱导孔隙压力的消散来确定，或者通过固结试验简化为再加载模量的2/3（Yasuhara et al.，1991）。

8.4 土体应力状态和应力路径

在静荷载和循环荷载组合作用下，平台基础下土体的受力情况比较复杂，很难建立严格的土体模型。因此，本章遵循应用于单调加载的应力路径思想（例如，Lambe，1967；Bjerrum，1973）。图8-8为基础下方土体中沿潜在破坏面剪切应力的简化图。这些单元遵循各种应力路径，这些应力路径可以用三轴和单剪（DSS）实验室试验近似地模拟，它们承受平均剪应力 τ_a 和循环剪应力 τ_{cy} 的各种组合。

对于单元2，基础重量给予的竖向静正应力大于水平静正应力，如图8-8所示的定义，这对应于正的 τ_a。因此，单元2在循环加载过程中倾向于垂直压缩。

单元4处于被动区，结构的重量可能导致水平法应力高于垂直法应力。在循环加载过程中，单元4倾向于水平压缩和垂直伸长。因此，单元2最好由三轴压缩来模拟，单元4最好由三轴拉伸来模拟。在单元1和单元3中，剪切面将是水平的。这些单元最好由单剪来模拟。由于循环荷载作用下土体的抗剪强度和变形特性都是各向异性的，因此，对于重要地基基础工程，在实验室测试中通常应包括三轴压缩、单剪和三轴拉伸试验。

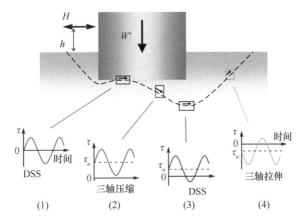

图 8-8　沿着潜在的破坏面部分单元的应力条件(Andersen，2009)

在本章中，τ 表示三轴试验中 45°平面上的切应力，DSS 试验中水平面上的切应力。平均剪应力 τ_a 由以下两项组成。

(1)结构安装前土体初始剪应力，三轴试验 $\tau_0 = 0.5(1-K_0)p_0'$，DSS 试验 $\tau_0 = 0$，其中 p_0' 为垂向有效固结应力，K_0 为静土压力系数。

(2)平台自重引起的附加剪应力 $\Delta\tau_a$。

初始剪应力 τ_0 作用于排水条件下，土体在此应力作用下固结。由平台重量引起的剪应力 $\Delta\tau_a$ 首先在不排水条件下发生作用，但随着土体在平台重量下固结，该剪应力也将在排水条件下发生作用。对于砂性地基，排水会相对较快地发生，可以合理地假设在设计风暴到来之前，土体在平台的重量下固结。对于黏土来说，固结发生的慢得多，通常假定设计风暴发生在任何主要固结发生之前。

循环剪切应力 τ_{cy} 是由循环载荷引起。在海洋风暴中，波浪高度和波浪周期从一个波到下一个波连续变化，循环剪应力也会随着周期的变化而变化。循环加载会引起地基静应力的重新分布，因此，τ_a 在循环加载过程中随时间变化。这种再分配将发生在黏土的不排水条件下，但在砂性地基中可能部分排水。

为确定地基基础设计分析所需的土体性质，应首先将室内试验固结到原位有效应力，然后再尽可能地接近模拟循环加载时原位各单元的应力状况的剪应力。用现有实验室设备不可能再现所有不同的原位条件。然而，三轴和单剪试验对重要的应力条件给出了合理的近似，当使用平均剪应力和循环剪应力的适当组合时，这些试验可用于建立分析静荷载和循环荷载联合作用下地基行为所需的土体参数。

对于土体单元循环性状的模拟，可以采用经典的弹塑性本构关系，例如，Prevost(1978)多重屈服面模型、Mroz(1981)运动屈服面模型、Dafalias(1986)边界面模型，这在地震工程中得到了推广应用。但是，地震荷载历时在 1 min 以内，逐时动力分析不易引起过大的累积误差；而对于一次风暴历时可能是 3 天 3 夜，这就使得逐时动力分析时的累积误差导致计算分析结果严重失真；研究人员对于土体单元循环性状的模拟做了大量研究，下文主要介绍两种方法：一是作者课题组（但汉波，2009；Li et al.，2011）根据温州软黏土大量的循环三轴试验数据提出的等效蠕变方法，见第 8.5、8.6 节；二是 Andersen（2015）根据大量的挪威 Drammn 黏土循环三轴和单剪试验而建立完善的循环等值线（cyclic contour diagram）理论框架，见第 8.7 节。

8.5 温州软黏土三轴循环剪切试验

Hyodo 等（1994）和 Yasuhara 等（2003）的研究指出，对于各向不等压固结土体，由于初始偏应力的存在，只有当循环偏应力较高时才发生应力反向，因此，即使在相同的循环偏应力水平作用下，其应变和孔压性状也与等向固结土体有较大的差异。若要较真实地反映原位土体的循环剪切性状，试验时必须考虑到土体原位 K_0 固结历史的影响。

但汉波（2009）针对 K_0 固结的原状温州黏土，开展了三轴不排水循环剪切试验。主要试验内容为：①不同频率的循环荷载作用下，饱和原状黏土的变形和孔压的发展；②黏土循环剪切的破坏标准及其相应的动强度特性；③黏土循环加载后的静力抗剪强度弱化规律。在试验结果的基础上，讨论了黏土循环累积效应与静力蠕变过程的相似性，并利用前文所建立的弹黏塑性本构模型，从流变学的角度模拟分析了温州软黏土的循环剪切破坏现象以及循环加载后的强度弱化效应。

饱和软黏土在不排水的循环剪切过程中，若循环偏应力水平 q_{cyc} 或循环振次 N 足够大时，土体会发生循环剪切破坏现象；反之，若循环偏应力水平 q_{cyc} 较小或循环振次 N 较少时，土体由于循环过程中的应变和孔压累积，其抗剪强度会发生衰减。

（1）三轴不排水循环剪切破坏试验。

原状三轴土样先 K_0 固结至原位应力状态（上覆压力 $\sigma'_{v0}=75.4$ kPa，$K_{0nc}=0.55$），然后在不排水条件下，以应力控制的方式对土样施加轴向的不同幅值的对称正弦波荷载，进行循环剪切破坏性试验，观测此过程中土体剪切应变和超静孔压等特性的变化。为考察加载频率的影响，试验分三组进行，对应的荷载频率 f 分别为 1 Hz、0.1 Hz 和 0.01 Hz。试验路径如图 8-9（a）所示。

（2）循环加载后的三轴不排水静力剪切试验。

原状三轴土样先 K_0 固结至原位应力状态，然后以同样的方式在不排水条件下对土样施加轴向对称的正弦波荷载，但通过控制循环偏应力 q_{cyc} 及其振次 N，土样在循环剪切过程中不发生破坏。循环剪切结束后，对土样进行静力的不排水压缩剪切试验，考察其静力抗剪强度的变化，试验轴向剪切应变率控制为 $\dot{\varepsilon}_a=2\%/h$。考虑到实际荷载的频率差异，在循环剪切时的加载频率分别控制为 0.1 Hz 和 0.01 Hz 两组。试验路径如图 8-9（b）所示。

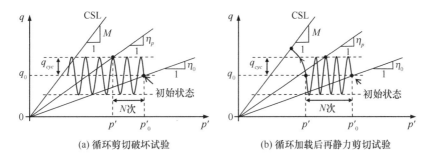

图 8-9 试验加载的有效应力路径示意

8.5.1 应变累积性状

软黏土在不排水的循环荷载作用下，剪切应变以及超静孔压随振次的发展如图8-10所示。本节以每一循环周期的剪切应变峰值 $\varepsilon_{s,p}$ 和超静孔压峰值 u_p 为研究对象，考察温州软黏土的不排水循环累积效应。

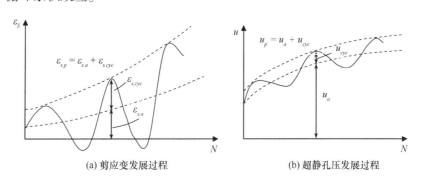

图 8-10 软黏土的剪应变和超静孔压的发展

图 8-11 给出了加载频率 $f=1$ Hz 情况下，K_0 固结原状温州软黏土在不同循环偏应力作用时剪切应变随振次增加而逐渐累积的过程曲线。如图 8-11(a) 所示，土样的剪切应变累积发展与其承受的循环偏应力水平密切相关。对于小幅值循环荷载情况（循环偏应力比 $q_{cyc}/p'_0<0.3$ 时），土体的剪切应变在整个循环剪切过程中一直较小，即使循环振次 N 很大，土样不发生循环剪切破坏。当循环偏应力较大时，在循环剪切初期，土体剪应变逐渐增大但发展较缓慢，循环剪切至一定次数后，土体变形开始急剧增大，应变发展曲线出现拐点，随后土样在很少的振次范围内就达到破坏。很多学者对等向固结黏土进行不排水循环剪切试验也观测到类似的试验现象，但由于本节试验温州软黏土具有 K_0 固结历史，初始偏应力 q_0 的存在使得土体只有在循环偏应力 q_{cyc} 较大时才发生应力反向，各循环荷载作用下土体的变形均以累积为主，每一循环周期的单幅剪应变幅值 $\varepsilon_{s,cyc}$ 较小。

将土体循环剪切过程中应变发展曲线拐点对应的峰值应变定义为 $\varepsilon_{s,tp}$，它是表征土体何时开始破坏的重要指标，可作为判断土体循环剪切破坏的标准（陈颖平，2007）。如图 8-11

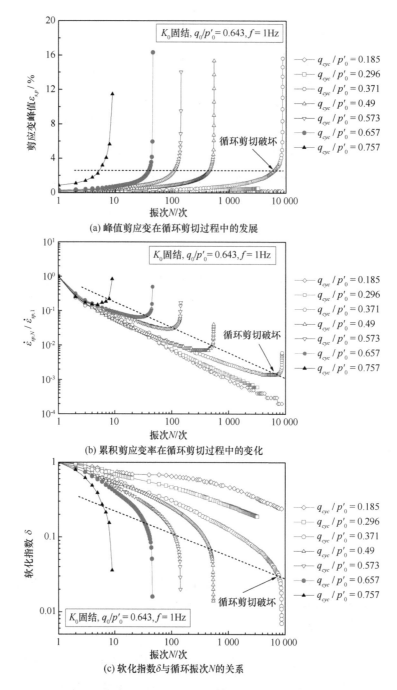

(a) 峰值剪应变在循环剪切过程中的发展

(b) 累积剪应变率在循环剪切过程中的变化

(c) 软化指数 δ 与循环振次 N 的关系

图 8-11 频率 $f = 1$ Hz 时原状温州黏土的剪切应变累积曲线

（a）所示，土体循环剪切的破坏时间与循环荷载幅值相关，荷载幅值越大，应变曲线拐点出现得越早，相应的破坏振次 N_f 也越少。各试验的应变发展曲线拐点的应变 $\varepsilon_{s,tp}$ 基本为一定值，均集中在 3% 左右，与循环偏应力 q_{cyc} 大小无关，这与陈颖平（2007）所得 $\varepsilon_{s,tp}$ 随循环偏应力 q_{cyc} 增加而增大的观点有明显的不同。造成两者差异的主要原因是两试验土体的固结历史不同，本节温州黏土初始是 K_0 固结的，土体即使在发生循环破坏时变形仍以累积部分 $\varepsilon_{s,a}$ 为主；而陈颖平（2007）的试验是针对等向固结的原状萧山黏土进行的，循环剪切时发生应力反向，土体破坏主要是由于单幅剪应变幅值 $\varepsilon_{s,cyc}$ 过大导致的。因此，黏土在循环剪切过程中的应变特性与其固结历史有关，若要较真实地反映原位土体的循环剪切特性，试验时考虑土体的 K_0 固结历史是非常必要的。

图 8-11（b）为与峰值剪应变相对应的剪应变率 $\dot{\varepsilon}_{sp}$ 随振次 N 的变化，图中各循环振次对应的剪应变率 $\dot{\varepsilon}_{sp,N}$ 均用第一个循环剪切周期对应的应变率 $\dot{\varepsilon}_{sp,1}$ 进行了归一化。从图中结果可知，循环累积剪应变率 $\dot{\varepsilon}_{sp}$ 的变化与剪应变发展是对应的：循环偏应力 q_{cyc} 较小时，累积剪应变率 $\dot{\varepsilon}_{sp}$ 持续衰减，土体不会发生破坏；当循环偏应力幅值 q_{cyc} 较大时，循环剪切初期，累积剪应变率 $\dot{\varepsilon}_{sp}$ 随振次 N 的增加而逐渐减小，循环一定振次后，$\dot{\varepsilon}_{sp}$ 则随振次 N 的增加而迅速增大，剪应变率随振次变化曲线发生明显的转折，对应着土体循环剪切破坏。Parng 等（1973）、蒋军（2000）和黄茂松等（2006）的研究表明，不同循环荷载下土体的累积剪切应变率对数 $\log\dot{\varepsilon}_{sp}$ 会随循环振次对数 $\log N$ 的增加而呈线性衰减趋势，这对土体不发生循环剪切破坏或破坏之前的过程是适用的，但不能描述土体循环剪切破坏后的应变率变化特性，如何统一地反映土体循环剪切破坏前后的性状差异是理论分析的关键。

土体在循环荷载作用下会发生软化，造成土体软化的原因大致有三：一是循环荷载作用下饱和黏土中产生了超静孔压；二是循环荷载作用下黏土发生了不可恢复的剪切变形；三是循环荷载作用下主应力方向不断改变导致土体结构重塑，引起软化。土体软化表现为土体强度和刚度在循环剪切过程中的不断衰减，循环偏应力幅值 q_{cyc} 和循环振次 N 等因素均对其有较为显著的影响。目前，大多数根据试验总结得到的应变和孔压计算模式均没有考虑土体软化这一特性，在此结合本次试验结果对温州软黏土循环过程中的软化现象进行探讨。

在动三轴试验中常用割线剪切模量 G_s 的大小来描述软黏土的刚度，其定义为 $q \sim \varepsilon_{s,p}$ 骨干曲线上某点与原点连线所得直线的斜率。Idriss 等（1978）定义了软化指数 δ，可以较为方便地描述黏土剪切模量在循环剪切过程中的变化，因此被广泛采用。由于本节的三轴循环试验是应力控制的，因此，软化指数 δ 定义如下：

$$\delta = \frac{G_{s,N}}{G_{s,1}} = \frac{q_{cyc}/\varepsilon_{sp,N}}{q_{cyc}/\varepsilon_{sp,1}} = \frac{\varepsilon_{sp,1}}{\varepsilon_{sp,N}} \tag{8-1}$$

式中，$G_{s,N}$ 和 $G_{s,1}$ 分别为第 N 次和第 1 次循环剪切对应的割线剪切模量；$\varepsilon_{sp,N}$ 和 $\varepsilon_{sp,1}$ 分别为第 N 次和第 1 次循环剪切周期对应的剪应变峰值。

图 8-11（c）为 $f=1$ Hz 时，土体循环剪切过程中软化指数 δ 随振次的变化。从图中可以看出，在不同幅值的循环剪应力作用下，土体的软化指数 δ 均随着循环振次 N 的增加而逐渐减小，循环振次越多，土体的软化程度越高，对应的剪切模量衰减越厉害。在土体不发生循环剪切破坏或者破坏之前，软化指数对数 $\log\delta$ 基本随着循环振次对数 $\log N$ 增加而线性衰减；而在土体发生循环剪切破坏后，$\log\delta$ 随 $\log N$ 的衰减曲线发生明显的转折，衰减速率急剧增大。这与循环剪切过程中峰值剪应变和剪应变率随振次的发展规律是对应的，因此，也可通过 $\log\delta$ 随 $\log N$ 衰减曲线发生明显的转折来作为判断土体发生循环剪切破坏的标准。

图 8-12 和图 8-13 分别为加载频率 $f=0.1$ Hz 和 $f=0.01$ Hz 情况下,土体的循环剪切应变累积曲线。从图中结果可知,各变量在循环剪切过程中的变化规律与 $f=1$ Hz 情况下的试验结果(图 8-11)十分类似。不同的是,在同一循环偏应力 q_{cyc} 作用下,土体发生循环剪切破坏时对应的破坏振次 N_f 与加载频率 f 密切相关,频率 f 越小,土体的破坏振次 N_f 越小。

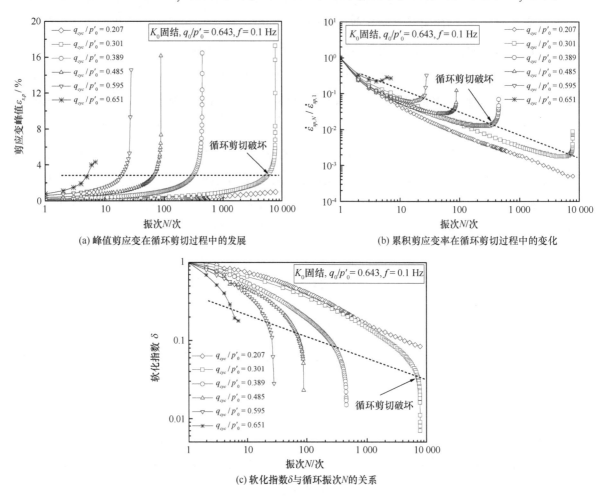

(a) 峰值剪应变在循环剪切过程中的发展

(b) 累积剪应变率在循环剪切过程中的变化

(c) 软化指数 δ 与循环振次 N 的关系

图 8-12　频率 $f=0.1$ Hz 时原状温州黏土的剪切应变累积曲线

频率 f 对土体发生循环剪切破坏时的剪应变峰值 $\varepsilon_{s,tp}$ 影响不大,对于三种加载频率 f 情况,K_0 固结原状温州软黏土在不同幅值的循环偏应力作用下的破坏应变 $\varepsilon_{s,tp}$ 均集中在 3% ~ 3.5% 这一较小的范围内,基本为一常数。因此,本节认为,对于 K_0 固结饱和原状黏土,探讨土体动强度时,以变形发展过程中出现拐点作为土体破坏的判断标准是较为合理的,本节温州软黏土的破坏应变值可取为 3%。

由试验结果可知,当加载频率 $f=1$ Hz、循环偏应力比 $q_{cyc}/p'_0=0.3$ 时,土体不发生循环剪切破坏;在 $f=0.1$ Hz 和 $f=0.01$ Hz、$q_{cyc}/p'_0=0.3$ 时,土体被剪切破坏,而且频率越低,对应的破坏振次越少;但是对于循环偏应力比 $q_{cyc}/p'_0=0.2$ 的情况,三种加载频率下土体均不发生循环剪切破坏。因此,可认为加载频率 f 对土体发生破坏的循环偏应力门槛值有一定

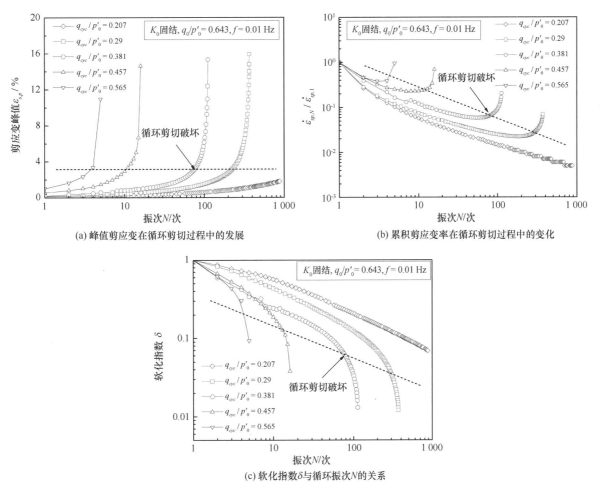

图 8-13　频率 $f=0.01$ Hz 时原状温州软黏土的剪切应变累积曲线

的影响，但仅限于较小范围内的变化，K_0 固结原状温州软黏土的最低循环偏应力比门槛值可取为 $(q_{cyc}/p'_0)_t = 0.2$。

8.5.2　残余孔压发展

与前文对循环剪应变累积的讨论类似，在此也采用每个循环加载周期内的超静孔压最大值 u_p 来反映土体循环剪切过程中的超静孔压性状。图 8-14(a)~(c) 分别为加载频率 $f=1$ Hz、$f=0.1$ Hz 和 $f=0.01$ Hz 时，K_0 固结原状温软州黏土在各循环偏应力作用下的残余孔压峰值 u_p 随循环振次 N 的变化曲线。与应变累积特性不同的是，无论土体所受的循环偏应力 q_{cyc} 如何，土体的残余孔压均随振次的增加而不断上升，与破坏应变也没有较为明确的对应关系，孔压曲线不能直接反映土体的循环剪切破坏特征，因此不宜作为饱和黏土循环剪切破坏的判断标准。另外，尽管本次试验采用精度较高的电子传感器自动测读土体的超静孔压，但在循环剪切过程中仍存在一定的孔压滞后现象，试验所得在同一个循环加载周期内，残余孔压达到峰值的时间与峰值剪应变对应的时间并不相同，加载频率 f 越高，孔压滞后越明显，两者时间相差得越多，这也是本章不采用孔压来判断黏土是否被破坏的重要原因之一。

残余孔压的增长速率与土体的循环偏应力 q_{cyc} 有关，总体上，循环偏应力水平越高，土体的残余孔压增长越快。在大幅值的循环荷载作用下，土体会发生循环剪切破坏，其相应的孔压增长率比小幅值循环荷载作用土体不发生破坏的情况要大很多。产生这一差别的原因是土体在循环偏应力 q_{cyc} 较低时，土颗粒间的相互错动和位移较小，土体剪缩发生也较为缓慢，因此，土体孔压上升的速率也比较慢。

图 8-14 的试验结果还显示，在同一加载频率情况下，循环偏应力 q_{cyc} 越大，土体发生循环剪切破坏最后的残余孔压 u_p 反而越小，这一现象与残余孔压的累积效应以及孔压滞后有关。随着循环振次 N 的不断增加，土体的超静孔压逐渐累积增长，在循环偏应力 q_{cyc} 较小时，尽管孔压增长速率较慢，但是由于此时土体需要循环荷载作用振次较多后才会被剪切破坏，因此，最终的残余孔压能累积到一个较大的值，而且此时土中孔压有较充分的时间进行重新分布，实测孔压较接近真实值。当循环偏应力 q_{cyc} 较大时，虽然初始孔压较大，但土体破坏时的平均有效应力 p' 也相对较大，因此，最终的残余孔压较小；另外，此时土样一般很快被剪切破坏，孔压滞后也相对显著，土体的超静孔压来不及重新分布，导致孔压传感器所在位置的孔压要小于实际破坏面处的孔压。

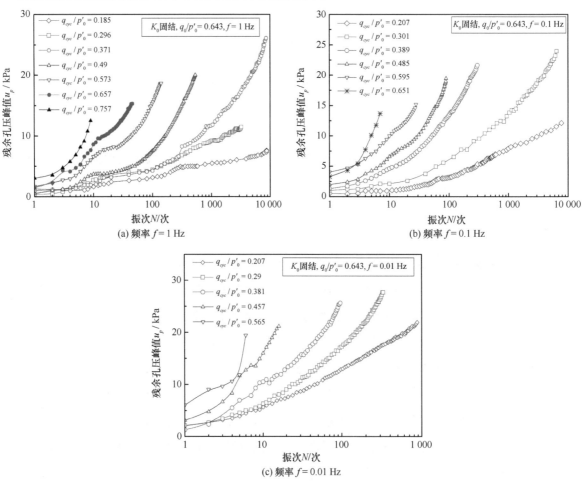

图 8-14　原状温州软黏土循环剪切过程中的残余孔压发展曲线

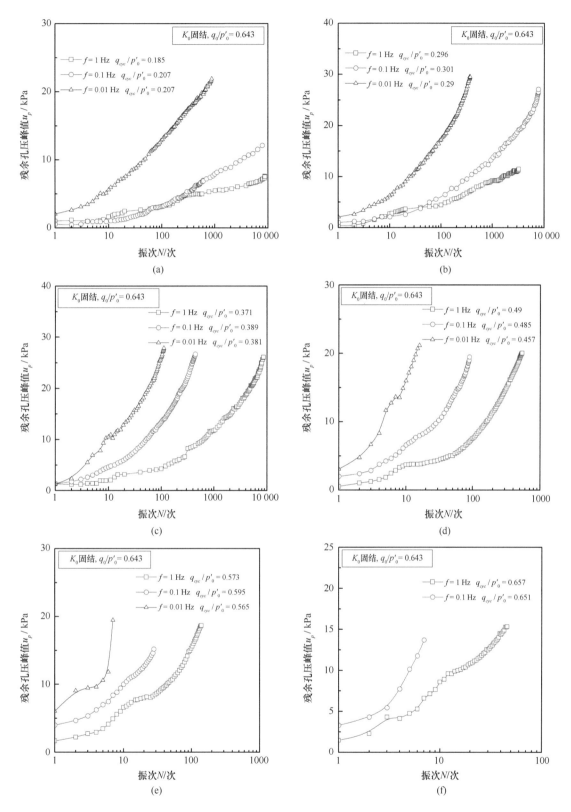

图 8-15　循环偏应力相近时不同加载频率所得土样的残余孔压比较

图 8-15 给出了在循环偏应力比相近的情况下，加载频率不同时，K_0 固结原状温州黏土

的循环残余孔压发展曲线的对比情况。在循环偏应力水平较为接近时，加载频率 f 越高，土体发生循环剪切破坏所需的振次 N_f 越多，相应的孔压发展速率也越小。频率 f 对最终累积的残余孔压 u_p 大小的影响则按土体发生循环剪切破坏与否而有不同的表现：当循环偏应力较小，如图 8-15(a)所示，$q_{cyc}/p_0' \approx 0.2$ 时，土样在不同加载频率条件下均不发生循环剪切破坏，此时荷载频率 f 越低，土体循环剪切过程中的残余孔压 u_p 随振次 N 的发展速率越大，最终累积量也越大；而当循环偏应力较大时，如图 8-15(b)~(f)所示，土体在不同加载频率条件下最终会发生循环剪切破坏，尽管荷载频率 f 不同，孔压随振次的发展速率也不同，但循环剪切破坏后土体最终所能累积的残余孔压值 u_p 却是基本相同的。

考虑到试验结果具有一定的离散性，对于土体在幅值很小的循环荷载作用下不发生破坏时，土体的循环残余孔压随振次的发展速率和最终值均会随着加载频率的降低而增大；而对于土体在循环荷载作用下发生剪切破坏的情况，荷载频率仅对孔压随振次的发展速率有一定影响，对残余孔压最终值则影响不大，不同荷载频率条件下土体在循环剪切破坏后的残余孔压值趋于一致。

8.5.3 循环强度特性

土体的动强度是考察黏土循环剪切特性的另一重要指标，其大小取决于人们对破坏标准的设定。对于同一试验结果，若破坏标准选取得不同，土体的动强度曲线及相应的动强度很有可能有较大的差别。

(1)软黏土的循环破坏标准。

土体的循环剪切破坏标准大致可分为孔压和应变两类，由于不排水循环剪切过程中软黏土的超静孔压常有一定滞后，因此一般采用应变破坏标准。但目前对破坏应变取何值仍存在争议：对于等向固结土样且无静剪应力 q_s 作用时，由于循环剪切过程中发生应力反向，因此，有学者以双幅剪应变达到 1%、3%、5% 等作为破坏标准（Yasuhara et al.，1992；周建，1998）；而对于土样有静剪应力 q_s 作用且循环荷载幅值较小时，土体变形以累积为主，因此，有学者以单幅剪应变峰值 $\varepsilon_{s,p}$ 达到 10% 和 15% 等作为土体破坏标准（Hyodo et al.，1994）。

对于黏土在循环荷载作用下发生剪切破坏的情况，其循环剪切峰值应变 $\varepsilon_{s,p}$ 随振次 N 的发展曲线会出现明显的拐点，此点之前土体循环累积剪切应变发展缓慢，而此点之后土体累积剪切应变会加速发展，并在较短循环周期内土体即完全破坏。因此，此拐点的出现是土体循环剪切破坏的宏观表现，应以此拐点值作为判断土体破坏的标准，此点对应剪应变即为破坏应变 $\varepsilon_{s,tp}$。由前文试验结果可知，不论加载频率 f 和循环偏应力 q_{cyc} 如何，K_0 固结原状温州软黏土在发生循环剪切破坏时对应的峰值剪应变 $\varepsilon_{s,tp}$ 均集中在 3%~3.5% 这一较小的范围内，基本为一恒定值，这也证明采用此拐点作为黏土循环剪切破坏的判断标准是方便可行的。

（2）循环强度试验结果分析。

一般将土体在给定循环次数下，达到破坏标准时的循环应力定义为土体的循环强度。因此，本节以循环强度比 $q_{cyc}/2p'_0$ 作为考察对象，探讨 $q_{cyc}/2p'_0$ 与破坏振次 N_f 之间的相互关系。根据本节所选取的应变破坏标准，图 8-16 分别给出了三种加载频率下，K_0 固结原状温州黏土的动强度试验曲线。从图 8-16 结果可以看出，同一加载频率下，土体的动强度比 $q_{cyc}/2p'_0$ 随着破坏振次 N_f 的增加而减小，循环偏应力 q_{cyc} 越小，土体发生循环剪切破坏所需的振次 N_f 越多。

加载频率越高，土体动强度曲线的位置越高。破坏振次 N_f 一定时，频率越高，对应的土体动强度越大；而当循环偏应力 q_{cyc} 一定时，频率越高，土体的循环破坏振次 N_f 也越多。这一方面是由于当循环偏应力 q_{cyc} 一定时，加载频率越低，每一循环周期内土体处于高剪应力状态持续时间较长，因此，剪应变累积量也更大，在相同振次的情况下，低频荷载更容易使土体发生剪切破坏。另一方面，由前文对黏土流变性探讨可知，加载速率对土体强度有较大的影响，加载速率越高，土体在循环荷载作用下的应变率也越高，高应变率可以弥补一部分由于循环剪切造成的强度软化，因而土体的实测动强度也越大。

在双对数坐标系下，动强度比 $q_{cyc}/2p'_0$ 与破坏振次 N_f 呈现出较好的线性衰减规律，如图 8-16（b）所示，这与 Hyodo 等（1994）和陈颖平等（2007）的结论是一致的，但他们对加载频率的影响则没有进行研究。本节对土体循环强度结果进行线性拟合后发现，不同加载频率下土体的双对数动强度曲线并非一组平行直线，其斜率随着加载频率的降低而逐渐增大，相应的动强度随破坏振次衰减的速率也逐渐加快，具体拟合公式如图 8-16（b）所示。

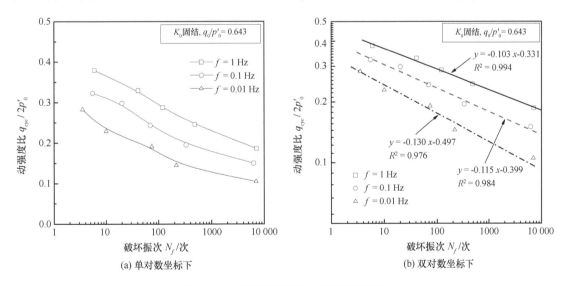

图 8-16　原状温州软黏土的动强度曲线

8.5.4　循环剪切荷载分类与循环响应性状

我们在本章引言中讲到，循环剪切荷载可以分为 4 种类型，各类剪切荷载有不同的循环响应。而频率 f 和振次 N 的影响可通过循环荷载的作用时间 t 来综合反映。图 8-17 和图 8-18 分别为循环偏应力相近时，不同加载频率条件下，原状温州软黏土的应变累积峰值 $\varepsilon_{s,p}$ 和残余孔压 u_p 随荷载作用时间的发展曲线。

从图中结果可以看出，荷载分类对土体循环剪切特性的影响按土体发生循环剪切破坏与否有不同的表现：在循环应力单向偏态剪切情况下（图 8-3），图 8-17(a~d) 和图 8-18(a~d) 循环偏应力相近时不同频率荷载作用下随时间发展表现为相近的规律。由此可见，荷载持续时间 t 是荷载频率 f 和振次 N 综合作用的结果，对土体单元在偏态循环剪切性状变化起着控制作用。在对软土循环剪切性状进行理论模拟分析时，采用荷载持续时间 t 作为控制变量来反映偏态循环剪切是较为合理可行的。

而对于纯单向剪切或双向剪切，如图 8-17(e)、(f) 及图 8.18(e)、(f) 所示，循环剪切引起的应变和孔压累积又出现较大的差别，对于这一种应变和孔压的循环累积，本节尚没有找到清晰的规律。

图 8-19 为不同加载频率条件下，土体动强度比 $q_{cyc}/2p_0'$ 和破坏时间 t_f 的关系曲线。从试验结果和拟合曲线都可以看出，两者在双对数坐标体系下基本呈现较好而且唯一的线性衰减规律，衰减速率与加载频率无关，这也说明荷载作用时间 t 能综合反映频率 f 和振次 N 对土体动强度的影响。

8.5.5 循环加载后土体的静力剪切性状

本节通过进行不排水条件下循环加载后再静力剪切的三轴试验，研究 K_0 固结原状温州软黏土在循环剪切过程中的累积效应对后续静力剪切性状的影响，并着重讨论循环加载后土体的强度弱化。为了以示区别，文中采用 $S_{u,c}$ 表示土体循环加载后再静力三轴剪切的压缩强度，若循环后的静剪切过程发生软化，则此值对应峰值强度，相应的峰值应变用 $\varepsilon_{s,c}$ 表征。$S_{u,s}$ 表示土体无循环荷载作用直接三轴压缩的抗剪强度，对应的峰值应变用 $\varepsilon_{s,f}$ 表征。各变量的定义如图 8-20 所示。

图 8-21~图 8-23 为循环荷载频率为 0.1 Hz、循环偏应力比 q_{cyc}/p_0' 分别为 0.2、0.3 和 0.4 时，温州黏土在循环荷载作用不同振次 N 后的静力不排水压缩剪切性状（剪切应变率 $\dot{\varepsilon}_a$ =2%/h）。N=0 对应着土体无循环荷载作用、直接静力剪切的试验结果。必须指出的是，各图中数据仅为循环加载结束后的静力剪切部分试验结果，因此，图中的剪应变不包含土体循环过程中已累积的剪应变 $\varepsilon_{s,p}$，其只是一个相对值。

从图 8-21(a)~图 8-23(a) 的剪切应力应变关系可以看出，由于在循环剪切过程中，土体已经累积发展了一定的剪应变，而且残余孔压在不排水条件下始终没有消散，土体呈现出一定程度拟超固结现象（Azzouz et al.，1989；Yasuhara et al.，1992，2003），其后续静剪峰值强度 $S_{u,c}$ 相对于没有循环荷载作用的静力剪切强度 $S_{u,s}$，均发生不同程度的降低。循环

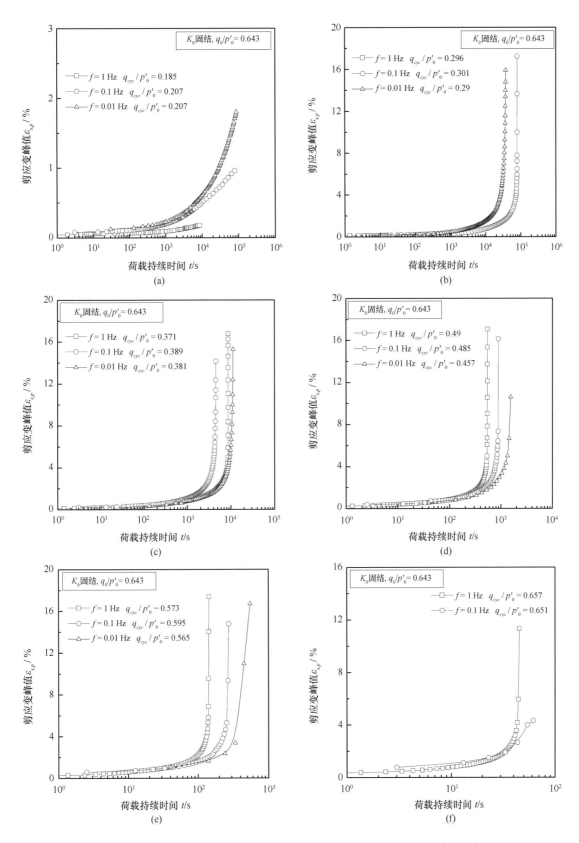

图 8-17　循环偏应力相近时不同频率荷载作用下土样的应变累积随时间的发展

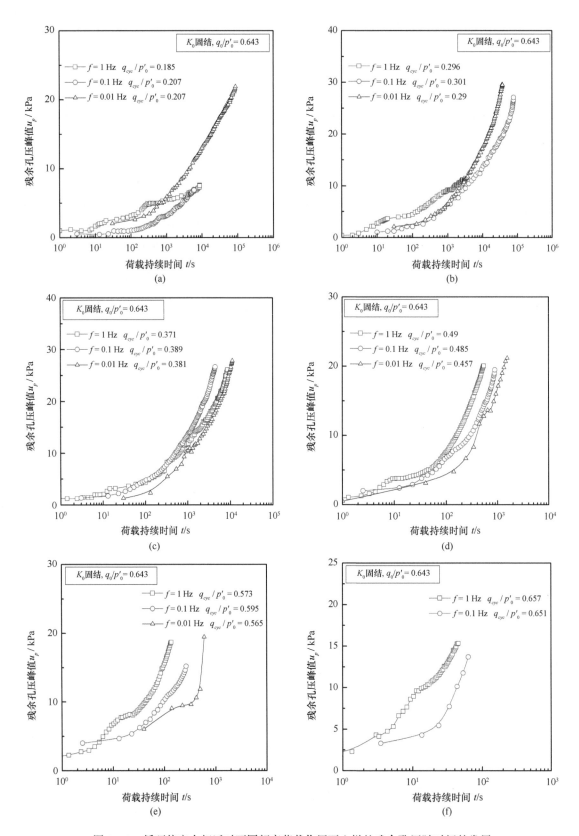

图 8-18 循环偏应力相近时不同频率荷载作用下土样的残余孔压随时间的发展

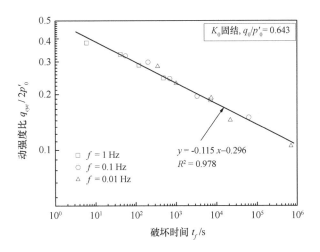

图 8-19　原状温州软黏土的动强度与破坏时间的关系曲线

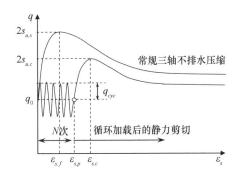

图 8-20　循环加载后再静力剪切过程的应力应变关系示意

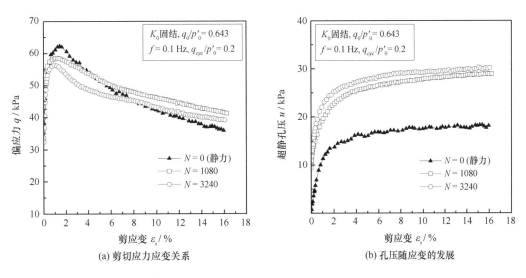

(a) 剪切应力应变关系　　　　　　　　(b) 孔压随应变的发展

图 8-21　温州软黏土在 $f=0.1$ Hz、$q_{cyc}/p'_0=0.2$ 动荷载作用后的静剪切性状

荷载的幅值相同时，循环振次 N 越大，土体循环剪切后的静剪峰值强度 $S_{u,c}$ 越小。在循环剪

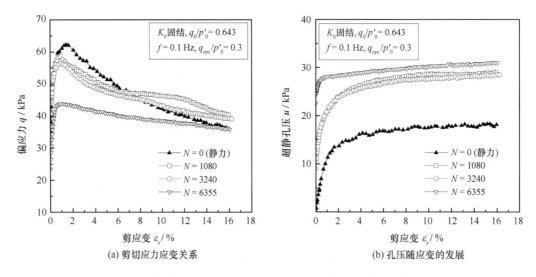

图 8-22　温州软黏土在 $f=0.1\,\mathrm{Hz}$、$q_{cyc}/p_0'=0.3$ 动荷载作用后的静剪切性状

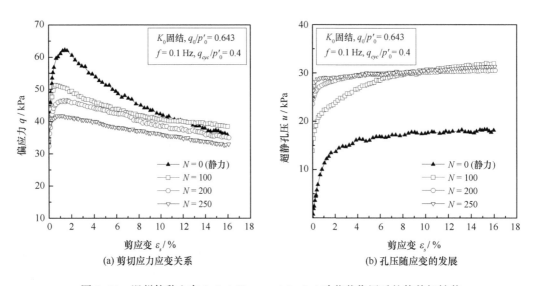

图 8-23　温州软黏土在 $f=0.1\,\mathrm{Hz}$、$q_{cyc}/p_0'=0.4$ 动荷载作用后的静剪切性状

切过程中，原状土样的结构性已发生破损，因此相对于无循环剪切直接三轴压缩的情况，循环后的静剪应力应变关系的软化程度要小一些，但基本都趋于同一临界强度值。

图 8-21(b)~图 8-23(b)为静剪阶段超静孔压随剪应变的发展结果。循环荷载幅值相同时，土体循环过程中累积的孔压 u_p 随着循环振次 N 的增加而增大，表现在各图中为土体总超静孔压初始值随前期循环荷载作用振次的增加而增大。在静剪阶段，土体总超静孔压均随剪应变的增加而增大，但发展速度逐渐变缓，最后不同初始值的孔压曲线基本均稳定在一较小的变化范围内(29~31 kPa)，此时土体已基本达到临界状态。另外，由于循环剪切后土体有残余孔压累积，因此，后续静剪阶段土体中的总超静孔压均要大于土样没有循环荷载作用直接三轴压缩剪切的情况($N=0$)。

图 8-24~图 8-26 为循环荷载频率为 0.01 Hz、循环偏应力比 q_{cyc}/p_0' 分别为 0.2、0.3 和 0.4 时，温州软黏土在循环荷载作用不同振次 N 后的静力不排水压缩剪切性状。从图示结果可知，无论是应力应变关系还是超静孔压的发展，其变化规律与循环荷载频率为 0.1 Hz 的情况均较为相似，土体静剪峰值强度的降低取决于之前循环荷载的幅值以及作用振次，而同一循环荷载作用下，振次 N 越大，土体结构破损越严重，土体在静力剪切过程中的应变软化现象越不显著，但剪切最终土体的临界强度却与无循环荷载作用情况基本一致。

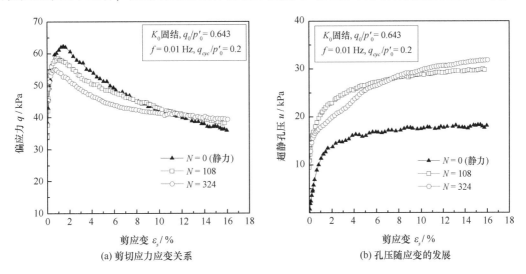

图 8-24　温州软黏土在 $f=0.01$ Hz、$q_{cyc}/p_0'=0.2$ 动荷载作用后的静剪切性状

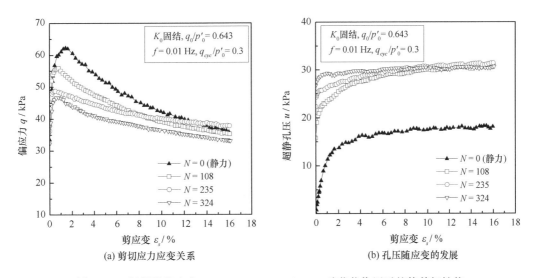

图 8-25　温州软黏土在 $f=0.01$ Hz、$q_{cyc}/p_0'=0.3$ 动荷载作用后的静剪切性状

8.5.6　循环加载后土体的不排水抗剪强度

表 8-1 和表 8-2 分别为循环加载频率为 $f=0.1$ Hz 和 $f=0.01$ Hz 时，原状温州软黏土在不

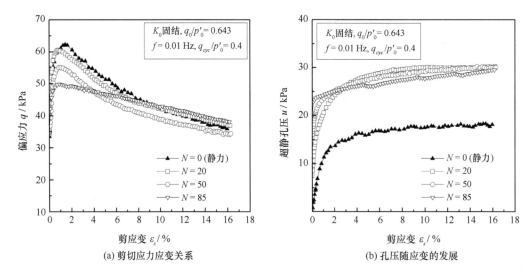

(a) 剪切应力应变关系　　　　　　　　　(b) 孔压随应变的发展

图 8-26　温州软黏土在 $f=0.01$ Hz、$q_{cyc}/p_0'=0.4$ 动荷载作用后的静剪切性状

同循环偏应力 q_{cyc}/p_0' 和作用振次 N 的组合情况下的静力剪切性状统计。在此主要对土体在循环加载后再静力剪切的峰值强度 $S_{u,c}$ 进行讨论，$S_{u,c}=q_{p,c}/2$，而 $q_{p,c}$ 和 $\varepsilon_{s,c}$ 分别为土体循环加载后静力压缩剪切的峰值偏应力和此时对应的土体总剪应变，其物理意义如 8-20 所示。

表 8-1　温州软黏土在 $f=0.1$ Hz 动荷载作用后的静力剪切性状

q_{cyc}/p_0'	振次 N/次	循环累积效应		静力不排水剪切		强度衰减 /%
		$\varepsilon_{s,p}$/%	u_p/p_0'	$\varepsilon_{s,c}$/%	$S_{u,c}$/kPa	
0.2	1080	0.303	0.149	1.358	29.283	5.94
	3240	0.624	0.169	1.567	28.213	9.48
0.3	1080	0.633	0.193	1.473	29.25	6.03
	3240	1.324	0.169	2.127	28.175	9.48
	6355	6.355	0.424	7.397	21.908	29.62
0.4	100	1.764	0.263	2.373	25.644	17.61
	200	4.867	0.440	6.187	23.239	25.34
	250	10.384	0.467	11.464	20.908	32.83

表 8-2　温州软黏土在 $f=0.01$ Hz 动荷载作用后的静力剪切性状

q_{cyc}/p_0'	振次 N/次	循环累积效应		静力不排水剪切		强度衰减 /%
		$\varepsilon_{s,p}$/%	u_p/p_0'	$\varepsilon_{s,c}$/%	$S_{u,c}$/kPa	
0.2	108	0.486	0.179	1.468	29.300	5.87
	324	0.544	0.200	1.248	27.55	11.483

续表

q_{cyc}/p'_0	振次 N/次	循环累积效应		静力不排水剪切		强度衰减
		$\varepsilon_{s,p}$/%	u_p/p'_0	$\varepsilon_{s,c}$/%	$S_{u,c}$/kPa	/%
0.3	108	1.253	0.293	2.056	27.955	10.19
	235	2.839	0.410	3.382	24.357	21.75
	324	4.065	0.495	4.889	23.348	24.99
0.4	20	0.388	0.135	1.228	30.238	2.85
	50	1.161	0.300	2.011	27.495	11.67
	80	4.026	0.377	4.948	24.926	19.92

从表 8-1 和表 8-2 中的数据可以看出，由于土体在循环加载过程中的累积效应，其后的静力剪切峰值强度均有不同程度的降低，不同循环荷载作用组合下，土体强度相对于无循环荷载作用情况的衰减程度在 2.85%～32.83% 这一较大范围内变化。总体上，土体在循环荷载作用下的累积效应越显著，其峰值强度衰减越多。

土体峰值强度衰减程度与循环剪切过程中的残余孔压累积 u_p 密切相关。图 8-27 给出了各种试验情况下，土体循环加载后静力剪切峰值强度 $S_{u,c}$ 与循环残余孔压 u_p/p'_0 的关系曲线，图中强度 $S_{u,c}$ 用土体直接静力三轴剪切的抗压强度 $S_{u,s}$ 进行了归一化。从图中结果可以看出，在循环荷载的频率、幅值和振次的不同组合作用下，土体循环加载后静力剪切峰值强度 $S_{u,c}$ 及其衰减基本与循环残余 u_p/p'_0 基本呈一一对应的反比关系，循环残余 u_p/p'_0 越大，土体循环后的抗剪强度越低。

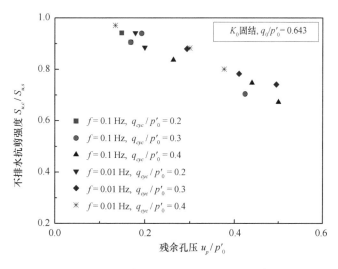

图 8-27　温州软黏土循环加载后的强度衰减

现有对重塑土或等向固结黏土的循环剪切后的强度弱化试验研究也大致存在这一规律，

而且主流观点是将土体循环后的强度衰减用土体残余孔压累积后处于拟超固结状态来加以解释和描述（Azzouz et al.，1989；Yasuhara et al.，1992，2003）。但对于原状土体来说，仅用孔隙水压力理论来解释循环加载后的抗剪强度降低是不够的，没有考虑在长期振动作用下，土体内部各组分及其相互作用力学性状发生变化的影响。

对于长期振动作用下土体的强度弱化，应从两方面来分析。宏观上，土体强度的减小是残余孔压累积的结果；微观上，土体内部结构在循环荷载作用下发生破坏也导致了土体抗剪强度的衰减。对于软黏土而言，其抗剪强度由黏聚力和内摩擦力两部分组成。在循环剪应力的反复作用下，土体颗粒间的胶结受到破坏，增加颗粒表面黏着水膜中定向水分子的活动性，土体中的自由水变多，从而使得颗粒间的黏聚力降低；另外，循环剪切作用后，土颗粒间会因为错动或滑动而形成剪切面，造成内摩阻力的减小。循环荷载作用下，土体黏聚力和内摩阻力的减小以及其结构性的破损，使得土体对上覆静荷载的承载能力降低很多，抗剪强度弱化效应显著。

8.6 黏土循环剪切性状的流变模拟

8.6.1 循环累积特性与静力蠕变过程的相似性讨论

如何运用合理的本构模型模拟和分析土体在循环剪切过程中的应力应变关系、孔压以及强度特性是研究饱和软黏土不排水循环剪切特性的关键。目前较为常用的有动力本构模型和循环等值线理论模拟。前者多是基于较为成熟的弹塑性理论发展起来的，有多重屈服面模型和边界面模型两大类，此类模型追踪计算土体循环剪切的全过程，对于交通、波浪等长时间作用的周期荷载情况，计算量将非常巨大，而且容易产生计算累积误差。后者多是根据各种黏土的试验规律总结而来，循环等值线理论上只适用于试验总结的特定土体，因此在应用上具有一定的局限性。

实际上，对于循环荷载的作用，软黏土的累积效应是我们研究的重点和难点。从前人对众多黏土循环累积效应的试验研究以及本章对 K_0 固结原状温州软黏土的试验结果总结可以看出，土体在不排水循环剪切过程中的应变累积和残余孔压发展规律均与土体在静荷载作用下的不排水蠕变过程具有相当的可比性和相似性。

对比本章对 K_0 固结温州软黏土的循环剪切试验（图 8-11～图 8-13、图 8-14～图 8-16）和静力三轴不排水蠕变试验可知，尽管两种试验中土体的固结应力不同，但若将循环剪切试验中的振次 N 等效成时间 t 来考虑，则两试验中土体剪应变及其应变率的变化、超静孔压的发展趋势和规律是较为一致的。土体在偏应力作用下变形和孔压均会随着时间的增长而增大，增大幅度及发展规律取决于土体的偏应力水平，在较高的偏应力作用下，土体最终会发生剪切破坏。

另外，本章对温州软黏土的循环剪切试验分析显示，在同一循环偏应力水平 q_{cyc} 作用下，加载频率 f 不同时，土体的循环应变累积 $\varepsilon_{s,p}$ 和残余孔压 u_p 虽然随振次 N 的发展规律不同，但其随时间 t 的变化规律却是基本一致的。循环剪切过程中，加载频率 f 和振次 N 的影响可由循环荷载作用时间 t 来综合反映，这一试验现象也增加了循环剪切的累积效应与静力蠕变过程的可比性。

鉴于软黏土在不排水循环剪切过程中的累积效应与其在静荷载作用下的蠕变过程的相似性，将土体的循环剪切过程等效成静力蠕变剪切，通过已有的静力流变模型来对土体循环剪切的应变、孔压累积进行模拟和预测就成了可能。采用流变方法可以大大简化土体循环累积效应的计算量，而且具有较强的理论依据，模型参数物理意义较为明确。本章在试验研究基础上，采用第 6 章已建立的一般应力条件下的弹黏塑性本构模型对温州软黏土的循环剪切累积特性进行模拟和分析。

8.6.2　流变模拟的计算思路及等效次固结系数

采用流变学的思路和模型对软黏土的不排水循环剪切过程进行分析，其大致步骤如下。

(1)将土体在偏应力幅值为 q_{cyc} 的循环剪切过程等效为 K_0 固结土样在一外荷载作用下的静力蠕变过程，此静荷载导致土体的偏应力增量为 $\Delta q = q_{cyc}$。

(2)将加载频率 f 和振次 N 的作用等效为荷载持续时间 t 来考虑。

(3)采用前文第 6 章建立的弹黏塑性本构模型求解此等效蠕变过程中土体的变形和孔压发展规律。

此计算过程属于应力等效方法，应力条件较为明确。但实际土体在不排水循环剪切过程中，虽然最高偏应力水平能达到这一数值，但由于荷载的周期性变化，土体所受的偏应力状态是在不断变化的，在每一个受荷周期内土体维持在这一最大偏应力水平下的时间是有限的，因此，将循环剪切过程等效成在最高剪应力水平下的蠕变过程，会在一定程度上高估土体偏应力水平的影响。

高估等效蠕变过程中土体偏应力影响的最为直接的表现是，在保持原有计算参数不变的情况下，计算所得土体会比实际情况早发生循环剪切破坏，对应的破坏时间 t_f 偏小，从而影响模型对土体变形发展预估的计算精度。次固结系数 C_α 是土体黏性性状的关键参数，决定着土体蠕变过程中的变形和孔压的发展速率，其大小直接影响着土体在外荷载作用下发生蠕变剪切破坏的时间 t_f。模型计算时，保持其他参数不变，仅对等效蠕变过程的次固结系数 C_α 进行调整是较为方便可行的。

将循环剪切等效为静力蠕变过程后，首先采用第 6 章所建立的弹黏塑性模型，计算不调整次固结系数 C_α，并计算所得 t_f 值与实测结果的偏差程度；然后逐步调整 C_α 值，通过控制计算结果与实际试验的破坏时间 t_f 基本相等(偏差小于 5%)，采用此种反分析手段求得此过程中最优的等效次固结系数 $\bar{C_\alpha}$ 的大小。由于荷载频率的影响可通过荷载持续时间来加以反映，因此，本节主要考虑土体循环偏应力水平 q_{cyc} 对等效次固结系数 $\overline{C}_{\alpha}$ 的影响。

不同加载频率条件下，温州软黏土的最优等效次固结系数 $\overline{C}_{\alpha}$ 如表 8-3 所示。而将表 8-3 中各加载频率条件下的等效次固结系数 $\overline{C}_{\alpha}$ 采用 C_{α} 归一化后与循环偏应力比 q_{cyc}/p_0' 绘制成图，如图 8-28 所示。

表 8-3 反分析所得温州软黏土的等效次固结系数 $\overline{C}_{\alpha}$

$f = 1$ Hz		$f = 0.1$ Hz		$f = 0.01$ Hz	
q_{cyc}/p_0'	$\overline{C}_{\alpha}$	q_{cyc}/p_0'	$\overline{C}_{\alpha}$	q_{cyc}/p_0'	$\overline{C}_{\alpha}$
0	0.023	0	0.023	0	0.023
0.185	0.028	0.185	0.029	0.201	0.029
0.296	0.032	0.301	0.033	0.29	0.030
0.371	0.037	0.389	0.035	0.381	0.044
0.49	0.036	0.485	0.039	0.457	0.039
0.573	0.038	0.595	0.044	0.565	0.044
0.657	0.039	0.651	0.041	—	—
0.757	0.040	—	—	—	—

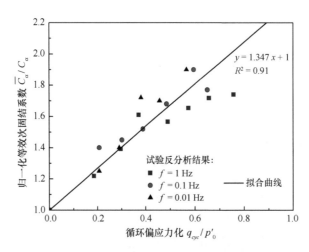

图 8-28 归一化等效次固结系数与循环偏应力幅值的关系

由图 8-28 可以看出，不管加载频率 f 如何，采用本章黏塑性本构模型反分析得到的最优等效次固结系数比 $\overline{C}_{\alpha}$ 基本随循环偏应力比 q_{cyc}/p_0' 呈线性增长趋势，除少数情况外（如 $f=1$ Hz、$q_{cyc}/p_0'=0.757$），大多数数据点均集中地分布在一较小的区域内，对其进行数据拟合，可建立等效次固结系数比 $\overline{C}_{\alpha}/C_{\alpha}$ 的计算表达式为：

$$\frac{\bar{C}_\alpha}{C_\alpha} = A \cdot \left(\frac{q_{cyc}}{p'_0}\right) + 1 \tag{8-2}$$

式中，参数 A 为拟合参数，对于同一种土体，A 为一定值。对本次试验温州软黏土，$A = 1.347$。

如图 8-28 所示，对于荷载循环幅值 q_{cyc} 很大的情况（$q_{cyc}/p'_0 > 0.7$），式（8-2）计算所得的土体等效次固结系数 $\bar{C}_\alpha$ 会偏大，但实际上此种情况下土体会很快破坏。对于一般常见的循环偏应力比 $q_{cyc}/p'_0 = 0.2 \sim 0.5$ 情况，式（8-2）所示的线性关系与模型反算的最优结果符合较好，说明本节的等效次固结系数 $\bar{C}_\alpha$ 的简单计算式是基本合理的。

8.6.3　土体循环剪切应变累积的流变模拟

遵循前面所述流变学模拟的思路，将 K_0 固结原状温州软黏土在不排水条件下的循环剪切累积等效为静力蠕变过程，采用本书第 6 章建立的静力弹黏塑性本构模型对其循环剪切累积特性进行分析。分析时，采用了前文所述静应力等效的原则，同时用式（8-2）计算的等效次固结系数 $\bar{C}_\alpha$ 代替原有模型参数 C_α，对应的等效黏性参数 $\bar{\psi} = 0.434 \cdot \bar{C}_\alpha$。其他计算参数的取值仍与第 6 章静力试验相同，详见表 6-1。

图 8-29 为温州软黏土在不同幅值的循环偏应力作用下，剪切应变累积发展的试验结果与计算曲线的对比情况，图 8-29（a）~（c）分别对应着荷载频率 $f = 1$ Hz、0.1 Hz 和 0.01 Hz 三种加载条件。

从图中对比情况可知，流变学等效方法结合本章所建立的弹黏塑性本构模型较好地反映了温州软黏土在循环荷载作用下的剪切应变发展趋势，计算曲线较准确地描述了循环偏应力 q_{cyc} 较大且循环振次 N 足够多时土体的循环剪切破坏现象，同时对循环偏应力幅值 q_{cyc} 较小时，土体应变累积缓慢发展的规律也有较好的模拟。计算分析所得，在各加载频率条件下，K_0 固结温州软黏土不发生循环剪切破坏的循环偏应力比门槛值 $(q_{cyc}/p'_0)_t$ 均集中在 0.2~0.3 范围内，最低门槛值为 0.2，与试验结果基本一致。

另外，图 8-29 中的结果显示，对于温州软黏土，除了少数情况（如 $f = 1$ Hz、$q_{cyc}/p'_0 = 0.757$）外，在三种加载频率条件下，计算曲线较准确地模拟了大多数循环荷载作用下土体发生循环剪切破坏的时间 t_f（表现在图中为破坏振次 N_f）。这一方面是由于本章采用了等效次固结系数 $\bar{C}_\alpha$ 这一概念，避免了单纯地应力等效导致土体持续处于高偏应力状态所带来的计算偏差；另一方面也说明本章求解等效次固结系数 $\bar{C}_\alpha$ 的思路和所建立的计算表达式（8-2）是合理的。等效次固结系数 $\bar{C}_\alpha$ 的计算形式也较为简单，便于实际应用。

图 8-30 分别为三种加载频率条件下，温州黏土在不同循环荷载作用下剪切应变率随振次发展的试验结果和计算曲线对比，同样，图中土体各振次的剪切应变率 $\dot{\varepsilon}_{sp, N}$ 均用荷载作

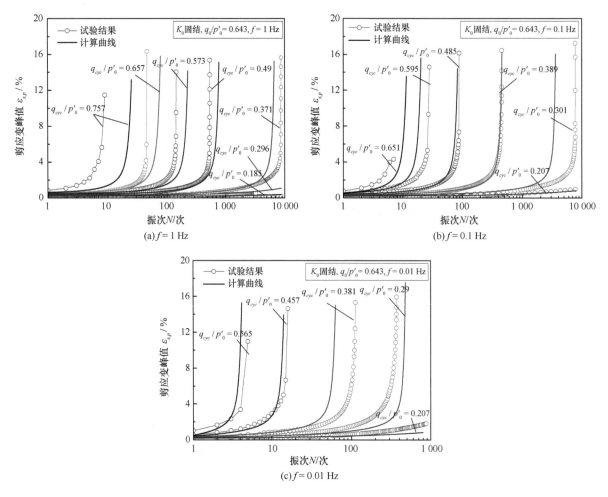

图 8-29　温州软黏土不排水循环剪切过程的应变累积试验与计算结果对比

用第一个周期对应的剪切应变率 $\dot{\varepsilon}_{sp,1}$ 进行归一化处理。

从图中结果可以看出，采用本章流变学方法可以较好地反映在不同循环荷载作用下土体剪切应变率变化规律的差异。对于循环偏应力 q_{cyc} 较小情况，计算所得土体的剪切应变率 $\dot{\varepsilon}_{sp,N}$ 随振次 N 的增加而逐渐衰减，两者在双对数坐标系下呈线性关系。当循环偏应力 q_{cyc} 较大时，循环剪切初期，土体的剪切应变率对数 $\log(\dot{\varepsilon}_{sp,N}/\dot{\varepsilon}_{sp,1})$ 也随 $\log N$ 线性衰减，达到最小值后，剪切应变率 $\dot{\varepsilon}_{sp,N}$ 会在短时间内迅速增大，对应着土体破坏，土体剪应变急剧增加。各情况下模型计算结果与试验实测结果均较为吻合，证明采用流变学方法分析软黏土不排水循环剪切的变形累积是较为可行的。

8.6.4　土体循环剪切残余孔压的流变模拟

与剪切应变累积计算时一致，同样采用静力弹黏塑性模型结合等效次固结系数 $\bar{C}_\alpha$ 的方法，对软黏土在不排水条件下循环荷载作用下的残余孔压进行分析和探讨。

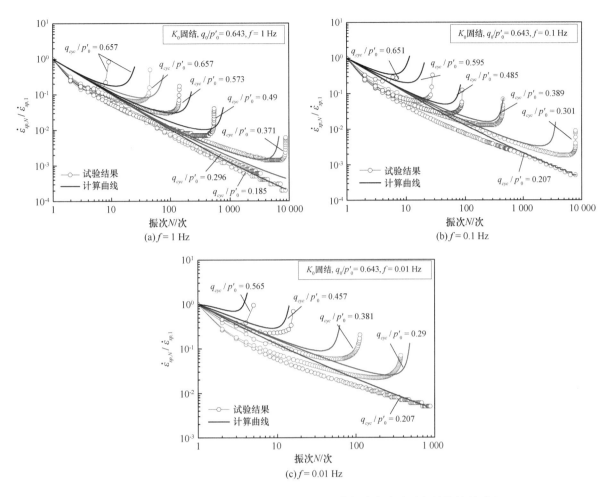

图 8-30　温州软黏土不排水循环剪切过程的剪切应变率试验与计算结果对比

图 8-31 为温州软黏土在不同幅值的循环偏应力作用下，残余孔压发展的试验结果与计算曲线的对比情况，图 8-31（a）～（c）分别对应着荷载频率 $f = 1$ Hz、0.1 Hz 和 0.01 Hz 三种加载条件。从图中结果可知，不论循环偏应力 q_{cyc} 多大、加载频率 f 如何以及土体有否发生循环剪切破坏，本章方法均较好地反映了土中残余孔压 u_p 随振次 N 的增加而不断增大的趋势。

由于本章方法较好地模拟了土体在循环荷载作用下的破坏时间 t_f，因此对各循环荷载作用后期的残余孔压 u_p 的模拟与实测结果较吻合。但在循环剪切初期，计算所得的残余孔压 u_p 往往比对应的试验结果偏大，在同一加载频率条件下，循环偏应力 q_{cyc} 越大，两者偏差越多，究其原因主要是由两方面原因造成的。

第一，黏土在不排水循环剪切过程中普遍存在孔压滞后现象，特别在循环加载初期较为严重，导致试验值与土中实际孔压有一定偏差，随着振次 N 的增加，孔压进行重分布，后期的试验结果较为接近土体实际孔压。循环偏应力 q_{cyc} 越大，土体越早发生剪切破坏，土中孔压没有足够时间进行重分布，直至土样破坏，孔压滞后仍可能存在。因此在循环剪切

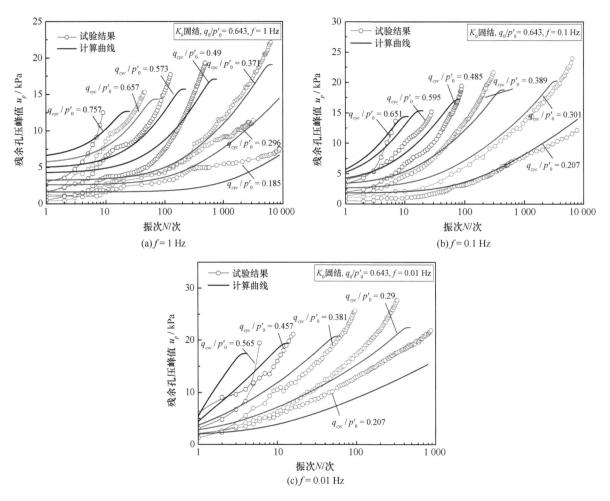

图 8-31 温州软黏土不排水循环剪切过程的残余孔压试验与计算结果对比

初期计算曲线与实测结果有一定的差别，而在循环荷载作用时间较长后对孔压的模拟则较接近实测值。

第二，理论计算时，假定在外荷载施加瞬间，所有的应力增量均由孔隙水压力承担，与土体实际受力响应有一定出入，在一定程度上高估了剪切初期的超静孔压。从循环剪切后期的试验结果和计算曲线对比来看，两者总体上符合较好，说明此假定残余孔压初值影响较大，而对循环后期的残余孔压计算并无太大影响，同时也说明采用本文流变学方法分析饱和黏土在不排水循环剪切过程中的孔压累积是可行的。

另外，从加载频率不同时的结果比较可知，在相同幅值的循环偏应力作用下，模型对频率较低情况的计算模拟更好一些。这是由于荷载频率较低时，土中孔压的滞后相对不显著，而且此时的循环荷载与静荷载的作用效果更为接近所致。

8.6.5 土体循环剪切强度特性的流变分析

本节采用流变学方法分别对土体循环加载至破坏时的动强度以及循环剪切后土体强度

弱化进行分析，探讨此法模拟土体循环剪切强度特性的可行性。

（1）循环剪切的动强度模拟。

根据前文对破坏标准的讨论，本文仍采用应变累积曲线出现拐点作为循环剪切破坏标准，从而确定土体的动强度大小。温州黏土循环剪切动强度的试验结果和计算值分别如图 8-32 所示。

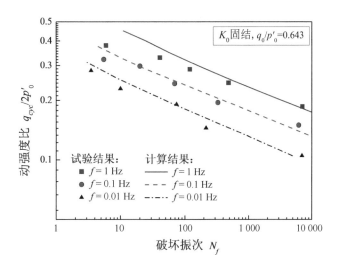

图 8-32　温州黏土循环剪切动强度的试验与计算结果对比

图中结果显示，计算曲线较好地反映了土体的动强度性状。同一加载频率 f 情况下，双对数坐标系中，计算所得土体的动强度比 $q_{cyc}/2p'_0$ 随着破坏振次 N_f 的增加基本呈线性衰减趋势；频率不同时，频率 f 越低，$\log(q_{cyc}/2p'_0)$ 与 $\log(N_f)$ 的线性关系曲线越靠下，除 $f=1$ Hz 且破坏振次 N_f 很小时，计算动强度比稍偏大外，其他情况的试验结果基本分布在计算曲线两侧较小的范围内，两者是较为吻合的。

总体上，计算结果较为准确地描述了温州软黏土的动强度大小及其随破坏振次 N_f 和频率 f 的变化，这也进一步证实了本文采用流变性方法分析黏土不排水循环剪切累积性状的思想是可行的，同时本文的弹黏塑性本构模型和等效次固结系数 $\bar{C}_\alpha$ 的表达式（8-2）是基本合理的。

（2）循环剪切后的强度弱化分析。

在试验研究基础上，如何定量地模拟不同程度残余孔压累积时土体强度的衰减，是分析地基土体动承载力特性的另一关键问题。

本节利用第 6 章建立的弹黏塑性本构模型，对温州软黏土循环加载后的静力三轴不排水压缩剪切性状进行了分析，在此主要讨论其循环剪切后压缩峰值强度的变化。由于静力剪切前，土中已累积了一定的残余孔压 u_p，因此计算时认为土体静力剪切前的初始应力状态为 $p'=p'_0-u_p$，$q=q_0$，$u=u_p$。计算步骤大致如下：①根据上述初始状态计算其对应的黏塑

性剪应变率 $\dot{\varepsilon}_s^{vp}$；②计算出 dt 时间内的剪应变增量 $d\varepsilon_s$、$d\varepsilon_s^{vp}$ 和 $d\varepsilon_s^e$；③根据相关联流动法则计算 $d\varepsilon_v^{vp}$，利用不排水条件计算 $d\varepsilon_v^e$；④计算应力增量 dq 和 dp'；⑤计算模量的变化以及各向异性参数 α 的变化；⑥计算下一步的 $\dot{\varepsilon}_s^{vp}$，并重复②~⑤的计算过程，最终得到循环加载后在静力三轴剪切时土体的剪应力应变关系以及峰值强度。除初始应力状态外，其他各模型计算参数仍按表6-1取值。

计算所得循环加载后土体的抗剪强度 $S_{u,c}$ 与前期循环累积的残余孔压 u_p/p_0' 的关系曲线如图 8-33 中实线所示，图中计算 $S_{u,c}$ 值用应变率 $\dot{\varepsilon}_a = 2\%/h$ 的 K_0 固结后直接静三轴压缩的抗剪强度 $S_{u,s}$ 进行归一化。比较计算曲线和试验结果可知，模型计算曲线较好地反映了循环剪切后温州黏土的强度弱化规律：循环剪切过程中残余孔压 u_p 越大，软黏土的抗剪强度下降越多，残余孔压比 u_p/p_0' 达到 0.6 时，计算所得土体的抗剪强度降低近 35%。另外，计算所得强度降低幅度较试验结果有一定偏小，这主要是由于本节模型没有考虑原状土体的结构性以及在循环过程中结构性的丧失导致土体强度进一步降低的影响，这也是今后需进一步开展的工作。

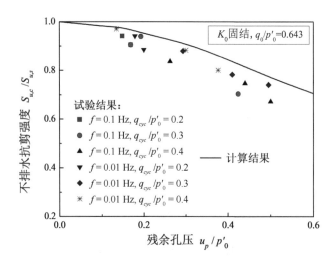

图 8-33　温州软黏土循环加载后的强度弱化试验与计算结果比较

8.7　循环等值线理论框架

8.7.1　土体循环性状

受静荷载和循环荷载联合作用的土单元的行为如图 8-34 所示。当剪切应力从 τ_0 增加 $\Delta\tau_a$ 到 τ_a 时，土体剪切应变增加 $\Delta\gamma_a$，孔隙压力增加 Δu_a。循环剪切应力历史将导致平均、永久和循环剪切应变 γ_a、γ_p 和 γ_{cy}，以及孔隙压力 u_a、u_p 和 u_{cy}。应力应变行为如

图 8-35 所示。

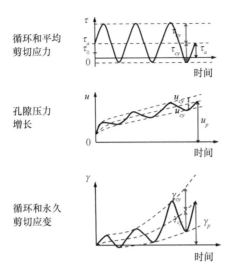

图 8-34　循环加载过程中的剪切应力、孔隙水压力和剪切应变(Andersen，2009)

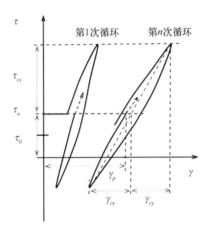

图 8-35　循环加载过程中的应力-应变行为(Andersen，2009)

　　本节中，循环分量为单个振幅值，平均分量为一个周期内的平均值，永久分量为周期结束时的值。孔隙水压力随着循环次数的增加而增加，导致有效应力路径向摩尔-库仑破坏包络线移动。当有效应力接近破坏包络线时，平均、永久和循环剪切应变会增加。对于应变和孔隙水压力，永久分量比平均分量更适合地基设计。对于本节中使用的大部分数据，没有永久分量，而是使用平均分量。在大多数情况下，这种差异在实际应用中可以忽略不计。

　　为进一步说明循环加载下的土体行为，图 8-36 给出了不同循环加载条件下 Drammen 黏土的应力应变行为。如图 8-36(a)所示，单剪对称加载引起基本对称的剪切应变，循环剪切应变随着循环次数的增加而增加。加载和卸载曲线不重合，这意味着黏土中存在阻尼。阻尼随着循环次数的增加而增加。

如图 8-36(b)所示,在三轴试验中,即使剪应力在零点附近对称,也可能存在平均剪切应变发展。这与单剪结果不同,单剪结果显示对称循环剪应力对应基本对称剪切应变响应。三轴试验中出现平均应变的原因是不排水单调拉伸强度低于不排水单调压缩强度。因此,对称的循环剪应力将导致拉伸侧比压缩侧的强度动员程度更高。

如图 8-36(c)所示,如果循环加载不对称,则主要表现为平均剪切应变随循环次数的增加而增加,而循环剪切应变的增加相对较小。图 8-36 中的三个实例表明,在进行实验室试验时,正确模拟应力条件,以确定循环荷载下地基基础设计的土体参数是非常重要的。

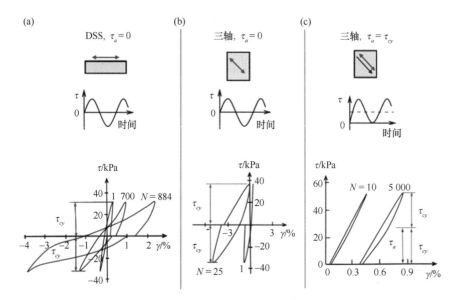

图 8-36 Drammen 黏土(OCR=4)在不同循环加载条件下的应力-应变行为

(a)对称 DSS 加载;(b)对称三轴加载;(c)非对称三轴加载(Andersen,2009)

8.7.2 循环剪切强度

8.7.2.1 在平均和循环剪应力组合下的土体单元破坏所需循环周次

如图 8-36 所示,循环剪切应变和平均剪切应变同时取决于平均剪切应力和循环剪切应力,并且在三轴试验和 DSS 试验中表现不同。在循环载荷作用下,破坏既可能出现大的循环剪切应变,也可能出现大的平均剪切应变,或两者结合,这取决于 τ_a 和 τ_{cy} 的组合以及试验类型。因此,将破坏的循环次数作为平均剪应力和循环剪应力的函数绘制出来是合乎逻辑的,如图 8-37 所示。

如图 8-37(a)所示为在正常固结(OCR=1)的 Drammen 黏土,采用不同组合 τ_a 和 τ_{cy} 的 10 个 DSS 试验中作用到破坏的周次。图 8-37(a)中的每个点代表一次测试,每个点旁边写的数字代表该测试到破坏循环周次和破坏模式(即 γ_a 和 γ_{cy} 的组合)。在本例中,破坏定义为 γ_a 或 γ_{cy} 达到 15%。通过对试验结果的插值和外推,可以绘制出不同周次后导致破坏的 τ_a 和

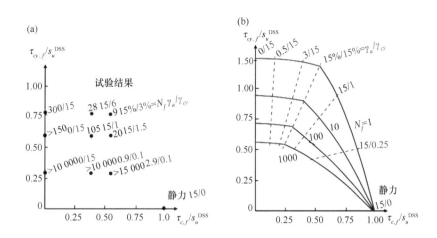

图 8-37　Drammen 黏土（OCR=1）DSS 试验的破坏循环数 N_f 和破坏时的剪切应变 γ_a/γ_{cy}

(a) 单剪试验结果；(b) 基于单剪试验结果的等值线（Andersen，2009）

τ_{cy} 组合曲线，如图 8-37（b）所示。破坏模式（即破坏时的 γ_a 和 γ_{cy}）由曲线上的符号定义。S_u^{DSS} 为 DSS 不排水单调剪切强度。

用同样的方法建立三轴试验图（图 8-38），S_u^c 为三轴压缩不排水单调剪切强度。

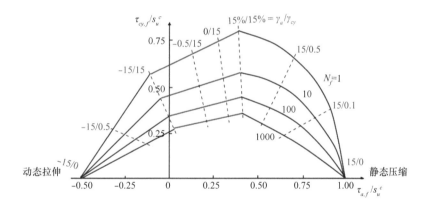

图 8-38　Drammen 黏土（OCR=1）三轴试验中，到破坏的循环次数 N_f 和破坏时的剪切应变 γ_a/γ_{cy}

图 8-37~图 8-38 中的结果来自 Drammen 黏土的试验，这是一种塑性指数为 I_p~27% 的海相黏土。试样在原位固结应力以上进行固结，以产生真正正常的固结条件。关于测试条件和程序的进一步细节见 Andersen 等（1988）。

如图 8-37 所示，在 DSS 试验中，当 τ_a 值较小或中等时，破坏模式为大 γ_{cy}，当 τ_a 值接近不排水剪切强度时，破坏模式为大 γ_a。如图 8-38 所示，在三轴试验中，接近单调压缩三轴抗剪强度的 τ_a 破坏模式为大压缩 γ_a，接近单调拉伸抗剪强度的 τ_a 破坏模式为大拉伸 γ_a，较小和中等值的 τ_a 破坏模式为大 γ_{cy}。曲线与横轴的交点取决于 τ_a 的持续时间。在图 8-38 中，剪切应力以剪切速率为 3%/h~4.5%/h 试验中的单调不排水剪切强度进行归一化。

8.7.2.2 循环剪切强度

循环剪切强度 $\tau_{f,cy}$ 是在循环加载过程中可以调动的峰值剪应力，$\tau_{f,cy}=(\tau_a+\tau_{cy})_f$ 为破坏时平均剪应力与循环剪应力之和。循环剪切强度可由图 8-37 和图 8-38 中的图表确定。结果如图 8-39 所示，表明循环剪切强度取决于 τ_a、循环载荷历史（即等效循环次数）和试验类型（即应力路径）。对于三轴试验，压缩和拉伸时的循环剪切强度存在差异，剪应力为正时发生压缩破坏，剪应力为负时发生拉伸破坏。如图 8-39 中的曲线所示，根据 τ_a 的不同，循环破坏可以出现大的循环剪切应变，或大的平均剪切应变，或两者的结合。

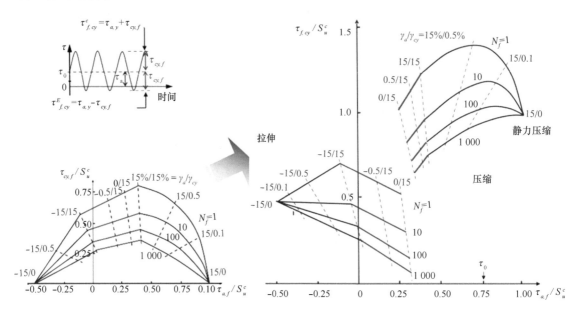

图 8-39　Drammen 黏土循环剪切强度（OCR＝1）（Andersen，2015）

8.7.3 循环变形特性

8.7.3.1 平均应变和循环剪切应变

平均剪切应变和循环剪切应变 γ_a 和 γ_{cy}，与破坏的循环次数一样，也取决于 τ_a、τ_{cy}、N 和试验类型（即应力路径）。因此，平均和循环剪切应变被绘制在与破坏循环次数相同类型的图中。图 8-40(a)显示了正常固结的 Drammen 黏土的 DSS 试验中，作用 10 个周期 τ_a 和 τ_{cy} 后的不同组合。图 8-40(a)中的每个点代表一个测试，每个点旁边写的数字是该测试的 γ_a 和 γ_{cy} 的值。通过对试验结果的插值和外推，可以绘制出将 γ_a 和 γ_{cy} 定义为 τ_a 和 τ_{cy} 的函数的曲线图 8-40(b)。蓝色曲线表示平均剪切应变，红色曲线表示循环剪切应变。15%剪切应变时的曲线与图 8-37 中 $N=10$ 时的曲线相对应。

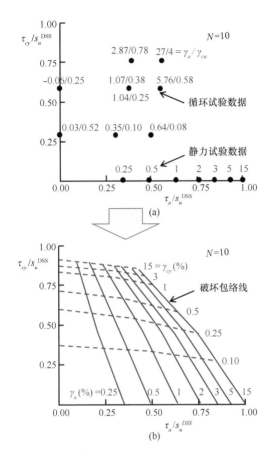

图 8-40　Drammen 黏土 DSS 试验（OCR = 1），作用 10 次循环后平均剪切应变和循环剪切应变

（a）各次试验结果；（b）基于各次试验结果的等值线（Andersen，2015）

根据试验可以绘制作用 10，100 和 1 000 次后的 Drammen 黏土（OCR = 1）的 DSS 试验平均和循环剪切应变等值线（图 8-41）。以同样的方式建立三轴试验图（图 8-42）。

给定 τ_a 前提下，剪切应变也可以作为周期数的函数来表示。图 8-43 和图 8-44 分别给出了在 $\tau_a = 0$ 时进行 DSS 和三轴试验的例子，图表所基于的数据与构建图 8-41 和图 8-42 中的图表所使用的数据相同，如果有一种类型的图表可用，则可以使用它来构建另一种类型的图表。

8.7.3.2　循环剪切模量

通过查看相应的 τ_{cy} 和 γ_{cy} 值，可以从图 8-41 和图 8-42 中得到循环剪切模量 $G_{cy} = \tau_{cy}/\gamma_{cy}$。$\gamma_{cy}$ 依赖于 τ_a、τ_{cy} 和 N，但一般而言，γ_{cy} 对 τ_a 的依赖要小于对 τ_{cy} 的依赖。应力-应变曲线也可以由图中的数据构造出来，如图 8-45~图 8-46 所示。循环荷载作用下的平均剪切应变也可由图 8-41 和图 8-42 确定，这里不再赘述。

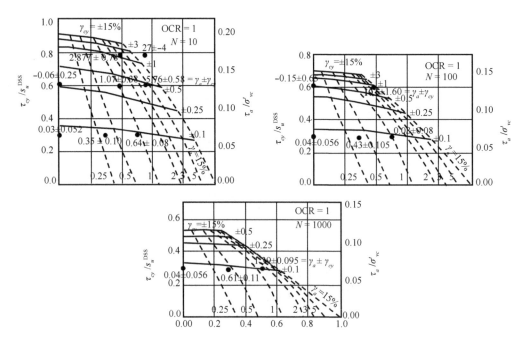

图 8-41　Drammen 黏土（*OCR*＝1）循环单剪 DSS 三维等值线（Andersen，1980）

（循环应变 γ_{cy}、平均剪切应变 γ_a 为循环剪应力 τ_{cy}、平均剪应力的函数 τ_a 及作用次数 N 的函数关系）

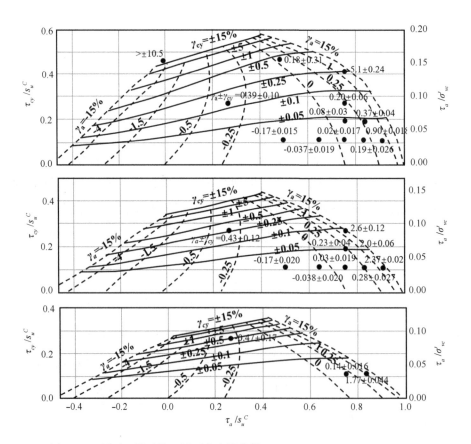

图 8-42　循环三轴平均、循环应变等值线（*OCR*＝1，*N*＝10，100，1 000）

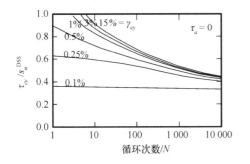

图 8-43　循环剪切应变是循环次数的函数

（循环 DSS 试验，$\tau_a = 0$，OCR = 1）

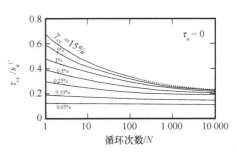

图 8-44　循环剪切应变是循环次数的函数

（循环三轴试验，$\tau_a = 0$，OCR = 1）

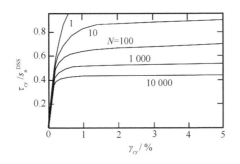

图 8-45　循环应力应变关系与循环次数的关系

（循环 DSS 试验，$\tau_a = 0$，OCR = 1）

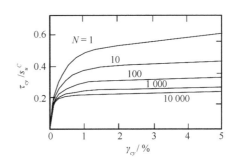

图 8-46　循环应力应变关系与循环次数的关系

（循环三轴试验，$\tau_a = 0$，OCR = 1）

8.7.3.3　阻尼比

阻尼系数 D 同样取决于平均剪切应力、循环剪切应力、循环次数和应力路径（如三轴试验和单剪试验），也应在等值线图中与其他循环土参数一起绘制。然而，到目前为止，循环试验还没有像其他参数一样被用于确定阻尼系数。图 8-47 给出了阻尼系数和剪切应变的函数关系，曲线数据主要来源于加载周期 10 s，试验样本为 OCR = 3 的 Great Belt 黏土和应力控制下的双向循环直剪试验（Kleven et al.，1991）。Great Belt 黏土是一种低塑性黏土，$I_p = 13\%$，并且 $I_p = 25\% \sim 30\%$ 的正常固结海上黏土也发现了相似的规律。

如图 8-47 曲线所示，阻尼系数与循环次数有关。Seed 等（1970）得到的曲线相当于进行了 25 次循环加载。但该曲线未针对各种不同的黏土进行验证，因此应谨慎使用。同样也发现阻尼也取决于平均剪切应力和应力路径。对 Great Belt 黏土的试验表明，阻尼比可能随加载周期的减小而减小。

8.7.4　超固结比的影响

超固结比对 Drammen 黏土归一化循环剪切应力的影响分别显示在 DSS 和三轴试验的图

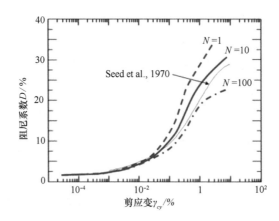

图 8-47　基于应力控制的双向循环直剪试验得到的阻尼系数关系

8-48 和图 8-49 中。图中显示了在 10 次循环导致破坏的归一化循环剪应力和平均剪应力的组合，以及作为归一化循环剪应力函数的循环破坏次数。

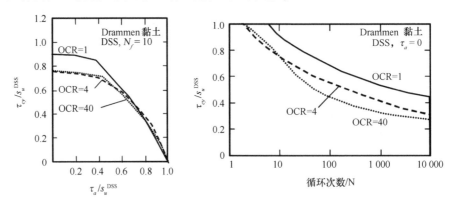

图 8-48　Drammen 黏土 DSS 试验中 OCR 对循环剪切强度的影响

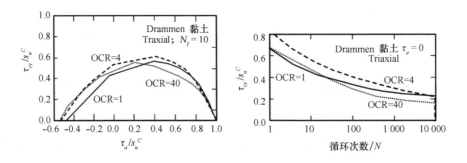

图 8-49　Drammen 黏土 OCR 对三轴循环剪切强度的影响（Andersen，2004）

对于 DSS 试验，图 8-48 显示了正常固结黏土（OCR=1）比 OCR=4 和 OCR=40 的黏土在更高的归一化剪应力下发生循环破坏的趋势。在大量的循环中，超固结黏土（OCR=40）的 DSS 试验在低于 OCR=4 的黏土试验的归一化循环剪切应力下也有破坏的趋势。

对于三轴试验，如图 8-49 所示，与 OCR=1 和 OCR=40 的黏土相比，OCR=4 的黏土在更高的正切应力下趋于破坏。因此，图中显示了超固结对归一化剪应力的一些影响，但这种影响并不像预期的那样一致和强烈。

然而应该认识到，即使破坏时的归一化剪应力不太依赖于 OCR，如果在相同的垂直有效固结应力下进行比较，非归一化剪应力将强烈依赖于 OCR。还应注意到，当作为归一化剪应力的函数绘制时，变形特性和永久孔隙压力更多地依赖于 OCR 而不是破坏时的剪应力。

8.7.5　循环累积模拟方法

图 8-39 给出了在循环载荷历史中具有恒定循环剪应力的情况下的循环剪切强度。然而，在风暴中，循环剪应力可能在一个周期与下一个周期之间发生变化。因此，为了能够使用这些图表，必须确定最大循环剪应力的等效循环数 Neq，它将产生与真实循环载荷历史相同的力学效果。确定 Neq 的流程由 Andersen(1976) 和 Andersen 等 (1992) 提出。对于黏性土，Neq 可以通过在循环载荷历史中跟踪循环剪切应变来确定。对于砂土 (或排水条件)，Neq 可以通过跟踪循环荷载历史期间累积孔隙压力来确定。对砂土采用孔隙压力累积法的原因是砂土在荷载作用过程中容易发生排水现象 (但假设在每个周期内没有时间进行排水)。原则上孔隙压力积累过程也可用于黏土，然而在黏土中进行精确的实验室孔隙水压力测量比在砂土中更难。而对黏土使用循环应变积累可能更可取，循环应变累积方法使用图 8-43 和图 8-44 所示的应变等高线图 (可以有不同的平均应力)。

在应用循环累积方法之前，不规则的加载历史被组织成许多具有恒定循环剪切应力的荷载包。然后，假定土单元还记得之前加载包的影响，将这些荷载包应用于应变等高线图。在不同加载区之间，剪切应变等高线图和孔隙压力图分别假设剪切应变和孔隙水压力恒定。

下面介绍如何利用循环剪切应变等高线图确定等效循环次数 Neq。

(1) 采用雨流量计数法 (Matsuishi et al.，1968)，可以将图 8-50 左侧的不规则载荷历史转化为图 8-50 右侧的表格。

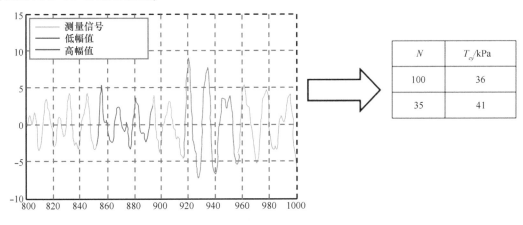

图 8-50　$\tau_a = 0$ 时的不规则载荷历史

（2）如图 8-51 所示，循环剪切应变等高线图中施加 36 kPa，路径 A 到 B，循环 100 次。在 C 点恒定的循环剪切应变下，等效剪切应力增加到 41 kPa。D 点是下一个载荷包的起点，相当于该载荷包为 41 kPa，循环了 35 次；再在 41 kPa 下循环 35 次，到达 E 点，循环剪切应变达到 2.0%。这 70 个循环是等价的循环数 Neq。循环剪切应力 τ_{cy} = 41 kPa 的等效周期 Neq = 70，与图 8-50 所示的不规则载荷历史具有相同的效果。

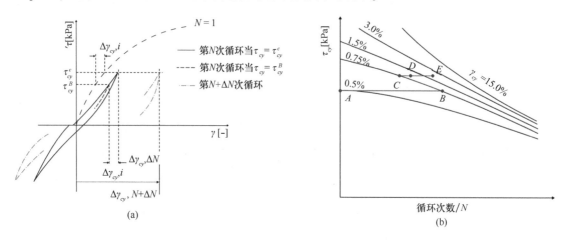

图 8-51　循环剪切应变累积原理

第二个荷载包从 D 点开始，而不是从 C 点开始，这是因为循环剪切应力变大，循环剪切应变变大（循环剪应变增加约 0.1%）[图 8-51（a）]。从 C 点到 D 点的循环剪切应变变化就是考虑这一因素，修正解释了由于剪切应力的增加而引起的循环剪切应变的增加（Andersen，2015）。

参考文献

陈颖平，2007. 循环荷载作用下结构性软黏土特性的试验研究 [D]. 浙江杭州：浙江大学.

但汉波，2009. 天然软黏土的流变特性[D]. 浙江杭州：浙江大学.

黄茂松，李进军，李兴照，2006. 饱和软黏土的不排水循环累积变形特性[J]. 岩土工程学报，28(7)：891-895.

蒋军，2000. 循环荷载作用下黏土及含砂芯复合试件性状试验研究[D]. 浙江杭州：浙江大学.

周建，1998. 循环荷载作用下饱和软黏土特性研究[D]. 浙江杭州：浙江大学.

AAS P M, ANDERSEN K H, 1992. Skirted foundations for offshore structures[C]. 9th Conference and Exhibition Offshore South East Asia. Proceedings.

ANDERSEN K H, 1976. Behaviour of clay subjected to undrained cyclic loading[C]. Intern. Conf. on the Behaviour of Offshore Structures. BOSS'76. Trondheim. Proc. (1): 392-403.

ANDERSEN K H, 2009. Bearing capacity under cyclic loading-offshore, along the coast, and on land[J]. Canadian Geotechnical Journal, 46(5): 513-535.

ANDERSEN K H, 2015. Cyclic soil parameters for offshore foundation design[C]. In Meyer, V., editor, Frontiers in

Offshore Geotechnics III, pages 5-82, Oslo, Norway. Taylor & Francis Group.

ANDERSEN K H, DYVIK R, KIKUCHI Y, et al., 1992. Clay behaviour under irregular cyclic loading[C]. 6th International Conference on the Behaviour of Offshore Structures. Proc. (2): 937-950. London 1996.

ANDERSEN K H, POOL J H, BROWN S F, et al., 1980. Cyclic and static laboratory tests on Drammen clay[J]. Journal of the Geotechnical Engineering Division, 106(5): 499-529.

ANDERSEN K H, KLEVEN A, HEIEN D, 1988. Cyclic soil data for design of gravity structures[J]. Journal of Geotechnical engineering, 114(5): 517-539.

AZZOUZ A, MALEK A M, BALIGH M M, 1989. Cyclic behaviour of clays in undrained simple shear[J]. Journal of Geotechnical Engineering, ASCE, 115(5): 637-657.

BJERRUM L, 1973. Problems of Soil Mechanics and Constructuion on soft clays[C]. State-of-the-Art report to Session IV. ICSMFE. Proc. (3): 111-159. Moscow 1973.

BYRNE B W, HOULSBY G T, 2002. Experimental investigations of response of suction caissons to transient vertical loading[J]. Journal of Geotechnical and Geoenvironmental Engineering, 128(11): 926-939.

CLAUSEN C J F, DIBIAGIO E, DUNCAN J M, et al., 1975. Observed behaviour of the Ekofisk oil storage tank foundation[C]. 7th Offshore Technology Conference. Proc. (3): 399-413. Houston 1975.

DAFALIAS Y F, 1986. Bounding surface plasticity. I: mathematical foundadon and hypoplasticity[J]. Journal of Engineering Mechanics, 112: 966-987.

DYVIK R, ANDERSEN K H, MADSHUS C, et al., 1989. Model tests of gravity platforms. I. Description[J]. Journal of Geotechnical Engineering, 115(11): 1532-1549.

HANSTEEN O E, 1980. Dynamic performance. Shell Brent "B" Instrumentation Project[C]. Seminar. Society for Underwater Technology. Proc.: 89-107. London 1979.

HYODO M, YAMAMOTO Y, SUGIYAMA M, 1994. Undrained cyclic shear behavior of normally consolidated clay subjected to initial static shear stress [J]. Soils and Foundations, 34(4): 1-11.

IDRISS I M, DOBRY R, SINGH R D, 1978. Nonlinear behavior of soft clays during cyclic loading[J]. Journal of Soil Mechanics and Foundation, 104(12): 1427-1447.

KELLY R B, HOULSBY G T, BYRNE B W, 2006. Transient vertical loading of model suction caissons in a pressure chamber[J]. Géotechnique, 56(10): 665-675.

KLEVEN A, ANDERSEN K H, 1991. Cyclic laboratory tests on Storebælt till. A case history of bridge pier design for Western Bridge[C]. Storebælt. Seminar on Design of Exposed Bridge Piers. Proc. (1) Dynamic Ice Load. Copenhagen. January 22, 1991. Publ. by Danish Society of Hydraulic Engineering. Also in NGI Publ. 199.

LAMBE T W, 1976. Stress path method[J]. Journal of Geotechnical Engineering, 93 (SM6): 309-331.

YASUHARA K, ANDERSEN K H, 1991. Recompression of normally consolidated clay after cyclic loading[J]. Soils and Foundations. 31(1): 83-94.

YASUHARA K, HIRAO K, HYDE A F L, 1992. Effects of cyclic loading on undrained strength and compressibility of clay[J]. Soils and Foundations, 32(1): 100-116.

YASUHARA K, MURAKAMI S, SONG B W, et al., 2003. Postcyclic degradation of strength and stiffness for low plasticity silt [J]. Journal of Geotechnical and Geoenvironmental Engineering, 129(8): 756-769.

LI L L, DAN H B, WANG L Z, 2011. Undrained behavior of natural marine clay under cyclic loading[J]. Ocean Engineering, 38(16): 1792-1805.

MATSUISHI M, ENDO T, 1968. Fatigue of metals subjected to varying stress[J]. Japan SocIety of Mechanical Engineering, 68(2): 37-40.

MROZ Z, NORRIS V A, ZIENKIEWICZ O C, 1981. An anisotropic critical state model for soils subject to cyclic loading[J]. Geotechnique, 31: 451-469.

PARRY R H G, NADARAJAH V, 1973. Observation on laboratory prepared lightly overconsolidated specimens of Kaolin [J]. Geotechnique, 24(3): 345-358.

PREVOST J H, 1978. Plasticity theory for soil stress-strain behavour[J]. Journal of the Engineering Mechanics Division, 104(5): 1177-1194.

海洋土力学

（下册）

王立忠　著

海洋出版社

2024 年·北京

图书在版编目（CIP）数据

海洋土力学：上、下册/王立忠著 . —北京：海洋出版社，
2024.2

ISBN 978-7-5210-0585-1

Ⅰ.①海… Ⅱ.①王… Ⅲ.①海洋学-土力学 Ⅳ.
①P754

中国国家版本馆 CIP 数据核字（2024）第 016514 号

策划编辑：江　波

责任编辑：刘　玥　孙　巍

责任印制：安　淼

海洋出版社　出版发行

http：//www.oceanpress.com.cn

北京市海淀区大慧寺路 8 号　邮编：100081

涿州市般润文化传播有限公司印刷　新华书店经销

2024 年 2 月第 1 版　2024 年 2 月北京第 1 次印刷

开本：787mm×1092mm　1/16　印张：41.75

字数：1002 千字　总定价：480.00 元（上、下册）

发行部：010-62100090　总编室：010-62100034

海洋版图书印、装错误可随时退换

序 一

我认识王立忠同志是在 1991 年，那时他刚上研究生听我开的《高等土力学》课程。该同志勤奋努力，视野开阔，学术功底扎实。他聚焦海洋岩土工程的基础科学问题潜心研究，已成长为我国海洋土力学领域的领头人之一。

21 世纪是海洋的世纪，世界各国正大力建设海洋工程基础设施，以解决能源危机、气候危机、跨海交通等人类面临的共同问题。区别于陆域工程，海洋工程往往承受更为特殊、极端的荷载，海洋建(构)筑物常常坐落在软弱的海床地基上，无论是工程设计、施工，还是运维都面临巨大的挑战。

该书基于作者长期的研究创新成果，对海洋土力学基础理论知识进行详细的论述，包含三大部分共计十五章，第一部分主要介绍海洋工程动力环境、沉积物地质成因与海洋勘探技术，第二部分主要介绍海洋土性状与本构理论，第三部分主要介绍海洋结构与土体相互作用理论和海洋岩土工程灾变机制。该书结构组织合理，内容丰富翔实，具有极大的出版价值，将会填补海洋土力学理论这一领域空白。

该书可作为高校海洋工程高年级本科生、硕士和博士研究生的教材，同时也可作为海洋工程领域各科研院所、高校科研人员等参考用书。该书的内容对海洋土力学基础理论发展和人才培养具有重要价值。

龚晓南

中国工程院院士

序　二

　　该书以作者承担的国家自然科学基金杰青项目、重点项目，科技部国际合作项目等为依托，汇集了作者 30 余年的潜心研究成果。该书重点介绍了海洋工程动力环境与沉积物的特性及带来海洋土力学研究的鲜明特征，既包含了丰富翔实的试验数据，又系统地介绍了海洋土形成的地质过程、海洋勘探方法、海洋土本构理论，可为海洋工程建设实践提供坚实的理论基础与指导。书中作者对海洋土性状和本构理论做了深入研究，特别是软黏土结构性、流变性和应变率效应研究透彻，基于土体变形模式首次提出"$P\text{-}y\text{+}M\text{-}\theta$"模型，解决了我国在软弱海床中大直径单桩设计难题。此外还有多处作者的创新发现，在此不再一一列举。该书结构组织合理，内容丰富翔实。作者是我国海洋土力学领域的领头人之一，著作水平处于国际高水平行列，具有极大的出版价值，将会填补海洋土力学理论这一领域空白。

张建民

中国工程院院士

序 三

　　该书从海洋动力环境、海洋土沉积过程、海洋勘探出发，提出了海洋土性状和本构理论、海洋岩土工程灾变机制和设计方法等前沿问题。其凝聚了作者30余年的科研成果，针对海洋软弱土性状、海洋土本构理论、桩土循环特性、近海风电基础工程设计理论等方面进行了详细论述，内容翔实丰富，体系完备齐整，切实丰富和发展了海洋土力学理论知识体系。无论从科学研究角度，还是从工程实践角度，该书都对海洋土力学理论的发展与海洋工程建设实践有着重要的指导意义。该书作者是我国海洋土力学领域的知名学者，学术水平优秀，具有国际影响力，此专著的内容紧紧围绕海洋强国的战略目标，该书的成功出版必将对我国海洋岩土工程的发展带来积极的推动作用。

中国工程院院士

前　言

21 世纪是海洋的世纪。世界各国正大力建设重大海洋工程，以解决能源危机、气候危机、跨海交通等人类面临的共同问题。区别于陆域工程，海洋工程往往承受更为特殊、极端的荷载，海洋建(构)筑物常常坐落在软弱的海床地基上，而且其基础形式各异，海洋土沉积特征、工程性状与陆域土差别显著。上述特点使海洋地基更容易发生过量变形、灾变破坏，导致各类海洋工程基础灾害频发。这些都说明我们对海洋土力学的认识不足。

人类对海洋的认识还十分有限，包括对海洋沉积物的来源、工程性状和灾变机制的认识。20 世纪 60 年代海洋地质学家对大洋海底沉积物测龄，发现海洋的形成时间小于 2 亿年，结合洋中脊两侧岩石磁性分布特征，勾勒出洋中脊隆起带和大陆架边缘俯冲带，形成共识并建立了板块构造理论。地球进入第四纪，呈现冰期—间冰期交替旋回气候，末次冰盛期结束于 1 万~2 万年前，海平面快速上升平均约 130 米。在冰期近海大陆架主要为陆源沉积，全新世以来海侵带来海相沉积物，近 5 000 年来海平面基本稳定，但海底沉积物还在受海洋动力环境塑造。这也就是海洋土力学面临的复杂的地质学背景。

1994 年荷兰代尔夫特大学的 Verruijt 教授撰写了第一本以海洋土力学命名的著作《Offshore Soil Mechanics》，并在 2006 年做了修订，但其内容以太沙基经典土力学为主，也没有介绍海底土体的沉积学背景。目前，学术界和工程界主要以研究总结海洋岩土工程为主，其杰出代表为西澳大学的 Mark Randolph 和 Susan Gourvenec 在 2011 年撰写的《Offshore Geotechnical Engineering》，该著作具有典型的岩土工程实用主义风格，在工程界广受欢迎。但是国内外尚缺乏一本以海洋沉积学和临界状态土力学为基础、以循环荷载为背景的海洋土力学理论书籍，本书的出版旨在填补这一空白，以便海洋工程大学生和年轻研究人员建立较为系统的海洋土力学知识体系和较扎实的理论基础。

本书对海洋土力学基础理论知识进行详细的介绍与论述，包含 3 大部分共计 15 章，第 1 部分(第 1 章至第 3 章)主要介绍海洋动力环境、沉积物地质成因与海洋勘探技术，具体包括海洋工程动力环境、沉积物与沉积相、海洋勘探与试验；第 2 部分(第 4 章至第 9 章)主要介绍海洋土性状与本构理论，具体包含塑性理论基础、黏土结构性理论、黏土流变理论、黏土性状温度效应、黏土循环剪切效应模拟和砂土循环剪切效应模拟；第 3 部分（第 10 章至第 15 章）主要介绍海洋结构与土体相互作用理论和海洋岩土工程灾变机制，具体包括复合荷载下地基承载力、竖向受荷桩桩土界面循环剪切效应、侧向受荷桩与地基土循环作用、管缆与土相互作用、锚泊基础安装与承载力和海底渐进式滑坡。

本书大部分内容为作者及其团队的研究成果，受到国家自然科学基金杰青项目、重点项目、面上项目，科技部国际合作项目，以及其他省部级重点研发项目等资助，多数成果以国际国内论文、科技报告、国内外专利形式发表。为使读者便于理解理论模型，作者强化了塑性力学基础理论介绍。本书可作为高校海洋工程高年级本科生、硕士和博士研究生的教材，同时也可作为海洋工程领域科研院所、高校科研人员等参考用书。本书的内容对海洋土力学基础理论的发展和人才培养具有重要价值，对海洋岩土工程设计施工与防灾具有重要的指导作用。

本书在撰写过程中得到了浙江大学的同事和学生的大力帮助。这里要特别感谢的是：国振教授、洪义教授、高洋洋教授、沈佳轶教授、孙海泉研究员、丁利博士、沈凯伦博士、潘冬子博士、王秋生博士、李玲玲博士、舒恒博士、但汉波博士、钱匡亮博士、袁峰博士、王湛博士、施若苇博士、余璐庆博士、贺瑞博士、何奔博士、孙廉威博士、王宽君博士、沈侃敏博士、马丽丽博士、李凯博士、王欢博士、刘亚竞博士、赖踊卿博士、芮圣洁博士、周文杰博士。

这里我还要感谢妻子王春波，她不辞辛劳地承担了所有家务，还时常督促我要为学生写参考书。女儿王可文对我的工作充满了好奇，经常要我讲讲专业背景。感谢她们对我几乎不做家务给予的宽容。

王立忠

浙江大学

2023 年 11 月

目 录
CONTENTS

（上　册）

第8章　黏土循环剪切效应模拟 …………………………………………………… 263

（下　册）

第9章 砂土循环剪切效应模拟

循环荷载是常见的荷载条件之一，常见于地震和海洋环境载荷。循环荷载作用下砂土的应变累积、孔压响应对于地基及其上部结构的安全与稳定性至关重要。循环荷载作用下砂土的应力应变关系会表现出非线性、滞回性的特点，上述过程与砂土的剪胀、剪缩耦合，而不易描述。

本章首先概述有关砂土的大次数循环荷载试验，旨在解释砂土在受大次数循环荷载作用时的力学响应与施加荷载之间的规律。在回顾相关文献试验结果之后，对现有的大次数循环本构模型框架进行了梳理总结，并尝试建立了考虑组构各向异性的砂土循环本构，来统一模拟砂土高周循环时安定、棘轮和液化响应。

9.1 砂土循环力学响应

本节重点从试验角度介绍砂土在受到大次数循环荷载下的力学响应。首先，介绍了砂土在排水条件下的响应模式(循环棘轮、安定)以及不排水条件下的响应特性(循环液化、流动)。之后讨论了主要控制因素(加载方式、排水条件和土体的初始沉积状态)对土体力学行为的影响。

9.1.1 大次数砂土排水循环响应

砂土在排水条件下受到循环荷载作用会出现体应变和偏应变累积。根据砂土特性和循环加载条件的不同，这种累积可能按照不同模式进行(Alonso-Marroquín et al.，2004)。这里以偏应变为例。

(1)弹性行为：如果施加的偏应力幅值很小，砂土几乎不会产生塑性偏应变，此时可以认为砂土几乎表现为弹性。

（2）弹性安定：塑性偏应变累积仅发生在最初的几个循环。随着循环次数的增加，颗粒重分布和粒间接触滑移不再发生，应力应变关系不表现出滞回特性，即每个加载周期产生的偏应变都会完全恢复，并逐渐达到稳定水平。

（3）塑性安定：应力应变关系表现出滞回特性。塑性偏应变在最初的几个循环中逐渐累积。随着循环次数的增加，在每个周期内砂土都会发生颗粒重分布并产生接触滑移。但是，其最终会达到一个稳定状态。此时砂土依然会产生塑性应变，但是在每个周期内累积的塑性偏应变为零。这一效应通常被称为塑性安定。

（4）棘轮效应：应力应变关系表现出滞回特性。随着循环次数的增加，偏应变逐渐减小，但不等于 0 的速率不断累积。这意味着每一个荷载循环过程中，偏应变累积量不为 0，这一现象被称为棘轮效应。

在单调荷载的剪切作用下，砂土最终会趋于临界状态，此时材料体积与应力不变，但剪应变会继续发展。其孔隙比达到临界状态孔隙比，塑性体应变增量为 0。在循环荷载的作用下，砂土最终也会达到一个稳定的状态，此时的孔隙比称为临界孔隙比（即在一个完整的加载周期中，累积的体应变增量为 0）。临界孔隙比决定了在预定测试条件下砂土体积变化的上限，也就是说，砂土的密实程度会根据其自身材料特性、循环载荷特征和边界条件向临界值演化。临界孔隙比还与不同的剪切变形模式有关，即砂土在循环荷载下的变形响应（棘轮效应或安定效应）会影响其临界孔隙比的大小。图 9-1 显示了三轴排水循环加载条件下砂土的力学响应，其中包括了安定效应和棘轮效应。

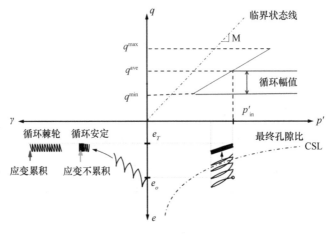

图 9-1　三轴排水循环砂土行为

为进一步描述砂土循环应变累积规律，总结了不同荷载因素对砂土循环棘轮效应的产生和演化的影响。相关的荷载/应力变量定义如图 9-1 所示，其中 p'_{in} 是初始平均有效应力，q^{ave} 是平均偏应力，q^{ampl} 是偏应力幅值，平均剪应力比 η^{ave} 的值由 q^{ave}/p'_{in} 计算而得。

排水循环载荷作用下，砂土的应变可能会不断累积。前人通过试验研究了累积应变空间中的应变累积方向 ω，其定义为累积体积应变 ε^{acc}_{vol} 和偏应变 ε^{acc}_{q} 之间的比值（$\omega = \varepsilon^{acc}_{vol}/$

$\varepsilon_q^{\rm acc}$)。Wichtmann(2005)通过大量试验研究发现应变累积方向与平均应力比 $\eta^{\rm ave}$ 紧密相关（图 9-2），受平均有效应力和初始孔隙率的影响较小。Chang 和 Whitman(1988)发现当循环次数 $N \approx 10^3$ 时，循环次数对应变积累方向无影响；然而，Wichtmann(2005)的大次数循环试验结果表明，在 $N \approx 10^5$ 的情况下，应变累积方向 ω 随着 N 的增加而略微增加。此外，Wichtmann(2005)在不同的加载频率、循环应力幅值和静态预载条件下，对相同的砂土进行了大次数排水循环三轴试验，发现这些因素对应变积累方向的影响可忽略不计。

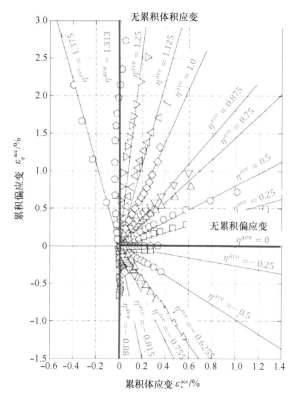

图 9-2　排水循环三轴荷载下平均应力比对砂土应变积累方向的影响(Wichtmann, 2005)

此外，在排水循环载荷下，累积应变 $\varepsilon^{\rm acc}$（ $\varepsilon^{\rm acc} = \sqrt{(\varepsilon_{vol}^{\rm acc})^2/3 + 1.5(\varepsilon_q^{\rm acc})^2}$ ，$\varepsilon_{vol}^{\rm acc}$ 和 $\varepsilon_q^{\rm acc}$ 分别为累积体积应变和偏应变）与载荷模式、砂土特性息息相关。随着循环次数的增大，应变不断累积，但累积速率不断减小。在其他条件相同时，当平均应力比[图 9-3(a)]和应力幅值[图 9-3(b)]增大时，累积应变也会增加。

目前，学者们关于平均围压 $p^{\rm ave}$（平均有效应力）的影响机制尚未达成共识。Wichtmann(2005)的试验研究表明，当循环加载次数不大于 10^4 时，$p^{\rm ave}$ 对累积应变的影响不大。如图 9-4(a)所示，$N < 10^4$ 时，不同围压的应变累积均位于一个狭窄范围内。当循环次数 $N > 10^4$，更大的有效应力会导致更低的应变累积水平。然而，随后同一团队对于不同砂土的试验研究(Wichtmann et al., 2016)发现应变累积对 $p^{\rm ave}$ 具有明显的依赖性，甚至当循环次数 $N = 10^2 \sim 10^3$ 时也是如此[图 9-4(b)]。对于给定循环次数，应变累积与有效应力呈正

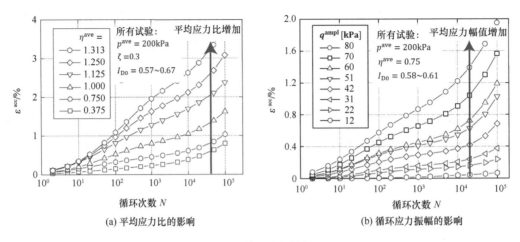

(a) 平均应力比的影响　　　　　　(b) 循环应力振幅的影响

图 9-3　排水大次数循环三轴试验的结果（Wichtmann，2005）

相关。

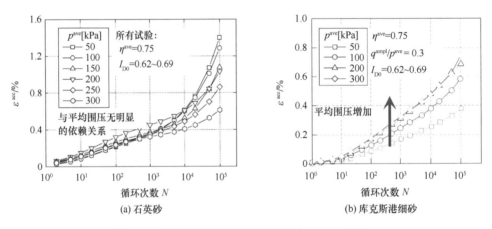

(a) 石英砂　　　　　　　(b) 库克斯港细砂

图 9-4　排水循环三轴试验结果（Wichtmann，2005）

图 9-5 为一组典型的 $q - \varepsilon_1$ 应力应变滞回曲线，试样所受平均有效应力为 200 kPa，$q^{\mathrm{ampl}} = 80$ kPa，最大循环次数为 10^5。如图 9-5 所示，第一个循环周期结束时的残余应变增量最大。当达到 100 个循环时，其轴向应变累积约为 1.0%。随着循环次数的增大，砂土的应变累积增量不断减小。

图 9-6(a) 显示了循环次数与应变幅值之间的关系，从图中可以看出，在较大的循环幅值条件下（如 $q^{\mathrm{ampl}} \geqslant 30$ kPa），应变幅值 $\varepsilon^{\mathrm{ampl}}$ [图 9-6(a)] 在前 100 次循环时不断减小，随后，随着循环次数增加略微增大。图 9-6(b) 则绘制了 10^5 次循环下，应变幅值 $\varepsilon_v^{\mathrm{ampl}}$，$\varepsilon_q^{\mathrm{ampl}}$，$\varepsilon^{\mathrm{ampl}}$ 和 γ^{ampl}（工程剪应变幅值）与 q^{ampl} 的关系。当应力幅值较小时，应变幅值与应力幅值成正比。

图 9-7 描述了在 $N > 1$ 的循环过程中，残余应变 $\varepsilon^{\mathrm{acc}}$ 随着循环次数 N 的增加而增大，累积速率 $\dot{\varepsilon}^{\mathrm{acc}} = \partial \varepsilon^{\mathrm{acc}} / \partial N$ 随着 N 的增加而降低，累积强度随着应力或应变幅值的增加而增加。

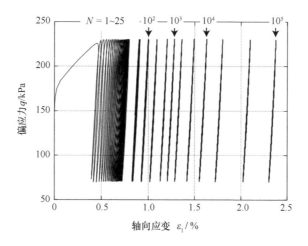

图 9-5 $q^{ampl} = 80$ kPa 时 $q - \varepsilon_1$ 应力应变曲线(Wichtmann, 2005)

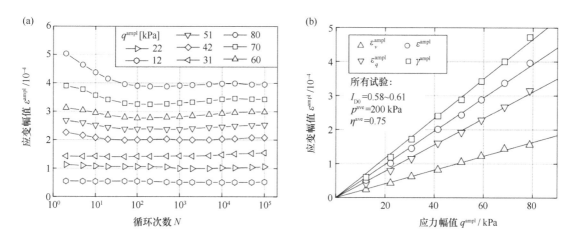

图 9-6 (a) 循环次数-应变幅值关系;(b) 应力幅值-应变幅值关系(Wichtmann, 2005)

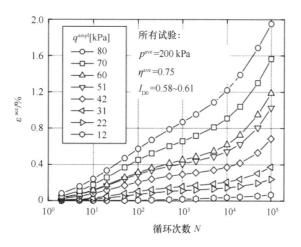

图 9-7 不同应力幅值 q^{ampl} 的应变累积曲线(Wichtmann, 2005)

9.1.2 不同组构沉积角大次数砂土排水循环响应

本节重点介绍了组构各向异性、孔隙比和循环应力幅值对颗粒土高周应变累积的影响。作者团队专门设计了不同沉积倾角砂土试样的制备方法，制备了具有三种不同初始层理平面角度的试样，并进行了相应循环三轴试验。该试验重点研究了初始状态(孔隙率、围压应力和组构沉积角)和循环振幅对砂土大次数循环特性(棘轮或安定)的影响。所有试验均使用应力控制动三轴仪在排水循环下进行。

如图 9-8 所示，该制样方法首先将干燥的粒状砂土倒入装满水的容器中(长度×宽度×高度=500 mm×400 mm×400 mm)。通过控制落砂高度和排砂喷嘴的直径，可以获得预期的孔隙率。然后，采用薄壁开口管取样器轻轻地切入用水饱和的砂土，该取样器由固定在预定角度(0°~90°)的导向框架紧紧地固定，以获得预设的组构方向。取样器的内径(即 50 mm)与三轴试验样品的直径相同。对制样装备整体包装，包括嵌入采样器的整个砂容器，将其轻轻地转移到冰箱中，在-20℃的温度下冷冻。容器和取样器的设计应足够刚性，以尽量减少冻结引起的剪胀和组构变化。冻结后，对薄壁取样器外部的冻结砂进行修整，然后取出取样器内部的冻结砂，制成标准尺寸的三轴试验样本(直径=50 mm，高度=100 mm)。

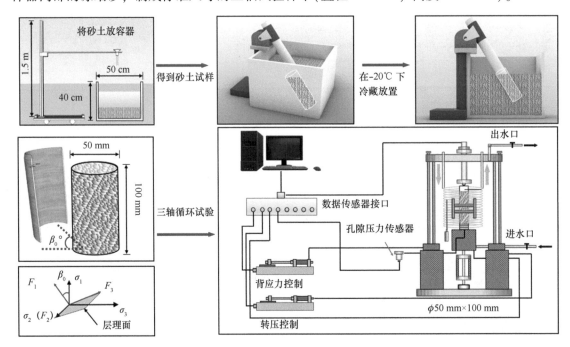

图 9-8　不同初始组构倾角三轴试验技术(Hong et al.，2024)

将具有预定组构方向的试样转移到三轴仪上，并用预定的围压进行加压。试样体积恒定时(即不再从三轴仪器底部排水)，根据试验程序施加循环荷载。试验的平均剪应力和循环剪应力幅值为恒定时，改变砂土试样的初始相对密实度会对应变累积产生相应的影响。图 9-9 展示了高周循环剪切试验下不同组构倾角的应力应变响应。当砂土初始相对密实度为 90% 时(图 9-10),三种不同组构层理角度的累积应变响应呈现出从安定效应到棘轮效应的转变趋势。图 9-11 显示了初始相对密实度为 65% 的砂粒样品在不同组构角度下的累积应变响应,在 q^{ampl} = 60、10 kPa 时应变曲线都显示出棘轮效应和安定效应趋势。

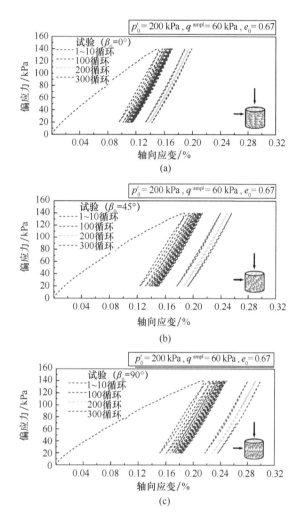

图 9-9　循环排水试验中不同组构沉积角($\beta_0 = 0°$,45°,90°,e_0 均为 0.67)试样的应力应变曲线

9.1.2.1　组构方向 β_0 的影响

图 9-9(a~c)显示了在相同的初始孔隙比、平均有效应力和循环幅值($e_0 = 0.67$,$p'_0 = 200$ kPa,$q^{ampl} = 60$ kPa)条件下,在选定的循环次数($N = 1~10$,100,200,300)下,具有不同组构方向($\beta_0 = 0°$,45°,90°)的砂土试样的应力-应变关系。对于每个试样,大次数循环载荷导致刚度更大的力学响应和更少的塑性耗散,后续应力应变循环表现为更陡斜率和更小面积。随着 β_0 的增加,砂土刚度降低,在任何给定的循环次数下,具有更宽的滞回环和更多的塑性应变累积。

为了进一步揭示组构各向异性对颗粒土循环安定效应或棘轮效应的影响，图 9-10 比较了三个试样（$\beta_0 = 0°$，45°，90°）的实测累积应变与循环次数的关系。结果显示，通过单独改变组构取向，试样对相同应力幅度的响应显著不同，即从安定（当 $\beta_0 = 0°$ 时）到棘轮（当 $\beta_0 = 90°$ 时）。定量来说，组构取向的这种变化导致累积应变增加 66%（当 $N = 300$ 时），结果表明，组构方向不仅影响应变大小，而且决定了应变累积的模式（即安定或棘轮）。

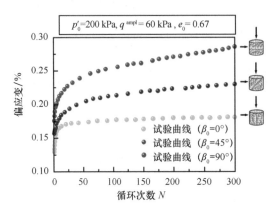

图 9-10　循环排水试验中不同组构沉积角（$\beta_0 = 0°$，45°，90°，e_0 均为 0.67）试样的应变累积曲线

9.1.2.2　初始孔隙比 e_0 的影响

图 9-11（a）显示了相对松散颗粒试样（$e_0 = 0.77$）的实测应变累积行为，这些试样在与图 9-10 所示相对致密试样（$e_0 = 0.67$）的试验相同的条件下进行了测试，通过对比两个图可得，对于每个给定的 β_0，相对松散的试样显示出更高的应变累积。与相对致密的试样（$e_0 = 0.67$）相似，相对松散的试样（$e_0 = 0.77$）的应变累积也取决于组构方向。将 β_0 从 0°增加到 90°有利于高周应变累积，增加约 30%。尽管考虑了广泛的组构取向（$\beta_0 = 0° \sim 90°$），但相对松散的试样都表现出高周棘轮效应，这是由于松散填充颗粒之间的互锁效应相对较弱（抗剪切力较低）。

9.1.2.3　循环应力幅值 q^{ampl} 的影响

试验还研究了循环应力幅值 q^{ampl} 对高周应变累积的影响，进行了相同条件下不同循环应力幅值 q^{ampl}（60 kPa 与 10 kPa）作用下的试验。图 9-11（a）与图 9-11（b）之间的比较表明，对于每个给定的 β_0，q^{ampl} 较小时观察到较小的应变累积。尽管具有不同 β_0 的试样的相对松散状态（$e_0 = 0.77$），但在较低 q^{ampl} 作用下它们都表现出循环安定。β_0 较大的试样对高周载荷的抵抗力也较低，β_0 从 0°变为 90°会导致累积应变增加 80%，并需要更多的周期才能实现安定。

9.1.3　砂土不排水循环响应

一般来说，循环荷载会导致砂土体积收缩。如果此时限制试样的体积变化，则会观察

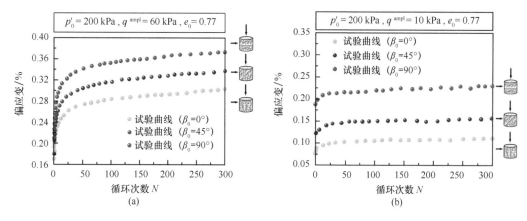

图 9-11　循环幅值对安定、棘轮应变累积的影响

(a) 高循环幅值 $q^{ampl} = 60$ kPa；(b) 低循环幅值 $q^{ampl} = 10$ kPa

到孔隙压力的增加以及平均有效应力的减小。砂土的不排水循环行为在很大程度上受到孔隙压力积累的影响 (Andersen et al.，2009)，并伴随着剪切刚度的减小和塑性偏应变的累积。

典型的不排水循环加载示意图如图 9-12 所示，图中的变量具体表示为：p'_{in} 是初始平均有效应力，q^{ave} 是平均偏应力，q^{ampl} 是循环偏离应力幅值，$q^{max,min} = q^{ave} \pm q^{ampl}$。对于单剪 (DSS) 试验结果则采用切向应力分量 τ 来代替三轴偏应力 q。

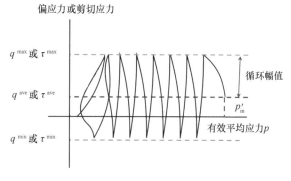

图 9-12　不排水循环加载试验示意

在不排水循环载荷作用下，砂土会表现出以下几种变形/破坏模式 (Elgamal et al.，2003；Yang et al.，2011；Ziotopoulou et al.，2013)：(1) 循环液化；(2) 循环流动；(3) 塑性应变累积过大而导致土样破坏。在下面的小节中，将从孔隙水压力积累和偏应变积累来详细描述这三种失效模式的触发条件和控制因素。

松散砂土在不排水循环剪切作用下，随着孔隙水压力不断累积，有效应力不断减小，当孔隙水压力与初始平均有效应力一样大时，此时的有效应力接近于零，砂土发生液化现象，砂土宏观上表现为黏性流动时，其强度接近于 0。换句话说，循环液化的发生与孔隙压力突增和偏应变有关。

如图 9-13 所示，虽然平均有效应力在循环载荷下逐渐降低，但几乎没有轴向应变积累，直到土体失效破坏的那一刻(即平均有效应力从40kPa急剧下降到0)，轴向应变从0迅速发展到-10%。由此可见，在实际工程中，循环液化发生往往很难预测。

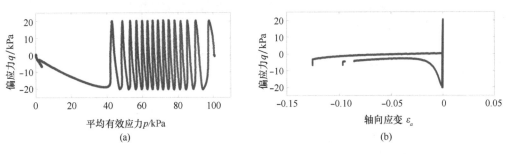

图9-13　不排水三轴循环液化试验(p'_{in} = 100 kPa，q^{ampl} = 25 kPa，相对密实度D_r = 25%)

(Wichtmann et al.，2016)

循环液化通常发生在较为松散的砂土中，中密砂和密砂则不太可能表现出如图9-13中的液化响应，而是会出现循环流动特性，即应力路径出现"蝴蝶形"，如图9-14所示。在循环流动过程中，有效应力路径往往沿着稳态线，发生"蝴蝶形"演变，并伴随着孔隙压力增大与减小以及偏应变累积的现象(由于剪缩和剪胀行为的交替)。循环流动的发生有两个条件，即：①剪胀行为；②双向加载。

当循环流动机制中平均有效应力接近0时，尽管没有出现试样的突然性失效，但也会发生不可逆转的偏应变，随着偏应变幅值在每个周期的正/负循环的逐渐增加，最终会由于变形过大而试样失效[图9-14(b)]。

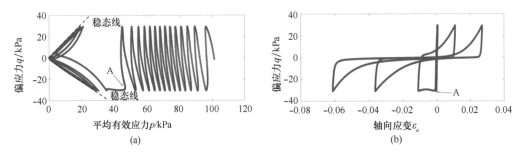

图9-14　不排水三轴循环流动试验(对称加载：p'_{in} = 100 kPa，q^{ampl} = 30 kPa，相对密实度D_r = 61%)

(Wichtmann et al.，2016)

当施加静态预剪切力使得应力路径呈现单侧加载的趋势，在单侧循环时，孔隙压力的增加往往会趋于稳定。与上述$q-p'$平面的"蝴蝶形"循环相比[图9-14(a)]，应力路径则呈现应力环[图9-15(a)]。无论循环多少次，孔隙水压力都有一个明显的上限，但偏应变[图9-15(b)中的轴向应变]往往会随着循环的增加而累积，随着循环次数的增大，过度应变积累会导致试样失效，应变累积的速度随着循环次数的增加而衰减。

以上概述了对砂土的不排水循环行为影响最大的材料因素和加载因素。应力-应变反应

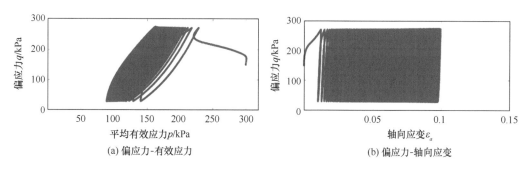

图 9-15　静态预剪循环试验（p'_{in} = 300 kPa，q^{ampl} = 120 kPa，q^{ave} = 150 kPa，相对密实度 D_r = 64%）

（Wichtmann et al.，2016）

和破坏模式取决于初始孔隙率、初始平均有效应力、初始应力比（定义为 q^{ave}/p'_{in}）和循环剪应力幅值。Randolph 等（2011）讨论了以下三种类型的循环载荷：①单向载荷（无反向载荷）；②对称双向载荷（$\tau^{ave} = 0$ 或 $q^{ave} = 0$）；③非对称双向载荷（载荷反转且 $\tau^{ave} \neq 0$ 或 $q^{ave} \neq 0$）。对于循环流动机制，"蝴蝶形"应力路径只能在双向循环载荷下发生，而对于单向加载有效应力路径会形成应力环。应变累积的方向受平均剪应力水平的制约。例如，在不排水的单向循环三轴试验中，如果在压缩侧发生循环（即 $q^{min} > 0$），轴向应变会在正侧累积[图9-15(b)]；如果在拉伸侧发生应力循环（$q^{max} < 0$）（图 9-16），轴向应变会在负侧累积。对于对称的双向三轴试验（$q^{ave} = 0$），在循环流动状态下，压缩侧积累的应变比拉伸侧的应变大。对于非对称双向循环，如果平均应力为 $q^{ave} > 0$[图 9-17(a)]，则压缩侧的应变积累占优势，而如果为 $q^{ave} < 0$，则负应变积累占优势[图 9-17(b)]。

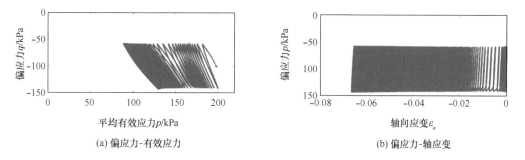

图 9-16　单向不排水循环三轴试验结果

（p'_{in} = 200 kPa，q^{ampl} = − 100 kPa，q^{ave} = 40 kPa，相对密实度 D_r = 66%）

9.1.4　大次数一维循环压缩响应

本节收集了三种典型砂土（Blasting 砂、Ottawa F110 砂和 Ottawa 50-70 砂）的大次数一维压缩试验，总结了初始竖向应力 σ_{vo} 和初始密实度对于一维循环压缩载荷作用下砂土孔隙比演化规律的影响（Chong et al.，2016）。

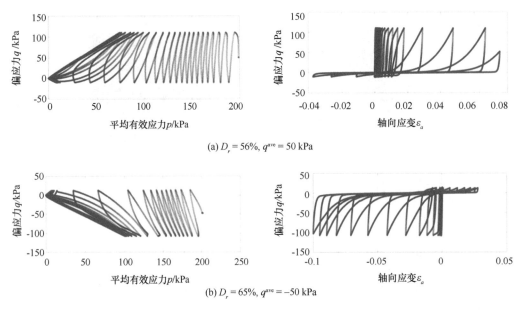

(a) $D_r = 56\%$, $q^{ave} = 50$ kPa

(b) $D_r = 65\%$, $q^{ave} = -50$ kPa

图 9-17　非对称的双向不排水循环三轴试验（$p'_{in} = 200$ kPa，$q^{ampl} = 60$ kPa）

（Wichtmann et al.，2016）

图 9-18 展示了 12 个静力–循环–静力试验的结果。为了清晰起见，对应的 6 个静力加载试验结果没有展示，但其总体趋势与静力–循环–静力加载的 $e - \sigma_v$ 响应重合。初始静力加载产生了整个静力–循环–静力试验中大部分的体积收缩。循环加载后静力加载阶段，孔隙比逐渐趋近于未经历循环加载的静力试验中获得的孔隙比曲线（在涉及 $100 \sim 200$ kPa 循环的 6 个试验中，可以清楚地看到循环加载阶段后的"应变突变"）。在高应力下，循环应变累积的影响往往很小，这通常被称为过度固结或是致密硬化。

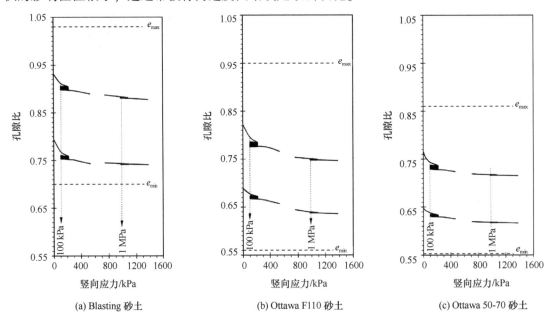

(a) Blasting 砂土　　　　　(b) Ottawa F110 砂土　　　　　(c) Ottawa 50-70 砂土

图 9-18　不同砂土试样循环压缩时的孔隙比随压力变化

图 9-19 着重介绍了不同初始竖向应力 σ_{vo} 和初始密实度下，孔隙比随循环次数的演化规律。对于松砂和低初始竖向应力 σ_{vo} 条件，孔隙比随循环次数变化更为明显。大部分体积收缩都发生在循环加载的早期阶段；换言之，孔隙比的变化速率随着循环次数的增大而逐渐减小。

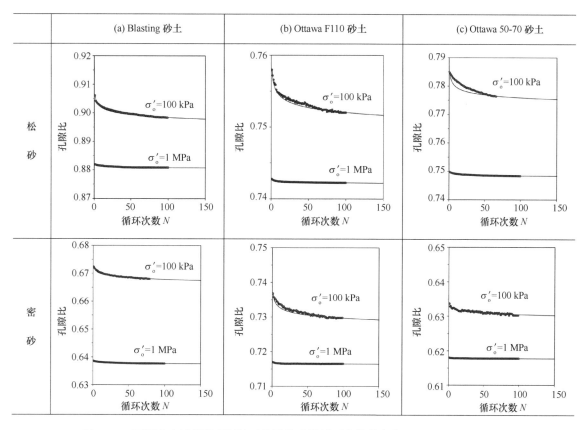

图 9-19　不同砂土试样循环压缩时的孔隙比随循环次数的变化(Chong et al. , 2016)

9.2　砂土各向异性临界状态理论

各向异性是指宏观上材料在不同方向上表现出不同的物理力学特性。近年来关于如何描述饱和砂土在不排水条件下的各向异性，已经成为研究重点。原因在于，各向异性对砂土的循环应变累积、动力液化特性、静动抗剪强度以及地基承载力都有重要影响。

在大多数工程实践中，砂土经常被假定为是各向同性的。大量试验结果表明，砂土由于其颗粒大小、形状与沉积条件的不同以及加载方式的改变，表现出很强的各向异性。例如，Arthur 等(1972) 针对五种不同制样角度的 Buzzard 砂试样进行三轴压缩试验，发现不同制样角度砂土在同一应力比下的轴向应变差异可达 200%。由此可见，砂土的各向异性会对其本构关系产生显著影响。

9.2.1 经典临界状态理论

作为一个颗粒集合体，砂土在剪应力的作用下最后会进入一个理想塑性状态，其中，材料体积与应力不变，但剪应变可继续发展。此时土的孔隙比被称之为临界孔隙比（Casagrande，1936），而此时的状态可用下式表示：

$$\mathrm{d}p' = 0, \ \mathrm{d}s = 0, \ \mathrm{d}\varepsilon_v = 0 \ \text{但} \ \mathrm{d}e^p \neq 0 \tag{9-1}$$

此状态被称之为临界状态，是构成现代土力学中最重要的理论——临界状态理论的基础（Roscoe，1958；Schofield et al.，1968）。临界状态是土的一个内部状态，对于一个给定的平均正应力 p'，临界状态中除却剪应力的幅值随应力洛德角有所不同以外所有状态变量均是唯一的。其中塑性偏应变 e^p 可以不断变化，是因为在临界状态中热力学状态变量如内能和熵均与它无关，在临界状态中它不被看成是状态变量。式(9-1)描绘了一个理想塑性剪切过程和一个体积平衡状态，两者之间互不耦合。

因为临界状态是最终破坏状态，它提供了一个参考目标，在荷载与变形过程中所有的状态变量均向临界状态发展。经典临界状态理论系统地阐述了这样一个和荷载与变形历史无关的参考状态以及向这个状态演变的过程，其基础性和重要性不言而喻。自剑桥学派首次基于临界状态理论提出弹塑性模型以来，主流本构模型大多将临界状态作为必要的状态条件。

经典的临界状态理论指出临界状态的充分必要条件为：

$$\eta = \eta_c = (q/p')_c = \widehat{M}(\theta) \tag{9-2}$$

和

$$e = e_c = \widehat{e}_c(p') \tag{9-3}$$

其中偏应力不变量 q 在第四章中已有定义，$\eta = q/p'$ 通常称之为应力比，e 是孔隙比，$M = \widehat{M}(\theta)$ 是应力洛德角 θ 的一个函数，而下标 c 指的是在临界状态下的值。式(9-2)针对应力空间，是摩擦材料进入理想塑性状态的一个必要条件；而式(9-3)针对变形空间，定义了 $e - p'$ 平面内的临界状态线（CSL）。

土的临界状态首先是从三轴排水试验中观测到的。对黏性土，研究结果证实其临界状态线在 e-$\ln p'$ 平面内为一直线，该线平行于正常固结线。但是，Verdugo 等（1996）通过对日本 Toyoura 砂土的试验发现临界状态线在 e-$\ln p'$ 平面上是曲线而非直线；Li 等（1998）提出幂函数可以很好地描述砂土在 e-$\ln p'$ 平面上的临界状态线：

$$e_c = e_\Gamma - \lambda_c \left(\frac{p'}{p_a}\right)^\xi \tag{9-4}$$

其中，p_a 为大气压强，e_Γ、λ_c 和 ξ 为拟合参数。上式将临界状态线描述为一曲线，更准确、合理地描述了砂土所处的临界状态。Li 等（2012）从热力学的角度对临界状态线在 $e - p'$ 平面上的唯一性问题进行了论证，论证指出在临界状态下 $e - p'$ 关系不受其他状态变量的影响。

在到达临界状态之前，相对于当前的 p' 值有一个根据临界状态线确定的目标临界状态孔隙比 e_c，而当前孔隙比 e 与此目标孔隙比 e_c 的差值 $\psi = \hat{\psi}(e,\,p) = e - \hat{e}_c(p')$ 则被 Been 等（1985）定义为状态参数，如图 9-20 所示。ψ 用以度量材料的松密状态：正常固结土、轻微超固结土和松砂的 ψ 值大于 0；而超固结土和密砂的 ψ 值小于 0。绝对值的大小取决于当前的 $e-p'$ 状态离临界状态线有多远，也即相对临界状态密度而言当前土有多松或多密。通过将状态参数 ψ 引入剪胀方程 D 和塑性模量 K_p，能描述土体剪胀的状态相关性。

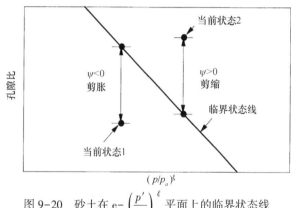

图 9-20　砂土在 $e - \left(\dfrac{p'}{p_a}\right)^{\xi}$ 平面上的临界状态线

基于上述观察和对临界状态本构框架的解释，Li 等（2000）提出剪胀的一般表达式：

$$D = D(\eta,\,e,\,Q,\,C) \tag{9-5}$$

Q，C 表示除临界状态以外的内部变量（如组构各向异性变量）和内结构常数。上式表明了砂土的剪胀不止依赖于外部应力变量 η，也与本身的内结构变量 Q，C 相关。当达到临界状态时，剪胀性为 0，孔隙比达到临界状态孔隙比，即 $\eta = M$，$D = 0$。在临界状态下，应力和塑性体积应变均停止变化，应力比达到临界状态应力比。Li 等（2000）提出了一个状态相关的剪胀表达式：

$$D = \frac{\mathrm{d}\varepsilon_v^p}{\mathrm{d}\varepsilon_d^p} = \frac{d_0}{M}(M\,e^{m\psi} - \eta) \tag{9-6}$$

式中，$\mathrm{d}\varepsilon_v^p$ 和 $\mathrm{d}\varepsilon_d^p$ 分别为塑性体积应变增量和塑性偏应变增量。M 表示临界状态时的应力比。d_0 和 m 是两个材料常数。$D > 0$ 和 $D < 0$ 分别表示剪缩和剪胀行为。该表达式刻画了以下状态相关剪胀的特征：

在松散状态下（$\psi > 0$），η 低于 $M\,e^{m\psi}$，砂土表现出剪缩行为（$D > 0$）；在致密状态（$\psi < 0$）下，η 高于 $M\,e^{m\psi}$，砂土表现出剪胀行为（$D < 0$）；当 $\eta = M\,e^{m\psi}$ 时，砂土可能表现为零剪胀（相变点）；在临界状态下，$\eta = M$，$\psi = 0$，因而剪胀消失（$D = 0$），与初始状态无关。

通过将两个材料常数设置为 $d_0 = M$ 和 $M = 0$，可以将方程恢复为原始 Cam 黏土模型的剪胀函数，即 $D = M - \eta$。

从式(9-3)可看出,经典临界状态理论中唯一和材料内结构有关的量是孔隙比,它仅量化了材料的各向同性内结构。而事实上,砂土材料存在各向异性内结构,因此,土体到达临界状态前的响应是高度各向异性的(Nakata et al.,1998;Yoshimine et al.,1998)。一个很自然的问题是,既然在临界状态以前土体的响应是高度各向异性的,那么该如何表征各向异性的影响呢?

9.2.2 各向异性临界状态理论

在颗粒材料响应的各个方面中,临界状态理论中最重要的是剪切引起的体积变化,通过剪胀 $D = \dfrac{\mathrm{d}\varepsilon_v^p}{\mathrm{d}\varepsilon_d^p}$ 来表征。剪胀除了受密度和压力的影响外,试验结果表明其还受加载方向的影响(Vaid et al.,1985;Yoshimine et al.,1998)。Yoshimine(1998)认为,这种加载方向的影响可归因于组构各向异性。上述试验观察结果与基于微观力学理论分析结果一致(Li et al.,2009)。基于颗粒材料双轴压缩示意图(图9-21),Li(2000)推导了一个剪胀模型:

$$\frac{\mathrm{d}\varepsilon_v}{\mathrm{d}\varepsilon_1} = \frac{\mathrm{d}\varepsilon_1 + \mathrm{d}\varepsilon_2}{\mathrm{d}\varepsilon_1} = 1 - \tan\alpha\tan\beta = 1 - \tan^2\alpha \qquad (9-7)$$

其中,$\tan\alpha = l_1/l_2$ 可用来表征该颗粒集合的各向异性。上式表明,剪胀依赖于颗粒集合的各向异性。

在这里,有两个观察结果很重要。首先,组构各向异性的方向,即角度 α,表征了代表颗粒的排列方式,因而与孔隙空间的形状有关。这一观察结果表明,孔隙的几何特征对剪胀有重要影响。其次,由于 α 是根据加载方向测量的,当加载方向变化时,剪胀性也随之变化。即当大主应力为垂直向时[图9-21(a)],颗粒材料表现出剪胀性,其孔隙比从0.23增大到0.273。然而,当大主应力为水平向时[图9-21(b)],颗粒材料表现出剪缩性,其孔隙比从0.23减小到0.103。上述观察揭示了加载方向和颗粒排列方向共同影响了土体的剪胀性。

如同临界状态孔隙比一样,临界状态各向异性内结构也可为内结构的演变提供一个内在参考。基于这样一个认识,Li 等(2012)建立了各向异性临界状态理论(ACST)。Li 等(2012)定义了一个和孔隙比 e 无关的一般宏观组构张量 $\mathbf{F} = F'\mathbf{n_F}$。其中 $F' = \sqrt{\mathbf{F}' : \mathbf{F}'}$ 是 $\mathbf{F}'$ 的模,代表各向异性程度;单位偏张量 $\mathbf{n_F}$($\mathbf{n_F} : \mathbf{n_F} = 1$,$tr\mathbf{n_F} = 0$)代表 $\mathbf{F}'$ 的方向。F' 和孔隙比 e 无关意味着 $\mathbf{F}'$ 是单位体积各向异性组构的度量,也即各向异性程度。$\mathbf{F}'$ 存在一个临界状态值 $\mathbf{F}'_c$,其方向 $\mathbf{n_F}$ 和荷载方向 $\mathbf{n}$ 一致,而其模 F'_c 为 $\mathbf{n_F}$ 的洛德角 θ_{Fc} 的函数(Zhao et al.,2013),即 $F'_c = \hat{F}'_c(\theta_{Fc})$。为了方便起见,可重新定义一个标准化的组构张量:

$$\mathbf{F} \triangleq \frac{\mathbf{F}'}{\hat{F}'_c(\theta_{Fc})} = \underbrace{\left[\frac{F'}{\hat{F}'_c(\theta_{Fc})}\right]}_{F} \mathbf{n_F} = F\mathbf{n_F} \qquad (9-8)$$

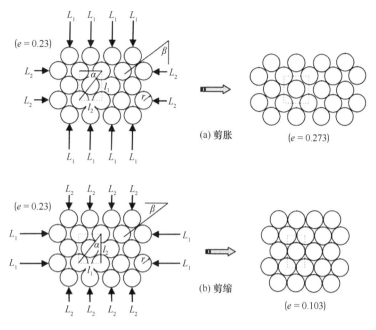

图 9-21　双轴加载颗粒示意

相应地，其临界状态值为：

$$\mathbf{F_c} = \left(\frac{F'_c}{F'_c}\right)\mathbf{n_F} = \mathbf{n_F} = \mathbf{n} \tag{9-9}$$

在此基础上，可定义一个不变量：

$$A = \mathbf{F} : \mathbf{n} = F \underbrace{\mathbf{n_F} : \mathbf{n}}_{N} = FN \tag{9-10}$$

A 为 $\mathbf{F}$ 和加载方向 $\mathbf{n}$ 的第一联合不变量，$N = \mathbf{n_F} : \mathbf{n}$ 是 $\mathbf{F}$ 和 $\mathbf{n}$ 相对方向的度量。A 被称之为组构各向异性变量（FAV）。临界状态时，$\mathbf{F} = \mathbf{F_c} = \mathbf{n}$，$A = A_c = 1$，后者可作为一个并存条件加入到经典的临界状态理论作为充分必要条件。相应地，式（9-2）式（9-3）可被扩写为：

$$\left. \begin{aligned} \eta &= \eta_c = (q/p')_c = \hat{M}(\theta) \\ e &= e_c = \hat{e}_c(p') \\ A &= A_c = 1 \end{aligned} \right\} \tag{9-11}$$

微观结构研究发现，在其他条件相同时，各向异性程度越大、组构方向越和加载方向一致时，颗粒材料的剪胀性越显著。以式（9-6）为代表的剪胀关系中状态参数 ψ 必须被修正，以引入组构各向异性的影响。显然，组构各向异性变量 A 可被用来度量组构相对荷载的方向。A 值越大，则组构方向越和荷载方向一致。为反映 A 的影响，Li 等（2012）提出了剪胀状态线（dilatancy state line，DSL）与剪胀孔隙比（dilatancy void ratio）的概念（图9-22），并定义了考虑 A 的剪胀孔隙比 e_d：

$$e_d = \hat{e}_d(e,\ p',\ A) \tag{9-12}$$

其为当前 e-p'-A 状态的函数。

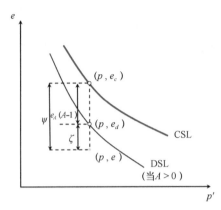

图 9-22　剪胀状态线(DSL)和剪胀孔隙比

上式定义了一条称之为剪胀状态线(DSL)的曲线。该线随 A 值而变，如图 9-22 所示。当 $A = 1$ 时，剪胀状态线和临界状态线(CSL)重合。

与剪胀状态线相应，Li 等(2012)重新定义了一个状态参数 ζ（剪胀状态参数）、以及与之相应的各向异性参数 ψ_A：

$$\zeta = e - e_d = \underbrace{(e - e_c)}_{\psi} - \underbrace{(e_d - e_c)}_{\psi_A} = \psi - \psi_A \qquad (9-13)$$

由上式可见，剪胀状态参数考虑了组构各向异性，是对现有的各向同性状态参数 ψ 的重要改进。新增参数 ψ_A 可表达为：

$$\psi_A = \hat{\psi}_A(e, p', A) = \hat{e}_A(e, p')(A - 1) \qquad (9-14)$$

其中，$e_A = \hat{e}_A(e, p')$ 需特别定义。在最简单的情况下 e_A 为一正的材料常数。当 e_A 为常数时，剪胀状态线在 $e - p'$ 平面内与临界状态线平行。将上式代入式(9-13)，则剪胀状态参数为：

$$\zeta = \psi - \psi_A = \psi - e_A(A - 1) \qquad (9-15)$$

可见，在临界状态，因 $A = 1$ 而有 $\zeta = \psi = 0$。用剪胀状态参数 ζ 代替现有的状态参数 ψ 可反映出材料各向异性内结构对剪胀性和塑性模量的影响。在各向异性临界状态理论中，联合不变量 $A = \mathbf{F} : \mathbf{n} = F\mathbf{n_F} : \mathbf{n}$。对同样的 $\mathbf{F}$ 但荷载方向不同，则 A 值就会不同。如对沉积方向和轴向荷载方向一致的土样进行三轴压缩和拉伸试验，则因荷载方向 $\mathbf{n}$ 不同，两者的响应会有很大不同。前者有 $\mathbf{n} = \mathbf{n_F}$，$A = F$；而后者有 $\mathbf{n} = -\mathbf{n_F}$，$A = -F$。将这两个 A 值代入式(9-15)可知，它们的剪胀状态参数 ζ 有显著差异。前者为 $\zeta = (\psi + e_A) - e_A F$，而后者为 $\zeta = (\psi + e_A) + e_A F$。在同样的 $e - p'$ 状态下，前者偏向剪胀，而后者偏向剪缩，而它们之间的差别取决于各向异性程度 F。

当荷载突然改变方向时，例如在周期荷载中加载-卸载-重新加载时，材料会由剪胀突然转为剪缩，这可通过图 9-23 予以解释。在卸载-重新加载之前，荷载方向 $\mathbf{n}$ 与 $\mathbf{F}$ 的方向一致，$A > 0$，此时的 $e - p' - A$ 状态对应的剪胀状态参数 $\zeta < 0$，土体表现出剪胀。而在卸

载-重新加载之后，荷载方向 **n** 与以前相反但 **F** 没变。此时的 $A < 0$，此时剪胀状态参数 $\zeta > 0$，土体表现为剪缩。而重新加载后直到 **F** 逐步演变到和重新加载的方向一致时，A 又重新变正，材料又重回剪胀状态。当循环荷载幅度较小时，**F** 没有充分调整，材料可能始终处于剪缩状态，这解释了循环荷载试验中普遍观察到的现象（Wang et al.，1990）。类似地，各向异性临界状态理论还解释了旋转剪切通常不能到达临界状态的现象。这是因为在旋转剪切过程中，荷载方向连续变化，以至于 **n** 与 **F** 始终保持一个方向差，A 始终小于 1，因而不能进入临界状态。

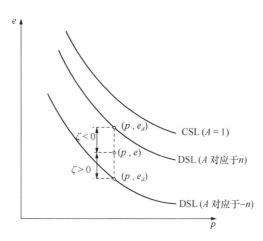

图 9-23　荷载方向对剪胀性的影响

9.3　大次数循环响应的砂土各向异性本构理论

经典的 SANISAND04 模型（Dafalias et al.，2004）通过引入边界面、剪胀面，较好地模拟了不排水液化响应，但其在模拟大次数排水循环时无法模拟安定响应，显然高估了大次数（循环次数为 10^4）循环时的应变累积。Corti 等（2016）将记忆表面（memory surface，MS）引入边界面砂土模型 Severn-Trent Sand 中（Gajo et al.，1999），虽实现了三轴空间下循环载荷的安定响应的模拟，然而其在多轴空间下的模型更为复杂。因此，Liu 等（2019）将记忆面的概念引入到 SANISAND04 模型框架（Dafalias et al.，2004），显著提升了循环加载下砂土安定行为的能力以及模型的适用范围。随后，Yang 等（2022）改进了 Liu 等（2019）塑性模量以及剪胀的表达式，解决了 MS 运动硬化规则中的奇异性问题（即分母的可能归零）。

上述模型都基于各向同性临界状态理论框架构建，其状态面（如边界面、剪胀面和记忆面）的演化与组构各向异性无关，无法用一套参数描述同种砂土在大次数（达 10 万次级）、不同路径循环排水和不排水剪切下的安定、棘轮和液化响应。

本节基于各向异性临界状态理论框架，构建了一个多状态面循环砂土模型。通过构造组构各向异性及其演化与各状态面（边界面、剪胀面和记忆面）演化的耦合关系，实现了各向异性砂土材料在不同路径循环排水和不排水荷载下复杂响应的统一描述(王学涛等,2023;Hong 等,2024)。本节首先介绍砂土弹性各向异性的计算方法及其与初始组构各向异性的关系,然后介绍砂土塑性各向异性模型,最后给出了模型参数的范围及确定方法。

9.3.1 砂土弹性各向异性

Cowin(1985)提出了以下刚度张量 E_{ijkl} 的表达式来描述多孔介质中弹性的各向异性:

$$
\begin{aligned}
E_{ijkl} = {} & a_1 \delta_{ij} \delta_{kl} + a_2 (F_{ij} \delta_{kl} + \delta_{ij} F_{kl}) + a_3 (\delta_{ij} F_{km} F_{ml} + \delta_{kl} F_{im} F_{mj}) + b_1 F_{ij} F_{kl} + \\
& b_2 (F_{ij} F_{km} F_{kl} + F_{im} F_{mj} F_{kl}) + b_3 F_{im} F_{mj} F_{kn} F_{nl} + c_1 (\delta_{ki} \delta_{lj} + \delta_{li} \delta_{kj}) + \\
& c_2 (F_{ki} \delta_{lj} + F_{li} \delta_{kj} + \delta_{ki} F_{lj} + \delta_{li} F_{kj}) + c_3 (F_{ir} F_{rk} \delta_{lj} + F_{kr} F_{rj} \delta_{li} + F_{ir} F_{rl} \delta_{kj} + \\
& F_{lr} F_{rj} \delta_{ik})
\end{aligned}
$$

$$(9-16)$$

其中,F_{ij} 是一个二阶组构张量,表示土内部结构的各向异性几何形状,9 个系数 a_1、a_2、a_3、b_1、b_2、b_3、c_1、c_2 和 c_3 都是孔隙比 e 和 F_{ij} 的不变量的函数,δ_{ij} 为 Kronecker 算子,作为更一般的各向异性弹性的一种特殊情况,可以用来表征各向同性、横观各向异性和正交各向异性的弹性。正如 Cowin(1985)所证明的那样,本研究是基于式(9-16)考虑砂土中的各向异性弹性,采用与 Li 等(2012)使用的张量相似的二阶偏组构张量来表征砂土中孔隙组构的各向异性。对于初始各向异性样品,各向同性平面与 x_2-x_3 平面重合,各向异性轴与 x_1 轴对齐,F_{ij} 可以表示为:

$$
F_{ij} = \begin{pmatrix} F_{11} & 0 & 0 \\ 0 & F_{22} & 0 \\ 0 & 0 & F_{33} \end{pmatrix} = \sqrt{\frac{2}{3}} \begin{pmatrix} F_0 & 0 & 0 \\ 0 & -F_0/2 & 0 \\ 0 & 0 & -F_0/2 \end{pmatrix}
$$

$$(9-17)$$

其中,$F_0 (\geqslant 0)$ 为各向异性的初始水平,对于样品的各向异性轴与参考坐标系不一致的一般情况,F_{ij} 可以通过对等式中的表达式进行正交变换得到式(9-17),为了便于本构方程的建立,在本研究中,F_{ij} 被归一化,其模 $F = \sqrt{F_{ij} F_{ij}}$ 在临界状态下为最大值。尽管在描述砂土中的弹性刚度各向异性方面是准确的,式(9-16)在实际使用中较为繁琐,在本章节中对式(9-16)通过忽略 F_{ij} 的二阶和更高阶项进行简化,并进一步假设相关系数具有以下关系:

$$a_1 = k_r - 2 G_r/3 \tag{9-18a}$$

$$a_2 = (k_r - 2 G_r/3)/2 \tag{9-18b}$$

$$c_1 = G_r \tag{9-18c}$$

$$c_2 = G_r/2 \tag{9-18d}$$

其中,K_r 和 G_r 分别表示参考弹性体积模量和参考弹性剪切模量,基于以下表达式:

$$G_r = G_0 \frac{(2.97-e)^2}{1+e} \sqrt{p' p_a} \tag{9-19a}$$

$$K_r = G_r \frac{2(1 + \nu)}{3(1 - 2\nu)} \tag{9-19b}$$

其中，G_0 为模型参数，p_a（$=101$ kPa）为标准大气压，ν 为泊松比，p' 为平均正应力，因此，以下对式(9-16)简化后的弹性刚度张量为：

$$E_{ijkl} = (K_r - 2 G_r/3) \delta_{ij} \delta_{kl} + (K_r - 2 G_r/3)(F_{ij} \delta_{kl} + \delta_{ij} F_{kl})/2 + G_r(\delta_{ki} \delta_{lj} + \delta_{li} \delta_{kj})$$
$$+ G_r(F_{ki} \delta_{lj} + F_{li} \delta_{kj} + \delta_{ki} F_{lj} + \delta_{li} F_{kj})/2 \tag{9-20}$$

很明显，式(9-20)中当材料组构为各向同性时，可恢复到各向同性弹性刚度张量（$F_{ij}=0$），在这种情况下，K_r 和 G_r 分别成为通常称为的弹性体积模量和剪切模量。对于横观各向同性模型：

$$E_{1111} = (K_r + 4 G_r/3) + \frac{\sqrt{6} F_0(K_r + 4 G_r/3)}{3}$$

$$E_{2222} = E_{3333} = (K_r + 4 G_r/3) - \sqrt{6} F_0(K_r + 4 G_r/3)/6$$

$$E_{1122} = E_{1133} = (K_r - 2 G_r/3) + \sqrt{6} F_0(K_r - 2 G_r/3)/12$$

$$E_{1212} = E_{1313} = (1 + \sqrt{6} F_0/12) G_r$$

$$E_{2323} = (1 - \sqrt{6} F_0/6) G_r \tag{9-21}$$

式(9-21)左侧的所有五个弹性常数是可以用小应变试验进行测量的（Bellotti et al.，1997；Kuwano et al.，2002），可以基于最小二乘法求解三个未知数 K_r、G_r 和 F_0（或等价的 g_0、ν 和 F_0）。或者，F_0 可以根据传统的不排水三轴压缩/拉伸或各向同性固结试验开始时的试验结果来确定，其中组构和应力最初是同轴的。第二种方法在实践中相对较容易执行，并被本节推荐使用。当砂样在不排水的三轴压缩/拉伸试验（CTC/CTE）开始时，该模型将给出纯弹性响应，因为在三轴条件下 K_p 最初是无限的，很容易使主应力垂直（CTC）或平行（CTE）呈现于沉积平面。因此，根据式(9-21)得到以下增量应力-应变关系：

$$\begin{bmatrix} dp' \\ dq \end{bmatrix} = \begin{bmatrix} K_r & (\sqrt{6} K_r/4 + \sqrt{6} G_r/6) F_0 \\ (\sqrt{6} K_r/4 + \sqrt{6} G_r/6) F_0 & (3 + \sqrt{6} F_0/2) G_r \end{bmatrix} \begin{bmatrix} d\varepsilon_v \\ d\varepsilon_q \end{bmatrix} \tag{9-22}$$

式中，$dp' = (d\sigma_a' + 2d\sigma_r')/3$ 是平均有效应力增量，$dq = (d\sigma_a' - d\sigma_r')$ 是剪应力增量，$d\sigma_a'$ 和 $d\sigma_r'$ 分别是轴向和径向应力增量，$d\varepsilon_v = (d\varepsilon_a + 2d\varepsilon_r)$ 是体积应变增量，$d\varepsilon_q = 2(d\varepsilon_a - d\varepsilon_r)/3$ 为剪切应变增量，$d\varepsilon_a$ 和 $d\varepsilon_r$ 分别是轴向和径向应变增量，因为 $d\varepsilon_v$ 在不排水加载中为 0，所以有以下关系：

$$\frac{dq}{dp'} = \frac{\sqrt{6}}{2} \frac{2\nu - 1}{\nu - 2}\left(\frac{6}{F_0} + \sqrt{6}\right) \tag{9-23}$$

以及

$$F_0 = \frac{3\sqrt{6}(2\nu - 1)}{3(1 - 2\nu) + dq/dp'(\nu - 2)} \tag{9-24}$$

由于砂土的泊松比 $\nu(0 < \nu < 0.5)$ 很难获得，而且可能取决于包括孔隙比、围压和应力比在内的多种因素，对于大多数砂土，通常假设有一个典型的值 $\nu = 0.2$，就像目前的模型一样（Bellotti et al.，1997；Kuwano et al.，2002），因此，F_0 可以由不排水三轴试验的 $\mathrm{d}q/\mathrm{d}p'$ 得到，如下：

$$F_0 = \frac{\sqrt{6}}{(\mathrm{d}q/\mathrm{d}p') - 1} \tag{9-25}$$

9.3.2　多状态面各向异性临界状态塑性模型

区别于现有基于各向同性材料假设的大次数循环模型（其边界面、剪胀面和记忆面与组构各向异性无关），本章节模型在试验观察的基础上，构造了组构各向异性及其演化与边界面、剪胀面和记忆面变化的耦合关系，以统一描述各向异性砂土在不同路径循环排水、不排水荷载下的安定、棘轮和液化响应。下面总结了各状态面的定义和作用（图9-24）。

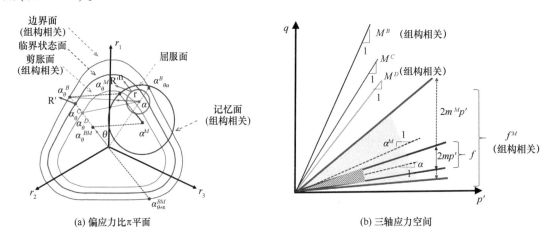

(a) 偏应力比π平面　　　　　　(b) 三轴应力空间

图 9-24　多状态面各向异性模型示意

9.3.2.1　屈服面 f

屈服面是一个封闭窄弹性区域的开放圆锥轨迹（Dafalias et al.，2004），表示为：

$$f = \sqrt{(\mathbf{s} - p'\boldsymbol{\alpha}) : (\mathbf{s} - p'\boldsymbol{\alpha})} - \sqrt{\frac{2}{3}} p'm = 0 \tag{9-26}$$

屈服面的中心由背应力比张量 $\boldsymbol{\alpha}$ 的演化决定。投影在 $\boldsymbol{\pi}$ 平面上的圆锥屈服面半径由参数 $m(=0.01)$ 控制，如图9-24(b)所示，其中，中心线斜率为 α，楔形开口值为 $2mp'$。

9.3.2.2　临界状态面 f^C

临界状态面 f^C 与砂土颗粒材料的摩擦角相关。背应力比张量 $\boldsymbol{\alpha}$ 在临界状态表面上 f^C 的

投影 $\boldsymbol{\alpha_0^C}$ 如下式所示

$$\boldsymbol{\alpha_0^C} = \sqrt{\frac{2}{3}} \left[g(\theta) \, M_c - m \right] \mathbf{n} \qquad (9-27)$$

式中，M_c 为材料常数，表示三轴压缩时的临界状态应力比；$\mathbf{n}$ 是当前应力比下垂直于屈服面的单位荷载方向张量，表示为

$$\mathbf{n} = \frac{\mathbf{r} - \boldsymbol{\alpha}}{\sqrt{\frac{2}{3}} \, m} \qquad (9-28)$$

$g(\theta)$ 是一个罗德角 θ 的插值函数，其表达式如下：

$$g(\theta) = \frac{2c}{(1+c) - (1-c)\cos 3\theta} \qquad (9-29)$$

其中，$c = \dfrac{M_e}{M_c}$ 为材料常数，表示三轴拉伸状态应力比 M_e 与三轴压缩状态应力比 M_c 之比。

9.3.2.3　边界面 f^B

与经典边界面方程不同的是，本节采用了与各向异性相关的边界面方程，在构造边界面方程时引入了各向异性状态参数 $\zeta(e, p', A)$，用以描述具有相同 e、p' 但不同组构各向异性 A 试样循环响应的显著差异性。背应力比 $\boldsymbol{\alpha}$ 在各向异性边界面上的投影 $\boldsymbol{\alpha_0^B}$ 为下式：

$$\boldsymbol{\alpha_0^B} = \sqrt{\frac{2}{3}} \left[g(\theta) \, M^B - m \right] \mathbf{n} \qquad (9-30)$$

上式中 M^B 代表了边界面应力比，是各向异性状态参数 ζ 的函数：

$$M^B = M_c \exp(-n^B \zeta) \qquad (9-31)$$

其中，n^B 是材料参数，边界面的大小由状态参数 ζ 和相应的材料常数 n^B 决定。当砂土体达到临界状态时，组构张量 $\mathbf{F}$ 趋向于加载方向 $\mathbf{n}$，各向异性联合不变量 A 趋向于 1，剪胀状态参数 ζ 趋向于 0，各向异性边界面与临界状态面重合。

9.3.2.4　剪胀面 f^D

为了更好预测砂土的剪胀、剪缩行为，模型中引入了剪胀面 f^D，其根据砂土的状态来区分与剪胀、剪缩相关的应力区。不同于经典各向同性状态相关砂土模型，本节模型的剪胀面方程中引入了各向异性状态参数 $\zeta(e, p', A)$，可以描述具有相同 e、p' 但不同组构 A 试样表现出的不同循环响应特性（安定、棘轮和液化）。模型中，背应力比 $\boldsymbol{\alpha}$ 在剪胀面的投影 $\boldsymbol{\alpha_0^D}$ 为下式：

$$\boldsymbol{\alpha_0^D} = \sqrt{\frac{2}{3}} \left[g(\theta) \, M^D - m \right] \mathbf{n} \qquad (9-32)$$

上式中 M^D 代表了剪胀面应力比，是各向异性状态参数 ζ 的函数：

$$M^D = M_c \exp(n^D \zeta) \tag{9-33}$$

其中，n^D 是材料常数。当砂土进入临界状态时（$\zeta = 0$），剪胀面 f^D 与临界状态面 f^C、边界面 f^B 三者重合。

9.3.2.5 记忆面 f^M

为了能模拟大次数（如十万次级）排水循环载荷下的累积应变安定效应，本节模型引入了记忆面 f^M 来描述循环加载过程中土样内结构演化（如组构各向异性）对塑性硬化和塑性模量的影响。记忆面的形状与屈服面相同，也是围绕应力演化区域的锥形面：

$$f^M = \sqrt{(\boldsymbol{\alpha_0^M} - \boldsymbol{\alpha^M}) : (\boldsymbol{\alpha_0^M} - \boldsymbol{\alpha^M})} - \sqrt{\frac{2}{3}} \, m^M = 0 \tag{9-34}$$

上式中，$\boldsymbol{\alpha^M}$ 与 m^M 分别表征记忆面的中心位置与其尺寸，$\boldsymbol{\alpha_0^M}$ 为记忆面在边界面上的映射。区别于现有内嵌记忆面的模型，本节模型中记忆面的运动硬化 $d\boldsymbol{\alpha^M}$ 和各向同性硬化 dm^M 被构造为组构演化相关的函数，以描述不同方向循环加载下砂土响应的显著差异。

9.3.3 塑性硬化和塑性模量

根据边界面塑性理论（Dafalias，1986），背应力比 $\boldsymbol{\alpha}$ 和塑性模量 K_p 的运动硬化规律都取决于 $\boldsymbol{\alpha_0^B}$ 和 $\boldsymbol{\alpha}$ 之间的距离，如式（9-35）和式（9-36）所示（Dafalias et al.，2004）

$$d\boldsymbol{\alpha} = \frac{2}{3} \langle L \rangle h (\boldsymbol{\alpha_0^B} - \boldsymbol{\alpha}) \tag{9-35}$$

$$K_p = \left(\frac{2}{3}\right) p' h (\boldsymbol{\alpha_0^B} - \boldsymbol{\alpha}) : \boldsymbol{n} \tag{9-36}$$

其中，L 表示加载因子，h 是与记忆面硬化相关的变量。

9.3.4 塑性流动法则

塑性偏应变 de^p 和塑性体积应变 $d\varepsilon_v^p$ 的增量可分别用式（9-37）和式（9-38）表示：

$$d\boldsymbol{e^p} = \langle L \rangle \boldsymbol{R^*} \tag{9-37}$$

$$d\varepsilon_v^p = \langle L \rangle D \tag{9-38}$$

其中，$\boldsymbol{R^*}$ 和 D 分别为偏塑性流动方向张量和剪胀方程。

本章节采用了改进的流动法则表达式（Yang et al.，2022），如下式

$$\boldsymbol{R^*} = \left(\frac{\langle \|\boldsymbol{\alpha_0^B}\| - \|\boldsymbol{\alpha}\| \rangle}{\|\boldsymbol{\alpha_0^B}\|}\right)^2 \boldsymbol{n} + \left[1 - \left(\frac{\langle \|\boldsymbol{\alpha_0^B}\| - \|\boldsymbol{\alpha}\| \rangle}{\|\boldsymbol{\alpha_0^B}\|}\right)^2\right] \frac{\boldsymbol{R'}}{\|\boldsymbol{R'}\|} \tag{9-39}$$

其中，$\boldsymbol{R^*}$ 为单位塑性流动偏张量，$\boldsymbol{R^*}$ 为介于加载方向 $\boldsymbol{n}$ 与归一化的偏应变张量 $\dfrac{\boldsymbol{R'}}{\|\boldsymbol{R'}\|}$

之间的插值。插值函数 $\dfrac{\langle \|\boldsymbol{\alpha}_{\theta_\alpha}^{\mathbf{B}}\| - \|\boldsymbol{\alpha}\| \rangle}{\|\boldsymbol{\alpha}_{\theta_\alpha}^{\mathbf{B}}\|}$ 为背应力比 $\boldsymbol{\alpha}$ 与其在边界面上的投影 $\boldsymbol{\alpha}_{\theta_\alpha}^{\mathbf{B}}$ 之间的相对

距离。$\mathbf{R}' = B\mathbf{n} - C\left(\mathbf{n}^2 - \dfrac{1}{3}\mathbf{I}\right)$ 为偏应变张量方向。$B = 1 + \dfrac{3(1-c)}{2c}g(\theta)\cos3\theta$ 和 $C = 3\sqrt{\dfrac{3}{2}}$

$\dfrac{1-c}{c}g(\theta)$ 是罗德角的函数。

9.3.5　组构各向异性演化对剪胀及硬化的影响

9.3.5.1　组构张量和演化

组构张量一般为与砂土内部结构相关的对称无迹张量。对于正交各向异性土体，当 x-y 平面为沉积平面时，初始组构张量可表示为：

$$\mathbf{F} = \begin{pmatrix} F_{zz} & 0 & 0 \\ 0 & F_{xx} & 0 \\ 0 & 0 & F_{yy} \end{pmatrix} = \sqrt{\dfrac{2}{3}}\begin{pmatrix} F_0 & 0 & 0 \\ 0 & -\dfrac{F_0}{2} & 0 \\ 0 & 0 & -\dfrac{F_0}{2} \end{pmatrix} \tag{9-40}$$

其中，F_0 是组构各向异性的初始程度。如果沉积方向与 z 轴不一致，则需要相应的正交变换来获得初始组构张量 $\mathbf{F}$。本章节模型采用 Papadimitriou 等（2019）提出的单参数公式描述组构演化率 $d\mathbf{F}$：

$$d\mathbf{F} = \langle L \rangle\, k_f(\mathbf{n} - \mathbf{F})\, e^A \tag{9-41}$$

其中，k_f 是控制组构演化速率的参数。e^A 用于描述微观力学研究中观察到的组构演化速率。典型的表现为：在相同的塑性应变率下，土体在三轴压缩下组构演化快于三轴拉伸土样。

9.3.5.2　组构各向异性演化对剪胀的影响

本节的剪胀系数表示如下（Hong et al.，2024）

$$D = \{A_0\, g(\theta)^{-n_g}(1 + \langle \mathbf{z} : \mathbf{n} \rangle)\,(\boldsymbol{\alpha}_\theta^D - \boldsymbol{\alpha}) : \mathbf{n}\}\underbrace{\exp[k_1(1-A)]}_{\text{组构相关}} \tag{9-42}$$

上式中 n_g 和 k_1 为模型参数，A_0 表示控制剪胀的参数，其在液化前为一常数，进入液化阶段后则与半流化状态变量相关，表达式如下式（9-55）所示。$g(\theta)^{-n_g}$ 的引入可以控制应力-应变循环向三轴拉伸侧转变。$\mathbf{z}$ 是 Dafalias 等（2004）引入的组构剪胀张量变量，用于模拟循环活动性和液化，其表达式如下：

$$d\mathbf{z} = -c_z\langle -d\varepsilon_v^p \rangle(z_{\max}\mathbf{n} + \mathbf{z}) \tag{9-43}$$

上式中，c_z 和 $z_{\max}$ 为模型参数。

式(9-42)引入了各向异性组构相关项 $\exp[k_1(1-A)]$，以模拟同一相对密实度下不同组构各向异性倾角的试样的应力应变响应，其中，k_1 是模型参数。该项的引入使得模型可以描述以下特征。

(1)对于以常规方式制备的试样($\beta_0 = 0°$)，其三轴压缩侧的各向异性系数 A 大于三轴拉伸侧的各向异性系数，$\exp[k_1(1-A)]$ 的引入使得($\beta_0 = 0°$)试样在三轴压塑时的剪胀系数 D 更小。因此，沉积面水平时的试样在三轴压缩侧时更加剪胀，循环应变累积更小。

(2)对于沉积面竖直的试样($\beta_0 = 90°$)，其三轴拉伸侧的各向异性系数 A 大于三轴压缩侧的各向异性系数，$\exp[k_1(1-A)]$ 的引入使得($\beta_0 = 90°$)试样在三轴压塑时的剪胀系数 D 更大，因此在三轴压缩侧更加剪缩并产生更大的循环应变累积。

9.3.5.3 组构各向异性对记忆面运动硬化和各向同性硬化的影响

循环加载过程中应力在记忆面上的映射点 $\boldsymbol{\alpha_0^M}$ 主要由记忆面的中心位置 $\boldsymbol{\alpha^M}$ 以及记忆面的开口大小 m^M 控制，见以下公式：

$$\boldsymbol{\alpha_0^M} = \boldsymbol{\alpha^M} + \sqrt{\frac{2}{3}}\, m^M \mathbf{n} \qquad (9-44)$$

本节基于(Yang et al., 2022)建立了与组构各向异性相关的记忆面大小硬化方程，如下式所示：

$$\mathrm{d}m^M = \langle L \rangle \left\{ \sqrt{\frac{2}{3}} h^M \langle (\boldsymbol{\alpha_0^B} - \boldsymbol{\alpha_0^M}) : \mathbf{n} \rangle \underbrace{\exp[-k_2(1-A)]}_{\text{组构相关}} \right\}$$
$$- \langle L \rangle \left\{ -\frac{m^M}{\zeta} \, | (\boldsymbol{\alpha_0^B} - \boldsymbol{\alpha_0^M}) : \mathbf{n} | \langle -D \rangle \right\} \qquad (9-45)$$

上述公式中 ζ 与 k_2 为控制记忆面的收缩和扩张的参数，$\exp[-k_2(1-A)]$ 为本节引入的与组构各向异性相关项。从上式可以看出，对于沉积面水平的试样($\beta_0 = 0°$)，其初始各向异性系数 A 相比于初始组构倾角为90°的试样更大，将会导致该试样的记忆面 $\mathrm{d}m^M$ 更快地演化，使得边界面到记忆面的距离更大 $(\boldsymbol{\alpha_0^B} - \boldsymbol{\alpha_0^M}) : \mathbf{n}$，进而导致了更大的塑性模量 K_p，并最终使得试样的应力应变更容易发生安定响应。

通过假设记忆面与初始加载点的屈服表面重合($\boldsymbol{\sigma} \equiv \boldsymbol{\sigma^M}$，$L = L^M$)(Corti et al., 2016; Yang et al., 2022)，记忆面一致性条件为下式：

$$\frac{\partial f^M}{\partial \boldsymbol{\sigma^M}} : \mathrm{d}\boldsymbol{\sigma^M} = -\left(\frac{\partial f^M}{\partial \boldsymbol{\alpha^M}} : \mathrm{d}\boldsymbol{\alpha^M} + \frac{\partial f^M}{\partial m^M} \mathrm{d}m^M \right) = L^M K_p^M \qquad (9-46)$$

与组构相关的记忆面的运动硬化法则可根据式(9-45)以及记忆面一致性条件推导得出

$$\mathrm{d}\boldsymbol{\alpha^M} = \frac{2}{3} \langle L \rangle h^M (\boldsymbol{\alpha_0^B} - \boldsymbol{\alpha^M}) \qquad (9-47)$$

$$h^{M} = \frac{1}{1 + \mathscr{H}\left[\left(\left(\boldsymbol{\alpha}_{\theta}^{B} - \boldsymbol{\alpha}_{\theta}^{M}\right)\right) : \mathbf{n}\right] \underbrace{\exp\left[-k_{2}(1 - A)\right]}_{\text{组构相关}}}$$

$$\left\{h + \sqrt{\frac{3}{2}} \frac{m^{M} \mathrm{sgn}\left[\left(\left(\boldsymbol{\alpha}_{\theta}^{B} - \boldsymbol{\alpha}_{\theta}^{M}\right)\right) : \mathbf{n}\right] \langle -D \rangle}{\zeta}\right\} \tag{9-48}$$

上式中，$\mathscr{H}[\ \ ]$ 表示 Heaviside 函数，当 $x \geqslant 0$ 时，$\mathscr{H}[x] = 1$；$x < 0$ 时，$\mathscr{H}[x] = 0$。sgn $[x]$ 则表示，当 $x = 0$ 时，sgn $[x] = 0$；当 $x < 0$ 时，sgn $[x] = -1$；当 $x > 0$ 时，sgn $[x] = 1$。sgn $[x]$ 与 $\mathscr{H}[x]$ 的出现则是由于公式(9-45)的第一项 $\langle (\boldsymbol{\alpha}_{\theta}^{B} - \boldsymbol{\alpha}_{\theta}^{M}) : \mathbf{n} \rangle$ 采用 Macaulay 符号和第二项 $|(\boldsymbol{\alpha}_{\theta}^{B} - \boldsymbol{\alpha}_{\theta}^{M}) : \mathbf{n}|$ 采用绝对值符号避免的奇异性问题。

9.3.5.4　组构各向异性对塑性模量的影响

本节通过将组构各向异性引入塑性模量来体现组构各向异性对于大次数循环塑性应变累积的影响(Yang et al., 2022；Hong et al., 2024)，如下式：

$$h = \frac{b_{0}}{\langle (\boldsymbol{\alpha} - \boldsymbol{\alpha}_{in}) : \mathbf{n} \rangle} \exp\left[\frac{\mu_{0}}{\|\boldsymbol{\alpha}_{in}\|^{u} + \varepsilon}\left(\frac{b^{M}}{b_{ref}}\right)^{w}\right] \underbrace{\exp(k_{3}A)}_{\text{组构相关}} \tag{9-49}$$

上式中，

$$b_{0} = G_{0}h_{0} g(\theta)^{-n_{\varepsilon}}(1 - c_{h}e)(p'/p_{a})^{-0.5} \tag{9-50}$$

$$b^{M} = (\boldsymbol{\alpha}_{\theta}^{M} - \boldsymbol{\alpha}) : \mathbf{n} \tag{9-51}$$

$$b_{ref} = (\boldsymbol{\alpha}_{\theta}^{B} - \boldsymbol{\alpha}_{\theta+\pi}^{B}) : \mathbf{n} \tag{9-52}$$

$(\boldsymbol{\alpha}_{\theta}^{M} - \boldsymbol{\alpha}) : \mathbf{n}$ 为记忆面与屈服面之间的距离；$(\boldsymbol{\alpha}_{\theta}^{B} - \boldsymbol{\alpha}_{\theta+\pi}^{B}) : \mathbf{n}$ 表示应力在边界面与边界面反向映射之间的距离；h_{0}，c_{h}，μ_{0}，u，ε 和 w 为模型参数。

9.3.6　液化半流态土刚度及剪胀衰减

液化是砂土在动力荷载作用下的显著现象，对海洋岩土工程结构安全构成严重威胁。砂土的液化分为液化前阶段(pre-liquefaction stage)和有效应力降至接近 0 kPa 的液化后阶段(post-liquefaction stage)。在液化后阶段，砂土试样产生显著的剪切大应变，这是动力荷载下液化地质灾害的主要诱因。在不排水循环加载条件下，砂土试样内部的大剪应变主要在低应力水平(常取 $p' < 10$ kPa)下产生，这一特定状态被定义为"半液化态"(Barrero et al., 2018)。为了准确模拟"半液化状态"后所产生的大剪应变，本节模型引入内部状态变量液化因子 l(Barrero et al., 2020；Yang et al., 2022；Hong et al., 2024)以进一步降低刚度和剪胀性，且不影响液化前的应力-应变关系。可通过构造下式实现：

$$\mathrm{d}l = \langle L \rangle\left[c_{l}\langle 1 - p_{r}' \rangle (1 - l)^{n_{l}}\right] \tag{9-53}$$

上式中，c_{l} 和 n_{l} 是两个模型常数，其分别控制液化因子演化速率和非线性程度。$p_{r}' = p'/p_{th}$ 为归一化的应力比值；其中，半液化时应力阈值 $p_{th'}$ 常取为 10 kPa。当试样进入后液化阶段($p_{r}' < 1$)，液化因子随剪应变不断累积，并最终达到 1。当试样在半液化状态之外，

即 $p' > p_{th'}$ ，液化因子 l 停止演化。

本章模型中，将液化因子 l 引入塑性模量［式（9-49）］和剪胀方程［式（9-42）］中，对硬化系数 h_0 和剪胀系数 A_0 进行折减，以降低液化后阶段的刚度和剪胀性，如下式所示：

$$h_0' = h_0\{[1 - \langle 1 - p_r'\rangle]^{xl} + f_l\} \qquad (9-54)$$

$$A_0' = A_0\{[1 - \langle 1 - p_r'\rangle]^{xl} + f_l\} \qquad (9-55)$$

其中，x 和 f_l 是两个模型常数，f_l 的默认值为 0.01，防止剪切刚度与剪胀在 $p' = 0$ 时其值折减为 0。进入液化阶段后（ $p_r' < 1$），h_0 和 A_0 则进行折减，从而产生较低的刚度、较小的剪胀和较大的应变。如图 9-25 所示，当土体处于半液化状态时，折减系数随着半液化状态因子 l 的上升以及 p_r' 的减小而减小。

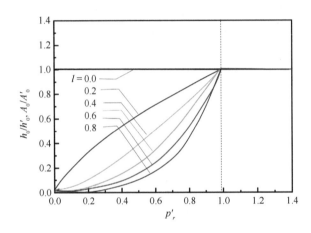

图 9-25 折减系数与归一化应力比 p_r' 间关系

9.3.7 弹塑性应力-应变关系

荷载指数（或塑性乘数） L 可由应力增量 $d\boldsymbol{\sigma}$ 和塑性模量 K_p 根据一致性方程计算，如下所示：

$$L = \frac{1}{K_p}\frac{\partial f}{\partial \boldsymbol{\sigma}} : d\boldsymbol{\sigma} = \frac{1}{K_p}p'\mathbf{n} : d\mathbf{r} = \frac{1}{K_p}[\mathbf{n} : ds - \mathbf{n} : \mathbf{r}dp']$$

$$= \frac{2G\mathbf{n} : d\mathbf{e} - K\mathbf{n} : \mathbf{r}d\varepsilon_v}{K_p + \frac{\partial f}{\partial \boldsymbol{\sigma}} : \mathbf{E}^e : \left(\mathbf{R}^* + \frac{D}{3}\mathbf{I}\right)} = \frac{2G\mathbf{n} : d\mathbf{e} - K\mathbf{n} : \mathbf{r}d\varepsilon_v}{K_p + 2G(\mathbf{n} : \mathbf{R}^*) - KD\mathbf{n} : \mathbf{r}} \qquad (9-56)$$

弹塑性应力-应变关系可以表示为：

$$\boldsymbol{\sigma} = 2Gd\mathbf{e} + Kd\varepsilon_v\mathbf{I} - \langle L\rangle\{2G\mathbf{R}^* + KD\mathbf{I}\} \qquad (9-57)$$

表 9-1 总结了上述各向异性模型的主要方程及参数。

表 9-1　多状态面各向异性循环本构模型

本构模型特征	多状态面各向异性循环本构模型	本构参数
弹性表达式	$G = G_0 (2.97 - e)^2 / (1 + e) \sqrt{p'/p_a}$	G_0
	$K = 2G(1 + \nu) / [3(1 - 2\nu)]$	ν
组构演化表达式	$d\mathbf{F} = \langle L \rangle k_f (\mathbf{n} - \mathbf{F}) e^A$	k_f
临界状态线	$e_c = e_\Gamma - \lambda_c (p'/p_a)^\xi$	e_Γ, λ_c, ξ
	$\zeta = \psi - e_A (A - 1)$	e_A
	$A = \mathbf{F} : \mathbf{n}$	
屈服面	$f = \sqrt{(s - p'\alpha) : (s - p'\alpha)} - \sqrt{2/3}\, p'm = 0$	
记忆面	$f^M = \sqrt{(\boldsymbol{\alpha_\theta} - \boldsymbol{\alpha}^M) : (\boldsymbol{\alpha_\theta} - \boldsymbol{\alpha}^M)} - \sqrt{2/3}\, m^M = 0$	
塑性硬化	$d\boldsymbol{\alpha} = 2/3 \langle L \rangle h (\boldsymbol{\alpha_\theta^B} - \boldsymbol{\alpha})$; $K_p = 2/3 p'h (\boldsymbol{\alpha_\theta^B} - \boldsymbol{\alpha}) : \mathbf{n}$ $h = \dfrac{G_0 h_0 \, g(\theta)^{-n_g} (1 - c_h e) (p'/p_a)^{-0.5}}{\langle (\boldsymbol{\alpha} - \boldsymbol{\alpha}_{in}) : \mathbf{n} \rangle}$ $\exp\left[\dfrac{\mu_0}{\|\boldsymbol{\alpha}_{in}\|^u + \varepsilon} \left(\dfrac{b^M}{b_{ref}}\right)^w \right] \exp(k_3 A)$ $L = (1/K_p) \, \partial f / \partial \boldsymbol{\sigma} : d\boldsymbol{\sigma}$ $\boldsymbol{\alpha_\theta^B} = \sqrt{2/3} \left[g(\theta) M \exp(-n^b \zeta) - m \right] \mathbf{n}$ $b^M = (\boldsymbol{\alpha_\theta^M} - \boldsymbol{\alpha}) : \mathbf{n}$; $b_{ref} = (\boldsymbol{\alpha_\theta^B} - \boldsymbol{\alpha_{\theta+\pi}^B}) : \mathbf{n}$	h_0, μ_0, u $w = 2, c_h$ $\varepsilon = 0.01, k_3$ n^b, M_c
记忆面演化	$dm^M = \langle L \rangle \Big\{ \sqrt{3/2}\, c_c h^M \langle (\boldsymbol{\alpha_\theta^B} - \boldsymbol{\alpha_\theta^M}) : \mathbf{n} \rangle \underbrace{\exp[-k_2(1-A)]}_{\text{组构相关}}$ $- \dfrac{m^M}{\zeta} \,\big|\, (\boldsymbol{\alpha_\theta^B} - \boldsymbol{\alpha_\theta^M}) : \mathbf{n} \,\big| \langle -D \rangle \Big\}$ $d\boldsymbol{\alpha}^M = 2/3 \langle L \rangle h^M (\boldsymbol{\alpha_\theta^B} - \boldsymbol{\alpha_\theta^M})$ $h^M = \dfrac{1}{1 + \mathcal{H}[((\boldsymbol{\alpha_\theta^B} - \boldsymbol{\alpha_\theta^M})) : \mathbf{n}] \underbrace{\exp[-k_2(1-A)]}_{\text{组构相关}}}$ $\left[h + \sqrt{3/2} \, \dfrac{m^M \mathrm{sgn}[((\boldsymbol{\alpha_\theta^B} - \boldsymbol{\alpha_\theta^M})) : \mathbf{n}] \langle -D \rangle}{\zeta} \right]$ $\boldsymbol{\alpha_\theta^M} = \boldsymbol{\alpha}^M + \sqrt{2/3} \, m^M \mathbf{n}$	$k_2, \zeta = 0.00001$
塑性应变增量张量	$d\mathbf{e}^p = \langle L \rangle \mathbf{R}^*$ $\mathbf{R}^* = \left(\dfrac{\langle \|\boldsymbol{\alpha_{\theta_\alpha}^B}\| - \|\boldsymbol{\alpha}\| \rangle}{\|\boldsymbol{\alpha_{\theta_\alpha}^B}\|} \right)^2 \mathbf{n} + \left[1 - \left(\dfrac{\langle \|\boldsymbol{\alpha_{\theta_\alpha}^B}\| - \|\boldsymbol{\alpha}\| \rangle}{\|\boldsymbol{\alpha_{\theta_\alpha}^B}\|} \right)^2 \right] \dfrac{\mathbf{R}'}{\|\mathbf{R}'\|}$ $\mathbf{R}' = B\mathbf{n} - C[\mathbf{n}^2 - \mathbf{I}/3]$	

本构模型特征	多状态面各向异性循环本构模型	本构参数
塑性体应变增量	$\mathrm{d}\varepsilon_v^p = \langle L \rangle \mathbf{D}$ $D = \{A_0\, g(\theta)^{-n_g}(1 + \langle z : \mathbf{n} \rangle)\,(\boldsymbol{\alpha}_{\boldsymbol{\theta}}^D - \boldsymbol{\alpha}) : \mathbf{n}\}\underbrace{\exp[k_1(1-A)]}_{\text{组构相关}}$ $\mathrm{d}z = -c_z \langle -\mathrm{d}\varepsilon_v^p \rangle (z_{\max}\mathbf{n} + z)$ $\boldsymbol{\alpha}_{\boldsymbol{\theta}}^D = \sqrt{2/3}\,[g(\theta)\,M\exp(n^d\zeta) - m]\,\mathbf{n}$	A_0, n_g, k_1, c_z, $z_{\max}$, n^d
半液化因子	$\mathrm{d}l = \langle L \rangle\, [c_l \langle 1 - p_r' \rangle (1-l)^{n_l}]$ $p_r' = p'/p_{th}'$ $h_0' = h_0\{[1 - \langle 1 - p_r' \rangle]^{xl} + f_l\}$ $A_0' = A_0\{[1 - \langle 1 - p_r' \rangle]^{xl} + f_l\}$	c_l, $n_l = 8$, x, $f_l = 0.01$

9.3.8 模型参数及确定

表 9-2 总结了多状态面各向异性循环本构模型的参数，模型包含 28 个材料参数，其中包含 5 个默认值（w，ε，ζ，n_l，f_l），剩余 23 个材料参数可分为以下三组：

第一组包含 13 个参数（G_0，ν，M_c，e_Γ，λ_c，ξ，h_0，c_h，n^b，n^d，A_0，$z_{\max}$ 和 c_z），这些参数基于 SANISAND 模型（Dafalias et al.，2004），该模型在土力学领域已被广泛验证和应用。这组参数的标定方法依据 Taiebat 等（2008）的研究，通过一系列具有相同初始各向异性的试样试验进行标定，以确保模型能够准确反映材料的力学特性。其中，临界状态应力比（M_c 和 c）可以直接从三轴压缩和拉伸试验获得，也可以从 $e - p'$ 空间中测量的临界状态线（e_Γ，λ_c 和 ξ）获得。

第二组参数包含 5 个参数。其中 3 个参数（μ_0，u，n_g）为与记忆面模型相关参数，这组参数的标定可参考 Yang 等（2022）的步骤。额外 2 个参数（c_l 和 x），则来源于半流动状态下刚度和剪胀弱化公式。这组参数的标定可参考 Barrero 等（2020）步骤，基于循环液化三轴试验标定获得。

最后一组参数涉及组构各向异性的 5 个参数（k_f，e_A，k_1，k_2，k_3）。针对本章所讨论的多种砂土，组构演化率参数 k_f 的变化范围被限制在较窄的区间内，具体为 $5.0 \sim 8.0$。对于各向异性的模型常数 e_A，通过三轴压缩和三轴拉伸试验的静力结果可确定其最优值。而控制剪胀、记忆面硬化和塑性模量的组构依赖性的常数（k_1，k_2 和 k_3）则根据考虑不同初始结构各向异性的循环试验数据进行微调，以获得能预测各种条件下试验结果的最优参数组合。

表 9-2　多状态面各向异性循环本构模型本构参数

本构参数	符号	福建砂 (Fujian sand)	丰浦砂 (Toyoura sand)	卡尔斯鲁厄砂 (Karlsruhe sand)
弹性模量	G_0	125	125	100
	ν	0.05	0.05	0.05
临界状态线	M_c	1.35	1.25	1.28
	e_Γ	1.135	0.934	1.038
	λ_c	0.055	0.019	0.056
	ξ	0.7	0.7	0.28
边界面硬化参数	h_0	5.6	9.0	7.6
	w	2	2	2
	ε	0.001	0.001	0.001
	c_h	1.01	0.968	1.015
	n^b	1.2	1.25	1.0
	k_3	0.1	0.05	0.03
剪胀参数	n^d	1.6	0.7	1.2
	n_g	0.95	0.9	0.95
	e_A	0.095	0.095	0.015
	A_0	0.7	0.4	0.56
	$z_{\max}$	5	5	15
	c_z	500	800	1000
	k_1	0.2	0.1	0.05
组构各向异性演化	k_f	5.8	5.0	5.8
记忆面演化	μ_0	10	8	7.8
	u	0.3	0.87	0.87
	ζ	0.000 01	0.000 01	0.000 01
	k_2	0.005	0.0005	0.001
半液化状态	c_l	10	10	25
	x	3.5	5.5	3.3
	n_l	8	8	8
	f_l	0.01	0.01	0.01

9.4　砂土循环试验验证

本节旨在验证该模型在排水和不排水条件下对各种应力路径的普遍适用性以及不同各向异性试验下的适用性。选取三种砂，分别是福建砂（Fujian sand）、丰浦砂（Toyoura sand）、卡尔斯鲁厄砂（Karlsruhe sand）。综合考虑不同的初始状态（包括相对密实度、应力水平和组构各向异性）、循环振幅、应力路径和排水条件（即排水和不排水），验证该模型对于不同试验条件下的适用性。实验条件汇总见表9-3，其模型常数如表9-2所示。

表9-3　试验验证汇总

砂土类型	试验特征	p_0' /kPa	e_0	β_0	参考文献
福建砂	不同组构试样循环三轴压缩排水试验	200	0.67-0.77	0°，45°，90°	Hong et al.，2024
丰浦砂	等 p' 下双向非对称循环排水试验	196	0.65-0.66	0°	Masaya et al.，2001
	非对称双向三轴循环不排水试验	196	0.660-0.663	0°	Masaya et al.，2001
	不同组构试样三轴双向对称循环不排水试验	100	0.698	0°，45°，90°	Oda et al.，2001
卡尔斯鲁厄砂	一维循环压缩排水试验	1~1000	0.756-0.997	0°	Wichtmann et al.，2016
	十万次级循环三轴压缩排水试验	200	0.580-0.803	0°	Wichtmann，2005；Wichtmann et al.，2007
	对称双向三轴循环不排水试验	100~300	0.79-0.83	0°	Wichtmann et al.，2016

9.4.1　一维循环压缩排水试验

基于Wichtmann等（2016）的试验研究，采用本章模型对卡尔斯鲁厄砂在一维循环压缩时的孔隙比演化进行了模拟，如图9-26所示。试验共涉及4个试样，分别为初始孔隙比为0.997的松散试样、初始孔隙比为0.888的中密试样以及初始孔隙比为0.791和0.756的密实试样，卡尔斯鲁厄砂的最大孔隙比为 $e_{max} = 1.054$，最小孔隙比为 $e_{min} = 0.677$。每个试验均施加四级循环荷载，每级循环荷载的最大竖向应力分别为20、55、145和405 kPa。

图9-26的结果表明，本章模型总体上成功模拟了不同密实度的4个试样在不同循环压缩过程中孔隙比的演变趋势：在给定的循环应力幅度下，较松散试样相比密实试样呈现出更显著的体积压缩。

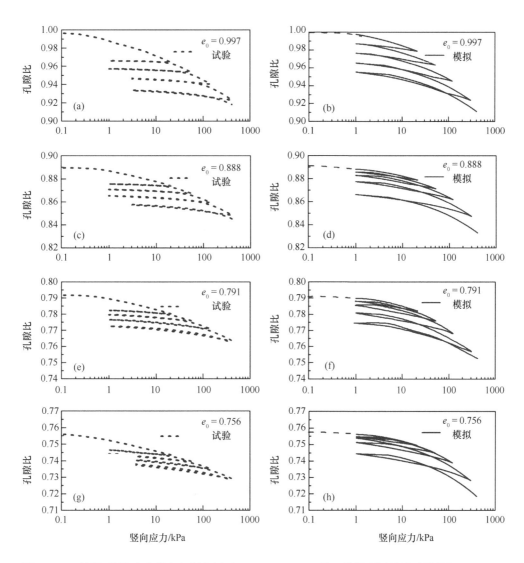

图 9-26　不同初始孔隙比的卡尔斯鲁厄砂(Karlsruhe sand)的一维循环压缩试验结果[(a)、(c)、(e)、(g)]与模拟结果[(b)、(d)、(f)、(h)]对比(Wichtmann et al.，2016)

9.4.2　十万次级循环三轴压缩排水试验

本节基于 Wichtmann(2005)和 Wichtmann 等(2007)开展的卡尔斯鲁厄砂大次数(达十万次级)三轴循环排水试验，验证模型对于砂土大次数循环响应特性的预测能力。如图 9-27、图 9-28 所示，模型能够准确描述不同初始孔隙比 e_0、循环应力幅值 q^{ampl} 条件下，砂土大次数排水循环($N = 10^4$)过程中的应变累积响应规律。

具体表现为以下两点。①对于松散砂样(e_0 更高)，大次数排水循环加载时具有更高的应变积累(图 9-27)。②循环应力幅值 q^{ampl} 的增大，会导致累积应变增大，且更容易产生循环棘轮响应(图 9-28)。

图 9-29 为一组典型的 $q - \varepsilon_1$ 应力应变滞回曲线，试样所受平均有效应力为 200 kPa，

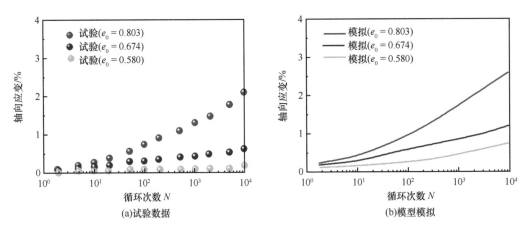

图 9-27　$p'_{in} = 200$ kPa，$\eta^{ave} = 0.75$，$q^{ampl} = 60$ kPa 初始孔隙比 e_0 对循环应变累积的影响

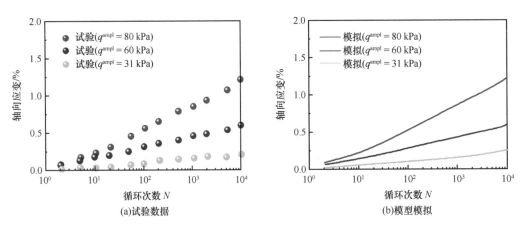

图 9-28　$p'_{in} = 200$ kPa，$\eta^{ave} = 0.75$，$e_0 = 0.702$ 循环应力幅值 q^{ampl} 对循环应变累积的影响

$q^{ampl} = 80$ kPa，最大循环次数为 10^5。由图可知，模型可以模拟大次数循环荷载条件下砂土应力应变累积响应特性。

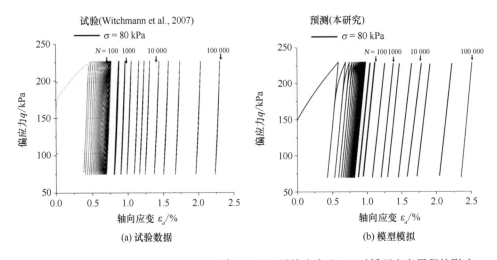

图 9-29　$p'_{in} = 200$ kPa，$e_0 = 0.684$，$q^{ampl} = 80$ kPa 平均应力比 η^{ave} 对循环应变累积的影响

9.4.3 等 p' 下双向非对称循环排水试验

为展现本章模型对特殊应力路径下体应变累积规律的预测能力，采用 Masaya 等（2001）开展的各向同性等 p'（$p' = 196\ kPa$）条件下，丰浦砂双向非对称循环排水三轴试验进行验证。试验考虑两种不同峰值应力比（即，$\sigma'_1/\sigma'_3 = 3$ 和 4）和初始孔隙比（e_0 分别为 0.661 和 0.652），并分别测得三轴拉伸以及三轴压缩时的体应变累积结果，如图 9-30（a）、（c）、（e）所示。如图 9-31（b）、（d）、（f）所示，本章模型能够合理地预测循环加载过程中试样由剪缩至剪胀之间的转换，并且能反应随着砂土密实化而逐渐显现的体应变安定响应趋势。

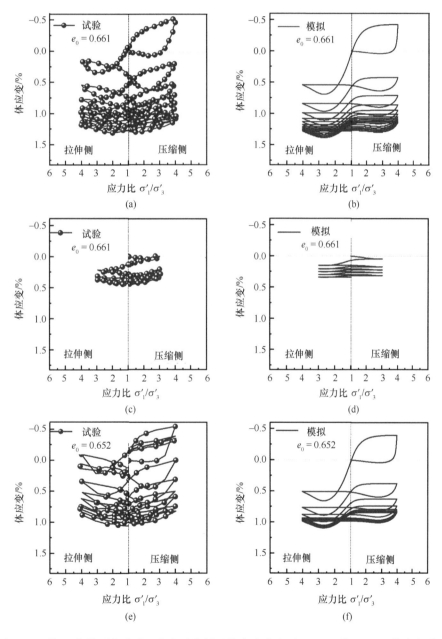

图 9-30　等 p' 条件下丰浦砂双向非对称循环排水试验验证（Masaya 等，2001）体应变试验结果［（a）、（c）］与模拟结果［（b）、（d）］对比

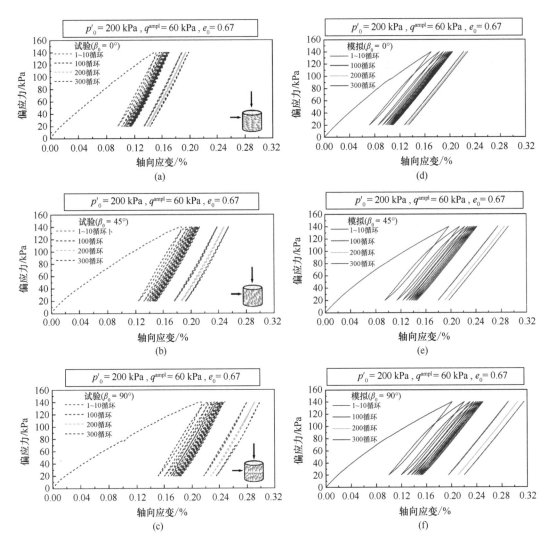

图 9-31 不同组构沉积角($\beta_0 = 0°$，$45°$和$90°$)的循环排水试验结果($p' = 200$ kPa，$q^{ampl} = 60$ kPa，$e_0 = 0.77$)与模拟结果的应力应变对比关系

9.4.4 不同组构试样循环三轴压缩排水试验

上述试验均未考虑初始沉积角的影响，为进一步展示多状态面各向异性循环本构模型对于不同初始沉积角的砂土循环累积响应特性的预测能力，对不同初始沉积角($\beta_0 = 0°$，$45°$，$90°$)的福建砂循环三轴试验结果进行了模型验证。图 9-31(a)和(b)为试验结果与模拟结果的循环应力-应变关系对比，结果表明，模型能较好再现所有试验结果。不同条件下(不同循环应力幅值、不同初始组构沉积角 β_0、不同松密程度 e_0)的轴向应变的模拟如图 9-32至图 9-34 所示，与试验结果的比较均表明，本章模型能够用一组统一的模型常数定量再现不同组构试样的各种排水高循环轴向应变累积。与此同时，本节捕捉到了以下关键的实验观察结果：

（1）密砂（$e_0 = 0.67$）在初始组构沉积角从 $\beta_0 = 0°$ 变化到 $\beta_0 = 90°$ 时，试样的应变累积响应从循环安定过渡到循环棘轮。

（2）在中等循环应力幅值下，不同初始组构沉积角的松砂（$e_0 = 0.77$）都呈现出循环棘轮效应；

（3）在低循环应力幅值下，不同初始组构沉积角的松砂（$e_0 = 0.77$）则都呈现出循环安定效应。

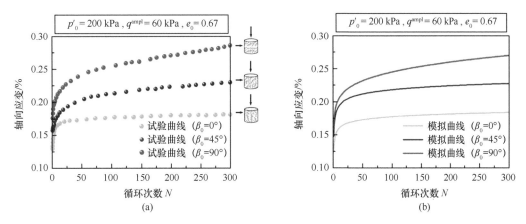

图 9-32　不同组构沉积角（$\beta_0 = 0°$，$45°$ 和 $90°$）的循环排水试验结果（$p' = 200$ kPa，$q^{\mathrm{ampl}} = 60$ kPa，$e_0 = 0.67$）与模拟结果的应变累积对比关系

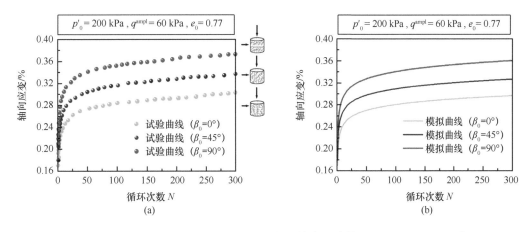

图 9-33　不同组构沉积角（$\beta_0 = 0°$，$45°$ 和 $90°$）的循环排水试验结果（$p' = 200$ kPa，$q^{\mathrm{ampl}} = 60$ kPa，$e_0 = 0.77$）与模拟结果的应力应变对比关系

该模型的独特之处在于它能够在不同的组构各向异性下模拟不同的高周应变累积响应（安定或棘轮）。通过记忆和边界面将与组构相关的微观结构演化与 K_p 联系起来，如图 9-35 所示，随着 β_0 的增加，该模型中的 A 会减小，其在循环加载下演化较慢，使得记忆面距离屈服面的距离 $(\boldsymbol{\alpha}^{\mathbf{M}} - \boldsymbol{\alpha})$：$\mathbf{n}$ 较小，边界面距离屈服面的距离 $(\boldsymbol{\alpha}^{\mathbf{B}} - \boldsymbol{\alpha})$：$\mathbf{n}$ 较小，因此 K_p 较低。因此，具有较高 β_0 的高周加载试样更容易产生棘轮效应，而不是安定效应。同时，考

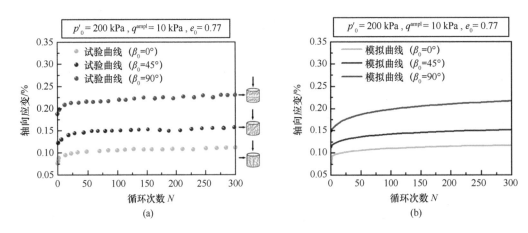

图 9-34　不同组构沉积角（$\beta_0 = 0°$，45°和90°）的循环排水试验结果（$p' = 200$ kPa，$q^{\text{ampl}} = 10$ kPa，

$e_0 = 0.77$）与模拟结果的应变累积对比关系

虑组构演化的 K_p 自然使模型能够模拟不同组构倾角的试样的土体硬化，这是对 SANISAND04 等经典各向同性循环模型的重要改进。

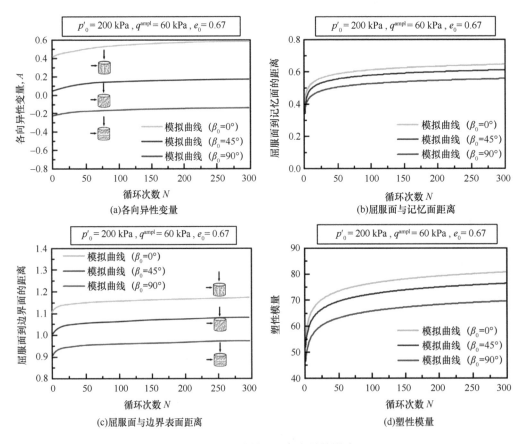

图 9-35　β_0 对循环时各变量的影响

9.4.5 对称双向三轴循环不排水试验

为全面评估本章模型对于大次数循环不排水响应的预测能力，基于卡尔斯鲁厄砂的系列双向对称不排水循环三轴试验进行了模型验证。试验考虑了不同循环应力比 $CSR = q^{ampl}/p'_0$（0.2，0.25 和 0.3）与不同初始孔隙比（0.83 和 0.79）的影响。如图 9-36 至 9-39 所示，本章模型能够实现不排水条件下砂土循环受荷响应的准确模拟，并且能够定量描述循环加载幅值与孔隙比对其的影响。具体而言，该模型通过引入记忆面（MS）和半液化状态机制，成功模拟了液化前阶段，大循环次数下（如应力比为 0.2 时，超过 200 次循环）应变累积的微小变化，以及液化后阶段应变的快速累积。此外，该模型能够准确模拟循环液化阶段中观察到的"蝴蝶形"应力路径现象。在此阶段，每次应力反转后的剪缩过程中，平均有效应力显著降低至接近零值。

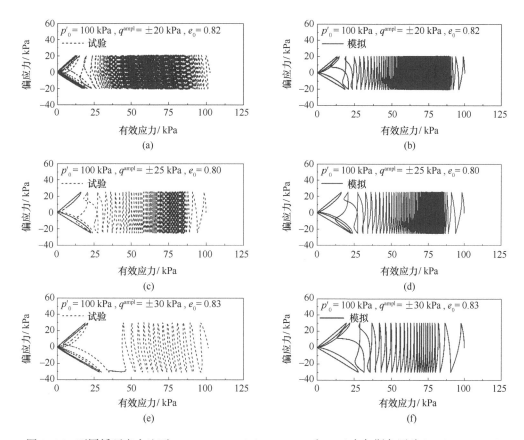

图 9-36　不同循环应力比下 $CSR = q^{amp}/p'_0$（0.2、0.25 和 0.3）卡尔斯鲁厄砂（Karlsruhe sand）的大次数不排水试验应力路径试验结果[(a)、(c)、(e)]与模拟结果[(b)、(d)、(f)]

对比（Wichtmann et al.，2016）

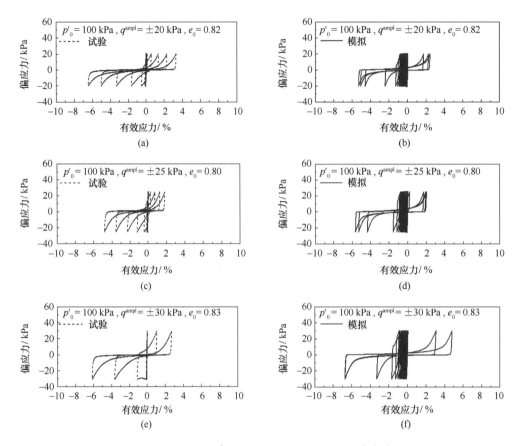

图 9-37 不同循环应力比下 $CSR = q^{ampl} / p'_0$（0.2、0.25 和 0.3）卡尔斯鲁厄砂（Karlsruhe sand）

的大次数不排水试验应力应变试验结果[（a）、（c）、（e）]与模拟结果[（b）、（d）、（f）]

对比（Wichtmann et al.，2016）

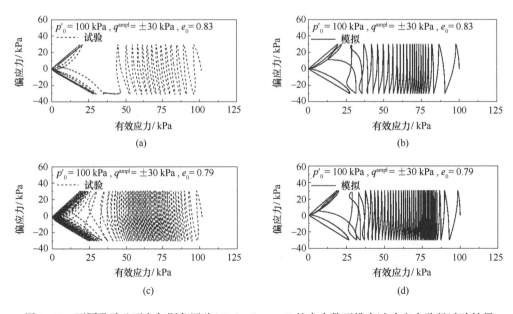

图 9-38 不同孔隙比下卡尔斯鲁厄砂（Karlsruhe sand）的大次数不排水试验应力路径试验结果

[（a）、（c）]与模拟结果[（b）、（d）]对比（Wichtmann et al.，2016）

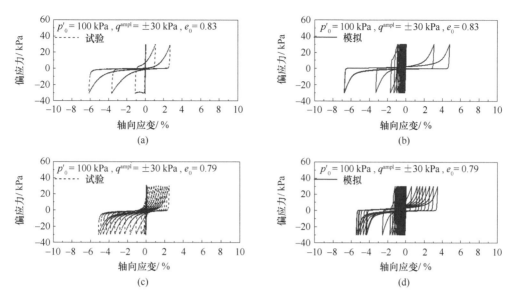

图 9-39　不同孔隙比下卡尔斯鲁厄砂（Karlsruhe sand）的大次数不排水应力应变试验结果
[（a）、（c）]与模拟结果[（b）、（d）]对比（Wichtmann et al.，2016）

9.4.6　非对称双向三轴循环不排水试验

本节对丰浦砂在双向循环不排水试验进行了模拟，如图 9-40 和图 9-41 所示，该模型能够合理地预测砂土在不同循环幅值下的液化前和液化后阶段的循环不排水响应。模型可以捕捉在初始段应力路径发生剪胀随后进入剪缩的现象，且能反应在进入液化后的蝴蝶状的循环流动这一特性。

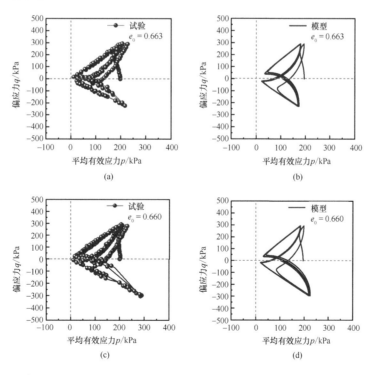

图 9-40　丰浦砂不排水双向非对称试验（Masaya 等，2001）应力路径试验结果[（a）、（c）]
与模拟结果[（b）、（d）]对比

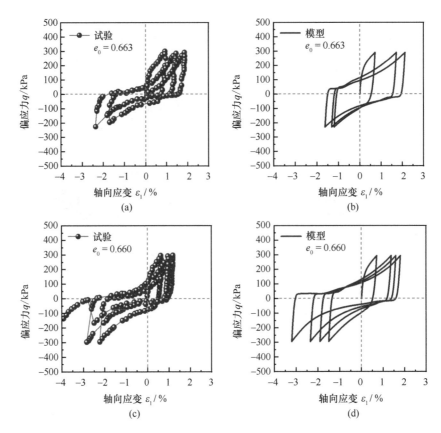

图 9-41　丰浦砂不排水双向非对称试验(Masaya 等，2001)应力应变试验结果[(a)、(c)]与
模拟结果[(b)、(d)]对比

9.4.7　不同组构试样三轴双向对称循环不排水试验

双向对称循环不排水剪切时的非对称应变累积，其应变非对称性与 A 密切相关。基于 Oda 等(2001)开展的不同初始沉积角下，丰浦砂各向异性不排水试验，验证了模型对于不同组构各向异性条件下的非对称应变累积规律的预测能力。如图 9-42 所示，模型能够成功预测由于组构各向异性导致的轴向应变累积的非对称趋势，具体表现为：①初始沉积角 $\beta_0 = 0°$ 时，轴向应变主要在三轴拉伸侧累积；②$\beta_0 = 90°$时，轴向应变则主要在三轴压缩侧累积，这一现象的准确模拟是现有各向同性模型无法做到的。本章模型通过考虑组构各向异性对砂土剪胀性和硬化的影响，实现了不同初始沉积角下试样变形的准确描述。

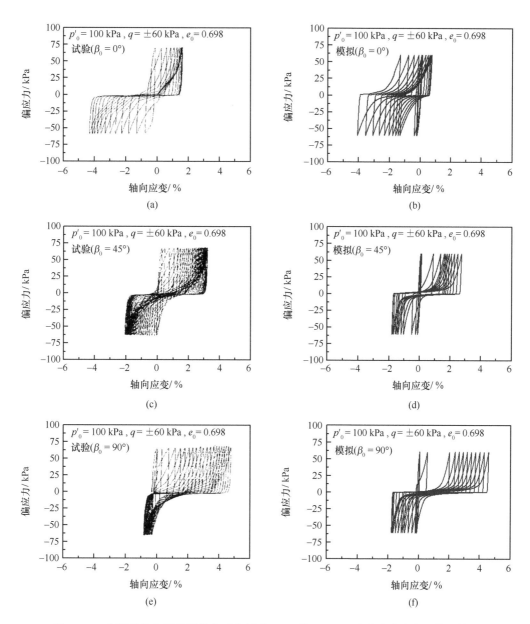

图 9-42　丰浦砂各向异性不排水对称试验（Oda 等，2001）应力应变响应及模拟结果

参考文献

王学涛，王立忠，洪义，等，2023. 砂土各向异性临界状态模型及砂质海床板锚承载特性评价. 岩土工程学报，45(11)：2346-2356.

ABELEV A V, LADE P V, 2004. Characterization of failure in cross-anisotropic soils[J]. Journal of Engineering Mechanics, 130(5)：599-606.

ANDERSEN K H, 2009. Bearing capacity under cyclic loading – offshore, along the coast, and or land. Canadian Geotechnical Journal, 46(5)：513-535.

ALONSO-MARROQUíN F, GARCíA-ROJO R, HERRMANN H J, 2004. Micro-mechanical investigation of the granular ratcheting[J].

ARTHUR J R F, MENZIES B K, 1972. Inherent anisotropy in a sand[J]. Géotechnique, 22(1): 115-128.

BARRERO A R, TAIEBAT M, DAFALIAS Y F, 2020. Modeling cyclic shearing of sands in semifluidized regime[J]. International Journal for Numerical and Analytical Methods in Geomechanics, 44: 371-388.

BELLOTTI R, BENOÎT J, FRETTI C, et al., 1997. Stiffness of Toyoura sand from dilatometer tests[J]. Journal of geotechnical and geoenvironmental engineering, 123(9): 836-846.

BEEN K, CROOKS J H A, BECKER D E, et al., 1985. The cone penetration test in sands: part I, state parameter interpretation[J]. Geotechnique, 36(2): 239-249.

CASAGRANDE A, 1936. Characteristics of cohesionless soil affecting the stability of slopes and earth fills. Journal of Boston Society of Civil Engineering: 13-32.

CHANG C S, WHITMAN R V, 1988. Drained permanent deformation of sand due to cyclic loading[J]. Journal of geotechnical engineering, 114(10): 1164-1180.

CHONG S H, SANTAMARINA J C, 2016. Sands subjected to repetitive vertical loading under zero lateral strain: accumulation models, terminal densities, and settlement. Can. Geotech. J. 53, No. 12: 2039-2046.

CORTI R, DIAMBRA A, WOOD D M, et al., 2016. Memory surface hardening model for granular soils under repeated loading conditions. Journal of Engineering Mechanics, 142(12): 04016102.

COWIN S C, 1985. The relationship between the elasticity tensor and the fabric tensor[J]. Mechanics of materials, 4 (2): 137-147.

DAFALIAS Y F, MANZARI M T, 2004. Simple plasticity sand model accounting for fabric change effects[J]. Journal of Engineering mechanics, 130(6): 622-634.

DAFALIAS Y F, 1986. Bounding surface plasticity. I: Mathematical foundation and hypoplasticity[J]. Journal of engineering mechanics, 112(9): 966-987.

ELGAMAL A, YANG Z, PARRA E, et al., 2003. Modeling of cyclic mobility in saturated cohesionless soils[J]. International Journal of Plasticity, 19(6): 883-905.

GAO Z, ZHAO J, 2013. Evaluation on failure of fiber-reinforced sand[J]. Journal of Geotechnical and Geoenvironmental Engineering, 139(1): 95-106.

GAJO A, MUIR WOOD D, 1999. Severn-Trent sand: a kinematic hardening constitutive model for sands: the q-p formulation[J]. Géotechnique. 49(5): 595-614.

HONG Y, WANG X, WANG L, et al., 2024. High-cycle shakedown, ratcheting and liquefaction behavior of anisotropic granular material with fabric evolution: Experiments and constitutive modelling[J]. Journal of the Mechanics and Physics of Solids, 187: 105638.

KUWANO R, JARDINE R J, 2002. On the applicability of cross-anisotropic elasticity to granular materials at very small strains[J]. Géotechnique, 52(10): 727-749.

LI X S, WANG Y, 1998. Linear representation of steady-state line for sand[J]. Journal of Geotechnical and Geoenvironmental Engineering, 124(12): 1215-1217.

LI X S, DAFALIAS Y F, 2000. Dilatancy for cohesionless soils[J]. Géotechnique, 50(4): 449-460.

LI X, LI X S, 2009. Micro-macro quantification of the internal structure of granular materials[J]. Journal of engineering mechanics. 135(7): 641-656.

LI X S, DAFALIAS Y F, 2012. Anisotropic critical state theory: role of fabric[J]. Journal of Engineering Mechanics, 138(3): 263-275.

LIU H Y, PISANÒ F, 2019. Prediction of oedometer terminal densities through a memory-enhanced cyclic model for sand. Géotech. Lett. 9 (2): 81-88. http://dx.doi.org/10.1680/jgele.18.00187.

LIU H, DIAMBRA A, ABELL J A, et al., 2020. Memory-enhanced plasticity modeling of sand behavior under undrained cyclic loading. Journal of Geotechnical and Geoenvironmental Engineering, 146(11): 04020122.

MASAYA H, NAKAI T, HOSHIKAWA T, et al., 2001. Dilatancy characteristic and anisotropy of sand under monotonic and cyclic loading[J]. Soils. Found. 41(3): 107-124.

MCKENNA F, 2011. OpenSees: a framework for earthquake engineering simulation[J]. Computing in Science & Engineering, 13(4): 58-66.

MIURA S, TOKI S, 1982. A sample preparation method and its effect on static and cyclic deformation-strength properties of sand[J]. Soils and Foundations, 22(1): 61-77.

NAKATA Y, HYODO M, MURATA H, et al., 1998. Flow deformation of sands subjected to principal stress rotation [J]. Soils and Foundations, 38(2): 115-128.

NEMAT-NASSER S, 2000. A micromechanically-based constitutive model for frictional deformation of granular materials[J]. Journal of the Mechanics and Physics of Solids, 48(6-7): 1541-1563.

ODA M, KAWAMOTO K, SUZUKI K, et al., 2001. Microstructural interpretation on reliquefaction of saturated granular soils under cyclic loading[J]. J. Geotech. Geoenviron. Eng. 127(5): 416-423.

PAPADIMITRIOU A G, CHALOULOS Y K, DAFALIAS Y F, 2019. A fabric-based sand plasticity model with reversal surfaces within anisotropic critical state theory. Acta Geotechnica, 14(2): 253-277.

PENG F L, TAN K, TAN Y, 2012. Simulating the viscous behavior of sandy ground by FEM. In GeoCongress 2012: State of the Art and Practice in Geotechnical Engineering: 2167-2176.

RANDOLPH M, GOURVENEC S, 2011. Offshore Geotechnical Engineering[M]. CRC Press.

ROSCOE K H, SCHOFIELD A N, WROTH C P, 1958. On the yielding of soils[J]. Geotechnique, 8(1): 22-53.

TAIEBAT M, DAFALIAS Y F, 2008. SANISAND: simple anisotropic sand plasticity model[J]. Int. J. Numer. Analyt. Methods Geomech. 32(8): 915-948.

SCHOFIELD A N, WROTH P, 1968. Critical state soil mechanics[M]. London: McGraw-hill.

VERDUGO R, ISHIHARA K, 1996. The steady state of sandy soils[J]. Soils and Foundations, 36(2): 81-91.

VAID Y P, CHERN J C, 1985. Cyclic and monotonic undrained response of saturated sands[C]. Advances in the art of testing soils under cyclic conditions. ASCE: 120-147.

WANG Z L, DAFALIAS Y F, SHEN C K, 1990. Bounding surface hypoplasticity model for sand[J]. Journal of Engineering Mechanics, 116(5): 983-1001.

WICHTMANN T, 2005. Explicit accumulation model for non-cohesive soils under cyclic loading[D]. Inst. für Grundbau und Bodenmechanik.

WICHTMANN T, NIEMUNIS A, TRIANTAFYLLIDIS T, 2007. Strain accumulation in sand due to cyclic loading: drained cyclic tests with triaxial extension[J]. Soil Dynamics and Earthquake Engineering, 27(1): 42-48.

WICHTMANN T, TRIANTAFYLLIDIS T, 2016. An experimental database for the development, calibration and verification of constitutive models for sand with focus to cyclic loading: part II—tests with strain cycles and combined loading[J]. Acta Geotechnica, 11: 763-774.

ZIOTOPOULOU K, BOULANGER R W, 2013. Calibration and implementation of a sand plasticity plane-strain model for earthquake engineering applications. Soil Dynamics and Earthquake Engineering, 53: 268-280.

YANG M, TAIEBAT M, DAFALIAS Y F, 2022. SANISAND-MSf: a sand plasticity model with memory surface and semifluidised state[J]. Géotechnique. 72(3): 227-246.

YANG J, SZE H Y, 2011. Cyclic behaviour and resistance of saturated sand under non-symmetrical loading conditions [J]. Géotechnique, 61(1): 59-73.

YOSHIMINE M, ISHIHARA K, VARGAS W, 1998. Effects of principal stress direction and intermediate principal stress on undrained shear behavior of sand[J]. Soils and Foundation, 38(3): 179-188.

ZHAO J, GUO N, 2013. Unique critical state characteristics in granular media considering fabric anisotropy[J]. Géotechnique, 63(8): 695-704.

第10章 复合荷载下地基承载力

地基承载力一直是海洋岩土工程研究的热点问题之一。传统估算承载能力的方法大多是基于普朗特条形基础竖向承载力公式，并对其进行修改，以适应普朗特公式中未包括的条件，如倾斜载荷、其他基础形状等。这些修改通常基于极限平衡分析或经验方法，适用于以竖向荷载为主的承载力计算。对于承受倾覆力矩和较大侧向荷载作用下的海洋基础，这些方法可能无法提供理论上严谨或实际上可靠的解决方案。

本章介绍了塑性力学上、下限定理，并对锚板、条形基础、圆形基础和 spudcan 基础的极限承载力特性进行分析归纳。首先采用上限法和有限元法分析锚板的抗拔承载力，然后利用有限元法对黏土地基 spudcan 基础在复合荷载作用下的力学性能进行了分析；通过对大型有限元软件 ABAQUS 进行二次开发，结合 Hill 稳定条件对砂性土地基承载力进行了研究，得出了一些有价值的结论。

10.1 上、下限定理

对 Drucker 稳定材料进行极限分析，要用到静力容许的应力场(以下简称"静力场")和机动容许的速度场(以下简称"机动场")的概念。设物体的体积为 Ω，位移边界 A_U 和荷载边界 A_T。作用在物体表面上的荷载和体积力分别为 T_i 和 b_i。

静力容许的应力场 σ_{ij} 满足如下条件。

(1)在体积 Ω 内满足平衡方程，即

$$\sigma_{ij,j} + b_i = 0 \tag{10-1}$$

(2)在体积 Ω 内不违反屈服条件，即

$$f(\sigma_{ij}) \leqslant 0 \tag{10-2}$$

(3)在边界 A_T 上满足边界条件，即

$$\sigma_{ij}n_j = T_i \tag{10-3}$$

式中，n_j 为荷载作用边界面的单位法线矢量。

机动容许的速度场应满足以下条件。

（1）在体积 Ω 内满足几何方程，即：

$$\varepsilon_{ij} = \frac{u_{i,j} + u_{j,i}}{2} \tag{10-4}$$

（2）在边界 A_U 上满足位移边界条件。

下限定理：在所有与静力相容的应力场相对应的荷载中，极限荷载为最大。

上限定理：在所有与机动容许的塑性变形位移速度场相对应的荷载中，真正的极限荷载最小。

因此，上限解是从极限荷载的上限逐渐趋近真实的极限荷载，在求解上限荷载的过程中，需要构造机动容许的速度场，速度场与真实的速度场越接近，则求得的上限荷载越小，也就越接近真实的极限荷载。

上、下限定理的详细证明见王仁等（1992）的教材，该定理对材料隐含了以下假设。

（1）材料是理想刚塑性或者理想弹塑性，材料不允许加工硬化或者加工软化。

（2）塑性应变率服从正交流动法则。

（3）屈服面外凸。

（4）结构破坏时处于小变形状态，变形前后使用相同的平衡方程。

基于极限分析上限定理和下限定理，求解刚塑性材料和理想弹塑性材料极限荷载的上限和下限，一般结果都能满足工程设计精度。但是构造静力容许的应力场比构造机动容许的速度场要困难很多，因此，下限法（LBM）很少用于解决岩土工程问题；上限法构造机动场相对容易，且一般能给出合理的解答，极限分析几乎集中在上限法（UBM）的应用。利用上限法求解极限承载力，首先要构造机动容许的速度场。速度场需要满足变形相容条件和所有的速度边界条件。令外力功率和内部能量耗散率相等，得到极限荷载的表达式。一般情况下，需要对一定的参数进行优化，得到最小或最优的上限解。上限法求解极限承载力问题的具体步骤如下。

（1）在岩土结构中构造一个机动容许的速度场。

（2）推导与速度场相容的应变率场。

（3）计算外力功率。

（4）根据一定的屈服条件，计算结构的内部耗散率。

（5）令外力做功功率与内部耗散率相等。

（6）求解极限荷载。

在上限法分析中，机动容许的速度场或破坏机构的选取非常重要，往往影响到计算结果的精度，需要技巧和经验。

10.2　深埋锚板的抗拔承载力

本节针对软黏土中深埋的条形和圆形锚板基础，利用塑性极限分析的上限法和有限元法分别对其抗拔承载力进行研究。首先针对饱和均质黏土中的深埋条形和圆形锚板，提出新的、严格的机动容许速度场，根据该速度场，利用塑性极限分析的上限定理，计算得到锚板极限抗拔承载力的上限解；然后利用非线性有限元法计算这两种锚板的极限抗拔承载力；最后将提出的速度场和上限解答与有限元的计算结果以及已发表的相关解进行比较，验证提出的速度场的合理性，验证得到的上限解的可靠性，为深海锚板的设计和施工提供参考依据(王立忠等，2009)。

10.2.1　塑性上限分析

极限分析的上限定理可以表述为：满足正交流动法则的理想刚塑 Tresca 材料或 Von Mises 材料，如果存在机动容许的速度场，使得外荷载功率等于材料耗散功率，则材料发生破坏：

$$\int_S T_i V_i \mathrm{d}S + \int_\Omega \gamma_i V_i \mathrm{d}\Omega = \int_\Omega \sigma_{ij} \dot{\varepsilon}_{ij} \mathrm{d}\Omega + \int_\Gamma S_u [\Delta V] \mathrm{d}\Gamma \qquad (10-5)$$

式中，下标 i，$j = 1$，2，3，T_i 为作用在边界 S 上面力矢量，V_i 是速度矢量，γ_i 是重度矢量，$\dot{\varepsilon}_{ij}$ 为机动容许的应变率张量，σ_{ij} 为与 $\dot{\varepsilon}_{ij}$ 相关的应力张量，$[\Delta V]$ 为间断速度，Ω 为破坏机构体积，Γ 为速度间断面的面积，即土体和锚板的接触面积，S_u 为土体不排水强度。

10.2.2　塑性耗散

一般构造的破坏机构(或机动的速度场)往往有两部分：连续的塑性变形区域和间断的滑动面。用上限法求解承载力时，需要计算塑性变形区内部的能量耗散和间断面的能量耗散。对于均质的饱和黏性土，在不排水条件下，可以用 Mises 准则或 Tresca 准则描述其强度特征(Chen，1975；龚晓南，2001)。Mises 或 Tresca 材料的耗散率推导如下：

(1)连续变形区的能量耗散。

对于 Mises 准则：

$$\dot{D} = S_u \, (2\dot{\varepsilon}_{ij}\dot{\varepsilon}_{ij})^{1/2} \qquad (10-6)$$

式中：$\dot{D}$ 是耗散率，S_u 是土体的不排水抗剪强度，$\dot{\varepsilon}_{ij}$ 为应变率张量。

对于 Tresca 准则：

$$\dot{D} = 2S_u \, | \, \dot{\varepsilon}_{\max} \, | \qquad (10-7)$$

式中，$\dot{\varepsilon}_{\max}$ 为最大主应变率。

（2）滑裂面能量耗散。

对于 Mises 准则或 Tresca 准则都有：

$$\dot{D} = S_u |\Delta V| \qquad (10-8)$$

式中：$|\Delta V|$ 为滑裂面两侧的相对速度。

10.2.3 条形锚板的极限承载力

仅考虑不排水均质黏土中水平放置的条形和圆形锚板的极限抗拔承载力，可简化成图 10-1 所示的问题。其中，H_a 是锚板埋深，B 为锚板的特征长度，对于条形锚板是其宽度，对于圆形锚板是其直径。

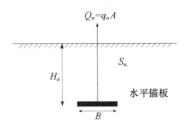

图 10-1　问题描述

不排水均质黏土中锚板的极限承载力一般表示为不排水抗剪强度的函数：

$$q_u = \frac{Q_u}{A} = S_u N_c \qquad (10-9)$$

式中：S_u 为土体不排水抗剪强度；N_c 为锚板的极限抗拔承载力系数；Q_u 为极限状态时锚板受到的拉力；A 为锚板的面积，对于条形锚板，简化成平面应变问题，$A=B$；对于圆形锚板，简化成轴对称问题，$A=\pi B^2/4$。

锚板处于极限状态时，如果土体破坏区扩展到地表，则锚板是浅埋的 [图 10-2（a），（b）]；如果土体破坏只发生在锚板周围的局部区域，则锚板为深埋 [图 10-2（c）]。锚板尺寸一定，黏土性质一定时，锚板对应有一临界深度 H_{cr}。当锚板埋深达到 H_{cr} 时，破坏是锚板周围的局部破坏，不再扩展到地表，锚板达到极限承载力，增加锚板埋深，承载力保持不变 [图 10-2（d）]。图中 Q_{u1}，Q_{u2}，Q_{u*} 等表示不同埋深时，锚板的极限抗拔承载力。

Rowe（1978）假设锚板与土"无脱离"，利用上限法求得均质黏土中深埋条形锚板承载力系数，构造的破坏机构如图 10-3 所示。

Rowe 构造的速度场分布关于锚板轴线 OB 对称，关于锚板反对称。将破坏机构分为两个区域，三角形区域 I 为刚体，以速度 V_0 竖直向上运动；扇形区 II 均匀分布大小为 $\sqrt{2}V_0/2$ 的环向速度；边界 BCD 和交界线 AB 为速度间断面，间断面两侧相对速度大小为 $\sqrt{2}V_0/2$。

注意 B 点已经与刚性边界 BCD 接触，不能向上运动，导致 B 点不满足变形协调条件。

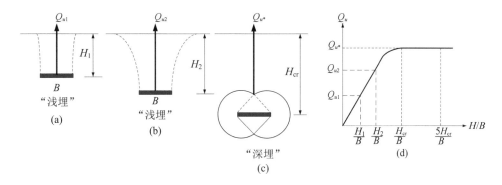

图 10-2　浅埋和深埋锚板的力学性质

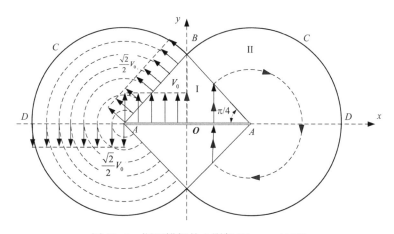

图 10-3　深埋锚板的上限解（Rowe，1978）

因此，从严格的力学意义上讲，该速度场并不是真正的机动容许场。对此，有两种解释：第一种解释是，B 点附近土体微元处于塑性变形，而 B 点所在微元面积相对 AB 速度间断面面积而言是个小量，因此可以忽略 B 点处的能量耗散；第二种解释是，可以认为在 B 点挖去一个小孔以使剩余土体的速度场满足机动许可，其依据是 Chen（1975）的极限分析定理三。第一种解释只讲到能量耗散，未能解释机动许可问题。而第二种解释所依据的定理讲的是初始应力和变形不影响极限承载力，Chen（1975）解释为体内开孔，实际上是换了一种机构，与原问题不是同一个数学问题。

三角形区域 I 和扇形区域 II 均为变形区，且较为合理的速度场分布应该是，在三角形区域 I 内，随着远离锚板，速度应逐渐减小；在扇形区域 II 内，沿着半径远离圆心方向，速度也应该逐渐减小，在破坏机构边界上速度减小至 0。王立忠等（2009）正是根据这一特征提出新的速度场。对应深埋条形锚板的速度场如图 10-4 所示，圆弧实线是塑性变形区的边界。锚板宽度为 B，半宽为 $b=B/2$。

考虑土体为不排水饱和黏土，内摩擦角 $\phi=0$，采用 Tresca 屈服条件。不排水条件意味着土体在塑性流动时无体积变形，即不可压缩条件。

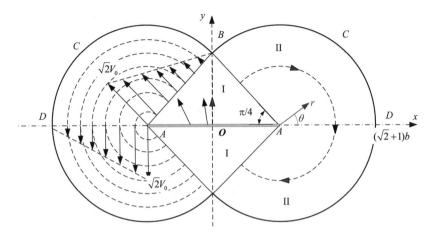

图 10-4　黏土中深埋条形锚板的塑性破坏机构

对于三角形区域 I，采用直角坐标系 xOy，原点位于锚板中心，x 轴与锚板在同一平面上，y 轴竖直向上。在平面应变条件下，不可压缩的速度场满足：

$$\frac{\partial V_x}{\partial x} + \frac{\partial V_y}{\partial y} = 0 \tag{10-10}$$

式中，V_x，V_y 分别是水平和竖向速度，x，y 分别是计算点至坐标原点水平和竖向的距离。

在三角形区域 I 内，假设竖向速度 V_y 与 x 无关，且 V_y 为一次函数形式：

$$V_y = a_1 y + a_2 \tag{10-11}$$

式中，a_1，a_2 为待定常数。

结合边界条件，当 $y=0$ 时 V_y 取最大值 V_0，$y=b$ 时取最小值 $V_y=0$，可得，$a_1 = -V_0/b$，$a_2 = V_0$。

由式（10-10）和式（10-11），可得 $V_x = -a_1 x + f(y)$。由于塑性流动机构关于 x 轴对称，则 $x=0$ 时，$V_x=0$，因此有 $f(y)=0$，$V_x = -a_1 x$。

因此，三角形区域 I 内土体的速度为：

$$V_x = \frac{V_0}{b} x \tag{10-12}$$

$$V_y = \left(1 - \frac{y}{b}\right) V_0 \tag{10-13}$$

根据速度场，可以得到应变率分量：

$$\dot{\varepsilon}_{xx} = \frac{\partial V_x}{\partial x} = V_0/b \tag{10-14}$$

$$\dot{\varepsilon}_{yy} = \frac{\partial V_y}{\partial y} = -V_0/b \tag{10-15}$$

$$\dot{\gamma}_{xy} = 2\dot{\varepsilon}_{xy} = \frac{\partial V_x}{\partial y} + \frac{\partial V_y}{\partial x} = 0 \tag{10-16}$$

最大主应变率为：

$$| \, \dot{\varepsilon}_{\max} \, | = \frac{1}{2} \sqrt{(\dot{\varepsilon}_{xx} - \dot{\varepsilon}_{yy})^2 + 4 \dot{\varepsilon}_{xy}^2} = V_0 / b \qquad (10-17)$$

对于 II 区，根据 I 、II 区交界线 AB 上速度的连续性条件和变形区 II 内变形的不可压缩条件可得到，II 区土体沿着平行于外部边界的曲线运动，对此区域采用极坐标描述较合适，极坐标原点位于 A 点，如图 10-4 所示。环向和径向速度分别为：

$$V_\theta = \sqrt{2} V_0 \left(1 - \frac{r}{\sqrt{2} \, b} \right) \qquad (10-18)$$

$$V_r = 0 \qquad (10-19)$$

应变率分量为：

$$\dot{\varepsilon}_\theta = \frac{\partial V_\theta}{\partial \theta} = 0 \qquad (10-20)$$

$$\dot{\varepsilon}_r = \frac{\partial V_r}{\partial r} = 0 \qquad (10-21)$$

$$\dot{\gamma}_{r\theta} = 2 \dot{\varepsilon}_{r\theta} = \frac{\partial V_\theta}{\partial r} - \frac{1}{r} \frac{\partial V_\theta}{\partial \theta} = \frac{-\sqrt{2} V_0}{r} \qquad (10-22)$$

最大主应变率为：

$$| \, 2 \dot{\varepsilon}_{\max} \, | = | \, \dot{\gamma}_{r\theta} \, | = 2 \, | \, \dot{\varepsilon}_{r\theta} \, | = \sqrt{2} V_0 / r \qquad (10-23)$$

因此，I 区能量耗散为：

$$D_{\mathrm{I}} = \int \dot{D}_{\mathrm{I}} \mathrm{d}\Omega = 4 \times \frac{2V_0}{b} \times S_u \times \frac{1}{2} b \times b = 4b V_0 S_u \qquad (10-24)$$

II 区能量耗散为：

$$D_{\mathrm{II}} = \int \dot{D}_{\mathrm{II}} \mathrm{d}\Omega = 4 \int_0^{\frac{3\pi}{4}} \int_0^{\sqrt{2}b} \frac{\sqrt{2} V_0}{r} r S_u \mathrm{d}r \mathrm{d}\theta = 6\pi b V_0 S_u \qquad (10-25)$$

间断面 AA 上能量耗散，锚板光滑时，

$$D_{\Gamma} = \int_{\Gamma} S_u \, | \, \Delta V \, | \, \mathrm{d}\Gamma = 0 \qquad (10-26)$$

锚板粗糙时，

$$D_{\Gamma} = \int_{\Gamma} S_u \, | \, \Delta V \, | \, d\Gamma = 2b V_0 S_u \qquad (10-27)$$

外力做功为：

$$R = q_u A V_0 + \int_{\Omega} \gamma V_y \mathrm{d}\Omega = Q_u V_0 \qquad (10-28)$$

令外力做功与内能耗散相等：

$$R = D_{\mathrm{I}} + D_{\mathrm{II}} + D_{\Gamma} \qquad (10-29)$$

根据式（10-28）可计算出锚板的极限抗拔承载力 q_u，然后由式（10-9）就可以得到锚板

的极限抗拔承载力系数 N_c。

对于光滑条形锚板，锚板与土之间无能量耗散，$N_c = 10.42$；对于粗糙锚板，锚板与土之间黏结强度为 S_u，板与土体之间的相对滑移有能量耗散，此时 $N_c = 12.42$。

10.2.4 圆形锚板的极限承载力

对于圆形锚板，按照轴对称问题考虑。采用 roz 坐标系，如图 10-5 所示。圆形锚板在 r-z 平面的速度场与平面应变条件下 x-y 平面的速度场在范围和形状上相同，速度分布不同。根据轴对称条件可知，绕 z 轴环向速度为 0。

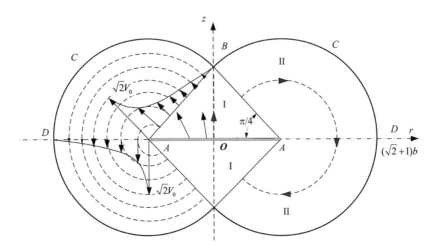

图 10-5　黏土中深埋圆形锚板的塑性破坏机构

对于 I 区，由轴对称条件下土体的不可压缩条件可知，速度场须满足：

$$\frac{\partial V_r}{\partial r} + \frac{V_r}{r} + \frac{\partial V_z}{\partial z} = 0 \qquad (10-30)$$

式中，V_r，V_z 分别是土体沿径向和轴向的速度。r 是径向离锚板中线的距离，z 是计算点轴向离锚板表面的距离。

根据轴对称条件可知，$r=0$ 时，$V_r=0$。构造 I 区机动场时，假设 V_z 与 r 无关，则 V_r 可构造为：

$$V_r = -\frac{r}{2}\left(\frac{\partial V_z}{\partial z}\right) \qquad (10-31)$$

假设 I 区轴向速度 V_z 为 z 的二次函数形式：

$$V_z = a_1 z^2 + a_2 z + a_3 \qquad (10-32)$$

式中：a_1，a_2，a_3 是待定常数。

当 $z=0$ 时，V_z 取最大值 V_0，$z=b$ 时，$V_z=0$。假设三角形区域 I 和扇形区 II 的交界面 AB 上，沿着扇形径向的速度分量为 0，仅有环向分量，且 I 区和 II 区无速度间断。结合式（10-30），经过推导，得到 $a_1 = V_0/b^2$，$a_2 = -2V_0/b$，$a_3 = V_0$。因此，三角形区域 I 区土体的径向和轴向的速度分别为：

$$V_r = -\frac{V_0}{b^2}zr + \frac{V_0}{b}r, \quad V_z = \frac{V_0}{b^2}z^2 - \frac{2V_0}{b}z + V_0 \quad\quad (10-33)$$

根据 I 区和 II 区交界面 AB 上速度连续性条件和 II 区土体的不可压缩条件，采用与推导条形锚板扇形区速度场类似的方法，经过推导可得，在 II 区，土体沿着平行于外部边界的曲线运动，径向和轴向的速度分别为：

$$V_r = \frac{V_1 r_1}{r}\frac{z}{K} \quad\quad (10-34)$$

$$V_z = \frac{V_1 r_1}{r}\frac{(b-r)}{K}$$

式中：$K = \sqrt{(b-r)^2 + z^2}$，$V_1 = \sqrt{2}\left(\dfrac{r_1}{b}\right)^2 V_0$，$r_1 = b - \dfrac{1}{\sqrt{2}}K$。

另外，速度场满足如下边界条件：

锚板 AO 上，$V_{z1} = V_0$；

边界 BCD 上，$V_r = 0$，$V_z = 0$；

交界面 AB 上，$V_{r\,I} = V_{r\,II}$，$V_{z1} = V_{z\,II}$。

根据速度场，可以得到各应变率分量为：

$$\dot{\varepsilon}_{rr} = \frac{\partial V_r}{\partial r}, \quad \dot{\gamma}_{r\theta} = 0 \quad\quad (10-35)$$

$$\dot{\varepsilon}_{\theta\theta} = \frac{V_r}{r}, \quad \dot{\gamma}_{\theta z} = 0 \qu\quad (10-36)$$

$$\dot{\varepsilon}_{zz} = \frac{\partial V_z}{\partial z}, \quad 2\dot{\varepsilon}_{zr} = \frac{\partial V_r}{\partial z} + \frac{\partial V_z}{\partial r} \qu\quad (10-37)$$

最大主应变率大小为：

$$|\dot{\varepsilon}_{max}| = \frac{1}{2}\left(\dot{\varepsilon}_{\theta\theta} + \sqrt{\dot{\varepsilon}_{\theta\theta}^2 + 4\dot{\varepsilon}_{rz}^2 - 4\dot{\varepsilon}_{rr}\dot{\varepsilon}_{zz}}\right) \qu\quad (10-38)$$

因此，I 区能量耗散为：

$$D_I = \int \dot{D}_I \mathrm{d}\Omega = 4\int_0^b \int_0^{b-r} \dot{D}_I \mathrm{d}r\mathrm{d}z \qu\quad (10-39)$$

II 区能量耗散为：

$$D_{II} = \int \dot{D}_{II} \mathrm{d}\Omega = 4\int_0^{3\pi/4} \int_0^{\sqrt{2}b} \dot{D}_{II} \mathrm{d}r\mathrm{d}z \qu\quad (10-40)$$

式中：能量耗散率 $\dot{D}_I$ 和 $\dot{D}_{II}$ 根据式（10-7）计算。

速度间断面 AA 上能量耗散：

锚板光滑时，

$$D_\Gamma = \int_\Gamma S_u \mid \Delta V \mid \mathrm{d}\Gamma = 0 \tag{10-41}$$

锚板粗糙时，

$$D_\Gamma = \int_\Gamma S_u \mid \Delta V \mid \mathrm{d}\Gamma = 2 \int_0^{2\pi} \int_0^b \frac{V_0}{b} r^2 S_u \mathrm{d}r \mathrm{d}\theta \tag{10-42}$$

外力做功为：

$$R = q_u A V_o + \int_\Omega \gamma V_y \mathrm{d}\Omega = Q_u V_o \tag{10-43}$$

令外力做功与内能耗散相等：

$$R = D_\mathrm{I} + D_\mathrm{II} + D_\Gamma \tag{10-44}$$

根据式(10-44)可计算出锚板的极限抗拔承载力 q_u，然后由式(10-9)就可以得到锚板的极限抗拔承载力系数 N_c。计算耗散功率过程是利用编制的 matlab 高斯数值积分程序完成的。由计算可知，对于光滑的圆形锚板，$N_c = 12.70$，而对于粗糙的圆形锚板，$N_c = 14.03$。

10.2.5 非线性有限元分析

为了验证提出的速度场的合理性和承载力计算结果的准确性，王立忠等(2009)采用非线性有限元法分析比较饱和均质不排水黏土中深埋条形锚板和圆形锚板的抗拔承载力。

10.2.5.1 有限元计算模型

土体用基于 Tresca 屈服准则的完全弹塑性模型。在 ABAQUS 中 Tresca 模型是 Mohr-Coulomb 模型的特殊情况(内摩擦角 $\phi = 0$，剪胀角 $\psi = 0$)，采用 Tresca 屈服准则和 Mises 流动势函数。黏土不排水抗剪强度 $S_u = 20$ kPa，土体弹性参数为：$E_u/S_u = 500$，泊松比 $\nu = 0.49$，土体有效重度 $\gamma' = 7$ kN/m³。

根据对称性，取一半模型作为研究对象。取锚板特征宽度 B 为 6 m，锚板埋深 $H_a = 6B = 36$ m。上下和右边边界距离锚板轴线均为 $6B$ 宽度，可认为边界距离锚板已足够远，不会影响锚板的极限抗拔承载力。有限元网格和边界条件如图 10-6(a)、(b)所示，锚板附近网格加密。计算条形基础承载力属于平面应变问题，采用二次减缩积分单元 CPE8R；计算圆形基础承载力是轴对称问题，采用 CAX8R 单元。节点总数为 4 839，单元总数为 1 560。

由于 $\gamma' H_a/S_u > 7$，Merifield (2001)认为锚板为深埋锚板，且与土"无脱离"。锚板比土体刚度大很多，可以用刚体表示。有限元分析时，锚板用刚性节点集描述，控制点取锚板中心点，锚板与土之间界面共用节点以模拟土与锚板"无脱离"情况。

10.2.5.2 锚板与土界面的模拟

考虑锚板粗糙程度不同，锚板与土体之间界面的黏聚力不同。锚板表面与土体之间的黏聚力可近似按下式考虑：

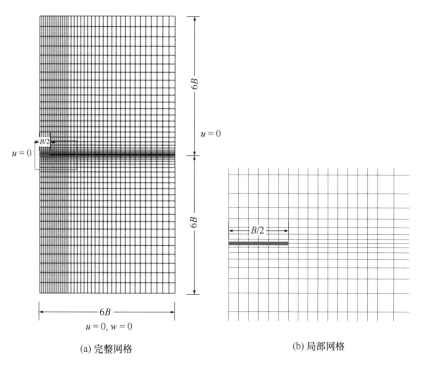

图 10-6　有限元网格

$$f_c = \alpha S_u \qquad (10-45)$$

式中：S_u 为黏土的不排水强度，α 为锚板与土界面的黏聚力系数。

实际有限元分析时，在锚板两侧附近土体中引入一层薄摩擦单元，厚度为 0.2 m，抗剪强度为 αS_u，锚板与土界面上极限摩擦力由薄层单元的抗剪强度确定。当锚板完全粗糙时，$\alpha=1$，当锚板完全光滑时，$\alpha=0$（为避免数值问题，取 $\alpha=0.05$），一般情况下，$0 \leqslant \alpha \leqslant 1$。

10.2.5.3　极限荷载的确定

理论上，极限荷载定义为与极限状态对应的荷载，达到此荷载后，结构的变形将无限制地增加，从而丧失承载能力。此定义的前提假设是材料为理想塑性材料，计算中采用小变形假设，利用位移控制加载。

有限元分析时，首先施加重力荷载，平衡重力场得到初始地应力场；然后在锚板控制点施加向上的位移，得到荷载位移曲线，当曲线的斜率接近于 0 时，按照理想弹塑性流动概念，此时所对应的外荷载即可作为锚板的极限抗拔承载力 Q_u，根据式（10-9）就可以求得极限承载力系数 N_c。典型的无量纲化荷载-位移曲线如图 10-7 所示，该图对应的是粗糙条形锚板的曲线。其中，Q 为作用在锚板上的合力，A 为锚板面积，N_c 为承载力系数，w 为锚板控制点的位移。

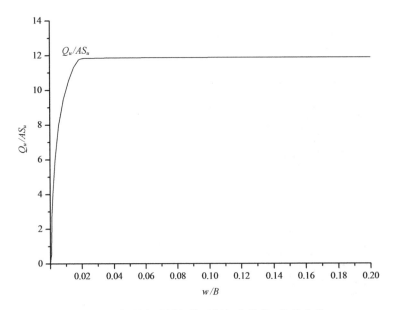

图 10-7　粗糙条形锚板的无量纲化荷载–位移曲线

10.2.5.4　有限元分析结果

表 10-1 给出了条形锚板和圆形锚板在不同的界面粗糙情况下的极限抗拔承载力系数 N_c。从表10-1可以看出，随着锚板和土界面黏聚力的增加，锚板的承载力逐渐增加。对于条形和圆形锚板，完全粗糙比完全光滑情况，承载力系数分别提高了约3%和8%。

表 10-1　有限元计算结果

α	条形锚板 N_c	圆形锚板 N_c
0.05	11.52	12.44
0.1	11.60	12.46
0.2	11.70	12.66
0.5	11.80	13.10
1.0	11.90	13.46

10.2.6　上限法结果与有限元结果的比较

有限元分析中土体材料性质与时间无关，因而时间只是一个比例因子，位移场与速度场分布规律一致。

10.2.6.1　速度场的比较

图 10-8(a)、(b)分别给出了光滑和粗糙条形锚板在极限状态下的位移(速度)矢量图。

从图中可以看出，深埋锚板在极限状态时，锚板的粗糙程度对破坏范围影响较小，破坏范围在离锚板中心大约 $1.2B$ 的正方形范围内。破坏机构可分成腰长为 $\sqrt{2}B/2$ 的等腰直角三角形区域 I 和圆心角为 $3\pi/2$、半径为 $\sqrt{2}B/2$ 的扇形区域 II。

计算结果和 Rowe(1978) 提出的破坏范围与有限元计算得到的塑性流动机构吻合得较好。分析图 10-8(a)、(b) 可以发现：在锚板上下两侧的三角形区域内，随着远离锚板，速度逐渐减小；在扇形区域，从圆心沿着半径方向，速度也逐渐减小，在破坏机构的边界上速度减小至 0。图 10-8(a) 中三角形变形区域 I 速度矢量大小和方向随着位置的不同而变化，图 10-8(b) 中却变化很小。从这个意义上来讲，王立忠等 (2009) 提出的机动场更适合光滑锚板的情况。Rowe 提出的破坏机构，三角形区域 I 的速度场与图 10-8(b) 描述的机动场相似，速度大小和方向变化很小，整个区域近似以刚体形式运动，锚板与土体之间无相对滑移，与粗糙锚板的情况较吻合。

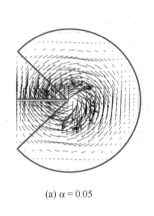 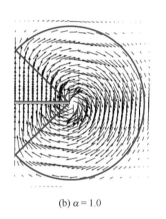

(a) $\alpha = 0.05$　　　　　　　　　　　　(b) $\alpha = 1.0$

图 10-8　条形锚板的流动机构

(a) 光滑锚板；(b) 粗糙锚板

图 10-9(a)、(b) 分别给出了光滑和粗糙圆形锚板在极限状态下的位移(速度)矢量图。分析图 10-9(a)、(b) 可以发现，破坏机构的范围 I 与条形锚板类似且与锚板粗糙情况无关，破坏机构的速度分布也与条形锚板相似。但与条形锚板不同的是，在圆形锚板扇形区域 II 内，从圆心远离锚板方向，土体速度减小的速率比条形锚板要大。王立忠等 (2009) 提出的速度场能很好地描述上述特征。

10.2.6.2　承载力的比较

表 10-2 给出了上限法和有限元法得到的条形锚板及圆形锚板承载力系数与其他学者的相关结果对比情况。从表 10-2 可以看出，上限解和有限元结果与其他学者的结果很接近。对于光滑的条形锚板，Rowe 没有得到相应的解答，而本节方法给出的结果为 11.42。对于粗糙条形锚板，Rowe 的上限解小于王立忠等 (2009) 所得结果，但王立忠等 (2009)

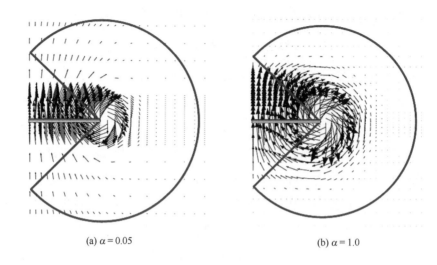

(a) $\alpha = 0.05$ (b) $\alpha = 1.0$

图 10-9 圆形锚板的流动机构

(a)光滑锚板；(b)粗糙锚板

提出的速度场是严格的机动场，而 Rowe 的速度场只是一种近似的机动场。光滑圆形锚板承载力系数与 Martin(2001)得到的滑移线场解答较为吻合，相差在2%以内；而粗糙锚板承载力系数与滑移线场解有一定偏差，相差约7%。由于 Martin(2001)将滑移线场推广至全空间，一般认为其求解结果为极限分析的一个下限解(龚晓南，2001)。因此，本节上限解和滑移线场解的差别是可以接受的。

表 10-2　锚板承载力系数 N_c 比较

锚板形状	界面情况	Rowe(1978) (上限)	Martin 等(2001) (滑移线)	王立忠等(2009) (上限)	王立忠等(2009) (FEM)
条形	光滑	/	/	11.42	11.52
	粗糙	11.42	/	12.42	11.90
圆形	光滑	/	12.42	12.70	12.44
	粗糙	/	13.11	14.03	13.46

10.3　复合荷载下浅基础承载力

10.3.1　浅基础承载力经验公式

黏土地基上浅基础竖向承载力是岩土力学中的经典问题之一。条形基础竖向承载力普朗特解为 $V = (2+\pi)S_u BL$，其中，S_u 是平面应变中土体的不排水抗剪强度，B 是基础宽度，

L 是长度(远大于宽度)。

Skempton(1951)提出的圆形基础竖向承载力经验公式为:

$$q_u = 6S_u(1 + 0.2d/D) + \gamma'd \leq 9S_u + \gamma'd \tag{10-46}$$

式中:S_u 为土的抗剪强度;γ' 为土的有效重度;d 为基础埋深;D 为基础直径。

Vesic(1975)给出了软黏土地基上圆形基础,在倾斜荷载作用下承载力计算的经验公式:

$$\frac{V}{V_{\text{ult}}} = 1 - \frac{1.5H}{(2 + \pi)H_{\text{ult}}}, \quad H \leq H_{\text{ult}} = AS_u \tag{10-47}$$

其中,V 和 H 分别是竖向和水平荷载。基于前人对圆形基础的研究结果,Murff(1994)提出一个三维荷载空间的破坏包络面方程:

$$\sqrt{\left(\frac{M}{D}\right)^2 + \alpha_1 H^2} + \alpha_2\left[\frac{V^2}{V_c} - V\left(1 + \frac{V_t}{V_c}\right) + V_t\right] = 0 \tag{10-48}$$

式中:M 是倾覆力矩,α_1 和 α_2 为常数,V_c 和 V_t 分别为基础的竖向抗压承载力和抗拔承载力,D 为基础直径。对于饱和软黏土中的基础,在不排水条件下的承载力,可假设,$V_t = -V_c = -V_{\text{ult}}$,则上式10-48可以简化为:

$$\sqrt{\left(\frac{M}{\alpha_3 V_{\text{ult}}D}\right)^2 + \left(\frac{H}{\alpha_4 V_{\text{ult}}}\right)^2} + \left(\frac{V}{V_{\text{ult}}}\right)^2 - 1 = 0 \tag{10-49}$$

$\alpha_3 V_{\text{ult}}D$ 和 $\alpha_4 V_{\text{ult}}$ 可以看作地基基础分别在力矩荷载和水平荷载单独作用下的极限承载力 M_{ult} 和 H_{ult},则式(10-49)可以表示为:

$$\sqrt{\left(\frac{M}{M_{\text{ult}}}\right)^2 + \left(\frac{H}{H_{\text{ult}}}\right)^2} + \left(\frac{V}{V_{\text{ult}}}\right)^2 - 1 = 0 \tag{10-50}$$

在 V-M 空间中,破坏包络面如图 10-10 中所示。

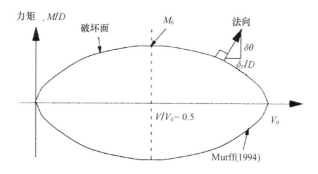

图 10-10　V-M 空间中破坏包络体的横截面(H_0)

10.3.2　复合荷载下条形基础承载力

Bransby 等(1997a)中给出了两种常用机动场,"勺"形机动场和"楔"形机动场,如图 10-11所示。实际的条形基础机动场包括"勺"机制和"楔"机制的组合,如图 10-12 所示。

楔形角 α 和 β、偏心度 e 和 f 以及勺旋转中心高度 L 都可以改变，以便找到最低的极限荷载。Bransby 等（1997）依据上述理论分别给出了条形基础在竖向力-水平力（V-H，倾斜荷载）、竖向力-力矩（V-M，偏心荷载）和水平力-力矩（H-M）荷载空间下的承载力。

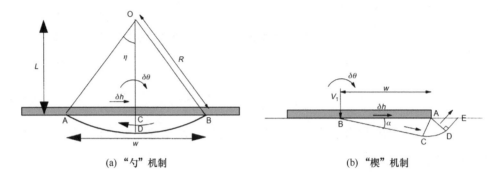

(a) "勺" 机制　　　　　　　　　　(b) "楔" 机制

图 10-11　条形基础机动场

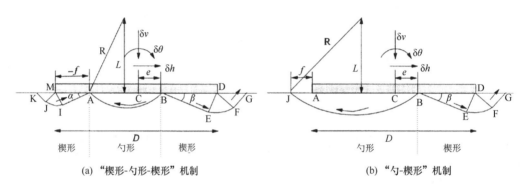

(a) "楔形-勺形-楔形" 机制　　　　　　　　(b) "勺-楔形" 机制

图 10-12　组合式"楔形勺"机动场

Bransby 等（1998）在承载力有限元数值模拟中采用位移探针法（displacement probe）和侧移法（side-swipe）两种方法，来确定复合荷载下条形基础承载力，并和上限法分析结果做比较，如图 10-13 所示。位移探针法指的是等位移分量比作用路径；侧移法由两个阶段组成：在第一阶段（例如图 10-13 中的 OA），给定一个位移（通常是垂直的）直到达到极限载荷；然后在第二个位移探测（图 10-13 中的 AB）期间，垂直位移增量被设置为 0。这两种方法探求破坏包络面的前提是弹性刚度远大于塑性刚度，加载过程中弹性变形很小，不会造成屈服面外扩，因此，第二阶段的应力路径几乎完全遵循屈服破坏轨迹的形状。这意味着可以通过一个测试确定屈服轨迹的形状。

10.3.2.1　竖向力-水平力（V-H）复合荷载承载力

在侧移法分析中，初始路径仅有垂直位移 v，没有旋转 θ 或水平位移 h，垂直加载到 $v/D = 0.083$，$h/D = 0$，$\theta = 0$（图 10-14 中的 OA），从而可计算出 V_0。以位移增量 $\delta v/D = 0$，$\delta h/D = 0.083$，$\delta \theta = 0$（图 10-14 中的 AB）进行水平侧向滑动，应力路径近似于 V-H 空间中破

坏轨迹的形状。

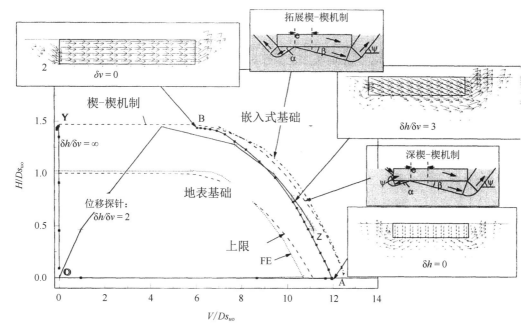

图 10-13 V-H 空间上破坏包络面

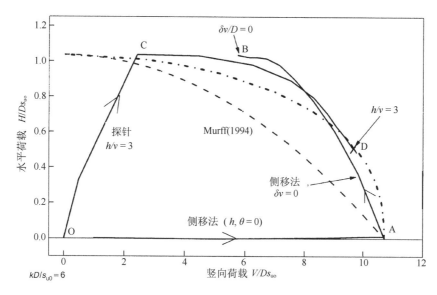

图 10-14 V-H 荷载($M \approx 0$)下的破坏面

10.3.2.2 竖向力-力矩(V-M)复合荷载承载力

与 V-H 荷载空间的研究一样，在 V-M 载荷空间中进行侧移法分析，不同的是旋转测试包括垂直加载到 $v/D = 0.083$（θ，$H/D = 0$），随后旋转到 $\theta = 0.016\ 7$ rad，其中，$\delta V/D = 0$ 和 δM 无约束（$H = 0$），如图 10-15 所示。图中也显示了两个位移探针法导出的破坏面、位移路径和破坏面上的土体位移机制($\frac{\theta}{v/D} = 5$, 10)。在破坏面的不同位置,沿着破坏面的土体变形机制有所不同。当 $V=0$ 时,简单勺型机制占优势;当 $M=0$ 时,出现简单对称双楔机制,而破坏面的其他情况,则出现勺和楔混合机制。

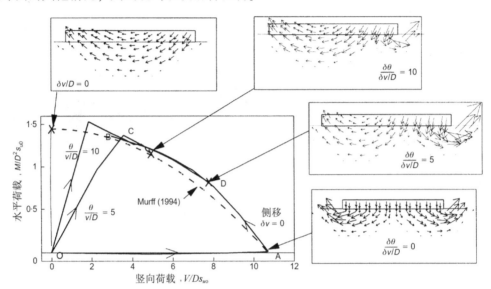

图 10-15 V-M 荷载($H=0$)下条形基础承载力破坏面和位移场

10.3.2.3   水平力-力矩(H-M)复合荷载承载力

综合在 V-H 和 V-M 荷载空间进行的位移路径分析结果可以看出,基础可承受的最大力矩不出现于 $H=0$ 时,而出现于正水平荷载和力矩的组合,如图 10-16 的右上方。为了获得真正的极限力矩,需要从原点进行侧移法探测(图 10-16 中的 OAB),探测过程中 θ 增加。应力路径一旦达到破坏面(在 A 处),则沿着破坏面(图 10-16 中的 AB)发展。在 B 点之后,设定 $\delta\theta=0$,进行了两次不同的侧移法试验:当 $\delta h>0$ 时,侧面滑动探测到 h 值增加的破坏面(图 10-16 中的 BC);而当 $\delta h<0$ 时,探测到 h 下降的破坏面(图 10-16 中的 BD)。图 10-16 中也列出了两个位移探针法测试结果($\frac{\theta}{h/D} = -2$, 1),总体上位移探针法和侧移法获得的破坏面较为接近。

Bransby 等(1998)利用上述有限元方法结果,分析了非均质软黏土地基上的条形基础,在复合荷载作用下的承载力特性,提出在复合加载模式下的地基破坏包络面的经验方程:

$$\left(\frac{V}{V_{\text{ult}}}\right)^{2.5} + \left(1 - \frac{H}{H_{\text{ult}}}\right)^{0.33}\left(1 - \frac{M^*}{M_{\text{ult}}}\right) + 0.5\left(\frac{M^*}{M_{\text{ult}}}\right)\left(\frac{H}{H_{\text{ult}}}\right)^5 = 0 \qquad (10-51)$$

式中,$M^* = M - LH$,L 是勺形机构中心到界面的高度;V_{ult}、H_{ult}、M_{ult} 分别是竖向荷载、水平荷载或力矩单独作用时基础的极限承载力。

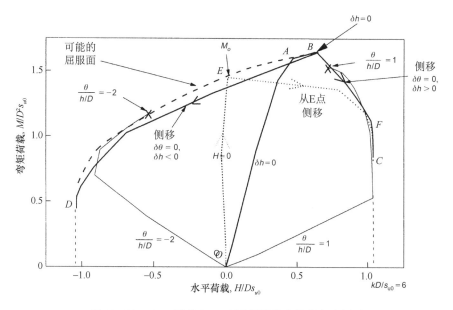

图 10-16　H-M 荷载($V \approx 0$)下条形基础承载力破坏面

10.3.3　复合荷载下圆形基础承载力

Taiebat 等(2000)对不排水条件下均质土体上圆形基础进行有限元分析,以研究圆形基础在垂直-水平-力矩(V-H-M)空间中的破坏包络面。假设土体-基础界面提供抗拔力,这主要由于施加荷载期间土体不排水可能产生吸力。分析中使用的有限元网格如图 10-17 所示,假定基础是刚性和粗糙的。在土体-基础界面使用一薄层连续单元,可大大提高对基础横向响应预测的准确性。材料本构模型为理想弹塑性 Tresca 破坏准则,研究中使用的荷载和力矩符号基于右手轴和顺时针为正惯例(V,M,H),如图 10-18 所示。

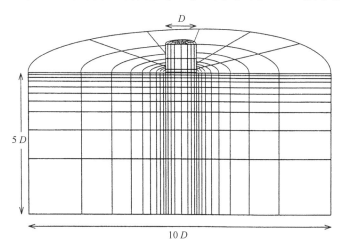

图 10-17　圆形基础有限元模型及网格划分

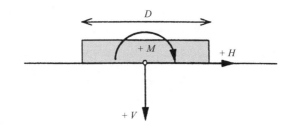

图 10-18　圆形基础上荷载符号定义

10.3.3.1　竖向力-水平力(V-H)复合荷载承载力(倾斜荷载)

基础的竖向极限承载力 V_u 根据 $V/H = 60$ 和 $M = 0$ 的有限元分析得出，水平荷载分量较小有利于更好地定义极限荷载点。圆形基础的极限竖向承载力值 $V_u = 5.7\,AS_u$，非常接近 $V_u = 5.69\,AS_u$ 的精确解。为了评估水平荷载 $H = V/60$ 对竖向承载力的影响，进行了另一项水平荷载值较低的分析，$H = V/600$。获得了相同的极限竖向承载力值，表明相对较小的水平荷载对基础竖向承载力的影响可忽略不计。

图 10-19 对 V-H 荷载空间中 Taiebat 等(2000)失效包络面、Vesic(1975)常规解、Bolton (1979)的修正解、Bransby 等(1998)结果、Murff(1994)结果进行了综合比较。Taiebat 等 (2000)数值分析的结果与 Bolton(1979)修正理论表达式得到的结果非常接近。前三个结果表明，从垂直方向测量，存在一个临界倾角，超过该临界倾角，基础的极限水平阻力决定了基础的破坏。Taiebat 等(2000)及 Bolton(1979)的修正表达式预测临界角为 19°，Vesic (1975)的传统方法预测的临界角为 13°，而 Murff(1994)失效包络面较保守。

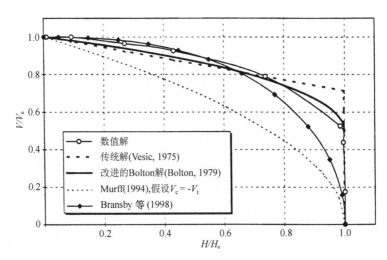

图 10-19　V-H 荷载空间下($M = 0$)圆形基础失效包络面

10.3.3.2　竖向力–力矩(V-M)复合荷载承载力

对于仅受力矩作用的基础，根据有限元分析结果得出极限承载力 $M_u = 0.8ADS_u$。图 10-20 将 Taiebat 等（2000）数值研究中预测的无量纲失效包络面与 Murff（1994）和 Bransby 等（1998）预测结果进行了比较。后两者近似的失效包络线相对于数值分析预测的失效包络都是保守的。值得注意的是，Bransby 等提出的破坏方程适用于条形基础，而不是此处考虑的圆形基础。

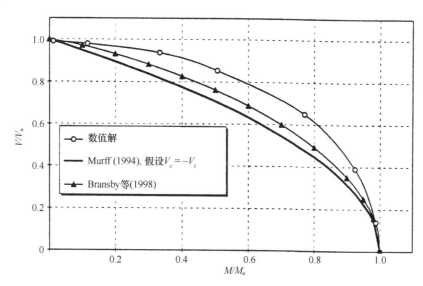

图 10-20　V-M 荷载空间下（$H=0$）圆形基础失效包络面

10.3.3.3　水平力–力矩(H-M)复合荷载承载力

图 10-21 显示了根据一系列数值分析在水平荷载和力矩复合荷载下获得的破坏包络面。最大力矩承载力 $M = 0.89\ ADS_u$，比纯力矩下基础的预测承载力大 10%。最大力矩在水平荷载 $H = 0.71\ AS_u$ 位置。图 10-21 比较了 Taiebat 等（2000）数值预测无量纲失效包络面形式以及 Murff（1994）与 Bransby 等（1998）的预测结果。Murff（1994）提出的失效包络面是对称的，最大力矩出现在水平荷载为 0 时，数值分析表明，在正水平荷载存在时，基础能承受的最大力矩增大，从 Murff 方程获得的失效包络面变得非保守。Taiebat 等（2000）预测的非对称失效包络面与 Bransby 等（1998）使用有限元分析和上限塑性分析获得的条形基础的失效包络面非常相似。

10.3.3.4　三维荷载空间下的失效包络面

为获得 V-H-M 空间中的失效包络面，在一系列有限元分析中将各种荷载和力矩进行组合。图 10-22 显示了垂直荷载、水平荷载和力矩组合作用下基础破坏包络面的三维图像。

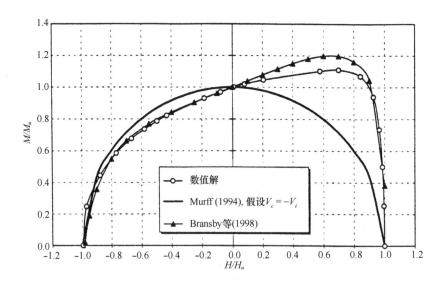

图 10-21 M-H 荷载空间下（V=0）圆形基础失效包络面

图 10-23 是 V-H-M 空间中的失效包络面的等高线图。图 10-23 显示，当 V=0 时，最大力矩出现在 $H/H_u = 0.71$ 处。随着垂直荷载的增加，最大力矩的位置越接近力矩轴。

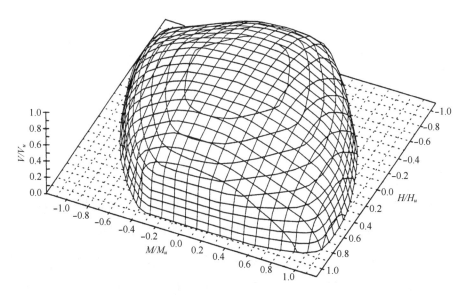

图 10-22 复合荷载下圆形基础三维失效包络面

基于以上分析，Taiebat 等（2000）提出了复合荷载下圆形基础承载力公式如下：

$$\left(\frac{V}{V_0}\right)^2 + \left[\frac{M}{M_0}\left(1 - \alpha_1 \frac{HM}{H_0|M|}\right)\right]^2 + \left|\left(\frac{H}{H_0}\right)^3\right| - 1 = 0 \qquad (10-52)$$

式中：H_0，V_0，M_0 分别是基础极限水平、竖直和弯矩承载力，α_1 是土体性质相关联的参数。对于均质土体，$\alpha_1 = 0.3$ 可得到较精确的承载力预测值。

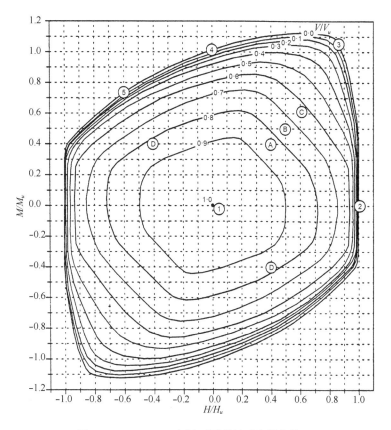

图 10-23　$V\text{-}H\text{-}M$ 空间下圆形基础失效包络面

10.4　复合荷载下 spudcan 基础承载力

10.4.1　spudcan 基础

如图 10-24(a)所示，自升式移动平台在离岸油气勘探开发中被广泛使用。典型的自升式钻井平台由一个上部船体和三个独立的桁架腿支撑组成，每个腿都靠在一个大的倒圆锥体上，通常称为 spudcan 基础。典型的 spudcan 基础大致为圆形，直径达到约 20 m，如图 10-24(b)所示。

Spudcan 基础通常承受自重和环境荷载引起的竖向(V)、横向(H)和倾覆力矩(M)荷载的组合。为了预测自升式钻井平台的状态，必须充分研究单个 spudcan 基础在组合荷载下的响应。

Martin 等(2000，2001)通过 1g 条件下的小比尺试验及数值方法，得到 spudcan 基础在复合荷载作用下地基的破坏包络图。现有的数值分析工作大多局限于垂直承载力或安装行为(Hu et al.，1998；Hossain et al.，2004)，而很少关注其在组合荷载下的承载力。此外，海洋沉积物通常是不均匀的，剪切强度随着深度的增加而增加。目前对非均质黏土地基的

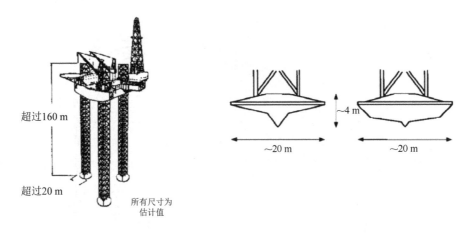

图 10-24　（a）自升式移动平台和（b）spudcan 基础

垂直承载力研究较多，但组合荷载下 spudcan 基础承载力还很少受关注，主要聚焦于条形或圆形基础（Bransby et al.，1998；Taiebat et al.，2000；Gouvenec et al.，2003）。

本节研究均质软土和正常固结软土 spudcan 基础在简单加载和复合加载下的承载力性能。比较不同土质、不同埋深的 spudcan 基础在 V-H、V-M 和 H-M 荷载平面上的归一化破坏包络面，得到了 V-H-M 荷载空间的破坏包络图，并将有限元分析得到的结果与相关的经验公式进行了对比。

10.4.2　有限元模型与计算方法

本节有限元计算选取的 spudcan 基础的几何模型如图 10-25 所示，spudcan 基础的直径 D 取为 20 m。

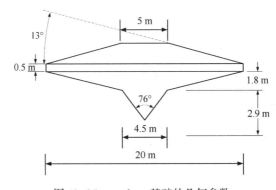

图 10-25　spudcan 基础的几何参数

在复合加载模式下，对应 spudcan 基础参考点处的水平荷载 H、竖向荷载 V 和力矩荷载 M，基础发生水平位移 u、竖向位移 w 和转角位移 θ，如图 10-26 所示。

在软土海床条件下，spudcan 基础通常刺入海床 1～2 倍的基础直径。分析 spudcan 承载力时，取加载参考点位于 spudcan 基础靠下最大面积的截面中心（图 10-26 中 O 点）。本节

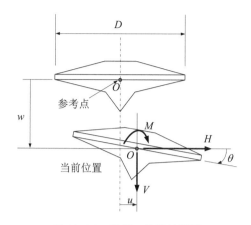

图 10-26　荷载、位移的符号

考察的是自升式平台在工作状态下的承载力特性。由于自升式平台的桩腿一般由桁架组成，面积较小，因此，本节进行有限元建模时，不考虑桩腿的影响，此种简化使得计算所得承载力结果有一定的安全储备。

图 10-27 描述了土体和基础的简化情况。图中 d 为 spudcan 基础的埋深，为参考点到海床表面的距离；D 为 spudcan 最大截面直径；S_{u0} 为 spudcan 参考点所在平面土体的抗剪强度；k 为抗剪强度随深度 z 的变化梯度。

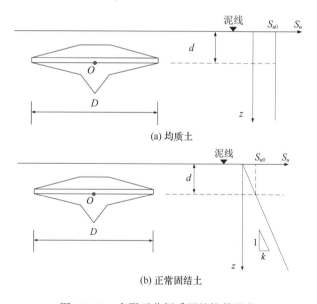

图 10-27　有限元分析采用的抗剪强度

采用不排水总应力分析方法，土体用基于 Tresca 屈服准则的理想弹塑性模型。在饱和不排水条件下，土体泊松比 ν 取为 0.49，假定土体弹性模量与不排水强度成比例 $E/S_u=500$。均质土体的不排水抗剪强度取 $S_u=10$ kPa，正常固结土取 $S_u=1.1z$ kPa，土体有效重度 $\gamma'=6.8$ kN/m³。

根据对称性，取整体结构与计算区域的一半建立有限元模型。为了消除边界条件对结果的影响，计算区域沿径向取 7.5D，沿深度取 5.0D。由于 spudcan 基础一般刺入海床一定深度，本节假设基础和土体完全黏结在一起而不脱开，有限元模型如图 10-28 所示。为了更好地描述 spudcan 的破坏模式，spudcan 附近网格划分较密。由于混合格式的单元能较好地模拟接近不可压缩材料，故用 8 节点六面体线性杂交 C3D8H 单元来模拟土体，spudcan 用离散刚体模拟。

由于不排水土体的不可压缩性，使用一阶全集成混合连续体单元 C3D8H 对土体进行建模。混合单元公式使用位移和应力变量的混合（而不是单独的位移）来近似平衡方程和相容性条件。基础被表示为离散刚体，其运动由载荷参考点的运动定义。在组合荷载下，参考点处的垂直、水平和力矩荷载分别用 V、H 和 M 表示，相应的位移分别用 w、u 和 θ 表示。

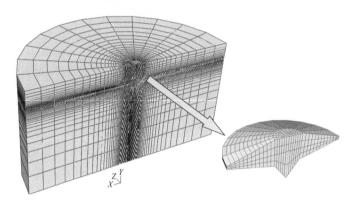

图 10-28　代表性的有限元计算模型（埋深 $d = 1.0D$）

10.4.3　简单加载承载力

Skempton(1951)提出的经验方程被广泛用于预测黏土中 spudcan 基础的竖向承载力：

$$q_u = 6S_u(1 + 0.2d/D) + \gamma'd \leqslant 9S_u + \gamma'd \tag{10 - 53}$$

式中：d 是嵌入深度；D 是直径；S_u 是 spudcan 基础下方 $D/2$ 深度范围内黏土的平均抗剪强度；γ' 是有效单位重量。式(10-53)中的承载力的超载分量 $\gamma'd$ 仅适用于 spudcan 基础上方土体尚未淤回情况。如果假设完全淤回，则可以将方程修改为：

$$q_u = 6S_u(1 + 0.2d/D) + \frac{\gamma'V_s}{A} \leqslant 9S_u + \frac{\gamma'V_s}{A} \tag{10 - 54}$$

式中：V_s 为基础体积。图 10-29 和图 10-30 显示了竖向荷载下 spudcan 基础的代表性的破坏模式。表 10-3 总结了无量纲极限垂直、水平和弯矩承载力的有限元结果，以及根据 Skempton 公式得出的结果。对于在垂直、水平或力矩载荷作用下的 spudcan 基础，根据埋置情况，破坏模式可以是浅或深。从图 10-29、图 10-30 和表 10-3 可以看出，对于均质黏土中的 spudcan 基础，临界埋置深度约为 1.0D。当埋置小于临界埋置时，破坏模式较浅，并到达土体表面。否则，失效区域局限于 spudcan 基础周围，并且随着埋置的进一步增加，极限承载力将保持不变。对于正常固结黏土中，垂直和力矩荷载下的临界埋置约为 1.5D。表

10-3 显示，对于埋置约 2.0D 的 spudcan 基础，Skempton 经验公式预测的竖向承载力比有限元法预测的竖向承载能力小约 40%。

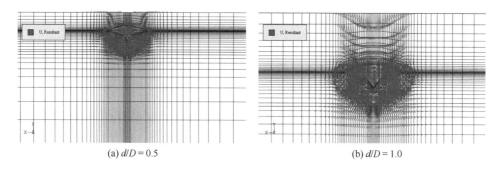

(a) d/D = 0.5　　　　　　　　　　　　(b) d/D = 1.0

图 10-29　均质土竖向荷载破坏模式

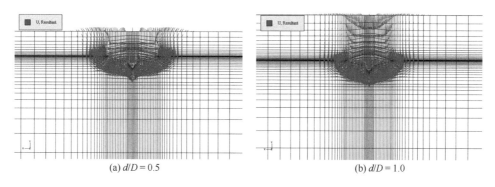

(a) d/D = 0.5　　　　　　　　　　　　(b) d/D = 1.0

图 10-30　正常固结土竖向荷载破坏模式

表 10-3　单向荷载下 spudcan 基坑承载力系数预测值

土体类型	嵌入比 d/D	N_{cV}		N_{cH}	N_{cM}
		FEM	Skempton		
均质土	0.5	11.0	8.01	3.70	1.50
	1.0	13.5	8.61	4.64	1.68
	1.5	13.6	9.21	4.65	1.68
	2.0	13.6	9.81	4.65	1.68
正常固结土	0.5	12.6	7.45	3.07	1.41
	1.0	12.8	7.71	3.79	1.60
	1.5	13.4	8.17	4.19	1.65
	2.0	13.4	8.68	4.34	1.66

注：N_{cV}、N_{cH} 和 N_{cM} 分别为无量纲化极限竖向、水平和弯矩承载力。

10.4.4　复合加载承载力

本节通过侧移法 Swipe 加载和等比例位移加载相结合，针对各种不同的复合加载模式，通过数值计算，探讨了 spudcan 基础的承载力特性，并绘制了复合加载模式下的破坏包络图，为 spudcan 基础的设计提供参考依据。

10. 4. 4. 1 *V–H* 复合荷载承载力

图 10-31(a)和图 10-32(a)给出了均质软土和正常固结软土中埋深 1.0*D* 的 spudcan 基础，在 *V–H* 荷载空间内通过不同加载方式所得到的破坏包络面。从图中可以看出，不同的加载方法得到的包络面也不尽相同，利用 Swipe 加载方法得到的破坏包络面比利用等比例位移加载方法得到的包络面稍小。

Spudcan 基础在 *V–H* 复合荷载作用下，破坏包络面如图 10-31(b)和图 10-32(b)所示。从图 10-31(b)可以看出，当埋深达到 1.0*D* 后，基础的破坏包络面几乎重合。从图 10-32(b)可以看出，正常固结土破坏包络面随着埋深的增加而扩大。

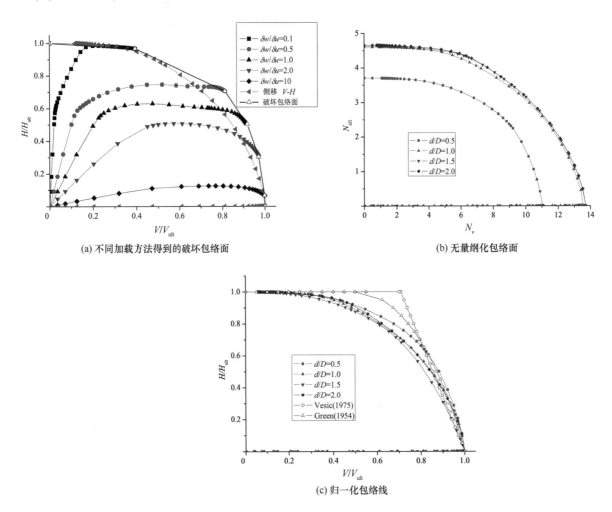

(a) 不同加载方法得到的破坏包络面

(b) 无量纲化包络面

(c) 归一化包络线

图 10-31　均质土地基 *V–H* 平面内破坏包络面

图 10-31(c)和图 10-32(c)分别是均质软土和正常固结软土中，spudcan 基础在 *V–H* 荷

载空间的归一化破坏包络面。将本节计算结果与 Vesic(1975) 和 Green(1954) 针对浅基础在 V-H 空间得到的归一化破坏包络面进行了比较。由图 10-31(c) 和图 10-32(c) 可以看出，在不同埋深情况下，基础在 V-H 空间的破坏包络曲线变化趋势相同。Vesic(1975) 和 Green (1954) 建议的地基破坏包络面，在竖向荷载大于 $0.4V_{ult}$ 小于 $0.8V_{ult}$ 时，位于有限元计算得到的包络面之外，高估了复合加载模式下 spudcan 基础的承载力。

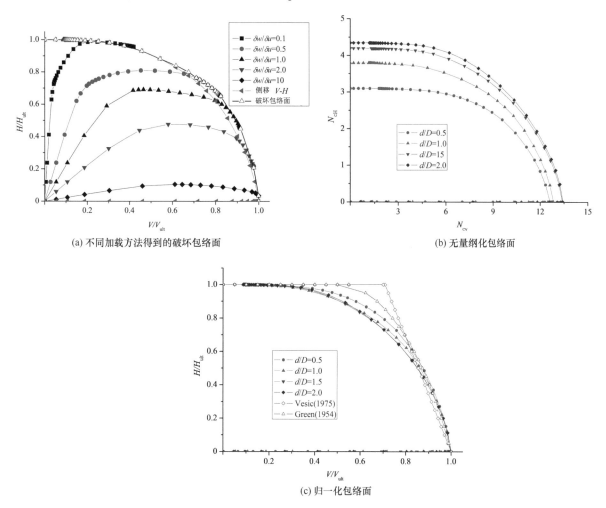

(a) 不同加载方法得到的破坏包络面

(b) 无量纲化包络面

(c) 归一化包络面

图 10-32　正常固结土中 V-H 平面内破坏包络面

10.4.4.2　V-M 复合荷载承载力

图 10-33(a) 和图 10-34(a) 分别给出了均质软土和正常固结软土中埋深 $1.0D$ 的 spudcan 基础，在 V-M 荷载空间内，不同加载方式所得到的归一化破坏包络面。从图中可以看出，V-M 荷载空间内 Swipe 加载法与等比例位移加载法得到的破坏包络面非常接近。

在 V-M 复合荷载作用下，spudcan 基础无量纲化破坏包络面如图 10-33(b) 和图 10-34 (b) 所示。从图中可以看出，随着 spudcan 基础上力矩的加载，竖向承载力不断减小，力矩逐渐增大，最后达到极限承载力矩，其破坏包络面近似为椭圆面。

图 10-33(c)和图 10-34(c)分别是均质软土和正常固结软土中,spudcan 基础在 V-M 荷载空间的归一化破坏包络面,并与 Murff(1994)和 Taiebat 等(2000)针对浅基础在 V-M 空间得到的归一化破坏包络面进行了对比。从图中可以看出,Murff(1994)得到的地基破坏包络面完全处于有限元计算得到的包络面之内,低估了复合加载模式下 spudcan 基础的承载力,过于保守;而 Taiebat 等(2000)所得到的地基破坏包络面与有限元计算结果比较一致。

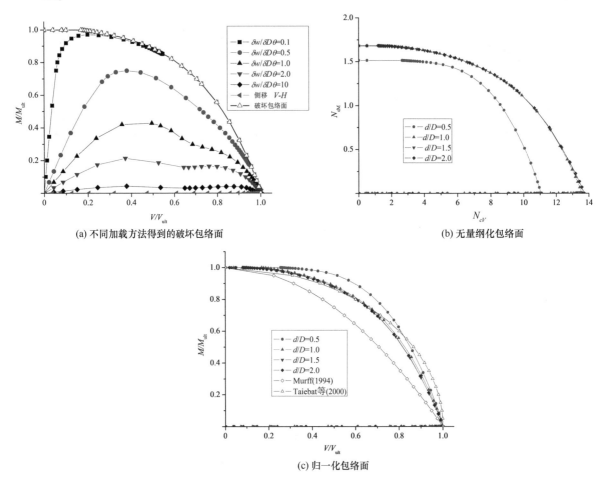

(a) 不同加载方法得到的破坏包络面   (b) 无量纲化包络面

(c) 归一化包络面

图 10-33   均质土中 V-M 平面内破坏包络面

10. 4. 4. 3 H-M 复合荷载承载力

Swipe 法的加载顺序为,先施加转角,一直达到极限承载力,再加正负两个方向的水平位移;同时,利用等比例位移法加载,两种方法得到的破坏面的包络图作为 H-M 荷载空间的破坏包络图。均质土和正常固结土在 H-M 复合荷载作用下,spudcan 基础破坏包络图分别如图 10-35 和图 10-36 所示。失效包络线的形状和大小取决于埋置比。当埋置深度到 1.0D 以上,包络面形状和尺寸将保持不变。

如图 10-35 所示,均质土中的 spudcan 基础埋深为 0.5D 时,在 H-M 复合加载情况下地

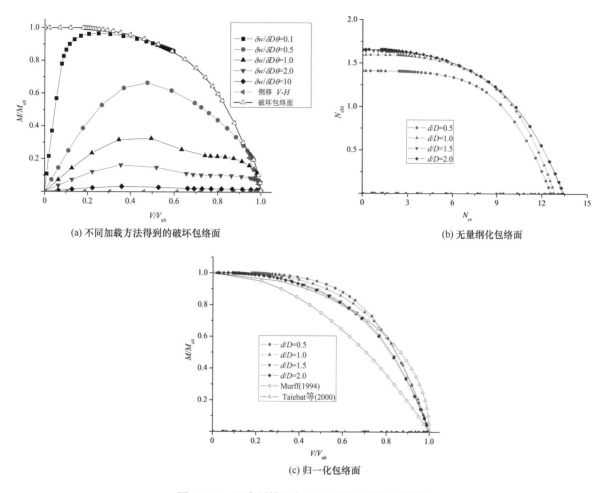

(a) 不同加载方法得到的破坏包络面

(b) 无量纲化包络面

(c) 归一化包络面

图 10-34　正常固结土中 V-M 平面内破坏包络面

基的破坏包络面是一个关于 $H=0$ 轴线的非对称的曲面；而当埋深为 $1.0D$，$1.5D$，$2.0D$ 时，spudcan 基础力矩最大值发生在 $H=0$ 的位置，破坏包络面近似关于 $H=0$ 轴线对称。

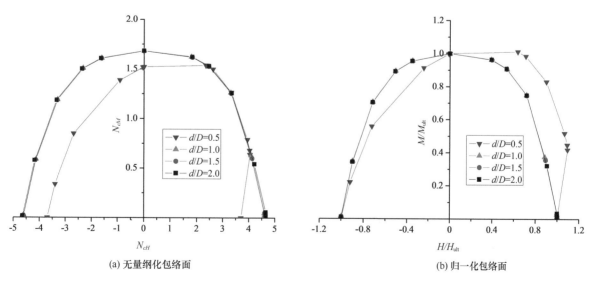

(a) 无量纲化包络面

(b) 归一化包络面

图 10-35　均质土中 H-M 平面内破坏包络面

如图 10-36 所示，正常固结土中的 spudcan 基础，在 H-M 荷载空间的破坏包络图关于 $H=0$ 轴线非对称，但是随着埋深的增加，非对称性逐渐减小。当水平荷载与弯矩荷载的符号相同时，力矩荷载随着水平荷载的增大而增大；而当水平荷载与力矩荷载的作用方向相反时，力矩荷载随着水平荷载的增加而逐渐减小，直至达到反向的水平极限荷载。这是由于水平荷载与力矩荷载分量有一定的相互作用造成的。

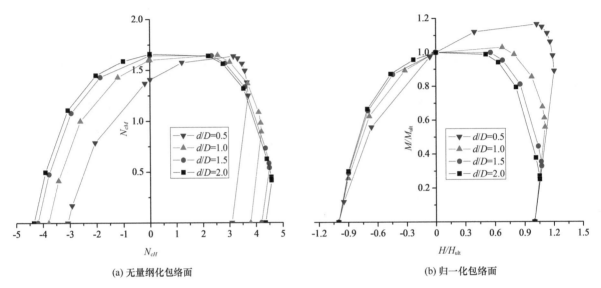

(a) 无量纲化包络面　　　　　　　(b) 归一化包络面

图 10-36　正常固结土中 H-M 平面内破坏包络面

10.4.4.4　V-H-M 复合荷载承载力

图 10-37(a) 和图 10-37(b) 分别给出了均质土和正常固结土中埋深为 $1.0D$ 的 spudcan 基础，在不同力矩荷载作用下的破坏包络面。从图中可以看出，spudcan 基础在不同的力矩荷载作用下，在 V-H 荷载空间的地基破坏包络图形状相近；但随着力矩荷载的增加，V-H 荷载空间内的地基破坏包络图形状逐渐变得扁平，大小也逐渐减小；最后，当 $M=M_{ult}$ 时，地基的破坏包络图变为 V-H 荷载空间的一个点。

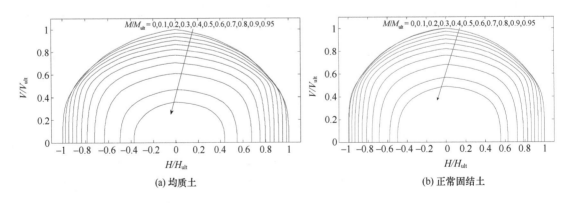

(a) 均质土　　　　　　　　　　　(b) 正常固结土

图 10-37　V-H 平面不同力矩荷载的地基破坏包络面

10.5　Hill 稳定条件与砂土地基承载力

10.5.1　材料失稳条件

Drucker 提出了一个塑性功公设（Drucker，1952），认为对于处在某一状态下的材料单元，借助一个外部作用，在其原有的应力状态上，缓慢地施加并卸除一组附加应力，在附加应力的施加和卸除的循环内，如果附加应力所做的功是非负的，则材料是稳定的并维持原有的平衡状态。表达式为：

$$\mathrm{d}^2 W = \dot{\boldsymbol{\sigma}} : \dot{\boldsymbol{\varepsilon}}^p > 0 \tag{10-55}$$

式中：$\dot{\boldsymbol{\sigma}}$ 为应力张量增量，$\dot{\boldsymbol{\varepsilon}}^p$ 为塑性应变张量增量，“:”为张量内积符号。

Hill（1957，1958）应用虚功原理推导了材料的稳定充分条件，小变形情况下，考虑材料点的局部稳定，则其稳定条件可以简化成：

$$\mathrm{d}^2 W = \dot{\boldsymbol{\sigma}} : \dot{\boldsymbol{\varepsilon}} = \dot{\boldsymbol{\varepsilon}} : \boldsymbol{D}_{\mathrm{ep}} : \dot{\boldsymbol{\varepsilon}} > 0, \qquad \forall \dot{\boldsymbol{\varepsilon}} \neq 0 \tag{10-56}$$

式（10-56）一般称作 Hill 稳定条件或二阶功准则。$\dot{\boldsymbol{\sigma}}$ 和 $\dot{\boldsymbol{\varepsilon}}$ 分别为应力增量张量和应变率张量，均为柯西小应变张量，二者由本构关系联系起来。Hill 稳定条件得到了广泛的认可。

由于应变可以分解成弹性应变与塑性应变两部分，即：

$$\dot{\boldsymbol{\varepsilon}} = \dot{\boldsymbol{\varepsilon}}^e + \dot{\boldsymbol{\varepsilon}}^p \tag{10-57}$$

则式（10-56）可以写为：

$$\mathrm{d}^2 W = \dot{\boldsymbol{\sigma}} : \dot{\boldsymbol{\varepsilon}} = \dot{\boldsymbol{\sigma}} : \dot{\boldsymbol{\varepsilon}}^e + \dot{\boldsymbol{\sigma}} : \dot{\boldsymbol{\varepsilon}}^p \tag{10-58}$$

由于弹性刚度矩阵是对称的，所以有：

$$\dot{\boldsymbol{\sigma}} : \dot{\boldsymbol{\varepsilon}}^e > 0 \tag{10-59}$$

从式（10-59）可知，Drucker 稳定条件比 Hill 稳定条件严格，是 Hill 稳定条件的充分条件。

Willam 等（2001）对非关联弹塑性体稳定条件涉及到材料破坏的 4 个标准进行了总结。图 10-38 是一维情况下，土体的应力应变关系曲线，图中标出了不同标准判断材料失稳的示意图。标准 1 为常用的材料强度标准，对应图中的 A 点，其判别准则为 $\det(E_{\mathrm{tan}}) = 0$，$E_{\mathrm{tan}}$ 是切线模量。标准 2 为有限元方程丧失椭圆性条件（loss of ellipticity），对应图中的 B 点，此时，$\det(Q_{\mathrm{tan}}) = 0$，其中，$Q_{\mathrm{tan}} = \boldsymbol{n} \cdot E_{\mathrm{tan}} \cdot \boldsymbol{n}$，$\boldsymbol{n}$ 为应变局部化所在面的方向矢量。标准 3 为方程失去强椭圆性（loss of strong ellipticity），对应图中的 C 点，$\det(Q_{\mathrm{tan}}^{\mathrm{sym}}) = 0$，其中，$Q_{\mathrm{tan}}^{\mathrm{sym}}$ 为 Q_{tan} 的对称部分；标准 4 为材料稳定性充分判据（sufficient condition of material stability），对应图中的 D 点，即当二阶功 $\mathrm{d}^2 W = \dot{\boldsymbol{\sigma}} : \dot{\boldsymbol{\varepsilon}} > 0$ 时，材料是稳定的。

从上面的分析可知，二阶功稳定条件比其他几个稳定条件更严格。当材料为相关联时，

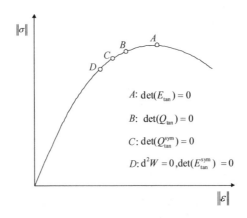

图 10-38　材料破坏的 4 个标准

上述的 4 个标准与极限点标准一致。二阶功条件–标准 4 实际上就是 Hill 稳定条件，采用 Hill 稳定条件对系统积分可以用于系统局部和整体的稳定性判断，理论基础严密，虽然该判据属于稳定的充分性判据，但用于工程分析是可行的，只是判断结果有一定的保守性，与当前基于安全或偏保守的工程设计理念一致，因而其数值理论研究和应用更具现实意义。

根据 Hill 稳定条件，系统局部稳定充分条件为：

$$d^2 W = \dot{\boldsymbol{\sigma}} : \dot{\boldsymbol{\varepsilon}} > 0 \qquad \forall \dot{\boldsymbol{\sigma}}, \dot{\boldsymbol{\varepsilon}} \neq 0 \tag{10-60}$$

式中：$d^2 W$ 为积分点二阶功，$\dot{\boldsymbol{\sigma}}$，$\dot{\boldsymbol{\varepsilon}}$ 分别为应力、应变张量增量。

系统局部失稳的必要条件为：

$$d^2 W = \dot{\boldsymbol{\sigma}} : \dot{\boldsymbol{\varepsilon}} \leqslant 0, \qquad \forall \dot{\boldsymbol{\sigma}}, \dot{\boldsymbol{\varepsilon}} \neq 0 \tag{10-61}$$

系统整体稳定充分条件为：

$$D^2 W = \int_{\Omega} \dot{\boldsymbol{\sigma}} : \dot{\boldsymbol{\varepsilon}} d\Omega > 0 \tag{10-62}$$

式中：$D^2 W$ 为系统总的二阶功，Ω 为系统求解范围。

系统整体失稳的必要条件为：

$$D^2 W = \int_{\Omega} \dot{\boldsymbol{\sigma}} : \dot{\boldsymbol{\varepsilon}} d\Omega \leqslant 0 \tag{10-63}$$

10.5.2　有限元法结合 Hill 稳定条件的实现

有限元法结合 Hill 稳定条件，求解岩土工程极限承载力问题的计算流程，如图 10-39 所示。根据大型有限元软件 ABAQUS 计算结果得到单元高斯积分点的应力、应变，判断地基的稳定性，确定极限承载力或稳定性，具体分为以下几步：①利用 ABAQUS 有限元程序计算得到计算模型每个单元高斯积分点的应力、应变；②对相邻增量步的应力、应变进行数学运算，得到相邻荷载增量步的应力、应变增量；③根据相关公式计算高斯积分点二阶功 $d^2 W$ 并进行归一化；④根据 $d^2 W$ 的正负结合 Hill 稳定条件式（10-61），判断土体高斯积分点上材料点的稳定性及系统的潜在失稳范围；⑤对系统区域内的二阶功 $d^2 W$ 积分，得到

系统整体二阶功 D^2W, 根据 D^2W 的正负结合 Hill 稳定条件式(10-63), 判断结构整体稳定性。

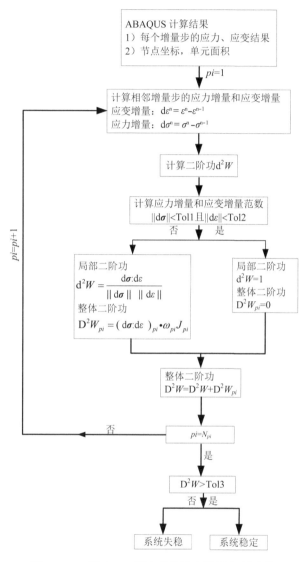

图 10-39　基于 Hill 稳定条件的有限元实现过程

当相邻增量步的位移增量很小时, 积分点二阶功数值很小, 一般进行无量纲化处理, 计算公式为:

$$d^2 W_{\text{norm}} = \frac{d\boldsymbol{\sigma} : \ d\varepsilon}{\| d\boldsymbol{\sigma} \| \quad \| d\varepsilon \|} \tag{10-64}$$

系统整体的二阶功计算表达式为:

$$D^2 W = \sum_{pi=1}^{N_{pi}} d\boldsymbol{\sigma}_{pi} : \ d\varepsilon_{pi} \cdot \omega_{pi} J_{pi} = \sum_{pi-1}^{N_{pi}} D^2 W_{pi} \tag{10-65}$$

式中: pi 为积分点编号, N_{pi} 为积分点总数, J_{pi} 为积分点 pi 的雅可比矩阵, ω_{pi} 为积分点 pi 的权重。

10.5.3 砂土地基承载力

地基承载力是岩土工程的经典土力学问题之一。地基承载力的有限元分析结果一般用等效承载力系数表示。地表基础的极限承载力一般表示为：

$$q_u = cN_c + 0.5\gamma BN_\gamma \tag{10-66}$$

式中：q_u 为极限状态时地基承受的荷载；c 为土体黏聚力；N_c 和 N_γ 为地基极限承载力系数；γ 为土体重度；B 为基础宽度。

首先计算无重地基（$c \neq 0$，$\gamma = 0$）的承载力，求得承载力系数：

$$N_c = q_u/c \tag{10-67}$$

然后计算有重地基（$c \neq 0$，$\gamma \neq 0$）的承载力，求得承载力系数：

$$N_\gamma = (q_u - cN_c)/(0.5\gamma B) \tag{10-68}$$

Davis（1968）试验发现当流动法则为非相关联时，剪应力和有效正应力满足 Mohr-Coulomb 形式的方程，相当于等效材料：

$$\tau^* = \sigma\cot\phi^* + c^* \tag{10-69}$$

其中，

$$\tan\phi^* = \frac{\cos\phi\cos\Psi}{1 - \sin\phi\sin\Psi}\tan\phi \tag{10-70}$$

式中，ψ 为剪胀角。当且仅当 $\psi = \phi$ 时，c^*、ϕ^* 与 Mohr-Coulomb 模型中的 c、ϕ 相同。

采用式（10-70）计算相应的结果。

$$N_q = \tan^2\left(\frac{\pi}{4} + \frac{\phi^*}{2}\right)e^{\pi\tan\phi^*} \tag{10-71}$$

$$N_c = q_u/c = c^*(N_q - 1)\cot\phi^*/c \tag{10-72}$$

$$N_\gamma = 2(N_q + 1)\tan\phi^* \tag{10-73}$$

10.5.3.1 有限元模型

土体采用理想弹塑性模型和 Mohr-Coulomb 屈服准则。内摩擦角 $\phi = 30°$，剪胀角 ψ 分别取 $0°$，$5°$，$10°$，$15°$，$20°$，$25°$，$30°$。土体黏聚力取 $c = 10$ kPa，无重土重度 $\gamma = 0$，有重土重度 $\gamma = 17$ kN/m³。弹性模量 $E = 20$ MPa，泊松比 $\nu = 0.3$。

根据对称性，取一半模型进行研究。基础宽度 B 为 2 m。沿深度和宽度方向，计算宽度和深度均取 $10B$。地基两侧约束水平位移，底部约束水平和竖向位移。有限元网格和边界条件如图 10-40 所示，基础附近网格加密。条形基础竖向承载力属于平面应变问题，若无特殊说明，有限元模型采用 8 节点二次减缩积分四边形 CPE8R 单元，节点总数为 3 281，单元总数为 1 050。

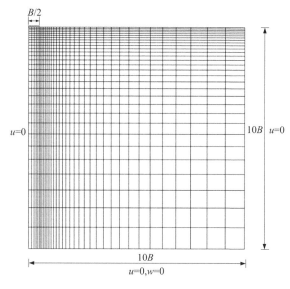

图 10-40 有限元网格

10.5.3.2 加载及极限状态的确定

采用小变形有限元计算，利用位移控制加载。计算 N_γ 时，首先施加初始的自重应力场，然后在控制点施加向下的位移。整个位移加载过程分为 500 个荷载步，每步加载近似为小扰动情况。根据无重土(不考虑土重)和有重土(考虑土重)到达极限承载力时变形大小的不同，计算时，每个荷载步施加增量位移分别为 1 mm ($\gamma=0$) 和 2 mm ($\gamma=17$ kN/m^3)。

条形浅基础用刚性节点集描述，控制点取在基础中心点，基础与土之间界面共用节点以模拟土与基础界面为粗糙的情况。常规有限元的极限状态判断标准有计算不收敛、荷载位移曲线达到平台、塑性区的贯通等，都有一定的不足。本节根据 Hill 稳定条件，依据系统的二阶功 D^2W 的符号判定地基的稳定性。若系统整体二阶功 D^2W>0 则系统稳定，否则系统达到极限状态而可能失稳，此时地基承受的荷载判断为地基极限承载力。

10.5.3.3 结果与分析

图 10-41 是无重土的荷载-位移曲线，图 10-42 是有重土的荷载-位移曲线，图中"○"标出了各工况下，利用 Hill 稳定条件判断的系统失稳点。

如图 10-41 和图 10-42 所示，在大多数工况下，有限元计算的收敛性都比较好，直至加载结束也没有出现计算不收敛的情况。所以根据有限元计算不收敛作为地基达到极限状态的标准，并不能确定地基的承载力。对于 $\psi=10°$ 的情况，在加载位移达到 0.15 m 时，荷载-位移曲线斜率接近 0，地基接近极限状态，但是曲线有波动。如果根据荷载位移曲线出现平台这一标准确定极限承载力，则比较困难，只能人为估计数值。

图 10-43 和图 10-44 是 $\gamma=0$，$\psi=10°$ 时，地基系统的二阶功-位移曲线和系统二阶功-

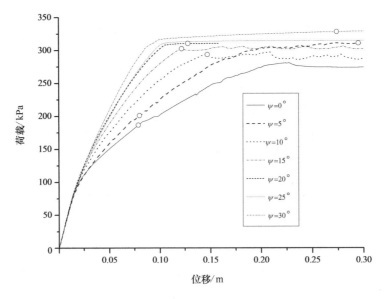

图 10-41　无重土荷载-位移曲线

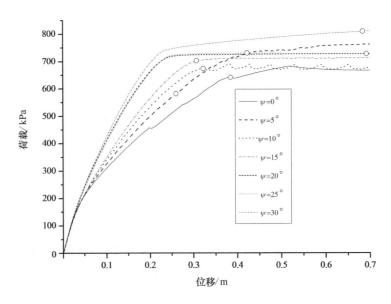

图 10-42　有重土荷载-位移曲线

荷载曲线。图 10-45 和图 10-46 是 $\gamma \neq 0$，$\psi = 10°$ 地基系统的二阶功-位移曲线和系统二阶功-荷载曲线。

随着位移/荷载增加，系统二阶功逐渐减小，当系统失稳时，二阶功变为负值，王立忠等(2010)认为此时对应的荷载可看作系统的极限承载力。根据二阶功由正值转变为负值这一临界条件，确定地基的极限承载力，判据明确，应用方便。

图 10-47 是 $\gamma = 0$，$\psi = 10°$，施加位移 $w = 0.15$ m 时的地基等效塑性应变云图，此时荷载-位移曲线斜率接近 0，并且塑性区发展成为连续贯穿到地表的整体滑动面，基础下一部

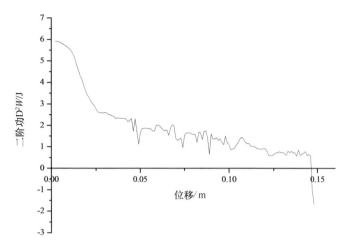

图 10-43　系统二阶功-位移曲线($\gamma = 0$，$\psi = 10°$)

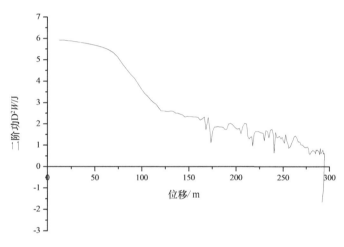

图 10-44　系统二阶功-荷载曲线($\gamma = 0$，$\psi = 10°$)

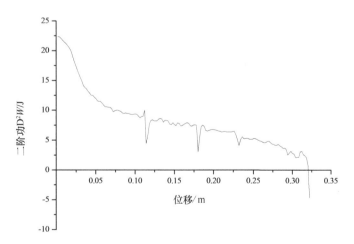

图 10-45　系统二阶功-位移曲线($\gamma = 17$ kN/m^3，$\psi = 10°$)

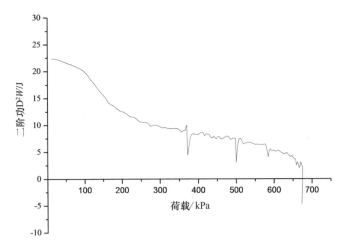

图 10-46　系统二阶功-荷载曲线（$\gamma = 17 \ \text{kN/m}^3$，$\psi = 10°$）

分土体将沿滑动面产生整体滑动，近似认为地基处于极限状态。等参单元内应变的连续性会导致有限元计算结果高估塑性区的范围，所以在绘制等效塑性应变 $\bar{\varepsilon}_p$ 的等值线时，设置一个略大于 0 的 $\bar{\varepsilon}_p$ "阈值"，将不合理的塑性区过滤掉，而得到较为合理的塑性区分布。但是，"阈值"的选取有很大的主观性，塑性区范围因"阈值"大小而异，塑性区贯通时对应的荷载也不同，从而得到的极限承载力也不同。图 10-47 是 $\bar{\varepsilon}_p > 0.03$ 的等效塑性应变区域，图 10-48 是利用 Hill 稳定条件判定的系统潜在失稳区域。

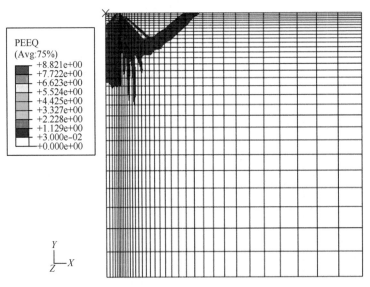

图 10-47　等效塑性应变分布（$\gamma = 0$，$\psi = 10°$）

图 10-49 是 $\gamma = 17 \ \text{kN/m}^3$，$\psi = 10°$，位移 $w = 0.35 \ \text{m}$ 时的地基等效塑性应变 $\bar{\varepsilon}_p > 0.03$ 的云图，荷载-位移曲线斜率接近 0，并且塑性区发展成为连续贯穿到地表的整体滑动面，基础下一部分土体将沿滑动面产生整体滑动，近似认为地基处于极限状态，图 10-50 是利用

Hill 稳定条件判定的系统潜在失稳区域。

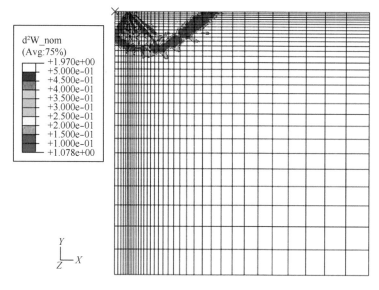

图 10-48　潜在失稳区域($\gamma = 0$，$\psi = 10°$)

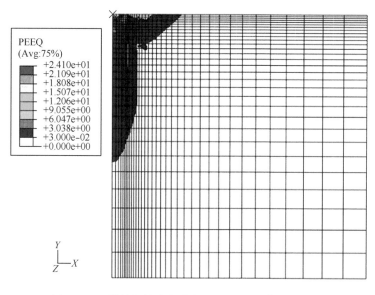

图 10-49　等效塑性应变分布($\gamma = 17$ kN/m³，$\psi = 10°$)

如图 10-47~图 10-50 所示，在地基达到极限状态时，用等效塑性应变或 Hill 稳定条件判定，地基内均形成连续的滑动面，且二者得到的滑动面相似，塑性区域与潜在失稳区域范围一致。这验证了结合 Hill 稳定条件的有限元法计算地基承载力的可行性和正确性。如图 10-49 和图 10-50 所示，当 $\gamma \neq 0$，$\psi \neq \phi$ 时，塑性区和潜在失稳区域沿地基深度方向扩展，范围和深度都比 $\gamma = 0$ 时大。但是塑性区何时贯通与所取的等效塑性应变"阈值"有关，而且判定贯通的标准不能明确，只能人为估计，而 Hill 稳定条件的判断结果是唯一的，没有人为假定的影响。

如图 10-47 和图 10-49 所示，利用等效塑性应变表示的破坏区域(塑性区)基本上是连续的，属于场破坏模式，而且区域大小与所选的"阈值"有关；而如图 10-48 和图 10-50 所示，利用 Hill 稳定条件判定的失稳区域，既有连续的区域，也有非连续的破坏面，即可以同时描述弹塑性体的场破坏模式和面破坏模式。从这个意义上说，利用 Hill 稳定条件判定系统的破坏区域(失稳区域)比利用等效塑性应变描述破坏区域更合理。

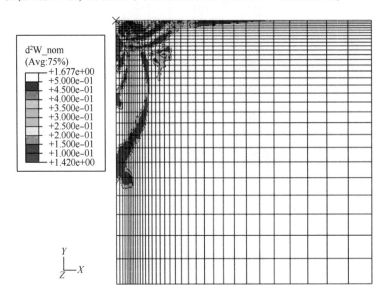

图 10-50　潜在失稳区域($\gamma = 17$ kN/m^3, $\psi = 10°$)

10.5.3.4　计算结果与其他文献结果的比较

表 10-4 列出了根据常规有限元方法和 FEM_Hill 方法确定的地基承载力系数，Martin(2003)的滑移线场软件 ABC 的计算结果，以及 Grifiths(1982)、Frydman 等 (1997)、Michalowski(1997)、Dewaikar 等(2003)、Smith(2005)等的承载力计算和试验结果。

表 10-4　极限承载力系数($\phi = 30°$)

ψ /°	方法	N_c	N_γ	单元类型
0	Grifiths	30.1	—	—
	Frydman	—	16.7	—
	等效材料	20.08	13.59	—
	常规 FEM	29.19	23.00	CPE4
	FEM_Hill	18.65	15.93	
5	等效材料	22.43	15.57	—
	常规 FEM	30.86	26.85	CPE4
	FEM_Hill	20.10	22.37	

续表

ψ /°	方法	N_c	N_γ	单元类型
	Frydman *	—	22.8	—
10	等效材料	24.72	17.55	—
	常规 FEM	29.80	23.45	CPE8R
	FEM_Hill	29.37	22.30	
	Michalowski	—	18.31	—
15	等效材料	26.8	19.39	—
	常规 FEM	30.61	23.91	CPE8R
	FEM_Hill	30.25	23.55	
	Frydman	—	19.3	—
20	等效材料	28.54	20.94	—
	常规 FEM	31.07	24.38	CPE8R
	FEM_Hill	31.04	24.55	
	等效材料	29.71	22.01	—
25	常规 FEM	31.52	24.40	CPE8R
	FEM_Hill	31.52	24.40	
	Prandtl	30.14	—	—
	Vesic	30.14	22.40	—
	Meyerhof	30.14	15.68	—
	Sokolovski	30.1	15.3	—
	Smith	—	14.8	—
	Hansen	30.14	15.07	—
	Bolton	30.1	23.6	—
	Saran	37.24	29.45	—
	Paolucci	30.14	23.10	—
	Michalowski	—	21.39	—
	Frydman	—	21.7	—
	Ingra * *	—	34.605	—
30	Zadroga * *	—	45.15	—
	Baki	—	27.0	—
	Dewaikar	—	27.998	—
	Soubra	30.24	21.51	—
	Martin	30.14	21.93	—
	等效材料	30.14	22.40	—
	常规 FEM	32.92	25.45	CPE4R
	FEM_Hill	32.92	25.45	

注：* 网格较粗；* * 试验结果。

计算表明，对于强非相关联材料(摩擦角和剪胀角相差较大，剪胀角 $\psi = 0°$ 和 $\psi = 5°$ 时，土体为强非关联材料)，ABAQUS 中的 8 节点四边形二次减缩积分单元(CPE8R 单元)不易收敛，模型采用 4 节点四边形双线性单元(CPE4 单元)收敛性较好；对于摩擦角等于剪胀角的材料(剪胀角 $\psi = 30°$)，CPE8R 单元不易收敛，而 CPE4 单元过于刚性，故采用 4 节点四边形双线性减缩积分单元(CPE4R 单元)，收敛性较好；当剪胀角 $\psi = 10°$，$15°$，$20°$ 和 $25°$ 时，模型采用 CPE8R 单元，收敛性良好。

如表 10-4 的常规有限元计算结果所示，当摩擦角一定时，地基的极限承载力随着剪胀角的增加而增加，这与"等效材料"计算得到的结果一致。同时，一阶四边形 CPE4 单元比二阶四边形减缩积分单元 CPE8R 的刚度大，导致剪胀角为 0° 和 5° 时常规有限元计算的承载力偏大。当剪胀角 $\psi = 0°$ 时，结合 Hill 稳定条件的有限元法计算的承载力系数 N_c 和 N_γ 比常规有限元计算的结果分别小 36% 和 31%，与"等效材料"计算结果更接近。当剪胀角 $\psi = 5°$ 时，得到相似的结论。可以认为，当材料的剪胀角比摩擦角小很多，即材料采用强非相关联流动准则时，结合 Hill 稳定条件的有限元法计算的承载力具有明显的优点。

当剪胀角等于 10°、15°、20° 时，结合 Hill 稳定条件的有限元法计算的承载力系数 N_c 和 N_γ 比常规有限元计算的结果稍小，差别一般在 5% 以内。两种方法计算得到的承载力系数 N_c 与其他学者以及"等效材料"计算结果比较接近，而承载力系数 N_γ 的差别稍大。对于平面应变问题，一般取剪胀角等于摩擦角的一半，可以得到与理论解较为接近的结果。

当剪胀角等于 25° 和 30° 时，结合 Hill 稳定条件的有限元法计算的承载力系数 N_c 和 N_γ 与常规有限元计算的结果相同。当剪胀角等于 25° 时，N_c 和 N_γ 与"等效材料"计算出的承载力系数比较接近。当剪胀角等于 30° 时，N_c 略微偏大。对于均匀地基的承载力传统计算公式和试验结果，N_γ 至今还没有公认的精确解，而且取值相差非常大。土体内摩擦角为 30° 时，N_γ 取值从 14.8~45.12 不等(Frydman et al.，1997；Dewaikar et al.，2003)，本研究得到的 N_γ 为 25.45，在其他学者取值的范围之内。可以认为本节中计算的承载力系数 N_c、N_γ 是合理的。

综上所述，对于剪胀角比摩擦角小很多的材料，结合 Hill 稳定条件计算地基承载力优势明显；而对于剪胀角和摩擦角相近的材料，结合 Hill 稳定条件的有限元法与常规有限元法计算承载力问题，都能得到比较合理的结果。由于结合 Hill 稳定条件的有限元法有明确的物理力学背景，判断极限状态标准明确，应用方便。

参考文献

陈祖煜，2002. 土力学经典问题的极限分析上、下限解[J]. 岩土工程学报，24(1)：1-11.

龚晓南，2001. 土塑性力学[M]. 杭州：浙江大学出版社.

茜平一，刘祖德，1992. 浅埋拔锚板板周土体的变形破坏特征[J]. 岩土工程学报，14(1)：62-66.

王立忠，舒恒，2009. 不排水黏土中深埋锚板的抗拔承载力[J]. 岩土工程学报，31(6)：829-836.

王立忠, 舒恒, 2010. Hill 稳定条件在有限元法计算地基承载力中的应用[J]. 岩石力学与工程学报, 29(S1): 3122-3131.

王仁, 黄文彬, 黄筑平, 1992. 塑性力学引论[M]. 北京: 北京大学出版社.

BOLTON M D, 1979. A guide to soil mechanics[D]. London: Macmillan.

BOLTON M D, POWRIE W, 1988. Behaviour of diaphragm walls in clay prior to collapse[J]. Geotechnique. 38 (2): 167-189.

BRANSBY M F, RANDOLPH M F, 1997a. Shallow foundations subject to combined loadings[C]. Wuhan: Ninth Int. Conf. of the International Association for Computer Methods and Advances in Geomechanics: 1947-1952.

BRANSBY M F, RANDOLPH M F, 1997b. Finite element modelling of skirted strip footings subject to combined loadings[C]. Hawaii: Proc. 7th Int. Offshore and Polar Engineering Conf. : 791-796.

BRANSBY M F, RANDOLPH M F, 1998. Combined loading of skirted foundations[J]. Géotechnique. 48(5): 637-655.

BUTTERFIELD R, HOULSBY G T, GOTTARDI, G, 1997. Standardised sign conventions and notation for generally loaded foundations[J]. Géotechnique. 47: 1051-1054.

CASSIDY M J, BYRNE B W, et al. , 2004. A comparison of the combined load behaviour of spudcan and caisson foundations on soft normally consolidated clay[J]. Géotechnique. 54(2), 91-106.

CHEN W F, 1975. Limit analysis and soil plasticity[M]. Amsterdam: Elsevier Science.

DAS B M, PURI V K, 1989. Holding capacity of inclined square plate anchors in clay[J]. Soils and foundations. 29 (3): 138-144.

DAVIS E H, 1968. Theories of plasticity and the failure of soil masses[J]. Soil mechanics: selected topics. 1: 341-380.

DEWAIKAR D M, MOHAPATRA B G, 2003. Computation of Bearing Capacity Factor N-Prandtl's Mechanism[J]. Soils and Foundations. 43(3): 1-10.

DICKIN E A, 1998. Uplift behavior of horizontal anchor plates in sand[J]. Journal of Geotechnical Engineering, ASCE. 114(11): 1300-1316.

FRYDMAN S, BURD H J, 1997. Numerical studies of bearing capacity factor Nγ[J]. Journal of Geotechnicaland Geoenvironmental Engineering. 123(1): 20-29.

GOURVENEC S, 2007. Failure envelopes for offshore shallow foundation under general loading[J]. Géotechnique. 57 (9): 715-728.

GOURVENEC S, 2008. Effect of embedment on the undrained capacity of shallow foundations under general loading [J]. Géotechnique. 58(3): 177-185.

GOURVENEC S, RANDOLPH M F, 2003. Effect of strength non-homogeneity on the shape and failure envelopes for combined loading of strip and circular foundations on clay[J]. Géotechnique. 53(6): 575-586.

GREEN A P, 1954. The plastic yielding of metal junctions due to combined shear and pressure[J]. Journal of the Mechanics and Physics of Solids, 2(3): 197-211.

GRIFITHS D V, 1982. Computation of bearing capacity factors using finite element[J]. Geotechnique, 32(3): 195-202.

HILL R, 1957. On uniqueness and stability in the theory of finite elastic strain [J]. Journal of the Mechanics and Physics of Solids. 5(5): 229-241.

HILL R, 1958. A general theory of uniqueness and stability in elastic-plastic solids[J]. Journal of the Mechanics and Physics of Solids. 5: 239-249.

HOSSAIN M S, HU Y, RANDOLPH M F, 2004. Bearing capacity of spudcan foundation on uniform clay during deep penetration[C]. British Columbia: Proceedings of OMAE04, 23rd international conference on offshore mechanics and arctic engineering, 1-8.

HOULSBY G T, MARTIN C M. 2003. Undrained bearing capacity factors for conical footings on clay [J]. Géotechnique. 53(5): 513-520.

HOULSBY G T, PUZRIN A M. 1999. The bearing capacity of a strip footing on clay under combined loading[J]. Proc. R. Soc. Lond. A. 455, 893-916.

HU Y, RANDOLPH M F, 1998. A practical numerical approach for large deformation problems in soil[J]. International journal for numerical and analytical methods in geomechanics. 22(5): 327-350.

KUMAR J, 2003. Uplift Resistance of Strip and Circular Anchors in a Two Layered Sand[J]. Soils and foundations. 42(1): 101-107.

KUSAKABE O, SUZUKI H, NAKASE A, 1986. An upper bound calculation on bearing capacity of a circular footing on a nonhomogeneous clay[J]. Soils and foundations. 26(3): 143-148.

LAM S Y, BOLTON M D, 2011. Energy conservation as a principle underlying mobilizable strength design for deep excavations[J]. Journal of Geotechnical and Geoenvironmental Engineering. 137(11): 1062-1074.

MARTIN C M, 2001. Vertical bearing capacity of skirted circular foundations on Tresca soil[C]. Istanbul: Proc. 15th Int. Conf. Soil mech. Geotech. Enging. 1: 743-746.

MARTIN C M, 2003. New software for rigorous bearing capacity calculations[C]. Dundee: Proceedings of the British Geotechnical Association international conference on foundations: 581-592.

MARTIN C M, HOULSBY G T, 2000. Combined loading of spudcan foundations on clay: laboratory tests[J]. Géotechnique. 50(4): 325-338.

MATSUO M, 1967. Study of uplift resistance of footing[I][J]. Soils and foundations. 7(4): 1-37.

MATSUO M, 1968. Study of uplift resistance of footing[II][J]. Soils and foundations. 8(1): 25-47.

MEYERHOF G G, 1953. The bearing capacity of foundations under eccentric and inclined loads[C]. Proc. 3rd Int. Conf. Soil Mechanics and Foundation Engineering, Zurich, vol. 1: 440-445.

MERIFIELD R S, SLOAN S W, YU H S, 2001. Stability of plate anchors in undrained clay[J]. Géotechnique. 51(2): 141-153.

MICHALOWSKI R L, 1997. An estimate of the influence of soil weight on bearing capacity using limit analysis[J]. Soils and foundations. 37(4): 57-64.

MURFF J D, 1994. Limit analysis of multi-footing foundation systems[C]. Morgantown: Proc. 8th Int. Conf. Comput. Methods. Adv. Geomech. 1: 223-244.

OSMAN A S, BOLTON M D. 2006. Ground movement predictions for braced excavations in undrained clay[J]. Journal of Geotechnical and Geoenvironmental Engineering. 132(4): 465-477.

RANDOLPH M F, PUZIRIN A M, 2003. Upper bound limit analysis of circular foundations on clay under general loading[J]. 53(9): 785-796.

ROWE R K, 1978. Soil structure interaction analysis and its application to the prediction of anchor behavior[D]. Sydney: University of Sydney.

UKRITCHON B, WHITTLE A J, SLOAN S W, 1998. Undrained limit analysis for combined loading of strip footings on clay[J]. Journal of Geotechnical and Geoenvironmental Engineering. 124(3): 265-276.

SANTA MARIA P E L, 1988. Behavior of footings for offshore structures under combined loads[D]. Oxford: University of Oxford.

SKEMPTON A W, 1951. The Bearing Capacity of Clays[J]. Selected papers on soil mechanics: 50-59.

SMITH C C, 2005. Complete limiting stress solutions for the bearing capacity of strip footings on a Mohr-Coulomb soil [J]. Géotechnique. 55(8): 607-612.

SONG Z, HU Y, RANDOLPH M F, 2008. Numerical simulation of vertical pullout of plate anchors in clay[J]. Journal of Geotechnical and Geoenvironmental Engineering, ASCE. 134(6): 866-875.

TAGAYA K, SCOTT R F, ABOSHI H, 1988. Pullout resistance of buried anchor in sand[J]. Soils and foundations. 28(3): 114-130.

TAIEBAT H A, CARTER J P, 2000. Numerical studies of the bearing capacity of shallow foundations on cohesive soil subjected to combined loading[J]. Géotechnique. 50(4): 409-418.

VESIC A S, 1975. Bearing capacity of shallow foundations[C]. New York: In Foundation engineering handbook (ed. Winterkorn H F, Fang H Y): 121-147.

WANG L, SHU H, LI L, et al. , 2011. Undrained bearing capacity of spudcan under combined loading[J]. China Ocean Engineering. 25(1): 15-30.

WILLAM K J, IORDACHE M M, 2001. On the lack of symmetry in Materials[C]. Barcelona: Trends in computational structural mechanics: 1-10.

第11章 竖向受荷桩桩土界面循环剪切效应

导管架基础作为海上风机基础时，上部风机所受水平力和倾覆力矩经过导管架传递到桩基础时会转化为桩基础竖向的拉压荷载。在风机长期服役过程中，作用在桩基础的竖向荷载将造成桩土界面反复的循环剪切。已有研究表明，循环荷载下界面强度会发生弱化，进而降低抗拔结构的承载力。特别是台风期间，桩基在极端循环荷载作用下会出现承载力以及刚度下降等问题，最终可能引起整个导管架风机的倾斜甚至倒塌。桩土界面的竖向荷载传递一般使用 t-z 曲线进行描述，其本质是反映桩-土界面的摩擦作用。因其概念清晰、适用性强、计算方便等特点而具有显著的应用优势，是目前研究和工程应用中主流的计算方法。

本章从海上风机导管架基础出发，首先介绍其设计要求、基础承载力和变形特点以及桩-土界面的竖向荷载 t-z 曲线法，然后开展桩-土界面剪切特性试验对模型参数进行标定，进而构建了桩-土界面循环弱化 t-z 模型，并进行模型验证；最后以一个工程案例为例，从基础荷载分担特性、循环弱化效应和极端循环荷载的影响三个方面，分析导管架基础极端荷载循环弱化效应。

11.1 导管架基础

导管架基础在近海油气工程中应用广泛。随着海上风电向"大型化""深水化"方向发展，导管架基础因刚度大、波流荷载小等优势成为 40~70 m 海域内首选的海上风电基础型式。根据欧洲风能协会 EWEA 统计数据，截至 2021 年，欧洲完成建设 5 872 座海上风机，其中，导管架基础数量为 568 座，占比为 10%。2006 年，英国的 Beatrice 海上风电示范项目首次应用导管架基础，在水深 45 m 风电场内建设了一台 5 MW 风机，如图 11-1 所示。我国江苏等多个省份的海上风电场也采用导管架基础型式，如江苏大丰海上风电场、滨海海上风电场。

图 11-1　英国 Beatrice 海上风电场导管架基础

如图 11-2 所示，在风、浪、流荷载形成的巨大倾覆力矩作用下，大直径单桩基础侧向桩-土相互作用对风机基础的刚度、变形行为起控制作用。但对于导管架基础而言，上部倾覆力矩主要以竖向荷载的形式传递到下部桩基础，桩基础将主要承受竖向循环荷载作用。台风期间，桩基在极端循环荷载作用下会出现承载力以及刚度下降等问题，最终可能引起整个导管架基础的倾斜甚至倒塌。

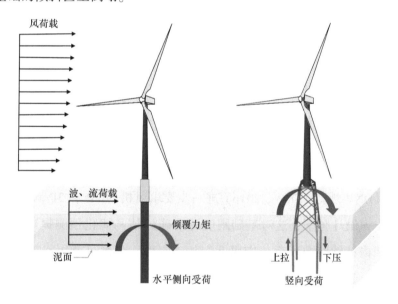

图 11-2　单桩基础和导管架基础海上风机受荷模型

Chen 等（2013）报道了 2008 年墨西哥湾三桩导管架油气平台 EC368A 的倾斜破坏事故（图 11-3）。事故原因是在飓风 Ike 袭击下，导管架基础受拉桩发生循环拔出破坏，进而引起导管架基础发生整体倾斜，累积变形超过设计标准，无法继续服役。由此可见，在导管架基础设计中必须重视下部桩基的竖向循环受荷问题，尤其是在上拉荷载条件下。

在竖向荷载下，桩基通过界面将荷载传递到周围土体，因此，界面成为决定桩基安全的最关键部位之一（张建民等，2005）。Andersen 等（1999）研究指出循环荷载下界面强度弱

403

图 11-3　墨西哥湾导管架平台 EC368A 在飓风 Ike 袭击中发生倾斜破坏（Chen et al.，2013）

化后，抗拔结构的承载力将减小 25%~35%，结构面临严重失效风险。因此，竖向循环受荷桩的桩-土界面特性会对导管架基础的安全性与稳定性产生重要影响。

11.1.1　海上风机基础结构设计要求

国内外设计规范对海上风机基础结构设计具有十分严格的要求。在目前的设计规范中，设计核心要素有两点：频率设计准则和累积变形设计准则。

频率设计准则(TFLS)：海上风机轮毂高度一般可达海平面以上百米，是一种典型的动力敏感型高耸结构物。为了防止风机发生共振，风机结构的自振频率必须避开风机叶轮旋转频率（1P 频率）和叶片扫过塔筒时引起的遮蔽效应频率(3P 频率)。根据风机自振频率与 1P 频率、3P 频率之间的相对关系，风机基础设计策略可以分为三种类型："柔-柔（soft-soft）""刚-柔"（stiff-soft）和"刚-刚"（stiff-stiff），如图 11-4 所示。风机结构设计普遍采用的是"刚-柔"设计策略，即风机结构自振频率位于 1P 和 3P 频率带之间。为了考虑安全冗余，DNV 规范（DNV，2016）进一步要求风机的 1P 和 3P 频率带偏移±10%范围内也不允许作为设计频率，这对基础刚度的准确评估和演化预测提出了很高要求。在 20~30 年服役期内持续的循环荷载作用下，基础刚度、强度可能因极端循环荷载作用而不断发生弱化，引起风机自振频率越过安全范围，进而引发共振并导致结构失效或疲劳寿命下降。因此，在基础设计中必须要对风机在循环荷载下的频率演化过程进行准确评估。

累积变形设计准则(SLS)：海上风机矗立在海洋环境中，在 20~30 年服役期内遭受的循环荷载作用次数可达 10^7~10^8 次。在极端循环荷载作用下，基础周围土体不断发生强度、刚度弱化，基础累积变形逐渐发展而导致上部风机结构倾斜。根据设计要求（DNV，2016），海上风机正常运行发电需保证基础顶累积转角不超过 0.5°（其中施工误差 0.25°，循环受荷累积转角 0.25°）。因此，在基础设计中必须要对风机在循环荷载下的累积变形发展过程进行准确的评估。

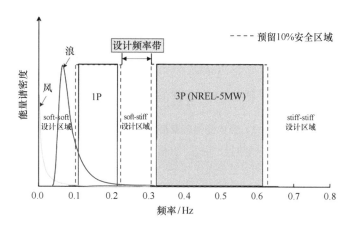

图 11-4　风机目标频率设计准则

11.1.2　砂土中竖向受荷桩基极限承载力

砂土中桩基竖向承载力的计算主要分为基于土体力学参数的传统经验方法（如 API 方法）和近 20 年来发展起来的基于静力触探（CPT）的原位测试方法（如 ICP-05、UWA-05 方法）。

API 方法是美国石油协会根据现有研究推荐采用的一种简化计算方法（API，2000，2014）。对于砂土中桩侧极限摩阻力的确定，API 基于"β 法"的概念建议如下：

$$\tau_{sf} = \beta \cdot \sigma'_{v0} < \tau_{s,\,lim} \tag{11-1}$$

根据相对密实状态，API 规范直接给出了不同相对密实度砂土或粉砂的 β 值及相应的最大极限侧摩阻 $\tau_{s,\,lim}$。

对于桩端极限端阻力，API 规范给出了桩端处土体竖向有效应力 σ'_v 与桩端极限端阻力 q_{bf} 的经验关系：

$$q_{bf} = N_q \cdot \sigma'_v < q_{b.\,lim} \tag{11-2}$$

式中：N_q 为桩端承载力系数；$q_{b.\,lim}$ 为最大极限端阻力。不同密实状态下的相应参数取值参见规范表格。

API（2000，2014）规范给出的砂土中桩基承载力计算方法非常简单，便于实际工程设计的应用，但其并没有合理反映桩基的破坏机理。近年来发展的基于 CPT 的 ICP-05、UWA-05、NGI-05 等方法，能够考虑打桩过程、桩周应力改变，甚至是土塞发展等因素对桩基承载力的影响，这些方法是比 API 方法更为完善、先进的计算方法。但计算公式中参数较多且获取并不容易，因此，在已知参数较少的初步设计阶段使用这些方法往往将会受限。本节主要基于 API 方法确定桩侧极限摩阻力，当然 CPT 方法应该是我国海洋岩土工程的主攻方向之一。

11.1.3 桩基变形计算

竖向受荷桩变形分析方法主要有以下四种：弹性理论法、剪切位移法、荷载传递法和有限单元法，各方法基本概况见表 11-1。本节主要介绍荷载传递法。

表 11-1 竖向受荷桩变形分析主要方法总结

方法名称	桩	土	桩-土相互作用	优缺点
弹性理论法	弹性	弹性连续介质	满足力的平衡、位移协调条件	优点：能够反映土体连续性，理论体系较为完善 缺点：无法准确描述土的成层性和非线性等特点
剪切位移法	弹性	弹性连续介质	满足力的平衡、位移协调条件	优点：能够得到桩周土体位移场，由叠加法可以考虑群桩效应，计算较为简单 缺点：桩-土之间不发生相对位移，层间相互作用未考虑，与实际情况不符
荷载传递法	弹性	由具体传递曲线确定，一般为弹塑性，为非连续介质	满足力的平衡、位移协调条件	优点：能方便考虑桩-土相互作用非线性和土体成层性，计算简便，工程应用方便 缺点：未考虑土体连续性
有限单元法	弹性或弹塑性	弹塑性的连续介质	满足力的平衡、位移协调条件或允许滑移	优点：可模拟桩-土滑移等复杂情况 缺点：计算资源要求高，计算耗时

Seed 等（1957）提出了荷载传递法，该方法也被称为传递函数法或 $t-z$ 曲线法，是目前桩基竖向变形分析中应用最广泛的简化方法。在该方法中，首先将桩身划分为若干个桩段单元，桩-土之间的相互作用通过一系列互相独立的弹簧（$t-z$ 弹簧）进行代替，利用弹簧来模拟桩-土之间的荷载传递关系。在分析中，不考虑土弹簧之间的相互作用。桩端与土体的相互作用也用弹簧进行代替，该弹簧称为 $Q-z$ 弹簧。这些 $t-z$、$Q-z$ 弹簧的应力-应变关系被称之为传递函数，用于对桩侧摩阻力 t（桩端抗力 Q）与位移 z 之间的行为进行描述。荷载传递法计算模型如图 11-5 所示：

由静力平衡条件可得：

$$Q(Z) + \mathrm{d}Q(Z) - Q(Z) = t(Z) \cdot U \cdot \mathrm{d}Z \tag{11-3}$$

上式可整理为：

$$t(Z) = -\frac{1}{U}\frac{\mathrm{d}Q(Z)}{\mathrm{d}Z} \tag{11-4}$$

在任一深度 Z 处，桩身截面的轴力可表示为：

$$Q(Z) = Q_0 - U\int_0^Z t(Z)\,\mathrm{d}Z \tag{11-5}$$

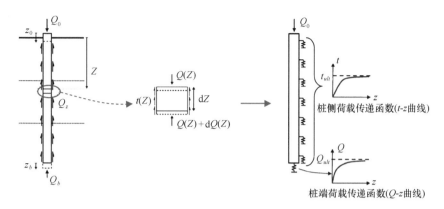

图 11-5　荷载传递法计算模型

竖向位移为：

$$z(Z) = z_0 - \frac{1}{EA} \int_0^Z Q(Z)\, \mathrm{d}Z \tag{11-6}$$

桩段微元产生的弹性压缩可表示为：

$$\mathrm{d}z(Z) = \frac{Q(Z)}{EA} \mathrm{d}Z \tag{11-7}$$

将式（11-3）和式（11-7）两式联立，可得到荷载传递微分方程：

$$\frac{\mathrm{d}^2 z(Z)}{\mathrm{d}Z^2} = \frac{U}{EA} t(Z) \tag{11-8}$$

式中：$z(Z)$ 为深度 Z 处的桩身位移；U 为桩身横截面周长；E 为桩身材料的弹性模量；A 为桩身横截面面积；$t(Z)$ 为深度 Z 处的桩侧摩阻力，$t(Z)$ 是 $z(Z)$ 的函数，即荷载传递函数。

有两种方法构建桩基荷载传递函数：第一种是基于现场试桩数据，利用函数形式进行参数拟合；第二种是基于室内试验或理论推导，建立具有广泛适用性的理论荷载传递函数，该方法是主流的研究方法，目前荷载传递函数有指数函数形式、抛物线形式、双折线形式、三折线形式等。

11.1.4　桩-土界面 t-z 曲线

荷载传递法的关键在于确定 t-z 曲线，t-z 曲线的本质是反映桩-土界面的摩擦作用，t 表示界面摩阻力，z 表示桩-土界面相对位移。

11.1.4.1　单调加载 t-z 曲线

1）API 规范推荐的 t-z 曲线

基于 Seed 等（1957）、Kraft 等（1981）研究成果，API（2000）规范建议，在没有更明确的桩基设计标准情况下，推荐使用图 11-6 中的 t-z 曲线，该曲线以离散点形式给出。

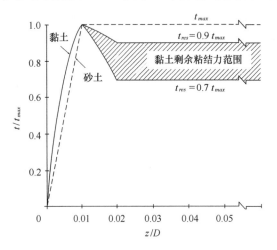

图 11-6　API 规范中砂土和黏土的 t-z 曲线（API，2000）

API 的 2014 版规范（API，2014）进行了更新，其中的 t-z 曲线如图 11-7 所示，该曲线同样以离散点形式给出，曲线点的定义如表 11-2 所示。可以看出，更新之后的砂土中 t-z 曲线主要有两点不同之处：①峰值强度对应的剪切位移值不同，API 的 2000 版规范（API，2000）中该剪切位移值为常数 2.54 mm，而 2014 版规范中该剪切位移值与桩径相关，为 $0.25\%D \sim 2.0\%D$；②峰值强度之前的曲线不同，2000 年版规范中为砂土、黏土起始段不同，2014 年版规范中为曲线且砂土、黏土相同。在本文的研究中，当采用 API 规范方法评估风机响应时，取 2000 年版规范中 2.54 mm 作为界面峰值强度发挥对应的剪切位移值。主要原因是在 2014 年版规范中，该值具有较大不确定性，不便使用。在国内外众多研究中（Shi et al.，2015；Abhinav et al.，2018），该值仍大量采用 2000 年版规范中的 2.54 mm。

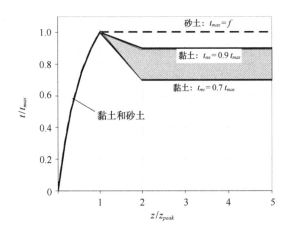

图 11-7　API 规范中砂土和黏土的 t-z 曲线（API，2014）

表 11-2　**API 规范中砂土和黏土的 t-z 曲线点定义**

z/z_{peak}	t/t_{max}
0.16	0.30
0.31	0.50
0.57	0.75
0.80	0.90
1.0	1.00
2.0	1.00（砂土）
∞	1.00（砂土）

表中：z 为桩身位移，z_{peak} 为桩-土界面峰值强度发挥位移，D 为桩径，t 为桩-土界面摩阻力，t_{max} 为桩-土界面强度。

2）双曲线形式的 t-z 曲线

双曲线形式的 t-z 曲线应用广泛，是预测桩基竖向变形的一种有效函数形式（Fleming，1992）。Seed 等（1957）最早提出了双曲线形式的 t-z 曲线，桩侧摩阻力与桩身沉降的关系可用下式表示：

$$t(Z) = \frac{z(Z)}{a + bz(Z)} \tag{11-9}$$

式中：$t(Z)$ 为桩身 Z 位置处的桩侧摩阻力；$z(Z)$ 表示 Z 位置处的桩身沉降；a 和 b 表示桩侧土体的荷载传递参数。

Mosher（1984）提出的 t-z 模型表达式为

$$t = \frac{z}{\dfrac{1}{k_{t-z}} + \dfrac{z}{t_{ult}}} \tag{11-10}$$

式中：k_{t-z} 为初始刚度，与土体相对密实度 D_r 有关；z 为桩身竖向位移；t_{ult} 为界面极限强度。

11.1.4.2　循环加载 t-z 曲线

海洋桩基在持续不断的循环荷载作用下，桩-土界面会发生强度、刚度衰减以及变形累积，传统方法无法反映循环荷载效应。由于循环荷载作用的复杂性，与单向加载 t-z 曲线相比，循环 t-z 曲线的研究较少，现简述如下：

1）Randolph 方法

Randolph（2003）开发了桩基循环受荷计算程序（RATZ），特别适用于钙质砂等具有显著应变软化现象的土体。RATZ 采用荷载传递法分析桩基竖向受荷响应的功能。RATZ 的输入参数主要有：①桩的基本几何参数，如桩的内径、外径、嵌入深度等；②荷载大小和荷载类型；③各土层与桩界面之间的摩阻力峰值 t_p 和残余值 t_r；④荷载传递曲线的初始刚度；⑤卸载以及再加载刚度；⑥单调和循环荷载下的界面强度衰减速率；⑦循环加载阈值 ξ，低于该阈值时界面不会发生弱化。

该方法中荷载传递曲线在单向加载条件下有三个阶段，如图 11-8 所示：

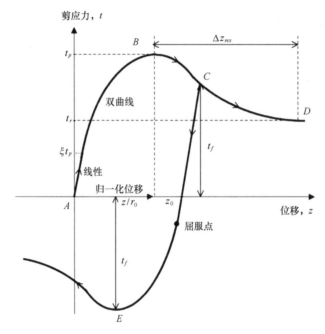

图 11-8　RATZ 循环 t-z 曲线（Randolph，2003）

（1）线性阶段（图 11-8 中标记为"线性"），剪应力 t 与剪切位移 z/r_0 成正比，r_0 为参考位移，即 $t = k \cdot z/r_0$。线性阶段从零剪应力延伸到 $\xi \cdot \tau_p$（ξ 介于 0 和 1 之间，τ_p 是峰值剪应力）。

（2）双曲线阶段（直到图 11-8 中的"B"点），初始加载刚度为 k，当 $t = t_p$ 时加载刚度为零。位移达到 1% 桩径后，界面摩擦力达到峰值。

（3）应变软化阶段（超过图 11-8 中的"B"点），该阶段中界面剪应力由峰值逐渐发生软化，软化过程与绝对位移相关，用下式描述：

$$t = t_p - 1.1 \cdot (t_p - t_r) \cdot \left[1 - \exp\left(-2.4 \cdot \left(\frac{\Delta z}{\Delta z_{res}} \right)^{\eta} \right) \right] \qquad (11-11)$$

式中：t_p 是界面峰值强度；t_r 是界面软化后的残余应力；Δz 为峰值强度之后发生的剪切位移；Δz_{res} 为峰值强度后达到残余强度时的剪切位移；η 为软化曲线形状控制参数，其值在 0.7（衰减程度最高）和 1.3（衰减程度最低）之间。

在循环荷载作用下，初次反向剪切时屈服应力点大小与初次加载过程相同，即为 $\xi \cdot t_p$。

2）SOLCYP 方法

SOLCYP 方法是法国 SOLCYP 项目的研究成果，该项目由法国巴黎中央大学土力学实验室 Jean Biarez 教授发起，总结了 40 年来循环受荷桩的相关工作，包括室内试验、现场试验以及数值模拟等。该方法可用于砂土中竖向循环受荷桩基设计（Alain et al.，2017），包括简化 t-z 包络曲线法和循环 t-z 曲线法。

t-z 包络曲线法是一种简化方法，可用于竖向循环受荷桩的响应分析。SOLCYP 项目也开发了循环 t-z 曲线，如图 11-9 所示。它可用于预测竖向循环受荷桩的累积位移发展，并给出衰减后的桩-土界面强度。

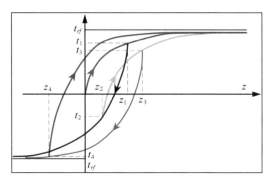

图 11-9　SOLCYP 循环 t-z 曲线示意

（Alain et al.，2017）

初始单调加载过程中 t-z 曲线可用下式描述：

$$t = t_{rf}\left[1 - \exp\left(-\frac{z}{\lambda_s}\right)\right] \tag{11-12}$$

式中：t_{rf} 为桩-土界面极限侧摩阻力；λ_s 为曲线标定参数，可根据旁压试验确定。

当剪切反向时，t-z 曲线可用下式进行描述：

$$t = t_{r,i} + A(-1)^{(n_{cyl}+1)} t_{rf}\left[1 - \exp\left(-R\left|\frac{z - z_i}{\lambda_s}\right|\right)\right] \tag{11-13a}$$

$$A = \left|\frac{\tau_{r,i} - (-1)^{(n_{cyl}+1)} t_{rf}}{t_{rf}}\right| \tag{11-13b}$$

$$R = \exp\left[-(n_{cyl}-1)\xi\right] + \rho\left(1 - \exp\left[-(n_{cyl}-1)\xi\right]\right) \tag{11-13c}$$

式中：$(z_i, t_{r,i})$ 为剪切反向点坐标；n_{cyl} 为当前循环加载次数；R 为循环反向时刚度修正系数，ξ 和 ρ 为曲线调整参数；A 为卸载过程中的刚度修正系数。

荷载传递法因其概念清晰、适用性强、计算方便等特点而具有显著的应用优势，是目前研究和工程应用中主流的计算方法。目前，关于 t-z 曲线的研究有如下特点与不足：①t-z曲线形式多样，不同方法之间有时存在较大差异，尤其是界面峰值强度对应的剪切位移差异明显；②t-z 曲线与桩-土界面剪切试验结果之间缺少直接联系，在无试桩试验结果的前提下很难判断哪种曲线更为准确；③循环 t-z 曲线参数较多，且有些参数难以通过室内土工试验标定；④循环 t-z 曲线基本都基于全量法构建，不同循环次数对应的卸载和再加载路径的控制策略单一，难以准确描述复杂的界面循环剪切行为。

11.2 桩-土界面剪切特性试验

海洋桩基施工安装往往伴随着桩-土界面的大位移剪切过程，这将造成界面附近产生颗粒破碎，形成破碎带(图11-10)，在更远处的土体由于受到的影响小而表现出弹性行为。显然，大位移剪切造成的界面特性改变将会影响到桩基后续服役过程中的性状，比如界面强度、刚度的循环弱化特性等。但目前来看，尚未有学者开展连续的大位移剪切-循环剪切试验来研究界面大位移剪切后的循环剪切性状。

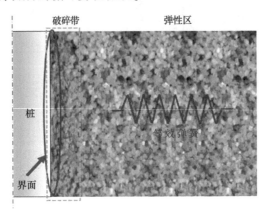

图11-10　海洋桩基安装过程中界面附近产生破碎带

通过自主研发的土与结构大型界面环剪仪系统对桩-土界面剪切特性开展了一系列试验研究，试验采用了三种不同的颗粒：福建石英砂、南海钙质砂和钢珠。试验共包括4组等刚度界面循环剪切试验、26组大位移剪切-循环剪切试验。试验的目的是探明界面循环剪切过程中强度、法向力衰减规律，为后续构建界面循环剪切弱化过程表征方法奠定基础。

11.2.1　试验装置与砂样

1)试验装置

作者课题组自主研发的大型土-结构界面环剪仪如图11-11(a)所示。该设备可实现等刚度/常应力/常体积三种不同边界条件下的单向、循环界面剪切试验，主要包括剪切环(内径30 cm，外径40 cm)、传力杆、伺服电机、限位器等，以及位移传感器、角度传感器、轴力传感器、扭矩传感器等测试元件。可获得的试验参数主要有剪应力、剪切位移、法向力、法向位移等。相比于传统界面剪切仪，本设备的优势在于：①通过限位器有效防止了大位移剪切时上、下剪切环之间的漏砂问题；②剪切环直径大，能够减轻剪切过程中径向不同位置处剪切速率的差异，更能反映界面单元体剪切特征。

实验原理图如图11-11(b)所示。等刚度边界条件下法向应力的变化量 $\Delta\sigma$ 可表示为

$$\Delta \sigma = k \cdot \Delta V \qquad (11-14)$$

式中：ΔV 为土样的垂直位移变化（剪胀为正，剪缩为负）；k 为弹簧刚度。试验过程中，位移传感器实时测量当前位移变化量，输入到控制系统中，由式（11-14）计算当前状态下的理论法向应力，之后生成命令并发送至伺服电机系统，从而校正法向应力值，以此实现等刚度边界条件的控制。

试验采用下界面剪切，即砂位于上环位置，钢界面位于下环位置。在试验中，采用干砂进行试验，假定为完全排水试验条件。通过落雨法制样，制样过程中通过控制落距实现土体相对密实度的控制。试验过程中，剪切速率设定为 5 mm/min（Sadrekarimi et al.，2010a；2011）。

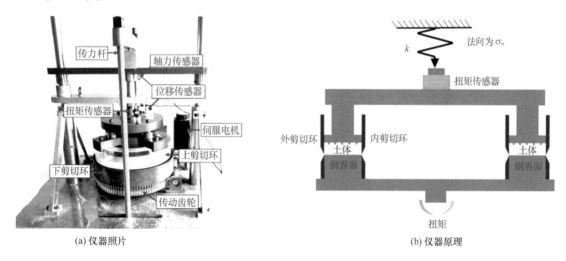

(a) 仪器照片　　　　　　　　　　　　　(b) 仪器原理

图 11-11　大型土-结构界面环剪仪

本节试验中采用的钢界面为 1045 钢（美标），材料的弹性模量为 210 GPa，抗拉强度为 600 MPa。试验前，通过表面喷砂处理控制钢界面粗糙度。喷砂处理后，在界面上等间距选择 6 个位点［如图 11-12(a) 中黄点所示］并利用界面粗糙度测试仪测量表面粗糙度，每个位置的取样距离约为 15 mm，某位点的实测数据如图 11-12(b) 所示。本节试验中，界面的平均粗糙度 R_a 控制在 $(3.25\pm0.10)\ \mu m$ 范围内，该界面粗糙度可代表无锈蚀管桩的表面特征（Tehrani et al.，2016）。

2) 砂样

试验土样为福建平潭某海上风电场现场钻孔取样的典型中细砂，该类砂土广泛分布于海床泥面以下、基岩以上的地层中。砂样的照片与颗粒级配曲线如图 11-13 所示。砂样平均粒径 d_{50} 为 0.28 mm，最大孔隙比 e_{max} 和最小孔隙比 e_{min} 分别为 0.905 和 0.454，相对密实度 D_r 约为 60%，通过试验确定的砂土峰值内摩擦角 φ_p 为 40.4°，临界状态内摩擦角 φ_c 为 37.1°。

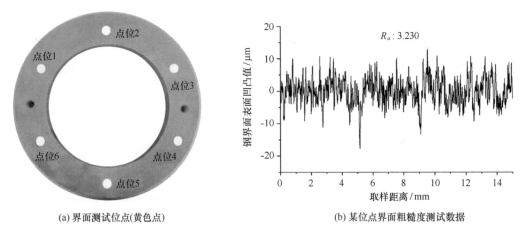

(a) 界面测试位点(黄色点)　　　　　　　　　(b) 某位点界面粗糙度测试数据

图 11-12　钢界面表面粗糙度测试

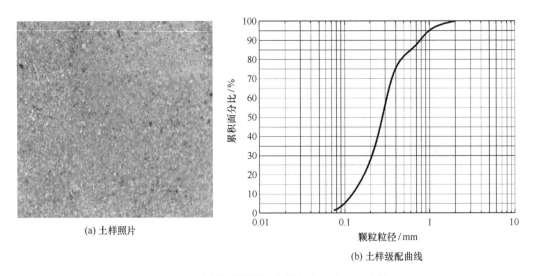

(a) 土样照片

(b) 土样级配曲线

图 11-13　福建平潭某风电场中典型中细砂土样

11.2.2　试验方案与结果

桩侧法向弹簧刚度 k 可通过下式计算

$$k = \frac{4G}{D} \tag{11-15}$$

式中：G 为远场土体剪切模量，D 为桩径。结合 Hardin 等(1972)中的经验公式，可计算出所选深度处的弹簧刚度：

$$G = 22 K_{2,\,max} \sqrt{p_a \sigma'_m} \tag{11-16a}$$

$$\sigma'_m = \frac{1}{3}(\sigma'_1 + \sigma'_2 + \sigma'_3) \tag{11-16b}$$

式中：$K_{2,max}$ 是与相对密实度 D_r 有关的系数；p_a 是大气压；σ'_m 为平均有效应力；σ'_1、σ'_2 和 σ'_3 分别是有效第一、第二和第三主应力。

针对典型导管架基础桩基情况，开展了四组不同应力条件下的桩-土界面循环剪切试验，试验设计如表 11-3 所示，试验中弹簧刚度表示为 $k \times A_r$（A_r 为剪切环横截面积）。

表 11-3　砂-钢界面循环剪切试验

序号	初始法向应力 /kPa	弹簧刚度 /(kPa/mm)	循环幅值 /mm	循环周期 /min
1	50	179.7	5	4
2	70	205.3	5	4
3	90	239.6	5	4
4	130	287.5	5	4

剪切试验中的位移增量 dz 由弹性部分 dz^e 和塑性部分 dz^p 组成，表达式为

$$dz = dz^e + dz^p \tag{11 - 17a}$$

$$dz^e = \frac{dt}{K_e} \tag{11 - 17b}$$

$$dz^p = \frac{dt}{K_p} \tag{11 - 17c}$$

式中：dt 表示界面剪切时的剪应力增量；界面刚度是指桩-土界面单位面积上发生单位位移所需要的力，由弹性部分和塑性部分共同构成。K_e 为界面刚度的弹性部分（界面弹性刚度），可通过界面剪切试验中剪应力-剪切位移曲线的初始段获得；K_p 为界面刚度的塑性部分（界面塑性刚度）。

将每个位移增量中所有的塑性增量部分进行积分，可得到累积塑性位移 z^p：

$$z^p = \int |dz^p| \tag{11 - 18}$$

试验 1~4 的剪应力-剪切位移滞回曲线和法向应力衰减曲线（法向应力-累积塑性位移）如图 11-14 所示。法向应力的归一化方式为 σ_n / σ_n^0，σ_n^0 为试验开始时刻的界面法向应力。在循环剪切过程中，由于界面的剪胀和剪缩是依次发生的，试验中法向应力值会规律性上下波动，最大波动幅值约为初始法向应力的 6%。为更好地展示法向应力的衰减规律，选取剪应力为 0 时对应的法向应力值进行绘图，如图 11-15 所示。从剪应力-剪切位移滞回曲线中可以发现，当剪切位移约为 1.6 mm 时，剪应力达到峰值。随着累积塑性位移的增加，界面抗剪强度和法向应力呈现出先快速衰减，后稳定衰减的现象，后期衰减速率较慢。

为简化研究，现将法向应力衰减过程分为两个阶段：快速衰减阶段（阶段 I）和稳定衰减阶段（阶段 II）。以试验 3 为例进行说明，如图 11-16 所示。剪应力无量纲处理方式为 t/t_u^0，t_u^0 为首次加载时的界面峰值强度。随着累积塑性位移从 0 增加到 0.03 m（阶段 I），法向应力和界面强度随着累积塑性位移的增加而迅速减小。之后，随着累积塑性位移增大，衰减过

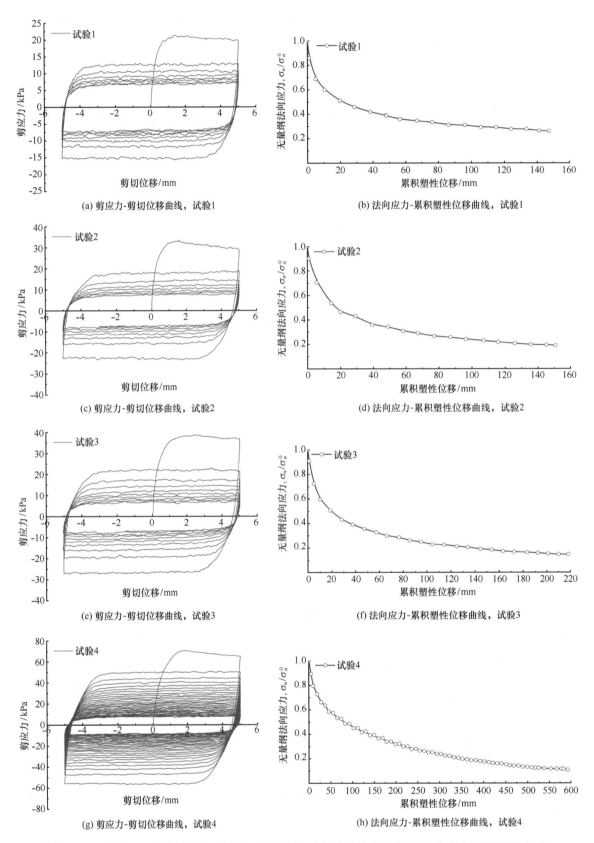

(a) 剪应力-剪切位移曲线，试验1

(b) 法向应力-累积塑性位移曲线，试验1

(c) 剪应力-剪切位移曲线，试验2

(d) 法向应力-累积塑性位移曲线，试验2

(e) 剪应力-剪切位移曲线，试验3

(f) 法向应力-累积塑性位移曲线，试验3

(g) 剪应力-剪切位移曲线，试验4

(h) 法向应力-累积塑性位移曲线，试验4

图 11-14　试验 1~4 中滞回曲线(剪应力-剪切位移)和法向应力衰减曲线(法向应力-累积塑性位移)

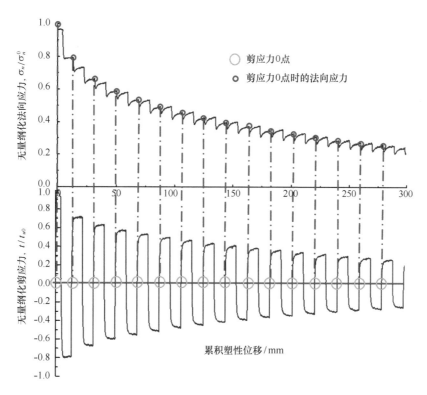

图 11-15　法向应力点选取示意

程进入阶段 II，法向应力和剪应力的衰减过程均呈现出近似线性变化的规律。

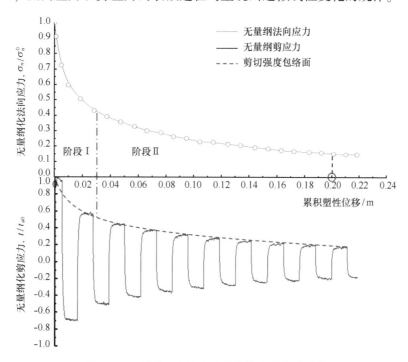

图 11-16　试验 3 中法向应力和剪应力衰减过程

417

11.3　桩-土界面循环弱化 t-z 模型

国内外关于桩基竖向循环受荷响应问题已开展了大量的研究工作。Jardine 等（2012）基于一系列模型、现场试验提出并发展了相互作用图（interaction diagram）法，此方法提供了一种评估桩基循环受荷响应的有效手段，但其无法考虑土体类型、桩基尺寸以及加载模式等因素的影响。Abdel-Rahman 等（2014）、Achmus 等（2017）采用有限元法研究桩基的竖向循环受荷问题，但此方法对本构模型的选择具有较高要求，另外，三维有限元数值计算效率较低，难以满足工程中大量的计算需求。而荷载传递法（t-z 曲线法）是目前计算桩基变形最为广泛的简化方法，但目前的循环 t-z 模型中有些参数无法用简便的室内试验进行标定，限制了该方法的发展和应用。

边界面模型摒弃了传统土体本构模型中弹性区、塑性区的概念，任何一个加载步均包括弹性部分和塑性部分，加载刚度由映射关系确定，适用于循环荷载下的土体变形计算。边界面模型最初由 Dafalias 等（1975）提出，之后由 Dafalias 对该模型进行简化并推广应用。Su 等（2013）利用边界面理论构建了单向、多向循环 p-y 弹簧模型，并对桩基的水平循环受荷响应进行分析。

Zhou 等（2019）基于砂-钢界面循环剪切试验结果，在边界面模型理论框架下构建了一种循环弱化 t-z 模型，能够反映循环荷载下桩-土界面强度和刚度弱化、累积变形发展等过程。该模型含有 7 个参数，并且全部参数均可以采用室内界面循环剪切试验进行标定。通过 MATLAB 二次开发接口将该模型写入 COMSOL 有限元软件中，实现了桩基竖向循环受荷响应评估。之后，通过界面单元循环剪切试验和现场桩基循环上拔试验对该方法的有效性进行验证。

11.3.1　理论模型构建与参数标定

11.3.1.1　理论模型构建

该循环 t-z 模型（图 11-17）是一种增量弹塑性模型。应力增量 $\mathrm{d}t$ 和位移增量 $\mathrm{d}z$ 的关系为

$$\mathrm{d}z = \frac{\mathrm{d}t}{K_e} + \frac{\mathrm{d}t}{K_p} = \mathrm{d}t \cdot \left(\frac{1}{K_e} + \frac{1}{K_p} \right) \tag{11-19}$$

界面弹塑性刚度（下面简称为界面刚度）可表示为

$$K_{ep} = \frac{1}{\dfrac{1}{K_e} + \dfrac{1}{K_p}} \tag{11-20}$$

如图 11-18 所示，实线部分为传统边界面模型。其中，$\pm t_m$ 表示历史抗力边界面。为反映循

图 11-17 弹塑性弹簧组成

环剪切过程中界面强度衰减，在该模型中同时引入了强度边界面($\pm t_u$)，抗力边界面始终位于强度边界面内。在循环荷载作用下，通过强度边界面的收缩实现界面强度的衰减。

界面塑性刚度可定义为：

$$K_p = hK_e\left(\frac{t_u}{t_m} \cdot \frac{\bar{\rho}}{\rho} - 1\right) \tag{11-21}$$

式中：h 为 t–z 曲线形状参数，由于有些试验中初次加载和后续循环加载的曲线形状有所差异，因此该参数在初次加载过程中取值为 h_1，在后续加载过程中取值为 h_2。t_u 为桩–土界面强度，t_m 为加载历史过程中最大的界面摩阻力，且其值不允许超过 t_u，$\bar{\rho}$ 为抗力边界长度，ρ 为从界面剪应力 t 沿剪应力增量 dt 的反方向到抗力边界距离。模型通过 t_m 和 ρ 来反映加载历史和应力状态的影响。

在该模型中，加载和卸载条件可定义为：

加载：

$$dt \cdot t > 0, \ \rho = t_m + |t| \tag{11-22}$$

卸载：

$$dt \cdot t < 0, \ \rho = t_m - |t| \tag{11-23}$$

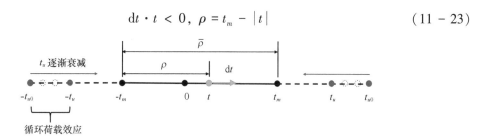

图 11-18 弹塑性弹簧边界面模型示意

在循环荷载作用下，界面强度由最大值 t_{u0} 逐渐衰减到 t_u。强度的弱化过程可以用弱化函数来描述，如下式所示

$$t_u = t_{u0} \cdot g(z^p) \tag{11-24}$$

式中：t_{u0} 为桩–土界面初始强度，$g(z^p)$ 为弱化函数，其取值范围为 $(0，1)$。在循环 t–z 模型中，弱化函数发挥重要作用，它直接决定了界面强度的弱化过程。弱化函数 $g(z^p)$ 可表示为

419

$$g(z^p) = \max\left\{\left[\frac{1}{\left(1 + \dfrac{\int |\,\mathrm{d}z^p|}{z_{50}}\right)^a} - b \cdot \frac{\int |\,\mathrm{d}z^p|}{L_u}\right], \frac{t_r}{t_{u0}}\right\} \qquad (11-25)$$

式中：a、b 为强度弱化参数；z_{50} 为界面抗力达到极限强度一半时的界面剪切位移，$L_u = 1$ m 为单位长度，t_r 为界面残余强度。当 $\int |\,\mathrm{d}z^p| = 0$，$g(z^p) = 1$ 时，表示没有发生界面弱化。在第 I 阶段中，$g(z^p)$ 值的快速下降由 $1\big/\left(1 + \dfrac{\int |\,\mathrm{d}z^p|}{z_{50}}\right)^a$ 控制。在第 II 阶段中，法向应力下降曲线可视为一条直线，直线的斜率通过 $b \cdot \dfrac{\int |\,\mathrm{d}z^p|}{L_u}$ 进行控制。a 和 b 的参数化分析结果如图 11-19 所示，阶段 I 和阶段 II 的下降速率分别与 a 和 b 有关。a 和 b 越大，$g(z^p)$ 的衰减速率就会越快。

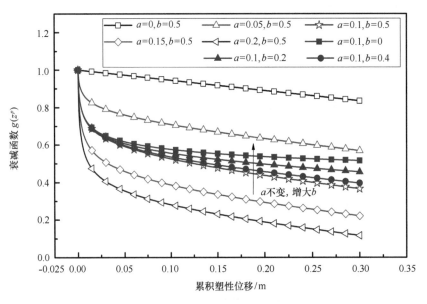

图 11-19　参数 a、b 对衰减函数值影响分析

通过界面剪切试验发现，剪切反向时界面卸载刚度明显大于界面初始加载刚度（等于 K_e），因此，需要考虑卸载刚度的修正，修正表达式如下：

$$K_{ep}^u = K_{ep} \cdot \left[(A_u - 1) \cdot \frac{|t|}{t_m} + 1\right] \qquad (11-26)$$

式中：K_{ep}^u 为修正后的界面卸载刚度；A_u 为界面初始卸载刚度与初始加载刚度（K_e）的比值。

11.3.1.2　$t\text{-}z$ 模型参数标定

构建的循环弱化 $t\text{-}z$ 模型包含 7 个参数，这些参数均可通过界面剪切试验直接获取或间接标定，下面以第 11.2.1 节试验 3 为例进行模型参数标定。

1) 初始界面强度 t_{u0}

如图 11-20(a) 所示，t_{u0} 为界面强度最大值，可直接通过界面剪切试验得到。如无相关试验数据，则可由下式计算：

$$t_{u0} = \sigma_z \cdot \tan\delta \cdot K_0 \qquad (11-27)$$

式中：σ_z 为上覆土竖向有效应力；δ 为桩-土界面摩擦角；K_0 为侧向土压力系数。

2) 界面弹性刚度 K_e

K_e 为 t-z 弹簧刚度的弹性部分，可由下式计算，其标定示例如图 11-20(a) 所示。

$$K_e = \frac{t_{u0}}{2 \cdot z_{50}} \qquad (11-28)$$

式中：z_{50} 为界面剪应力达到界面极限强度一半时的剪切位移。

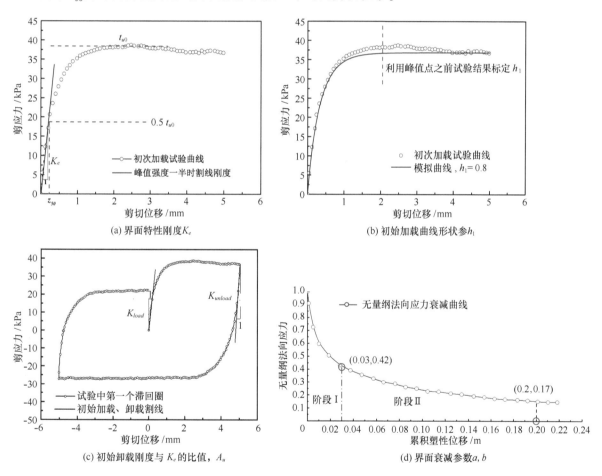

图 11-20　t-z 模型参数标定过程示例

3) 曲线形状参数 h

对于单调剪切试验，h 控制 t-z 曲线的形状。可通过调节 h，使得模拟曲线与试验曲线吻合。图 11-20(b)为初始加载曲线形状参数 h_1 的标定实例。h_2 为其他循环中曲线形状参数，该值在 h_1 附近上下浮动。若再加载曲线刚度大于初始加载刚度，则增大 h_2，若再加载曲线刚度小于初始加载刚度，则减小 h_2。

4）界面残余强度 t_r

在前几个剪切循环中，界面强度迅速衰减，并在一定次数循环剪切后趋于稳定。本节采用基本稳定后的界面强度作为残余强度。

5）界面初始卸载刚度与 K_e 的比值，A_u

界面初始卸载刚度对应于初始卸载曲线的切线斜率，参数 A_u 可以表示为

$$A_u = \frac{K_{unload}}{K_e} \qquad (11-29)$$

图 11-20(c)为界面循环剪切试验的第一个滞回圈。可以看出，卸载曲线的初始部分可以近似视为一条直线，其斜率为 K_{unload}。当缺少相关试验数据时，可根据 Masing 准则（Segalman et al.，2008）确定 A_u 值，即 $A_u = 2$，能够大致反映出卸载刚度特点。

6）强度弱化参数 a、b

界面剪切试验强度弱化参数 a、b 可用下式计算

$$a = \eta_a \cdot \frac{\Delta \sigma^{(\mathrm{I})}}{\sigma_n^{(0)}} \qquad (11-30)$$

$$b = \eta_b \cdot \frac{\Delta \sigma^{(\mathrm{II})}}{\sigma_n^{(0)}} \qquad (11-31)$$

$$\eta_a \in [0, 2], \quad \eta_b \in [0, 10]$$

式中：$\sigma_n^{(0)}$ 为加载前的初始法向应力，$\Delta \sigma^{(\mathrm{I})}$ 和 $\Delta \sigma^{(\mathrm{II})}$ 分别为第 I、II 阶段法向应力衰减量，η_a 和 η_b 为调整系数，没有严格的物理意义。

在标定过程中，首先，确定法向应力衰减曲线的第 I、II 阶段分界点，当累积塑性位移值约为分界点处位移的 8~10 倍时，可以选择作为第 II 阶段的代表点。在图 11-20(d)中，当累积塑性位移为 0.025 m 时，可作为分界点。当累积塑性位移为 0.2 m 时，可以选择第 II 阶段的代表点。

其次，确定两个代表点处对应的法向应力值，并计算 I、II 阶段的法向应力弱化比例。由图 11-20(d)可确定，$\dfrac{\Delta \sigma^{(\mathrm{I})}}{\sigma_n^{(0)}} = 1 - 0.42 = 0.58$，$\dfrac{\Delta \sigma^{(\mathrm{II})}}{\sigma_n^{(0)}} = 0.42 - 0.17 = 0.25$。之后，利用 η_a，η_b 对参数 a，b 进行调整，使其与试验结果吻合。η_a 和 η_b 的上限一般分别为 2 和 10，$\eta_a = 2$ 表示当累积塑性位移仅为 0.03 m 时，界面强度弱化的百分比为 80%，$\eta_b = 10$ 表示第 II 阶段的界面强度弱化速率为每增加 0.01 m 的剪切位移，界面强度弱化 2%。η_a、η_b 的下限均为 0，此时意味着循环剪切过程中没有出现界面弱化现象。

11.3.1.3　t–z 模型界面单元验证

对第 11.2.1 节中的试验 1~4 均进行了参数标定及循环剪切过程模拟, 标定结果见表 11-4, 拟合结果见图 11-21。

表 11-4　试验 1~4 中 t–z 模型参数标定

试验	t_{u0}/kPa	h_1, h_2	$\dfrac{\Delta\sigma^{(\mathrm{I})}}{\sigma^{(0)}}$	η_a	$\dfrac{\Delta\sigma^{(\mathrm{II})}}{\sigma^{(0)}}$	η_b
1	21.3	0.8, 0.6	0.558	0.09	0.182	6.0
2	32.9	1.0, 0.3	0.574	0.1	0.238	5.0
3	38.8	0.8, 0.8	0.58	0.11	0.27	5.0
4	70.6	1.0, 1.0	0.347	0.1	0.262	3.5

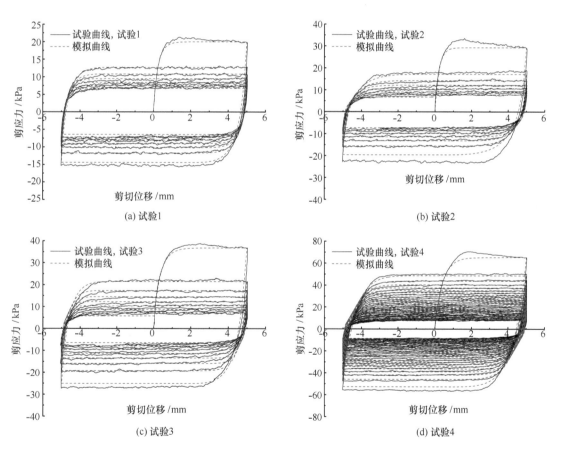

图 11-21　t–z 模型模拟结果与试验 1~4 结果对比

本节还模拟了文献中的界面循环剪切试验 SS1 (尚文昌, 2016), 具体标定参数如表 11-5 所示。试验中砂样为福建标准砂, 相对密实度为 90%, 中值粒径为 0.32 mm。图 11-22 (a) 给出了 20 次界面循环剪切过程的模拟和试验结果。为了看得更加清楚, 图 11-22 (b)

~（f）分别展示了第 1、5、10、15、20 次循环剪切的对比结果。可以看出，模拟结果与试验结果较为相似，该 t-z 模型能够较好地捕捉循环剪切过程中的界面循环弱化特征。

表 11-5　数值计算中 t-z 模型参数

参数	循环 t-z 模型参数
界面剪应力达到界面极限强度一半时的剪切位移 z_{50}/mm	0.5
界面摩擦角 δ /（°）	21.34
曲线形状参数 h	$h_1 = h_2 = 4$
界面残余强度 t_r/kPa	$0.317t_{u0}$
初始卸载刚度与 K_e 的比值，A_u	2.5
强度衰减参数 a，b	$a = 0.26 \cdot \eta_a = 0.26 \times 0.16 = 0.042$；$b = 0.31 \cdot \eta_b = 0.31 \times 1.6 = 0.496$

11.3.2　单桩竖向循环受荷响应验证

11.3.2.1　API Q-z 模型

导管架海上风机基础中桩基的桩径一般在 1.5~2.5 m 范围内，桩长一般在 30~60 m 范围内，属于以摩擦受荷为主的柔性桩。因此，此处选用 API Q-z 模型反映桩端土抗力。该 Q-z 模型为非线性弹性模型，它的强度、刚度不会在循环受荷过程中发生弱化。砂土中桩端单位面积的极限端阻力 q_u 可按下式计算：

$$q_u = \sigma_z \cdot N_q \tag{11-32}$$

式中：N_q 为无量纲承载力系数，可根据 API 规范（API，2014）确定。桩端的极限总抗力可表示为

$$Q_{max} = q_u \cdot A_{tip} \tag{11-33}$$

式中：Q_{max} 为 Q-z 弹簧的极限抗力，A_{tip} 为桩端外轮廓面积。Q-z 弹簧抗力的发挥由桩-土相对位移确定，$\dfrac{Q}{Q_{max}}$ 与 $\dfrac{z_{tip}}{D}$ 之间的荷载位移曲线如图 11-23 所示，其中，z_{tip} 为桩端竖向位移，D 为桩径。

通过 COMSOL 中的 MATLAB 二次开发接口，将上述循环弱化 t-z 模型开发进 COMSOL 软件中，实现每个计算步的实时交互计算。考虑到本文中的桩基等结构均为细长杆件，因此，在 COMSOL 中通过欧拉-伯努利梁单元构建桩基几何模型。交互计算流程如图 11-24 所示，主要计算步骤如下。

步骤 1：在 COMSOL 中定义桩基几何参数、材料参数以及边界条件等。

步骤 2：在每个计算步中，COMSOL 利用该时刻沿桩身分布的抗力 t 和桩端抗力 Q，完

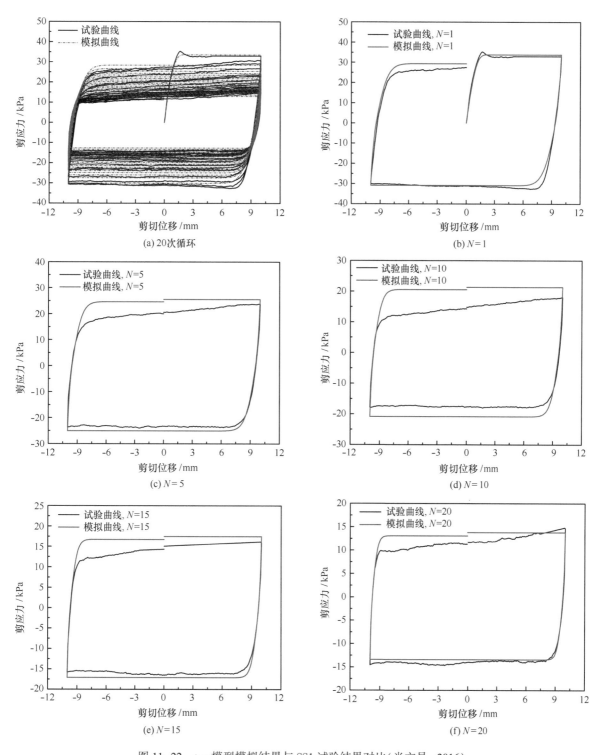

图 11-22　t-z 模型模拟结果与 SS1 试验结果对比(尚文昌，2016)

成欧拉-伯努利梁控制方程的数值求解，求解得到的桩身计算节点竖向位移并输出到 MATLAB 中，用于下一时步的计算。

步骤 3：利用循环 t-z 模型，在 MATLAB 中完成当前时步中参数 K_{ep}，z^p，t 和 t_m 的计算，

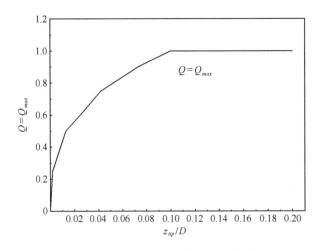

图 11-23　API 规范中的桩端抗力-位移 Q-z 曲线（API，2014）

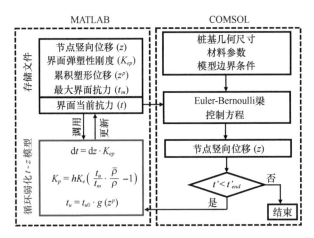

图 11-24　循环弱化 t-z 模型与 COMSOL 交互计算流程

并被储存到存储文件中，用于下一时步计算。

步骤 4：MATLAB 将桩-土界面抗力 t 输出到 COMSOL 中，COMSOL 将 t 以反力的形式施加在每个计算节点上，作为"新"的桩-土抗力。

步骤 5：重复步骤 2~步骤 4，直到当前计算时间达到终止计算时间。

11.3.2.2　现场桩基试验实证

Jardine 等（2012）在密砂土地基中开展了一系列钢管桩竖向循环加载现场试验。场地的砂土密实度在 75% 左右（浅部土层密实度可达到 100%）。桩基外径为 0.457 m，壁厚为 20 mm，嵌入土体深度为 19.24 m，打桩完成后土塞率在 60% 左右。砂土的峰值内摩擦角为 35°~40°，临界状态内摩擦角为 32° 左右，桩-土界面摩擦角为 27°，砂土中值粒径 d_{50} 为 0.28 mm。桩基极限上拔承载力 Q_{u_up} 初步估计为 2 050 kN。针对该桩位开展了单向循环上拉试验，荷载均值为 $0.46Q_{u\_up}$，荷载幅值也为 $0.46Q_{u\_up}$，如图 11-25 所示。在 12 次循环加载之后，桩基突然发生脆性拔出破坏。关于试验的更多信息可参考文献 Jardine（2012）。

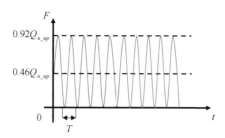

图 11-25　单桩循环上拉现场试验加载路径

在数值模拟中，假设土塞和桩一起运动。界面摩擦角 $\delta = 27°$，砂土重度 γ 在地下水位以上为 20 kN/m³，地下水位以下为 10 kN/m³。根据预估的桩基极限上拔承载力 $Q_{u\_up} = 2\,050$ kN 确定侧向土压力系数 K_0，其中包括了打桩的影响（挤土、"h/R"效应等）。对于界面剪切特性参数，由于无法获取现场桩基试验中的界面粗糙度和现场砂样，故无法开展界面循环剪切试验进行参数标定。上节中的界面剪切试验 SS1 的砂土密实度为 90%，考虑到现场试验为密砂地层条件，且两者粒径也较为相似，因此，在模拟中使用的界面剪切参数（z_{50}、h、t_r、A、a 和 b）由试验 SS1 初步标定，之后进行尝试计算。模拟过程中使用的所有参数如表 11-6 所示。在数值模拟中，采用广义 α 法离散时间主方程，采用 Newton-Raphson 法迭代求解控制方程。为满足收敛要求，时间步长 Δt 满足

$$\Delta t \leqslant \frac{l}{\sqrt{\dfrac{E}{\rho_p}}} \qquad (11 - 34)$$

式中：l 为最小单元的长度；E 为桩的弹性模量；ρ_p 为桩的密度，在本文计算中采用的步长为 0.000 5 s。

表 11-6　桩基现场试验模拟中 t-z 模型参数

参数	循环 t-z 模型参数
土体有效重度 $\gamma'/(\text{kN/m}^3)$	20（水位线以上）
	10（水位线以下）
界面摩擦角 $\delta/(°)$	27.0
界面剪应力达到界面极限强度一半时的剪切位移 z_{50}/mm	0.5
曲线形状参数 h	$h_1 = h_2 = 4.0$
侧向土压力系数 K_0	1.45
界面残余强度 t_r/kPa	$0.317t_{u0}$
初始卸载刚度与 K_e 的比值 A_u	2.5
强度衰减参数 a，b	$a = 0.042$
	$b = 0.496$

桩头荷载位移响应的模拟结果与计算结果如图 11-26（a）所示。可以看出，在模拟过程中，桩基在循环受荷过程中的位移累积趋势与现场试验相似，但在循环 4 次后发生脆性破坏（试验中循环破坏次数为 12 次），计算中桩基的循环弱化速率显著快于现场试验结果，可能的原因是不同砂与钢界面之间的循环剪切弱化行为不同，弱化参数 a、b 的取值也不同。由 t-z 模型介绍可知，参数 a 主要控制前几次循环的弱化速率，本次计算结果说明参数 a 的取值过大。之后，保持参数 b 不变，减小参数 a 的值，经过试算发现当 $a = 0.027$ 时，计算结果与试验结果较为相似，桩基发生循环拔出破坏时的桩头位移也基本一致，如图 11-26（b）所示。

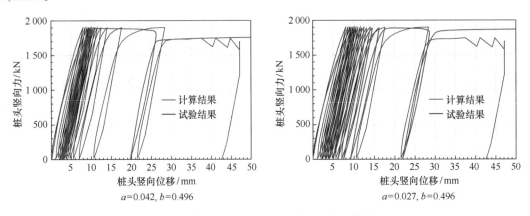

$a = 0.042, b = 0.496$ $\qquad$ $a = 0.027, b = 0.496$

图 11-26 试验和模拟中的桩头荷载-位移曲线对比

基于边界面模型理论框架和界面循环剪切试验结果，本章提出了一种循环 t-z 模型用来模拟桩-土界面循环剪切弱化行为，通过 MATLAB 与 COMSOL 之间的实时交互计算实现了桩基竖向循环受荷响应的模拟。本模型共含有 7 个参数，并且全部参数均可通过室内界面循环剪切试验进行标定。为验证模型的适用性，对模型进行了界面单元循环剪切试验、现场桩基循环拉拔试验的验证。具体结论如下。

（1）本章提出的循环弱化 t-z 模型，通过捕捉界面法向应力的衰减过程，实现了界面循环弱化过程的有效模拟。

（2）该循环 t-z 模型能较好地反映循环荷载条件下桩-土界面强度弱化、桩基位移累积等过程，并能描述桩基在竖向循环受拉过程中发生的脆性破坏现象。

11.4 导管架基础极端荷载循环弱化效应

海上风机矗立在复杂的海洋环境中，遭受着持续不断的循环荷载作用。相比于欧洲北海，我国海上风电发展面临着更为严重的循环荷载问题——台风，因此，欧洲海上风机设计经验可能并不一定适用于我国。气象资料表明，每年登陆我国东南沿海的台风及超强台风平均有 9 个，且台风影响范围覆盖了我国全部的已建和在建海上风电场。

Wang 等(2020)基于传统的 API 规范方法对导管架基础的荷载分担特性进行研究,探明各类土弹簧(p-y, t-z, Q-z)对导管架基础抗倾覆力矩的贡献占比;之后,基于构建的桩-土界面循环弱化 t-z 模型,建立了极端循环荷载作用下海上风机导管架基础受荷分析方法;利用构建的方法对福建平潭某海上风机群桩导管架基础开展了极端循环荷载下的累积变形、频率演化分析,并揭示了结构热点应力演化和热点转移机制,为导管架基础设计提供一定参考。

11.4.1　海上风机导管架基础荷载分担特性

11.4.1.1　某典型导管架基础海上风机

在福建平潭某海上风电场项目中,水深在 30 m 左右,个别区域水深可达 45 m,因此采用导管架基础型式。该海域是典型的砂质土海床,广泛分布粉细砂、中细砂。该风场的环境荷载条件如表 11-7 所示,在本节中,针对该风电场中的典型海上风机导管架基础,开展案例分析以研究基础的荷载分担特性。

表 11-7　福建平潭某海上风电场环境荷载条件

参数	数值
年平均风速/(m/s)	9.21
五十年一遇极端风速/(m/s)	49.1
水深/m	45.0
五十年一遇极端波高/m	7.64
波浪周期/s	10.1
流速/(m/s)	2.15

1)5.5 MW 风机和导管架支撑结构

在本项目采用 5.5 MW 风机,该机型的主要参数见表 11-8。塔筒长度 L_t 为 88.0 m,截面直径从顶部的 4.1 m 逐渐增大到底部的 7 m,平均壁厚为 35 mm。下部导管架设计为四桩结构形式,如图 11-27 所示。导管架基础下部根开为 22 m×22 m,上部根开为 12 m×12 m。桩径为 1.8 m,壁厚为 30 mm,桩长分别设置为 25 m(算例 1),35 m(算例 2)和 45 m(算例3)三种情况。为方便描述,将位于上风向的桩基称之为后桩,最有可能承受上拔力,将位于下风向的桩基称之为前桩,承受最大压力,位于中间的称为中桩,如图 11-27(b)所示。

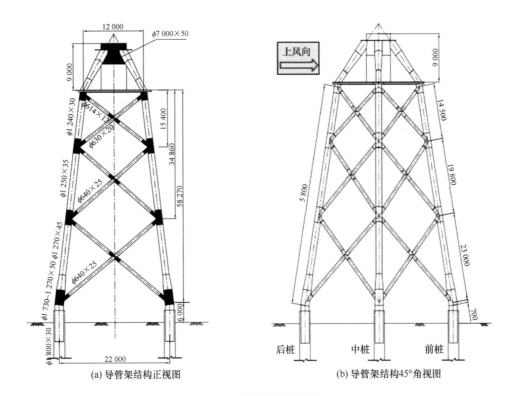

(a) 导管架结构正视图　　　　(b) 导管架结构45°角视图

图 11-27　导管架基础主要尺寸

表 11-8　5.5 MW 海上风机主要参数

参数	数值
转子-机舱组合体(RNA)质量/tn	445.0
塔筒质量/tn	365.0
转子直径/m	157.7
叶轮额定转速/rpm	12.0
RNA 重心/m	5.005（前后）
	3.195（竖向）
	0（侧向）

2) 风机荷载计算

在目前的设计流程中，风机厂商进行风机和塔筒荷载计算，并将荷载计算结果交给设计单位进行下部基础设计，设计单位再将基础顶点(塔筒底)刚度给到风机厂商，再次进行迭代计算和设计，一般至少需要迭代计算三次才能完成最终的风机设计工作。本节中，我们采用风机厂商提供的荷载进行基础初步设计方案评估。

风机厂商利用商业软件 Bladed 进行荷载计算，按照 IEC 规范（IEC, 2009）要求，计算工况共 22 个，考虑了偏航误差、控制系统故障等问题。最终得到极端荷载工况条件下风致塔底最大弯矩值 $M^t_{w\_ex}$ 为 180 477.0 kN·m。导管架结构上的波浪、流荷载通过商业软件 SACS 进行计算，在计算中采用了流函数波浪理论，拖曳力系数 C_d 和惯性力系数 C_m 取值分别为 1.05，1.20（API，2014）。极端荷载工况下波流荷载产生的泥面处总力矩 M_{hy_ex} 为 94 064.0 kN·m。

Jalbi 等（2019）研究了欧洲 12 个海上风电场中的 15 台大直径单桩基础海上风机在极端循环荷载下的受荷特征，发现泥面处弯矩比 M_{min}/M_{max}（M_{min} 为泥面处最小弯矩，M_{max} 为泥面处最大弯矩）大多分布在 0~0.5，也就是说在极端循环荷载工况下，风机大多为单向循环受荷模式。由于缺少导管架基础海上风机的相关受荷特性研究，本文参照单桩基础风机的受荷模式，在本节的数值计算中也采用单向循环加载，循环荷载最小值为 0，平均值为最大值的一半。根据该海域的海洋环境报告可知极端条件下波浪周期为 10.1 s。

在数值模拟中，风荷载简化成集中力施加在风机轮毂位置，根据泥面力矩等效原则将波流荷载等效为集中力施加在导管架结构上（如图 11-28 中四个红点所示）。加载方向设置为导管架结构的对角线方向，在这种情况下仅有一根桩受拉，为最不利工况。图 11-29 中展示了风荷载和波流荷载的加载路径。首先，施加荷载的定常部分 F_m，为避免施加冲击荷载的影响，将 F_m 在 t_1 时间内均匀施加。之后，施加荷载的循环部分 F_A，加载周期为 T，循环次数为 N，模拟台风过境过程。根据法国桩基设计规范（Alain et al.，2017），对于台风循环荷载工况，等效循环荷载作用次数 N_{eq} 取 100 时可认为能够充分考虑循环荷载效应的影响。N 次循环之后，撤掉重力之外的外荷载，让风机稳定下来。最后，重新施加正常运行荷载 F_{nr}（风致塔底弯矩 $M_{w\_nr}=76\,560.0$ kN·m，波、流产生的泥面处弯矩 $M_{hy\_nr}=19\,869.7$ kN·m）模拟风机重新正常运行发电过程。相应地，在加载路径中定义了三种风机状态转换点（图 11-29 中彩色点），分别为风机初始状态（A）、稳定状态（B）和再运行状态（C）。

3）API 桩-土相互作用（API，2014）

p-y 曲线法用一组沿桩身分布的离散弹簧来描述桩-土之间水平向的相互作用。在桩身 X 深度处，p-y 曲线表示的是桩的横向位移 y 与单位长度桩身受到的水平土反力 p 之间的关系。该方法能够反映土体非线性、桩-土大位移变形特征，在工程设计中得到广泛应用。

砂土地基中桩的 p-y 曲线可表示为

$$P = A_a P_u \tanh\left[\frac{KX}{A_a P_u} y\right] \tag{11-35}$$

静荷载下：$A_a = \left(3 - 0.8\dfrac{X}{D}\right) \geqslant 0.9$

循环荷载下：$A_a = 0.9$

式中：y 为 X 深度处桩身水平向变形量，K 为土抗力的初始模量，根据规范（API，

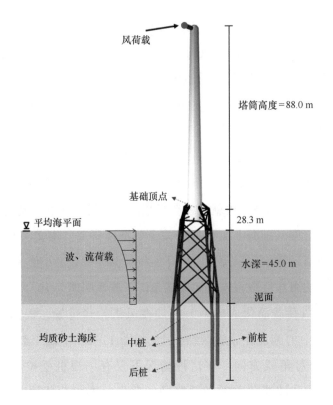

图 11-28　导管架基础海上风机模型示意

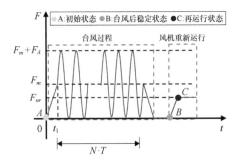

图 11-29　风、浪荷载加载路径示意

2014) 取值；P_u 为桩侧极限水平抗力 (kN/m)。

P_u 由下式确定：

$$0 < X \leqslant X_R \text{ 时, } P_u = (C_1 X + C_2 D) \gamma' X \qquad (11-36a)$$

$$X > X_R \text{ 时, } P_u = C_3 D \gamma' X \qquad (11-36b)$$

式中：X 为桩身计算点深度；X_R 为土体临界深度；C_1、C_2、C_3 为土体系数，根据 API 规范 (API, 2014) 取值。

11.4.1.2　海上风机导管架基础荷载分担特性

本节采用 API 规范 (API, 2014) 中的传统桩-土相互作用，对海上风机导管架基础的荷载分担特性进行分析。海床土体假定为均质中砂，该土样来自福建平潭项目现场钻孔取土，土体参数如表 11-9 所示。

表 11-9 计算中 API p-y、t-z、Q-z 弹簧参数

参数	p-y 弹簧	t-z 弹簧	Q-z 弹簧
临界状态内摩擦角 $\varphi_c/(°)$	37.1	—	—
界面摩擦角 $\delta/(°)$	—	27.1	—
无量纲承载力系数 N_q	—	—	10
循环加载因子 A_a	0.9	—	—
土体有效重度 $\gamma'/(\mathrm{kN/m^3})$	10	10	10

如图 11-30 所示，将环境荷载和土体抗力同时施加到导管架基础上。为方便分析，将导管架基础从泥面处划分为上部结构和下部桩基两部分。在四个截面位置分别作用桩头剪力 F_{pi}、轴力 F_{Npi}、弯矩 M_{pi}，M_{pi} 等于沿桩长分布的离散 p-y 弹簧的水平力对桩头的合力矩。因此，泥面位置的抗倾覆力矩可表示为：

$$M_{\mathrm{over}} = \sum_{i=1}^{4} M_{pi} + \sum_{i=1}^{2} \frac{\sqrt{2}}{2} F_{Npi} \cdot L_f \qquad (11-37)$$

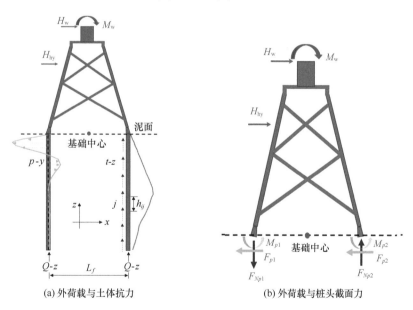

(a) 外荷载与土体抗力   (b) 外荷载与桩头截面力

图 11-30 导管架基础抗倾覆力矩分担示意

式中：L_f 为导管架底部根开；$i=1$，2 分别表示后桩和前桩；$i=3$，4 表示中桩。p-y，t-z，Q-z 弹簧对抗倾覆力矩的贡献占比 $P_{p\text{-}y}$，$P_{t\text{-}z}$，$P_{Q\text{-}z}$ 可表示为

$$P_{p-y} = \frac{\sum_{i=1}^{4} M_{pi}}{M_{over}} \qquad (11-38)$$

$$P_{t-z} = \sum_{i=1}^{2} \sum_{j=1}^{N} \frac{\sqrt{2}}{2} t_{ij} \cdot \pi \cdot D \cdot h_{ij} \cdot \frac{L_f}{M_{over}} \qquad (11-39)$$

$$P_{Q-z} = \sum_{i=1}^{2} \frac{\sqrt{2}}{2} Q_i \cdot \frac{L_f}{M_{over}} \qquad (11-40)$$

式中：t_{ij} 为 i 桩的 j 单元的界面抗力；h_{ij} 为 i 桩的 j 单元的长度；Q_i 为 i 桩的桩端抗力。

在极端循环荷载工况下对三种桩长算例开展时程计算，分析导管架基础中 $p-y$、$t-z$、$Q-z$ 弹簧的荷载分担特性。算例 1、算例 2 和算例 3 中三种弹簧对抗倾覆力矩贡献百分比如图 11-31 所示（桩长分别为 25 m、35 m、45 m）。可以发现，$t-z$ 弹簧的贡献分担比明显大于其他两种弹簧。在算例 1 中，$t-z$ 弹簧的平均贡献占比为 77.6%，在算例 2 和算例 3 中该比例分别增加到 90.6% 和 93.9%。相比之下，三个算例中 $Q-z$ 弹簧的平均贡献占比分别为 17.3%，4.4% 和 1.1%。另外，可以看出，随着桩长的增加，$Q-z$ 弹簧贡献占比的波动幅度也相应减小。不同桩长条件下 $p-y$ 弹簧贡献占比无明显差异。可见，循环荷载作用下导管架基础的抗倾覆（转动）特性主要由 $t-z$ 弹簧控制。

11.4.2　考虑循环弱化效应的导管架基础响应分析方法

11.4.2.1　考虑循环荷载效应的计算方法

1）计算步骤

由于 $t-z$ 弹簧对导管架基础风机的抗倾覆特性发挥显著作用，本章采用已建立的循环弱化 $t-z$ 弹簧模型，结合 API 规范中的简化 $p-y$、$Q-z$ 弹簧模型，构建了改进计算方法。具体计算步骤如下。

步骤 1：将桩-土相互作用弹簧（$p-y$、$t-z$、$Q-z$）二次开发到有限元软件 COMSOL 中，并建立导管架基础海上风机的数值模型，风机结构采用欧拉-伯努利梁单元构建。

步骤 2：沿桩长选择特征深度，确定特征深度的边界条件和循环剪切幅值。

步骤 3：在等刚度条件下开展界面循环剪切试验，并对循环 $t-z$ 弹簧参数进行标定。

步骤 4：利用标定后的循环 $t-z$ 弹簧、API 的 $p-y$ 弹簧和 $Q-z$ 弹簧，模拟海上风机导管架基础在循环荷载作用下的动力响应。

2）循环弱化 $t-z$ 弹簧的标定

循环荷载作用下桩-土界面剪切行为受到土体类型、界面粗糙度、深度、剪切幅值等因素的影响。因此，对于特定情况，应开展相应的界面剪切试验对循环弱化 $t-z$ 弹簧模型参数进行标定。

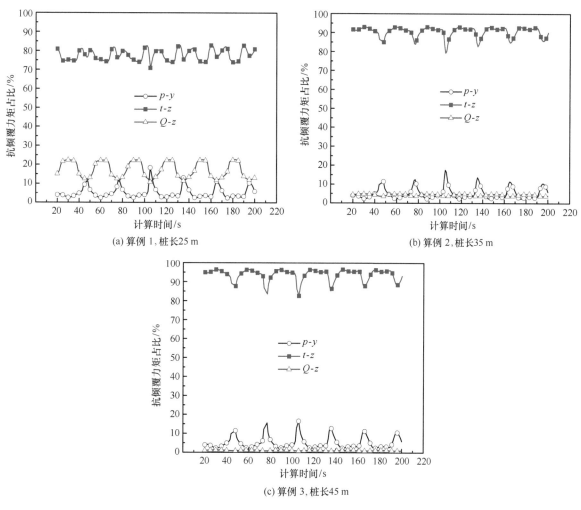

(a) 算例 1，桩长 25 m　　　　(b) 算例 2，桩长 35 m

(c) 算例 3，桩长 45 m

图 11-31　循环荷载下导管架基础抗倾覆力矩分担比

标定试验使用了从福建平潭某海上风电场中获取的典型现场中细砂，砂土条件同第 11.2 节。钢界面平均粗糙度控制在 3.25 μm±0.10 μm 范围内。在数值计算中选用了三种不同桩长，分别为 25 m（算例 1）、35 m（算例 2）和 45 m（算例 3）。当选取特征深度进行桩身分段时，Poulos（1989）建议每桩段长度不大于 10 m。因此，在算例 1 中桩身分为 3 段，算例 2、算例 3 中桩身分为 4 段，分段示意图如图 11-32 所示。在每一桩段中，选择一个特征深度来代表该段在循环荷载作用下的弱化特征，本例选取的特征深度分别为 5.0 m、10.0 m、20.0 m、30.0 m。

桩身法向边界条件包括初始法向应力和法向弹簧刚度，按照第 11.2.1 节中的方法可确定不同深度的界面法向边界条件，本例中四个特征深度处的边界条件见表 11-10。

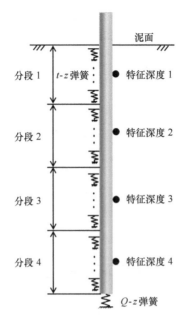

图 11-32 特征深度划分示意

表 11-10 特征深度处界面的边界条件

深度/m	土体剪切模量 G/MPa	弹簧刚度 k/(kPa/mm)	初始法向应力 σ_{n0}/kPa
5.0	63.9	142.0	50.0
10.0	90.4	200.8	100.0
20.0	127.8	284.0	200.0
30.0	156.5	347.8	300.0

根据表 11-10 中的边界条件开展了一系列模型参数标定试验。试验过程中的循环剪切幅值通过有限元预计算确定，即通过 API 的 p-y、t-z 和 Q-z 弹簧初步评估。在每次试验中，确定初始法向应力时，土体侧压力系数 K_0 取为 1，因为 API 规范（API，2014）指出，打入桩的 K_0 可取为 1。法向应力的下限设置为模拟界面深度处的初始地应力，即 $K_0 = 1 - \sin\varphi_c$。

循环 t-z 弹簧的标定参数如表 11-11 所示。图 11-33 展示了算例 2 中 t-z 模型参数标定循环剪切试验与模拟结果的对比。

表 11-11　算例 1、算例 2 和算例 3 的循环 t-z 弹簧参数

算例	深度 /m	剪切幅值 /mm	z_{50} /mm	h_1, h_2	a	b	A_u
算例 1	5	6.0	0.32	1.50, 1.20	0.0070	2	2.0
	10	5.4	0.32	2.00, 1.50	0.0060	2.5	2.0
	20	4.4	0.44	2.00, 1.50	0.0050	2.5	2.0
算例 2	5（试验 1）	4.8	0.32	1.50, 1.50	0.0050	2.7	2.2
	10（试验 2）	4.2	0.32	1.50, 1.00	0.0010	2.3	2.3
	20（试验 3）	2.1	0.44	4.00, 0.80	0.0010	2.0	2.0
	30（试验 4）	1.1	0.48	4.00, 0.80	0.0006	1.9	2.2
算例 3	5	2.5	0.32	3.00, 0.85	0.0150	1	2.1
	10	2.2	0.32	4.00, 1.00	0.0100	2	2.0
	20	1.3	0.44	2.00, 0.60	0.0010	1.7	2.2
	30	0.6	0.48	4.00, 0.80	0.0008	1.7	2.0

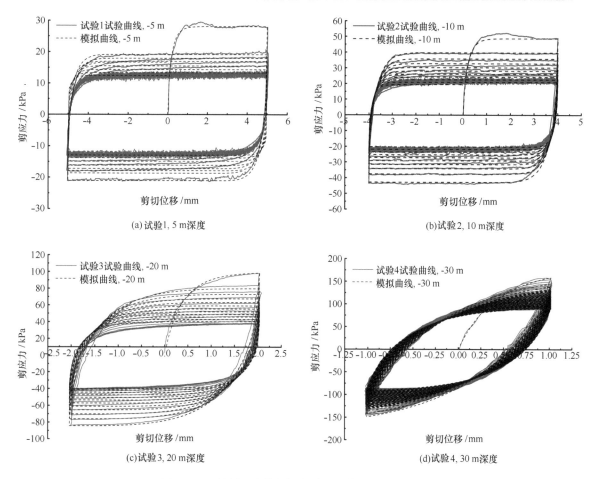

(a)试验1, 5 m深度　　　　(b)试验2, 10 m深度

(c)试验3, 20 m深度　　　　(d)试验4, 30 m深度

图 11-33　算例 2 中特征深度处界面剪切试验标定结果

11.4.2.2　循环受荷计算方法有效性验证

如图 11-34 所示，Kong 等（2019）开展了群桩导管架基础水平循环受荷离心模型试验。本节选用该试验来验证上节中建立的计算方法的有效性。离心模型试验条件简单介绍如下：100 g 试验条件下在基础顶点施加水平循环荷载，加载过程采用力控制；为保护桩身应变片，整个桩身外表面均涂有环氧树脂；模型桩外径为 0.025 9 m，长度为 0.6 m，桩埋置深度为 0.55 m，桩间距为 0.15 m；砂样为福建标准砂，平均粒径 d_{50} 为 0.17 mm，临界状态内摩擦角 φ_c 为 35°，相对密实度 D_r 约为 60%。施加的循环荷载恒定部分为 0.1H_{ult}，循环部分的幅值也为 0.1H_{ult}。H_{ult} = 16 MN 为导管架基础的水平承载力，循环荷载周期为 5 s。

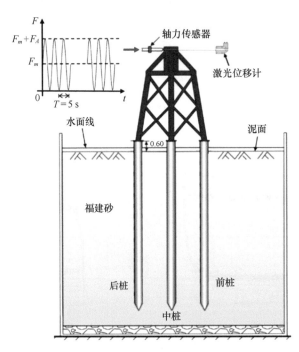

图 11-34　群桩导管架离心模型试验示意

（Kong et al. , 2019）

为模拟离心模型试验条件，本节中开展了环氧树脂界面与该种福建标准砂之间的界面循环剪切试验对循环 t-z 模型参数进行标定。在标定过程中，最深的特征深度设置为 30 m。因为在 30 m 以下，界面循环剪切位移幅值太小（小于 0.05 mm），不会产生明显的界面强度弱化现象。标定后的循环 t-z 弹簧参数如表 11-12 所示。

表 11-12　离心模型试验数值模拟中循环 t-z 模型参数

深度 /m	循环剪切幅值 A_d/mm	z_{50} /mm	h_1, h_2	a	b	卸载刚度修正 A_u
5	0.64	0.066	2, 1	0.012	2.0	2.0
10	0.45	0.067	4, 2	0.01	2.5	2.0
20	0.20	0.072	1, 1	0.001	2.2	2.0
30	0.05	0.074	1, 1	0.000 6	2.5	2.0

模型参数标定后，通过改进的计算方法模拟了导管架基础在 100 次连续加载过程的响应，计算结果与离心模型试验结果对比情况如图 11-35(a)所示。为表达更加清晰，图 11-35(b)、图 11-35(c)中分别给出了前 10 次循环和最后 10 次循环的对比结果。可以发现，前 10 次循环的计算结果与离心试验结果吻合较好，包括累积位移和加、卸载刚度。在最后 10 次循环中，数值计算可以较好地反映累积位移的发展，但计算中的加、卸载刚度小于试验结果。此外，还比较了离心模型试验与计算结果中 p-y、t-z、Q-z 弹簧的抗倾覆力矩贡献占比，如表 11-13 所示。可以看到，无论是在试验中还是计算中，t-z 和 Q-z 弹簧的贡献占比都超过了 90%，p-y 弹簧的贡献占比均小于 10%。相比之下，p-y 弹簧在试验中的贡献占比小于在计算中的贡献占比，t-z 和 Q-z 弹簧在试验中的贡献占比大于在计算中的贡献占比。究其原因，应该是计算中使用的 API p-y 弹簧高估了初始刚度，计算中 p-y 弹簧抗力的发展速率比试验更快。通过上述比较，说明构建的计算方法能够较为有效地预测海上风机导管架基础的循环受荷响应特性。

表 11-13　数值计算和离心模型试验中抗倾覆力矩分担比结果对比

| 循环 | 离心模型试验（Kong et al.，2019） | | 本数值计算 | |
	p-y 贡献占比	t-z+Q-z 贡献占比	p-y 贡献占比	t-z+Q-z 贡献占比
1	3.98%	96.02%	8.50%	91.50%
50	4.34%	95.66%	8.79%	91.21%
100	4.38%	95.62%	8.97%	91.03%

11.4.3　极端循环荷载下海上风机群桩导管架基础响应

本节中，利用第 11.4.2 节中考虑循环荷载效应的计算方法，对极端循环荷载作用下海上风机导管架基础的动力响应特性进行了一系列数值模拟分析。针对整机自振频率演化、累积变形等规律进行讨论。

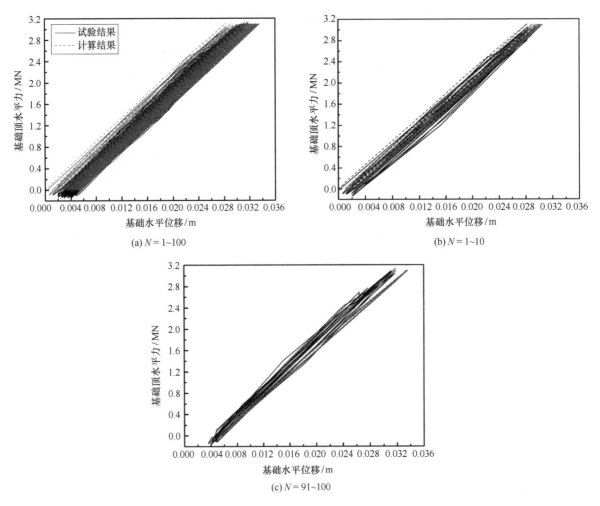

图 11-35　离心模型试验与数值计算中导管架基础顶点水平力与水平位移关系对比

11.4.3.1　自振频率演化

由于桩-土相互作用的非线性，风机的自振频率与受荷状态相关。本节评估了 A、B、C 三种受荷状态下导管架基础海上风机的一阶自振频率，状态定义见第 11.4.1 节中图 11-29。基于数值计算结果，提取了前、中、后桩（图 11-27）在水平、竖直和转动方向上的桩头刚度。之后，在有限元软件中基于桩头刚度进行频域计算，得到不同循环荷载作用次数后整机的一阶自振频率，如图 11-36 所示。可以看出，荷载撤掉之后稳定状态（B）下的自振频率大于再运行状态（C）下的自振频率。在单调加载工况（$N=0$）下，三种不同桩长算例中风机自振频率没有明显差异。当考虑到循环荷载效应时，算例 1 中在 5 次荷载循环后重新运行状态下的自振频率急剧下降至 0.198 Hz。风机厂商要求的安全频率范围为 0.24~0.48 Hz。因此，算例 1 中的桩长无法满足频率设计要求，不再进行后续计算。对于算例 2、3 的自振频率，在整个循环加载过程中会出现一些波动，原因是循环受荷后桩身及土弹簧内存在残余应力，但波动程度很小，不同荷载循环次数之后的频率差异分别在 2.5% 和 2.1% 范围内。

由此可见,在长桩长的情况(35 m、45 m)下,导管架基础海上风机的自振频率表现出较高的稳定性。但随着桩长的不断减小,风机的一阶振型将会发生变化,自振频率会出现突然下降的现象。

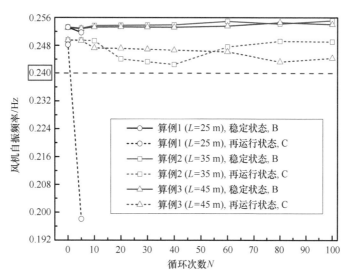

图 11-36　不同循环次数后整机一阶自振频率变化

11.4.3.2　累积变形发展

1)导管架基础中轴线形状演化

经历不同次数的循环荷载(台风工况)作用后,先让风机稳定下来,之后重新施加正常运行荷载。在再运行荷载下,导管架基础中轴线的形状演化如图 11-37 所示。由此可见,随循环荷载作用次数的不断增加,导管架基础呈现出倾覆倾向。算例 2 中的位移量和位移发展速率均明显大于算例 3。在 100 次循环荷载作用之后,算例 2 中导管架基础顶累积位移达到 0.47 m,而在算例 3 中该值仅为 0.20 m。此外,算例 3 中 $N=0$ 时对应的位移值为负值(变形方向与加载方向相反),原因是该情况下风机机头的不平衡力对导管架变形发挥主要作用。

2)基础顶(塔筒底)累积转角演化

图 11-38 展示了算例 2、3 中不同次数荷载循环后导管架基础顶点的累积转角(绝对值)变化。仅在重力作用下,风机机头的不平衡力导致基础顶点产生了一定的负向转角。在不同的循环次数之后,提取了风机稳定状态下的累积转角和再运行受荷状态下的累积转角。在算例 2 中[图 11-38(a)],基础顶累积转角的增长速率先增大后减小,在 60 次循环加载之后,累积转角已超过 0.25°变形标准。导管架结构的倾斜主要与四根桩基础的不均匀沉降有关,桩头竖向位移发展情况如图 11-39(a)所示。可以看到,在循环受荷过程中后桩逐渐被拔出,而前桩逐渐被压入,中桩也被压入但位移值显著小于其他两根桩。在前 40 次循环

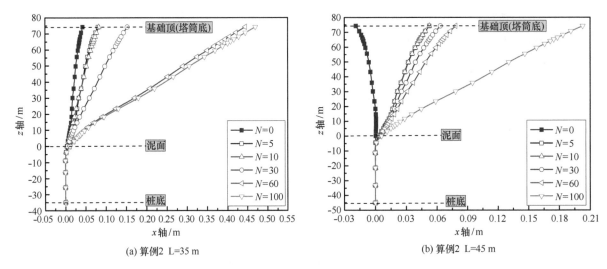

(a) 算例2 L=35 m   (b) 算例2 L=45 m

图 11-37　导管架基础中轴线形状演化

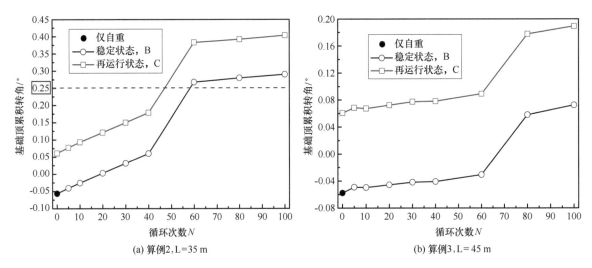

(a) 算例2, L=35 m   (b) 算例3, L=45 m

图 11-38　导管架基础顶累积转角演化

中，后桩与前桩的位移差值呈现出线性增长趋势，导管架基础顶转角也表现为线性增加。从 $N=40\sim60$ 过程中，后桩竖向位移急剧增大，前桩也产生了明显的向下位移，由此导致了基础顶转角突增并超过 0.25° 变形标准。在算例 2 中 100 次循环荷载作用之后，再运行状态下的基础顶累积转角达到了 0.403°。相比之下，图 11-38(b) 所示的算例 3 中基础顶累积转角显著减小，100 次循环受荷后风机重新运行状态下的累积转角值仅为 0.189°，但在 $N=60$ 之后，转角也表现出突然的加速现象。由图 11-39(b) 可知，当 $N=60$ 时，后桩竖向位移首次为正值，意味着后桩被拔出。从 $N=60$ 之后，后桩、前桩的竖向位移以及两者的位移差值显著增大，导管架结构表现出基础顶转角突然加速的现象。

　　结合上面的自振频率计算结果(图 11-36)可以发现，在算例 2 中当累积转角已经超过设计标准时，风机的自振频率变化仍然很小。因此，可以得出结论，在海上风机桩基导管架基础设计中，相比于自振频率，累积变形应是控制因素。Wang 等（2020）还详细讨论了导管架桩基荷载分担比演化和热点应力转移，这里不作进一步展开。

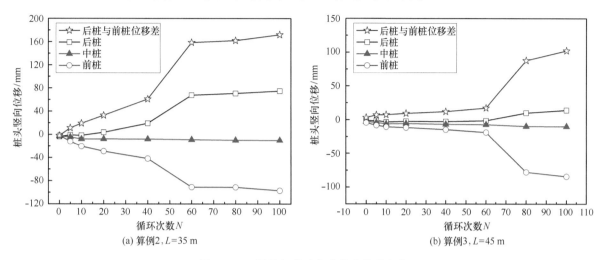

(a) 算例2，$L=35$ m   (b) 算例3，$L=45$ m

图 11-39 导管架基础各个桩头位移变化

参考文献

尚文昌，2016. 循环荷载下桩土界面弱化机制研究[D]. 山东青岛：青岛理工大学.

张建民，张嘎，2005. 土与结构接触面力学特性研究进展[C]. 北京：北京工业大学. 中国力学学会学术大会 2005 论文摘要集（上）.

周文杰，2022. 海上风机导管架基础循环受荷性状与分析方法[D]. 浙江杭州：浙江大学.

ABDEL-RAHMAN K, ACHMUS M, KUO Y S, 2014. A numerical model for the simulation of pile capacity degradation under cyclic axial loading[J]. Numerical Methods in Geotechnical Engineering. 2：1219-1224.

ABHINAV K A, SAHA N, 2018. Nonlinear dynamical behaviour of jacket supported offshore wind turbines in loose sand[J]. Marine Structures. 57：133-151.

ACHMUS M, ABDEL-RAHMAN K, SCHAEFER D, et al. , 2017. Capacity degradation method for driven steel piles under cyclic axial loading[C]. San Francisco, California：the 27th International Ocean and Polar Engineering Conference.

ALAIN P, JACQUES G, 2017. Design of piles under cyclic loading：SOLCYP Recommendations[M]. London：ISTE Ltd, Hoboken, Newjersey：John Wiley & Sons, Inc.

ANDERSEN K H, JOSTAD H P, 1999. Foundation design of skirted foundations and anchors in clay[C]. Houston, Texas：Offshore Technology Conference. 10824.

API RP 2SK, 2000. Recommended practice for planning, designing, and constructing fixed offshore platforms[S]. Washington D. C：American Petroleum Institute.

API 2A-WSD, 2014. Recommended practice planning, designing, and constructing fixed offshore platforms-working stress design[S]. Washington D. C：American Petroleum Institute.

CHEN J-Y, GILBERT R B, PUSKAR F J, et al. , 2013. Case study of offshore pile system failure in hurricane Ike

[J]. Journal of Geotechnical and Geoenvironmental Engineering. 139: 1699-1708.

DAFALIAS Y F, POPOV E P, 1975. A model of nonlinearly hardening materials for complex loading[J]. Acta Mechanica. 21: 173-192.

DNV-ST-0126, 2016. Support structures for wind turbines[S]. Oslo: Det Norske Veritas.

FLEMING W G K, 1992. A new method for single pile settlement prediction and analysis[J]. Géotechnique. 42: 411-425.

HARDIN B O, DRNEVICH V P, 1972. Shear modulus and damping in soils: design equations and curves[J]. Journal of the Soil Mechanics and Foundations Division. 98: 667-692.

IEC 61400-3-1. 2009. Wind turbines-Part 3: design requirements for offshore wind turbines[S]. Geneva, Canton de Genève: International Electrotechnical Commission.

JALBI S, ARANY L, SALEM A, et al. , 2019. A method to predict the cyclic loading profiles (one-way or two-way) for monopile supported offshore wind turbines[J]. Marine structure. 63: 65-83.

JARDINE R J, STANDING J R, 2012. Field axial cyclic loading experiments on piles driven in sand[J]. Soils and Foundations. 52: 723-736.

KONG D, WEN K, ZHU B, et al. , 2019. Centrifuge modeling of cyclic lateral behaviors of a tetrapod piled jacket foundation for offshore wind turbines in sand[J]. Journal of Geotechnical and Geoenvironmental Engineering. 145 (11): 04019099.

KRAFT L M, FOCHT J A, AMERASINGHE S F, 1981. Friction capacity of piles driven into clay[J]. Journal of the Geotechnical Engineering Division. 107: 1521-1541.

MOSHER R L, 1984. Load-transfer criteria for numerical analysis of axially loaded piles in sand. Part 1: load-transfer criteria[M] Vicksburg, Mississippi: US Army Engineer Waterways Experiment Station.

POULOS H G, 1989. Cyclic axial loading analysis of piles in sand[J]. Journal of Geotechnical Engineering. 115: 836-852.

RANDOLPH M F, 2003. RATZ Version 4-2: Load transfer analysis of axially loaded piles[R]. Perth, Western Australia: the University of Western Australia.

SADREKARIMI A, OLSON S M, 2010. Particle damage observed in ring shear tests on sands[J]. Canadian Geotechnical Journal. 47: 497-515.

SADREKARIMI A, OLSON S M, 2011. Critical state friction angle of sands[J]. Géotechnique. 61: 771-783.

SEED H B, REESE L C, 1957. The action of soft clay along friction piles[J]. Transactions of the American Society of Civil Engineers. 122(1): 731-754.

SEGALMAN D J, STARR M J, 2008. Inversion of Masing models via continuous Iwan systems[J]. International Journal of Non-Linear Mechanics. 43: 74-80.

SHI W, PARK H C, CHUNG C W, et al. , 2015. Soil-structure interaction on the response of jacket-type offshore wind turbine[J]. International Journal of Precision Engineering and Manufacturing-Green Technology. 2: 139 -148.

SU D, YAN W M, 2013. A multidirectional p-y model for lateral sand-pile interactions[J]. Soils and Foundations. 53: 199-214.

TEHRANI F S, HAN F, SALGADO R, et al. , 2016. Effect of surface roughness on the shaft resistance of non-displacement piles embedded in sand[J]. Géotechnique. 66: 386-400.

WANG L Z, ZHOU W J, GUO Z, et al. , 2020. Frequency change and accumulated inclination of offshore wind turbine jacket structure with piles in sand under cyclic loadings[J]. Ocean Engineering. 217: 108045.

ZHOU W J, WANG L Z, GUO Z, et al. , 2019. A novel t-z model to predict the pile responses under axial cyclic loadings[J]. Computers and Geotechnics. 112: 120-134.

第 12 章　侧向受荷桩与地基土相互作用

在海上风电工程中，单桩基础是一种极为常见的基础形式，其在环境荷载作用下通常会承受巨大的水平荷载和水平倾覆力矩的作用。因此，单桩基础的水平承载性能直接关乎结构物的稳定性和安全性，是工程设计中最为关键的一环。此外，由于外部环境荷载主要为风和波浪，其表现出显著的循环荷载特性，准确评估基础循环受荷特性也是基础设计的控制因素之一。根据地基土性不同，工程界对黏土和砂土地基中的侧向受荷桩分别建立相应的设计分析方法。

本章首先介绍了侧向受荷桩周土的三种破坏模拟，分别为浅层"楔形破坏模式"、中层"满流破坏模式"和深层"转动破坏模式"，并总结了黏土和砂土海床中水平受荷桩的分析方法。随后重点介绍了作者团队提出的考虑桩-土破坏模式的黏土海床侧向受荷桩"$p - y + M - \theta$"分析方法，通过定义黏土地基"楔形区"和"满流区"的"$p - y$"曲线以及"转动区"的"$M - \theta$"，实现对单桩静力水平承载特性的模拟。本章基于黏土土单元循环应力-应变关系，将静力分析方法扩展为循环分析模型，并对该方法进行了验证与应用。最后对于砂土地基，系统总结了砂土海床中大直径柔性长桩和刚性短桩的水平受荷响应，阐明现有设计规范 API 中 $p - y$ 模型无法应用于海上风机单桩设计的原因，揭示柔性桩和刚性桩的破坏模式，并介绍了针对砂土海床中单桩基础的统一计算分析方法。

12.1　海上风电基础大直径单桩

如图 12-1 所示，海上风机基础类型主要有：①重力式基础：依靠基础自身重力提供刚度抵抗外部水平及倾覆载荷；②大直径单桩基础：直径 4~10 m 的大直径空心钢管桩插入到海床以下 30~60 m 深度，通过桩周土阻力提供荷载抗力；③高桩承台基础：通常由 6 根或 8 根直径约 2 m 的基桩和承台组成，每根基桩入土深度 30~50 m；④桶形基础：分单桶和群桶两种形式，其下端开口上端封闭，形如一个倒立的圆桶，桶径可达到 8~20 m，入土深度与桶径之比多介于 0.5~1.0，利用负压沉贯原理插入海床；⑤导管架基础：主体为桁架结构，上部与风机塔筒相连，下部与 3 或 4 根桩径约 2 m 的基桩连接，基桩入土 30~50 m 以提供抗力；⑥浮式基础：风机固定于浮式平台，平台与下部锚泊系统相连，通过锚固基础保证浮台和风机稳定。

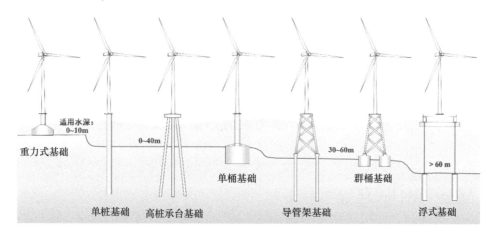

图 12-1　海上风机基础形式

目前，我国与欧洲的海上风电场大多位于水深 40 m 以内的近海海域。在该水深范围内，普遍采用大直径单桩基础(图 12-2)，因其结构简单，安装便捷，施工技术装备成熟而在上述各种基础形式中脱颖而出，成为海上风机基础的首选。目前海上风机单桩基础通常为直径 D = 4~10 m 的空心钢管桩，桩入土深度与桩径之比 L/D 多位于 3~10 范围内，壁厚在 6~10 cm（Murphy et al.，2018）。

图 12-2　海上风机典型大直径单桩基础

欧洲风能协会（EWEA）统计数据表明(图 12-3)，截至 2020 年，欧洲已建的 5 764 座海上风机中，单桩基础使用数量达到 4 681 座，单桩基础占所有海上风机比例超过 80%。此外，在我国已建或在建的海上风电项目中，超过 70% 的海上风机也全部或部分采用单桩基础。单桩基础已成为全球海上风电应用最为广泛的基础形式。

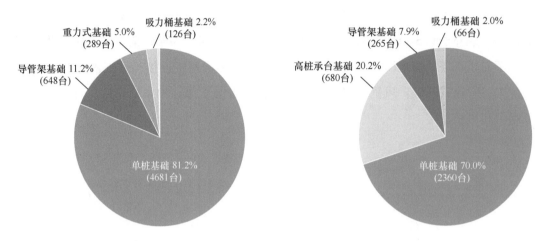

图 12-3 欧洲(左)与我国(右)海上风电场基础形式统计

12.2 侧向受荷桩-土破坏模式

侧向受荷桩通常可分为柔性桩、刚柔性桩和刚性桩，如图 12-4 所示。柔性桩长径比较大，埋深较深，在水平荷载作用下，一定深度以下的桩体在深部土体较强的约束下不产生变形，因此桩身的位移主要发生在浅层土体的深度范围内，如图 12-4(a) 所示。柔性桩的承载特性主要由桩身弯矩作为判定条件，出现塑性铰可认为达到屈服。刚性桩长径比较小，桩身刚度较大，在水平荷载作用下基本不产生桩身变形，而表现为绕着某一深度一点发生刚性转动，转动点以下会出现与水平荷载相同方向的土阻力，如图 12-4(c) 所示。刚性桩的承载破坏主要以土体发生屈服作为判定条件。介于柔性桩和刚性桩之间的为刚柔性桩，其表现为浅层柔性变形和深层刚性转动的结合体，如图 12-4(b) 所示。

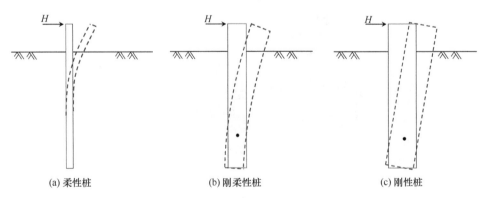

(a) 柔性桩　　　　　　　(b) 刚柔性桩　　　　　　　(c) 刚性桩

图 12-4 水平受荷桩变形模式

根据 Poulos 等(1989)，采用如下无量纲的桩-土相对刚度来判断桩体属于刚性桩，柔性桩，或是刚柔性桩。具体的判断条件如下：

$$\frac{E_p I_p}{E_s L^4} < 0.002\ 5,\quad 柔性桩 \tag{12-1a}$$

$$0.002\ 5 < \frac{E_p I_p}{E_s L^4} < 0.208,\quad 刚柔性桩 \tag{12-1b}$$

$$\frac{E_p I_p}{E_s L^4} > 0.208,\quad 刚性桩 \tag{12-1c}$$

式中，$E_p I_p$ 为桩截面抗弯刚度；E_s 为土体弹性模量；L 为桩入土深度。

上述判断条件仅针对土体弹性模量随深度均一地层。非均一地层对桩体刚柔性的表现也将有明显影响，此时需根据桩身变形模式进一步判断其刚柔性。目前，海上风电建设中采用基础的主要为大直径单桩基础，其直径可达 6~8 m，在未来设计中将会超过 10 m（Achmus et al.，2019；Byrne et al.，2020；Zhang et al.，2019），其长径比目前主要在 3~10 范围内。因此，目前海上风机大直径单桩多表现出刚柔性桩和刚性桩特性。

对于侧向受荷的单桩基础而言，不同深度处桩周土破坏模式存在较大差异，取决于桩的刚柔性。前人基于侧向受荷桩离心机试验和三维数值模拟发现：对于柔性桩，其桩周土破坏模式主要为浅层楔形破坏和深层满流破坏；对于刚柔性桩，其深层将出现绕桩转动点旋转剪切破坏；而对于刚性桩，其主要为浅层的楔形破坏和深层的旋转剪切破坏控制。

Hong 等（2017）开展了超重力离心模型试验，其中包括半桩粒子图像测速法（Particle Image Velocimetry，PIV）分析，用于观测水平循环荷载下桩周土体位移场，进而揭示刚柔性单桩-土循环破坏机理。试验选取离心加速度 40 g。模型桩采用铝合金材料制成，材料的杨氏模量为 72 GPa，屈服强度为 241 MPa。试验中的桩体的相对刚度为 0.006 7，属于刚柔性桩，受力性能介于刚性桩与柔性桩之间。模型桩和原型桩具体参数见表 12-1。试验采用标准的高岭土（Speswhite Kaolin Clay），实测不排水抗剪强度和超固结比的计算值见图 12-5。

表 12-1　模型桩和原型桩参数

	桩径/m	壁厚/m	埋深/m	抗弯刚度
模型桩	0.02	0.001	0.33	195 N·m²
原型桩	0.8	0.023	13.2	50 MN·m²

如图 12-6 为桩周土体在循环荷载下的位移场（15%~60% 静极限承载力，100 个循环后）。桩周土体出现 3 个明显的位移破坏区：浅层土体[（0~5D）]，桩前土体出现类似楔形的破坏区，土体呈现与泥面成 45° 的位移变形。在泥面处，水平荷载在桩前的影响范围主要在 6 m（7.5D）以内，6 m 外土体的位移场较小，并且随着深度增加，水平荷载在桩前的影响范围呈减少的趋势。对于桩后土体（加载方向后方），出现了明显的桩土间隙，该间隙在地表的宽度接近 1D，深度可以达到 4 m（5D），并与桩前的楔形破坏区深度较为接近。桩后

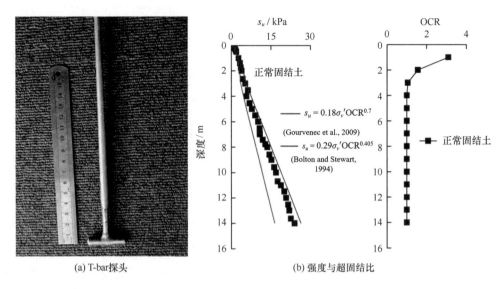

(a) T-bar探头　　　　　　(b) 强度与超固结比

图12-5　正常固结土的不排水抗剪强度和超固结比随深度变化趋势

土体的主要影响范围集中在距离桩体2 m（2.5D）以内，主要呈现下陷趋势，土体往桩-土间隙及桩体下方移动。这里根据 Murff 等（1993），仍把浅层土体破坏区域称为"楔形破坏区"。随着深度增加（5D-8D），桩前土体出现与荷载方向一致的平动，这种土体位移场与Murff 等（1993）、Zhang 等（2011）与 Randolph 等（2017）认为的深层土体的位移场一致，桩周土体绕桩流动或称为"满流"（Full Flow）。但相比于前人认为的，一定深度以下的深层土体，全部呈现绕桩流动或"满流"形式破坏，本次试验中出现的"满流"区范围相对较小，而在"满流"区下，出现了另外的土体破坏模式，即在深度超过8D后，桩周土体绕着桩体的刚性转动点，形成"圆形转动破坏"。这种破坏模式在水平受荷单桩的试验或解析中极少提及，仅有的研究出现在针对海上风电的大直径单桩数值分析中（Schroeder et al.，2015）。

对于这一"三区域"破坏模式，可以理解为刚性单桩和柔性单桩的过渡形式。在浅层土体，柔性和刚性单桩都会形成相应的楔形破坏区，同样的结果也在刚柔性单桩中出现。而对于深层土体，按照 Murff 等（1993）、Randolph 等（2017）、Yu 等（2015）的假定，柔性单桩出现绕桩流动的破坏模式。但对于刚性单桩，按照 Schroeder 等（2015）的报道，桩周出现转动形式的破坏机理或本文中定义的"圆形转动破坏"。因此，对于刚柔性单桩，由于受荷性能上处于刚性和柔性单桩之间，深层土体出现两种破坏模式，即"绕桩流动破坏"和"圆形转动破坏"相结合的形式。这种过渡形式的"三区域破坏模式"则会对桩-土循环响应产生较大的影响。

Wang 等（2020）展示了黏土海床三维有限元分析所得的典型柔性桩（$L/D=30$）、刚柔性桩（$L/D=8$）和刚性桩（$L/D=4$）桩周土体破坏模式与对应桩身变形曲线。由图12-7（a）可以看出，对于$L/D=30$的柔性桩，水平荷载作用桩周浅层土体表现楔形破坏模式，深层表现为绕桩流动的满流破坏，桩体变形主要为桩身材料变形为主的柔性变形。在深处，桩体基

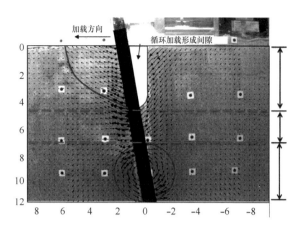

图 12-6　循环荷载作用下桩周土体位移场

（Hong et al.，2017）

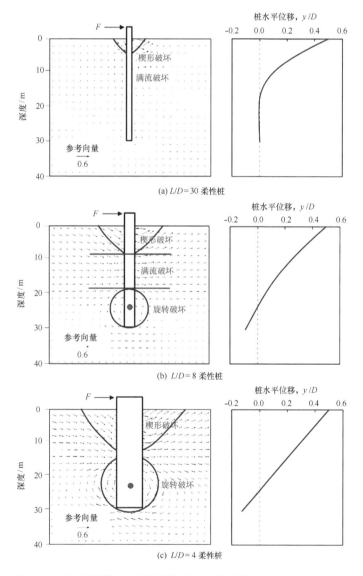

(a) $L/D=30$ 柔性桩

(b) $L/D=8$ 柔性桩

(c) $L/D=4$ 柔性桩

图 12-7　黏土海床桩–土破坏模式与桩身变形（Wang et al.，2020）

本无明显水平位移与转角，故土体抗力主要由上部楔形区和满流区的水平土阻力贡献。L/D 减小时，桩从柔性桩向刚柔性桩过渡。图 12-7(b)展示了 $L/D=8$ 的刚柔性桩典型响应。刚柔性桩-土破坏模式呈现"三区域"的分布，与柔性桩相比，除了上部的楔形、满流破坏区外，在深处还存在竖向平面内的旋转破坏区。L/D 进一步减小时，桩将完全呈刚性的响应，如图 12-7(c)所示。这时，桩周土体破坏模式为浅层楔形破坏，深层转动破坏，桩身变形完全表现为绕桩转动点的刚性转动，桩在转动点下方出现非常明显的反向踢脚。与刚柔性桩相比，刚性桩桩底处的水平位移和转角更大，这时桩底剪力、桩底反力弯矩对水平承载的贡献将进一步凸显。

12.3　侧向受荷桩 p-y 设计方法

p-y 曲线法由弹性地基反力法改进演化而来，将弹性地基反力法中沿深度分布的线弹性土弹簧替换为非线性土弹簧，使其能够反映桩周土体受荷非线性特性。不同深度土弹簧力学特性用非线性的 p-y 曲线描述，其中，p 为单位桩长土反力（kN/m），y 为桩体水平位移。p-y 曲线法考虑了土体变形过程中的非线性，能够便捷且较为准确地计算水平受荷桩静力响应，已被美国石油协会的 API 规范以及挪威船级社的 DNVGL 规范采用，广泛应用于实际工程设计中，是目前最主流的侧向受荷桩设计方法。

12.3.1　API 规范的 p-y 曲线

12.3.1.1　黏土地基 p-y 曲线

Matlock（1970）基于软黏土地基中桩径 $D=0.324$ m、入土深度 $L=12.8$ m 的水平受荷桩静力加载现场试验，得到了适用于软黏土地基的 p-y 曲线。该 p-y 曲线随后被美国石油协会 API 规范和挪威船级社 DNVGL 规范所采用，并广泛用于实际工程设计中。其 p-y 曲线形式为：

$$p = \begin{cases} \dfrac{p_u}{2}\left(\dfrac{y}{y_c}\right)^{1/3}, & y \leqslant 8y_c \\ p_u, & y > 8y_c \end{cases} \tag{12-2}$$

式中：p_u 为桩侧极限土阻力（kN/m）；y_c 为桩周土发挥一半极限土阻力时所需的桩水平位移（m），按 $y_c=2.5\varepsilon_c D$ 计算，其中，ε_c 为三轴不排水试验中达到 50% 最大剪应力时的应变值，无实测数据时可根据土体不排水抗剪强度 s_u 按表 12-2 取值（Matlock，1970）。

表 12-2 ε_c 取值

s_u/kPa	ε_c
0~24	0.020
24~48	0.010
48~96	0.006

API 规范推荐的 p-y 曲线极限土阻力 p_u 按下式计算：

$$p_u = N_p s_u D \qquad (12-3)$$

$$N_p = \begin{cases} 3 + \dfrac{\gamma'z}{s_u} + \dfrac{Jz}{D}, & 0 < z \leqslant z_{cr} \\ 9, & z > z_{cr} \end{cases} \qquad (12-4)$$

式中，γ' 为地基土的有效重度（kN/m^3）；J 为经验系数，通常取 $0.25 \sim 0.50$，根据 Matlock（1970）推荐，对于正常固结黏土 $J = 0.5$；z_{cr} 为极限土阻力转折点临界深度，按下式计算：

$$z_{cr} = \frac{6s_u D}{\gamma' D + Js_u} \qquad (12-5)$$

12.3.1.2 砂土地基 p-y 曲线

Murchison 等（1984）分析了 14 组现场原型试验，研究发现双曲正切型 p-y 曲线能够更好地预测基础响应。API 规范结合了 Reese 等（1974）和 Murchison 等（1984）的研究成果，提出砂土海床单桩的 p-y 模型如下：

$$p = Ap_u \tanh\left[\frac{kz}{Ap_u}y\right] \qquad (12-6)$$

式中，p_u 为极限土反力；A 为深度修正系数；k 为初始地基反力模量；y 为深度 z 处桩身变形。

对于极限土反力，根据 Reese 等（1974）给出的浅层楔形破坏和深层绕桩流动破坏模式，API 规范建议采用下式计算：

$$p_u = \min \begin{cases} (C_1 z + C_2 D)\,\sigma'_v \\ C_3 D\sigma'_v \end{cases} \qquad (12-7)$$

式中，σ'_v 为深度 z 处的竖向有效应力；C_1、C_2、C_3 为极限土压力系数，是土体摩擦角 j 的唯一函数，具体数值根据图 12-8 确定。为了便于计算，Augustesen 等（2009）通过函数拟合，给出了土反力系数与土体摩擦角的显式关系式：

$$C_1 = 0.115 \times 10^{0.0405\varphi}$$

$$C_2 = 0.571 \times 10^{0.022\varphi}$$

$$C_3 = 0.646 \times 10^{0.0555\varphi} \qquad (12-8)$$

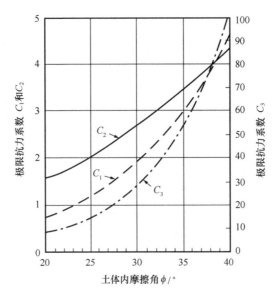

图 12-8 极限土压力系数

对于 p-y 曲线的初始刚度，API 规范假设沿深度线性增加，其增加量由 k 控制，而 k 的大小由土体摩擦角 φ 唯一确定，如图 12-9 所示。为了方便计算，Augustesen 等（2009）给出了初始地基反力模量 k 和土体摩擦角 φ 间的显式表达式：

$$k = (0.008\,085\,\varphi^{2.45} - 26.09) \times 10^3 \qquad (12 - 9)$$

其中，土体摩擦角 φ 的单位是°。

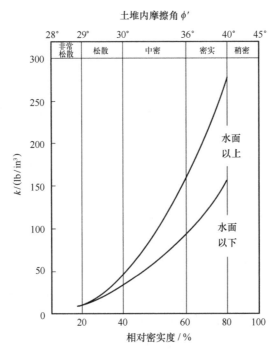

图 12-9 初始地基反力模量

对于深度修正系数 A 的取值，基于 Reese 等（1974）的研究成果，API 的建议值如下：

$$A = 3 - 0.8\frac{z}{D} \geq 0.9，静力加载 \tag{12-10}$$

$$A = 0.9，循环加载 \tag{12-11}$$

12.3.2　双曲函数形式 p-y 曲线

12.3.2.1　黏土地基

Georgiadis 等（1992）基于黏土中单桩小比尺模型试验，提出了如下式的双曲线型静力 p-y 曲线：

$$p = \frac{y}{\dfrac{1}{k} + \dfrac{y}{p_u}} \tag{12-12}$$

式中，k 为 p-y 曲线的初始刚度，可按 Vesic（1964）推荐的表达式计算：

$$k = 0.65\sqrt[12]{\frac{ED^4}{E_p I_p}}\frac{E}{1-\mu^2} \tag{12-13}$$

式中，E，μ 为地基土的弹性模量（kPa）和泊松比。

Jeanjean（2009）开展了黏土地基水平受荷单桩（$D=0.91$ m，$L=20.2$ m）离心模型试验，并基于离心试验结果与 O'Neilt 等（1990）提出的经验 p-y 曲线，提出了如下式双曲正切型的 p-y 曲线：

$$p = p_u \tanh\left[0.01\frac{G_{\max}}{s_u}\left(\frac{y}{D}\right)^{0.5}\right] \tag{12-14}$$

式中，$G_{\max}$ 为地基土最大剪切模量（kPa）。

Jeanjean（2009）对 Muff 等（1993）提出的承载力系数 N_p 计算表达式进行了修改，得到推荐的极限土阻力 p_u 计算表达式如下：

$$p_u = N_p s_u D \tag{12-15}$$

$$N_p = 12 - 4e^{\left(\frac{-\xi z}{D}\right)} \tag{12-16}$$

$$\xi = \begin{cases} 0.25 + 0.05\lambda & \lambda < 6 \\ 0.55 & \lambda \geq 6 \end{cases} \tag{12-17}$$

$$\lambda = \frac{s_{u0}}{s_{u1}D} \tag{12-18}$$

式中，s_{u0} 为泥面处土体不排水抗剪强度（kPa）；s_{u1} 为土体不排水抗剪强度随深度的变化速率（kPa/m）。

12.3.2.2　砂土地基

Georgiadis 等（1992）在中等密实砂土（相对密实度 60%）中，开展离心机试验（离心机加速度 50 g），研究原型直径 1.092~1.229 m，桩长 9.05 m 的水平受荷单桩的 $p-y$ 曲线。研究发现 Reese 等（1974）和 Murchison 等（1984）建议的 $p-y$ 曲线会高估基础刚度，低估桩身弯矩。借鉴 Kondner（1963）使用双曲函数描述土体的应力-应变关系，Georgiadis 等（1992）提出了基于双曲函数的 $p-y$ 曲线模型：

$$p = \frac{y}{\dfrac{1}{k} + \dfrac{y}{Ap_u}} \qquad (12-19)$$

式中，k 为 $p-y$ 曲线的初始刚度；p_u 为 $p-y$ 曲线的极限土反力；A 为深度修正系数。

对于 $p-y$ 曲线的初始刚度 k，Georgiadis 等（1992）假设其沿深度线性增加：

$$k = z\, n_h \qquad (12-20)$$

式中，n_h 是地基反力系数，其大小与土体的相对密实度相关，见表 12-3。

对于极限土反力 p_u，则根据 Reese 等（1974）建议的公式计算。而深度修正系数 A 按照下式计算：

$$A = 2 - (z/D)/3 \geqslant 1 \qquad (12-21)$$

API 规范和 Reese 等（1974）建议的 A 范围在 0.9~3.0，而 Georgiadis 等（1992）建议的范围是 1~2。但是，对比试验结果发现，A 的选取并不会显著影响预测结果，相比而言，土体的摩擦角对计算结果影响更显著。

表 12-3　地基反力系数 n_h 取值

相对密实度	松砂	中等密实	密实
$n_h/(\mathrm{kN/m^3})$	1 100~3 300	3 300~11 000	11 000~23 400

Klinkvort（2012）开展了一系列土工离心机试验，在 75 g 的离心机加速度下，研究了原型直径 3 m，埋深 18 m 的单桩基础水平受荷桩桩-土相互作用，并给出了基于双曲函数的 $p-y$ 曲线。Klinkvort（2012）建议的 $p-y$ 曲线形式与式（12-19）相同，但分别修正了 $p-y$ 曲线的初始刚度 k 和极限土反力的深度修正因子 A：

$$k = 100\, K_p \sigma_v' \qquad (12-22)$$

$$A = 0.9 + 1.1\left[\frac{1}{2} + \frac{1}{2}\tanh\left(9 - \frac{3z}{D}\right)\right] \qquad (12-23)$$

式中，K_p 为被动土压力系数。

Kirkwood（2016）开展了土工离心机试验，在 100 g 的离心机加速度下，研究了原型直径 3.81 m，埋深 20 m 的单桩基础水平桩-土相互作用，并在 Klinkvort（2012）的 $p-y$ 曲线基础上，提出了新的 $p-y$ 曲线，主要修改了转动中心以下的初始刚度 k，具体公式如下：

$$k = \begin{cases} 100\, K_p \sigma_v' & \text{转动中心以上} \\ 100\, K_p^2 \sigma_v' & \text{转动中心以下} \end{cases} \qquad (12-24)$$

式中，K_p 为被动土压力系数。

12.3.3　PISA 项目提出的设计方法

牛津大学联合帝国理工大学、都柏林大学、Dong 能源公司等数十家单位，开展了一项工业界和学术界联合项目，即"The Pile Soil Analysis（PISA）project"。该项目利用现场大比尺试验和数值分析，针对大直径单桩开展了一系列研究，提出了一套新的单桩设计方法（Burd et al.，2020；McAdam et al.，2019）。如图 12-10 所示，该项目指出：水平受荷单桩的受力模式包含了水平分布力、侧摩阻引起的分布力矩、基底运动产生的剪力和力矩。而传统的 $p-y$ 曲线法仅仅考虑了水平土反力的贡献，忽略了分布力矩、基底剪力和力矩的影响。为了更加精确地描述单桩的桩-土相互作用，该项目提出了如图 12-10 所示的大直径单桩设计方法，在传统的 $p-y$ 方法基础上，增加了分布力矩对应的转动弹簧、基底剪力弹簧和基底力矩弹簧。

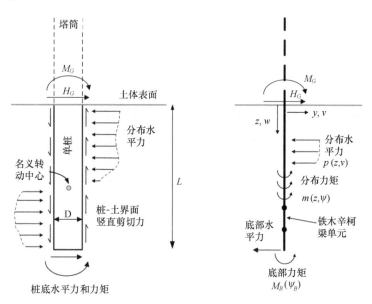

图 12-10　PISA 项目分析模型

在该分析模型中，各弹簧所代表的桩土反力曲线均采用圆锥函数来表示：

$$- n \left(\frac{\bar{y}}{\bar{y}_u} - \frac{\bar{x}}{\bar{x}_u} \right)^2 + (1 - n) \left(\frac{\bar{y}}{\bar{y}_u} - \frac{\bar{x}k}{\bar{y}_u} \right) \left(\frac{\bar{y}}{\bar{y}_u} - 1 \right) = 0 \qquad (12 - 25)$$

式中，n 为用于控制曲线初始段到极限状态间过渡段的非线性程度的模型参数；$\bar{y}$ 和 $\bar{y}_u$ 分别为无量纲的弹簧抗力和极限抗力；$\bar{x}$ 和 $\bar{x}_u$ 为无量纲的变形和极限抗力对应的变形；k 为无量纲曲线的初始刚度。求解上式可得下式显示表达：

$$\bar{y} = \begin{cases} \bar{y}_u \dfrac{2c}{-b \pm \sqrt{b^2 - 4ac}} & \bar{x} \leqslant \bar{x}_u \\ \bar{y}_u & \bar{x} > \bar{x}_u \end{cases} \qquad (12-26)$$

式中：

$$a = 1 - 2n \qquad (12-27)$$

$$b = 2n \frac{\bar{x}}{\bar{x}_u} - (1-n)\left(\frac{\bar{y}}{\bar{y}_u} - \frac{\bar{x}k}{\bar{y}_u}\right) \qquad (12-28)$$

$$c = (1-n)\frac{\bar{x}k}{\bar{y}_u} - n\frac{\bar{x}^2}{\bar{x}_u^2} \qquad (12-29)$$

各分量所对应的无量纲表达式详见 Burd 等(2020)，在此不再赘述。

12.4 黏土地基侧向受荷桩"$p\text{-}y + M\text{-}\theta$"分析方法

在过去几十年中，API 规范推荐的软黏土 $p\text{-}y$ 曲线在实际工程设计中应用广泛，但大量研究表明，该 $p\text{-}y$ 曲线相比实际桩土反力曲线明显偏软，造成单桩刚度和极限承载力的显著低估。此外，API 规范推荐的 $p\text{-}y$ 曲线的初始刚度为无穷大，与实际桩土相互作用不符，导致其在评价结构自振频率和计算桩较小位移的响应时造成偏差。前人提出的双曲线型 $p\text{-}y$ 曲线(Georgiadis et al.，1992；Jeanjean，2009)改进了 API 规范推荐的 $p\text{-}y$ 曲线初始刚度无穷大和极限土阻力预测过于保守的问题，但仍然忽略了桩底剪力、桩底力矩和桩侧摩阻力等抗力的贡献。

PISA 模型运用 4 种类型的土弹簧综合考虑了水平土阻力、桩底剪力、桩底力矩和桩侧摩阻力贡献，克服了"桩径效应"的问题。但是，该 4 类弹簧类型的分析模型中桩土反力曲线参数较多(共 16 个模型参数)，使得应用起来复杂烦琐。虽然 PISA 项目基于大量有限元参数分析推荐了针对特定土质条件、桩基尺寸和加载特性的模型参数取值，但是其仅能作为参考，在进行实际工程设计分析时，仍需根据实际情况开展三维有限元分析标定具体的模型参数，这也给工程设计人员带来不小的挑战。

Wang 等(2020)从桩-土实际变形和破坏模式出发，提出了"$p\text{-}y + M\text{-}\theta$"模型(图 12-11)，该模型考虑了单桩抵抗水平载荷的 3 个最重要组成部分：全桩长水平土阻力、桩底剪力和桩底力矩的额外抗力贡献。该模型中，桩在转动点处截断，假设桩体在转动点仅发生转动。转动点以上的水平土阻力发挥用水平 $p\text{-}y$ 弹簧来表征，转动点以下的土阻力发挥(包括桩底剪力和桩底力矩)统一用一个集中旋转弹簧 $M\text{-}\theta$ 来表征。黏土海床中，刚柔性桩和刚性桩转动点通常比较固定(位于深度为 $0.7\sim0.8$ 倍桩长处)，这为"$p\text{-}y + M\text{-}\theta$"模型的建立提供了便利。模型中，转动点上下不同破坏模式(从上到下分别为楔形区、满流区和转动区)的土体抗力采用了不同的弹簧表征。且若深层桩体不发生转动，$M\text{-}\theta$ 弹簧不受力，模型将退化为传统 $p\text{-}y$ 模型，因此"$p\text{-}y + M\text{-}\theta$"模型能适用于不同入土深度与桩径比值的单桩。此外，模型基于土体强度发挥设计方法 MSD（Mobilised Strength Design）思想（OSMAN et al.，2005；王立忠等，2020），可通过缩放地基土单元的应力–应变曲线，构建得到 $p\text{-}y$ 曲线和 $M\text{-}\theta$ 曲线（Zhang et al.，2017，2020；Lai et al.，2021），模型输入简便。

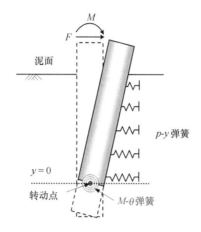

图 12-11　单桩"$p\text{-}y+M\text{-}\theta$"桩土分析模型

12.4.1　基于分区破坏模式的黏土地基极限阻力

12.4.1.1　满流区和楔形区极限土阻力(p_u)

对于模型中的 $p\text{-}y$ 曲线而言，构成 $p\text{-}y$ 曲线的两个要素为：极限土阻力 p_u（通常由无量纲水平承载力系数 N_p 表达，$N_p = p_u/s_u D$）和归一化 $p\text{-}y$ 曲线（即 $p/p_u\text{-}y/D$ 曲线）。本小节将阐述黏土地基中楔形区和满流区 $p\text{-}y$ 曲线极限土阻力 p_u，并对楔形区和满流区的临界深度进行探讨。

对于满流区(图 12-12)，桩周土体表现为平面内的绕桩流动，桩后通常认为不产生空隙(流动土体填充)。基于塑性理论极限水平承载力系数 N_p 的精确解(Randolph et al.，1984)，近似可表达为：

$$N_{p\_f} = \frac{p_u}{s_u D} = 9.14 + 2.8\alpha \tag{12 - 30}$$

式中，α 为桩土界面粗糙度，位于 $0\sim1$ 范围，0 代表桩土界面完全光滑，1 代表桩土界面完全粗糙。

对于楔形区，其通常存在两种情况，如图 12-13 所示。第一种情况为：加载过程中桩后不存在空隙，多针对正常固结软黏土地基。此时，由于软黏土吸力作用，桩土界面不分离，因此表现为桩前一个被动楔形区和桩后的一个主动楔形区。考虑土体均质且各向同性，

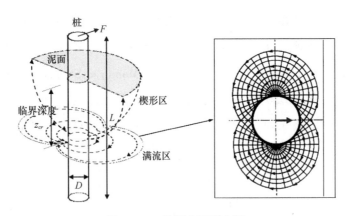

图 12-12　桩周土满流破坏

这两个楔形区大小形状一致。加载过程中，桩前桩后土体楔形区重力对桩水平承载的贡献相互抵消，此时，桩水平土阻力全部由桩前桩后楔形区土体强度决定。第二种情况为：加载过程中桩后出现空隙，多针对超固结硬黏土地基情况。此时，由于桩后空隙的出现，只存在桩前的一个被动楔形区，此时，楔形区土体重力对桩的抵抗作用无法抵消。故此时，桩水平土阻力由桩前楔形区土体强度和土体重度共同决定。

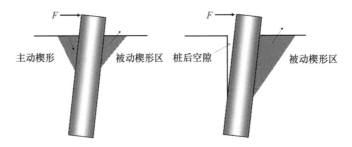

图 12-13　桩土相楔形区破坏

基于三维上限法分析，可以得到上述两种情况下楔形区 N_p 值的上限解，近似表达如下式所示（Yu et al.，2015）：

桩后不存在空隙：

$$N_{p\_w} = 2\left[11.94 - 8.72\left[1 - \left(\frac{z/D}{14.5}\right)^{0.6}\right]^{1.35} - (1-\alpha)\right]$$
$$\leqslant N_{p\_f} = 9.14 + 2.8\alpha \tag{12-31}$$

桩后存在空隙：

$$N_{p\_w} = \left[11.94 - 8.72\left(1 - \left(\frac{z/D}{14.5}\right)^{0.6}\right)^{1.35} - (1-\alpha)\right] + \frac{\gamma' z}{s_u}$$
$$\leqslant N_{p\_f} = 9.14 + 2.8\alpha \tag{12-32}$$

式中，γ' 为土体有效重度，z 为泥面下深度。

满流区桩土相互作用是一个平面应变问题，其能发挥的承载力最高，楔形区 N_p 值须小

于或等于满流区 N_p 值(即 $N_{p\_w} \leqslant N_{p\_f}$)。由此,可计算得到楔形区和满流区的无量纲临界深度 z_{cr}/D(此时 $N_{p\_w} = N_{p\_f}$)。当深度小于 z_{cr}/D 时,土体为楔形破坏;当深度大于 z_{cr}/D 时,土体破坏模式转变为满流破坏。

对于刚柔性桩和刚性桩,其深层土体的破坏模式为竖向平面内的旋转剪切破坏[如图 12-7(b)和(c)]。此时,桩转动点以下会出现反向的踢脚,该踢脚的存在会导致桩后可能存在空隙闭合。因此,对于桩后存在空隙的刚柔性桩和刚性桩,其楔形区最大深度应取桩转动点深度和式(12-32)判别所得临界深度这两者的较小值。

12.4.1.2　M-θ 曲线极限承载弯矩(M_{ult})

在本章模型中,M-θ 弹簧代表的是桩转动点以下土体阻力对转动点的反力弯矩,其中土体阻力是转动点以下的水平土阻力、桩底剪力和桩底反力矩共同作用的结果。因此,分析 M-θ 曲线极限承载力距(M_{ult})时,可直接考虑单桩转动点以下部分,而忽略上覆桩土体,如图 12-14 所示(Lai et al.,2021)。

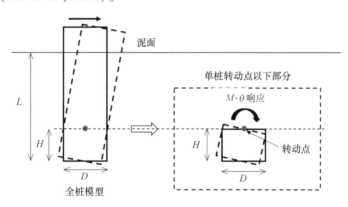

图 12-14　M-θ 响应分析简化模型(Lai et al.,2021)

对于刚柔性桩和刚性单桩,桩转动点以下土体破坏机制为绕转动点旋转流动的勺形破坏(Scoop-failure mechanism)。此时,M-θ 响应极限抗弯承载上限解 M_{ult} 为底部勺形破坏面桩土剪切对转动点的力矩(M_{scoop})和侧面桩土剪切对转动点的力矩(M_{side})之和:

$$M_{ult} = M_{scoop} + M_{side} \tag{12-33}$$

Lai 等(2021)已解析获得 M-θ 曲线极限承载力 M_{ult} 表达式,并通过有限元分析验证了其正确性:

$$M_{ult} = \left(\frac{1}{6}\pi D^3 s_{u1} + \pi s_{u1} D H^2 \right) + k\left(\frac{1}{2}D^2 + 2H^2 \right)^2 \left[\frac{3}{8}t + \frac{1}{4}\sin(2t) + \frac{1}{32}\sin(4t) \right]$$
$$+ 0.73\left(\frac{2\pi}{3}s_{uo}H^3 + kH^4 \right) \tag{12-34}$$

式中,$t = \arcsin\left(\dfrac{D}{\sqrt{D^2 + 4H^2}} \right)$,$s_{u1}$ 为转动点处不排水强度,k 为不排水强度随深度增长率。

12.4.2 黏土地基"*p-y+M-θ*"分区抗力变形曲线

12.4.2.1 楔形区 *p-y* 曲线模型

第12.4.1节确定了楔形区 *p-y* 极限土阻力 p_u，这节主要探究构成楔形区 *p-y* 曲线的另一个要素：归一化 *p-y* 曲线（即 p/p_u-y/D 关系）。

楔形区和满流区的 *p-y* 曲线可以通过缩放土单元应力-应变关系获得，如图12-15所示。大量研究表明：土单元应力-应变曲线上的剪应力发挥度（τ/s_u）与 *p-y* 曲线土阻力发挥度（p/p_u）相对应（赖踊卿，2022；Lai et al.，2021；Zhang et al.，2017，2020），即：

$$\frac{p}{p_u} \sim \frac{\tau}{s_u} \tag{12-35}$$

给定 p/p_u 下，归一化水平位移 y/D 可通过缩放对应剪应变得到，如下式：

$$\frac{y}{D} = \xi_w^e \gamma^e + \xi_w^p \gamma^p \tag{12-36}$$

式中，ξ_w^e 和 ξ_w^p 分别是弹性剪切应变 γ_e 和塑性剪应变 γ^p 的缩放系数。γ_e 和 γ^p 按下式计算获得：

$$\gamma^e = \frac{\tau}{G_{max}} = \frac{\tau/s_u}{G_{max}/s_u} \tag{12-37}$$

$$\gamma^p = \gamma - \gamma^e \tag{12-38}$$

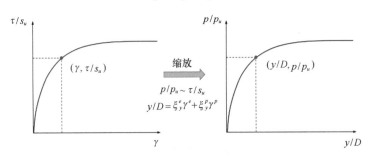

图 12-15　楔形区和满流区 *p-y* 曲线缩放模型

(Zhang et al.，2017)

采用上述方法，赖踊卿（2022）通过三维有限元分析，计算获得各个深度下楔形区归一化 *p-y* 曲线，并基于式(12-36)拟合 *p-y* 曲线和土体应力应变关系，拟合得到缩放系数 ξ_w^e 和 ξ_w^p，如图12-16所示。有限元分析中，考虑了桩后空隙存在与否的工况，以及不同的桩土粗糙度。由图12-16可知，给定深度下，桩后空隙存在与否和桩土粗糙度对缩放系数 ξ_w^e 和 ξ_w^p 的影响较小，可忽略。需要指出的是，虽然桩后空隙对楔形区归一化 *p-y* 曲线影响可忽略，但其对 *p-y* 曲线极限土阻力有着显著的影响。

图12-16仅适用于 *z/D* 小于等于3.5深度范围内楔形区 *p-y* 曲线，不宜外推。对于 *z/D* 大于3.5深度，基于缩放系数随深度趋于稳定的趋势，可近似采用 *z/D* 等于3.5计算所得的

缩放系数值。

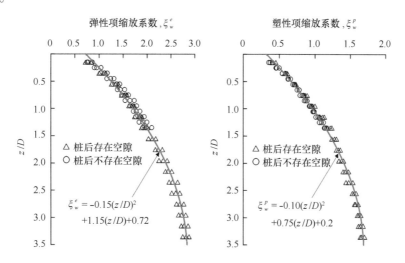

图 12-16　模型缩放系数沿深度分布

12.4.2.2　满流区 p-y 曲线模型

针对满流区 p-y 曲线的缩放系数，Zhang 等(2017)已基于土体单元试验和有限元分析结果获得，如下：

$$\xi_y^e = 2.8 \tag{12-39}$$

$$\xi_y^p = 1.35 + 0.25\alpha \tag{12-40}$$

12.4.2.3　M-θ 曲线模型

与 p-y 曲线类似，本章模型中的 M-θ 弹簧曲线也是基于土单元应力-应变曲线的缩放获得，如图 12-17 所示。缩放模型中土单元应力-应变曲线上的剪应力发挥度(τ/s_u)与 M-θ 曲线弯矩发挥度(M/M_{ult})相对应，即：

$$\frac{M}{M_{\mathrm{ult}}} \sim \frac{\tau}{s_u} \tag{12-41}$$

类似 p-y 曲线的做法，在给定的 M/M_{ult} 下，桩体转角 θ 可通过缩放土单元应力-应变曲线上对应的剪应变得到：

$$\theta = \xi_\theta^e \gamma^e + \xi_\theta^p \gamma^p \tag{12-42}$$

式中，ξ_θ^e 和 ξ_θ^p 分别是弹性剪切应变 γ^e 的和塑性剪应变 γ^p 的缩放系数。

弹性项缩放系数 ξ_θ^e 可通过解析得到，而塑性项缩放系数 ξ_θ^p 则通过拟合有限元计算结果得到(Lai et al., 2021)。计算发现，这两个系数都和归一化的转动点下桩长(H/D)相关，如图12-18所示。可以得到，M-θ 曲线的两个缩放系数 ξ_w^e 和 ξ_w^p 分别为：

$$\xi_\theta^e = 0.63 + 0.32\left(\frac{H}{D}\right) \tag{12-43}$$

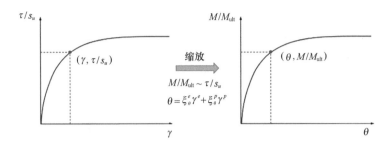

图 12-17　M-θ 曲线缩放模型

$$\xi_\theta^p = 0.34 + 0.19\left(\frac{H}{D}\right) \tag{12-44}$$

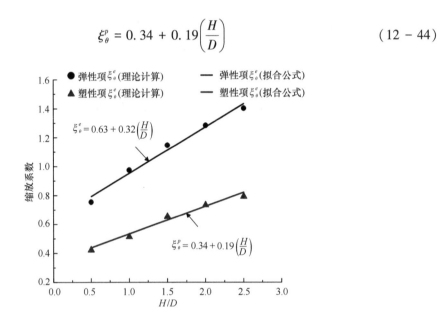

图 12-18　弹性缩放系数 ξ_θ^e 和塑性缩放系数 ξ_θ^p 与 H/D 的关系

12.4.2.4　单桩转动点深度

上面两节给出了"p-y+M-θ"模型中的 p-y 和 M-θ 曲线的表达式，完整"p-y+M-θ"模型的最后一个关键要素是确定单桩转动点深度。大量试验及数值研究表明，刚柔性单桩转动点深度在 $0.7\,L$~$0.8\,L$ 这一较窄的范围内，且与桩几何尺寸、地层条件和加载特性无明显关联（Lai et al., 2021）。这给"p-y+M-θ"模型的构造带来了极大的便利。在单桩初步设计阶段，本文推荐采用提出的转动点深度 $z = 0.8\,L$ 作为模型构造条件（Wang et al., 2020）。

12.4.2.5　不排水强度各向异性问题讨论

本章所提出的"p-y+M-θ"模型是建立在土体简化为各向同性材料的前提下。然而，天然土体往往会表现出强度和应力-应变响应的各向异性，土体各向异性对模型预测结果的影响还有待进一步研究。此外，模型中 p-y 和 M-θ 曲线是基于土体应力-应变关系建立的，因此土体应力-应变曲线的选取较为重要。桩在承受水平荷载时桩周不同破坏模式的土体呈现不同的剪切模式，例如，被动楔形区土单元剪切模式主要为三轴伸长和单剪；主动楔形区主要为三轴压缩和单剪；满流破坏区主要为单剪；而旋转破坏区为单剪、三轴压缩和伸长的结合。从模型实用方便考虑，本文推荐采用土体单剪试验获得的应力-应变曲线作为模型输入，这主要因为单剪所得土单元应力-应变响应往往介于三轴伸长和三轴压缩之间，可看成三者的平均值，具有很好的代表性（Wang et al.，2008）。这一做法已得到多个模型试验和现场试验验证（赖踊卿，2022），具有良好的效果。还应当指出，所提出的基于土体力学特性的 $M-\theta$ 曲线是基于桩转动点以下的土层为单一土层且强度均匀或呈线性分布的假设。对于桩转动以下土体分层或强度分布不均的情况，需进行工程判断将其简化为单层均匀或线性分布。

12.4.3　基于土单元循环响应的 "$p-y+M-\theta$" 模型

上述提出的 "$p-y+M-\theta$" 模型适用于分析单桩单调静力加载，为了使其具备循环荷载下单桩响应分析能力，需对模型进行进一步拓展。挪威土工所（NGI）结合近 60 年的土体循环性状研究，系统建立了循环响应等值线理论框架（Andersen，2015），我们在第 8 章有较为详细的叙述。结合应变等值图原理，可以将土体单剪状态下等效循环次数对应的应力-应变关系缩放为循环荷载下 $p-y$ 曲线。

12.4.3.1　循环 $p-y+M-\theta$ 曲线

目前，桩土循环 $p-y$ 曲线的建立大多是通过对静力 $p-y$ 曲线折减得到的，存在折减系数取值经验性、难以反映循环荷载特性和仅适用于特定地基土体等问题。基于此，Zhang 等（2017，2019）提出了基于地基土体单元循环应力-应变关系得到循环 $p-y$ 曲线的方法以克服上述不足。该方法最根本的假设如图 12-19 所示，基于归一化桩土循环加载幅值（p_a/p_u，p_{cy}/p_u）和土单元单剪试验（τ_a/s_u，τ_{cy}/s_u）的对应关系，则循环 N 次后 $p-y$ 弹簧的弱化程度与土单元单剪循环应力-应变关系弱化程度可以建立等效关系。

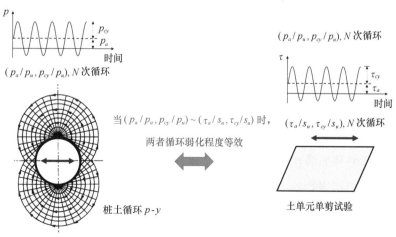

图 12-19　循环 $p-y$ 弹簧模型假设（Zhang et al.，2017）

"$p\text{-}y+M\text{-}\theta$"模型中$M\text{-}\theta$弹簧反力曲线(代表桩转动点以下土体抗力)同土单元静力应力-应变关系有着很强的相似性。基于此认识,将Zhang等(2017,2019)提出的建立循环$p\text{-}y$曲线的方法进行拓展,应用于建立循环$M\text{-}\theta$曲线模型,如图12-20所示,基于归一化循环$M\text{-}\theta$弹簧幅值(M_a/M_{ult},$M_{\mathrm{cy}}/M_{\mathrm{ult}}$)和土单元单剪试验($\tau_a/s_u$,$\tau_{\mathrm{cy}}/s_u$)的对应关系,则循环$N$次后$M\text{-}\theta$弹簧的弱化程度与土单元单剪循环应力-应变曲线的弱化程度进行等效。需说明的是,这里采用的是土单元循环单剪试验的响应,而不是三轴拉伸或压缩响应。这主要是因为单剪响应可看成是三轴拉伸、压缩和单剪响应的平均,更能平均恰当地反映$M\text{-}\theta$弹簧所代表的桩转动点以下桩周土体复杂加载模式(单剪、三轴压缩和拉伸的结合)的影响。

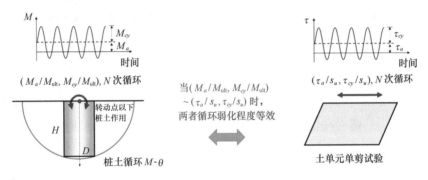

图12-20　循环$M\text{-}\theta$弹簧模型假设

本文将建立循环$p\text{-}y$曲线和循环$M\text{-}\theta$曲线的方法进行统一叙述。当单桩承受$F_a=0$的对称循环加载(双向循环)为例,如图12-21所示,此时$p\text{-}y$和$M\text{-}\theta$弹簧可认为分别承受均值$p_a=0$和$M_a=0$的循环荷载p_{cy}和M_{cy}作用。根据图12-19和图12-20的假设,桩土循环弱化与等剪应力比[$\tau_a/s_u\sim(p_a/p_u$或$M_a/M_{\mathrm{ult}})$,$\tau_{\mathrm{cy}}/s_u\sim(p_{\mathrm{cy}}/p_u$或$M_{\mathrm{cy}}/M_{\mathrm{ult}})$]的土单元弱化一致。而土单元的弱化可从三维循环应力-应变包络面得到:本情况下$\tau_a/s_u\sim(p_a/p_u$或$M_a/M_{\mathrm{ult}})$,均为0,此时,$\tau_{\mathrm{cy}}/s_u\text{-}\gamma_{\mathrm{cy}}\text{-}N$关系(图12-21右上图)即为三维应力-应变包络面中$\tau_a/s_u=0$的截面。此时,循环N次后的土单元应力-应变曲线($\tau_{\mathrm{cy}}/s_u\text{-}\gamma_{\mathrm{cy}}$)通过在图中作对应循环次数$N$的竖直线并提取其与应变等值线的交点得到,如图12-21右下图所示。在得到循环N次后的土单元应力-应变曲线后,基于所建立的土单元应力-应变曲线与$p\text{-}y$和$M\text{-}\theta$曲线间的缩放系数,便可得到循环N次后$p\text{-}y$或$M\text{-}\theta$曲线,如图12-21左下图所示。最后基于所得的循环$p\text{-}y$和$M\text{-}\theta$曲线,计算得到单桩循环N次后的桩体响应。

上述仅为针对$F_a=0$的双向对称循环加载,对于更复杂的存在均值F_a的循环加载($F_a=0$仅为其中的一个特例),如图12-22所示,需将平均荷载F_a和循环荷载F_{cy}解耦单独考虑。在$F=(F_a,F_{\mathrm{cy}})$的循环加载情况下,$p\text{-}y$和$M\text{-}\theta$弹簧可认为分别承受(p_a/p_u,p_{cy}/p_u)和(M_a/M_{ult},$M_{\mathrm{cy}}/M_{\mathrm{ult}}$)的平均静力和循环荷载作用(具体数值需通过整桩模型计算得到)。以$p_a/p_u=M_a/M_{\mathrm{ult}}=0.2$,$p_{\mathrm{cy}}/p_u=M_{\mathrm{cy}}/M_{\mathrm{ult}}=0.4$为例(注意$p\text{-}y$和$M\text{-}\theta$弹簧两者归一化土阻力发挥可不相等,此处相等仅是为了叙述方便),循环N次下,土体循环应力-应变包络面可

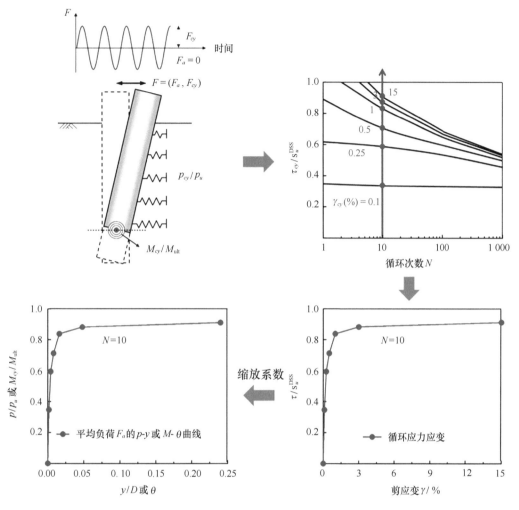

图 12-21　循环 p-y 与 M-θ 曲线建立(对于 $F_a = 0$ 的对称循环加载)

从三维应力-应变包络面中得到，如图 12-22 右上图所示。此时，在包络面图中作 $\tau_a/s_u =$ 0.2 的竖直线和 $\tau_{cy}/s_u = 0.4$ 的水平线，提取该竖直线和水平线与应变等值线的交点，最终分别得到如图 12-22 右下图所示的，循环 N 次后，针对平均荷载部分和循环荷载部分的应力-应变曲线。基于建立的土单元应力-应变曲线与 p-y 和 M-θ 曲线间的缩放系数，便可得到循环 N 次后针对平均荷载部分和循环荷载部分的 p-y 或 M-θ 曲线，如图 12-22 左下图所示。最后针对平均荷载部分和循环荷载部分的 p-y 或 M-θ 曲线，分别计算对应平均荷载部分 F_a 和循环荷载部分 F_{cy} 下整桩响应，并将平均荷载部分和循环荷载部分这两部分计算结果叠加得到单桩最终循环响应(如累积变形)。

　　上述基于桩土系统和土单元两者间假设建立的循环 p-y 模型已得到了很好的验证(Zhang et al.，2017，2020a，2020b)，基于土单元循环应力-应变关系构建循环 M-θ 曲线模型的准确性和合理性也得到了很好的验证(赖踊卿，2022)。

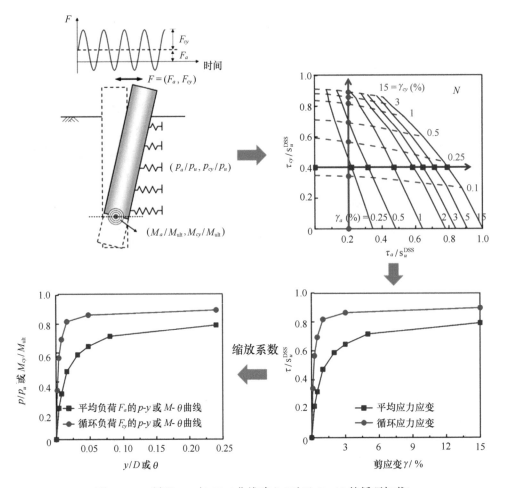

图 12-22　循环 $p-y$ 与 $M-\theta$ 曲线建立（对于 $F_a \neq 0$ 的循环加载）

12.4.4　黏土地基单桩"$p-y+M-\theta$"模型验证及应用

作者利用所提"$p-y+M-\theta$"统一分析模型对现有文献报道的现场桩基试验和离心机试验进行分析，验证所提模型的准确性和可靠性。模型验证案例包括：①水平受荷桩离心机模型循环加载响应预测竞赛（Cyclic loading prediction event）；②PISA 项目中 4 组现场试桩试验，包括刚柔性桩和刚性桩；③Zhu 等（2017）报道的 2 组位于广东省珠海市桂山岛的柔性桩海上试桩试验；④Murali 等（2019）和 Murali 等（2015）报道的 4 组刚性桩离心机试验。这里主要介绍循环加载响应预测竞赛结果，其余验证工作参见 Lai 等（2021）。

在 2020 年第四届海洋岩土工程国际研讨会（ISFOG）期间，西澳大学（UWA）和澳大利亚岩土离心机机构（NGCF）举行了离心机模型加载响应的预测竞赛，竞赛以先预测再试验对比的方式进行。全球 13 个国家不同学术界和工业界代表受邀参与预测了自由桩头条件下桩基离心模型的一系列横向加载响应，产生了共 29 组预测结果。由于受疫情影响，预测于 2020 年提交，对比结果于 2022 年公布。

12.4.4.1　土工试验

据竞赛组委会提供的基本资料，离心机试验使用的是西澳大利亚西北大陆架的细粒土，塑性指数 PI=22%，相对密度 $G_s=2.76$。将土体混合至 140% 含水量，以 $80\,g$ 的加速度进行 20 d 的固结，形成正常固结黏土海床。图 12-23(a)显示了在 $80\,g$ 离心模型试验下，用 T-bar 贯入试验测得的土体不排水抗剪强度，其强度梯度(k)为 1.65 kPa/m，其中，T-bar 系数取 $N_{\mathrm{T-bar}}=10.5$。T-bar 单调推进至原型尺寸为 16~17 m 深度，然后提升至 14.5 m 深度，共进行 20 个循环的 T-bar 试验。如图 12-23(b)所示，20 次循环后，残余强度稳定在初始强度的 0.2 倍，可知土样灵敏度(S_t)为 5。完成循环 T-bar 试验后，即刻停机取样，测得的含水量沿深度变化结果如图 12-23(c)所示。针对此次国际预测竞赛，西澳大学事先开展了大量土工试验，同时请独立第三方校核土体单剪试验结果。针对每个土工试验，制备含水量为 140% 的饱和土样，成浆后倒入土样桶中，在竖向压力 30 kPa 下完成固结。然后切样并装入单剪仪中，施加初始竖向固结应力 30 kPa，待竖向变形稳定后，开展剪切试验。赛前，组委会将土工试验结果分发给各参赛团队，包括单调单剪试验、循环单剪试验、三轴压缩和伸长试验、共振柱试验。

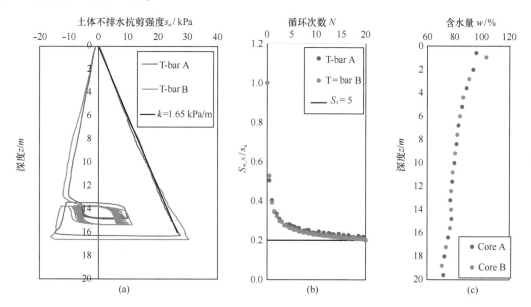

图 12-23　(a)基于循环 T-bar 试验的不排水抗剪强度，(b)土体含水量，(c)土体强度循环弱化因子

由于本次竞赛预测目标为单调和双向对称受荷试桩离心机试验，本文主要基于单调、循环单剪试验结果，标定获得 $p\text{-}y$ 和 $M\text{-}\theta$ 模型参数。图 12-24(a)显示了不同单剪速率下试验土应力-应变试验结果。尽管土体应力-应变关系表现出一定的应变率效应，如将图中三条曲线中的剪应力用其不排水抗剪强度做归一化，三条曲线基本重合(详见参数标定和图 12-25)。图 12-24(b)和(c)分别显示了循环剪切试验中的应变累积和应力-应变关系。基

于上述土单元试验结果，可以建立本文"$p-y+M-\theta$"分析模型。

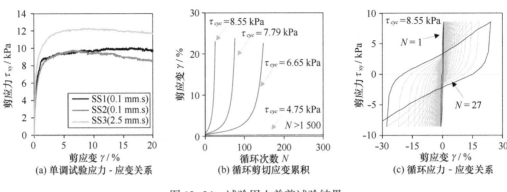

图 12-24　试验用土单剪试验结果

12. 4. 4. 2　模型参数标定

针对单桩静力加载预测，通过缩放土体静单剪归一化 τ/s_u-γ 曲线（图 12-25），获得 p-y 和 M-θ 模型参数。由图 12-25 可得，不同剪切速率下的土单元归一化应力-应变曲线吻合良好。基于 NGI-ADP 模型，采用参数 $G_{max}/s_u = 1\,500$、$\gamma_{fp} = 0.04$，可较好地描述该土体应力-应变曲线响应，故采用这些参数作为此次反分析中应力-应变曲线的输入。基于前述 T-bar 试验结果［图 12-23(a)］，土体不排水抗剪强度沿深度变化速率取 $s_u = 1.65z$。

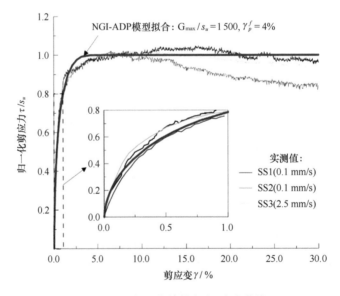

图 12-25　归一化单剪应力-应变曲线

针对单桩双向循环加载的预测，"$p-y+M-\theta$"模型的关键输入是土体循环响应等值线。基于本次竞赛组委会提供的 4 个不同剪应力幅值下的实测循环剪应变累积结果（图 12-24），通过数学插值，同时参考已有挪威 Drammen 黏土（塑性指数 PI=27）循环应力-应变包络面，建立得到本次预测所用土单元循环响应等值线，如图 12-26 所示。在缺乏系统土单元循环实测数据情况下，上述这种基于有限实测数据点并结合现有应力-应变包络面构造得到对应所需土体应力-应变包络面的方法应用较为普遍，且精确度较好。需指出的是，此处参考 Drammen 黏土数据库的主要原因是，自 20 世纪 80 年代起，NGI 对该种土体开展了系统且完善的土工试验，并实测建立得到了其循环应力-应变包络面，该数据库作为范本被广泛应用于其他不同土体循环响应等值线的建立。基于图 12-26，便可建立"$p-y+M-\theta$"模型中任意次循环荷载下的 $p-y$ 和 $M-\theta$ 曲线，并用于预测该循环次数下的单桩响应。

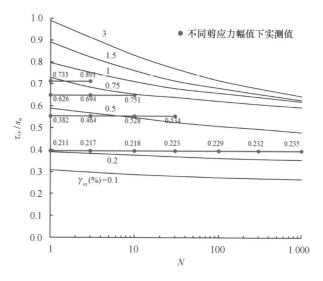

图 12-26　试验用土单元循环响应等值线

12.4.4.3　离心机试桩试验

预测竞赛中，离心机试验模型桩由铝 6061T6 制成，弹性模量为 68.9 GPa。图 12-27 显示了模型桩尺寸，桩身安装有 13 组间距为 20 mm 的应变计，用于测量桩身弯矩响应。表 12-4 总结了模型桩的相关参数。模型桩外周覆盖有环氧树脂用于防水。模型桩外径为 13.92 mm（对应原型尺寸外径 1.114 m）。西澳大学事先标定了未覆盖环氧树脂桩基的抗弯刚度 EI，建议取 770 MN·m²。图 12-28 显示了离心机试验中，桩顶的加载位置以及桩基入土段的长度。桩顶水平荷载、位移分别通过加载臂上的轴力计、激光位移计测量获得。

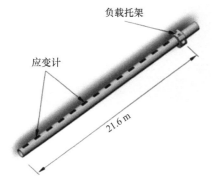

图 12-27　模型桩及应变片布置

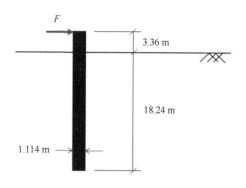

图 12-28　黏土海床中模型桩示意

表 12-4　模型桩尺寸

尺寸	模型/mm	原型/m
长度	270	21.6
外径(铝桩)	12	0.96
壁厚(铝桩)	0.45	0.036
环氧树脂壁厚	0.96	0.076 8
总外径	13.92	1.114
入土段长度	228	18.24

　　试桩试验在西澳大学旋转半径为 1.8 m 的离心机中进行。试验使用的模型箱内部尺寸长 650 mm、宽 390 mm、高 325 mm。模型箱底部铺有 30 mm 的砂层作为排水层，砂层上覆正常固结黏土层。该黏土层在 80 g 下固结完成后，停机至 1 g，并将模型桩静力插入黏土层中，插入深度为 228 mm(对应原型 18.24 m)。为确保垂直插桩，并尽量减少插桩对周围土体的扰动，采用了如图 12-29 所示的装备来垂直静压模型桩入土。当模型桩达到要求的嵌入深度时，移除桩的横向限制，取出钻头。桩身安装完毕后，水平加载装置安装于土床表面上方 42 mm 处(对应原型 3.36 m)，为叙述方便，在本文中水平加载的位置统称为桩顶。模型桩安装后，将离心机旋转至 80 g，待重固结完成后(需 1~2 h)，在 80 g 下开展静力或循环试桩试验。

图 12-29　模型桩安装

　　表 12-5 总结了所有离心机试验，包括了一个单调加载试验和三个双向循环加载试验。在模型尺度下，单调试验(MT)的桩头加载速率为 1 mm/s。循环试桩包括两个位移循环试验(CT1 和 CT2)和一个力循环试验(CT3)。其中，CT1 循环加载频率为 1 Hz，CT2 和 CT3 循环加载频率为 0.5 Hz。每次循环试验持续时间为 6.7~13.3 min，对应原型 29.6~59.3 d。组

委会事先约定加载过程可视为不排水过程。

表 12-5　模型试验总结

测试	测试类型	幅值		
		桩顶位移	模型尺度	原型尺度
静力加载(MT)	单调加载	1.07 D	14.90 mm	1.19 m
循环测试 1(CT1)	双向位移控制	0.02 D	0.22 mm	0.02 m
循环测试 2(CT2)	双向位移控制	0.10 D	1.37 mm	0.11 m
循环测试 3(CT3)	双向荷载控制	—	23.9 N	153 kN

12.4.4.4　ISFOG-2020 预测大赛结果分析

图 12-30 和图 12-31 分别对比了不同循环次数下预测和实测单桩的桩头响应和桩身弯矩分布。对于位移控制循环试验(CT1 和 CT2),预测结果表明:大多数同行高估了桩顶水平力和桩身峰值弯矩;相比而言,"$p\text{-}y + M\text{-}\theta$"在预测循环加载的桩头响应和桩身弯矩时具有较好的预测效果,其精度在 29 个参赛模型中位居前列。对于力控制循环试验(CT3),"$p\text{-}y + M\text{-}\theta$"模型预测也同样接近实测值,其精度在所有同行预测结果中位居前列。

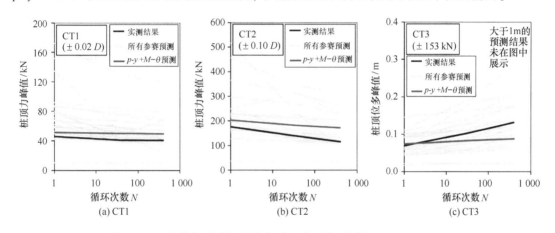

图 12-30　不同循环次数下单桩桩头响应(循环次数 N = 1、40 和 400)

此外,以桩身峰值弯矩为指标,图 12-32 进一步对所有模型的预测效果进行了对比。图 12-32(a)展示了水平位移 y = 1.0 D 时单调试验的预测结果分布,图 12-32(b) ~ (d)呈现了循环加载 N = 400 时 CT1 ~ CT3 试验的预测结果分布。对比统计结果可以发现:过半数的预测模型均高估了单调试验和循环试验的峰值弯矩,并且 $p\text{-}y$ 方法预测的效果略优于使用 FE 方法。而本文所建立的"$p\text{-}y + M\text{-}\theta$"桩土作用分析模型具有良好的可靠性,能较为准确地描述单桩的单调和循环受荷响应,分析模型的预测准确度在所有参赛同行中位居前列。

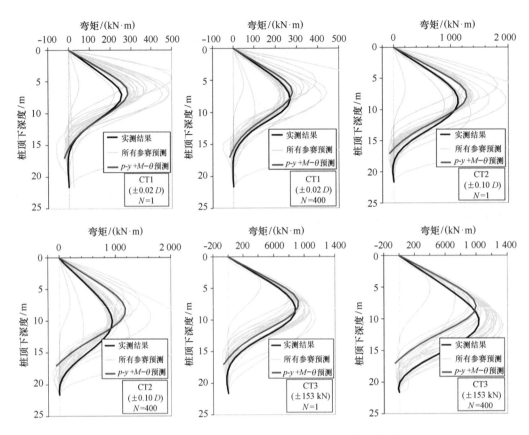

图 12-31　循环次数 N 为 1 和 400 时下桩身弯矩分布

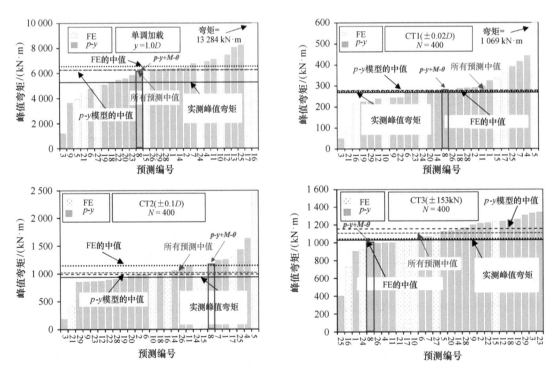

图 12-32　桩身峰值弯矩预测值与测量值对比

12.5　砂土地基侧向受荷桩分析方法

12.5.1　砂土地基侧向受荷柔性桩分析方法

12.5.1.1　砂土地基柔性单桩侧向受荷特性

虽然 API 规范建议的 $p-y$ 模型广泛应用于油气平台的砂土地基桩基设计，但部分研究表明：即使是相对小直径的长桩（$D<2$ m），API 规范的 $p-y$ 模型仍然会高估基础的刚度响应（Zhu et al.，2016；Georgiadis et al.，1992）。而海上风电中采用的单桩基础直径一般在 4 m 以上，因此有必要评估 API 规范 $p-y$ 模型对大直径柔性长桩的适用性。基于此背景，Wang 等（2021a）开展了针对大直径柔性桩的离心机试验。所有试验均在 100 倍的重力加速度下开展。试验中采用两种直径的模型桩：直径 60 mm，总长度 750 mm，入土深度 600 mm；直径 40 mm，总长度 750 mm，入土深度 600 mm。对应的原型基础直径分别为 4 m 和 6 m。所有模型桩采用铝合金 7075 空心管加工而成，极限抗拉强度为 572 MPa，受拉屈服强度 503 MPa，弹性系数 71.7 GPa，泊松比 0.33，疲劳强度 159 MPa。试验海床为中等密实标准丰浦砂，相对密实度为 65%，并采用落雨法制备。

如图 12-33 为离心机试验中实测的 4 m 和 6 m 直径柔性长桩荷载-位移响应曲线和根据 API（2011）规范的 $p-y$ 模型计算的结果。可以看到：API（2011）$p-y$ 模型会严重高估基础的初始刚度。对于 4 m 直径和 6 m 大直径柔性桩，API（2011）规范分别高估基础初始刚度达 90% 和 240%。考虑到海上风机基础的设计需要保证风机自振频率位于 1P～3P（一般在 0.26～0.35 Hz）之间，采用 API（2011）规范的 $p-y$ 模型会严重高估基础的自振频率，使得风机实际频率向 1P 偏移，增加结构自振风险。由于荷载"动力放大效应"，这将会导致风机破坏或缩短长期疲劳寿命。此外，试验结果表明：在 10%D 的泥面位移范围内，API（2011）计算得到的基础承载力同样远大于试验实测值，对于 4 m 和 6 m 直径单桩，承载力高估幅度分别达到 72% 和 52%。综上所述，对于海上风机大直径柔性桩，API（2011）规范会严重高估基础的初始刚度和承载力。

图 12-34 为 Wang 等（2021a）离心机试验中实测的 4 m 和 6 m 大直径柔性桩不同深度位置的 $p-y$ 曲线。研究表明，不同直径和深度位置的 $p-y$ 曲线可以通过无量纲方法（即 y/D-$p/\sigma_v'D$）归一化，且未见"桩径效应"。相比于实测的 $p-y$ 曲线，API（2011）规范建议的 $p-y$ 曲线刚度远远大于实测值，且在极小变形条件下便达到极限土抗力。Wang 等（2021b）指出，API（2011）规范会高估基础响应，一方面是由于模型假设的基础刚度过大，且 $p-y$ 弹簧初始刚度沿深度线性增加。而砂土刚度沿深度分布近似抛物线，而非线性。因此，随着桩径增大，水平荷载作用下发挥土体深度增加，假设线性的刚度分布会严重高估深层弹簧刚

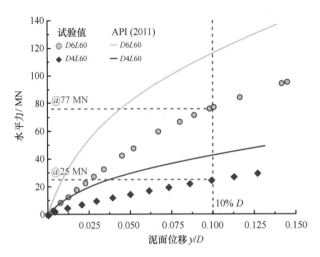

图 12-33　泥面位置荷载-位移响应曲线

度。另一方面，API（2011）模型采用双曲正切函数作为 p-y 模型的骨干线，该函数仅有两个参数，即初始刚度和极限土抗力，无法定义曲线的非线性响应，导致模型在极小变形下便达到极限抗力。如图 12-34 所示，实测的 p-y 曲线在 $0.1D$ 桩身位移下仍未达到极限土反力，而 API（2011）规范则在 $0.01D$ 左右便达到了极限抗力，这进一步表明 API（2011）规范不适用于大直径柔性长桩。

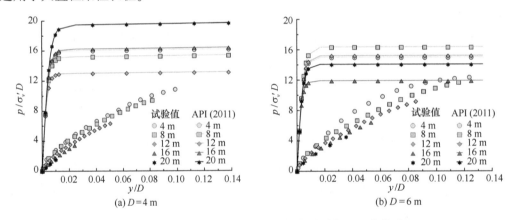

图 12-34　实测 p-y 曲线和 API（2011）规范建议 p-y 曲线对比

为了进一步研究大直径柔性桩的桩-土相互作用，王欢（2020）开展了一系列三维有限元数值分析，重点研究了桩径和加载高度对 p-y 曲线影响。该研究采用砂土亚塑性本构模型模拟土体的应力-应变行为，采用丰浦砂的三轴试验（Hong et al.，2017）标定模型参数。

图 12-35 为 Wang 等（2021a）论文中不同直径（$D=2$ m，4 m，6 m）柔性单桩 y/D-$p/\sigma_v'D$ 曲线。可以看到，不同深度和不同直径单桩的 p-y 曲线可以有效地归一化，其初始刚度和极限土抗力相差不大，且随着深度的增加，极限土反力系数（$K_{ult}=p_{ult}/\sigma_v'D$）趋于一个固定值。此外，$p$-$y$ 曲线发挥极限土反力的变形随深度增加趋于稳定，而 p-y 曲线的非线性过渡

段则随着埋深逐渐变缓，并最后趋于一致。

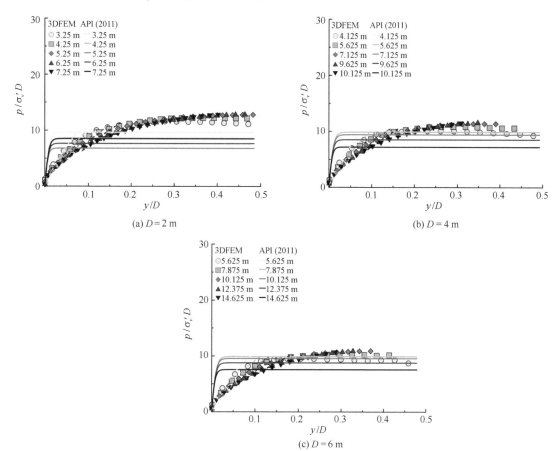

图 12-35 不同直径单桩 $y/D-p/\sigma_v'D$ 曲线

对于加载高度的影响，不同直径单桩在 1 m 和 30 m 加载高度下 $p-y$ 曲线彼此差异小于 2%（图 12-36），证明加载高度对柔性桩桩-土相互作用的影响可以忽略不计。

总结现有柔性桩桩-土相互作用研究，可以发现以下几点。

（1）API（2011）规范的 $p-y$ 模型无法应用于砂土大直径柔性桩，该模型有时会高估基础的刚度和承载力响应。

（2）柔性桩 $p-y$ 曲线初始刚度与桩径无关。

（3）$y/D-p/\sigma_v'D$ 曲线可以有效归一化不同直径和不同深度柔性桩 $p-y$ 曲线。

（4）加载高度对柔性桩 $p-y$ 曲线的影响可以忽略。

（5）柔性桩 $p-y$ 曲线发挥极限土反力的变形随深度的增加而增大，并在深层位置趋于一个固定值，且 $p-y$ 曲线初始段过渡到极限状态的非线性响应随深度变化。

12.5.1.2 砂土地基侧向受荷柔性单桩 $p-y$ 模型

本章上一小节通过总结现有的离心机试验和有限元数值模拟方面的研究，系统性地阐

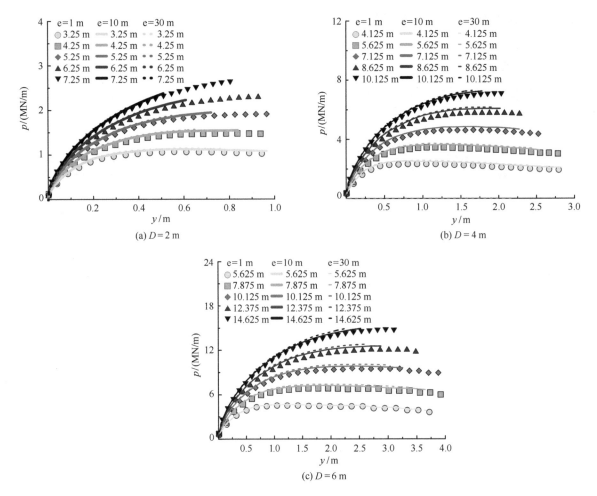

图 12-36　不同加载高度下柔性桩 p-y 曲线

明了砂土海床大直径柔性桩的桩-土相互作用特性，并指出现有的 p-y 模型均无法准确反映柔性桩桩-土相互作用。因此，有必要提出适用于砂土海床大直径柔性单桩的 p-y 曲线模型。目前砂土 p-y 模型均基于双曲正切函数（API，2011）提出。所有的 p-y 曲线模型仅有两个输入参数：初始刚度和极限土反力。受制于函数本身的限制，无法有效描述 p-y 曲线的非线性特性。

为了反映柔性桩桩-土相互作用的非线性，理想的柔性桩 p-y 曲线至少需要 4 个参数：初始刚度、极限土反力、极限土反力对应的变形以及曲线的非线性响应。基于此，Burd 等（2020）提出了 4 参数圆锥函数模型：

$$-n\left(\frac{\bar{p}}{\bar{p}_u}-\frac{\bar{y}}{\bar{y}_u}\right)^2+(1-n)\left(\frac{\bar{p}}{\bar{p}_u}-\frac{\bar{y}k}{\bar{p}_u}\right)\left(\frac{\bar{p}}{\bar{p}_u}-1\right)=0 \qquad (12-45)$$

式中，k 为初始刚度；$\bar{y}=y/D$ 和 $\bar{p}=p/D\sigma_v'$ 分别代表无量纲的变形和抗力；$\bar{p}_u$ 和 $\bar{y}_u$ 分别代表无量纲后的极限抗力和对应变形；n 为模型参数用于控制曲线初始段到极限状态间过渡段的非线性程度。求解式（12-45），可以得到土体抗力和变形的显式表达公式如下：

$$\overline{p} = \begin{cases} \overline{p_u} \dfrac{2c}{-b + \sqrt{b^2 - 4ac}} & 当\overline{y} < \overline{y_u} \\[3mm] \overline{p_u} & 当\overline{y} \geq \overline{y_u} \end{cases} \qquad (12-46)$$

$$a = 1 - 2n \qquad (12-47)$$

$$b = 2n\frac{\overline{y}}{\overline{y_u}} - (1-n)\left(\frac{\overline{p}}{\overline{p_u}} - \frac{\overline{y}k}{\overline{p_u}}\right) \qquad (12-48)$$

$$c = (1-n)\frac{\overline{y}k}{\overline{p_u}} - n\frac{\overline{y}^2}{\overline{p_u}^2} \qquad (12-49)$$

图 12-37 为不同参数组合下式(12-46)的曲线形状。相对现有的 p-y 模型函数,式(12-46)具有足够的灵活性,可以捕捉不同 p-y 曲线响应。因此,Burd 等(2020)提出的 4 参数圆锥函数更适合作为构建柔性桩 p-y 曲线的骨干线。

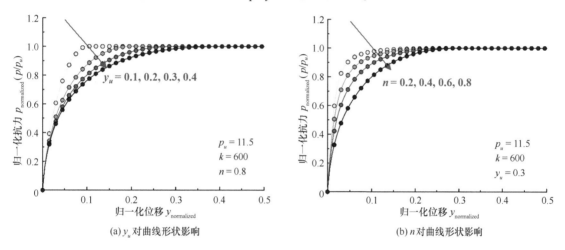

(a) y_u 对曲线形状影响　　　　　　(b) n 对曲线形状影响

图 12-37　Burd 等(2020)4 参数圆锥函数参数骨干线形状

为了标定 Burd 等(2020)的 4 参数圆锥函数骨干线的参数,王欢(2020)开展了针对柔性桩的三维有限元数值参数分析,系统研究了桩径、桩长、加载高度等因素对柔性桩桩-土相互作用的影响,基于研究结果,提出了表 12-6 所示的柔性桩 p-y 曲线模型。

表 12-6　柔性桩 4 参数圆锥函数 p-y 曲线输入参数

参数	计算公式
无量纲初始刚度 k	$k = 1\,000 \times D_r + 200$
极限土反力对应变形 $\overline{y_u}$	$\overline{y_u} = \min\left(0.05 + \dfrac{z}{D} \times 0.16,\ 0.45\right)$
无量纲极限土反力 $\overline{p_u}$	$\overline{p_u} = a_{p_u} + \dfrac{z}{D}b_{p_u}$
	$a_{p_u} = \max(4 + 13 \times D_r,\ 4 + 13 \times 0.3)$
	$b_{p_u} = \max(0.45 + 2.45 \times D_r,\ 0.45 + 2.45 \times 0.3)$

续表

参数	计算公式
非线性过渡段控制参数 n	$n = \min\left(a_n + \dfrac{z}{D} \times 0.16, \ b_n\right)$ $a_n = \min(0.65 - 0.25 \times D_r, \ 0.65 - 0.25 \times 0.3)$ $b_n = a_n + 0.16 \times 2.5$

注：其中，k 为无量纲曲线 $p/D\sigma_v' - y/D$ 初始刚度；$\overline{y_u}$ 为极限土反力对应的变形；$\overline{p_u}$ 为归一化极限反力（即，$\overline{p_u} = p_u/D\sigma_v'$）；$n$ 为控制非线性段参数；z 为深度；D 为桩径，D_r 为土体相对密实度。

如图 12-38 所示，王欢（2020）$p-y$ 模型中，柔性桩极限土反力对应的变形 $\overline{y_u}$ 不随相对密实度变化，仅为深度的函数；控制非线性过渡段形状的 n 则是深度和土体相对密实度的函数；二者皆随深度的增加而增大，这表明深层位置的 $p-y$ 曲线需要更大的变形才能达到极限状态，而对应曲线的非线性过渡段则更加平缓。如图 12-39 所示，柔性桩的极限土反力系数（$K_{ult} = p_{ult}/\sigma_v'D$）在泥面位置最小，且在浅层 $2.5D$ 范围内，随着深度的增加而增大，而在深层则为一固定值。

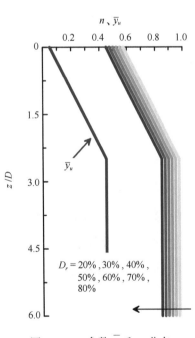

图 12-38　参数 $\overline{y_u}$ 和 n 分布

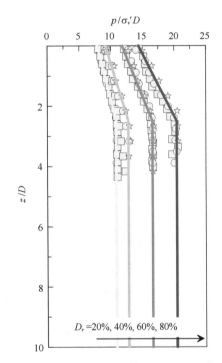

图 12-39　模型与有限元极限土反力系数对比

图 12-40 为三维有限元模拟得到的 $p-y$ 曲线和根据表 12-6 的 4 参数圆锥函数 $p-y$ 模型计算结果的对比。可以看到，4 参数圆锥函数 $p-y$ 模型能够较好地捕捉柔性桩 $p-y$ 曲线。

为了进一步验证 4 参数圆锥函数 $p-y$ 模型的可靠性，本文利用该模型反分析了不同研

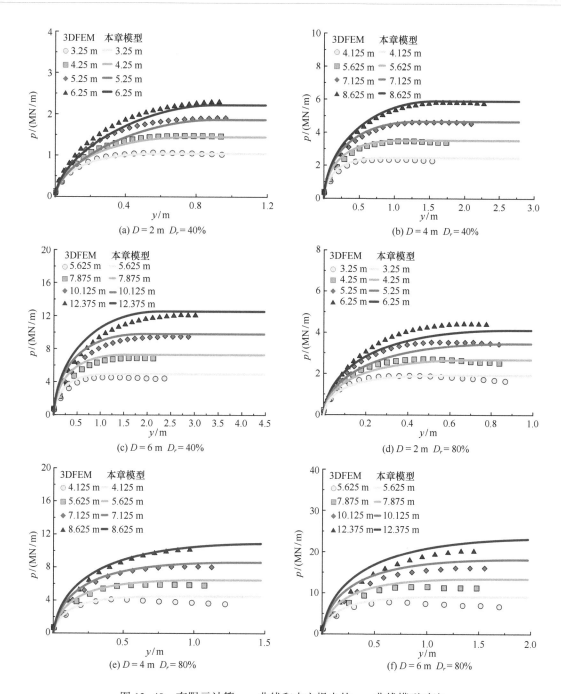

图 12-40　有限元计算 $p\text{-}y$ 曲线和本文提出的 $p\text{-}y$ 曲线模型对比

究中水平受荷柔性桩砂土离心机试验，表 12-7 为对应柔性桩离心机试验的基本参数。

表 12-7　不同文献柔性桩离心机试验参数

	Georgiadis 等（1992）	Rosquoët 等（2007）	Bienen 等（2012）	Zhu 等（2016）
砂土相对密实度 D_r	60%	53% 和 86%	42%	60%
桩径 D/m	1.224	0.72	2.4	0.75/1.5/2.5

续表

	Georgiadis 等（1992）	Rosquoët 等（2007）	Bienen 等（2012）	Zhu 等（2016）
桩长 L/m	9.05	12	30	15/30/50
壁厚 t/m	0.017 25[#]	—[*]	0.2[#]	0.014/0.028/0.045
加载高度 h/m	1.25	1.6	4.392	2.025/4.05/6.75

注：[*]完全刚性，[#]材料模量按照铝管计算，—表示无数据。

图 12-41 为采用 API（2011）和 4 参数圆锥函数 $p\text{-}y$ 模型对比（Georgiadis et al.，1992），Rosquoët 等（2007），Bienen 等（2012）和 Zhu 等（2016）的离心机试验结果。可以看到：API（2011）规范严重高估基础的初始刚度和承载力。相对地，4 参数圆锥函数 $p\text{-}y$ 模型能够准确预测不同试验中单桩响应，且计算结果差异均小于 10%。

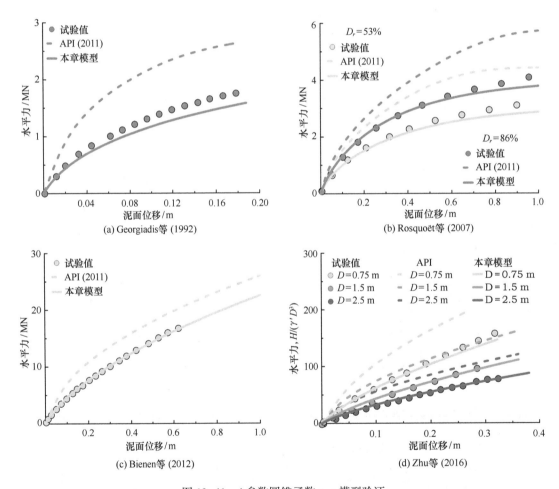

图 12-41　4 参数圆锥函数 $p\text{-}y$ 模型验证

12.5.2　砂土地基侧向受荷刚性桩分析方法

12.5.2.1　砂土地基刚性桩侧向受荷特性

针对大直径刚性桩的水平受荷特性，现有研究表明：API（2011）的 p-y 模型无法准确预测砂土中刚性桩的水平响应，该现象被称为"桩径效应"（Finn et al.，2015）。Sørensen（2012）修改了 API（2011）p-y 模型，在初始刚度的定义中引入了桩径，改善了模型对大直径刚性桩的预测效果。但是，大量理论和试验研究指出，桩径对水平桩-土相互作用弹簧刚度没有影响。PISA 项目指出：传统的 p-y 曲线法没有考虑桩侧摩阻和基底抗力的影响，会低估大直径刚性桩的水平受荷响应。但是，根据 PISA 模型的理论框架，传统的 API（2011）规范 p-y 模型理论上应该低估基础响应，而这与现有的试验和数值研究发现不符。因此，总结以上研究可以发现：传统 API（2011）p-y 模型无法应用于大直径刚性桩，但现有研究对刚性桩的桩-土相互作用响应尚未有一致的结论。

为了揭示大直径刚性桩的桩-土相互作用，厘清现有研究中关于"桩径效应"的矛盾结论和为未来提出适用于砂土中大直径刚性桩的设计分析模型，Wang 等（2021b）开展了一系列三维有限元数值分析，系统性地研究了不同直径刚性桩的破坏模式和桩-土相互作用响应。该研究采用砂土亚塑性本构模型模拟土体的应力-应变行为，采用丰浦砂的三轴试验标定模型参数，并开展了丰浦砂中大直径单桩离心机试验（王欢，2020）验证三维有限元模型的可靠性。所有的离心机试验均在 100 倍重力加速度下完成，试验模拟了 4 种不同尺寸的原型桩，包括 6 m 直径 60 m 埋深、4 m 直径 60 m 埋深、6 m 直径 36 m 埋深和 3 m 直径 30 m 埋深桩基。为了量化桩径对刚性桩桩-土相互作用的影响，Wang 等（2021b）参考现有海上风场单桩基础尺寸，研究了 4 m、6 m、8 m 和 10 m 直径刚性桩的水平受荷响应。考虑到土体的强度和刚度与应力水平相关，为了剔除不必要的影响因素，Wang 等（2021b）的数值分析中所有单桩的埋深均为 30 m，保证基础埋深范围内土体应力水平一致。

图 12-42 为砂土海床中不同直径刚性桩桩-土相互作用 p-y 曲线。在相同的深度位置，不同直径单桩基础的水平土压力 y/D-p/D 曲线彼此重合，并未观察到"桩径效应"，且不同直径刚性桩 p-y 曲线的初始刚度和极限土抗力系数基本相同 [图 12-42（a）]。相对地，API（2011）模型严重高估刚性桩 p-y 曲线的初始刚度，并表现出明显的"桩径效应"，在相同的深度位置，不同直径单桩的极限土压力（p_{ult}/D）随桩径变化明显。而这明显与图 12-42 中的刚性桩响应不符，即在相同的深度（z）而不同的深度系数（z/D）位置处，大直径刚性桩基础的 y/D-p/D 曲线却彼此重合，无"桩径效应"。

图 12-43 为 4 m、6 m、8 m 和 10 m 直径单桩在极限承载力状态对应的桩身土抗力分布，其中，图 12-43（a）为极限土反力，而图 12-43（b）则为桩径归一化后的极限土压力分布。如图 12-43（a）所示，随着桩径的增加，桩身各深度位置的极限状态土抗力相应增大。

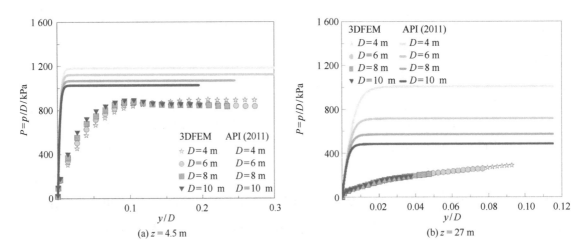

(a) $z = 4.5$ m   (b) $z = 27$ m

图 12-42   数值计算与 API 规范 p/D-y/D 曲线对比

但是，当将极限土压力用桩径归一化后，图 12-43（b）中不同桩径单桩的土压力分布曲线重合为一条曲线，即泥面以下固定埋深位置处的极限土压力与桩径无关。

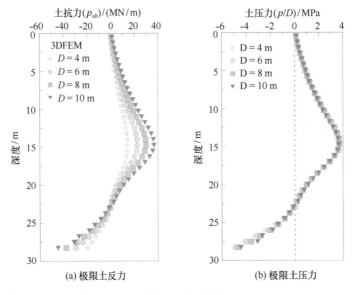

(a) 极限土反力   (b) 极限土压力

图 12-43   极限状态下的极限土抗力分布

如图 12-44 所示，相比于柔性桩浅层的楔形和深层的平面绕桩流动，刚性桩由于桩身刚度远大于土体，在水平荷载作用下，基础的破坏模式转变为绕转动中心的刚性转动。浅层土体破坏以楔形流动为主，而深层则为竖直平面而非水平面内的转动。刚性桩基础的破坏模式与桩径无关，不同直径刚性桩的转动中心位置与桩的入土深度比基本一致。因此，如图 12-42 和图 12-43（b）所示，在刚性桩基础埋深范围内，不同直径单桩的 y/D-p/D 曲线响应和极限土压力分布一致，与桩径无关。

图 12-45 对比了三维有限元模型中刚性桩极限状态土抗力分布和对应的 API（2011）模

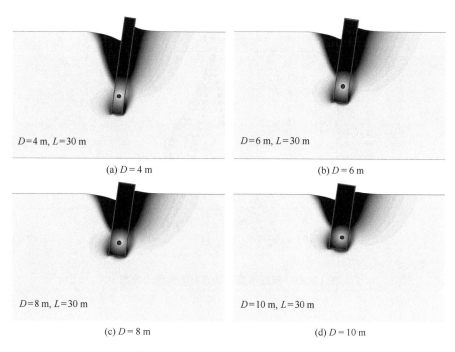

(a) $D = 4$ m

(b) $D = 6$ m

(c) $D = 8$ m

(d) $D = 10$ m

图 12-44　不同直径刚性桩的破坏模式

型的极限土抗力。正如上文介绍，不同直径刚性桩的土压力沿深度系数 z/L 分布规律相同，彼此重合；由于 API（2011）规范假设的破坏模式为柔性桩响应，土体抗力为深度系数 z/D 的函数，在相同的深度系数 z/L 下，当桩长 L 相同时，API（2011）模型的极限土抗力随桩径变化，表现出明显的"桩径效应"。因此，传统的柔性桩 p-y 模型无法应用于刚性桩，主要是由于基础的破坏模式变为刚性转动，改变了其桩-土相互作用机制。而桩径本身并不会改变刚性桩桩-土相互作用机制，在相同的相对深度位置 z/L，不同直径刚性桩的 y/D-p/D 曲线彼此重合。

　　针对加载高度对刚性桩桩-土相互作用影响，Wang 等（2021b）开展了一系列三维有限元模拟。如图 12-46 所示：当加载高度从泥面以上 5 m 增加到 100 m 时，刚性桩的 p-y 曲线基本没有变化，彼此间差异小于 5%。这与柔性桩的响应相同，即加载高度对水平受荷桩 p-y 曲线影响可以忽略。

12.5.2.2　砂土地基侧向受荷刚性单桩 p-y+M-θ 分析模型

　　由于刚性桩转动中心附近的破坏模式复杂，以平面转动为主，该破坏模式会进一步影响 p-y 曲线。但是同时，转动中心附近土体表现为竖直平面转动破坏，土体水平变形较小，试验或数值模拟中无法得到该区域 p-y 曲线的水平极限抗力。为了解决这个问题，本文从刚性桩的破坏模式出发，如图 12-47 所示，将刚性桩响应分为转动中心以上和以下两部分，对于转动中心以上的桩-土相互作用，采用 p-y 曲线描述，而在转动中心以下的桩-土作用则等效为一个转动弹簧。该模型克服了转动中心以下 p-y 曲线复杂难以描述和基底影响难

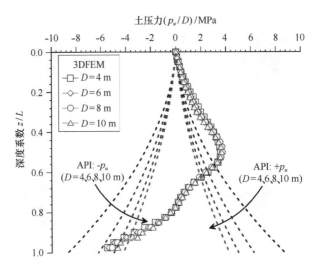

图 12-45　极限承载力状态对应土压力分布

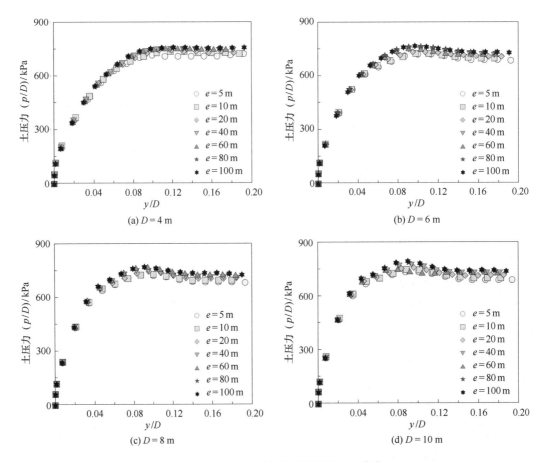

图 12-46　不同加载高度下刚性桩 p-y 曲线

以量化的困难，为刚性桩水平受荷特性分析提供了一个简洁的分析模型。

为了确定刚性桩的"p-y+M-θ"分析模型中的转动弹簧响应，王欢（2020）开展了一系列刚性桩三维有限元参数分析，提取了转动中心位置的弯矩和转角响应。图 12-48（a）为三维

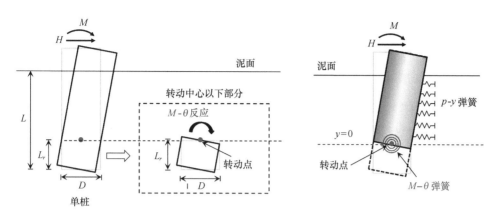

图 12-47　基于刚性桩破坏模式的"p-y+M-θ"分析模型

有限元模型计算得到的 40% 相对密实度砂土中不同桩径单桩在转动中心位置的弯矩-转角响应曲线。可以看到：随着桩径和转角的增加，转动弯矩相应地增大。基于图 12-44 和图 12-45 的刚性桩破坏模式和极限土反力分布，假设转动中心以下的土反力沿深度线性增加，并通过对土反力积分计算弯矩，提出了转动中心位置弯矩的无量纲归一化方法，即转动弯矩与桩径和转动中心到基底的距离的三次方成正比。图 12-48（b）为归一化后不同桩径单桩转动中心位置弯矩-转角关系。可以看到，图 12-48（a）中不同直径刚性桩的弯矩-转角响应可以通过对弯矩进行 $M/D L_r^3 \gamma'$ 的无量纲处理而有效地归一化。

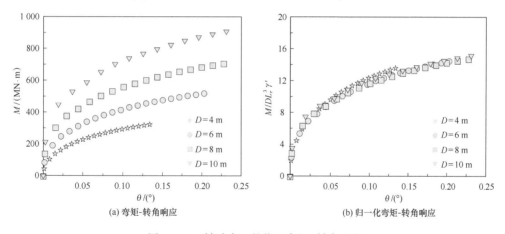

图 12-48　转动中心的位置弯矩-转角响应

　　本文采用 4 参数圆锥函数描述刚性桩转动中心位置的弯矩-转角关系。此外，基于大量的三维有限元参数分析，刚性桩的转动中心位置稳定在泥面以下 0.75L 处。因此，假设转动中心的位置不变，在泥面以下 0.75L 处，即 $L_r = 0.25L$。通过进一步的参数标定，本文提出了表 12-8 所示的转动弹簧模型，对应模型参数与土体相对密实度变化见图 12-49。

表 12-8　刚性桩 4 参数圆锥函数 $M-\theta$ 曲线输入参数

参数	计算公式
无量纲初始刚度 k	$k = 2500 \times D_r + 750$
极限弯矩对应转角 $\overline{\theta}_u$	$\overline{\theta}_u = 0.8 - 0.5 \times D_r$
无量纲极限弯矩 $\overline{M}_u = M_{ult}/D\,L_r^3\,\gamma'$	$\overline{M}_u = 15.5 \times D_r^2 + 5.2 \times D_r + 11$
非线性过渡段控制参数 n	$n = 0.9$

其中，k 为无量纲曲线 $M/D\,L_r^3\,\gamma' - \theta$ 初始刚度；$\overline{\theta}_u$ 为极限土反力对应的转角；$\overline{M}_u$ 为归一化极限弯矩（即 $\overline{M}_u = M_{ult}/D\,L_r^3\,\gamma'$）；$n$ 为控制非线性段参数；D 为桩径，L 为基础埋深，γ' 为土体重度。

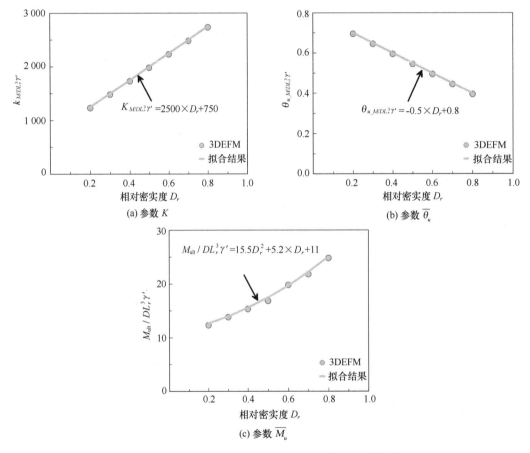

图 12-49　不同相对密实度砂土中 $M-\theta$ 曲线拟合参数

　　图 12-50 为大直径刚性桩的归一化弯矩-转角响应，图中包含了有限元模型计算结果和基于表 12-8 中的 4 参数圆锥函数计算结果。可以看到：对不同相对密实度砂土，不同桩径单桩在转动中心位置的弯矩-转角响应均能有效地归一化，4 参数圆锥函数模型能够准确描述不同相对密实度砂土中转动中心位置的弯矩-转角响应。

　　因此，图 12-47 中砂土刚性桩"$p-y+M-\theta$"模型的完整参数见表 12-9。

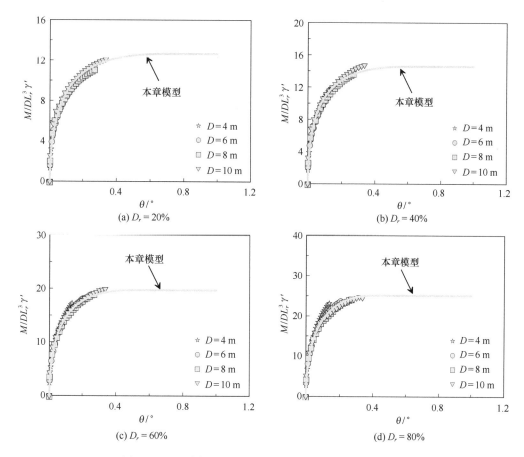

图 12-50　不同相对密实度砂土中转动中心的弯矩-转角

表 12-9　刚性桩"$p-y+M-\theta$"模型参数

弹簧类型	计算公式
转动中心以上： $p-y$ 弹簧	$k_{p-y} = 1\,000 \times D_r + 200$
	$\overline{y}_u = \min\left(0.05 + \dfrac{z}{D} \times 0.16,\ 0.45\right)$
	$\overline{p}_u = \min\left(a_{p_u} + \dfrac{z}{L} b_{p_u},\ a_{p_u} + 0.45 \times b_{p_u}\right)$
	$a_{p_u} = 6 + 5.25 \times D_r$
	$b_{p_u} = 4.5 + 28 \times D_r$
	$n_{p-y} = \min\left(a_n + \dfrac{z}{D} \times 0.16,\ b_n\right)$
	$a_n = \min\left(0.65 - 0.25 \times D_r,\ 0.65 - 0.25 \times 0.3\right)$
	$b_n = a_n + 0.16 \times 2.5$

弹簧类型	计算公式
转动中心位置：M-θ 弹簧	$k_{M-\theta} = 2500 \times D_r + 750$
	$\overline{\theta_u} = 0.8 - 0.5 \times D_r$
	$\overline{M_u} = 15.5 \times D_r^2 + 5.2 \times D_r + 11$
	$n_{M-\theta} = 0.9$

注：其中，k_{p-y} 为无量纲曲线 $p/D\sigma'_v$ - y/D 初始刚度；$\overline{y_u}$ 为极限土反力对应的变形；$\overline{p_u}$ 为归一化极限土反力（即 $\overline{p_u} = p_u/D\sigma'_v$）；$n_{p-y}$ 为控制非线性段参数；$k_{M-\theta}$ 为无量纲曲线 $M/DL_r^3\gamma'$ - θ 初始刚度；$\overline{\theta_u}$ 为极限土反力对应的转角；$\overline{M_u}$ 为归一化极限弯矩（即 $\overline{M_u} = M_u/DL_r^3\gamma'$）；$n_{M-\theta}$ 为控制非线性段参数；D 为桩径，L 为基础埋深，γ' 为土体重度，z 为深度。

为了验证刚性桩"p-y+M-θ"模型有效性，图 12-51 采用表 12-9 中的"p-y+M-θ"模型预测了刚性桩三维有限元模拟结果。如图 12-51 所示，"p-y+M-θ"模型能够准确预测不同相对密实度中，不同直径单桩的水平受荷响应。在图 12-51 所示的荷载范围内，基于"p-y+M-θ"模型计算的基础反力与三维有限元结果间的差别小于 5%，证明了"p-y+M-θ"模型的可靠性（王欢，2020）。

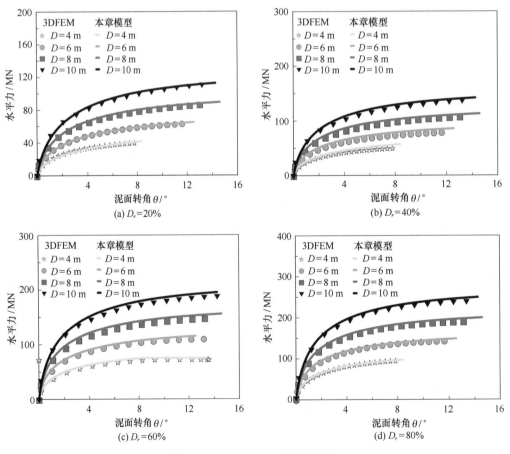

图 12-51　"p-y+M-θ"模型验证

参考文献

赖踊卿, 2022. 软黏土地基海上风机大直径单桩水平受荷特性与分析模型[D]. 浙江杭州: 浙江大学.

王欢, 2020. 砂土海床大直径单桩基础和桶形基础水平受荷特性研究[D]. 浙江杭州: 浙江大学.

王立忠, 刘亚竞, 龙凡, 等, 2020. 软土地铁深基坑倒塌分析[J]. 岩土工程学报, 42(09): 1603-1611.

ACHMUS M, THIEKEN K, SAATHOFF J E, et al., 2019. Un- and reloading stiffness of monopile foundations in sand[J]. Applied Ocean Research, 84: 62-73.

AMERICAN PETROLEUM INSTITUTE (API), 2011. Geotechnical and foundation design considerations[J]. ANSI/API recommended practice 2GEO.

ANDERSEN K H, 2015. Cyclic soil parameters for offshore foundation design[C]. The 3rd McClelland Lecture. Frontiers in Offshore Geotechnics III, ISFOG 2015, Meyer (Ed). Taylor & Francis Group, London. 36(4): 483-497.

AUGUSTESEN A H, BRØDBÆK K T, MØLLER M, et al., 2009. Numerical Modelling of Large-Diameter Steel Piles at Horns Rev [C]//Proceedings of the Twelfth International Conference on Civil, Structural and Environmental Engineering Computing. Civil-Comp Press.

BIENEN B, DÜHRKOP J, GRABE J, et al., 2012. Response of Piles with Wings to Monotonic and Cyclic Lateral Loading in Sand[J]. Journal of Geotechnical and Geoenvironmental Engineering, 138(3): 364-375.

BURD H J, BEUCKELAERS W J A P, BYRNE B W, et al., 2020. New data analysis methods for instrumented medium-scale monopile field tests[J]. Géotechnique, 70(11): 961-969.

GEORGIADIS M, ANAGNOSTOPOULOS C, SAFLEKOU S, 1992. Cyclic lateral loading of piles in soft clay [J]. Geotechnical engineering, 23(1): 47-60.

HONG Y, HE B, WANG L Z, et al., 2017. Cyclic lateral response and failure mechanisms of semi-rigid pile in soft clay: centrifuge tests and numerical modelling[J]. Canadian Geotechnical Journal, 54(6): 806-824.

ISFOG, 2020. (International Symposium on Frontiers in Offshore Geotechnics) Cyclic loading prediction event flyer [C]. 2020 January 15.

JEANJEAN P, 2009. Re-assessment of P-Y curves for soft clays from centrifuge testing and finite element modeling [C]. in Proceedings Offshore Technology Conference, Volume All Days: OTC-20158-MS.

KIRKWOOD P B, 2016. Cyclic lateral loading of monopile foundations in sand[D]. University of Cambridge.

KLINKVORT R T, 2012. Centrifuge modelling of drained lateral pile-soil response[D]. PhD thesis, Technical University of Denmark, Lyngby, Denmark.

KONDNER R L, 1963. Hyperbolic stress-strain response: cohesive soils[J]. Journal of the Soil Mechanics and Foundations Division, 89(1): 115-144.

LAI Y, WANG L, ZHANG Y, et al., 2021. Site-specific soil reaction model for monopiles in soft clay based on laboratory element stress-strain curves[J]. Ocean Engineering, 220: 108437.

MATLOCK H, 1970. Correlation for Design of Laterally Loaded Piles in Soft Clay[C]. in Proceedings Offshore Technology Conference, Volume All Days. OTC-1204-MS.

MCADAM R A, BYRNE B W, HOULSBY G T, et al., 2019. Monotonic laterally loaded pile testing in a dense marine sand at Dunkirk[J]. Géotechnique: 1-13.

MURALI M, GRAJALES-SAAVEDRA F J, BEEMER R D, et al. , 2019. Capacity of Short Piles and Caissons in Soft Clay from Geotechnical Centrifuge Tests[J]. Journal of Geotechnical and Geoenvironmental Engineering, 145, (10): 04019079.

MURALI M, GRAJALES F, BEEMER R D, et al. , 2015. Centrifuge and numerical modeling of monopiles for offshore wind towers installed in clay[C]. in Proceedings International Conference on Offshore Mechanics and Arctic Engineering, Volume 56475, American Society of Mechanical Engineers: V001T010A007.

MURCHISON J M, O'NEILL M W, 1984. Evaluation of p-y relationships in cohesionless soils[C]//Analysis and design of pile foundations. ASCE: 174-191.

MURFF J D, HAMILTON J M, 1993. P-Ultimate for Undrained Analysis of Laterally Loaded Piles[J]. Journal of Geotechnical Engineering, 119(1): 91-107.

MURPHY G, IGOE D, DOHERTY P, et al. , 2018. 3D FEM approach for laterally loaded monopile design[J]. Computers and Geotechnics, 100: 76-83.

OSMAN A, BOLTON M, 2005. Simple plasticity-based prediction of the undrained settlement of shallow circular foundations on clay[J]. Géotechnique, 55(6): 435-447.

POULOS H G, HULL T S, 1989. The role of analytical geomechanics in foundation engineering[C]. in Proceedings Foundation Engineering: Current Principles and Practices, New York, NY, United States

RANDOLPH M, GOURVENEC S, 2017. Offshore geotechnical engineering[M]. CRC press.

RANDOLPH M F, HOULSBY G T, 1984. The limiting pressure on a circular pile loaded laterally in cohesive soil[J]. Geotechnique, 34(4): 613-623.

REESE L C, COX W R, KOOP F D, 1974. Analysis of laterally loaded piles in sand[J]. Offshore technology in civil engineering hall of fame papers from the early years: 95-105.

ROSQUOËT F, THOREL L, GARNIER J, et al. , 2007. Lateral cyclic loading of sand-installed piles[J]. Soils and foundations, 47(5): 821-832.

SCHROEDER F C, MERRITT A S, SORENSEN K, et al. , 2015. Predicting monopile behaviour for the GodeWind offshore wind farm[C]//Frontiers in Offshore Geotechnics III: Proceedings of the 3rd International Symposium on Frontiers in Offshore Geotechnics (ISFOG 2015). Taylor & Francis Books Ltd, 1: 735-740.

SØRENSEN S P H, 2012. Soil-Structure Interaction for Non-slender, Large-Diameter Offshore Monopiles[D]. Department of Civil Engineering, Aalborg University.

WANG H, FRASER BRANSBY M, LEHANE B M, et al. , 2021b. Numerical investigation of the monotonic drained lateral behaviour of large-diameter rigid piles in medium-dense uniform sand[J]. Géotechnique, 73(8): 689 -700.

WANG H, WANG L, HONG Y, et al. , 2021a. Centrifuge testing on monotonic and cyclic lateral behavior of large-diameter slender piles in sand[J]. Ocean Engineering, 226: 108299.

WANG L, LAI Y, HONG Y, et al. , 2020. A unified lateral soil reaction model for monopiles in soft clay considering various length-to-diameter (L/D) ratios[J]. Ocean Engineering, 212: 107492.

WANG L Z, SHEN K, YE S H, 2008. Undrained shear strength of K0 consolidated soft soils[J]. International Journal of Geomechanics, 8(2): 105-113.

YU J, HUANG M, ZHANG C, 2015. Three-dimensional upper-bound analysis for ultimate bearing capacity of laterally loaded rigid pile in undrained clay[J]. Canadian Geotechnical Journal, v. 52(11): 1775-1790.

ZHANG C, WHITE D, RANDOLPH M, 2011. Centrifuge Modeling of the Cyclic Lateral Response of a Rigid Pile in Soft Clay[J]. Journal of Geotechnical and Geoenvironmental Engineering, 137(7): 717-729.

ZHANG Y, ANDERSEN K H, 2017. Scaling of lateral pile p − y response in clay from laboratory stress-strain curves [J]. Marine structures, 53: 124-135.

ZHANG Y, ANDERSEN K H, 2019. Soil reaction curves for monopiles in clay[J]. Marine Structures, 65: 94-113.

ZHANG Y, ANDERSEN K H, JEANJEAN P, et al., 2020a. Validation of Monotonic and Cyclic p-y Framework by Lateral Pile Load Tests in Stiff, Overconsolidated Clay at the Haga Site[J]. Journal of Geotechnical and Geoenvironmental Engineering, 146(9): 04020080.

ZHANG Y H, ANDERSEN H K, JEANJEAN P, 2020b. Verification of a framework for cyclic p-y curves in clay by hind cast of Sabine River, SOLCYP and centrifuge laterally loaded pile tests[J]. Applied Ocean Research, 97: 102085.

ZHU B, LI T, XIONG G, et al., 2016. Centrifuge model tests on laterally loaded piles in sand[J]. International Journal of Physical Modelling in Geotechnics, 16(4): 160-172.

ZHU B, ZHU Z J, LI T, et al., 2017. Field Tests of Offshore Driven Piles Subjected to Lateral Monotonic and Cyclic Loads in Soft Clay[J]. Journal of Waterway, Port, Coastal, and Ocean Engineering, 143(5): 05017003.

第13章　管缆与土相互作用

油气管道从其形态和受荷状态可以分为海底管道和海洋立管等。海底管道一般通过挖沟埋置或者直接放置于海床上的方式进行海床铺设，铺设后管道可能由于所输送的油气温度变化导致管道轴向膨胀，造成热屈曲等问题，因此管道入土深度成为关系管道安全的关键参数。海洋立管主要是连接上部浮体和海底的过渡部分，其在水流的作用下可能出现循环振动。立管的底部与海床土体接触，由于立管有一定的抗弯刚度，在浮体的运动下触底区立管反复切割海床，造成海床土体的软化、冲刷和开槽现象，有可能造成立管触底姿态的改变，影响其长期服役。由于海底可能存在海流，海流长时间的作用逐渐冲刷海底管道周围的土体，也可能影响管道稳定性。

锚泊线是系泊浮式结构物运动的细长结构物，其将浮体所受荷载传递到锚泊基础上。锚泊线的成分包括锚链、钢绞线、合成缆等，其中锚链的使用最为广泛。锚链由一节节链环相连组成，具有重量大、耐磨、耐腐蚀、强度高等特点。在工程中与海床接触部分必须使用耐磨的锚链以提高其使用寿命。锚链作为一种异型结构，其受力模式往往比较复杂。在浮体的运动带动下，锚泊线在触底区反复切割海床，造成海床土体的循环弱化，同时在水流的作用下，扰动的土体可能被冲刷形成沟槽，而沟槽会降低锚泊基础承载力。

本章聚焦于两种细长管缆结构（管道、锚泊线）与海床的相互作用。在管道与土体相互作用中，重点分析了铺管触底段管-土体相互作用、悬链线立管触底区循环作用和管周海床冲刷作用等。在锚泊线与土相互作用中，分别分析了锚链与黏土、砂土相互作用，并对锚泊线触底区开槽模型进行了分析。

13.1　管道-土体相互作用

13.1.1　铺管触底段管-土体相互作用

S 型和 J 型铺管法是国内外迄今深海管道铺设中最常用的两种铺管方法，这两种铺管方法都是通过管道在铺管过程中的形状"S"和"J"来命名的，如图 13-1 所示。深海中管道的铺设受到铺管船运动，以及复杂的风、浪、流等环境因素影响，管道触底段与海床的相互作用十分复杂，表现出强烈的非线性特性。Brando 等（1971）指出管道在铺装过程中将经历比其服役期内更大的荷载，因此，深水管道的安装就位被认为是管道设计中最关键的问题，而铺管后管道埋置深度是影响管道在位安全问题的关键因素。

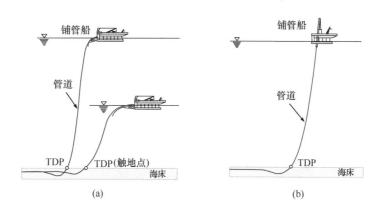

图 13-1　S 型和 J 型管道形态示意

（a）S 型铺管法；（b）J 型铺管法

Lenci 等（2005）提出了一个基于线弹性海床的 J 型铺管的闭合解析解，其管土相互作用模型如图 13-2（a）所示。Palmer（2008）指出考虑海床塑性变形的重要性，并提出刚塑性海床上触地段的管-土相互作用的模型，如图 13-2（b）所示。Wang 等（2012）提出了另一个新的更加合理的解析计算模型，其能够考虑管道整体的行为和海床的塑性变形，如图 13-2（c）所示。本节将海床模型进一步发展使得其可以考虑土体在海床上的弹性回弹变形，如图 13-2（d）所示。

13.1.1.1　管道分段力学表征

本节以 J 型铺管为例，如图 13-3 所示，采用两个坐标系：一个是全局坐标系 (x, y)，其原点 $(0, 0)$ 位于触地点（TDP）；另一个是局部坐标系 (x_1, y_1)，其原点位于 P_2。

J 型铺管时，管道可分为四个管段组成。

（1）悬链段：这部分悬于 P_1 到 P_2 之间的管长而柔韧，弯矩的影响非常小，在模型中

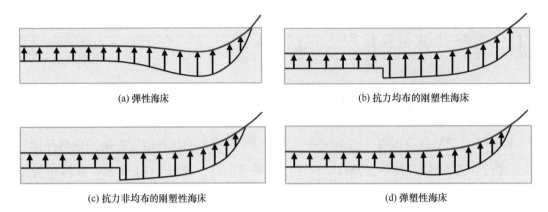

(a) 弹性海床　　　　　　　　　　　　　(b) 抗力均布的刚塑性海床

(c) 抗力非均布的刚塑性海床　　　　　　　(d) 弹塑性海床

图 13-2　各种海床简化示意

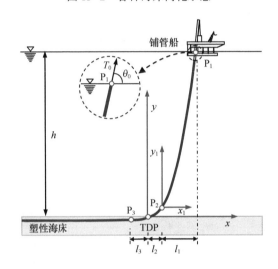

图 13-3　模型示意

简化成自然悬链线。

（2）边界层段：从 P_2 到 TDP 的管道作为单独的一个部分考虑，主要是因为其非常靠近海床，表现出边界层现象，并由于弯矩作用明显而体现出梁的特性。Croll（2000）指出边界层是一个管道局部偏离基本悬链线形状的地方，也是一个潜在破坏可能发生的地方，并且非常大的拉力和局部弯矩的组合是设计过程中的关键。

（3）触地段：这部分管道是本节计算模型的独特之处。触地段铺设于海床上，靠近 TDP，表现出梁的特性，并在 P_3 达到最大埋深。与弹性模型不同，管道下面的海床产生刚塑性变形，如图 13-4 所示。

根据 Aubeny 等（2005）建议

$$\frac{R(x)}{S_u D} = a\left[\frac{y_3(x)}{D}\right]^b \tag{13-1}$$

式中：$R(x)$ 是单位管道长度上的土体抗力；D 是管道的外直径；$y_3(x)$ 是管道的埋深；系数 a 和 b 与管道的粗糙度及土体的抗剪强度有关。土体的抗剪强度 S_u 随着管道的埋深线性增

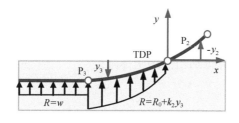

图 13-4　触地段示意

长，$S_u = S_{u0} + k_1 y_3$。其中，k_1 是增长速度，S_{u0} 是泥面的抗剪强度。从而式(13-1)可以近似线性地表示成 $R(x) = R_0 + k_2 y_3$。其中，R_0 是海床表面的抗力，k_2 是土体抗力的增长速度。

（4）回弹段：土体抗力在 P_3 达到最大值 R_{max}，随后，土体抗力以回弹刚度 k_3 的速度逐渐减小，直到土体抗力与管道自重平衡。图 13-6 为管道铺入和回弹的抗力变化过程。

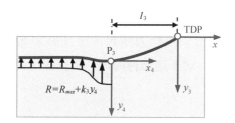

图 13-5　回弹段示意

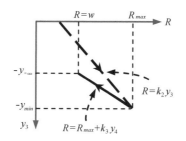

图 13-6　管道铺入与回弹过程土体抗力变化

本节根据这四部分管道不同的力学特性，采用不同的控制方程，通过几何和内力连续条件，将其合理地连接在一起。具体的计算方法见 Wang 等(2012)和袁峰(2013)。

13.1.1.2　模型算例

本节选择一个典型管道进行计算示例。管道弹性模量 $E = 2.1 \times 10^{11} \, \text{Pa}$，外直径和内直径分别为 $D = 0.6 \, \text{m}$ 和 $d = 0.55 \, \text{m}$，钢管密度为 $\rho_s = 7.85 \times 10^3 \, \text{kg/m}^3$，$P_1$ 点的倾角为 $\theta_0 = 80°$，海水密度和水深分别为 $\rho_w = 1.03 \times 10^3 \, \text{kg/m}^3$ 和 $h = 1 \, 000 \, \text{m}$。

在管道的铺设过程中，土体的软化在管道最初接触海床的时候就发生。Cheuk 等(2008)通过实验分析了动力铺设作用的影响，并指出了由于土体软化造成的土体强度折减的重要性。土体强度的折减通常通过灵敏度来表示。但是在整个铺设过程中，不同的时间、不同的循环运动作用下，土体的强度折减情况都不同。本节采用强度折减系数 ξ 来表示强度的变化情况，从而可以计算得到当前的土体强度

$$S_{uc} = \frac{S_u}{\xi} \tag{13-2}$$

对于未扰动土，强度折减系数为 $\xi = 1$；而对于完全扰动土，$\xi = S_t$。根据 Cheuk 等（2008）的观点，在给定幅值的管道作用下，海床在 40 个循环内就完全扰动。

本节选取的原状海床土的强度增长速率 $k_1 = 12$ kPa/m，灵敏度 $S_t = 8$。为了分析整个铺管过程中的海床土体软化，选择四种不同的土体软化状态 $\xi = 1$，2，4 和 8，其中，ξ 表示土体的软化程度，$\xi = 8$ 就表示土体已经完全扰动。本节计算取海床表面抗剪强度 $s_{u0} = 0$ kPa，则四种不同的土体的强度随深度增长速率分别为 $k_1 = 12$ kPa/m、6 kPa/m、3 kPa/m 和 1.5 kPa/m。如图 13-7 所示，Aubeny 等（2005）提出的管道埋深与土体抗力之间的指数表达式关系可以良好地线性拟合，得到的土体抗力增长速率分别为 5.636 kN/m²、11.272 kN/m²、22.543 kN/m² 和 45.086 kN/m²。对于这四种海床，拟合线与实际的土体抗力—埋深曲线非常吻合。

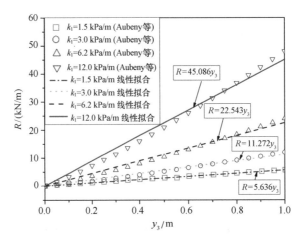

图 13-7　土体抗力分布及拟合曲线

对于弹塑性海床，除了图 13-7 所示海床刚度以外，海床土体的回弹刚度也是非常重要的。根据现有资料显示，海床土体的回弹刚度 k_3 通常为 $10k_2$ 到 $100k_2$ 之间，根据土体情况不同而改变。本节取 $k_3 = 100k_2$ 进行计算。

从图 13-8 可以非常明显地看到，当土体强度发生折减，弹性海床和塑性海床上的管道埋深都将增加。对于某一种海床刚度，弹性海床上的管道由于只在触地段发生荷载集中，所以只在触地段出现最大管道埋深，而管道的最终埋深仅仅由管道自重产生。而对于刚塑性海床，管道在触地段由于荷载集中和管道自重造成的管道埋深是稳定的，所以刚塑性海床上的管道最终埋深比弹性海床上的更大。而弹塑性海床上的管道最终埋深与管道的自重

和土体在触地段的塑性变形都密切相关。如表 13-1 所示，弹性海床上最终的管道埋深 y_{3ult} 最小，而刚塑性海床和弹塑性海床模型的 y_{3ult} 比较接近，其中弹塑性海床模型的结果相对较小。当土体强度增长率 k_1 比较小时，弹性海床模型中的管道最大过程埋深 y_{3max} 比其他两个塑性海床模型更大。

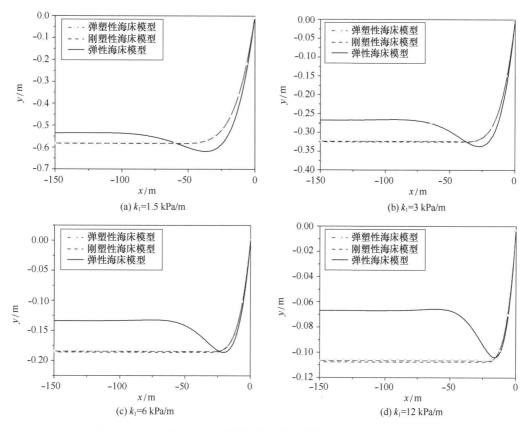

图 13-8 不同海床上的管道触地段形态

表 13-1 管道埋深

增长率 $k_1/(\text{kPa/m})$		1.5	3	6	12
弹性海床模型	y_{3max}/m	0.618 0	0.337 0	0.186 0	0.104 0
	y_{3ult}/m	0.536 0	0.268 0	0.134 0	0.067 0
刚塑性海床模型	y_{3max}/m	0.583 2	0.325 5	0.186 1	0.107 7
	y_{3ult}/m	0.583 2	0.325 5	0.186 1	0.107 7
弹塑性海床模型	y_{3max}/m	0.581 8	0.323 9	0.184 6	0.106 6
	y_{3ult}/m	0.582 3	0.324 4	0.185 1	0.107 0

13. 1. 2 悬链线立管触底区循环作用

海洋立管用来连接水上生产平台(如 FPSO，SPAR 等)和水下生产系统，是油气开发系统中最为主要的组成部分之一，根据结构形式及用途可分为顶张力立管、钢悬链线立管(SCR)、柔性立管、塔式立管和钻井立管等(图 13-9)。近年来，相比于传统的顶张力立管和柔性立管，钢悬链线立管以其经济性及对上部平台运动更好的适应性而越来越多地应用于深水立管中。图 13-10 为钢悬链线立管的各种形式及其基本区域分布。

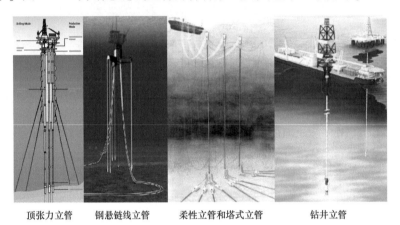

| 顶张力立管 | 钢悬链线立管 | 柔性立管和塔式立管 | 钻井立管 |

图 13-9　不同形式的海洋立管

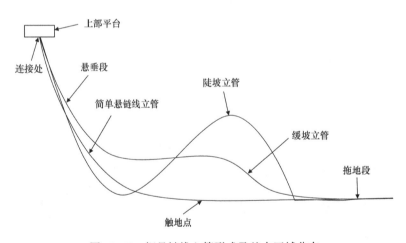

图 13-10　钢悬链线立管形式及基本区域分布

在立管的触地区，由于管道长期的循环运动及土体的非线性特征使管道与土体相互作用极为复杂，对立管的响应产生极大的影响。一个合理实用的模型可以良好地描述管道的埋深、内力等行为，从而对管道疲劳寿命做出准确的预测。李凯(2018)提出了一套管-土竖向相互作用模型，包含了管-土相互作用的四个基本阶段——管土未接触、初始贯入、上拔、再贯入，可以考虑土体强度的弱化效应，能够考虑海床表面地形的变化，并能考虑土体强度的应变率效应。

13. 1. 2. 1 模型介绍

1) 初始贯入阶段

图 13-11 为李凯(2018)提出的管-土竖向相互作用抗力-埋深发展示意图，横轴为管道埋深，纵轴为土体抗力，其中负值代表土体吸力。图 13-12 为埋置管道的截面示意图，图中标示了各参数的意义。模型初始贯入曲线为一条骨干线，土体的极限抗力 $P_{ult}(z)$ 由土体抗力系数 N_p、土体强度 s_u 及管道外径 D 的乘积表示。抗力系数 N_p 符合幂次定律，其中对初始贯入曲线 $0.1D$ 深度范围内的抗力系数值进行修正，采用分段函数来表示。土体强度 s_u 由式(13-3c)表示，其中，s_{u0} 为海床表面土体强度，ρ 为土体强度沿深度的变化梯度，z 为管道的埋深，定义为管道底部嵌入海床表面以下的距离。

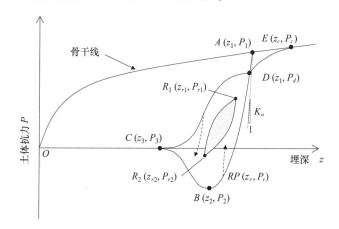

图 13-11 模型抗力-埋深曲线示意

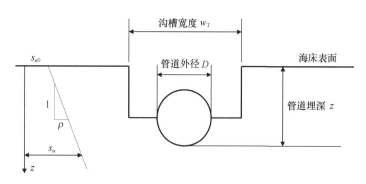

图 13-12 埋置管道截面示意

$$P_{ult}(z) = N_p \cdot s_u \cdot D \qquad (13-3a)$$

$$N_p = \begin{cases} a\,(z/D)^b & z/D \geqslant 0.1 \\ N_p(0.1) \cdot \dfrac{2z/0.1D}{z/0.1D + 1} & z/D < 0.1 \end{cases} \qquad (13-3b)$$

501

$$s_u = s_{u0} + \rho z \qquad (13-3c)$$

其中，土体抗力系数 N_p 的表达式中的参数 a、b 取值如表 13-2 所示，其取值与管道外壁粗糙度、管道埋深有关，这仅适用于沟槽宽度比 $w_T/D = 1$ 的情况。对于不同的沟槽宽度，Aubeny 等（2009）总结了对于粗糙管道及光滑管道沟槽加宽对抗力系数的影响，并且随着埋深不同而变化：

对于粗糙管道

$$N_{pmax} = \begin{cases} 7.74 - 1.22(w_T/D - 1) & w_T/D < 2.75 \\ 5.6 & w_T/D > 2.75 \end{cases} \qquad (13-4)$$

对于光滑管道

$$N_{pmax} = \begin{cases} 6.73 - 2.33(w_T/D - 1) & w_T/D < 2 \\ 4.4 & w_T/D > 2 \end{cases} \qquad (13-5)$$

表 13-2　参数 a 和 b 的推荐取值（Aubeny et al.，2009）

管道粗糙度	$z/D \leqslant 0.5$		$z/D > 0.5$	
	a	b	a	b
光滑	4.97	0.23	4.88	0.21
粗糙	6.73	0.29	6.15	0.15

2）上拔阶段

如图 13-11 所示，上拔曲线分为两段：AB 段与 BC 段。上拔过程的最大吸力 P_2 为：

$$P_2 = -\varphi \cdot P_1 \qquad (13-6)$$

式中，φ 为吸力系数，管土分离点 z_3 和最大吸力点 z_2 值由下式确定：

$$z_2 = z_1 - \frac{(1+\omega)(1+\varphi)P_1}{K_u(\omega+\varphi)} \qquad (13-7)$$

$$(z_2 - z_3) = \psi(z_1 - z_2) \qquad (13-8)$$

ψ 控制着 BC 与 AB 段的距离比，ω 控制着 AB 段曲线的形状。K_u 为点 $A(z_1, P_1)$ 处的上拔初始切线刚度。z_1 与 z_2 之间的上拔曲线 AB 的表达式为：

$$P(z) = P_1 + \frac{z - z_1}{\dfrac{1}{K_u} - \dfrac{z - z_1}{(1+\omega) \cdot P_1}} \qquad (13-9)$$

上拔曲线 BC 为反"S"形曲线，用下式表示：

$$P(z) = P_2 \frac{1 + (2z_{23} - 1)\exp(-z_{23}\varepsilon_{u1})}{1 + \exp[\varepsilon_{u1}(1 - 2\varepsilon_{u2}z_{23})]} \qquad (13-10)$$

$$z_{23} = \frac{z - z_3}{z_2 - z_3} \qquad (13-11)$$

式中，ε_{u1}、ε_{u2} 为控制反"S"形曲线 BC 形状的参数，式(13-10)保证了曲线 BC 的边界取值合理，即当 $z = z_2$ 时，$P(z) = P_2$，当 $z = z_3$ 时，$P(z) = 0$。

3）再贯入阶段

如图 13-11 所示，再贯入曲线 CD 采用"S"形曲线来描述，当模型不考虑土体的循环弱化时，点 D 与点 A 重合。此处先讨论无弱化影响的情况，因此曲线 CD 由下式描述：

$$P(z) = P_1 \frac{1 + (2z_{31} - 1)\exp(-z_{31}\varepsilon_{p1})}{1 + \exp[\varepsilon_{p1}(1 - 2\varepsilon_{p2}z_{31})]} \tag{13-12}$$

$$z_{31} = \frac{z - z_3}{z_1 - z_3} \tag{13-13}$$

式中，ε_{p1}、ε_{p2} 为控制"S"形曲线形状的参数，式(13-12)保证了曲线 CD 的边界取值合理，即当 $z = z_3$ 时，$P(z) = 0$，当 $z = z_1$ 时，$P(z) = P_1$。当考虑弱化时，式中 P_1 应由 P_d 替代，其中，P_d 为考虑土体循环弱化的强度。

4）任意位置反向运动阶段

如图 13-11 所示，当在由初始贯入曲线或再贯入曲线和上拔曲线构成的界限曲线内部任意位置处(z_r, P_r)反向运动时，其抗力变化由下式来表示：

$$P(z) = P_r + \frac{z - z_r}{\dfrac{1}{K_u} + \chi \cdot \dfrac{z - z_r}{(1 + \omega)P_1}} \tag{13-14}$$

这里当管道向上运动时，$\chi = -1$；向下运动时，$\chi = 1$。

5）土体强度的应变率效应

针对土体强度与应变率的关系，李凯（2018）采用紫金港黏土进行了不同贯入速率的 T-bar 试验，如图 13-13 所示。测得的土体强度由下式计算：

$$s_u = \frac{P_t}{10.5 l_t d_t} \tag{13-15}$$

式中，P_t 为扣除土体浮力后 T-bar 受到的土体净抗力，l_t 和 d_t 分别是 T-bar 长度和直径。

图 13-14 为处于不同深度的土体强度与应变率的关系。可见不同深度处的土体强度均随应变率的增大而呈非线性增加。此处取参考贯入速率为 1 mm/s，其对应的参考应变率 $\dot{\gamma}_{ref} = 0.012 \text{ s}^{-1}$。图 13-15 为土体强度和应变率归一化后的关系，可见归一化之后土体强度与应变率呈幂函数型增加，拟合结果良好。因此，对于紫金港黏土可以得到其强度随应变率的变化关系为：

$$s_u / s_{u\,ref} = (\dot{\gamma}/\dot{\gamma}_{ref})^{0.091} \tag{13-16}$$

由此在管-土相互作用模型中考虑土体速率效应时可采用下式的表达形式，对模型中的 s_u 进行应变率修正如下：

$$s_u / s_{u\,ref} = (\dot{\gamma}/\dot{\gamma}_{ref})^m \tag{13-17}$$

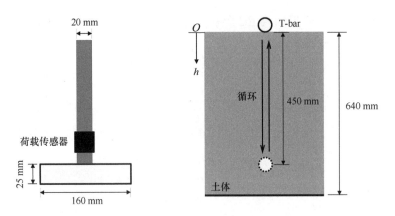

图 13-13　T-bar(左)和 T-bar 循环试验(右)

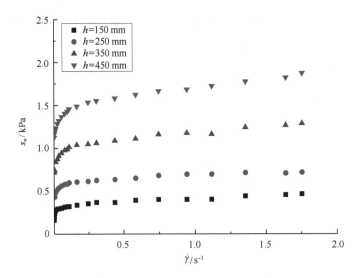

图 13-14　土体强度与应变率关系

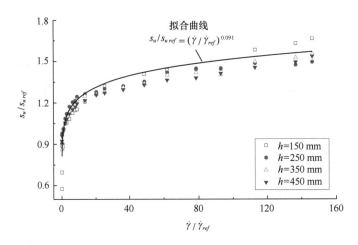

图 13-15　土体强度归一化

其中，m 的取值根据循环贯入试验得到。

6) 弱化模型

(1) 弱化因子。

为了考虑循环弱化效应，李凯（2018）引入一个与循环次数 N 有关的弱化因子 D_{Ni}：

$$D_{Ni} = 1 - \log_{\alpha_i}\left(\frac{\beta_i \cdot N + 1}{N + 1}\right) \tag{13-18}$$

式中，α_i、β_i 为弱化参数，针对不同参数的弱化下标"i"采用不同的字符表示。N 为循环次数，$N = 0$ 表示初始贯入。图 13-16 为弱化因子 D_{Ni} 表现出随循环次数的增加而减小的规律，$\log_{\alpha_i}\beta_i$ 为循环次数足够多时 D_{Ni} 的残余值。D_{Ni} 可以应用于土体强度、刚度及沟槽深度等的弱化描述，针对不同应用可以通过调整 α_i、β_i 使 D_{Ni} 呈现不同的发展规律。

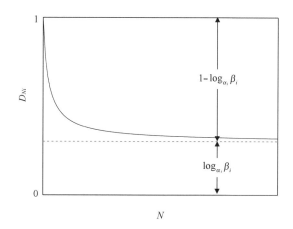

图 13-16　弱化因子 D_{Ni} 随循环次数变化规律

管道循环运动过程中对每一次上拔过程进行一次循环次数的累计，对于一次完整循环，如图 13-11 中的 A - B - C 过程，循环次数累计加一，而对于在界限曲线之内的循环，如 $R_1 - R_2$，其累计次数不足一次，具体数值由下式计算：

$$N = N + dN \tag{13-19}$$

$$dN = (z_{r1} - \max(z_{r2}, z_3))/(z_1 - z_3) \tag{13-20}$$

可见，上式以 $z_1 \sim z_3$ 之间的上拔为一次完整上拔，当上拔距离小于 (z_1-z_3) 时，按照上拔距离与其比值作为该次循环累计的循环次数 dN。

(2) 土体弱化。

李凯（2018）考虑土体循环弱化分为三个方面：土体强度的弱化，上拔刚度的弱化以及管道运动对管道下方土体强度的影响。

如图 13-11 所示，模型引入点 $D(z_1, P_d)$ 来考虑土体的弱化。在初始贯入开始前，固结完成的土体未受扰动，有一定的结构性，土体强度为原状土强度。当管道嵌入土体时，土体结构逐渐损伤，强度降低。随着循环次数增加，土体强度进一步降低。最后，土体结构性完全破坏，土体强度达到残余强度，为土体完全扰动后的强度。循环试验中发现土体强度随着循环次数降低的过程为先快后慢，在前几次循环中强度降低的幅值较大，随后强度趋于稳定。P_d表示 N 次循环后 z_1 深度处的土体抗力，其变化规律为：

$$P_d = P_1 \cdot D_{Np} \qquad (13-21)$$

$$D_{Np} = 1 - \log_{\alpha_p}\left(\frac{\beta_p \cdot N + 1}{N + 1}\right) \qquad (13-22)$$

式中，α_p 和 β_p 为描述土体强度循环弱化的弱化因子。

土体的上拔刚度随着循环次数的增加也会逐渐减小，Aubeny 等（2015）发现循环过程中土体的抗拔刚度在经过足够多的循环后，由初始刚度 K_{u0} 最终会衰减为一个稳定的残余刚度，这里根据其结果，采用弱化因子来描述抗拔刚度变化情况：

$$K_{uN} = K_{u0} \cdot D_{Nk} \qquad (13-23)$$

$$D_{Nk} = 1 - \log_{\alpha_k}\left(\frac{\beta_k \cdot N + 1}{N + 1}\right) \qquad (13-24)$$

式中，α_k 和 β_k 为描述土体刚度循环弱化的弱化因子。

模型中的 DE 段（图 13-11）表示土体再贯入曲线在管道位移超过之前循环历史最大位移 z_1 之后并入初始贯入曲线的过程，其中，$(z_c - z_1)$ 为再贯入曲线并入初始贯入曲线所需距离，该段抗力低于初始贯入曲线，使再贯入曲线平滑过渡到初始贯入曲线，表示了管道运动对下方土体的扰动产生的土体强度部分弱化。显然，z_c 受到循环次数、管道直径影响，且认为 z_c 随着循环次数增加应趋向于某个渐近值，因此弱化因子表示为：

$$z_{cN} = z_1 + \Delta z_{cu} \cdot (1 - D_{Nz}) \qquad (13-25)$$

$$D_{Nz} = 1 - \log_{\alpha_z}\left(\frac{\beta_z \cdot N + 1}{N + 1}\right) \qquad (13-26)$$

其中，α_z 和 β_z 为描述管道运动对下方土体影响范围的因子，Δz_{cu} 为管道对下方土体影响范围渐近值。对于 DE 段抗力-埋深曲线采用式（13-27）来描述：

$$P(z) = P_{\text{ult}}(z) \cdot \left((1 - P_m) \cdot z_r^{2/3} + P_m\right) \qquad (13-27)$$

$$z_r = \frac{z - z_1}{z_c - z_1} \qquad (13-28)$$

$$P_m = P_d / P_{\text{ult}}(z) \qquad (13-29)$$

式（13-27）保证了曲线的边界值，当 $z = z_1$ 时，$P(z) = P_d$，当 $z = z_c$ 时，$P(z) = P_{\text{ult}}(z_c)$。

当考虑任意位置的反向运动时土体强度的弱化时，将（13-14）式中 K_u 与 P_1 用 K_{uN} 和 P_d 代替：

$$P(z) = P_r + \frac{z - z_r}{\dfrac{1}{K_{uN}} + \chi \cdot \dfrac{z - z_r}{(1 + \omega)P_d}} \qquad (13-30)$$

13. 1. 2. 2　模型验证

基于 Hodder 等(2009)所开展的离心机试验结果，Randolph 等(2009)提出了管-土相互作用非线性模型，描述了管道与土体相互作用的四种不同阶段，这里简称之为 RQ 模型，具体可参考 Randolph 等(2009)的论文。

Wang 等(2014)开展了管道与土体循环相互作用的三维大比尺试验，其试验装置如图 13-17 所示。本节同时用 RQ 模型与本章模型对该试验过程进行模拟，并将管道埋深发展的模拟结果与试验结果进行比对。

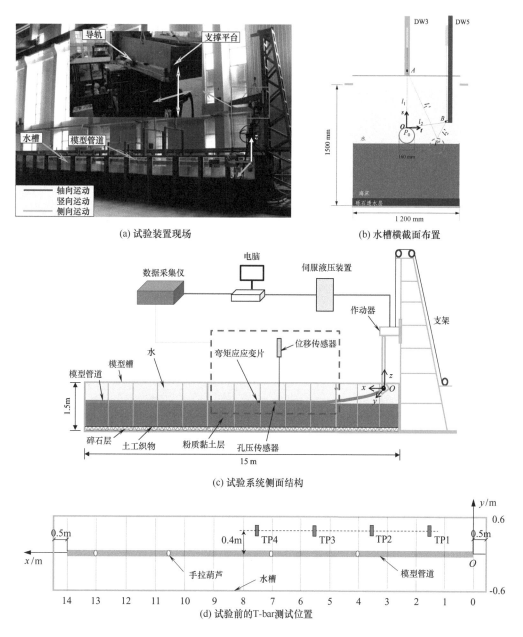

(a) 试验装置现场　　　　　　　(b) 水槽横截面布置

(c) 试验系统侧面结构

(d) 试验前的T-bar测试位置

图 13-17　三维大比尺管-土相互作用试验系统

在进行管-土相互作用模拟之前，先对模型参数进行标定，标定过程基于 T-bar 循环试验结果，本章模型增加了 13 个参数，但实际上每个参数容易在 T-bar 试验中标定。T-bar 直径 $d_T = 0.025$ m，土体参数与 Wang 等(2014)中取值相同，T-bar 的位移曲线如图 13-18 所示。所标定的 RQ 模型与本章模型的参数如表 13-3 所列。

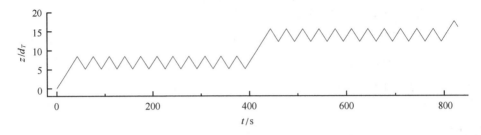

图 13-18　T-bar 循环试验的位移-时间曲线

表 13-3　T-bar 循环试验参数

参数	RQ 模型	本章模型
T-bar 直径 d_T	0.025 m	0.025 m
表面土强度 s_{u0}	0.15 kPa	0.15 kPa
土强度梯度 ρ	3.6 kPa/m	3.6 kPa/m
a	6.28	6.28
b	0.15	0.15
K_{max}	160	—
f_{suc}	0.3	—
λ_{suc}	0.8	—
λ_{rep}	0.3	—
ω	—	0.5
φ	—	0.3
ψ	—	3
K_u	—	80 kPa
ε_{u1}	—	5
ε_{u2}	—	1
ε_{p1}	—	3
ε_{p2}	—	1
α_p	—	10
β_p	—	3.5

参数	RQ 模型	本章模型
α_k	—	10
β_k	—	1.2
α_z	—	2
β_z	—	2
Δz_{cu}	—	$2.4D$
v_{ref}	—	$1\ \mathrm{mm/s}$
m	—	0.08

利用 RQ 模型和本章模型计算得到的抗力-埋深曲线与 T-bar 循环试验结果的对比见图 13-19。可以看到，RQ 模型能较好地匹配土体的抗力-埋深界限曲线，在再贯入阶段的土体抗力相比于初始贯入有所降低，但不会随着循环次数增加而改变，无法模拟土体强度的循环弱化。本章模型准确地预测了土体的初始贯入曲线及上拔曲线，表现了土体强度循环弱化的特点。可以发现，随着循环次数增加，土体强度没有以较快的速率持续降低，而是逐渐逼近土体的残余强度。

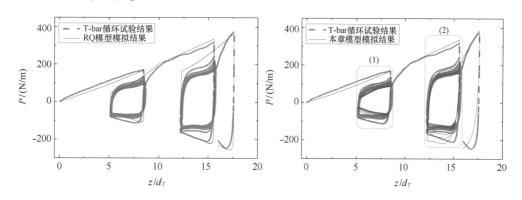

图 13-19　RQ 模型、本章模型的模拟结果与 T-bar 试验结果对比

在管土单元层面，本章将所提出的非线性管-土相互作用模型与 RQ 模型进行了如下对比：针对一组给定位移，依据如表 13-4 所列的模型参数，分别计算得到抗力-位移曲线。给定位移-时间曲线如图 13-20 所示，主要包括 6 个阶段：①阶段 1，对管道施加幅值为 $0.25D$ 的 5 个完整循环；②阶段 2，继续贯入至 $0.5D$；③阶段 3，在 $0.5D$ 处进行上拔再贯入，上拔过程中进行小幅循环（幅值 $0.005D$）；④阶段 4，贯入至 $0.63D$ 时施加一个 $0.005D$ 的小幅循环；⑤阶段 5，在 $0.75D$ 处进行上拔再贯入，在再贯入过程中进行小幅循环（幅值 $0.005D$）；⑥阶段 6，在 $1D$ 处进行幅值为 $0.1D$ 的 5 个半循环。

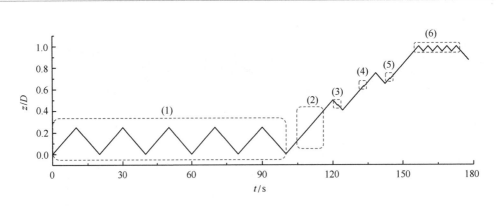

图 13-20 单元分析位移-时间曲线

表 13-4 单元分析模型参数

参数	RQ 模型	本章模型
管径 D	0.5 m	0.5 m
海床表面土强度 s_{u0}	1.15 kPa	1.15 kPa
土强度梯度 ρ	2.5 kPa/m	2.5 kPa/m
a	6.15	6.15
b	0.15	0.15
K_{max}	160	—
f_{suc}	0.3	—
λ_{suc}	1	—
λ_{rep}	0.2	—
ω	—	0.8
φ	—	0.3
ψ	—	3
K_u	—	1 200 kPa
ε_{u1}	—	5
ε_{u2}	—	1
ε_{p1}	—	3
ε_{p2}	—	1
α_p	—	10
β_p	—	3
α_k	—	10
β_k	—	1.2
α_z	—	2
β_z	—	2
Δz_{cu}	—	0.05D

模型单元分析结果如图 13-21 所示，相比于 RQ 模型，本节所提出的非线性模型可以很好地模拟管道的初始贯入过程的抗力变化，也可以考虑上拔过程中管道所受的土体吸力，对于管道运动过程中任意位置的反向运动过程也可以很好地描述，见图 13-21 中的阶段 (3)~(5)。此外，本章模型可以更好地模拟土体强度随循环次数增加不断弱化的过程以及下方沟槽不断加深的过程，相比于 RQ 模型对土体弱化及开槽过程的简单处理，本章模型可以基于 T-bar 循环试验结果描述得更加完善。

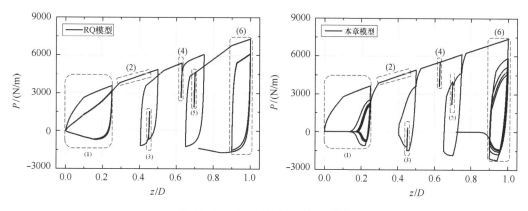

图 13-21　模型单元分析结果对比

在管-土相互作用层面，将 Wang 等 (2014) 的管-土相互作用试验简化为如图 13-22 所示的模型，其中，管道长 14 m，外径 D = 0.16 m，壁厚 8 mm，弹性模量 E = 0.55 GPa，管道的线重为 227.1 N/m。模拟时对管道施加 ±0.048 m (0.3D) 的正弦循环位移，周期为 5 s，共 200 个循环。管-土相互作用模型模拟结果见图 13-23。

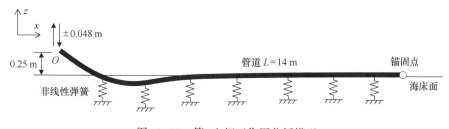

图 13-22　管-土相互作用分析模型

如图 13-23 所示，RQ 模型和本章模型均能模拟管道随着循环不断嵌入海床的过程，预测管道触地点不断朝向悬挂点方向移动，且触地区最大埋深位置也在不断向悬挂点靠近，这与试验结果相符。然而在 x = 6 m 处，RQ 模型预测的埋深发展远远小于实际情况，可知 RQ 模型预测触地区管道远端的埋深明显小于实际值，低估了触地区的发展范围，而本章模型略为高估。

13.1.3　海底管道冲刷与渗流耦合

铺设于海床表面的海底管道通常要经受波流的冲刷侵蚀。海底管道的冲刷启动是由沿

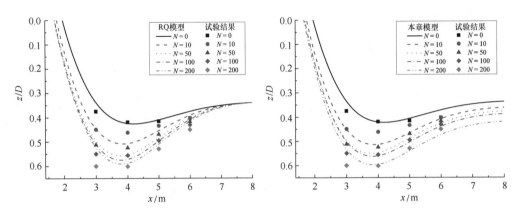

图 13-23　RQ 模型、本章模型模拟与试验结果对比

管道底面的土体管涌引起的，在冲刷发展过程中管道与海床之间的间隙流对冲刷坑的初始形成起了关键性作用，而在冲刷后期的尾流冲刷、旋涡与海床的相互作用导致了颗粒间歇性启动而被来流带走。李凯（2018）与 Guo 等（2019）基于传统希尔兹理论，通过耦合已有冲刷模型试验结果建立数值模型来模拟冲刷过程中的流场和渗流场，考虑渗流力对传统希尔兹数的修正，从渗流的角度进一步揭示了颗粒冲刷机制。

13.1.3.1　耦合数值模型

1）流体模型

选取流体模型为雷诺平均纳维-斯托克斯（RANS）方程，在笛卡尔坐标下记为：

$$\frac{\partial \rho_w}{\partial t} + \frac{\partial}{\partial x_i}(\rho_w U_i) = 0 \tag{13-31}$$

$$\rho_w \frac{DU_i}{Dt} = -\frac{\partial p_w}{\partial x_i} + \frac{\partial}{\partial x_i}\left[\mu\left(\frac{\partial U_i}{\partial x_j} + \frac{\partial U_j}{\partial x_i} - \frac{2}{3}\delta_{ij}\frac{\partial U_i}{\partial x_i}\right)\right] + \frac{\partial}{\partial x_j}(-\rho_w \overline{u_i' u_j'}) \tag{13-32}$$

式中，ρ_w 为水的密度，t 为时间，x_i 为笛卡尔坐标，U_i 是流速在 x_i 方向上的分量，算子 $\frac{D}{Dt} = \frac{\partial}{\partial t} + U_i\frac{\partial}{\partial x_i}$，$p_w$ 为压力，μ 表示水的动力黏度，δ_{ij} 为克罗内克符号，u_i' 为 x_i 方向上的速度的脉动量。雷诺应力张量（$-\rho_w \overline{u_i' u_j'}$）由下式计算：

$$-\rho_w \overline{u_i' u_j'} = \mu_t\left(\frac{\partial U_i}{\partial x_j} + \frac{\partial U_j}{\partial x_i}\right) - \frac{2}{3}\left(\rho_w k + \mu_t \frac{\partial U_i}{\partial x_i}\right)\delta_{ij} \tag{13-33}$$

式中，μ_t 为湍流黏度，k 为湍流动能，可通过剪切压力传输模型（SST 模型）求解，即湍流动能 k 和湍流比耗散率 ω 用下式来表示：

$$\rho_w \frac{Dk}{Dt} = \tilde{P}_k - \beta_0^* \rho_w k\omega + \frac{\partial}{\partial x_i}\left[(\mu + \sigma_k \mu_t)\frac{\partial k}{\partial x_i}\right] \tag{13-34}$$

$$\rho_w \frac{D\omega}{Dt} = \frac{\rho_w \gamma}{\mu_t}\tilde{P}_k - \beta \rho_w \omega^2 + \frac{\partial}{\partial x_i}\left[(\mu + \sigma_\omega \mu_t)\frac{\partial \omega}{\partial x_i}\right] + 2(1 - F_1)\rho_w \sigma_{\omega 2}\frac{1}{\omega}\frac{\partial k}{\partial x_i}\frac{\partial \omega}{\partial x_i} \tag{13-35}$$

式中，湍流乘数项 $\tilde{P}_k$、P_k 和湍流黏度 μ_t 可由以下计算：

$$\tilde{P}_k = \min(P_k,\ 10\beta_0^* \rho_w k\omega) \tag{13-36}$$

$$P_k = \mu_t \left[\frac{\partial U_i}{\partial x_j}\left(\frac{\partial U_i}{\partial x_j} + \frac{\partial U_j}{\partial x_i}\right) - \frac{2}{3}\left(\frac{\partial U_i}{\partial x_i}\right)^2 \right] - \frac{2}{3}\rho_w k \frac{\partial U_i}{\partial x_i} \tag{13-37}$$

$$\mu_t = \frac{\rho_w a_1 k}{\max(a_1\omega,\ SF_2)} \tag{13-38}$$

式中：β、γ、σ_k 和 σ_ω 为 $k\text{-}\varepsilon$ 模型和 $k\text{-}\omega$ 模型中相关常量的协调结果，可分别表示为 $\Phi = F_1 \Phi_1 + (1 - F_1)\Phi_2$（$\Phi = \beta$、$\gamma$、$\sigma_k$ 和 σ_ω），其中，β_1、γ_1、σ_{k1}、$\sigma_{\omega1}$、β_2、γ_2、σ_{k2}、$\sigma_{\omega2}$、a_1、β_0^* 为模型常量，F_1 和 F_2 为协调函数，具体可参考 Menter(1994)。

2）土体模型

假设砂质海床为均匀且各向同性的，在平面应变条件下土体响应控制方程为：

$$G_s \nabla^2 \tilde{u}_s + \frac{G_s}{1 - 2\upsilon_s}\frac{\partial \tilde{\varepsilon}_V}{\partial x} = \frac{\partial \tilde{p}_{osc}}{\partial x} \tag{13-39}$$

$$G_s \nabla^2 \tilde{v}_s + \frac{G_s}{1 - 2\upsilon_s}\frac{\partial \tilde{\varepsilon}_V}{\partial z} = \frac{\partial \tilde{p}_{osc}}{\partial z} \tag{13-40}$$

$$\nabla^2 \tilde{p}_{osc} - \frac{\gamma_w n_s \beta_s}{k_s}\frac{\partial \tilde{p}_{osc}}{\partial t} = \frac{\gamma_w}{k_s}\frac{\partial \tilde{\varepsilon}_V}{\partial t} \tag{13-41}$$

式中：G_s 为土体剪切模量；x 和 z 分别为笛卡尔坐标系下的水平和竖直方向的坐标；$\tilde{u}_s$ 和 $\tilde{v}_s$ 分别为在 x 和 z 方向上的土体位移；$\tilde{\varepsilon}_V = \partial \tilde{u}_s / \partial x + \partial \tilde{v}_s / \partial z$ 为土体的体应变，$\tilde{p}_{osc}$ 为土骨架弹性变形所引起的振荡孔压；υ_s 是泊松比；k_s 为土体渗透系数；γ_w 为水的单位容重；n_s 是土体孔隙率；$\beta_s = 1/K_w + (1 - S_r)/P_{w0}$ 表示孔隙水的压缩性，K_w 为水的压缩模量，S_r 为海床土体的饱和度，P_{w0} 为绝对静水压力。

3）模型耦合

以 Mao(1986) 的固定管道周围的冲刷试验结果为基础进行模拟。管道直径 D 均为 0.1 m，与海床的初始间隙为 $w_0/D = 0$，w_0 为管道底部与海床的初始距离。管道冲刷试验中入口流速使得海床远端的希尔兹数 $\theta_\infty = 0.098$，下标"∞"表示远端。希尔兹数 θ 为判断海床颗粒是否启动的重要参数，其表达式为 $\theta = \tau_b / (\rho_d - \rho_w)gd$，其中，$\tau_b$ 为床面剪切力，ρ_d 和 ρ_w 分别为土颗粒和流体密度，g 为重力加速度，d 为土颗粒直径。图 13-24 显示了管道冲刷试验不同时刻的海床形状，此即模拟中不同时刻的海床边界。

模型区域长 $30D$，高 $8D$，其中，流体部分高度为 $4D$。管道中心距离流体入口边界的距离为 $10D$（图 13-25）。图 13-26 为管道周围的网格划分情况。流场和海床区域主要采用三角形网格来表示，管道壁面和海床表面用边界层网格来描述，为四边形网格，其中，土体

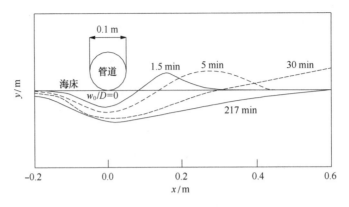

图 13-24　固定管道冲刷试验结果(Mao，1986)

采用拉格朗日描述，上部流体采用欧拉描述。管道沿周长离散为 50 个均匀单元，在每个算例中根据管道与海床间隙比的不同采用了合理的边界层数。靠近壁面的边界层厚度(Δy)为 0.000 2D，边界层网格厚度沿法向增长率为 1.15。无量纲网格尺寸 y^+ 定义为 $y^+ = \Delta y \cdot u^* / v$，此处 u^* 为摩阻流速，v 为流体的运动黏度。各算例中 Δy 均使 $y^+ < 1$。计算时间步 Δt = 0.000 2 s，满足标准柯朗-弗里德里希斯-列维条件(CFL 条件)。

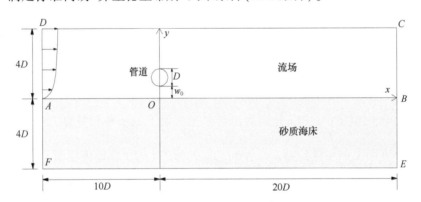

图 13-25　流体-管道-海床数值模型

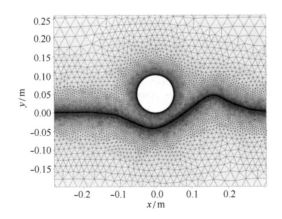

图 13-26　管道周围的网格划分

（1）流场边界条件。

①边界 *AB* 和管道壁面：这两处边界定义为无滑移边界，即法向和切向流速为 0。压力通过建立垂直于边界方向上的动量方程组获得。湍流动能 k 为 0，湍流比耗散率 ω 通过 $\omega = 10\dfrac{6\upsilon}{\beta_1(\Delta y)^2}$ 计算得到。

②边界 *BC*：此为流场的出口边界，满足边界法向速度和湍流量的梯度为 0。给定出口边界上的压力参考值为 $p_w(y)=0$。

③边界 *CD*：此为无摩擦滑移边界，其法向速度为 0，速度和水动力标量在水平向上梯度为 0。

④边界 *AD*：此为入口边界，其速度分布 [水平向速度 $u_x(y)$ 和垂直向速度 $u_y(y)$] 通过下式确定（Liang et al.，2005）：

$$\frac{u_x(y)}{u^*}=\frac{yu^*}{\upsilon},\quad \frac{yu^*}{\upsilon}\leqslant 11.63 \tag{13-42}$$

$$\frac{u_x(y)}{u^*}=\frac{1}{\kappa}\ln\left(9.0\frac{yu^*}{\upsilon}\right),\quad \frac{yu^*}{\upsilon}\geqslant 11.63 \tag{13-43}$$

$$u_y(y)=0 \tag{13-44}$$

式中，$\kappa=0.42$，为卡曼常量。压力通过建立垂直于边界 *AD* 上的动量方程组获得。无量纲化的湍流动能 $k(y)$，湍流长度尺度 $l(y)$ 和比耗散率 $\omega(y)$ 的分布为（Liang et al.，2005）：

$$k(y)=\max\left\{C_\mu^{-1/2}\left(1-\frac{z}{\delta}\right)^2 u^{*2},\ 0.0005U_0^2\right\} \tag{13-45}$$

$$l(y)=\min\left\{\frac{\kappa y}{1+1.5y/\delta},\ C_\mu\delta\right\} \tag{13-46}$$

$$\omega(y)=\frac{k(y)^{1/2}}{\beta_0^{*1/4}l(y)} \tag{13-47}$$

式中，$C_\mu=0.09$，$\delta=4D$，为流体区域的竖直边界的长度。

（2）海床边界条件。

①边界 AB：$\tilde{p}_{osc}=p_b$，p_b 为作用在海床上的即时压力，在流场计算中得到。

②边界 AF 和 BE：$\tilde{u}_{s|AF}=\tilde{u}_{s|BE}=0$，$\tilde{p}_{osc|AF}=\tilde{p}_{osc|BE}$。

③边界 EF：$\partial\tilde{p}_{osc}/\partial y=0$，$\tilde{u}_s=\tilde{w}_s=0$。

（3）方法。

采用分步计算的方法来逐步获得流场作用下海床的响应，耦合方法见图 13-27。首先，求解流体模型，获得上部流场的速度分布、床面剪切力和海床表面受到的水压力；然后，在输入海床表面压力的条件下求解海床土体模型，得到海床内部的渗流场和渗流力。在进行上部流场和下部渗流场的计算时，管道和海床的边界均采用 Mao（1986）的冲刷试验结果；

最后，用渗流力对希尔兹数进行修正。

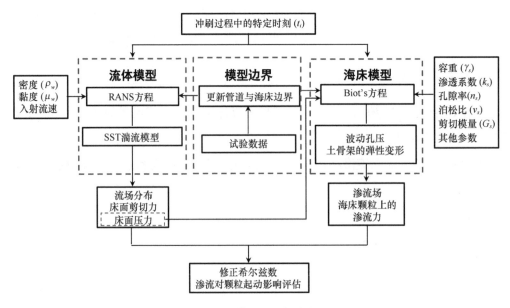

图 13-27　模拟过程耦合方法

13.1.3.2　颗粒启动的力学机制

坐落在多孔介质海床上的无黏性底质颗粒在来流作用下所受的力有自身浮重 W，拖曳力 F_D，升力 F_L，竖向的渗流力 F_S（为简单起见这里只考虑竖向渗流力）以及摩擦力 F_R，如图 13-28 所示。所有的海床颗粒假设都是外径为 d_{50}（中值粒径）的球体，这些力可通过下面的公式计算：

$$W = (\rho_d - \rho_w) g \frac{\pi d_{50}^3}{6}　　　　　　　(13-48)$$

$$F_D = C_D \frac{\pi d_{50}^2}{4} \frac{\rho_w u_b^2}{2}　　　　　　(13-49)$$

$$F_L = C_L \frac{\pi d_{50}^2}{4} \frac{\rho_w u_b^2}{2}　　　　　　(13-50)$$

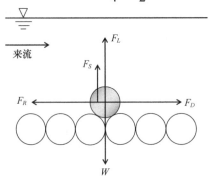

图 13-28　海床表面颗粒的受力分析

式中，ρ_d 为颗粒的密度；C_D 和 C_L 分别为拖曳力系数和升力系数；u_b 为作用在颗粒上的流体流速；渗流力 F_S 是由海床表面上的非静水压力 p 在竖直方向的变化引起的，可表达为：

$$F_S = \frac{\partial p}{\partial y} \frac{\pi d_{50}^3}{6(1 - n_s)} \tag{13 - 51}$$

这里把推动颗粒运动的驱动力记为 F_D，抵抗力 $F_R = f_R \times (W - F_S - F_L)$，其中，$f_R$ 为库伦摩擦因数。通过一个多孔介质边界的渗流（$F_S \neq 0$）对颗粒的浮重度会产生影响。因此，为考虑渗流力对颗粒浮重度的修正，定义渗流力与浮重度的比值为影响系数 e_s：

$$e_s = \frac{F_S}{W} = \frac{\partial p / \partial y}{(1 - n_s)(\rho_d - \rho_w)g} = \frac{\partial p / \partial y}{\rho_s' g} \tag{13 - 52}$$

式中，τ_b 为壁面剪切力。由此得出颗粒的"真实"浮重度 W'：

$$W' = W - F_S = (1 - e_s)W = (1 - e_s)(\rho_d - \rho_w)g \frac{\pi d_{50}^3}{6} \tag{13 - 53}$$

因此，通过渗流修正后的希尔兹数变为：

$$\theta' = \frac{\tau_b}{(1 - e_s)(\rho_d - \rho_w)g d_{50}} = \frac{1}{1 - e_s}\theta \tag{13 - 54}$$

这里，e_s 应小于 1。如果 e_s 小于 0，即渗流方向向下，θ'/θ 小于 1，这样 e_s 越小，θ' 与 θ 的比值就越小；当渗流方向向上时（$0 < e_s < 1$），θ'/θ 的值大于 1，此时 e_s 越大，θ' 与 θ 的比值就会急剧增大。例如，对于 $e_s = 0.90$，$\theta'/\theta = 10$，意味着考虑渗流后希尔兹数增大了 10 倍。因此，在某些情况下，渗流对于颗粒启动的影响会非常显著，在冲刷分析中不可忽视。

13.1.3.2　固定管道冲刷过程的渗流影响

在固定管道的冲刷过程渗流的模拟中，从 Mao(1986) 的试验中选取了冲刷过程中两个典型时刻（$t = 1.5$ min，217 min）的海床冲刷形状作为海床表面的边界进行建模，即作为图 13-25 中的边界 AB。表 13-5 为数值模型中的土体特性。接下来对这两个时刻的流场及渗流场模拟结果进行分析讨论。

表 13-5　数值模型中的土体参数

参数	数值
中值粒径 d_{50}	0.36 mm
容重 γ_s	26 kN/m³
渗透系数 k_s	5×10^{-5} m/s
饱和度 S_r	0.985
孔隙率 n_s	0.44
相对密实度 D_r	0.25

参数	数值
泊松比 ν_s	0.33
剪切模量 G_s	5×10^6 N/m²

1）$t = 1.5$ min

图 13-29(a)是冲刷开始 1.5 min 的流场和土体中的渗流场。由于相比上部流场来说，海床内部的渗流强度非常微弱，因此，图中的渗流场中箭头主要表示渗流的趋势而不反映真实的渗流速度。在接下来反映渗流场的图片中同样如此。可见 1.5 min 时管道下游没有旋涡脱落，流场和渗流场较为稳定。可以看到管道上游处的渗流方向向下，在下游处的渗流方向向上，从海床形状来看，在管道下游存在一个沙丘。渗流方向的分布说明了渗流在管道上游可以使海床上的颗粒更加稳定，而在沙丘附近的渗流对颗粒具有抬升的作用。这在图 13-29(b)的压力分布中可以得到验证，其中显示流体在管道上游具有向下的压力梯度，对颗粒有"压实"作用，而在管道下游对沙丘具有向后的"推移"作用。

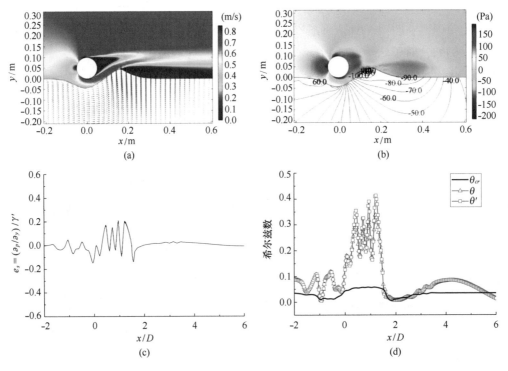

图 13-29 $t = 1.5$ min：（a）流场和渗流场；（b）压力分布；（c）海床表面的渗流影响系数 $e_s = (\partial p / \partial y) / \gamma'$ ；（d）临界希尔兹数 θ_{cr}，希尔兹数 θ 和修正后的希尔兹数 θ'

平面海床的临界希尔兹数 θ_{cro} 可由下式计算：

$$\theta_{cro} = \frac{0.30}{1 + 1.2D_*} + 0.055\left[1 - e^{-0.020D_*}\right] \tag{13-55}$$

式中，D_* 为无量纲颗粒尺寸，定义为：

$$D_* = \left[\frac{g(s-1)}{\nu^2}\right]^{1/3} d_{50} \tag{13-56}$$

有坡度的海床上的临界希尔兹数可以由平面海床的临界希尔兹数修正得到：

$$\frac{\theta_{cr}}{\theta_{cro}} = \cos\alpha + \frac{\sin\alpha}{\tan\varphi} \tag{13-57}$$

式中，α 为海床与水平面的夹角，φ 是沙子的休止角。模型中希尔兹数可由下式计算：

$$\theta = \frac{u_\tau^2}{g(s-1)d_{50}} \tag{13-58}$$

u_τ 为海床表面的剪切流速，由 Comsol 内部计算所得。修正后的希尔兹数 θ' 可以基于原始的希尔兹数 θ 来得到。

图 13-29(c)和(d)分别为渗流对海床表面颗粒起动的影响系数 e_s 分布和修正前后的希尔兹数对比。可以看到在管道上游($x < 0$)的 e_s 在 -0.1 ~ 0.1 之间轻微波动，根据式 13-54 可知其对颗粒浮重度的影响在 10% 之内，而在管道下游($x > 0$)，渗流能够使颗粒的浮重度减少量达到 20%。图 13-29(d)显示在 $x = 0 ~ 1.6D$ 范围内海床表面颗粒的希尔兹数经过修正后明显增大。如前文所述，冲刷启动是由管涌引起，此时可以说颗粒启动完全是由于渗流的作用。在冲刷过程初期，随着管道下方颗粒启动，其与海床之间形成了一个很小的间隙，此时，通过该间隙的间隙流流速很快，在冲刷起始阶段，间隙流为冲刷发展的主要因素。渗流对颗粒起动的影响较为微弱，因此在冲刷初始阶段渗流对于颗粒启动的影响不是很明显。

2)$t = 217$ min

当冲刷过程进行到一定阶段时，冲刷发展速度变慢，表明冲刷达到了相对平衡阶段(图 13-30)，这在冲刷过程中称为尾流冲刷阶段(Sumer et al.，2001)。可以看到海床表面较为平滑，在管道下游大部分区域靠近海床表面的渗流方向几乎都平行于海床或略微偏向下方。然而每当一个旋涡从管道上方脱落接触到下游海床表面并继续向前移动时，其中心区域的负压在该处便引起向上的渗流。如图 13-31(a)所示，渗流影响因子 e_s 在 $x = -2D~6D$ 范围内，最大值可以达到 1，这表明此时在某一瞬间海床颗粒可以仅靠渗流的作用就能够起动，意味着在冲刷充分发展之后，流场波动更为剧烈，从管道脱落的旋涡作用到海床上时所能引起的渗流强度变大。同样地，修正后的希尔兹数比初始值要大得多，如图 13-31(b)所示。其中，为了清楚地显示更多有意义的值，当希尔兹数过大时(此图中指超过 0.8 的值)，图中均未显示具体数值，以 0.8 代替。因此，可以推断在冲刷发展到了一定阶段时，尽管冲刷速度减缓，冲刷坑变得相对稳定，然而由于尾流的影响使得冲刷仍在进行，上部流场的波动引起下游海床内部渗流周期性变化，由此产生的间歇性渗流力仍然会导致颗粒的启动。

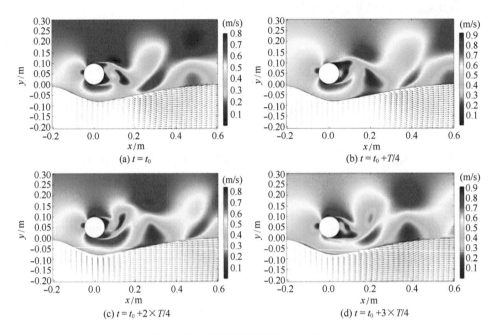

图 13-30　流场和渗流场(t = 217 min)

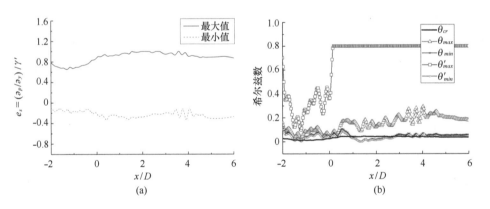

图 13-31　t = 217 min：(a)海床表面的渗流影响系数 $e_s = (\partial p / \partial y)/\gamma'$；(b)临界希尔兹数 θ_{cr}，希尔兹数 θ 和修正后的希尔兹数 θ'

13.2　锚泊线-土体相互作用

锚泊线是连接海上浮式平台与锚泊基础(吸力锚等)的细长柔性结构，如图 13-32(a)所示，多根对称布置的锚链、缆索等共同组成了锚泊系统。呈张紧/半张紧状态的锚泊线一端约束浮体运动，另一端将张力荷载动态地传递至锚泊基础承担(刘浩晨，2018)。因此，必须准确预测锚泊线中张力荷载的动态传递过程，分析掌握作用在锚泊基础锚眼点上的动张力特点，这是分析锚泊基础失效模式、揭示其承载力弱化机制的前提。

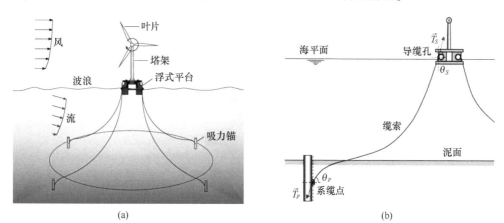

图 13-32　锚泊系统

(a)海上浮式平台与锚泊系统；(b)单根锚泊线示意

在张紧/半张紧锚泊系统中，锚泊线可分为两部分[图 13-32(b)]：海水中的悬张段和嵌入海床中的反悬链段。对于海水中悬张段，经典悬链线方程被用于求解锚泊线的静力形态与张力分布，而在实际上，当锚泊线嵌入海床土体时，其形态受周围土体抗力影响表现为反悬链状，锚泊线张力的大小和角度随嵌入深度而变化。若要获得在吸力锚锚眼点处的张力荷载，必须计算求解锚泊线结构在海床土体中的荷载传递过程。

针对锚泊线与海床土体的相互作用，Degenkamp 等(1989)提出了"等效直径"的概念，将非规则的锚链结构等效为柔性柱体计算其切向、法向土体作用力。Neubecker 等(1995)提出了锚泊线以较小角度触底时的解析解，但仅限于二维问题。Heyerdahl 等(2001)、Bang 等(2003)开展了大量试验研究，验证了前人成果。Wang 等(2010a，2010b)构建了包括水中悬张段和海床入土段的三维锚泊线数值模型，研究指出锚泊基础将承受锚泊线的出平面张拉作用。Xiong 等(2016)、Shen 等(2019)分别考虑锚链动力触底和惯性力影响，求解分析了锚链动张力特征。

此外，最新研究表明，张紧/半张紧锚泊线在海床触地区的循环运动将导致浅层土体损失，形成明显的海床沟槽。2014 年，埃克森美孚公司在探查赤道几内亚 FPSO 系泊点时，在锚泊线触地点与吸力锚之间发现了大范围的海床沟槽，见图 13-33。初步调查结果显示：该类沟槽成因复杂，与锚泊线循环张拉、表层土体软弱及近底床水流等多因素相关；沟槽的存在除了影响锚泊线触底形态和张力传递外，也会显著降低吸力锚的水平承载力。

13.2.1　黏土-锚链相互作用

由于锚链是一种异形结构，作用在锚链上的土抗力十分复杂，因此，目前对于锚泊线轴向抗力的计算一般采用等效直径进行计算。针对黏土海床，Degenkamp 等(1989)等及其他人开展了黏土-锚链相互作用室内试验，对黏土中锚链等效参数的取值进行了研究，

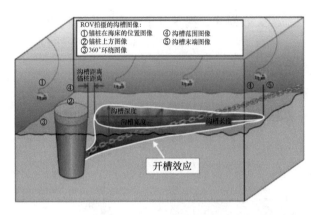

图 13-33   连接吸力锚锚泊线在海床触地区的开槽效应

Sampa 等（2020）对锚链在黏土中的抗力发挥机制进行了探究。

13.2.1.1   锚链等效参数选取

锚链在土体中的抗力分析常用如图 13-34 所示的体系框架。长度为 ds 的锚链单元在土中主要受到切向抗力 Fds 和法向抗力 Qds：

$$F = f \cdot E_t \cdot d_b \tag{13 - 59a}$$

$$Q = q \cdot E_n \cdot d_b \tag{13 - 59b}$$

式中，d_b 为锚链单链环直径，f 是沿锚链的轴向抗力，E_t 是考虑发挥系数的轴向等效宽度参数，q 是平均法向应力，E_n 为法向方向等效宽度参数。

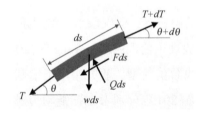

图 13-34   锚链单元在土体中的典型受力模式

Degenkamp 等（1989）在饱和黏土中进行了一系列模型试验，并提出了锚链轴向抗力的计算公式。基于试验结果，提出黏土中锚链的轴向和法向等效宽度参数分别取为 $E_t = 8$、$E_n = 2.5$。该取值被广泛应用于当今涉及到锚链-土体相互作用的数值模拟中。

13.2.1.2   轴向抗力发挥机制

Sampa 等（2020）开展了垂直锚链在软黏土中的剪切试验，如图 13-35 所示为使用不同单链环直径的锚链进行试验得到的典型荷载位移曲线及其各自的归一化处理后的结果。由图可将锚链在黏土中的抗力发挥机制分为四个阶段。第一阶段为线弹性段，发生在锚链发生位移的初始时期。在此阶段内，大部分的轴向土体抗力被调动起来。第二阶段为过渡段，发生在线弹性段末端和曲线峰值之间，锚链周围的土体表现为从狭窄的剪切区域中的弹性变形逐渐过渡到黏弹性变形，导致剪切带内的土壤微结构重构。由于该阶段很短，且仅在少部分试验结果观察到，因此可忽略该阶段，将峰值之前的荷载位移曲线视为一条直线。达到峰值荷载需要的位移大小取决于锚链的刚度和黏土的塑性。在位移小于 10 mm（对应归一化位移小于 0.5）时，即可完全调动最大荷载，达到峰值。第三阶段为应变软化段，由于黏土结构性被破坏，拔出荷载逐渐降低并逐渐趋于稳定达到第四阶段，即残余荷载段。

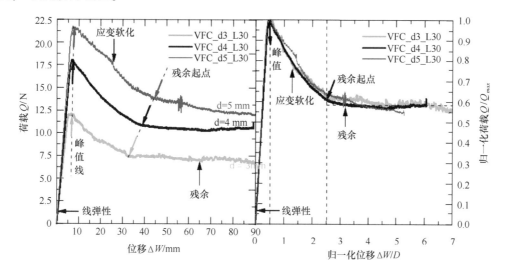

图 13-35　锚链在黏土中的单向轴向荷载-位移曲线(Sampa et al.，2020)

图 13-36 展示了垂直金属管（VMT）和水平锚链（HWC）的循环剪切试验结果。由图可知，无论位移幅度大小，荷载位移曲线在响应在位移方向改变后趋于线性。

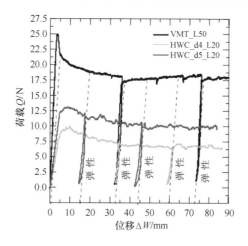

图 13-36　锚链在黏上中的循环轴向荷载-位移曲线

（Sampa et al.，2020）

如图 13-37 所示，由于锚链的几何形状，土体对锚链的阻力是黏土-黏土和锚链-黏土界面的共同作用结果，这表明锚链在黏土中的横向阻力沿着非圆形的横截面剪切带发展。这一剪切区域的横截面更像一个四角星。

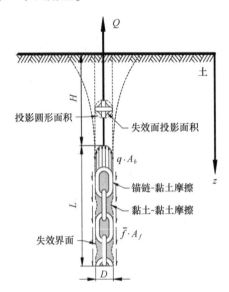

图 13-37　黏土-锚链相互作用与失效机制

（Sampa et al.，2020）

13.2.2　砂土-锚链相互作用

针对砂土海床，目前还没有揭示砂土中锚链轴向抗力发挥机制的系统研究，也缺少砂土海床中锚链等效直径建议值。因此，芮圣洁（2023）研发了围压可控的锚泊-土体相互作用试验装置，对砂土中锚链等效参数的取值以及轴向抗力发挥机制进行了研究。

13.2.2.1　锚链等效参数选取

试验组别如表 13-6 所示，大量锚链单元抗力的单向试验表明，锚链轴向抗力发挥与锚链尺寸有关。锚链截面尺寸与峰值等效参数 E_{t-p} 之间存在某种联系。将归一化锚链周长 P_c 定义为：

$$P_c = \frac{W_l \pi}{d_b} \tag{13-60}$$

式中，W_l 为链环宽度。根据本节中锚链尺寸（$W_l/d_b = 3.3$），P_c 等于 10.37。

表 13-6　锚链与砂土轴向相互作用试验

组别	相对密实度/%	锚链直径/mm	颗粒粒径/mm	围压/kPa
M1-4	75	6	0.5-1	25, 50, 100, 200
M5-8	75	4, 6, 8, 10	0.5-1	50
M9-12	75	6	0.1-0.25	25, 50, 100, 200
M13-16	75	4, 6, 8, 10	0.1-0.25	50
M17-20	35	6	0.5-1	25, 50, 100, 200
M21-24	35	4, 6, 8, 10	0.5-1	50

峰值等效参数 E_{t-p} 是工程设计中最受关注的参数。因此，总结了试验中的 E_{t-p} 值。E_{t-p} 值随不同围压 σ 和名义直径 d_b 的变化如图 13-38 所示。在图 13-38 中还绘制了归一化周长 P_c = 10.37(3.3π) 的值以进行比较。

图 13-38(a) 显示，较低围压(25 kPa 和 50 kPa)下的 E_{t-p} 值略高于较高围压(100 kPa 和 200 kPa)下的 E_{t-p} 值。E_{t-p} 值随围压的增大而减小，当 $\sigma \geq 100$ kPa 时趋于稳定。虽然 E_{t-p} 值随围压的增加呈现一定的下降趋势，但 E_{t-p} 值仍在 8.91~11.94 的有限范围内，其值接近归一化周长 P_c = 10.37(3.3π)。

图 13-38(b) 显示了在 50 kPa 下 E_{t-p} 值随锚链名义直径的变化。结果发现，d_b 值对 E_{t-p} 值影响不大，E_{t-p} 值介于 9.07 和 11.94 之间。相比之下，砂颗粒粒径和相对密实度的增加导致 E_{t-p} 值略有提高。与图 13-38(a) 一致，测量的 E_{t-p} 值接近归一化周长 P_c = 10.37(3.3π)。

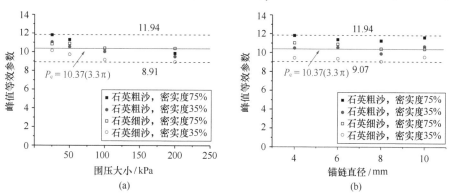

图 13-38　峰值等效宽度参数 E_t-p

(a) 随围压的变化；(b) 随锚链直径的变化．

图 13-39(a) 显示了试验中的所有 E_{t-p} 值。E_{t-p} 的统计平均值为 10.34，标准偏差为 0.16，变异系数为 1.54%。平均值 10.34 非常接近归一化周长 P_c = 10.37。根据试验结果，图 13-39(b) 给出了 E_{t-p} 值的新解释。归一化周长 P_c 可以假设为砂土中的轴向等效参数 E_{t-p}。由于与归一化周长 P_c 对应的圆柱体表面可被视为剪切面，因此在锚链与砂相互作用试验中，

砂-砂剪切是其剪切模式，这与先前的假设一致。图 13-39（c）显示了 100 次循环后石英细砂的颗粒破碎区域，这为研究结果提供了支持。其结果表明，颗粒破碎主要发生在链环周围的一个圆内，其颗粒破碎区直径略大于链环宽度。

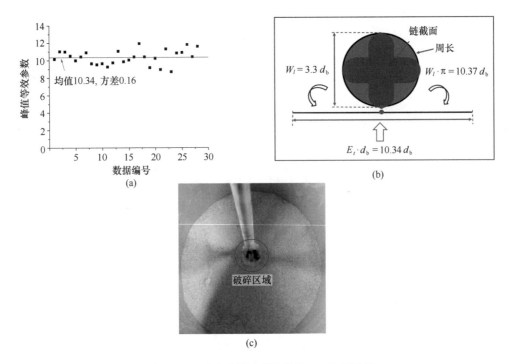

图 13-39　砂土中锚链等效参数 E_{t-p} 机理解释

（a）E_{t-p} 试验值；（b）E_{t-p} 与 P_c 的关系；（c）100 次循环后锚链周围 QF 砂样颗粒破碎

根据试验结果表明，在不具备相应的测试条件下，建议将归一化锚链周长 P_c（即 $\pi W_l / d_b$）作为砂土中的等效宽度参数用于工程设计。

如图 13-40 所示，随着归一化位移 s/d_b 变化的 E_{t-m} 值可近似分为两个阶段。在第一阶段，E_{t-m} 值随 s/d_b 线性几乎增加直到接近峰值；而在第二阶段，E_{t-m} 值基本保持稳定。锚链需要一定位移才能充分发挥抗力，发挥位移取决于锚链名义直径，这与加载过程中锚链周围的砂颗粒运动模式有关。

由于第一阶段的存在，锚链的轴向抗力是部分发挥的。特别是在高围压、小位移的情况，土体中锚链嵌入段的最深部分仅发挥土体总抗力的一部分。在工程设计中，采用峰值等效参数将高估锚链的土体抗力，从而导致低估锚眼上的荷载。因此，有必要评估土体抗力的逐渐发挥情况。

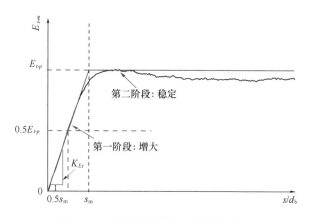

图 13-40　等效参数的两阶段发挥特性

13.2.2.2　轴向抗力发挥机制

1) 单元轴向抗力机制

由于锚链的结构复杂,锚链周围的砂土位移场难以描述。链环单元抗力发挥机理示意图如图 13-41 所示,其轴向相互作用包括砂-砂剪切(f_{sand})、锚链-砂界面剪切($f_{interface}$)和链环前端被动抗力($f_{passive}$)。这三个部分中,摩擦抗力最先发挥,而被动抗力的充分发挥需要较大位移。

图 13-41　链环单元抗力发挥机理示意

2) 循环轴向抗力机制

图 13-42(a)显示了典型的锚链-砂的循环相互作用曲线。结果表明,当加载方向反向时,卸载阶段的 E_{t-m} 值迅速降低。此后,E_{t-m} 值减小至较小值并保持不变,达到一种"调整平台"。在重新加载阶段,E_{t-m} 值开始随归一化位移快速增大。图 13-42(b)显示了钢-砂界面循环剪切曲线。在钢-砂界面剪切曲线中,卸载和重新加载阶段之间并没有出现类似的试验现象。然而,锚链与砂循环相互作用曲线中出现了这样一种"调整平台",表明其机制不同于界面剪切机制。为了表征调整平台,平台归一化长度 L_p 被定义为循环相互作用曲线中 E_{t-m} 值保持不变对应的 s/d_b 长度。

典型的调整平台长度随循环次数的变化如图 13-43(a)所示。研究发现,在最初的几个循环中,平台归一化长度相对较短。随着循环次数的增加,L_p 值逐渐增大并趋于稳定。L_p 和 N 之间的定量关系如图 13-43(b)所示。L_p 值在最初的几个循环内迅速增加,80 个循环后逐

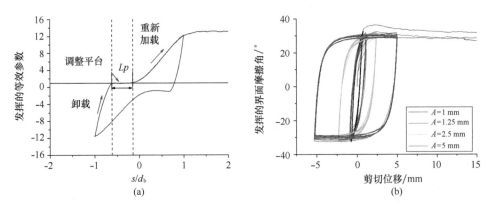

图 13-42　不同荷载模式下循环滞回曲线的对比

（a）锚链-砂循环相互作用曲线；（b）钢-砂界面循环剪切曲线

渐稳定。为了评估主要因素对 L_p 值的影响，选取了第 100 个循环时的稳定 L_p 值。

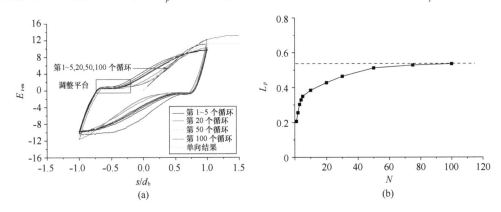

图 13-43　典型试验结果（$d_b = 6$ mm, QC, 50 kPa, $D_r = 75\%$）

（a）一个循环内调整平台的演化；（b）调整平台长度随循环次数的变化

　　归一化长度变化规律的内在机制如图 13-44 所示，当锚链向前移动时，链环后面的砂子变松并形成间隙。如果载荷幅值增加，锚链切入砂颗粒时，后侧砂颗粒由于"土拱效应"无法及时填充而产生间隙，从而产生较大的应力释放区。应力释放区的产生使锚链链环反向运动时抗力较小，因此出现前文所述的"调整平台"，当链环穿过该平台后，发挥的抗力开始增大，锚链进入再加载阶段。

图 13-44　归一化长度变化规律的内在机制解释

13.2.3　锚泊线触底开槽效应

2014 年，西非几内亚湾海床调查发现，FPSO 锚泊线反复切入土体，导致锚前方海床中出现了巨大沟槽(Bhattacharjee et al.，2014)。考虑到工程风险，该工程重新安装了锚泊基础及锚泊线。这一案例引起了工程界和学术界的广泛关注。已有研究表明，沟槽的存在对锚泊基础的承载力将产生严重的不利影响，必须充分重视。要防治该工程灾害，首先应该理解其形成机制和演化过程，并在实际工程对沟槽轮廓进行预测和评估。

13.2.3.1　现场沟槽特征

自 2014 年以来，三个现场沟槽的工程案例总结如下(Wang et al.，2020)：

案例 1：2014 年，几内亚湾一艘 FPSO 的吸力锚安全检查时，首次发现了吸力锚前方形成的沟槽，如图 13-45(a)所示(Bhattacharjee et al.，2014)。FPSO 锚泊水深约为 475 m，锚泊系统采用了 9 条由锚链和钢丝绳组成的锚泊线，锚泊方式为单点锚泊。海床土体为软黏土，锚眼位于海床泥面以下 9 m 位置处。在锚泊线的入土点附近共发现 9 个沟槽，海床沟槽深度为 4~7 m，沟槽长度和宽度分别为 25~40 m 和 4~10 m，沟槽和吸力锚边缘的水平距离为 1~3 m。

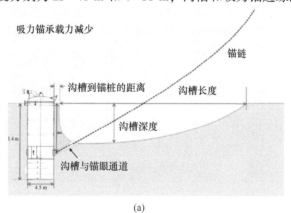

(a)

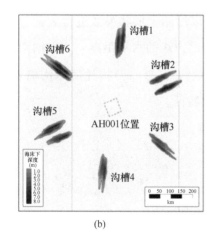

(b)

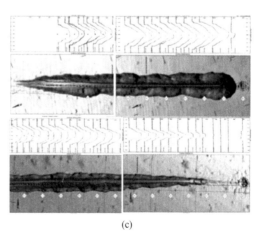

(c)

图 13-45　现场沟槽轮廓

(a) 几内亚湾沟槽(Bhattacharjee et al.，2014)；(b) 北海沟槽；(c) 西非海域沟槽

案例 2：如图 13-45(b) 所示，在北海名为 AH001 的 FPSO 周围发现了 12 个海床沟槽 (Hess，2015)。现场水深 140 m，海床土体为软黏土。桩锚的锚眼嵌入在海床下方 10 m 位置处。桩前沟槽深度达 10 m，沟槽长度为 145~166 m，沟槽宽度为 25~35 m。

案例 3：该沟槽也形成在几内亚湾海域，水深约 1 400 m，海床土体为软黏土 (Colliat et al.，2018)。图 13-45(c) 显示了不同沟槽的两种典型形态。调查了 FPSO 和卸油终端浮标 OLT 的沟槽特征。以 FPSO 为例，现场共探测到 60~90 个沟槽，锚眼深度为 12~15 m，沟槽深度为 0~5 m，沟槽长度和宽度分别为 90~100 m 和 0~7 m。

表 13-7 总结了现场海床沟槽主要信息。在这些工况下，发现了沟槽形成条件的一些共同特征：采用半张紧锚泊方式，锚眼设置在海床泥面以下。在此情况下，上部浮式结构物的循环运动导致锚链反复切入土体。海底土体为软黏土，具有抗剪强度低、易重塑，被锚泊线运动引起的水流侵蚀和带走。如北海浅层为极软黏土，软土深度至少为 16 m。几内亚湾黏土具有单位重度低、灵敏度高和塑性高等特点。

表 13-7 现场海床沟槽主要信息

时间	地点	水深 /m	土质	浮台	锚泊布置	沟槽数量	锚眼埋深 /m	沟槽深度 /m	沟槽长度 /m	沟槽宽度 /m
2014	几内亚湾	475	黏土	Serpentina FPSO	半张紧	9	9	4~7	25~40	4~10
2015	北海	140	黏土	AH001 FPF	—	12	≥10	≤10	145~166	25~35
2018	几内亚湾	1400	黏土	FPSO	半张紧	60~90	12~15	0~5	90~100	0~7
				OLT	半张紧	30~45	9~12	1~12	80~90	1~14

为了简化分析，沟槽的侧面轮廓通常假设呈三角形状，如图 13-46(a) 所示。此外，由于锚链的反复扰动，沟槽最深处形成一个内部空洞，可以用四个形状参数进行表征，即沟槽长度 l_n、沟槽深度 d_n、沟槽宽度 B 和沟槽边缘到吸力锚边缘的水平距离 s_n。根据沟槽尺寸，可以通过 4 个特征点 (A、B、C、D) 和 3 个形状参数 (l_n、d_n、s_n) 描述海床沟槽轮廓，如图 13-46(b) 所示。该轮廓简明地描述了现场沟槽尺寸特征。

13.2.3.2　沟槽轮廓计算模型

1) 海底沟槽形成过程

如图 13-47 所示，深海环境中海底沟槽不同的形成阶段简述如下。

阶段 1：锚泊线预张阶段，锚链切入土体时，海床中形成初始软弱面。

阶段 2：随着浮式结构物的往复运动，锚泊线反复切入海床，同时在海床附近引发海水

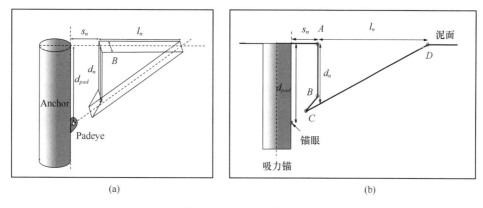

图 13-46 海床沟槽示意

（a）沟槽三维形态；（b）使用特征点表征的二维轮廓

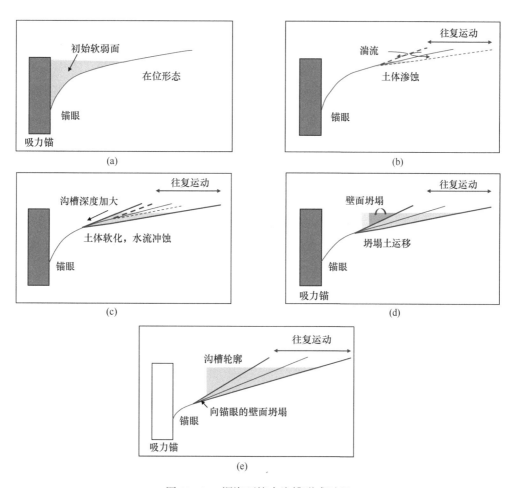

图 13-47 深海环境中沟槽形成过程

（a）预张阶段；（b）初始冲刷和侵蚀；（c）土体软化和水流冲蚀；（d）壁面坍塌和土体运移；（e）不断向锚眼延伸

萦流。在触地点附近区域，浅层土体的侵蚀逐渐出现。

阶段 3：随着时间的推移，海床土体的软化、流态化和运移会导致浅层沟槽深度和长度增大，锚泊线运动导致的海水湍流加速了土体侵蚀。

阶段 4：随着海床沟槽尺寸的增加，沟槽侧壁变得不稳定，并逐渐坍塌。由于诱发紊流和底流的共同作用，坍塌的土体逐渐从沟槽底部被移除。

阶段 5：同时，沟槽最深位置形成的内部空洞逐渐向锚眼处发展。

事实上，海床沟槽的形成过程相当复杂。除阶段 1 外，其他阶段可同时或交替进行。

2) 沟槽二维轮廓计算模型

沟槽二维轮廓预测模型的基本假设为（Wang et al.，2020）。

（1）锚泊线的下端点（锚眼）固定在泥面以下；锚泊线始终在锚眼点和导缆孔所在的竖直面内运动。

（2）锚泊线只能承受拉力，没有弯曲和剪切刚度；锚泊线运动时不会产生打结和缠绕。

（3）被锚泊线反复扰动切割的海床土体被水流冲刷带走，沟槽以分步开挖的方式持续进行，不考虑沟槽侧壁的坍塌效应。

沟槽二维轮廓预测模型由两个模块组成：一个是锚泊线动力学模块，考虑了锚泊线与海床之间的动态相互作用；另一个是沟槽开挖模块，包括稳定性判断和土体开挖评价。

①扰动土区域。

基于锚泊线动力学模块，可以获得不同时刻的锚泊线形态。图 13-48（a）个循环内的典型锚泊线形态。在上、下边界之间的扰动区内，土体被锚链反复切割。假设该区域的土体完全受到扰动，然后被冲走，则将在海床内形成内部空洞。在本节中，仅考虑了锚泊线在竖直面上的运动，并假设形成的内部空洞为方形空洞，如图 13-48（b）所示。方形空洞的尺寸 B 是锚链横截面最大直径的函数，根据锚链类型，本节采用 $B = 3.6d_b$，空洞深度 H 是从海床到上边界的垂直距离。

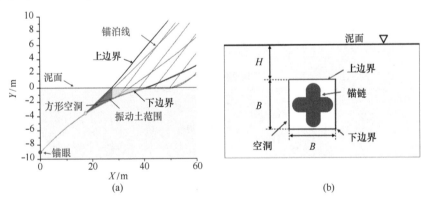

图 13-48　土体扰动区及内部空洞断面

（a）锚泊线形态及土体扰动区；（b）内部空洞断面

②稳定性与开挖策略。

采用方形空洞稳定性标准，通过与空洞尺寸和土体性质相关的归一化参数 N 来评估形成的空洞稳定性（Wilson et al., 2013）：

$$N = N_0 + \frac{\gamma' H}{S_u} N_\gamma \qquad (13-61)$$

式中，γ' 是土体有效单位重度，N_0 是无重力时的下限解，可表示为：

$$N_0 = 1.3 \left(\frac{k \cdot B}{S_u} \right) \left(\frac{H}{B} \right)^{1.55} + 1.7 \ln \left(\frac{H}{B} \right) + 1.9 \qquad (13-62)$$

式中，k 为土体强度梯度，N_γ 的建议值由以下方程式计算得出：

$$N_\gamma = -1.05 \left(\frac{H}{B} \right) - 0.30, \quad \left(\frac{k \cdot B}{S_u} \right) < 0.15 \qquad (13-63a)$$

$$N_\gamma = -1.01 \left(\frac{H}{B} \right) - 0.24, \quad \left(\frac{k \cdot B}{S_u} \right) \geqslant 0.15 \qquad (13-63b)$$

在空洞稳定性判断后，可获得海床沟槽轮廓。如图 13-49 所示，根据稳定性判断，如果上部土体不稳定（$N<0$），则土体将沿两个端点（坍塌海床点 A 和坍塌点 B）的竖向线坍塌，上下边界的交点称为不动点 C，入土点 D 指下边界与海床的交点。因此，可以通过这四个特征点简洁地描述沟槽轮廓。

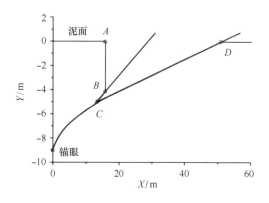

图 13-49　特征点描述的沟槽轮廓

二维沟槽轮廓预测程序如图 13-50 所示。在锚泊线动力学模块中，输入必要参数，如锚泊半径、水深、锚眼深度、锚泊线参数、土体参数等。在预张阶段，导缆孔以相对较低的速度向目标平衡位置移动，并获得锚泊线的初始预张形态。然后，设置导缆孔的循环运动路径，模拟浮式结构物的运动。经过几个循环后，锚泊线的扰动区变得稳定，获得上下边界作为沟槽开挖模块的输入条件。在此过程中，采用方形空洞的稳定性判据来判断空洞的稳定性。如果稳定性参数 N 小于 0，空洞上方的土体将坍塌。假设坍塌的土体立即被水流冲走，沟槽轮廓可通过四个特征点进行更新，更新沟槽轮廓后，再次执行锚泊线动力学模块，连续重复上述程序，直到获得稳定的沟槽轮廓，Wang 等（2020）的预测方法取得了良好的效果。

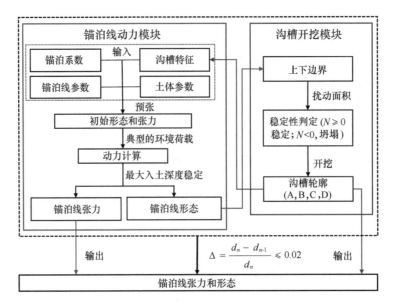

图 13-50 二维沟槽轮廓预测程序

参考文献

李宏伟，王立忠，国振，等，2015. 海底泥流冲击悬跨管道拖曳力系数分析[J]. 海洋工程. 33(6)：10-19.

李凯，2018. 钢悬链线立管触地区管土相互作用机制研究[D]. 浙江杭州：浙江大学.

刘浩晨，2018. 锚泊线与底床静动力接触作用研究[D]. 浙江杭州：浙江大学.

芮圣洁，2023. 锚泊线触底开槽效应与锚泊基础承载性能[D]. 浙江杭州：浙江大学.

袁峰，2013. 深海管道铺设及在位稳定性分析[D]. 浙江杭州：浙江大学.

AUBENY C P, BISCONTIN G, 2009. Seafloor-riser interaction model[J]. International Journal of Geomechanics. 9 (3)：133-41.

AUBENY C P, SHI H, MURFF J D, 2005. Collapse loads for a cylinder embedded in trench in cohesive soil[J]. International Journal of Geomechanics. 5(4)：320-325.

AUBENY C P, WHITE T, LANGFORD T, et al., 2015. Seabed stiffness model for steel catenary risers[M]. London：Frontiers in Offshore Geotechnics III：351.

BANG S, RICHARDSON R, 2003. Calibration of analytical solution using centrifuge model tests on mooring lines[C]. Honolulu, Hawaii：13th International Offshore and Polar Engineering Conference. 10(3)：236.

BHATTACHARJEE S, MAJHI S, SMITH D, et al., 2014. Serpentina FPSO mooring integrity issues and system replacement：unique fast track approach[C]. Houston, Texas：Offshore Technology Conference：25449.

BRANDO P, SEBASTIANI G, 1971. Determination of sealines elastic curves and stresses to be expected during operation[C]. Houston, Texas：Offshore Technology Conference：1354.

CHEUK C Y, WHITE J, 2008. Centrifuge modeling of pipe penetration due to dynamic lay effects[C]. Estoril, Portugal：27th International Conference on Offshore Mechanics and Arctic Engineering：57923.

COLLIAT J L, SAFINUS S, BOYLAN N, et al., 2018. Formation and development of seabed trenching from subsea inspection data of deepwater Gulf of Guinea moorings. In: Proc of Offshore Technology Conference. OTC, Houston, Texas, OTC-29034-MS.

CROLL J G A, 2000. Bending boundary layers in tensioned cables and rods[J]. Applied Ocean Research. 22(4): 241-253.

DEGENKAMP G, DUTTA A, 1989. Soil resistances to embedded anchor chain in soft clay[J]. Journal of Geotechnical Engineering. 115(10): 1420-1438.

GUO Z, JENG D S, ZHAO H, et al. , 2019. Effect of seepage flow on sediment incipient motion around a free spanning pipeline[J]. Coastal Engineering. 143: 50-62.

HESS, 2015. Ivanhoe and rob roy fields decommissioning programmes close-out report. Doc. No. ABD-DCO-RPT_ 01000 Issued December 2015.

HEYERDAHL H, EKLUND T, 2001. Testing of plate anchors [C]. Houston, Texas: Offshore Technology Conference: 13273.

HODDER M, WHITE D, CASSIDY M, 2009. Effect of remolding and reconsolidation on the touchdown stiffness of a steel catenary riser: observations from centrifuge modeling [C]. Houston, Texas: Offshore Technology Conference: 19871.

LENCI S, CALLEGARI M, 2005. Simple analytical models for the J-lay problem[J]. Acta Mechanica. 178: 23-39.

LIANG D, CHENG L, 2005. Numerical modeling of flow and scour below a pipeline in currents - Part I. Flow simulation[J]. Coastal Engineering. 52(1): 25-42.

MAO Y, 1986. The interaction between a pipeline and an erodible bed[D]. Copenhagen: Technical University of Denmark.

MENTER F R, 1994. Two-equation eddy-viscosity turbulence models for engineering applications. AIAA journal, 32 (8): 1598-1605.

NEUBECKER S R, RANDOLPH M F, 1995. Profile and frictional capacity of embedded anchor chains[J]. Journal of Geotechnical Engineering. 121(11): 797-803.

PALMER A C, 2008. Touchdown indentation of the seabed[J]. Applied Ocean Research. 30(3): 235-238.

RANDOLPH M, QUIGGIN P, 2009. Non-linear hysteretic seabed model for catenary pipeline contact[C]. Honolulu, Hawaii: 28th International Conference on Ocean, Offshore and Arctic Engineering: 145-154.

SAMPA N C, SCHNAID F, ROCHA M M, et al. , 2020. Interaction mechanisms of mooring lines in very soft clay [C]. Campinas, São Paulo XX Congresso Brasileiro de Mecânica dos Solos e Engenharia Geotécnica, IX Simpósio Brasileiro de Mecânica das Rochas, IX Simpósio Brasileiro de Engenheiros Geotécnicos Jovens, VI Conferência Sul Americana de Engenheiros Geotécnicos Jovens.

SHEN K, GUO Z, WANG L, 2019. Prediction of the whole mooring chain reaction to cyclic motion of a fairlead[J]. Bulletin of Engineering Geology and the Environment. 78: 2197-2213.

SUMER B M, TRUELSEN C, SICHMANN T, et al. , 2001. Onset of scour below pipelines and self-burial[J]. Coastal Engineering. 42(4): 313-335.

WANG L Z, GUO Z, YUAN F, 2010a. Quasi-static three-dimensional analysis of suction anchor mooring system[J]. Ocean Engineering. 37(13): 1127-1138.

WANG L Z, GUO Z, YUAN F, 2010b. Three-dimensional interaction between anchor chain and seabed[J]. Applied Ocean Research. 32(4): 404-413.

WANG L Z, RUI S J, GUO Z, et al. , 2020. Seabed trenching near the mooring anchor: History cases and numerical studies[J]. Ocean Engineering. 218: 108233.

WANG L Z, YUAN F, GUO Z, LI L L, 2012. Analytical prediction of pipeline behaviors in J-lay on plastic seabed [J]. Journal of Waterway Port, Coastal and Ocean Engineering. 138(2): 77-85.

WANG L Z, ZHANG J, YUAN F, et al. , 2014. Interaction between caten-ary riser and soft seabed: Large-scale indoor tests[J]. Applied Ocean Research. 45: 10-21.

WILSON D W, ABBO A J, SLOAN S W, et al., 2013. Undrained stability of a square tunnel where the shear strength increases linearly with depth. Computers and Geotechnics, 49: 314-325.

XIONG L, YANG J, ZHAO W, 2016. Dynamics of a taut mooring line accounting for the embedded anchor chains [J]. Ocean Engineering, 121(15): 403-413.

第14章 锚泊基础安装与承载力

浮式结构物通过锚泊线与海床连接，能在一定程度上通过顺应波浪等荷载的运动来减少荷载峰值。浮式结构物需要定位系统来克服其一阶波频和二阶慢漂等运动，包括主动定位和被动定位。主动定位借助于浮体上若干推进器进行动态调节以维持其运动范围，因此成本较高，主要适用于短期定位。被动定位主要指通过锚泊系统提供回复力以抵抗浮体产生大幅值运动，成本相对较低，可用于短期或者长期定位。

锚泊系统由锚泊线和锚泊基础构成。锚泊线连接浮体和锚泊基础，起到将浮体所受荷载传递到锚泊基础的作用。锚泊基础用于固定锚泊线，将锚泊线张力传导至海床上。对于锚泊基础的设计及使用，其安装可行性和承载力是两个核心指标，影响这两个指标的因素包括水深、海床条件、施工船舶及机械、海况条件、设计要求等。为了不断适应各种复杂的情况，各种锚泊基础类型相继被开发出来，主要类型包括拖曳锚(板锚)、吸力锚、动力锚及各种新型锚等。

本章主要围绕锚泊基础安装和承载力来介绍和分析主要锚泊基础的特点。首先，介绍海洋浮式平台类型、锚泊系统及其功能；然后，分别介绍典型锚泊基础(拖曳锚、吸力锚、动力锚)的特点、安装方法和承载力特性；最后，介绍一种新型芯桶重力锚，并分析其承载力的发挥机制。

14.1 锚泊系统

14.1.1 浮式平台类型

随着我国海洋装备和技术的日臻完善，海洋资源开发逐渐由近海向深远海推进，浮式结构物在可行性和经济性的优势愈发凸显。目前，我国正在建设一批具有标志意义的大型海上浮式结构物。下面分别针对海洋浮式油气平台、浮式风机平台及其锚泊系统进行简要介绍。

14.1.1.1 浮式油气平台

海洋油气资源开发依赖于各类海洋结构物，包括固定式平台、深海浮式平台、浮式生产储存系统等。当水深超过一定深度后，浮式平台经济优势显著，浮式平台类型包括半潜式、立柱式、张力腿式、浮式生产储存系统（FPSO）等。

2011年，我国自主研制的"海洋石油981"半潜式平台下水服役，作业水深超3 000 m，见图14-1(a)。该平台的锚泊系统采用4×3对称式布置，共计12根锚泊线，每根锚泊线在顶部和海床处采用锚链，中间采用纤维绳，配备了12个锚泊基础；2021年，我国用于1 500 m水深天然气田开发的"深海一号"半潜式平台正式投产，其主体重1.9万t，见图14-1(b)，锚泊系统采用了4×4的布置形式，共计16根锚泊线，主要由聚酯纤维和有档锚链构成。

(a)"海洋石油981"　　　　　　　　　　(b)"深海一号"

图14-1　海洋油气开发浮式平台

14.1.1.2 浮式风机平台

对于海上风机平台，在水深小于70 m的区域主要使用单桩、导管架等坐底式基础，当水深超过70 m后浮式基础成本更优。目前，其设计理念主要参照三类海洋油气平台：半潜式、张力腿式和立柱式，如图14-2所示。在半潜式设计中，回复力矩通过分布浮力获得，回复力由锚泊系统提供；在张力腿式设计中，张力索平衡平台的剩余浮力以改善浮式平台垂荡等运动响应；在立柱式设计中，压载舱将系统重心降低到浮心以下保持平台稳定性。

2009年，世界上第一台海上浮式风机Hywind在挪威海域正式投入运行见图14-3(a)。该浮式风机平台为立柱式，锚泊系统采用3根锚泊线，采用悬链线式锚泊方式，锚泊基础是直径5 m、长度15.9 m的吸力锚(Madslien, 2009)。此后，欧洲各国、美国和日本等都开始致力于海上风机浮式平台的研发。2021年，我国由三峡集团开发的国内首台浮式风机"引

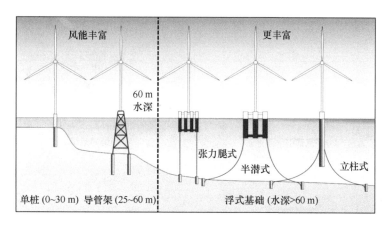

图 14-2　适用于不同水深的海上风机结构和基础类型

领号"安装在阳江海上风场，标志着我国第一台抗台风型浮式风机登上世界舞台[图 14-3(b)]。该浮式风机工作水深约 30 m，采用 3×3 的悬链线式锚泊系统，锚泊线采用锚链和钢丝绳的组合型式，采用了 9 个吸力锚作为锚泊基础。

(a) Hywind 浮式风机示意　　　　　　(b) 中国三峡浮式风机

图 14-3　海上浮式风机

14.1.2　锚泊系统组成

锚泊系统用于浮式结构物长期或临时的锚泊定位，主要包括锚泊线和锚泊基础。从平台控制方式来看，锚泊系统可分为多点锚泊和单点锚泊。如图 14-4(a)所示，多点锚泊是在多个方向分布一定数量的锚泊线以控制平台运动，其整体锚泊刚度分布较为均匀，结构对称性强，一般用在荷载方向稳定且量级不大的海域，可用在半潜式、张力腿式、立柱式、FPSO 等。如图 14-4(b)所示，单点锚泊一般需要旋转装置，船体通过旋转装置与锚泊系统相连，通过发挥风标效应，可降低环境载荷作用，其常用于 FPSO 中。

典型锚泊系统如图 14-5(a)所示，锚泊线上部通过导缆装置与浮式结构相连接，下部固定于海床中的锚泊基础。连接锚泊线的导缆装置包括导缆孔和绞车，如图 14-5(b)所示。导缆孔处设置定滑轮，用于限制位置并改变锚泊线方向；绞车设置有止链器，用于收、放锚泊线。

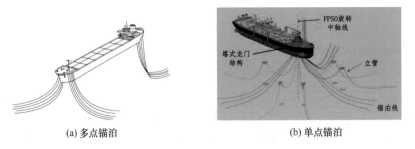

(a) 多点锚泊   (b) 单点锚泊

图 14-4 锚泊系统控制方式

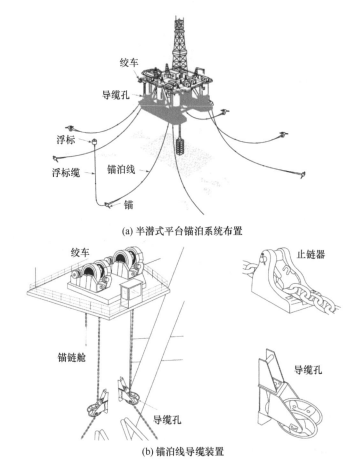

(a) 半潜式平台锚泊系统布置

(b) 锚泊线导缆装置

图 14-5 海洋典型锚泊系统及其导缆装置(API，2005)

14.1.2.1 锚泊线

锚泊线(mooring line)起到荷载传递的作用，即将上部浮式平台受到的作用荷载传递到锚泊基础。锚泊线上端点通过导缆器连接到浮式平台上，通过绞车调整锚泊线长度和张力；下端点连接至锚泊基础，并利用锚泊基础进行固定，整个系统主要通过锚泊线刚度和自重定位浮体位置。

锚泊线的组成包括锚链、钢绞线、合成缆、浮子、沉子以及连接件等。

锚链(mooring chain)是应用最广泛的锚泊线材料，其由许多链环顺次连接环环相扣而成，具有强度高、耐磨损、重度大等特点，适合浅水锚泊系统；但其自重大且造价高，不适用于张紧式锚泊，因此，深水条件下较少作为单一成分锚泊线使用。锚链最重要的参数为名义直径，指制作链环所用的钢筋直径(图 14-6)，海洋工程锚链规格见 DNV-RP-E304 (2020)。

锚链按照链环结构可分为有挡锚链和无挡锚链，其主要区别在是否存在中间横档(图 14-6)。同等强度的无挡锚链单位长度自重比有挡锚链减少 10%，且疲劳性能更好，因此应用更广泛。有挡锚链的横档提高了锚链强度，且使得锚泊线不易打结，因此可操作性较强。按照强度，锚链可分为四个等级，其中 R3 级以上可以用于海洋油气工程的锚泊系统。

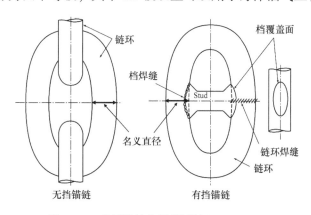

图 14-6　有挡锚链和无挡锚链(API, 2005)

由于锚链具有良好的耐磨性能，其常用于与海床接触的位置，在使用深埋锚(如吸力锚)时，锚链有一段埋置段。如图 14-7 所示，有两种锚泊线与海底土体的作用模式：第一种模式，锚链平躺在海床上，方向始终为水平向，此时，土体抗力 F 与锚链单位重量 W 和摩擦系数 μ 成正比；第二种模式，锚链完全嵌入海底土体中，形态呈现反悬链状。

钢绞线(steel wire)由若干钢丝捻成的多股绕核芯捻制而成，常见结构包括六股式、八股式、多股式、螺旋股式，如图 14-8 所示。海洋工程中使用最广泛的是六股钢绞线，多股钢绞线一般具有更长的使用寿命；螺旋股式钢缆纵向刚度较高，多用于深水锚泊系统中(Guo et al.，2016)。

合成缆(synthetic fiber rope)具有强度高、轻质等特点，在张紧式锚泊系统中应用广泛，合成缆主要包括尼龙缆、聚酯纤维缆、聚乙烯缆等。其中聚酯纤维材料弹性模量小、强度高、疲劳性能好、抗蠕变能力强且成本低，在锚泊系统中应用广泛，可直接应用于长期定位的锚泊系统。与锚链相比，合成缆弹性模量小，在服役中主要依靠自身弹性提供回复力，适用于张紧式锚泊。但合成纤维绳耐磨性能较差，不能用于存在反复摩擦的位置，如导缆孔、触底区和躺底段。

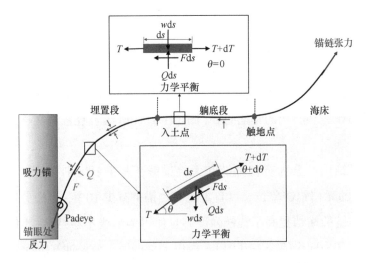

图 14-7　海床中锚泊线形态与锚泊线单元受力分析

(Rui et al.，2021)

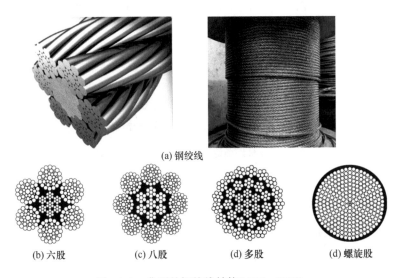

(a) 钢绞线

(b) 六股　　　　　(c) 八股　　　　　(d) 多股　　　　　(d) 螺旋股

图 14-8　典型的钢绞线结构(API，2005)

14.1.2.2　锚体

锚体(mooring anchor)是承受上部浮体环境荷载的最终结构物，其承载力由海床土体抗力提供。根据水深和锚泊形式，在浅水悬链线锚泊系统中，常采用抓力锚、重力锚等浅埋锚；在深水区域常采用吸力锚、法向承力锚、吸力式贯入板锚和动力贯入锚等深埋锚。

1)浅埋锚主要类型

浅水区锚泊常采用悬链线式，锚泊线存在躺底段，因此，锚泊基础的受力以水平力为主。此时，实际工程常使用抓力锚，此类基础水平承载性能较优，抓重比(承载力与锚体重量的比值)可达10以上，但抓力锚在受到上拔力时承载力大幅度降低，从而引起锚泊基础的失效。

　　重力锚由于制作简单、安装方便、成本低廉，广泛使用于浅水区域。常见的重力锚一般是混凝土重力锚(图 14-9)，其安装过程是：在干船坞中预制完成后，通过运输船运输到指定位置，连接锚泊线，使用起重装置进行起吊，布设在预定位置完成安装。承载效率比(抓重比)近似等于界面摩擦系数，介于 0.3~0.6 之间，远低于抓力锚的抓重比。

图 14-9　混凝土重力锚

2)深埋锚主要类型

　　在水深较深的张紧锚泊系统中，锚眼处的张力倾角一般大于 30°，此时锚体处于同时承受竖向和水平荷载的复合受力状态。深埋锚能够更好地发挥抓重比，可靠性好，因此得到广泛的应用，其类型如图 14-10 所示(国振，2011)。

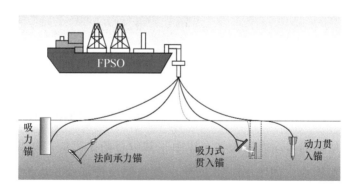

图 14-10　深水锚泊基础形式(国振，2011)

　　吸力锚是深水中应用最广泛的浮式平台锚泊基础(图 14-11)。吸力锚是一种钢制薄壁的桶形结构，其上部密闭并设有抽水口，底部敞开，具有定位精确、施工方便、方便回收等优点，并能承受较大的竖向荷载，同时适用于悬链式和张紧式锚泊系统。常用的吸力锚直径为 4~6 m，长径比一般介于 3~6 之间。吸力锚起源于吸力式桩基础，最早可追溯到

1981 年安装在 Gorm 油田的 12 个吸力桩基础，桩长 8.5~9 m。

图 14-11　吸力锚构型

法向承力锚是一种特殊的拖曳贯入锚，如图 14-12（a）所示，主要结构包括锚板、锚链系索或者锚胫。法向承力锚使用拖曳式安装，将其置于海床上后通过安装船运动或张紧缆绳使锚体沿着近似与锚板平行的方向嵌入土体。在承载时，通过角度调节器调整缆绳方向，使锚板转为法向受力状态。吸力式贯入板锚，如图 14-12（b）所示，则通过将板锚嵌入至吸力锚底部，通过吸力锚的安装方式准确定位海床土体中，经过预张后锚体发生旋转，使锚泊线荷载与锚板垂直进行服役。深埋板锚承载效率较高，其承载力与重量之比可达 100以上。

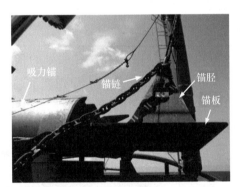

(a) 法向承力锚　　　　　　　　　　　　　(b) 吸力贯入式锚

图 14-12　主要深埋板锚构型

动力贯入锚是依靠锚体动能贯入到海床中，其中目前工程应用较为广泛的为鱼雷锚。鱼雷锚由锚轴和翼板构成，如图 14-13 所示。鱼雷锚造价低廉，在海上安装方便，只需在海上吊装即可完成安装，是深水中安装效率的最高锚泊基础，但由于锚链一般连接至顶部，服役时锚体可能存在旋转效应，因此承载力与其重量的比值相对其他深埋锚型较低。

图 14-13　鱼雷锚构型

14.2　拖曳锚

14.2.1　拖曳锚特点

拖曳锚（drag embedment anchor，DEA）结构主要由锚爪（锚板）、锚胫和锚眼组成，如图14-14 所示。锚胫与锚爪（锚板）之间的夹角在安装前预先固定，根据海床土特性以及安装深度需求进行调整：对于软黏土海床一般设为 50°左右，对于砂土和高强度黏土海床则为 30°左右。在安装过程中，首先将锚体以一定的角度放置于海床表面，并通过在锚链上施加预张力拖曳锚体使其贯入海床直至预定深度。在不同的海床中，锚体的贯入深度可达1~5倍锚爪长度，拖曳距离至 10~20 倍锚爪长度，其承载力达到自重的 20~50 倍。传统拖曳锚的承载力主要来自锚体前方的海床土，主要承受水平荷载作用，在竖向上拔力作用下容易被拔出。

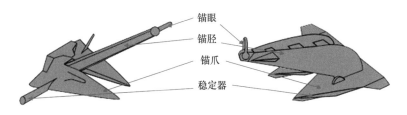

图 14-14　传统拖曳贯入锚的组成

法向承力锚（vertically loaded anchor，VLA），也被叫作拖曳式平锚板，是一种特殊的拖曳贯入锚，主要应用于张紧或半张紧式锚泊系统。与传统拖曳锚不同，法向承力锚使用了钢绞线系索来代替锚胫［如 Vryhof 锚，如图 14-12（a）所示］；或者使用一个较薄的锚胫（Bruce 锚，如图 14-15 所示）。其安装方式与传统的拖曳锚相似：首先将锚缓慢沉入水中并平置在海床上，通过张紧缆绳或安装船的运动使锚沿一定轨迹缓慢嵌入海床；拖曳达到设计深度后，激发角度调节器并调整缆绳，使锚板转变为法向受力状态，即系缆力的作用方向垂直于锚板平面。法向承力锚区别于传统拖曳锚的主要特点是可以承受竖向拉拔力，这使得其在深水张紧与半张紧式锚泊系统中得以广泛应用。

图 14-15　Bruce 法向承力锚

14.2.2　拖曳锚安装分析方法

拖曳锚的安装系统包括海面处的安装船，锚泊线和锚体本身，如图 14-16 所示。在拖曳锚的拖曳安装过程中，锚泊线根据其形态可分为三段：悬链段，卧底段和反悬链段。埋置于海床土体中的锚泊线在土反力和自身张力的作用下形成反悬链段；在锚泊线足够长的情况下，在触底点和切入点之间的锚泊线平躺在海床上，即卧底段；在海平面与海床面之间的锚泊线在其自重作用下形成悬链段。在传统的拖曳锚贯入轨迹分析中，一般假设锚泊线长度足够长，而忽略锚泊线张角变化对安装的影响，无法考虑现场安装中锚泊线长度发生改变的情况。

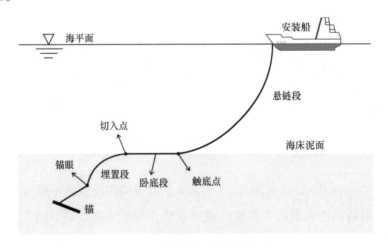

图 14-16　拖曳锚安装系统示意

拖曳锚的安装有两种工法：第一种船动安装，安装船在海面上沿着一个固定的方向移动对锚进行拖曳直到锚体安装到预定的目标深度，在此过程中锚泊线的总长度保持不变；第二种收链安装，安装船在海面上的位置保持固定不变，通过甲板上的绞车绞拉锚泊线使锚泊线的长度不断减小直至锚体安装完成。这两种安装工法产生的锚体贯入海床的轨迹有所区别。为了评估锚泊线形态变化对拖曳锚安装带来的影响，以及模拟不同安装工法下拖曳锚的安装贯入轨迹，本文基于准静态分析和锚体渐进贯入理论建立了拖曳锚安装模型。

基于 Bransby 等（1999）提出的屈服理论，Aubeny 等（2010）提出了一种用于预测拖曳锚在安装贯入过程当中的轨迹的增量步算法。其中海床中的反悬链段锚泊线采用 Neubecker 等（1995）的解析解进行模拟，水中悬链段的锚泊线则以传统的悬链线方程来进行计算。这些基本假定在锚眼处提升角较小、以及海床面切入角为 0 时是合理的。但在拖曳锚安装的后期，锚泊线会逐渐张紧并无法满足以上的基本假定。因此 Wang 等（2014）采用了锚泊线的整体数值模型，将锚泊线离散为若干单元并数值求解，以此来分析锚泊线长度和形态对安装的影响。

14.2.2.1 锚体运动方程

锚体由一个矩形的锚板和锚胫组成（Aubeny et al.，2010），如图 14-17（a）所示，其中锚板长度为 L_f，厚度为 t_f，锚胫长度为 L_s，锚板与锚胫之间的夹角为 θ_{fs}，锚板上锚胫连接点与端点的间距为 L_j。锚眼处锚泊线的提升力和角度分别为 T_a 和 θ_a，$\theta_{as} = \theta_a - \theta_s$ 为提升力 T_a 相对于锚胫的角度。提升力 T_a 作用于锚板中心的等效作用力和力矩如图 14-17（b）所示，法向力 F_n、切向力 F_t 和转动力矩 M 分别表示为：

$$F_n = T_a \sin(\theta_{fs} + \theta_{as}) = T_a \cdot c_1 \tag{14-1}$$

$$F_t = T_a \cos(\theta_{fs} + \theta_{as}) = T_a \cdot c_2 \tag{14-2}$$

$$M = T_a \cdot L_f \cdot \left\{ \sin(\theta_{fs} + \theta_{as}) \left[\frac{L_j}{L_f} + \frac{L_s}{L_f}\cos\theta_{fs} - \frac{1}{2} \right] - \cos(\theta_{fs} + \theta_{as}) \sin\theta_{fs} \frac{L_s}{L_f} \right\}$$
$$= T_a \cdot L_f \cdot c_3 \tag{14-3}$$

Aubeny 和 Chi（2010）给出了关于此类锚-土系统的屈服函数：

$$f = \left(\frac{|c_1 N_e|}{N_{nmax}} \right)^q + \left[\left(\frac{|c_3 N_e|}{N_{mmax}} \right)^m + \left(\frac{|c_2 N_e|}{N_{tmax}} \right)^n \right]^{1/p} - 1 = 0 \tag{14-4}$$

式中 $N_e = T_a / s_u A_f$ 为锚体的无量纲化承载力，其中，s_u 为土体的不排水抗剪强度，A_f 为锚板的面积。N_{nmax}，N_{tmax}，N_{mmax} 分别为无量纲化法向、切向以及力矩承载力 N_n，N_t，N_m 的最大值，m，n，p，q 分别为相应的屈服函数参数。

O'Neill 等（2003）通过有限元分析得到了这些参数最大值 N_{nmax}，N_{tmax}，N_{mmax}。为了考虑土体灵敏度 S_t 的影响，采用上限法对无量纲化法向承载力参数进行了修正（Chi，2010）。

对于锚板长厚比 $L_f / t_f = 7$ 的拖曳锚，Murff 等（2005）给出了如下承载力系数：$m = 1.56$，

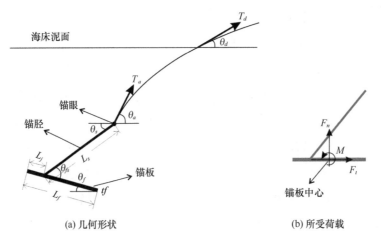

(a) 几何形状　　　　　(b) 所受荷载

图 14-17　拖曳锚锚体示意

$n = 4.19$，$p = 1.57$ 以及 $q = 4.43$。

假设锚板沿自身长度方向移动距离 Δt，则根据相关联流动法则，相应的法向移动距离 Δn 和转角 $\Delta\theta_s$ 可以通过下式计算（Aubeny et al.，2008）：

$$\Delta n = \Delta t \frac{(N_{tmax}/N_{nmax})\,(pq/n)\,(\,|N_ec_1\,|/N_{nmax})^{\,q-1}}{[\,(\,|N_ec_3\,|/N_{mmax})^{\,m} + (\,|N_ec_2\,|/N_{tmax})^{\,n}\,]^{\,(1/p-1)}\,(\,|N_ec_2\,|/N_{tmax})^{\,n-1}} \tag{14-5}$$

$$\Delta\theta_s = \frac{\Delta t}{L_f} \frac{c_3 m N_{tmax}(\,|N_ec_3\,|/N_{mmax})^{\,m-1}}{|c_3\,|n N_{mmax}(\,|N_ec_2\,|/N_{tmax})^{\,n-1}} \tag{14-6}$$

14.2.2.2　锚泊线控制方程

准静态计算是分析锚泊线在服役状态中形态常用的方法（Wang et al.，2010a，2010b）。对于拖曳安装的工况而言，可以采用二维模型来进行数值模拟，并主要关注嵌入海床的锚泊线与海床土之间的相互作用。

模型中将总长度为 L 的锚泊线离散为若干单元，每个单元的长度为 $\mathrm{d}l = L/n$。假设锚泊线连续，其在张力作用下的伸长符合弹性胡克定律：

$$T = E \cdot A \cdot \varepsilon = E \cdot A \cdot \left(\frac{\mathrm{d}l}{\mathrm{d}l_0} - 1\right) \tag{14-7}$$

式中，E 为锚泊线的弹性模量，A 为拉伸状态锚泊线瞬时的截面积，ε 为单位长度的伸长量，l_0 为原始未伸长锚泊线的初始长度。

图 14-18 所示为作用在嵌入土中段锚泊线和水中悬链段锚泊线受到的荷载。对于图 14-18(a) 所示的土中段锚泊线，其切向和法向受力平衡方程如下式所示：

$$\frac{\mathrm{d}T}{\mathrm{d}l_0} = F_{soil}\left(1 + \frac{T}{EA}\right) + w_s\sin\theta \tag{14-8}$$

$$T\frac{\mathrm{d}\theta}{\mathrm{d}l_0} = -Q_{soil}\left(1 + \frac{T}{EA}\right) + w_s\cos\theta \tag{14-9}$$

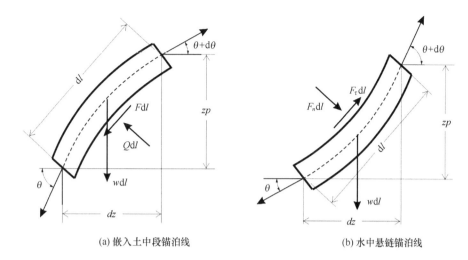

(a) 嵌入土中段锚泊线　　　　　　　(b) 水中悬链锚泊线

图 14-18　锚泊线单元受力

式中，θ 为锚泊线的提升角，w_s 为单位长度锚泊线在土中的有效重度，F_{soil} 和 Q_{soil} 分别为作用于锚泊线的切向和法向土反力，并表示为：$F_{soil} = (E_t\, d_s)\, S_u$ 以及 $Q_{soil} = (E_n\, d_s)\, N_c\, S_u$，式中 d_s 代表了锚泊线的钢材直径，E_t 和 E_n 分别为锚泊线面积在切向和法向的乘子，N_c 为锚泊线的承载力系数。对于钢绞线，其切向和法向乘子分别取 $E_t = \pi$ 和 $E_n = 1$，承载力系数 $N_c = 12$（Aubeny et al.，2008）。海床土体不排水强度 $S_u = S_{u0} + k * z$ 随深度的增加而线性增加，式中，S_{u0} 为海床土表面强度，k 为强度 S_u 随深度的增长梯度。

对于图 14-18（b）所示的悬链段锚泊线，其微分控制方程如下：

$$\frac{\mathrm{d}T}{\mathrm{d}l_0} = -F_\tau\left(1 + \frac{T}{EA}\right) + w_w\sin\theta \qquad (14-10)$$

$$T\frac{\mathrm{d}\theta}{\mathrm{d}l_0} = F_n\left(1 + \frac{T}{EA}\right) + w_w\cos\theta \qquad (14-11)$$

式中，w_w 为锚泊线在水中的有效重度，F_τ 和 F_n 分别为锚泊线在切向和法向受到的流体拖曳力，与水流的流速有关，并可以通过莫里森公式来计算：

$$F_n = 0.5\rho_w C_n d_e\,(U\sin\theta)^2 \qquad (14-12)$$

$$F_\tau = 0.5\rho_w C_\tau d_e\,(U\cos\theta)^2 \qquad (14-13)$$

式中，ρ_w 为海水的密度，$d_e = E_n d_s$ 为锚泊线的法向有效直径，C_n 和 C_τ 分别为法向和切向的拖曳系数，U 为海水流速。拖曳力系数 C_n 和 C_τ 受到许多因素的影响，比如流体的雷诺数和锚泊线表面的粗糙度等。Wilson（1960）进行了一系列的试验并总结出，对于不同的圆柱体和锚泊线，系数比 C_τ / C_n 的范围位于 0.01 到 0.03。因此本文中采用了 $C_n = 1.20$ 以及 $C_\tau / C_n = 0.02$ 作为典型值。

如图 14-19 所示，Degenkamp 等（1989）基于试验结果，对于土中段给出了各类锚链的切向和法向面积乘子的推荐值：$E_\tau = 8.0$ 和 $E_n = 2.5$。对于钢绞线，其横截面为圆形，则切向和法向面积乘子：$E_\tau = \pi$ 和 $E_n = 1$。

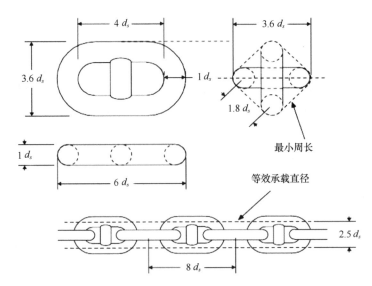

图 14-19　锚链与土体接触面积计算（Degenkamp et al.，1989）

锚泊线的几何控制方程如下式所示：

$$\frac{\mathrm{d}x}{\mathrm{d}l_0} = \left(1 + \frac{T}{EA}\right)\cos\theta \qquad (14-8a)$$

$$\frac{\mathrm{d}z}{\mathrm{d}l_0} = \left(1 + \frac{T}{EA}\right)\sin\theta \qquad (14-8b)$$

14.2.2.3　锚体拖曳贯入算法

如图 14-20 所示，在安装的平面内建立全局坐标系 oxz，原点 o 位于锚板中心点正上方的海床泥面处。采用数列 i 对锚泊线的端点进行编号，序号从锚眼位置的 1 到安装船导缆孔位置的 $n+1$。锚体的初始形态预设为锚板水平并埋置于海床面以下一个较浅的深度。在锚泊线长度足够的情况下，一部分卧底段锚泊线会平铺于海床上。(θ_a, T_a) 表示在锚眼位置的锚泊线提升角和提升力，(θ_d, T_d) 表示在海床切入点位置的锚泊线提升角和提升力，(θ_t, T_t) 表示在安装船导缆孔位置的提升角和提升力，即安装船的导缆孔位置。

锚泊线计算模型的输入参数包括锚体的初始位置，锚泊线和锚体的参数以及随深度分布的海床不排水强度 S_u，土体灵敏度 S_t，水深 H 和海水流速 U。锚泊线计算模型的输出结果包括：锚体的运动贯入轨迹，即在安装过程当中每一步的锚体位置 $(x(j), z(j))$，$j=1 \to m$ 式中 m 为计算步数；锚泊线的形态，即每一个时间步的锚泊线各单元位置 $(x(i,j)$，$z(i,j))$，$i=1 \to n+1$，$j=1 \to m$；锚泊线各单元的张力 $T(i,j)$ 和提升角 $\theta(i,j)$，$i=1 \to n+1$，$j=1 \to m$；以及受到拉伸的锚泊线总长度 $L' = \sum_{i=1}^{n} [1 + T_i/(EA)] dl_0$。

所述的算法包括两个计算模块：模块 1 用于模拟锚体的贯入过程，模块 2 用于分析安

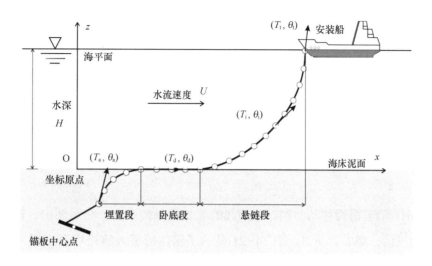

图 14-20　锚泊线离散模型

装过程中的锚泊线形态（Wang et al.，2014；沈侃敏，2017）。

14.2.2.4　锚体拖曳安装模拟算例

Wang 等（2014）模拟了拖曳锚在典型深海软黏土中的船动拖曳安装过程。采用的锚体尺寸、锚泊线和海床参数如表 14-1 所示，水深为 500 m，锚泊线类型为钢绞线。假设安装在平静的海况条件下进行，即流速 $U = 0$。示例中的锚泊线选用钢绞线进行分析，锚体贯入深度 z_e 定义为海床泥面以下锚眼的垂直坐标。在安装开始时，锚体的埋置深度设为海床面以下 1 m 深度，即 $z_e = 1$ m。

表 14-1　模型基本参数

参数类型	名称	数值
锚体	锚板长度，L_f	2 m
	锚胫长度，L_s	3 m
	锚板厚度，t_f	0.28 m
	锚胫点位置，L_f	0.5 m
	锚胫直径，D_s	0
	锚胫-锚板夹角，θ_{fs}	50°
锚泊线（钢绞线）	单链环直径，d_s	0.073 m
	法向面积乘子，E_n	1
	切向面积乘子，E_t	π
	承载力系数，N_c	12
	水中浮重度，w_s	0.28 kN/m

续表

参数类型	名称	数值
	弹性模量，E	130 MPa
海床土	表层不排水强度，S_{u0}	2 kPa
	强度梯度，k	1.57 kPa/m
	灵敏度，S_t	3

安装船 AHV 沿着海面移动，同时锚泊线的总长度保持不变，在示例中，锚泊线的总长度取为水深的三倍，即 $L/H = 3$。图 14-21 显示了锚体的贯入轨迹以及在贯入过程中的锚泊线形态变化，共选取了四个贯入深度时的锚泊线形态，即 $z_e = 1$ m、11 m、21 m 和 32 m。初始状态时，卧底段锚泊线平铺于海床上，随着安装的进行，锚泊线受到拉伸，卧底段也随之抬升。而土中段初始呈现反悬链状，随着张力的增加也逐渐拉直趋于直线。同时在贯入过程中，锚板逐渐发生旋转，直至水平。当贯入深度达到 32.8 m 时，锚板与水平面夹角小于 1°，锚板水平运动而停止贯入。将此时达到的最大深度定义为极限安装深度。

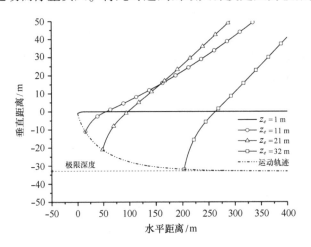

图 14-21　船动安装锚眼过程轨迹和锚泊线形态

在船动安装过程中的锚体角度变化和锚泊线张力发展如图 14-22 所示。其中锚板与水平面的夹角 θ_f 逐渐从 50° 减小到 0°，意味着锚板也从初始状态旋转到完全水平。并且，在安装的初期，曲线的斜率较大而后逐渐平缓，意味着初期锚板旋转速度较快。海床切入角 θ_d 在贯入深度为 6.45 m 时出现了转折，由 0 变为正值，接着进一步增加到 16.34°。意味着此时锚泊线受到张拉，卧底段消失。从图 14-22（b）锚泊线张力变化可以看出，锚眼处张力 T_a 和切入点张力 T_d 之间的差值也随着安装的进行逐渐增加，这是因为锚体的埋置深度增加，土中埋置的锚泊线也越长，相应的作用于埋置段锚泊线的土抗力也增大。

锚眼处的锚泊线角度和张力（θ_a，T_a）直接控制拖曳锚锚体的转动和贯入。在此过程中，

角度 θ_a 由 10.8° 增加至 57.1°，而张力 T_a 相应的由 117.77 kN 增加至 1 681.35 kN，随着贯入深度的增加而增加。

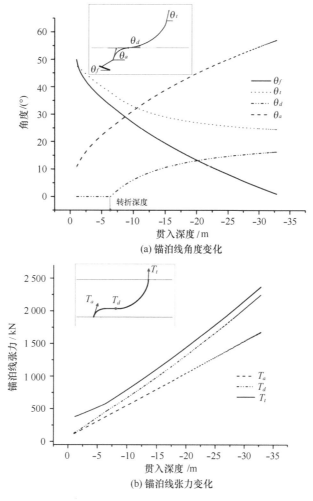

(a) 锚泊线角度变化

(b) 锚泊线张力变化

图 14-22 船动安装过程锚泊线角度和张力发展

图 14-23 中展示了角度和张力 (θ_a, T_a) 对于锚体的作用以及安装过程中的影响。作用于锚体的力矩表示为 $M = T_a \cdot s$，其中，s 为力的作用方向与锚板中心的距离。在锚泊线的持续张拉作用之下，(θ_a, T_a) 不断增大，引起距离 s 增大，锚板上的力矩 M 也随之增加。此时原有的力矩平衡不能保持并出现未平衡的力矩 $\Delta M = T_a' \cdot s' - T_a \cdot s$，从而引起了锚板的旋转。

对于安装船而言，锚泊线上的张力 T_t 以及其在水平方向和竖向的分量，随着船体拖曳距离的变化如图 14-24 所示。在安装初期，上端点导缆孔处的张力 T_t 变化缓慢，此时的锚泊线处于松弛状态，卧底段尚未被抬升。当安装深度超过转折深度，锚泊线被张紧，同时作用于土中埋置的锚泊线的土体抗力也进一步增加，导缆孔张力 T_t 迅速增长。在安装末期，张力数值趋于稳定，意味着海床作用于锚泊线上的土体抗力也趋于稳定。在现场工程当中，

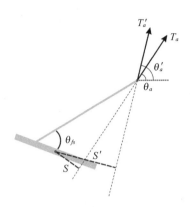

图 14-23   提升力对锚体的作用

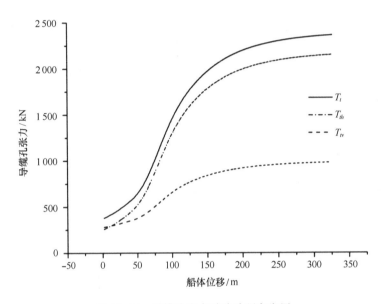

图 14-24   导缆孔张力随移动距离发展

导缆孔张力的水平分量比竖向分量更为重要，这决定了安装船所需要的拖曳力即船舶的马力，而竖向力影响了船舶的吃水深度。水平力 T_{th} 与竖向力 T_{tv} 的变化趋势相似，但是 T_{th} 的最大值（2 151.8 kN）比 T_{tv} 的最大值（981.5 kN）更大。

14.3   吸力锚

14.3.1   吸力锚特点

吸力锚是一种大型圆柱薄壁钢制结构（图 14-25），其底端敞开、上端封闭并设有抽水口，具有定位精确、费用经济、方便施工、可重复利用等特点，是目前几类新型深水基础中技术相对成熟，在深海系泊工程中应用最为广泛的基础型式。

　　吸力锚在国际深水系泊系统中应用广泛，其长大多为 5~30 m，长径比在 3~6 之间，在砂土、黏土或分层土海床中都具有良好的适用性。作为一种新型的海洋工程基础型式，深海中吸力锚在设计、施工及承载机理方面仍存在许多问题亟待解决，特别是在深水开发中常面临更为复杂的海洋环境，这些问题就显得尤为突出。

图 14-25　典型吸力锚

　　如图 14-26 所示，在吸力锚原位安装时，首先将其竖直放置于海床上，在自重与压载的作用下沉贯入海床至一定深度，然后封闭排水口，在锚筒内部形成足够的密封环境；通过潜水泵持续向外抽水以降低锚筒内部的压力，当内、外压差所产生的下贯力超过海床土体对锚筒的阻力时，吸力锚继续向下沉贯；随着持续不断的抽水，吸力锚保持沉贯，直至锚筒内顶盖与海床泥面相接触为止；最后，卸去潜水泵，锚筒内外压差逐渐消散，内部压力恢复至周围环境压力，吸力锚安装结束（Guo et al.，2018）。

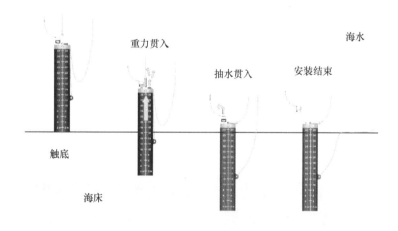

图 14-26　吸力锚的安装过程

14.3.2 负压沉贯控制

14.3.2.1 吸力锚负压安装理论

吸力沉贯阶段历来就是研究所关注的重点，也是吸力锚基础区别于其他深水锚泊基础型式的最重要特点之一。安装吸力锚时的沉贯力是基础的自重（Q_{weight}，基础的浸没重量）和吸力（$Q_{suction}$）。阻力是裙边的摩擦力（$Q_{friction}$）、端部阻力（Q_{tip}）、起重机的拉力（$Q_{tension}$）和附加力如锚眼、加强件等（Q_{add}）。安装时吸力锚的受力如图 14-27 所示，在沉贯过程中保持力的平衡：

$$Q_{weight} + Q_{suction} = Q_{friction} + Q_{tip} + Q_{tension} + Q_{add} \tag{14-9}$$

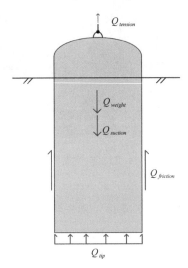

图 14-27　吸力锚安装时的受力分析

基础自重和起重机拉力在安装过程中不会改变（起重机拉力仅用于保持基础处于垂直位置），为平衡方程中的不变荷载。摩擦力和端阻力将随着深度的增加而增加，因此为了实现贯入，吸力也必须随着深度增加。

1）沉贯负压

1992 年的 DNV 分类说明（DNV，1992）建议直接使用 CPT 数据，以估算裙边、销钉和肋板的贯入阻力。表 14-2 给出了暂定值，其中系数值应适用于欧洲北海，由此可以利用式（14-10）计算贯入阻力。

表 14-2　系数 k_p 和 k_f 的暂定值

土体类型	最大概率取值		预期最高值	
	k_p	k_f	k_p	k_f
黏土	0.4	0.03	0.6	0.05
砂土	0.3	0.001	0.6	0.003

$$R = k_p A_p q_c(d) + A_s \int_0^d k_f q_c(z)\mathrm{d}z \qquad (14-10)$$

式中：d 为贯入构件的深度（m）；k_p 为 q_c 与端阻力相关的经验系数；k_f 为 q_c 与侧壁摩擦相关的经验系数；$q_c(z)$ 为深度 z 处的平均锥体阻力（MPa）；A_p 为贯入构件的端部面积（m²）；A_s 为贯入构件的侧面积（m²/m）。

在实际工程中，CPT 数据设计方法主要用于砂土海床。黏土海床主要参考 Andersen 和 Jostad（1999，2004）的工作。估算贯入阻力的基本方程由两部分组成，即桶尖阻力和侧摩擦，如下式：

$$Q_{tot} = Q_{side} + Q_{tip} = A_{wall} \cdot \alpha \cdot s_{u,\,D}^{av} + (N_c \cdot s_{u,\,tip}^{av} + \gamma' \cdot z) \cdot A_{tip} \qquad (14-11)$$

式中，A_{wall} 为裙边面积（内外总和）；A_{tip} 为端部面积；α 为抗剪强度系数（通常假设等于敏感度的倒数；如果裙板涂漆或以其他方式处理，则必须在系数中考虑到这一点）；$s_{u,\,D}^{av}$ 为贯入深度上的平均 DSS 抗剪强度；$s_{u,\,tip}^{av}$ 为端部水平的平均不排水抗剪强度（三轴压缩、三轴延伸和 DSS 抗剪强度的平均值）；γ' 为土体有效单位重量；N_c 为承载力系数；z 为裙端贯入深度。

达到所需深度所需的压力由以下方程给出：

$$\Delta u_n = \frac{(Q_{tot} - W')}{A_{in}} \qquad (14-12)$$

式中：W' 为安装期间的浸没重量；A_{in} 为施加负压压力区域内的平面面积。

2）负压控制

在吸力锚的贯入过程中，作用于外部的土体的强度将趋于重塑的抗剪强度 $s_{u,rem}$。然而，吸力锚内土体的特性取决于内部加劲肋，无论是使用环形加劲肋还是增加裙板厚度。锚内土塞是指壁厚、内部加劲肋和吸力造成的锚内土体隆起。当所有土体进入锚体内时，可以估计总的土塞高度。

在自重贯入过程中，假设一半壁厚的土体向锚体内部移动，另一半壁厚则在锚外位移（Randolph et al.，2011）。在抽吸过程中，假设 50%～100% 的土体在锚内运动（Andersen et al.，2005）。由于内部加强筋，土体隆起的高度可能会根据土体特性而变化。为了防止过量土塞而无法沉贯到位，Andersen 等（2005）建议，估计内摩擦等于贯入过程中的摩擦力，并将端部估计为反向承载力，以此控制沉贯容许压力：

$$\Delta u_a = N_c \cdot s_{u,\,tip}^{av} + A_{inside} \cdot \alpha \cdot s_u^{DSS} / A_{in} \qquad (14-13)$$

A_{inside} 为裙边内侧面积。此外，还需要解决锚的结构强度问题。在高压力下，圆柱形可能会内爆或向内弯曲。此外，在浅水区，吸力不应超过空化压力（DNV，2017）。

14.3.2.2　间隙式负压沉贯

以上给出了吸力锚的负压安装基本分析和设计方法，但在实际中不同的安装方式对吸力锚的安装效果也产生重要影响。针对安装方式，国振（2011）开展了针对不同沉贯方式的室内试验研究。

针对吸力锚的三种安装方式（压力贯入、持续负压沉贯、间歇式负压沉贯）开展了室内试验研究：1 组压力贯入 JP；3 组不同初始入泥深度的持续负压沉贯 CP-1，CP-2 和 CP-3；4 组控制内部负压施加的间歇式沉贯试验 IP-1、IP-2、IP-3 和 IP-4，见表 14-3。

表 14-3　安装控制

试验编号	安装方式	压力沉贯过程		吸力沉贯过程	
		位移/mm	持续时间/s	位移/mm	持续时间/s
JP	压力	405	831	0	0
CP-1		74	154	213	376
CP-2	压力+持续吸力	140	285	158	358
CP-3		200	408	118	486
IP-1		140	286	138	189
IP-2	压力+间歇式吸力	140	285	125	267
IP-3		142	291	138	357
IP-4		140	287	181	340

对于采用常规沉贯方式的试验 JP、CP-1、CP-2 和 CP-3，其安装过程的位移-时间曲线如图 14-28 所示，包括了从锚筒开始触底，压力沉贯至一定深度到吸力沉贯结束的整个过程。JP 为全程压力贯入，CP-1、CP-2 和 CP-3 分别以 0.5 mm/s 的速度压力贯入至泥面以下74 mm、140 mm 和 200 mm，然后进行吸力沉贯，沉贯所花费的时间分别为 376 s、358 s 和 486 s。

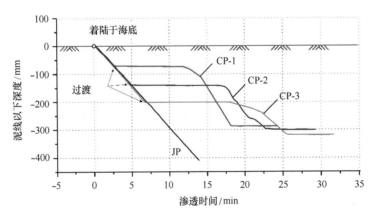

图 14-28　模型锚的沉贯全过程

在压力沉贯阶段，沉贯力由模型锚自重和竖向加载设备的下贯力组成；在吸力沉贯阶段，沉贯力由模型锚自重和内部吸力组成。在整个沉贯过程中，模型锚基本保持了平稳下沉，故可认为沉贯力始终与土体阻力平衡，从而可得到土体阻力随着沉贯进行的变化曲线，如图 14-29 所示。

在压力沉贯阶段，JP、CP-1 和 CP-2 中的土体阻力随深度的增加而逐渐增大，且表现了较好的一致性，而由于 CP-3 压力沉贯后期锚筒的略微倾斜(1°~2°)，筒壁一侧泥面产生了明显的开缝，随后水的渗入也降低了锚筒与土体的摩擦力，使其受到的总的土体阻力没有继续增大。在由压力沉贯转换为吸力沉贯后，模型锚经历了卸载再加载的过程。吸力沉贯开始时，土体阻力相对较小，而随着沉贯的进行，土体阻力逐渐增加，并最终超过采用压力沉贯时同样深度处的土体阻力。

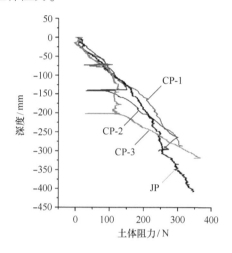

图 14-29　沉贯试验中的土体阻力

当量测的内部吸力值超过最小需求吸力时，沉贯马上开始。根据 API 规范计算的需求吸力值准确地反映了使得模型锚沉贯启动所需求的吸力。然而，随着沉贯的进行，吸力值逐渐偏离了计算需求吸力。因为此时土塞的隆起量逐渐增大并超过筒壁置换土体全部流入所带来的泥面上升。

4 组模型锚的间歇式沉贯编号为 IP-1、IP-2、IP-3 和 IP-4。初始压贯入泥深度均为 140 mm，然后分别施加不同的间歇式吸力，如图 14-30 所示。IP-1、IP-2、IP-3 和 IP-4 的吸力脉冲的持续作用时间分别为 189 s、267 s、357 s 和 340 s，而相应的吸力脉冲次数分别为 113 次、71 次、146 次和 90 次，每次脉冲的平均作用时间(包含脉冲与间歇时间)分别为 1.67 s、3.76 s、2.45 s 和 3.78 s。

图 14-31(a)给出了 IP-1 中的内部吸力与贯入深度的关系曲线，以及根据 API 规范(2005)计算得到的最小需求吸力和最大容许吸力。由图中可以看出，吸力脉冲的峰值接近或超过了最大容许吸力，且两个吸力脉冲之间的间歇时间较短，无法使内部吸力在下次脉冲之前充分消散，因此总是存在一定大小的吸力作用。IP-2、IP-3 和 IP-4 中均增大了吸力脉冲之间的间歇时间，使内部吸力得以充分消散。IP-2 的脉冲峰值显然大于容许吸力值，IP-3 的脉冲峰值接近容许吸力，而 IP-4 的脉冲峰值正位于沉贯需求吸力和容许吸力之间。

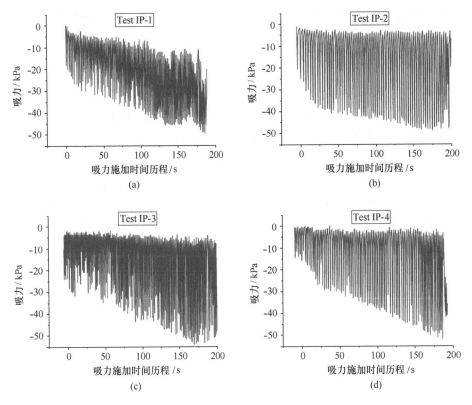

图 14-30　间歇式吸力施加时间历程

图 14-32 为间歇式吸力沉贯试验的沉贯位移曲线。而作为对比，具有相同初始压贯入泥深度的 CP-2 的沉贯位移曲线也标注在图上。IP-1 的吸力脉冲平均作用时间较短，且未消散的内部吸力仍持续作用，因此其沉贯位移曲线相对较为光滑；而对于 IP-3 而言，其内部吸力可在两个脉冲之间相对较长的间歇时间内充分消散，其沉贯位移曲线并不平滑，这意味着沉贯是逐步发生的；而对 IP-2 和 IP-4 而言，其脉冲间的间歇时间更长，这意味着模型锚在一个吸力脉冲的冲击作用下贯入黏土中一定深度后，吸力开始消散并且沉贯停止，直至下一个脉冲来临后再继续沉贯，表现出了非常明显的阶梯式的逐步贯入特性。

需要注意的是，CP-2、IP-2 和 IP-4 在 250 mm 的贯入深度之前的沉贯位移曲线是非常接近的，如图 14-32 所示。对于常规沉贯 CP-2 而言，当沉贯位移超过 250 mm 后，模型锚的贯入速度突然大幅度降低，这是由于超过了最大容许吸力之后，内部土塞加速隆起和土体阻力增大所引起的，其最终完成的贯入深度为 298 mm。间歇式沉贯 IP-2 和 IP-4 的吸力脉冲平均作用时间差别不大，但是 IP-2 的最终贯入深度只有 265 mm，这是由于其过大的脉冲峰值(超过了 API 规范计算的最大容许吸力值)所造成的。对 IP-4 而言，虽然吸力沉贯的时间少于试验 CP-2，但是其最终沉贯深度可以达到 321 mm，这是所有吸力沉贯时间所能达到的最大贯入深度。由图 14-32 可以发现，不但试验 IP-4 的内部吸力可以充分消散，吸力脉冲的峰值也不超过容许吸力，保证了内部土体的稳定性，因此吸力脉冲的作用

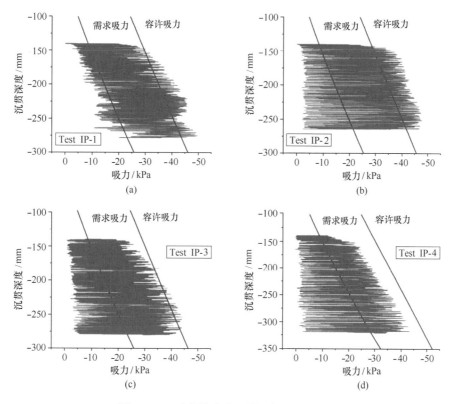

图 14-31　吸力脉冲随沉贯深度的变化曲线

时间和峰值的选择十分重要。在使用间歇式沉贯时，适当的选择脉冲作用时间和脉冲峰值，可以在不增加安装时间的同时有效地降低土塞的隆起高度，达到较为理想的最终沉贯深度。

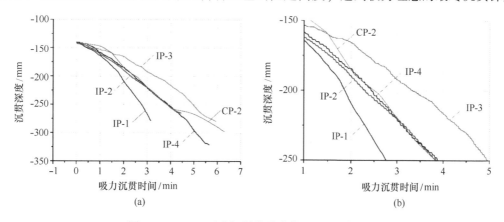

图 14-32　（a）吸力沉贯位移曲线；（b）局部放大

14.3.3　吸力锚承载力

14.3.3.1　吸力锚服役受荷特征

吸力锚极限承载力是指周围土体始终处于不排水状态的短期静承载力（short-term static capacity，SC）。然而，对于处于复杂海洋环境中的吸力锚基础而言，在其服役阶段将承受由锚泊线传递而来的各种不同形式的荷载，按作用特点可将其分为三类（API，2005）：定常力、波频和低频作用力。

如图 14-33 所示，定常力是指风、浪、流等作用在浮体和锚泊线上的恒荷载，其大小和方向均不变，也包括锚泊线中的初始预张力部分，因此对于深水而言，其定常力部分往往会比较大；波频作用力是指作用在浮体上的周期 5~30 s 的波浪荷载；低频作用力主要为不规则波浪力中的低频变动部分，即二阶低频慢漂力，其周期一般为 60~600 s。以上诸力中，二阶慢漂力是影响深海系泊系统的结构性能及系泊载荷的重要因素。

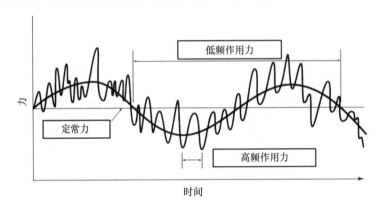

图 14-33　吸力锚基础上的张拉荷载形式

与吸力锚基础的短期静承载力不同，吸力锚在承受"持续"（定常力）和"循环"（高、低频作用力）张拉相结合的荷载作用时，其承载力和失效模式除了受锚眼位置和张力提升角度的影响外，还与作用荷载的形式、周围土体排水状态和扰动程度等因素的影响。用于表征荷载形式的主要参数包括张力水平、循环周期、幅值和加载次数等。

非地震区的吸力锚基础的承载力一般基于当地的极端风暴环境进行设计。图 14-34 为西非某深海 FPSO 在典型风暴潮作用下锚链上的实测作用力。由此可见，在设计最大风暴出现之前，总是先有一系列小风浪的作用。对于软黏土海床而言，在前期小风浪作用时，其循环加载频率较高，吸力锚周围土体中的孔压不断累积，大大降低了土体有效应力和不排水抗剪强度，进而弱化了其承载力；而当最大风暴出现时，其作用时间非常短，往往只有几秒至十几秒，此时土体表现出明显的应变率效应，吸力锚基础的承载力得到显著提高（Clukey et al.，2004），抵消了前期小风浪作用所带来的承载力降低。因此，较大的极端风暴荷载往往可能伴随着吸力锚承载力的提高，此时并不一定是吸力锚基础的最危险工况。

Luke（2002）与 Randolph 等（2002）的研究表明，当吸力锚基础承受竖向拉拔作用时，其底部土体的反向承载力占总承载力的 50% 甚至更多，这主要为在底部土体中产生的"被动吸力"（负孔隙水压力）的结果。因此，当吸力锚基础承受持续张拉和低频循环荷载作用时，因其加载速率较低，张拉过程中周围土体中的超孔压将不断产生并逐渐消散。尽管不断消散的超孔压将使得锚筒外壁与土体的摩擦力略有增大，但是底部土体中产生的被动吸力也会

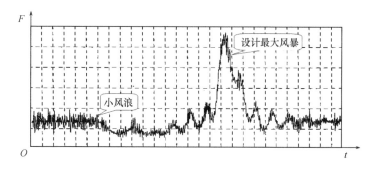

图 14-34　锚链结构上的实测载荷

不断消散，这使得吸力锚的承载力明显降低。此外，土体的"蠕变效应"也会导致吸力锚强度的丧失。深水锚往往承受比浅水更高的持续张力和低频动荷载，这通常会成为深水锚设计的控制荷载，如在墨西哥湾持续数日之久的环流造成的锚体上的持续张力荷载。Clukey等（2004）在正常固结土中对长径比为 4 ~5 的吸力锚施加提升角为 40°的持续张拉荷载，得到其长期承载力（累积位移达到 5%的锚筒直径）为短期静承载力的 81% ~87%。

14.3.3.2　吸力锚静态承载力

吸力锚进入服役阶段后，通过连接锚泊线对浮式结构物进行系泊定位，承受锚泊线所传递荷载的作用。锚泊线在吸力锚上的锚眼位置一般等于或稍低于其最优加载点（API，2005）。当作用在吸力锚上的侧向张拉荷载的角度变化时，其竖向和水平承载力往往会相互影响，导致不同的侧向极限承载力。吸力锚的锚眼点常设在泥面以下约 2/3 锚体长度处，此时吸力锚将同时承受水平和竖向荷载作用。API（2005）规范给出了吸力锚在黏土中的破坏包络面，如图 14-35 所示。在复合受力下，吸力锚的破坏模式分为三种：当加载角度小于15°时，吸力锚破坏由水平土抗力控制，此时水平承载力约为最大竖向承载力的 1.8 倍；当加载角度大于 40°~45°时，吸力锚破坏由界面强度控制；而当加载角度介于 15°~40°时，吸力锚的破坏模式由耦合效应控制。其中，界面强度控制时吸力锚承载力最低，是工程中最不利的受荷状态。

14.3.3.3　吸力锚循环承载力

在张紧或半张紧式系泊系统中，吸力锚通常承受提升角范围为 30°~50°的单向张拉荷载。基于此角度范围内的侧向静力张拉试验，可分析吸力锚循环承载力及其对后继短期静承载力和失效模式的影响。这里以国振（2011）的模型试验为例介绍吸力锚的循环受荷特性。

国振（2011）和 Guo 等（2012）针对吸力锚在侧向张拉荷载下的承载力开展模型试验研究，其中模型锚的位置量测系统如图 14-36 所示，通过简单几何运算就可以得到张拉过程中倾角传感器的坐标变化。而锚体的旋转可由倾角传感器量测得到，可得到锚体上任一点的坐标变化过程。基于图 14-36 中模型锚位置量测系统，计算 P 点在侧向张拉过程中的坐

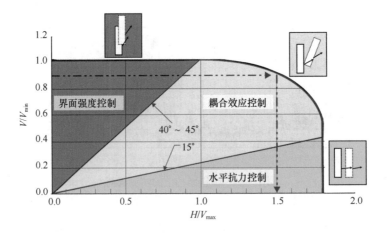

图 14-35　吸力锚基础的承载力包络面(芮圣洁, 2022)

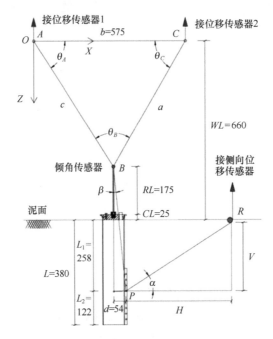

图 14-36　侧向张拉时模型锚位置量测系统

标变化,分析模型锚在侧向张拉过程中的运动失效模式。

锚眼位于顶盖以下约 $0.68 L$ 处,侧向张拉速度为 $1~\text{mm/s}$,采用了不同的初始加载角度。需注意,随着侧向张拉过程中模型锚的运动,固定位置的滑轮与锚眼的相对位置也会发生变化,进而导致张力加载角度产生变化,尤其是模型锚的竖向位移较大时更为明显。

以静力拉拔试验 LP-3 为例,其初始的张力加载角度为 $32.0°$,模型锚的运动过程如图 14-37(a)所示,图中蓝色圆圈为锚眼的位置,红色直线表征了在该位置时模型锚的倾角变化。在侧向张拉前,模型锚基本保持竖直,倾角约 $0.13°$;张拉开始阶段,模型锚几乎表现为完全的侧向水平运动,随后转变为水平、竖向和明显的反向旋转相结合的运动模式,最终的模型锚倾角为 13.5°。图 14-37(b)为模型锚在侧向张拉时的承载力变化曲线。结合模型锚的运动过程，可以发现：模型锚首先主要表现为水平运动，当系点位移达到 7.9 mm 时，其倾角为 1.71°，土体阻力为 298 N；随后，模型锚的竖向运动开始明显增大，转变为水平、竖向和小幅反向旋转相结合的运动模式，当位移达到 18.4 mm 时，模型锚的倾角为 3.32°，阻力达到 463 N；继续张拉时，模型锚的反向旋转开始加剧，阻力的增长速度开始变得缓慢，并到位移为 41.9 mm 时达到阻力峰值 544 N，此时模型锚的倾角为 7.24°。

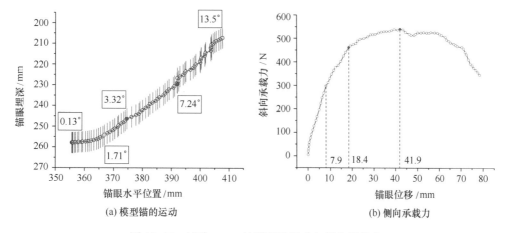

图 14-37　试验 LP-3 的模型锚运动与侧向承载力

以下为典型的吸力锚循环承载的试验 NP-1、NP-2 和 NP-3。如图 14-38 所示，在循环加载前，先通过收紧钢丝绳施加一定的初始张力，然后再施加不同幅值的循环加载，循环周期 100 s，循环次数 50 次。NP-1、NP-2 和 NP-3 的初始张力水平是 208 N、204 N 和 200 N，其稳定后的张力水平分别为 110 N、128 N 和 153 N，对应的张力幅值依次是 50 N、42 N 和 35 N。

当模型锚的循环加载结束后，立即进行侧向静力张拉试验，从而得到模型锚的运动如图 14-39(a)所示，其中红色实心标记为侧向阻力的峰值点。图 14-39(b)为 NP-1、NP-2 和 NP-3，以及 LP-3 中模型锚张拉时的承载力曲线。LP-3 作为具有相同初始加载角度(32.0°)的无前期循环加载的对比试验也绘于图中。

稳定循环幅值最大为 50N（NP-1）时，模型锚首先仍与 LP-3 一样表现为水平运动，但是仅经历了小幅的运动后，就转变为明显的竖向拔出失效模式，并在位移为 15.9 mm 时就达到土体阻力的峰值 271N，此时模型锚的倾角仅为 1.50°。在侧向张拉初期，NP-1 中的阻力增长速度略大于 LP-3 的阻力增长速度，但其阻力峰值只有大约 LP-3(544 N)的一半，也小于竖向拔出的模型锚承载力。

稳定循环幅值为 42 N（NP-2）时，循环幅值稍小，在侧向张拉初期模型锚也表现出水平运动趋势，同样很快变为竖向拔出运动，在锚眼位移为 32.7 mm 时达到土体阻力的峰值(400 N)，此时模型锚产生了 4.78°的反向旋转。NP-2 的侧向阻力明显大于

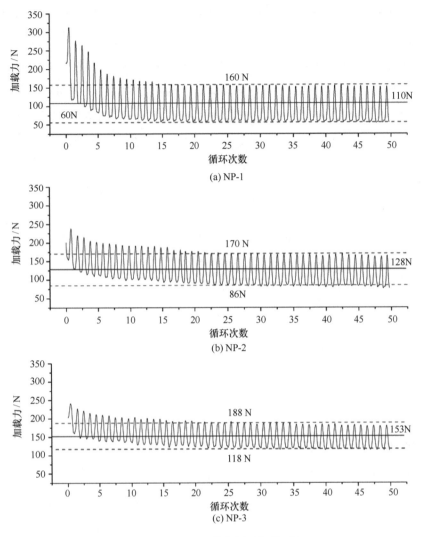

图 14-38 不同幅值的循环加载历程

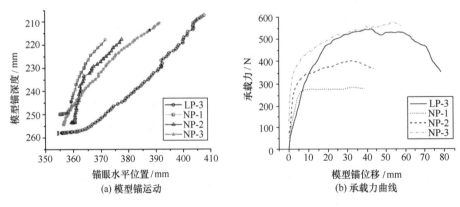

图 14-39 不同循环幅值的试验结果

NP-1的阻力，但同样小于 LP-3 的阻力，其阻力的增长速度大于 NP-1 和 LP-3。

稳定循环幅值最小为 35 N 时(NP-3)，在锚眼位移为 52.9 mm 时，模型锚的土体阻力才达到峰值 576 N，模型锚的倾角为 6.60°，与 LP-3 的结果相差不大。二者的主要区别在于 NP-3 的阻力增长曲线在张拉初期更为陡峭，表现出了更快的阻力增长速度。一方面，是由于在循环加载过程中，靠近模型锚张拉方向的部分土体中的超孔压逐渐消散，引起超固结；另一方面，NP-3 的模型锚在张拉初期表现为竖向运动模式，其极限承载力虽然降低，但是带来了更快的阻力增长速度。尽管 NP-3 和 LP-3 在张拉后期表现出了较为接近的运动模式(这也是二者在后期阻力发展趋势较为一致的原因之一)，但是在侧向张拉初期，NP-3 更多地表现为竖直向上的拔出运动，不存在 LP-3 中张拉初期的水平运动阶段。

由此可见，当前期循环幅值较大时，在模型锚后继侧向张拉时，更倾向于由水平、竖向和反向旋转相结合的运动模式转变为单一的竖向拔出运动。显然，其主要原因在于连续的大幅值循环加载使得锚体产生相对明显的位移，一定程度上扰动了锚筒周围的土体，降低了其外壁与土体的摩擦力，使其更易于竖向拔出破坏。而在前期循环幅值较小时，循环加载对模型锚侧向张拉时的后期承载力和失效模式的影响并不大，反而会显著增加其开始张拉时的土体阻力增长速度。

14.4　动力锚

14.4.1　动力锚特点

海上施工条件复杂，常受到恶劣风浪流条件的影响，施工作业船费用也非常昂贵，这都对深水锚泊基础提出了更高要求。因此，加工简单、造价较低、运输方便、安装高效、成本低的动力贯入锚(简称动力锚，Dynamically installed anchor，DIA)应运而生。

目前，已有三种类型的动力锚在巴西海域、北海、墨西哥湾和几内亚湾等地的实际工程中获得应用，如图 14-40 所示，分别为鱼雷锚(Torpedo anchor)、DPA(Deep penetrating anchor)和 OMNI-Max 锚。鱼雷锚中轴前端为圆锥形，DPA 中轴前端为半椭球形。鱼雷锚的概念由巴西石油公司 Petrobras 提出，最初用于锚固柔性立管，以限制立管在海床上的水平位移，而后被用于锚固浮式平台。巴西 Campos Basin 的 FPSO P50 工程便采用了 18 个重 98 t 的鱼雷锚作为锚固基础，水深达1240 m。DPA 与鱼雷锚外形相似，并已经在北海进行了全比尺测试，DPA 可作为 FPSO 或其他浮式平台的锚固基础。

OMNI-Max 锚由美国 Delmar 公司研发，主要由中轴和三组成 120° 的翼板组成。每组翼板包括一个较小的前翼和一个较大的尾翼，前翼和尾翼之间有一个缺口用于容纳加载臂，加载臂连接在可绕中轴自由转动的圆环上。锚眼位于加载臂边缘，当锚眼处的上拔荷载与加载臂不共面时，加载臂可绕中轴旋转直至与荷载方向共面。

Han 等(2020)汇总比较了目前发展出的动力锚类型及其主要尺寸和重量，如图 14-41

(a) 鱼雷锚　　　　　　(b) DPA　　　　　　(c) OMNI-Max锚

图 14-40　动力安装锚

和表 14-4 所示。

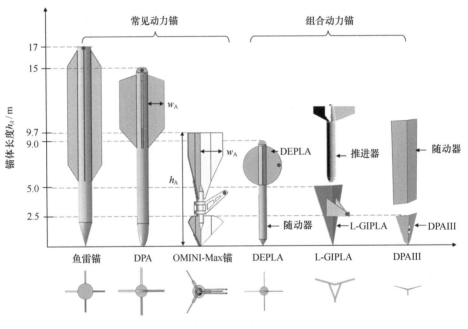

图 14-41　动力锚类型

表 14-4　各类动力锚的主要尺寸和重量

动力锚类型	锚长/m	翼板宽度/m	干重/kN	推进器干重/kN
鱼雷锚	17	0.90	980	
DPA	13	1.40	800	
OMNI-Max 锚	9.15	1.93	380	
DEPLA	3.5	1.44	84	271
L-GIPLA	5	2.00	152	912
DPAIII	2.5	1.04	13	43~77

14.4.2　动力锚安装

14.4.2.1　安装方式

图 14-42 所示为鱼雷锚的典型海上安装过程：首先，通过安装船将动力贯入锚在距离海床土体表面一定高度处(30~150 m)释放，然后在海水中自由下落加速，最后以高速冲击贯入海床至一定深度。由于鱼雷锚的动力贯入过程不需借助外部能量与大型专用设备，因此其海上施工基本不受水深变化的限制，其安装成本也不依赖于水深。除图 14-42 所示锚泊线置于海床上的布设方式，还有如图 14-43 所示动力锚释放前锚泊线悬挂于水中的安装方式。

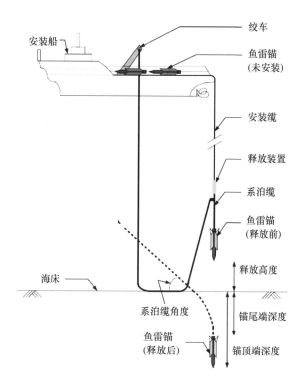

图 14-42　鱼雷锚的海上施工过程

动力贯入锚的安装过程如图 14-44 所示。除上述在水中自由下落、在海床中高速沉贯两个阶段外还包括在海床中旋转调节的第三个阶段。在 OMNI-Max 锚依靠动能贯入海床后，随即张紧连接在锚眼处的锚链，由于 OMNI-Max 锚具有延伸的旋转式加载臂，可迫使锚自身旋转并向前运动，以更深入地钻入更坚固的土体中，即锚将在海床中旋转调节至合适的方位以提高抗拔承载力，至此 OMNI-Max 锚安装结束。

14.4.2.2　安装过程预测模型

动力锚的安装过程可以通过 True（1976）提出的极限平衡方法分析。该方法已成为量化

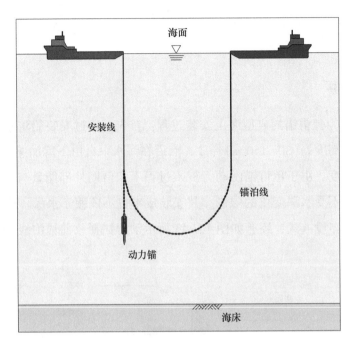

图 14-43　动力锚的悬挂式安装方式

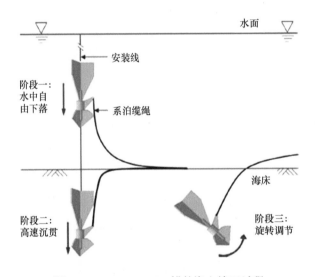

图 14-44　OMNI-MAX 锚的海上施工过程

动力锚贯入过程和预测动力锚沉贯深度的主要方法，并被许多专家学者采用（O'Loughlin et al.，2004；Richardson，2008）。如图 14-45 所示，锚在水中受到水体的拖曳阻力作用 F_D 和尾部锚泊线的拉力作用 F_T。

基于以上受力分析及牛顿第二定律，建立运动平衡方程：

$$(m + m^*) a = W'_A - F_D - F_T \tag{14 - 14}$$

式中，a 为加速度；m 为锚质量；m^* 为附加质量；W_A' 是锚的有效重量；拖曳阻力 F_D 的表达式为：

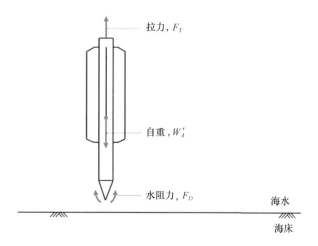

图 14-45　锚在水中降落过程中受到的力

$$F_D = \frac{1}{2} C_D \rho A_f v^2 \qquad (14-15)$$

式中，C_D 是拖曳阻力系数；A_f 为锚的特征面积，一般取为垂直于运动方向平面上的投影面积；v 为锚的速度，拖曳阻力系数 C_D 与雷诺数 Re 有关，其表达式为：

$$Re = \frac{v l_{charac}}{\nu} \qquad (14-16)$$

式中，l_{charac} 为锚的特征长度，ν 为水的运动黏度系数。

拖曳阻力由压差阻力 F_{Dn} 和摩擦阻力 F_{frict} 两部分组成，其中压差阻力为物体前后表面的压力差，摩擦阻力为水流过物体表面所产生的阻力。压差阻力系数与物体的外形有关，与雷诺数无关，而摩擦阻力系数随雷诺数的增加而减小。Lewis（1988）提及一种计算平板（平板长度×宽度×厚度 $=L_p \times B_p \times t_p$，水流方向与平板长度方向平行）绕流阻力中摩擦阻力系数 C_{Df} 的计算公式：

$$C_{Df} = \frac{0.075}{(\log Re - 2)^2} \qquad (14-17)$$

附加质量 m^* 可表示为：

$$m^* = C_m \rho_w V_{dis} \qquad (14-18)$$

式中，C_m 为附加质量系数，其大小主要取决于锚的形状；V_{dis} 为锚排开水的体积。

当锚在水中加速运动时，物体周围的一部分水体会获得与物体相同的加速度，因此附加质量力可以看作是一项作用在物体上的惯性力。对于细长形的自由落体式锥形贯入仪，其附加质量可以忽略；动力锚均为细长形物体，因此其附加质量系数也通常为零。

如图 14-46 所示，在海床中土体的拖曳阻力作用 F_D、锚轴和翼板侧壁的摩擦阻力 F_{frict}、锚尖和翼板底部的端承阻力 F_{bear} 和锚眼点处的尾部锚泊线拉力作用 F_T。

基于以上受力分析及牛顿第二定律，建立运动平衡方程：

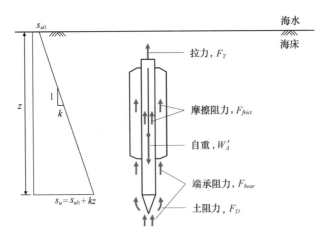

图 14-46　锚在海床中降落过程中受到的力

$$(m + m^*)\, a = W'_A - F_D - F_{bear} - F_{frict} - F_T \qquad (14-19)$$

端承阻力 F_{bear} 和摩擦阻力 F_{frict} 分别为：

$$F_{bear} = N_c A_f R_{f1} s_u \qquad (14-20a)$$

$$F_{frict} = \alpha A_s R_{f2} s_u \qquad (14-20b)$$

式中，N_c 为承载力系数，s_u 是海床土体的不排水抗剪强度，A_s 为锚轴和翼板侧壁与海床土体的接触面积，α 是锚-海床土的界面摩擦系数，可以取为海床土体灵敏度的倒数，R_{f1} 和 R_{f2} 分别是锚端部和侧壁的土体应变率效应系数。Einav 等（2006）提出了表征软黏土率效应的表达式：

$$R_f = 1 + \lambda \log\left(\frac{\dot{\gamma}}{\dot{\gamma}_{ref}}\right) \qquad (14-21)$$

式中，λ 为表征率效应大小的参数，剪应变率每提高一个量级，土体不排水抗剪强度提高 λ；$\dot{\gamma}$ 为剪切应变率，$\dot{\gamma}_{ref}$ 为参考剪切应变率。剪切应变率可表示为：

$$\dot{\gamma} = \frac{v}{d_{charac}} \qquad (14-22)$$

式中，v 为锚的运动速度；d_{charac} 为特征尺寸。

土体的率效应系数 R_f 除式（14-21）的半对数表达外还有幂指数形式：

$$R_f = \left(\frac{\dot{\gamma}}{\dot{\gamma}_{ref}}\right)^{\beta} \qquad (14-23)$$

式中，β 为率效应参数，这与本书第 6 章的理论一致。

14.4.2.3　安装过程模拟

Han 等（2020）实验研究探讨了动力锚在动态贯入过程中的速度变化过程。锚模型为缩尺比例为 1∶50 的 OMNI-Max 锚（质量为 0.438 kg），土样为正常固结高岭土，参考不排水剪切强度为 2.4z kPa。锚冲击海床的速度为 2.69 m/s(原型为 19 m/s)。速度随贯入深度的变化,由 MEMS 加速度计测量的加速度数据积分得到,如图 14-47 所示。在正常固结土中,对于浅层土,不排水抗剪强度相对较低,因此锚的速度在浅层海床中仍不断加速。当锚贯入到较深的土体中,不排水抗剪强度较高,土体抗力明显增大且超过锚的去浮重量后,锚开始减速。当速度降低到 0 时,锚在海床中静止。

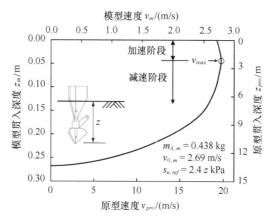

图 14-47　OMNI-Max 锚的速度随贯入深度的变化过程(Han et al., 2019)

图 14-48 对比了不同的冲击速度、不排水抗剪强度、锚重量和形状下动力锚的最终贯入深度。随着冲击速度的提高和重量的增加,最终的贯入深度也会增加。不排水抗剪强度对动力锚的最终贯入深度的影响较大。例如,鱼雷锚在不排水剪切强度为 2+3z kPa 的钙质粉土中最终贯入深度为 15.4~18.7 m,而在不排水抗剪强度为 1+0.85z 的高岭土中最终贯入深度为 28.4~31.0 m(Hossain et al., 2014)。此外,锚形状对最终贯入深度也有重要影响。例如,在相似的锚重量和不排水抗剪强度下,OMNI-Max 锚的最终贯入深度为 10.3~13.2 m,远低于鱼雷锚的 15.4~18.7 m。OMNI-Max 锚板形表面积大于鱼雷锚,这会导致贯入过程中的摩擦阻力较高,因此,OMNI-Max 锚的贯入深度较浅。

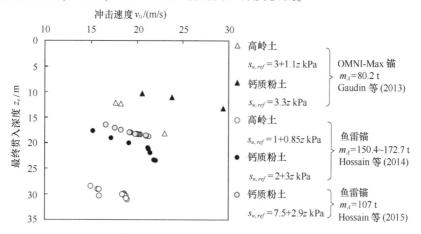

图 14-48　不同类型动力锚的贯入深度随冲击速度的变化

(Gaudin et al., 2013;Hossain et al., 2014, 2015)

14.4.3 动力锚承载力

动力锚在动态贯入后，需要保留一段固结时间，以允许耗散超孔隙水压力，这有助于重新增加不排水抗剪强度，进而提高承载力。Richardson（2008）的离心试验表明，DPA的垂直承载力（F_v）随着固结时间的增加而增加，如图14-49所示。例如，随着固结时间从27 d增加到12.7 yr，峰值无量纲垂直承载力$F_{v,peak}/W_A$从1.64增加到3.55。在实际应用中，不可能允许超孔隙水压力的耗散持续数年，超孔隙水压力的耗散程度应根据土体固结系数、应力历史和锚的贯入深度进行估计。除了超孔隙水压力的消散外，天然海底沉积物的触变性（指重塑后恒定含水量下土体中随时间变化的强度增长）也可能是提高锚承载力的积极因素。然而，目前在模型试验中，尚未系统地研究锚承载力对土体触变性的依赖。

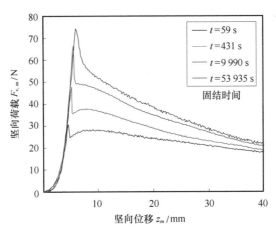

图 14-49　固结时间对动力锚承载力的影响

14.5　新型芯桶重力锚

14.5.1　芯桶重力锚特点

钙质砂地层是一类典型的透水性较强，且存在弱胶结作用的地层条件，传统的锚桩、吸力锚、拖曳锚和动力贯入锚很难在该地层中进行安装。锚桩在钙质砂地层中安装时曾发生溜桩的工程事故（Haggerty et al.，1988）。打桩过程中，颗粒破碎引起侧摩阻力减小，桩快速贯入钙质砂而出现溜桩，最终导致锚桩承载力不足。吸力锚在海洋工程中应用广泛，但由于钙质渗透性较高，吸力锚内部很难形成足够的负压完成安装（Houlsby et al.，2005）。由于钙质砂的贯入阻力较大，拖曳锚和动力贯入锚等很难有足够的贯入深度保证服役时的承载力（Richardson，2008）。在实际工程中，重力锚安装效率高、承载能力可靠而被广泛应用于钙质砂地层中。重力锚水平承载力来源于钙质砂与基础表面的界面摩擦抗力，但由于承载效率低，重力锚体型巨大，增加了运输和安装成本。

综上所述，进行钙质砂海床中锚泊基础设计需要综合考虑安装和承载两个方面，但深埋锚体存在贯入困难的问题，而浅埋锚体存在承载效率问题，使得该地层中锚泊基础安装和承载存在不协调性。为解决钙质砂地层中锚泊基础安装和承载的不协调性，同时为避免海床浅层土体损失等灾害，作者课题组提出了一种基于重力锚和桶形基础构型的芯桶重力锚（caisson-plate gravity anchor，CPGA）。

芯桶重力锚由盖板和芯桶组成（如图 14-50），其最大的优势在于：可以直接吊装安装而不需要其他辅助设备（吸力设备、打桩设备等），同时具备较高的承载效率。针对提出的芯桶重力锚，进行了一系列离心模型试验研究芯桶重力锚尺寸对承载力的影响；通过粒子图像测速（PIV）捕捉到土体位移场；采用砂土亚塑性模型进行了数值模拟，揭示芯桶重力锚承载力发挥机理，基丁大量数值计算结果提出了芯桶重力锚承载力计算公式。

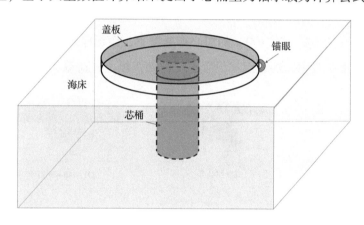

图 14-50　芯桶重力锚构型示意

14.5.2　芯桶重力锚承载力发挥机制

为探究芯桶重力锚的承载力，芮圣洁（2022）开展了离心模型试验、数值分析和理论分析多种方法，系统探究芯桶重力锚承载力发挥机制。

14.5.2.1　离心模型试验概况

针对芯桶重力锚的承载力研究，共进行 5 组离心模型试验，如表 14-5 所示。在锚名称命名中，d 和 h 分别表示芯桶直径和深度，而 D 表示盖板直径，最后部分表示竖向压载 V_p 的大小，本文所指的芯桶直径为芯桶外径。例如，d4h4 是指芯桶直径 d 和深度 h 为 4 m 且不包含盖板的芯桶；D12d4h4-30 kPa 表示芯桶尺寸 $d=4$ m，$h=4$ m，$D=12$ m 且有 30 kPa 竖向压载的芯桶重力锚。表 14-5 中前三组试验旨在研究盖板和竖向压载的影响，而后两组试验是在第三组的基础上研究芯桶埋深和盖板直径的影响。

表 14-5　芯桶重力锚离心试验设计

工况	盖板直径 D/m	桶直径 d/m	桶埋深 h/m	压载 Vp/kPa
d4h4	无	4	4	0
D12d4h4	12	4	4	0
D12d4h4-30 kPa	12	4	4	30
D12d4h2-30 kPa	12	4	2	30
D8d4h4-30 kPa	8	4	4	30

1）模型锚设计

图 14-51 显示了试验中使用的芯桶重力锚半模型。模型锚由铝合金制成，弹性模量为 72 GPa，泊松比为 0.3，密度为 2.8 g/cm³。芯桶壁厚 t 为 1.5 mm。D12d4h4 上部有一个 $D=$ 120 mm，$t=1.5$ mm 的盖板。在 100 g 的离心加速度下，盖板厚度增加至 10.6 mm 以模拟 30 kPa 的竖向压载。本试验中，加载点均设置在泥面处盖板上，荷载为水平方向。

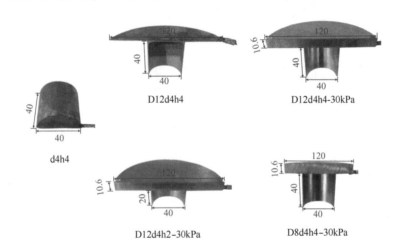

图 14-51　芯桶重力锚半模型（单位：mm）

2）土体制备

钙质砂的特性如表 14-6 所示，钙质砂的比重为 2.81，中值粒径为 0.30 mm，最小和最大孔隙比分别为 0.86 和 1.15。

表 14-6　钙质砂物理性质参数

参数	数值
比重 G_s	2.81
中值粒径 D_{50}/mm	0.30

参数	数值
不均匀系数 C_u	2.33
曲率系数 C_c	0.92
最小孔隙比 e_{min}	0.86
最大孔隙比 e_{max}	1.15

采用落雨法制备了两箱高度相同的钙质砂，通过固定一个大漏斗从 280 mm 的高度处落砂以达到 70% 的相对密实度。砂样分 10 层制备，每层约 40 mm。每层砂样顶面整平后，根据层厚和砂量计算各层相对密实度。如图 14-52 所示，两个模型箱中钙质砂相对密实度均在 67%~72%。

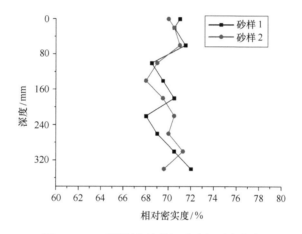

图 14-52　不同深度处的钙质砂相对密实度

3）模型箱布置

图 14-53（a）显示了离心模型试验布置主视图。土体区域高度和长度分别为 380 mm（原型为 38 m）和 1 200 mm（原型为 120 m）。靠近有机玻璃板内侧安装了三个模型锚。作用在芯桶重力锚上的荷载由直径为 1.2 mm、最大张力为 1.2 kN 的钢丝绳传递，钢丝绳通过两个滑轮与力传感器相连，力传感器固定在上板上。在试验中，上板的运动由电机直接控制，设定的速度为 0.1 mm/s。

图 14-53（b）显示了离心模型试验布置平面图。土体区域宽度为 300 mm（原型为 30 m）。相邻锚体之间的距离大于 5.75d，芯桶重力锚与模型箱侧壁之间的距离大于 4.75d。为了消除钙质砂与有机玻璃板之间的壁面摩擦，在制备砂样前在有机玻璃表面涂上硅油。

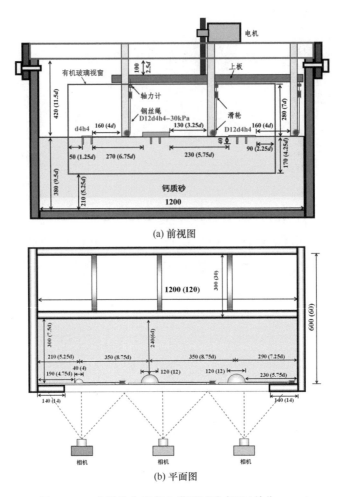

(a) 前视图

(b) 平面图

图 14-53　芯桶重力锚离心模型试验布置(单位：mm)

14.5.2.2　离心模型试验结果及对比

图 14-54 显示了芯桶重力锚实测力学响应对比，表 14-7 总结了极限状态时芯桶重力锚力学和运动信息。

如图 14-54 (a)所示，当 $s=0.26$ m(0.065d)时，工况 d4h4 承载力达到 1 584 kN；之后随着锚体逐渐被拔出，荷载逐渐减小。在工况 D12d4h4，极限承载力增加至 3 080 kN，增加比例为 94.4%，此时完全发挥土体抗力的位移增加到 0.34 m(0.085d)。在工况 D12d4h4-30 kPa，锚体极限承载力(9 453 kN)是 d4h4 的 5.96 倍。相比之下，工况 D12d4h2-30 kPa 的承载力(5 433 kN)约为工况 D12d4h2-30 kPa 的 57.5%，表明芯桶埋深对承载力有显著影响。工况 D8d4h4-30 kPa 的承载力为 D12d4h4-30 kPa 的 50.8%，达到极限承载力的位移为 0.58 m(0.145d)。还应注意的是，D12d4h2-30 kPa 的残余承载力较为稳定，占峰值的 73.7%，而在其他工况，峰值后承载力呈现逐渐减小的趋势。

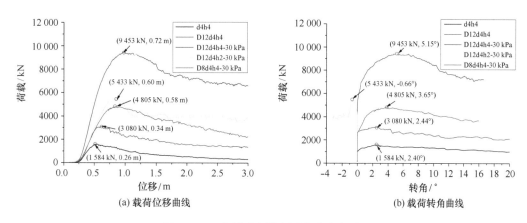

图 14-54　芯桶重力锚实测力学响应对比

表 14-7　极限状态时芯桶重力锚力学和运动信息

工况	承载力/kN	位移/m	转角/°
d4h4	1584	0.26	2.40
D12d4h4	3080	0.34	2.44
D12d4h4-30 kPa	9453	0.72	5.15
D12d4h2-30 kPa	5433	0.60	-0.66
D8d4h4-30 kPa	4805	0.58	3.65

图 14-54（b）显示了所有工况的荷载转角曲线。正旋转角度表示锚体向前旋转。在工况 d4h4 和 D12d4h4，锚体向前旋转，并分别在 $\omega = 2.40°$ 和 $\omega = 2.44°$ 时达到峰值承载力。工况 D12d4h4-30 kPa 在 $\omega = 5.15°$ 时达到极限承载力，其承载力约为工况 D12d4h4 的两倍。在工况 D8d4h4-30 kPa，极限状态下锚体的旋转角度为 3.65°，小于工况 D12d4h4-30 kPa 下的旋转角度。然而，在工况 D12d4h2-30 kPa，锚体表现出 -0.66° 的向后旋转角度，且平移运动占主导地位。

在实际工程中，延性破坏一般被认为更可靠，而脆性破坏则应避免。对于重力锚，承载力是由界面摩擦产生的，即使在大位移工况下，该值也几乎保持不变，这种类型的锚体破坏属于延性破坏，在实践中相对可靠。而深埋锚（吸力锚、锚板和鱼雷锚）一旦拔出，锚体承载力将会显著降低，其破坏类似于脆性破坏。因此，这些锚型的可靠性不如重力锚。本节发现，单独一个芯桶的承载力在达到极限状态后急剧下降，属于脆性破坏，但芯桶重力锚在极限状态后仍然具有良好承载性能，即使在相对较大位移下也能保持大部分承载力。特别是工况 D12d4h2-30 kPa，几乎具有稳定的残余承载力，即使在 2 m 位移后，其承载力占峰值的比例也能达到 73.7%。因此，芯桶重力锚在工程实践中更为可靠。

锚体承载力与其土体位移场密切相关。图 14-55 比较了所有工况下极限状态时土体位移场对比。对于工况 d4h4，锚体旋转占主导地位，且旋转中心出现在芯桶中。对于工况 D12d4h4，由于盖板的存在，芯桶前方和盖板下方的土体形成较大的发挥区域。如图 14-55(c) 所示，工况 D12d4h4-30 kPa 中的土体应力状态因竖向压载而增大，锚体承载力显著提高。如图 14-55(d) 所示，在工况 D12d4h2-30 kPa，盖板下土体主要以平动为主。如图 14-55(e) 所示，芯桶内部出现旋转中心，与工况 d4h4 相比，该旋转中心向前产生一定的移动。

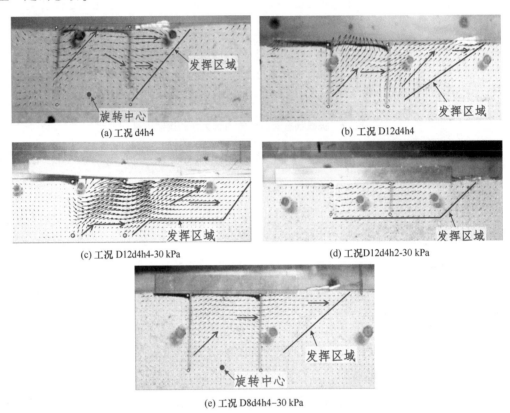

(a) 工况 d4h4

(b) 工况 D12d4h4

(c) 工况 D12d4h4-30 kPa

(d) 工况 D12d4h2-30 kPa

(e) 工况 D8d4h4-30 kPa

图 14-55　极限状态时土体位移场对比

14.5.2.3　承载力发挥耦合机制

如前文所述，在桶形基础上增加盖板和竖向压载，能增大桶前土体发挥区域和土体应力。由于芯桶重力锚(CGA)是盖板和芯桶的组合，因此其承载力可以分为单个基础的承载力贡献和两者耦合关系。通过分离盖板和芯桶各自的作用来分析 CGA 的承载力发挥机制。

1) 理论分析介绍

单个盖板的承载力主要由自重引起的底部界面摩擦，可通过式(14-24)计算：

$$F_1 = \frac{Vp \cdot D^2 \cdot \pi \cdot \tan(\delta)}{4} \tag{14-24}$$

式中，Vp 为盖板在泥面处的竖向压载值；δ 为砂-基础的界面摩擦角。

计算芯桶的承载力时，假设芯桶的破坏状态是平动模式，据此计算得到的承载力为上限值。采用上限值的原因是当锚体具有旋转位移分量时，承载力很难通过理论表达式进行计算。根据 Liu 等（2015），垂直于桶基外表面的土压力 σ_ψ 表示为：

$$\sigma_\psi = (\sigma_{max} - \sigma_0) \cdot \cos(\psi) + \sigma_0, \quad -\frac{\pi}{2} < \psi < \frac{\pi}{2} \quad (14-25)$$

式中，$\sigma_0 = K_0 \gamma' z$ 为静止土压力，式中 K_0 为静止土压力系数，γ' 为砂有效容重，z 为锚体埋置的深度，ψ 是土压力与加载水平轴的角度。此时，沿芯桶分布的土体最大水平压力 σ_{max} 采用 Zhang 等（2005）提出的表达式：

$$\sigma_{max} = K_p^2 \gamma' z \quad (14-26)$$

式中，K_p 是与内摩擦角 φ_c 相关的被动土压力系数，表示为：

$$K_p = \tan^2\left(45° + \frac{\varphi_c}{2}\right) \quad (14-27)$$

将土压力 σ_ψ 沿深度方向进行积分后，水平方向的端部承载抗力 F_b 可表示为：

$$F_b = \int_0^d \int_{-\frac{\pi}{2}}^{\frac{\pi}{2}} \sigma_\psi \cdot \cos(\psi) \cdot \frac{D}{2} \mathrm{d}\psi \mathrm{d}z = \frac{1}{2}\gamma' D d^2\left(\frac{\pi}{4}(K_p^2 - K_0) + K_0\right) \quad (14-28)$$

芯桶底部的水平剪力可表示为：

$$H_{bot} = \gamma' h A_{plug} \tan(\varphi_c) \quad (14-29)$$

式中，A_{plug} 是桶内土塞的底部面积，h 为芯桶埋深。此时芯桶的平动抗力可通过下式计算：

$$F_2 = F_b + H_{bot} \quad (14-30)$$

由于盖板与芯桶存在耦合作用，芯桶的承载力发挥机制因盖板和竖向压载的增加而改变。因此，引入一个耦合发挥系数 α 来修正盖板对芯桶承载力的贡献。此时，CPGA 的承载力可通过以下公式计算：

$$F = F_1 + \alpha F_2 \quad (14-31)$$

2）桶-板耦合效应分析

芮圣洁（2022）基于有限元计算结果，不同工况下 α 值随主要构型参数的变化情况如图 14-56 所示。结果表明，耦合发挥系数随压载的增大而增大，说明竖向压载抑制了芯桶的旋转运动。对于工况 D12d4h2（埋深较浅），当 $V_p \geq 10$ kPa 其发挥系数总大于 1，表明 CGA 承载力大于单板和芯桶的总承载。耦合效应的提高可能来源于盖板和压载对芯桶前土体应力的增强效应。图 14-56（b）表明 α 值对埋入深度非常敏感，原因如下：随着 h 的增大，当锚眼点保持在泥面处时，芯桶旋转效应更加显著，实际土体抗力将显著低于平动假设下的土体抗力，因此发挥系数呈现降低趋势。

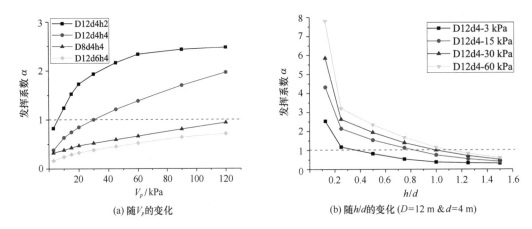

图 14-56　耦合发挥系数与主要构型参数的变化规律

参考文献

国振，2011. 吸力锚锚泊系统安装与服役性状研究[D]. 浙江杭州：浙江大学.

芮圣洁，2022. 锚泊线触底开槽效应与锚泊基础承载性能[D]. 浙江杭州：浙江大学.

沈侃敏，2017. 海洋锚泊基础安装与服役性能研究[D]. 浙江杭州：浙江大学.

ANDERSEN K, MURFF J, RANDOLPH M, et al., 2005. Suction anchors for deepwater applications[C]. Perth, Western Australia：the University of Western Australia.

ANDERSEN K H, JOSTAD H P, 1999. Foundation design of skirted foundations and anchors in clay[C]. Houston, Texas：Offshore Technology Conference：10824.

ANDERSEN K H, JOSTAD H P, 2004. Shear strength along inside of suction anchor skirt wall in clay[C]. Houston, Texas：Offshore Technology Conference：16844.

API RP 2SK, 2005. Design and Analysis of Stationkeeping Systems for Floating Structures[S]. Washington D. C：American Petroleum Institute.

AUBENY C P, CHI C, 2010. Mechanics of drag embedment anchors in a soft seabed[J]. Journal of geotechnical and geoenvironmental engineering. 136(1)：57-68

AUBENY C P, KIM B M, MURFF J D, 2008. Prediction of anchor trajectory during drag embedment in soft clay[J]. International Journal of Offshore and Polar Engineering. 18(04).

BRANSBY M F, O′NEILL M P, 1999. Drag anchor fluke-soil interaction in clays[M]. Boca Raton, Florida：CRC Press：489-194.

CHI C M, 2010. Plastic limit analysis of offshore foundation and anchor[M]. Laredo, Texas：Texas A&M University.

CLASSIFICATION NOTES NO. 30. 4, 1992. Foundations[S]. Oslo：Det Norske Veritas.

CLUKEY E C, TEMPLETON J S, RANDOLPH M F, et al., 2004. Suction caisson response under sustained loop current loads[C]. Houston, Texas：Offshore Technology Conference：16843.

DEGENKAMP G, DUTTA A, 1989. Soil resistances to embedded mooring line in soft clay[J]. Journal of Geotechnical and Geoenvironmental Engineering. 115(10)：1420-1438.

DNV (Det Norske Veritas), 1992. Foundations Classification Notes No. 30. 4. February.

DNV-RP-E303, 2017. Geotechnical design and installation of suction anchors in clay[S]. Oslo: Det Norske Veritas.

DNV-RP-E304, 2020. Offshore mooring steel wire ropes[S]. Oslo: Det Norske Veritas.

EINAV I, RANDOLPH M, 2006. Effect of strain rate on mobilised strength and thickness of curved shear bands[J]. Géotechnique. 56(7): 501-504.

GAUDIN C, O'LOUGHLIN C D, HOSSAIN M S, et al., 2013. The performance of dynamically embedded anchors in calcareous silt[C]. Nantes, Loire-Atlantique: International Conference on Ocean, Offshore and Arctic Engineering.

GUO Z, JENG D S, GUO W, et al., 2018. Failure mode and capacity of suction caisson under inclined short-term static and one-way cyclic loadings[J]. Marine Georesources and Geotechnology. 36(1): 52-63.

GUO Z, WANG L, YUAN F, 2016. Quasi-static analysis of the multicomponent mooring line for deeply embedded anchors[J]. Journal of Offshore Mechanics and Arctic Engineering. 138(1): 011302.

GUO Z, WANG L, YUAN F, et al., 2012. Model tests on installation techniques of suction caissons in a soft clay seabed[J]. Applied Ocean Research. 34: 116-125.

HAGGERTY B C, RIPLEY L, 1988. Modifications to north Rankin "A" foundations[C]. Rotterdam, Zuid-Holland: International conference on calcareous sediments: 747-773.

HAN C, LIU J, 2020. A review on the entire installation process of dynamically installed anchors[J]. Ocean Engineering. 202: 107173.

HOSSAIN M S, KIM Y, GAUDIN C, 2014. Experimental investigation of installation and pullout of dynamically penetrating anchors in clay and silt [J]. Journal of Geotechnical and Geoenvironmental Engineering. 140 (7): 04014026.

HOSSAIN M S, O'LOUGHLIN C D, KIM Y, 2015. Dynamic installation and monotonic pullout of a torpedo anchor in calcareous silt[J]. Géotechnique. 65(2): 77-90.

HOULSBY G T, BYRNE B W, 2005. Design procedures for installation of suction caissons in sand[J]. Geotechnical Engineering. 158(3): 135-144.

LEWIS E V, 1988. Principles of naval architecture: Volume II - Resistance, propulsion and vibration[M]. The Society of Naval Architects and Marine Engineers.

LIU H X, PENG J S, ZHAO Y B, 2015. Analytical study of the failure mode and pullout capacity of suction anchors in sand[J]. Ocean System Engineering. 5(4): 279-299.

LUKE A M, 2002. Axial capacity of suction caissons in normally consolidated kaolin[D]. Houston, Texas: University of Texas at Austin.

MADSLIEN J, 2009. Floating challenge for offshore wind turbine[N]. London: British Broadcasting Corporation news.

MURFF J D, RANDOLPH M F, ELKHATIB S, et al., 2005. Vertically loaded plate anchors for deepwater applications[C]. The Netherlands: CRC Press. the International Symposium on Frontiers in Offshore Geotechnics: 31-48.

NEUBECKER S R, RANDOLPH M F, 1995. The performance of embedded anchor chain systems and consequences for anchor design[C]. Houston, Texas: Offshore Technology Conference: 7712.

O'LOUGHLIN C, RANDOLPH M, RICHARDSON M, 2004. Experimental and theoretical studies of deep penetrating anchors[C]. Houston, Texas: Offshore Technology Conference: 16841.

O'NEILL M P, BRANSBY M F, RANDOLPH M F, 2003. Drag anchor fluke soil interaction in clays[J]. Canadian Geotechnical Journal. 40(1): 78-94.

RANDOLPH M F, GOURVENEC S, 2011. Offshore geotechnical engineering[M]. London: CRC Press.

RANDOLPH M F, HOUSE A R, 2002. Analysis of suction caisson capacity in clay[C]. Houston, Texas: Offshore Technology Conference: 14236.

RICHARDSON M D, 2008. Dynamically installed anchors for floating offshore structures[M]. Perth, Western Australia: the University of Western Australia.

RUI S J, WANG L Z, GUO Z, et al., 2021. Axial interaction between anchor chain and sand. Part II: Cyclic loading test[J]. Applied Ocean Research. 114(6): 102815.

TRUE DG, 1976. Undrained vertical penetration into ocean bottom soils[M]. Berkeley, California: University of California.

WANG L, GUO Z, YUAN F, 2010a. Quasi-static three-dimensional analysis of suction anchor mooring system[J]. Ocean Engineering. 37(13): 1127-1138.

WANG L Z, GUO Z, YUAN F, 2010b. Three-dimensional interaction between anchor chain and seabed[J]. Applied Ocean Research. 32(4): 404-413.

WANG L Z, SHEN K M, LI L L, et al., 2014. Integrated analysis of drag embedment anchor installation[J]. Ocean Engineering. 88(5): 149-163.

WILSON B W, 1960. Characteristics of anchor cables in uniform ocean currents[M]. Laredo, Texas: Texas A & M University.

ZHANG L Y, SILVA F, GRISMALA R, 2005. Ultimate lateral resistance to piles in cohesionless soils[J]. Journal of Geotechnical and Geoenvironmental Engineering. 131(1): 78-83.

第 15 章　海底渐进式滑坡

海底滑坡是常见的海洋地质灾害，通常指在重力和外部触发力作用下海底斜坡沉积物向下滑动的过程。自然界中常见的大型海底滑坡具有厚度浅（$10\sim100$ m）、坡体长（$10\sim100$ km）、范围广（可达 10^4 km^2）的特征。海底滑坡的反分析表明在滑动范围如此之大的滑坡中，滑坡的发生既不是瞬时的，也不是整体的。当斜坡内存在大量高灵敏性应变软化黏土时，斜坡可能会由于局部的轻微扰动而发生大面积的渐进式破坏。

由于渐进式破坏模式的复杂性，陆上滑坡稳定性分析理论及传统数值模拟方法难以应用于海底渐进式滑坡稳定性分析。当前，能有效模拟海底斜坡渐进式破坏过程的稳定性分析方法主要有两种：剪切带扩展（shear band propagation，SBP）法和耦合欧拉-拉格朗日（coupled Eulerian-Lagrangian，CEL）方法。SBP 法假定海底斜坡剪切带上某个最危险的不稳定带率先发生破坏，随后剪切带的增长扩展达到临界值时便诱发进一步的斜坡整体破坏，可合理评估大型海底斜坡稳定带、准稳定带及不稳定带的安全系数。CEL 方法可有效避免数值模型网格过度畸变，将土体的应变软化特征、剪切带扩展和复杂的渐进式破坏过程成功地模拟出来，可有效地揭示灵敏性黏土斜坡渐进式破坏机理。

本章首先简要阐述海底滑坡特点、模式与成因，介绍国内外典型的海底滑坡案例；在此基础上，分析了灵敏性黏土斜坡渐进式破坏机制；建立了 SBP 在海底斜坡稳定性分析中的基本原理及分析步骤；最后基于 CEL 数值模拟方法，揭示了海底斜坡渐进式破坏机理。

15.1　海底滑坡概述

15.1.1　海底滑坡特点、模式与成因

海底滑坡极具破坏力，可以破坏海洋工程结构、扰乱海洋生态系统以及诱发海啸，对

沿岸居民的生命财产安全造成严重的威胁。1969 年 Camille 飓风引发密西西比河三角洲发生海底滑坡，造成高达 1 亿美元的经济损失；1998 年巴布亚新几内亚由于地震和海底滑坡诱发了 15 m 高的海啸，夺去了 2 000 人的生命；海底滑坡经常导致海底管线的灾变与断裂，造成巨大的经济损失和海洋环境灾害（王立忠等，2008；Yuan et al.，2012a，2012b）。比如，2006 年吕宋海峡的海底光缆遭到海底滑坡的破坏，使我国与东南亚地区的通信中断了 12 h。随着我国海洋强国战略的提出，海底资源勘探、海洋天然气水合物开发，以海底滑坡为代表的海洋地质灾害评估变得越来越重要，已经成为当今海洋工程与科学研究的热点问题之一。

15.1.1.1 海底滑坡特点

海底斜坡由于处在独特的水下动力环境中，在斜坡诱发、失稳、流滑、堆积等诸多阶段都明显区别于陆上滑坡（孙立宁，2019），主要特征如下。

（1）分布范围广。由于水下动力环境复杂，海底滑坡几乎会发生在全世界所有的海洋斜坡上。受海底地质构造和沉积环境等因素控制，大部分滑坡发生在大陆坡、海底峡谷和三角洲等地区，其中以大陆坡最为集中。

（2）滑坡规模大。最大的海底滑坡可以影响超过 10 000 km² 的海底。比较著名的大型滑坡有，挪威 Storegga 滑坡、Traenadjupet 滑坡和非洲西北部 Sahara 滑坡等。

（3）坡角变化范围大。滑坡发生的角度分布范围很大，最小为 0.5°，最大为 60°。海底斜坡破坏与陆地上斜坡破坏时的坡度角不同，大多数滑坡发生在 3°~4° 的斜坡上，85% 的滑坡发生在小于 10° 的斜坡上。

（4）滑移距离长。滑坡发生后，可以向下移动数百千米。变成浊流后，可以运动更远的距离，滑坡沉积物能够覆盖大部分的海洋盆地。即使坡度十分平缓，其流滑体也会滑移数百千米。

（5）滑移速度快。在一定水动力条件与构造环境下，流滑体的运移速度可以高达 20 m/s。

15.1.1.2 海底滑坡模式

典型海底滑坡模式，如图 15-1 所示。按照滑坡体后缘破坏形式主要可分为单次滑动和渐进后退滑动；按照滑坡体前缘位移形式可以分为挤压滑塌、流滑滑塌和有限位移滑塌（蠕滑）。挤压滑塌影响范围较大，导致区域内埋设的工程基础设施失稳；流滑滑塌最终形成碎屑流可严重冲击下游基础设施。除了前缘位移给下游设备造成冲击之外，后缘渐进后退破坏则会造成上游基础设施的失稳，近岸渐进后退滑坡甚至能侵蚀陆地、岛礁海岸线，威胁沿岸财产、生命安全及岛礁设施。

15.1.1.3 海底滑坡成因

海底滑坡形成的基本机制与陆地滑坡有相似之处，如当作用于滑体的下滑力大于抗滑

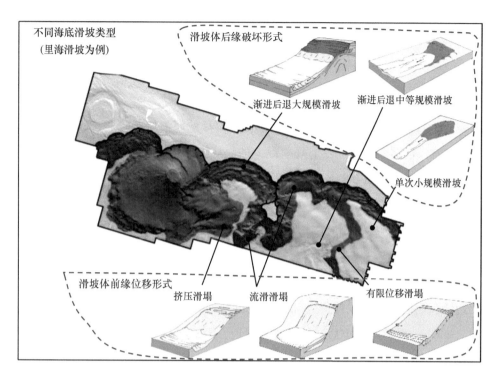

图 15-1　复杂海底滑坡类型和简易分析模型

力，便会发生滑坡；与此同时，海洋环境更为复杂，其成因机制又具特殊性，海底滑坡主要触发因素，如图 15-2 所示，其中排前三的分别是地震和断层活动（42%）、快速沉积作用（25%）和天然气水合物分解作用（11%）。

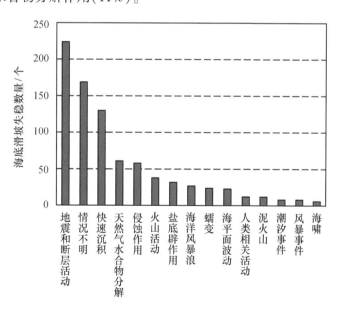

图 15-2　海底滑坡触发因素调查结果（Hance，2003）

15.1.2 国外典型海底滑坡

15.1.2.1 挪威 Storegga 海底滑坡

Storegga 滑坡位于北大西洋挪威海中南部，距离挪威西海岸 70~150 km，该滑坡发生于距今 8 200 年前，是迄今为止世界上规模最大的海底滑坡，如图 15-3 所示。据估算，该海底滑坡的总滑坡量达到了 3 000 km³，总影响面积约 90 000 km²，滑坡厚度达到 34 m，涉及290 km 长的大陆架。

Storegga 海底滑坡触发机制有以下两个主流观点：①在地震的触发作用下，大陆架边缘海底的天然气水合物发生分解，导致海底沉积物中孔隙压力增加，有效应力降低，使沉积物强度下降，斜坡失稳从而诱发海底滑坡；②冰川融化形成的溪流将数万亿吨沉积物运移至大陆架边缘，而后地震触发使得大陆架边缘的海底沉积物塌陷至海盆形成特大海底滑坡。勘测表明，Storegga 滑坡为多重后退的渐进式滑坡，形成了诸多类似于地垒和地堑的滑坡地貌，如图 15-3 所示。

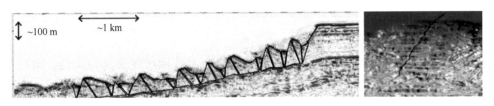

图 15-3　Storegga 滑坡中形成的地垒和地堑（Kvalstad et al.，2005）

15.1.2.2 挪威 Traenadjupet 海底滑坡

Traenadjupet 滑坡位于挪威 Vøring 高原东面和东北部的大陆斜坡上。该滑坡发生在公元前约 4 000 年前的全新世中期，滑坡量约为 900 km³，滑坡总面积约 9 100 km²。该滑坡的前进距离约为 200 km，滑裂面的平均坡度为 1.25°，滑裂面向下坡方向加宽，在约 2 000 m 水深时达到最大约 70 km 的宽度，滑裂面可顺着斜坡向下延伸至约 2 400 m 水深处。有关 Traenadjupet 滑坡的发生原因，认为冰期时滑坡区内快速沉积的冰渍沉积物本身较不稳定且渗透性相对较低，阻止了水或气体从沉积层中逸出。在此基础上，大地震可能是触发 Traenadjupet 海底滑坡最直接的原因，因为地震活动会导致沉积物中孔压的积聚，从而显著地降低海底斜坡沉积物的剪切强度并促使软弱面的形成。

15.1.2.3 非洲西北部 Sahara 海底滑坡

Sahara 海底滑坡位于非洲大陆西北部西撒哈拉近海。该滑坡水深约为 2 000 m，有两个100 m 高的台阶式剖面，为多重后退的渐进式滑坡。该滑坡南部和西南部的边界由一系列高25~35 m 的小陡峭组成，其西南陡坡高 50 m，坡度约 10°，东北陡坡高约 30 m，坡度约

15°。Sahara 滑坡的成因与快速沉积相关，从而导致坡体内局部孔隙压力的增加，土体强度下降。此外，全球海平面上升可能是导致孔隙压力增加的原因之一，海平面上升与这一区域的其他海底滑坡的联系是一致的，这引起了人们对全球变暖期间这一潜在危险的关注。

15.1.3　我国南海典型海底滑坡

我国南海是西太平洋地区最大的边缘海，其构造活动复杂，主要受欧亚板块、太平洋板块和印度板块的共同影响。受控于中生代以来的南海张裂过程，南海北部形成了一系列 NE 向展布的准被动大陆边缘盆地，包括珠江口盆地和琼东南盆地等（马云等，2012）。这些大陆边缘盆地中蕴藏有丰富的油气资源。

由于南海位于环太平洋地震带的边缘，地震活动频繁，且富含的水合物分解极易降低海床稳定性，导致南海北部含油气盆地中发育大量的海底滑坡，如珠江口盆地峡谷区小型海底滑坡、珠江口盆地中下陆坡至洋盆大型海底滑坡以及琼东南盆地中央峡谷内叠置海底滑坡等，如图 15-4 所示。孙启良等（2021）梳理了南海北部珠江口和琼东南海底滑坡的特征，并对海底滑坡所造成灾害进行初步评估，指出海底滑坡研究中需要解决两大问题：海底滑坡的成因机制和潜在海底滑坡动力特性及触发海啸可能性。

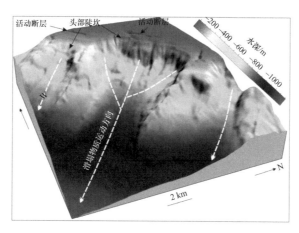

图 15-4　琼东南盆地海底滑坡（孙启良等，2021）

15.1.3.1　珠江口盆地海底滑坡

珠江口盆地从陆架坡折带到海岸线宽度超过 300 km。在珠江口盆地中部区域，上陆坡主要由向东或东北迁移的海底峡谷组成。这些海底峡谷形成隆谷相间的地貌特征，峡谷的长度为 30~60 km，宽度为 1.0~5.7 km，深度为 50~300 m。长期的浊流侵蚀及沉积物重力失稳，导致海底峡谷形成 2°~22°陡峭的侧壁。陡峭侧壁又进一步促了沉积物重力失稳的发生，从而形成大量的海底滑坡。根据高精度的三维地震资料和多波束资料，在峡谷区初步识别出的海底滑坡多达 105 个。这些海底滑坡发育规模一般为 0.5~18 km²，滑塌物质滑动距离小于 3.5 km。在珠江口盆地中下陆坡区域，发育规模巨大的"白云滑坡"，其主要由

4 期独立的海底滑坡组合而成，在反射地震上，主要表现为杂乱或空白的地震反射特征，并且每期滑坡之间被负相位强振幅反射界面分割(图 15-5)。

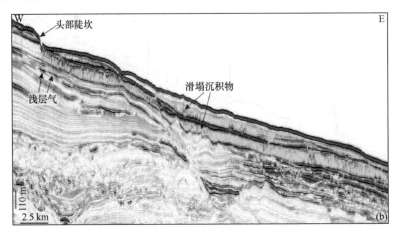

图 15-5　珠江口白云滑坡头部三维地震特征

15.1.3.2　琼东南盆地海底滑坡

与珠江口盆地相比，琼东南盆地陆架较窄，其中最窄处离海南岛约 50 km。由于琼东南盆地的主要物源来自西部，故该盆地西部陆坡物质供应丰富且较为宽缓，而中东部陆坡逐渐陡峭并发育密集海底峡谷。这种物源和陆坡角度的变化，深刻影响了沉积物失稳的频率、类型、规模和滑动距离等。

琼东南盆地滑坡的趾部区存在大量的滑塌块体，这些逆冲断块在平面上呈弧形，断块之间平行或者亚平行分布(图 15-6)。平行断块的大量存在表明滑塌物质的运动距离比较短，以至于滑塌物质没有足够的空间进行剪切、混合，形成较小漂浮块体并最终转化为碎屑流。现代海底地貌表明，陆架坡折带到南部隆起带约为 50 km。因此，上陆坡滑动下来的物质，最大运移距离小于 50 km。

15.1.3.3　南海滑坡灾害

孙启良等(2021)基于古海底滑坡的详细研究，对南海北部海域海底滑坡引起的直接地质灾害和次生地质灾害进行了初步评估。直接地质灾害主要是滑塌物质运动过程中对石油管道、电缆、钻井平台等海洋工程设施的冲击影响。次生地质灾害主要是指海底滑坡诱发海啸并对海岸带和岛屿的破坏性灾害。

15.1.4　渐进破坏机制与分析方法

当斜坡土体存在大量的灵敏性应变软化黏土时，斜坡可能会由于局部的轻微扰动而发生大面积的渐进式破坏。因为局部扰动的土体发生局部位移，土体中位移大的位置达到土体峰值强度，然后土体发生软化，如果软化在土体内从点至面持续传播，破坏面会逐渐扩

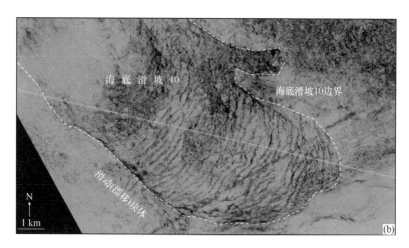

图 15-6　琼东南盆地海底滑坡特征

展，直至引发斜坡整体的破坏滑动，这种现象就是渐进破坏。典型海底斜坡渐进破坏模式，如图 15-7 所示。

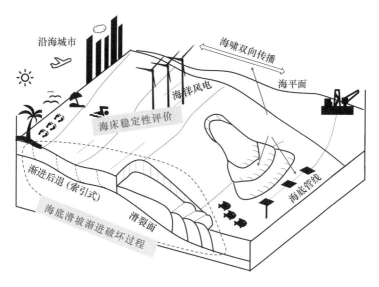

图 15-7　海底斜坡渐进破坏模式示意

15.1.4.1　海底斜坡渐进破坏机制

海洋黏土普遍具有结构性，结构性海洋黏土具有应变软化特征及高灵敏度等特点（龙凡等，2015）。灵敏性黏土斜坡破坏模式主要有 2 类：传统单一滑坡破坏和渐进式破坏，如图 15-8 和图 15-9 所示。

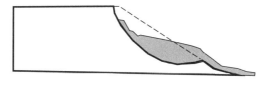

图 15-8　单一滑坡破坏模式示意

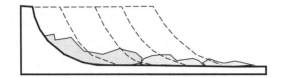

图 15-9   渐进式破坏模式示意

渐进式破坏一般由初始局部的破坏触发，导致多个后退式滑坡的产生。渐进破坏过程中剪切带一般是从斜坡底部发育，逐步向上扩展贯穿至滑体表面。当第一个滑坡下滑，滑体产生严重的重塑，快速地向前滑移，在后方留下一个不稳定的坡面，这可能引发第二个滑坡，这种后退破坏可能会继续持续下去，产生一系列滑坡，直至最终形成稳定坡面。

渐进式滑坡常发生在海洋环境中，例如目前世界上探明最大的海底滑坡 Storegga 滑坡，如图 15-10 所示。对于海洋环境下的斜坡，渐进式滑坡的形成是具备有利条件的。海洋黏土灵敏度高且土体强度较低，更容易发生土体的重塑流动。还有一个重要的原因是海水的作用，当发生滑坡时，由于海水快速夹入滑块与坡体之间的滑动面，降低了土体之间的摩擦力，使得滑体可以滑移的距离更远，滑动速度加快。

图 15-10   挪威 Storegga 渐进式滑坡

15.1.4.2   海底斜坡稳定性评价方法

目前，国内外分析海底斜坡稳定性的方法主要有：极限平衡法（limit equilibrium method，LEM）、强度折减法（shear strength reduction，SSR）、剪切带扩展法（shear band propagation，SBP）和耦合欧拉-拉格朗日（coupled Eulerian-Lagrangian，CEL）方法。极限平衡法是陆上边坡稳定性分析最常用的方法，通常根据作用于岩土体中潜在破裂面上抗滑力与下滑力之比，求该块体的安全系数（F_s），该方法理论简单、计算方便，如图 15-11（a）所示。强度折减法将土体的抗剪强度指标粘聚力 c 和内摩擦角 φ 比上折减系数 F，不断增加 F 的值使土体的抗剪强度减小，直到土体发生破坏，此时的折减系数就是边坡的安全系数。强度折减法通常结合有限元单元法或有限差分法使用，能够计算复杂地貌地质的边坡，考虑了土体的本构关系，可以显示边坡的变形破坏特征，如图 15-11(b) 所示。极限平衡法假设当土体所受的剪切应力 τ 大于土体峰值抗剪强度 τ_p 时，破坏沿整个滑动面同时发生。强度折减法假设土体所有部位的峰值抗剪强度 τ_p 同时折减至残余抗剪强度 τ_r，直到边坡失稳。然而，自然界中常见的大型海底滑坡具有厚度浅 ($10 \sim 100$ m)、坡体长 ($10 \sim 100$ km)、面积大 (可达 10^4 km^2) 的特征。对已发生的海底滑坡的反分析中表明在滑动范围如此之大的滑坡中，滑坡的发生不是瞬时整体发生破坏，潜在破裂面上土体的抗剪强度参数也不是同时劣化。因此，采用极限平衡法和强度折减法分析规模巨大的海底滑坡有其内在的局限性。

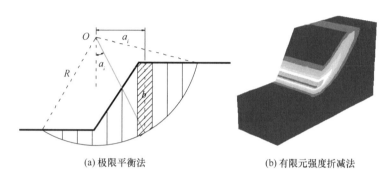

(a) 极限平衡法　　　　　　　　　(b) 有限元强度折减法

图 15-11　传统边坡稳定性分析方法

如图 15-12(a) 所示，剪切带扩展法传播准则认为海底斜坡剪切带上某个最危险的初始剪切带先发生破坏，随后通过剪切带的增长传播达到整体破坏，为自然界中常见的大型海底滑坡提供了一个简单合理的解释。CEL 分析方法可应用于大变形滑坡问题求解。在欧拉分析中，所有的材料物质都被赋予欧拉材料，可以在欧拉网格中自由流动，由于欧拉网格在空间上是固定的，因此即使在滑坡剪切带上应变非常大的情况下，也不会出现与网格畸变有关的数值问题，计算效率高。同时，该方法可以捕捉自由面的演化，比如滑坡体的运动和斜坡失稳后新滑坡的出现，如图 15-12(b) 所示。

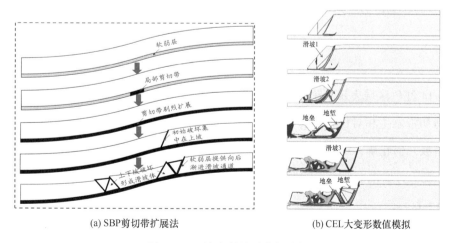

(a) SBP剪切带扩展法　　　　　　(b) CEL大变形数值模拟

图 15-12　海底斜坡稳定性分析

15.2 海底斜坡稳定 SBP 法分析

15.2.1 剪切带扩展法(SBP)原理与步骤

剪切带扩展思想起源于 Palmer 等(1973)发表的经典文献，该文认为在已发生初始破坏的边坡中，初始破坏区域末端土体的抗剪强度会随着相对位移的增加而降低，从而引发边坡的进一步破坏。图 15-13 中土体的抗剪强度 τ 随着相对位移 δ 的增加，逐渐从峰值抗剪强度 τ_p 降低到残余抗剪强度 τ_r。当滑体开始变形滑移时，不稳定带末端区域土体的抗剪强度 τ 会随着相对位移 δ 的增加而降低，使得在不稳定带末端区域土体抗剪强度发生软化，剪切带进一步的扩展增长成为可能。Palmer 等(1973)通过断裂力学推导出剪切带在无限线性边坡中的扩展准则，给出边坡临界剪切带长度 L_{cr} 的表达式，并指出当初始的不稳定带长度 L_i 大于临界剪切带长度 L_{cr} 时，剪切带会发生扩展直至斜坡发生整体破坏。

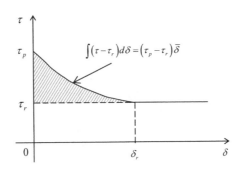

图 15-13 剪切带中土体的应力–应变关系

图 15-13 中 τ_p 为土体峰值抗剪强度，τ_r 为土体残余抗剪强度，δ_r 为土体抗剪强度从 τ_p 降低到 τ_r 时所需要的相对位移量，$\bar{\delta}$ 为土体特征位移：

$$\bar{\delta} = \frac{\int (\tau - \tau_r)\, \mathrm{d}\delta}{\tau_p - \tau_r} \tag{15-1}$$

图 15-14 红色区域表示不稳定带，蓝色区域表示不稳定带破坏区域的两个末端，在上部土体与剪切带发生相对位移时，该部分的土体强度会发生弱化。图 15-14 中，函数 $y = f(x)$ 表示边坡几何轮廓；L_i 为不稳定带长度，L_q 为剪切带发生扩展后的剪切带长度，称为准稳定带；h 表示剪切带上部土层的厚度，由于海底斜坡距离长，滑动面积大，滑动深度浅，因此假设 $h \ll L_i$。

Palmer 等(1973)所提出的 SBP 法适用于超固结黏土，应用范围并不广泛。Puzrin 等(2005)基于能量平衡准则将该法推广到正常固结土中。SBP 法将海底滑坡看作是一个渐进

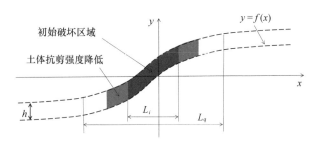

图 15-14　斜坡不稳定带示意

破坏的过程，以其独特的优势成为分析海底滑坡稳定性的重要方法（Puzrin et al.，2017）。由于海底勘探设备的限制，海底滑坡初始不稳定带长度并不容易测定，这一定程度上限制了 SBP 法应用于海底斜坡稳定性研究。

15.2.1.1　SBP 法分析步骤

（1）建立海底斜坡计算模型：根据海底斜坡地质勘测资料，确定海底斜坡几何参数、土体物理力学参数和外力荷载参数，选择合适的函数 $y = f(x)$ 拟合海底坡体轮廓线。

（2）确定剪切应力比 r：根据勘测得到的边坡几何参数、土体物理力学参数和外力荷载参数计算斜坡土体剪切应力比 r，从而确定海底斜坡上的不稳定带（$r > 1$）、准稳定带（$0 < r \leqslant 1$）和稳定带（$r \leqslant 0$）的分布。

（3）确定剪切带长度：分别令 $r = 0$，$r = 1$，反求出斜坡上不稳定带长度 L_i 和准稳定带长度 L_q。

（4）计算临界剪切带长度 L_{cr}：根据临界剪切带长度表达式确定 L_{cr}，判断不稳定带长度 L_i 是否大于临界剪切带长度 L_{cr}。若 $L_i > L_{cr}$，则不稳定带发生扩展，最终海底斜坡破坏长度为 L_q；若 $L_i \leqslant L_{cr}$，不稳定带仅在靠近图 15-14 的蓝色区域发生微小的扩展，不会引发斜坡的整体破坏，在这种情况下可以视为不发生剪切带扩展。

（5）计算斜坡安全系数 F_S：用下滑力比上不同剪切区域的抗滑力，计算不稳定带、准稳定带和稳定带的安全系数 F_S，得到海底斜坡任意位置处的 F_S 分布图。

15.2.1.2　剪切应力比与临界剪切带长度

剪切应力比 r 是 SBP 法判断剪切带分布的重要判据，与斜坡几何参数、外力荷载和土体物理力学参数有关（Puzrin et al.，2004）：

$$r = \frac{\tau_g + \tau_h - \tau_r}{\tau_p - \tau_r} = \frac{s(\tau_g + \tau_h)/\tau_p - 1}{s - 1} \qquad (15-2)$$

式中：

$$s = \frac{\tau_p}{\tau_r} \qquad (15-3)$$

$$\tau_g = \gamma' h \sin\alpha \qquad (15-4)$$

τ_g 为重力产生的下滑剪切力，τ_h 为外力荷载产生的下滑剪切力（如地震），τ_p 为土体峰值抗剪强度，τ_r 为土体残余抗剪强度，s 为土体峰值抗剪强度与残余抗剪强度之比，γ' 为土体的有效重度，α 为斜坡的倾角。地震是触发海底滑坡的主要因素之一，选取地震荷载作为外部荷载，τ_h 可由式（15-5）表示：

$$\tau_h = k_h \gamma' h \cos\alpha \qquad (15-5)$$

k_h 为地震影响系数，与地震烈度和水平最大加速度 a_{max} 有关。

土体峰值抗剪强度 τ_p 可由式（15-6）计算：

$$\tau_p = \delta_d \tan(\varphi')\sigma_n' = \delta_d k \gamma'(1 - r_u)h\cos\alpha \qquad (15-6)$$

式中，σ_n' 为土体所受有效正应力；φ' 为土的内摩擦角，式中令 $k = \tan\varphi'$，称 k 为不排水抗剪强度系数，对海底正常固结土一般取 $0.20\sim0.30$；δ_d 是地震折减系数，对于地震烈度为 6 度、7 度的 IV 类场地可取 0.6，地震烈度为 8、9 度时可取 0.7；r_u 是距海底斜坡表面 h 处的归一化超孔隙水压力 $r_u = u_e/\gamma' h$，u_e 表示超孔隙水压力，假设 u_e 随着深度 h 线性增加，此时 r_u 为常数。

将式（15-4）~式（15-6）代入式（15-2）可得由土体物理力学参数、地震参数和地形参数所表示的剪切应力比 r，见式（15-7），其中，$J = \delta_d k(1-r_u)$ 是中间变量：

$$r = \frac{s(\tan\alpha + k_h) - J}{J(s-1)} \qquad (15-7)$$

对于非线性斜坡地形，剪切应力比 r 随着斜坡角度 α 改变，$\tan\alpha = f'(x)$，$f(x)$ 是海底斜坡轮廓的拟合函数，$f'(x)$ 是斜坡地形拟合函数的一阶导函数。

根据 Adams 等（2000）对大陆架海底斜坡轮廓的统计结果，超过 80% 的海底斜坡轮廓为曲线，非线性海底斜坡中，曲线"S"形斜坡由高斯公式［式（15-8）］控制的占 50% 以上，沈佳轶等（2021）提出了基于高斯函数的 SBP 法。将高斯公式代入式（15-7）得剪切应力比 r 的表达式，见式（15-9），该式可计算海底斜坡任意位置处的剪切应力比 r：

$$y = f(x) = a\exp\left(-\left(\frac{x-b}{c}\right)^2\right) \qquad (15-8)$$

$$r = \frac{s\left(a\exp\left(\dfrac{-(b-x)^2}{c^2}\right)(2b-2x) + c^2 k_h\right) - c^2 J}{c^2 J(s-1)} \qquad (15-9)$$

对于式（15-2），在海底斜坡上 $r > 1$ 的区域，$\tau_g + \tau_h > \tau_p$，此时下滑应力大于土体峰值抗剪强度，为不稳定带，如图 15-15 的红色区域；对于 $0 < r \leqslant 1$ 的区域，$\tau_r < \tau_g + \tau_h \leqslant \tau_p$，下滑应力小于土体峰值抗剪强度 τ_p 而大于土体残余抗剪强度 τ_r，随着土体相对位移的增加，剪切带末端区域土体的抗剪强度 τ 发生弱化，该区域弱化后的土体抗剪强度有可能小于下滑力 $\tau_g + \tau_h$，使得土层进一步下滑，剪切带扩展增长。

然而，弱化后的土体抗剪强度也有可能大于下滑力 $\tau_g + \tau_h$，剪切带不发生扩展。本节将剪切带扩展后的区域称为准稳定带，如图 15-15 黄色区域；对于 $r \leqslant 0$ 的区域，$\tau_g + \tau_h \leqslant \tau_r$，下滑应力小于土体的残余抗剪强度，该区域为稳定带，如图 15-15 蓝色区域。图 15-15 中 α_i 是不稳定带两个末端处的坡度，α_q 是准稳定带两个末端处的坡度。

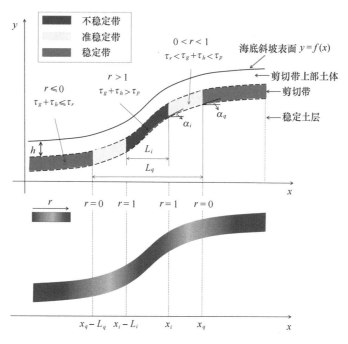

图 15-15　海底斜坡剪切带与剪切应力比分布

在土体物理力学参数和地震参数确定的情况下，r 只与斜坡轮廓函数公式的斜率 $f'(x)$ 有关，剪切应力比 r 是一个关于 x 的一元函数，并随着斜率 $f'(x)$ 的增大而增大，海底斜坡剪切应力比 r 分布，如图 15-15 所示。分别令 $r = 1$，$r = 0$，求出不稳定带和准稳定带两端的坐标式（15-10）和式（15-11），确定不稳定带长度 L_i 和准稳定带长度 L_q。图 15-19 中不稳定带两端坐标为 x_i 和 $x_i - L_i$，准稳定带两端坐标为 x_q 和 $x_q - L_q$。

$$\tan(\alpha_i) = f'(x_i - L_i) = f'(x_i) = J - k_h \qquad (15-10)$$

$$\tan(\alpha_q) = f'(x_q - L_q) = f'(x_q) = \frac{J}{s} - k_h \qquad (15-11)$$

基于能量平衡准则，假设土体为弹塑性，进一步推导出在海底正常固结土非线性斜坡上剪切带的扩展准则，临界剪切带长度 L_{cr} 见式（15-12）。

$$L_{cr} = \frac{1}{\overline{r}}\left(1 + \sqrt{\frac{E_1}{E_u}}\right)\sqrt{\frac{s\cos\alpha_i}{(s-1)J}\frac{2E_u\overline{\delta}}{r'}} \qquad (15-12)$$

式中，E_1 和 E_u 分别表示土体在加荷和卸荷下的弹性模量，$\overline{r}$ 表示不稳定带的平均剪切应力比：

$$\overline{r} = \frac{s((f(x_2) - f(x_1))/(x_2 - x_1) + k_h) - J}{(s-1)J} \qquad (15-13)$$

SBP 法的扩展准则是判断不稳定带长度 L_i 与临界剪切带长度 L_{cr} 的关系。当 $L_i \leqslant L_{cr}$ 时，剪切带不发生扩展，只在不稳定带发生剪切破坏；当 $L_i > L_{cr}$ 时，剪切带发生扩展，除了在不稳定带发生破坏之外，还会引起斜坡上的准稳定带发生破坏。不稳定带长度 L_i 与临界剪切带长度 L_{cr} 的大小关系是 SBP 法中判断剪切带是否扩展的关键，为了表达方便，将两者之比 L_i / L_{cr} 定义为剪切带扩展系数 R，当 $R > 1$ 时，剪切带发生扩展。

15.2.1.3 斜坡稳定安全系数

在不稳定带，斜坡发生破坏，土体的峰值强度 τ_p 只能短暂地保持，随后会被外部荷载力弱化为残余抗剪强度 τ_r。因此不稳定带以残余抗剪强度 τ_r 计算安全系数 FS_i，如式（15-14）所示，其中，$J = \delta_d k(1-r_u)$ 是中间变量：

$$FS_i(x) = \frac{c^2 J}{s\left(a\exp\left(\dfrac{-(b-x)^2}{c^2} \right)(2b-2x) + c^2 k_h \right)} \qquad (15-14)$$

在稳定带，由重力和地震荷载产生的剪切力已经小于土体的残余抗剪强度（$\tau_g + \tau_h \leqslant \tau_r$），该区域土体稳定，并不受到扰动而发生强度弱化，稳定带安全系数 FS_s 应以峰值抗剪强度 τ_p 计算，见式（15-15）：

$$FS_s(x) = \frac{c^2 J}{a\exp\left(\dfrac{-(b-x)^2}{c^2} \right)(2b-2x) + c^2 k_h} \qquad (15-15)$$

在准稳定带，确定安全系数 FS 的表达式需要分两种情况，当不稳定带发生扩展时（$R > 1$），准稳定带土体抗剪强度降低到残余抗剪强度 τ_r，该区域和初始破坏区域都以土体残余抗剪强度 τ_r 计算安全系数，因此准稳定带安全系数 $FS_{q1}(x) = FS_i(x)$，见式（15-14）；当不稳定带不发生扩展时（$R \leqslant 1$），剪切带扩展区域的土体抗剪强度不发生弱化，安全系数 FS 应根据峰值抗剪强度 τ_p 来计算，$FS_{q2}(x) = FS_s(x)$，见式（15-15）。

在极限平衡法中，一旦下滑剪切应力 $\tau_g + \tau_h$ 超过峰值抗剪强度 τ_p，海底斜坡将沿剪切带同时发生破坏。因此以峰值抗剪强度 τ_p 计算海底斜坡整体的安全系数 $FS_{LE}(x) = FS_s(x)$，见式（15-15）。

SBP 法计算安全系数时，首先利用剪切应力比 r 对斜坡进行分区，得到不稳定带长度 L_i 再与临界剪切带长度 L_{cr} 对比来判断剪切带是否发生扩展，若发生扩展则在准稳定带采用残余抗剪强度 τ_r 计算安全系数，若不发生扩展则采用峰值抗剪强度 τ_p 计算安全系数。而极限平衡法不对斜坡进行分区，认为斜坡发生破坏时沿整个剪切带滑移，以峰值抗剪强度 τ_p 计算安全系数。

15.2.1.4 案例分析

选取舟山六横岛某处典型的海底斜坡为分析案例，分别采用基于高斯公式的 SBP 法和极限平衡法，开展海底斜坡稳定性分析研究。六横岛是舟山群岛的第三大岛，位于浙江省舟山群岛南部，面积 98.0 km²。选取一个该岛典型的海底斜坡（图 15-16），土体物理力学参数及地震参数取值，如表 15-1 所示。

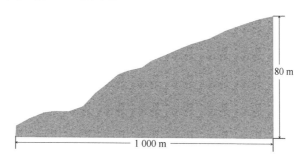

图 15-16　六横岛海底斜坡地形

舟山市的抗震设防烈度为 7 度，此时地震影响系数 k_h 取 0.08，折减系数 δ_d 可取 0.6；六横岛土质天然含水率为 35.50 % ～ 62.80 %，内摩擦角 4.50° ～ 16.90°，k 取值为 0.25；舟山海域土体灵敏度一般为 4 ～ 8，本文假设 s 取值为 5.0；$E_1 = 300\ \tau_p$，$E_1/E_u = 0.5$，由于地质资料较少，且缺乏实验数据，因此并未考虑土体模量在土体强度衰减过程中土体弹性模量的变化。基于地震参数、土体物理力学参数、斜坡几何参数以及拟合的高斯曲线函数 $y = f(x)$，结合 SBP 法分析流程，计算该海底斜坡的剪切带分布和安全系数分布情况。

表 15-1　SBP 输入参数取值

参数属性	符号/单位	参数名称	取值
地震参数	k_h	地震影响系数	0.08
	δ_d	地震折减系数	0.6
土体物理力学参数	k	不排水抗剪强度系数	0.25
	s	峰值抗剪强度/残余抗剪强度	5.0
	$\overline{\delta}\ /\mathrm{m}$	土体的特征位移	0.5
	r_u	归一化超孔隙水压力	0.0
	$\gamma'\ /(\mathrm{kN/m^3})$	土体的有效重度	8.0
土体物理力学参数	E_1	加荷弹性模量	$300\tau_p$
	E_u	卸荷弹性模量	$600\tau_p$

1）建立海底斜坡计算模型

采用式（15-8）拟合海底斜坡轮廓，可得高斯表达式系数 $a = 77.95$，$b = 1\,011$，$c = 707.5$，海底斜坡地形及高斯函数公式拟合曲线，如图 15-17 所示。

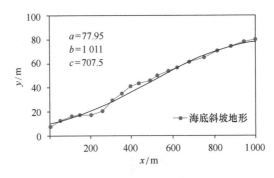

图 15-17 海底斜坡曲线拟合

将土体物理力学参数和地震荷载参数代入式(15-9),计算斜坡任意处的剪切应力比 r,r 随着 x 的分布曲线,如图 15-18 所示。

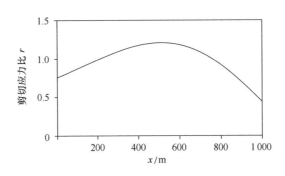

图 15-18 剪切应力比 r 分布

2) 不稳定带长度 L_i 和准稳定带长度 L_q

根据计算出的剪切应力比 r,令 $r = 1$,根据式(15-10)可以求出不稳定带两端的坐标:$x_i = 754.74$ m,$x_i - L_i = 215.64$ m,得出 $L_i = 539.10$ m。对于准稳定带,根据剪切应力比 r 的分布情况(图 15-18)可知,整个斜坡上 $r > 0$,因此当不稳定带发生扩展时,案例中整个海底斜坡都会发生破坏,准稳定带长度 $L_q = 1\,000$ m。随后需要计算剪切带扩展系数 R 来判断剪切带是否发生扩展。

3) 临界剪切带长度 L_{cr}

根据式(15-12)和式(15-13),可以求出临界剪切带长度 $L_{cr} = 130.33$ m,剪切带扩展系数 $R = L_i/L_{cr} = 539.10$ m$/130.33$ m $= 4.14$,不稳定带发生扩展,故案例中整个海底斜坡最终都会发生破坏,破坏长度为 $L_q = 1\,000$ m。

4) 安全系数 F_S

根据式(15-14)、式(15-15)分别计算该斜坡的不稳定带、准稳定带、稳定带的安全系数,计算结果如图 15-19 所示。其中红色曲线表示不稳定带、黄色曲线表示准稳定带。同时,采用极限平衡法计算该斜坡的安全系数,计算结果如图 15-19 中黑色虚线所示。

令安全系数函数 $FS_{LE}(x) = 1$ 可以求得不稳定区域两端的坐标，x_{le} 和 $x_{le}-L_{le}$，计算可得 $x_{le} = 754.74$ m，$x_{le}-L_{le} = 216.64$ m。因此，极限平衡法计算下得到破坏长度 $L_{le} = L_i = 539.10$ m。

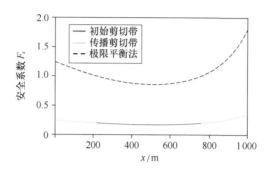

图 15-19　海底斜坡安全系数 F_S 分布

基于以上分析，对于剪切带破坏长度，当剪切带扩展系数 $R \leqslant 1$ 时，不稳定带不发生扩展，LEM 法与 SBP 法都只在不稳定带区域发生破坏，其最终破坏长度一致都为 L_i。当 $R > 1$ 时，SBP 法除了在不稳定带区域发生破坏之外，剪切带会继续扩展，最终破坏长度为 L_q，SBP 法计算的最终破坏区域要比 LEM 法计算的破坏剪切带大得多。例如，本例中 LEM 法计算的破坏带长度为 539.10 m，而在 SBP 法中斜坡整体都会发生破坏，破坏长度为 1 000 m。

对于安全系数，不稳定带区域和准稳定带区域中 SBP 法比 LEM 法计算得到的安全系数低(图 15-19)，这是由于 SBP 法在破坏的区域以残余抗剪强度计算安全系数，而 LEM 法采用峰值剪切强度计算安全系数。

15.2.2　含局部软弱层剪切带扩展方法

由于海底存在天然气水合物等软弱夹层，会在斜坡中形成初始弱化区。地震、海平面变化及沉积等滑坡诱发因素会引发软弱夹层土体局部软化，造成初始软化区的扩展，导致边坡发生整体破坏。因此，Zhang 等(2015，2017)开展了含局部软弱层 SBP 海底斜坡稳定性分析，完善了海底滑坡 SBP 触发机制，促进了 SBP 在海底斜坡研究中的应用。

15.2.2.1　含局部软弱层斜坡模型

图 15-20 为海底斜坡内部软弱层剪应力分布图，软弱层中的初始剪应力 τ_g 取决于坡度和重力载荷。软弱层局部受到扰动会影响其剪应力分布，弹性区土体的剪切应力低于其峰值剪切强度 τ_p；过渡区内的土体发生塑性变形并伴随着软化，剪切强度逐渐降低至其残余剪切强度 τ_r；完全扰动区残余剪切强度为 τ_r。完全扰动区和过渡区统称为初始软化区，随着初始软化区的不断增长，周边土体也逐渐受到了扰动，发生渐进破坏。

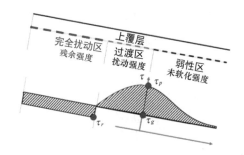

图 15-20　含局部软弱层 SBP 模型应力分布

当软弱层中剪切带的渐进破坏发展到一定程度时，便会发生斜坡整体破坏。Zhang 等 (2015)提出的海底斜坡整体破坏准则如下：

$$l_{cr} = (1 - r) \frac{2l_u}{r_0} \qquad (15 - 16)$$

$$l_u = \sqrt{\frac{E'h\delta_r^p}{\tau_p - \tau_r}} \qquad (15 - 17)$$

$$r = \frac{\tau_g - \tau_r}{\tau_p - \tau_r}, \qquad r_0 = \frac{\tau_g - \tau_0}{\tau_p - \tau_r} \qquad (15 - 18)$$

式中，l_{cr} 为初始软化区的临界长度，l_u 为特征长度，r 和 r_0 分别为初始软化区外部和内部的重力剪切应力比，E' 为软弱层上部滑动层的平均平面应变模量，h 为软弱层的埋深，δ_r^p 为土体软化至残余强度所需的塑性位移(图 15-21)，τ_g 为重力引起的初始剪应力，τ_p、τ_r 和 τ_0 分别为初始软化区内土体的峰值、残余和当前剪切强度。

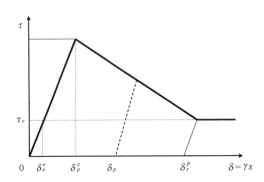

图 15-21　剪切带内土体抗剪强度随塑性位移的线性软化

15.2.2.2　斜坡安全性评价

当初始软化区的长度 l_0 超过初始软化区的临界长度 l_{cr} 时，将发生滑坡。由上文可知初始软化区的临界长度为 $l_{cr} = 2l_u(1-r) / r_0$，将初始软化区长度 l_0 同临界长度 l_{cr} 进行归一化处理，如下：

$$\xi = \begin{cases} \dfrac{l_0}{l_{cr}} \geqslant 1 & \text{滑坡} \\[3mm] \dfrac{l_0}{l_{cr}} < 1 & \text{安全} \end{cases} \qquad (15-19)$$

当比值 ξ 大于或等于 1 时，滑坡发生；当比值 ξ 小于 1 时，斜坡处于安全状态，滑坡不会发生。

15.2.3　二维平面 SBP 海底斜坡稳定性分析

上述 SBP 理论是基于一维线性模型，Zhang 等（2019）对二维平面的剪切带扩展机理进行了研究，提出了平面二维剪切带扩展准则，其扩展行为依赖于初始软化区的宽长比。

15.2.3.1　二维平面 SBP 模型

二维平面 SBP 海底滑坡稳定性分析示意图，如图 15-22 所示。图 15-22(a) 为采用传统极限平衡法得到的斜坡初始破坏区域，该区域较大，这是因为极限平衡法假定整个破坏面上土体同时发生破坏，即整个破坏面上土体的重力剪应力 τ_g 均同时大于其抗剪强度 s_u。图 15-22(b) 中虚线区域为采用二维 SBP 模型得到的斜坡初始破坏面，该初始破坏面小于由极限平衡法得到的破坏区域[图 15-22(b) 中红色实线]，这是因为 SBP 模型假设斜坡受到局部扰动后，初始破坏面内的土体率先发生了破坏（$\tau_g > s_u$），但是由于剪切过程中破坏面内土体应变软化特性，剪切破坏可以渐进地向邻近土体（$\tau_g < s_u$）扩展，最终诱发更大范围的整体破坏。一维线性 SBP 理论假设剪切带只沿单个线性方向扩展，如图 15-22(c) 中 B-B′ 方向，其中初始破坏面的长度为 l[图 15-22(d)]，其临界长度 l_{cr} 可由式 (15-16) 计算。一维线性 SBP 只允许剪切带沿着特定方法扩展[图 15-22(e)]，并不能真实反映实际边坡剪切破坏过程。因此，Zhang 等（2019）在一维线性 SBP 基础上，提出了二维平面 SBP 理论模型，该模型可以实现滑体内破坏面沿任意方向上进行剪切扩展[图 15-22(f)]。

15.2.3.2　二维斜坡分析模型

Zhang 等（2019）将二维平面 SBP 剪切带扩展准则嵌入有限元软件进行边坡稳定性分析。图 15-23 为有限元分析中使用的 SBP 模型。假定整个斜坡是对称的，模拟了斜坡的一半。模型的长度为 L，宽度为 B，上部滑动层厚度为 h，下部软弱层厚度为 s，坡度为 θ。软弱层上部为弹性层，软弱层下部设置刚性基层，并固定远离初始软化区的三个边界，在穿过初始软化区的边界上只允许沿着行进方向进行移动。

有限元计算的基本参数，如表 15-2 所示。有限元分析的步骤为：①对具有完整软弱层

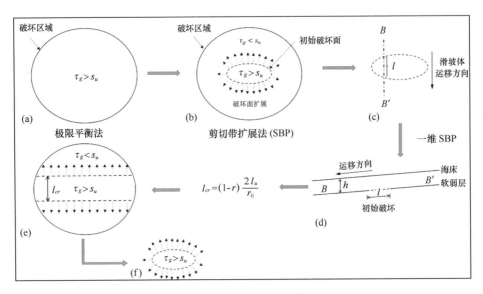

图 15-22   二维平面海底滑坡稳定性分析示意

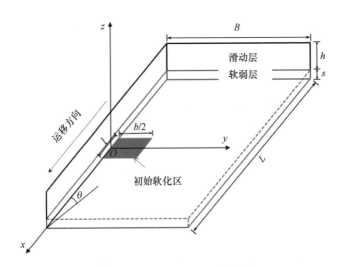

图 15-23   二维平面 SBP 分析模型

的模型施加初始重力(g = 9.81 m/s²)；②在软弱层中设置初始软化区；③逐渐增加重力水平(Δg = 0.01 m/s²)，直到边坡失稳。

表 15-2   数值模型中的基本参数

参 数	值	单位
模型总长 L	400	m
模型总宽 B	150	m
坡角 θ	6.0	°
滑动层厚度 h	7.875	m

续表

参　数	值	单位
泊松比 v	0.495	
弹性模量 E	1510	kPa
峰值剪切强度 τ_p	10	kPa
残余剪切强度 τ_r	2	kPa
至残余强度的塑性剪切位移 δ_r^p	0.2	m
特征长度 1 $l_{u,x}$	19.84	m
特征长度 2 $l_{u,y}$	9.92	m
土体有效密度 ρ	700	kg/m³

15.2.3.3　数值分析结果

图 15-24 显示了在 $l=20$ m 和 $b=40$ m 的情况下，不同剪切应力比 r 条件下的斜坡土体的不排水剪切强度云图。在初始重力 $g = 9.81$ m/s² 和剪切应力比 $r = 0.457$ 的情况下，初始软化区周围的土体保持完好，只有很小的位移。随着剪切应力比 r 的增大，塑性变形开始在初始软化区附近产生，应变软化行为在顶部和底部比在初始软化区的侧面更加显著。当剪切应力比 r 增加到 0.750 时，软化区开始扩展，在初始软化区的两端的土体最先达到残余剪切强度。剪切带扩展在 $r = 0.7513$ 时产生，整个初始软化区的边界上都有剪切带扩展。因此，剪切应力比 $r = 0.750$ 可视为该斜坡整体破坏的临界条件。

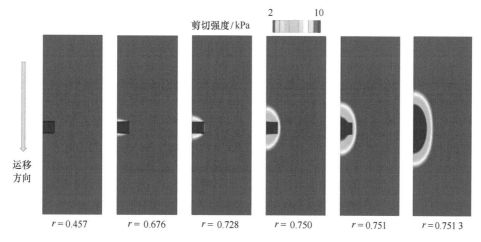

图 15-24　不同重力剪应力比的有限元模拟强度等值线

15.3 海底斜坡渐进破坏 CEL 分析

15.3.1 灵敏软土斜坡渐进破坏

Locat 等（2011）提出了一个破坏模型来解释灵敏性黏土斜坡中渐进破坏机制，如图 15-25 所示。图 15-25（a）中水平虚线表示斜坡中的潜在破坏面；图 15-25（b）中黑色虚线表示在重力作用下潜在破坏面上的初始剪应力 τ_{0x}，红色虚线和蓝色虚线分别代表潜在破坏面上土体的峰值抗剪强度 τ_p 和残余抗剪强度 τ_r；图 15-25（c）中的蓝色虚线表示斜坡的初始总水平力 E_{0x}，其值取决于边坡几何形状和土体重度；红色虚线表示土体的主动抗力 E_{Ax}，需要注意的是，Locat 等（2011）仅提出了土体主动抗力 E_{Ax} 的概念，没有对此概念进行详细的定义，也没有给出相关计算方法。Shen 等（2023）通过数值模拟的方法，指出斜坡中某处的主动抗力 E_{Ax} 为该处的总水平力 E_{mx} 降低至诱发此处斜坡整体破坏的临界值，对于稳定的斜坡来说，E_{0x} 值高于 E_{Ax} 值。

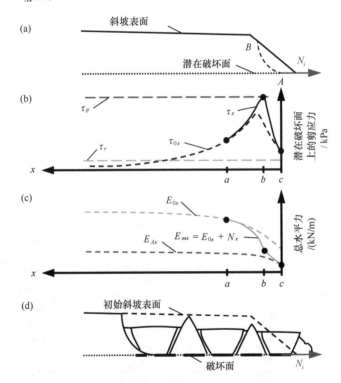

图 15-25　上行渐进破坏（Locat et al., 2011）

（a）边坡的初始几何形态和潜在破坏面；（b）潜在破坏面上的剪应力分布；

（c）总水平力及主动抗力分布；（d）地垒和地堑

图 15-25（a）圆弧 AB 表示斜坡发生局部破坏，该局部滑坡在坡脚处产生了一个水平力 N_i，使得潜在破坏面上 $a-c$ 范围内的剪应力 τ_x 增大 [图 15-25（b）中黑色实线]，且在 b 点处

达到土体的峰值抗剪强度 τ_p。潜在破坏面上剪应力变化导致斜坡中水平力发生变化 N_x，计算公式如下：

$$N_x = \int_x^a (\tau_x - \tau_{0x}) \, \mathrm{d}x \qquad (15-20)$$

上行渐进破坏中的水平力变化 N_x 降低了斜坡中初始总水平力 E_{0x}，影响范围为点 a 至 c，此时该斜坡的总水平力为 E_{mx}，其值为 $E_{mx} = E_{0x} + N_x$ [图 15-25(c) 中蓝色实线]。斜坡上行渐进破坏过程中，当斜坡中某点的总水平力 E_{mx} 降低至土体的主动抗力 E_{Ax} [图 15-25c 点 c 处]，会导致斜坡"整体破坏"，并伴随地垒和地堑的形成[图 15-25(d)]。

15.3.2　斜坡渐进破坏数值模拟

合理模拟边坡渐进破坏过程的数值模拟方法需要满足三个基本条件：①数值模型需要考虑土体的应变软化；②数值模拟方法能够在土体产生极大变形的情况下保证模拟结果的准确性；③在数值计算过程中，软件需要不断更新模型的应力应变状态以及剪切带的发育扩展状态，显示渐进破坏过程。基于 ABAQUS 软件的耦合欧拉-拉格朗日(CEL)方法可以有效地模拟斜坡渐进破坏全过程，包括局部扰动诱发斜坡局部失稳、剪切带扩展、滑体整体失稳及地垒地堑的最终形成，且在大变形情况下不会出现网格畸变和数值计算不收敛，保证了数值模拟结果的稳定与精度。沈佳轶等(2022)和 Shen 等(2023)以加拿大 Saint-Jude 滑坡为研究对象，采用 CEL 数值模拟方法，开展了海洋灵敏性黏土斜坡渐进破坏数值模拟研究，首次提出了斜坡静态与动态扩展破坏概念，可用于解释地垒和地堑形成的现象。

15.3.2.1　Saint-Jude 渐进滑坡数值模拟

1）Saint-Jude 斜坡数值模型

Saint-Jude 滑坡位于加拿大魁北克省 Salvail 河岸附近，该区域的土体是 Champlain 海洋灵敏性黏土，土体不排水抗剪强度具有显著的应变软化特性。该滑坡发生于 2010 年 5 月 10 日，初始滑坡发生后，相继引起了一连串的多重后退式渐进滑坡，最终水平破坏距离约为 275 m，破坏后的地形呈现典型的地垒(Δ 形)和地堑(▽ 形)特征，如图 15-26(a)所示。斜坡数值模型简化为平面应变问题，根据 Saint-Jude 滑坡 $C-C'$ 截面[图 15-26(b)]的初始地形数据建立斜坡几何模型，如图 15-27 所示。由于 CEL 框架下单元必须为实体单元，因此在垂直于平面的方向上，取计算宽度仅为一个网格单元长度 0.5 m，该模型长 400 m、高 32 m、宽 0.5 m，包括四个部分：受到河流侵蚀的坡脚(初始破坏)、覆土、灵敏性黏土和供材料流动的欧拉网格区域(空隙)。

根据 Locat 等(2017)的地质勘测报告，选取斜坡土体的基本物理力学参数，如表 15-3 所示。在不排水条件下，覆土和灵敏性黏土的重度分别为 18.6 kN/m³ 和 16.0 kN/m³，弹性模量均取 16 MPa，泊松比均取 0.49，均采用 Von-Mises 屈服准则；灵敏性黏土的峰值强度

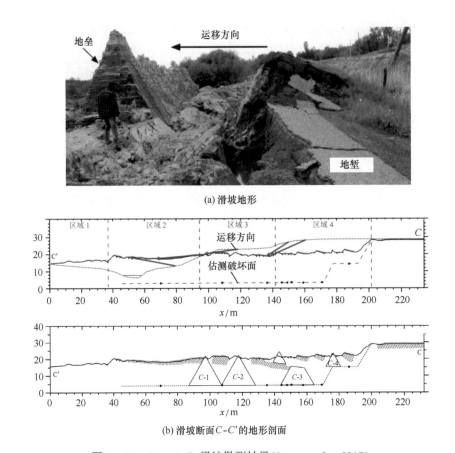

(a) 滑坡地形

(b) 滑坡断面 C-C' 的地形剖面

图 15-26　Saint-Jude 滑坡勘测结果(Locat et al., 2017)

图 15-27　Saint-Jude 滑坡建模示意

为 78 kPa，残余强度为 2.8 kPa，采用线性应变软化的模型，并依据 Quinn 等(2011)对 Saint-Jude 滑坡处的土体测试结果，达到残余强度所对应的参考等效塑性应变取 1.6；而覆土不具有应变软化特性，采用理想弹塑性模型，其峰值强度为 130 kPa。

表 15-3　Saint-Jude 滑坡土体力学参数

参数(单位)	灵敏性黏土	覆土
重度 $\gamma/(\mathrm{kN/m^3})$	16.0	18.6
弹性模量 E/MPa	16	16
泊松比 v	0.49	0.49
峰值不排水强度 τ_p/kPa	78	130

续表

参数(单位)	灵敏性黏土	覆土
残余不排水强度 τ_r/kPa	2.8	—
参考等效塑性应变 $\bar{\kappa}$	1.6	—
动力黏度 μ/(kPa·s)	1	1

通过限制速度来设置欧拉网格边界条件。在所有计算区域内，施加垂直于计算平面方向上的零速度边界条件（z 方向速度为 0），以符合平面应变条件；模型底部，x，y，z 方向速度均为 0，即底部固定；模型左右两边界 x 方向速度为 0；模型顶部 y 方向速度为 0，以防止材料流出计算区域。在土体和空隙的交界面处，不施加速度边界条件（为自由面），为欧拉材料的流动预留空间。模型采用 0.5 m×0.5 m×0.5 m 的均匀欧拉网格，用 51 200 个 EC3D8R 单元对整个计算区域进行离散。

数值计算采用显式动力学分析，包括两个分析步：首先，对整个模型施加重力，以计算斜坡的初始地应力。斜坡在初始地应力下是稳定的，虽然在 Salvail 河岸附近产生了一些相对较大的剪应力，但小于土体的峰值强度，没有形成剪切带。其次，通过预定义场变量，将 Locat 等（2017）分析确定的斜坡初始临界滑动面内的土体设置为完全重塑状态（残余强度），即在数值分析时对该部分土体的强度进行折减，以诱发斜坡的初始破坏。

2）渐进破坏模式分析

图 15-28 为 Saint-Jude 斜坡渐进破坏的等效塑性应变云图。图中（a）~（g）分别表示数值模拟时间 t = 0 s，t = 5 s，t = 9 s，t = 17 s，t = 25 s，t = 33 s，t = 48 s 时滑坡的破坏特征。数值模拟显示，Saint-Jude 滑坡为典型的多重后退式渐进滑坡。图 15-28（a）显示了斜坡的初始状态。图 15-28（b）显示了斜坡初始破坏后，滑体流向 Salvail 河，导致新的后缘斜坡底部土体产生塑性剪切，形成新的剪切带并发生扩展，如图 15-28（c），剪切带逐渐从斜坡底部向顶部表面扩展，引发第一个后退式滑坡。滑坡 1 向下滑动，重力势能转化为动能，将已经破坏的土体向前推移，斜坡底部剪切带的土体变形严重，失去承载能力，导致斜坡整体沿底部剪切带滑移，而剪切带上部的土体保存相对完整。滑坡 1 的形成使得在其后缘产生了一个不稳定的坡面，继续在底部形成新的剪切带，引发滑坡 2 旋转式下滑，如图 15-28（d）。滑坡 2 在下滑的过程中，由于前面土体的阻挡和后面土体的推压，该部分土体内部发育形成新的剪切带，产生地垒和地堑，如图 15-28（e）。按此破坏机制，形成了滑坡 3 和滑坡 4 [图 15-28（e~f）]；滑坡 4 发生以后，由于前方土体的阻挡，剪切带不再扩展，滑坡终止如图 15-28（g）。

CEL 数值模拟得到的 Saint-Jude 滑坡地形与现场勘测滑坡地形基本吻合，如图 15-28（g）中虚线。数值模拟显示滑坡前进距离和倒退距离分别为 75 m 和 160 m，这与 Locat 等

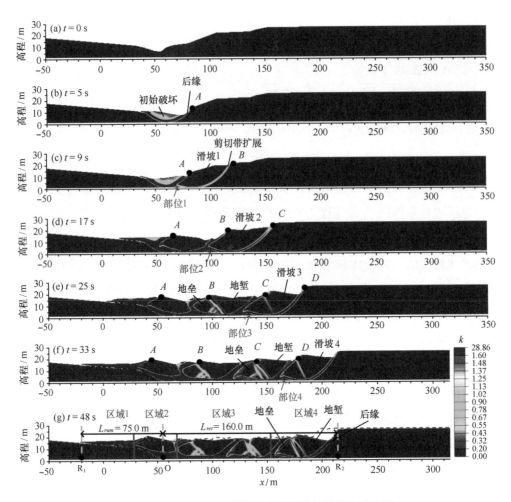

图 15-28 Saint-Jude 斜坡渐进破坏等效塑性应变云图

（2017）的勘测数据（55 m 和 145 m）接近。此外，Saint-Jude 滑坡可分为四个破坏区域［图 15-28（g）］：在区域 1 和区域 2 中，没有观察到地垒和地堑；区域 3 和区域 4 都可以观察到地堑和地垒，这也与 Locat 等（2017）报告的结果基本一致。上述模拟结果表明，ABAQUS-CEL 计算框架下的欧拉分析方法可以有效地模拟灵敏性黏土斜坡从初始失稳破坏到后续渐进破坏的全过程，真实还原了多重后退式滑坡的渐进破坏模式。

图 15-29 显示了斜坡渐进破坏过程中的速度云图。滑坡以旋转破坏的形式出现，滑坡 1~4 的旋转半径分别 38 m、45 m、39 m 和 36 m。每个滑坡底部还存在着一些未被扰动的部位（图 15-29 中部位 1~4），Zhang 等（2020）也发现了这一现象。这些未被扰动的部位也可以在图 15-28（c）~（f）中 70 m、100 m、134 m 和 165 m 处的底部找到。随着上部滑体的不断移动，这些未被扰动部位的土体逐渐被侵蚀，最终形成水平状的滑动破坏面，这也与 Locat 等（2017）的现场勘测结果一致。

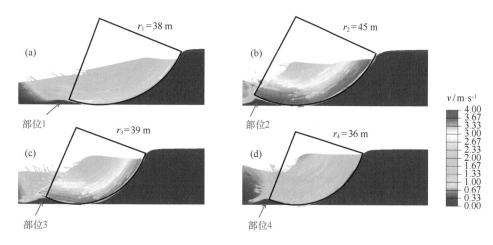

图 15-29　斜坡渐进破坏速度云图

(a) 滑坡 1；(b) 滑坡 2；(c) 滑坡 3；(d) 滑坡 4

3) 渐进破坏机制分析

(1) 斜坡中剪应力演化。

图 15-30(a)~(g) 分别表示时间 $t = 0$ s，$t = 5$ s，$t = 9$ s，$t = 20$ s，$t = 28$ s，$t = 33$ s，$t = 48$ s 时，Saint-Jude 滑坡 C-C' 断面在渐进破坏过程中的剪应力云图和底部剪应力分布图。15-30(a) 显示了初始状态下坡脚处的剪应力较大，图 15-30(b) 显示当坡脚处出现初始滑坡，引起了后方土体内剪切带的形成及扩展，底部的剪应力 τ 突然增大，滑坡后缘的土体内部剪应力也增大。图 15-30(c) 中，当初始破坏向左滑移后，滑坡 1 开始出现，该处土体内部的剪应力也随之逐渐上升，引起剪切带在土体内部的扩展。滑坡 1 形成以后，在其后缘产生了不稳定的坡面，剪应力又在该处开始增加，形成了一个新的剪切带，并逐渐向斜坡顶部扩展，按此破坏机制，依次形成了滑坡 2~4，如图 15-30(d)~(f) 所示。最后，由于 Salvail 河左岸破坏土体的堆积，阻止了滑体的前移，也限制了新滑坡的形成，虽然斜坡底部有剪切带的出现，但是剪切带并未贯穿到斜坡顶部，没有形成新的滑坡，如图 15-30(g)。

此外，在图 15-30 中可以注意到，刚形成滑坡处的剪应力峰值较大 (约为 45 kPa)，这是因为该区域的黏土虽然受到了扰动，但其抗剪强度仍然很高，仍可以承受较大的剪应力。然而，滑坡底部位置处土体经历了严重的塑性变形，其剪应力非常低 (约为 1.6 kPa)，这是灵敏性黏土的应变软化行为所导致的。图中还观察到河道左岸区域由于滑体堆积也出现了较大的剪应力。除了河道左岸附近以及新滑坡破坏的位置底部出现了剪应力峰值，其他地方也会出现底部剪应力较大的情况 (例如，图 15-30(g) 中斜坡约 70 m、100 m、130 m 和 170 m 处)，这种情况的出现原因可能是，各个滑坡最初都呈现为旋转式滑坡，坡脚会不可避免地残存完整度较高的黏土体，这些黏土体仍可以承受较大的剪应力。

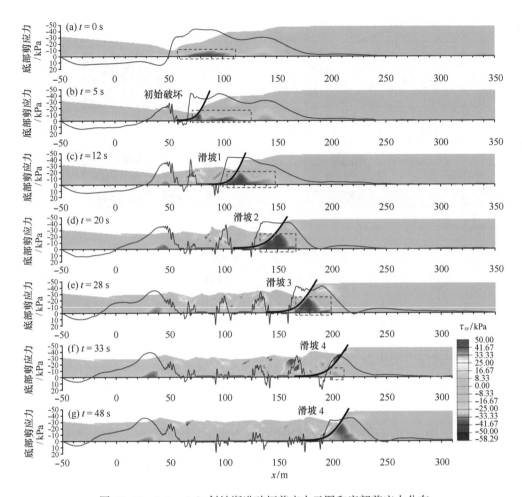

图 15-30 Saint-Jude 斜坡渐进破坏剪应力云图和底部剪应力分布

上述模拟结果表明，CEL 数值模拟方法可以有效地模拟灵敏性黏土斜坡渐进破坏全过程中剪应力的演化特征，揭示海洋灵敏性黏土斜坡渐进破坏机理。

（2）斜坡的整体破坏。

Locat 等（2011）推断，在后退式滑坡的渐进破坏过程中，斜坡中的总水平力 E_{mx} 可能会降低至土体的主动抗力 E_{Ax}，从而导致斜坡整体破坏。如果水平力的减小不足以使 E_{mx} 降低至 E_{Ax}，则斜坡内剪切带会局部扩展，不会导致斜坡整体破坏，也称为局部破坏。

总水平力 E_{mx} 是由垂直断面上的水平正应力 σ_{xx} 积分得到的，如式（15-21）所示：

$$E_{mx} = \frac{1}{b} \iint_S \sigma_{xx} \mathrm{d}s \qquad (15-21)$$

式中，S 是垂直于滑坡运移方向的积分域，b 是模型宽度。此外，在分析斜坡渐进破坏机制时，需要计算斜坡失稳前的初始总水平力 E_{0x}。初始状态下（$t = 0$ s）E_{0x} 可由式（15-22）计算所得：

$$E_{0x} = \frac{1}{b} \iint_S \sigma_{xx} \mathrm{d}s, \quad t = 0 \text{ s} \qquad (15-22)$$

图 15-31 显示了不同时刻斜坡中总水平力 E_{mx} 的分布情况。图中黄线代表了初始状态下斜坡中总水平力 E_{0x} 的分布。

当 $t = 5$ s 时，坡脚出现的初始破坏[图 15-28(b)]使得原本斜坡内总水平力 E_{0x} 降低到了 E_{1x}，如图 15-31 中蓝线所示，曲线 E_{1x} 在 $x = 70$ m 处的值(点 P_1)即为触发斜坡整体破坏所需的临界值，等于该处的斜坡土体主动抗力 E_{Ax}。灰线代表了 $t = 15$ s 时，斜坡中的总水平力 E_{2x}。由于滑坡 1 中土体的堆积，E_{2x} 在 $x = 70$ m 处的值比 E_{0x} 大；在 70 m < $x \leqslant 100$ m 处，E_{2x} 的值由于滑坡 1 的运移而降低；当 $x > 100$ m 时，E_{2x} 的值随着坡高的增加而增加直至达到稳定。E_{2x} 的值在 $x = 100$ m 处达到最小值，2s 后($t = 17$ s)形成滑坡 2[图 15-28(d)]。因此，曲线 E_{2x} 在 $x = 100$ m 的值(点 P_2)的总水平力被认为是该处的主动抗力 E_{Ax}。同理，分析滑坡 3 和 4 所对应的总水平力曲线 E_{3x} 和 E_{4x}，发现斜坡的总水平力在 $x = 134$ m(点 P_3，$t = 21$ s)和 165 m(点 P_4，$t = 28$ s)处分别达到了最小值，随后在 $t = 25$ s 和 $t = 33$ s 时分别在相应位置形成了滑坡 3 和 4[图 15-28(e)~(f)]。

需要注意的是，Locat 等(2011)仅提出了土体主动抗力 E_{Ax} 的概念，但没有对此概念进行详细的定义，也没有给出与主动抗力 E_{Ax} 的相关计算方法。然而，通过上述分析斜坡的渐进式破坏，可以认为斜坡中给定位置的主动抗力 E_{Ax} 值为该位置的总水平力 E_{mx} 降低至诱发此处斜坡整体破坏的临界值。因此，连接点 $P_1 \sim P_4$，即可得到斜坡土体主动抗力曲线 E_{Ax}(图 15-31 中虚线)；由于当 $x > 165$ m 时，坡高几乎不变，因此在点 P_4 后水平延长了 E_{Ax} 曲线，这样就得到了一条完整的斜坡 E_{Ax} 曲线。当 $t = 38$ s 时，E_{5x}(图 15-31 中紫线)在 $x = 192$ m 处的最小值为 2 380.6 kN/m，总水平力曲线 E_{5x} 未能触及主动抗力曲线 E_{Ax}，即 E_{5x} 降低的程度不足以触发新的滑坡，因此斜坡整体破坏终止，不再发生渐进式滑坡。

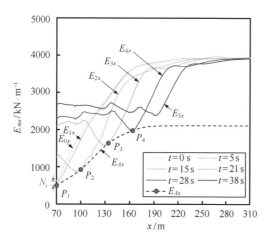

图 15-31　E_{mx} 随时间的变化

此外，通过分析滑坡过程中水平力变化 N_{mx}，可以解释为什么灵敏性黏土斜坡中局部微小的扰动会导致灾难性的渐进式滑坡。N_{mx} 可根据式(15-23)计算：

$$N_{mx} = E_{mx} - E_{0x} \tag{15 - 23}$$

Saint-Jude 斜坡渐进破坏过程中水平力变化 N_{mx}，如图 15-32 所示。N_{mx} 曲线含有四个特征参数（N_i、N_{min}、L_d 和 L_f）来表征斜坡受外力影响的程度，如图 15-33 所示。N_i 代表 $x = 70$ m 处（即初始坡脚处）由初始破坏导致的水平力变化值；N_{min} 是 N_{mx} 的最小值；L_d 代表水平方向上斜坡受扰动的范围；L_f 代表斜坡底部破坏面的长度。Saint-Jude 滑坡数值模拟中这四个特征参数的变化，如图 15-34 所示。具体地讲，当 $t = 5$ s 时，初始破坏[图 15-28(b)]产生了一个小的局部扰动（$N_i = -116.0$ kN/m），造成了斜坡内水平方向 88 m 范围内的应力重分布，在距初始坡脚 22 m 处产生了 -221.6 kN/m 的扰动力，诱发了滑坡 1[图 15-28(c)]。滑坡 1 的运移进一步改变了斜坡中的应力分布，底部的破坏面进一步扩展，诱发了滑坡 2[图 15-28(d)]。直到 $t = 38$ s，由于 $x = 70$ m 处土体的堆积，N_i 达到极值（$N_i = 2\ 059.4$ kN/m），斜坡中的扰动逐渐减小，底部破坏面也不再扩展并趋于稳定，渐进滑坡停止。

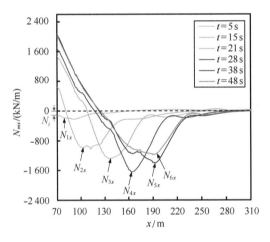

图 15-32　N_{mx} 随时间的变化

总而言之，坡脚处的初始破坏所产生的一个局部小扰动（$N_i = -116.0$ kN/m）可以渐进地诱发斜坡中更大的扰动（$N_{min} = -1\ 646.6$ kN/m），最终诱发大规模的渐进滑坡（$L_f = 123.5$ m）。

（3）地垒和地堑。

在渐进滑坡中，整体破坏有时伴随着地垒和地堑的形成[图 15-26(a)]。例如，在 Saint-Jude 滑坡中，区域 1 和 2 中只有近乎水平的堆积体，没有地垒和地堑，而在区域 3 和 4 中却有地垒和地堑（Locat et al.，2017）。Shen 等（2023）研究指出，数值计算中采用静态及动态监测相结合的方法，监测滑体在局部破坏、整体破坏和扩展破坏整个过程中的总水平力 E_{mx}，可以有效地解释滑体中扩展破坏产生生地垒和地堑的机制。

静态监测需要采用一个静态截面固定在边坡的某个位置，用于监测边坡从局部破坏到整体破坏过程中的总水平力 E_{mx}。图 15-28 中的数值模拟结果表明，渐进滑坡的局部破

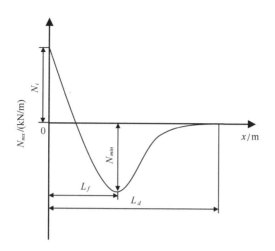

图 15-33　N_{mx} 特征参数示意图

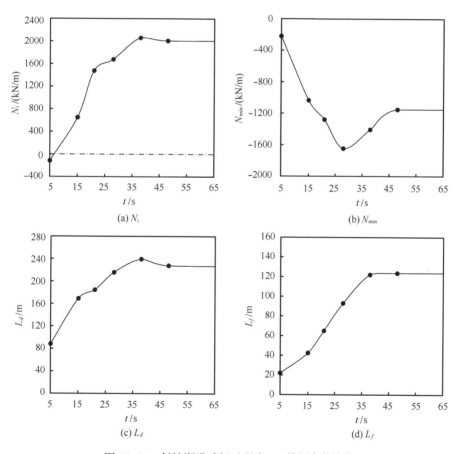

(a) N_i

(b) N_{min}

(c) L_d

(d) L_f

图 15-34　斜坡渐进破坏过程中 N_{mx} 特征参数演化

坏始于坡脚，滑坡 1 至滑坡 4 的起点分别位于 70 m、100 m、134 m 和 165 m 处。因此，在这些位置设置静态截面用于监测滑体整体破坏前的总水平力 E_{mx}，计算结果如图 15-35a 所示。动态监测需要采用一个动态截面，该截面设置在滑体内，且会随着滑体的移动而移动，用于监测边坡从整体破坏到扩展破坏过程中的总水平力 E_{mx}。图 15-28 中的数值模拟结果表明，扩展破坏从坡顶开始。例如，在斜坡顶部 $[x = 185$ m，图 15-28(e) ~ (f)] 点 D 处，在滑坡 4 中产生向下延伸的剪切带，使滑体分裂形成地垒和地堑。类似地，滑坡 1~3 顶部的位置分别位于 85 m、115 m 和 155 m 处（对应于图 15-28 中的点 A、B 和 C）。因此，在这些位置的设置动态截面用于监测滑体整体破坏后的总水平力 E_{mx}，计算结果如图 15-35(b) 所示。

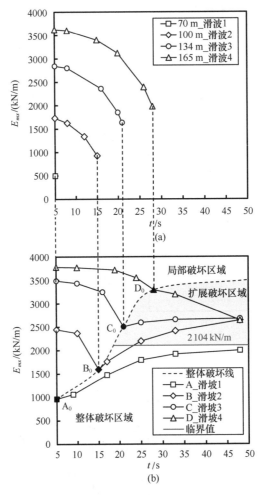

图 15-35　对应不同滑坡体 E_{mx} 随时间的变化

(a) 在整体破坏前；(b) 在整体破坏后

图 15-35(a) 显示了整体破坏前滑坡 1~4 中静态截面上的总水平力 E_{mx}。可以看出，滑体中的总水平力 E_{mx} 随着时间的推移而逐渐减小 [图 15-35(a) 中空心点]，直到发生整体破坏 [图 15-35(b) 中黑点]。例如，当 $t = 5$ s 时，滑坡 1 的 E_{mx} 值下降到 495.6 kN/m，刚好达到斜坡的主动抗力 E_{Ax}（图 15-31 中 P_1 点），导致滑坡 1 的整体破坏。当 $t = 15$ s、21 s、28 s 时，滑坡 2、3 和 4 的 E_{mx} 值分别降至 926.7 kN/m、1 633.4 kN/m 和 1 978.3 kN/m，如图 15-31 中 P_2、P_3 和 P_4 点所示，分别导致了滑坡 2~4 的整体破坏。图 15-35(b) 显示了整

体破坏后滑坡 1~4 的滑体中动态截面上的总水平力 E_{mx}。实心点(A_0、B_0、C_0、D_0)连线形成的黑色虚线上方称为"局部破坏区域"，该区域内表示斜坡仅发生局部破坏，并未发生整体滑坡。黑色虚线及其下方称为"整体破坏区域"，该区域内表示斜坡整体破坏已经发生。当斜坡发生整体破坏后，滑体在运移过程中，滑体中的 E_{mx} 发生变化，若 E_{mx} 值大于临界值（本例为 2 104 kN/m，图中红色实线），滑体会进一步发生扩展破坏，并形成地垒地堑，如图灰色部分，该区域称为"扩展破坏区域"。从图 15-35(b) 和图 15-28 可以看出，斜坡扩展破坏有两种形成机制。第一种称为静态扩展破坏机制：滑体中的总水平力 E_{mx} 减小到斜坡的主动抗力 E_{Ax}，整体破坏伴随着扩展破坏，并形成地垒和地堑，这与 Locat 等（2011）提出的假设一致。第二种是动态扩展破坏机制：滑体中的总水平力 E_{mx} 减小到斜坡的主动抗力 E_{Ax}，并发生整体破坏；但此时并没有发生扩展破坏，在后方滑体的推动和前方堆积体的阻挡作用下，滑体中的 E_{mx} 值将逐渐增大，当 E_{mx} 值超过某临界值时，才会出现扩展破坏，并形成地垒和地堑。在本案例中，该临界值约为 2 104 kN/m，该值是通过在 $t = 48$ s 时点 A 和 $t = 25$ s 时点 B 的动态截面上 E_{mx} 的平均值来估计的。上述提出的扩展破坏机制可以合理解释 Saint-Jude 滑坡区域 1 和区域 2 的堆积物中没有形成地垒和地堑，而区域 3 和区域 4 中有明显的地垒和地堑，如图 15-26 所示。

15.3.2.2　海底斜坡渐进破坏数值模拟

1）海底斜坡数值模型

本节采用 CEL 技术，模拟海底灵敏性黏土斜坡渐进破坏过程，海底斜坡模型示意图，如图 15-36 所示。模型总长 360 m，高 50 m，其中，斜坡长 260 m，高 30 m。整个坡体由具有应变软化的海相灵敏性黏土构成，如图中绿色区域；图中蓝色区域为水体，斜坡后方的水深为 12 m，前方水深为 42 m；白色区域是为水体流动所预留的空隙。坡脚处是一个长 20 m 高 10 m 的三角形区域（图 15-36 红色区域），可通过折减坡脚土体的强度参数来模拟斜坡受到外力后土体强度弱化，诱发局部失稳。

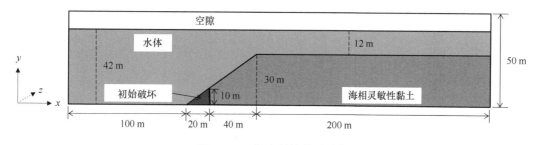

图 15-36　海底斜坡模型示意

模型中海相灵敏性黏土采用基于应变软化的 Von-Mises 屈服准则的弹塑性模型，并通过 N-S 方程模拟水体在滑坡破坏时的运动过程，需要注意的是海底滑坡冲击力大，土水相互作用过程中，也会引起水体的微小变形，因此本数值模型中水体的体积压缩行为响应采用线性 U_s-U_p 模型（Stoecklin et al.，2021）（式 15-24），即 $U_s = c_0+sU_p$，其中模型参数 c_0、s 定义了激波速度 U_s 和粒子速度 U_p 之间的线性关系。

$$p = \frac{\rho_0 c_0^2 \eta}{(1-s\eta)^2}\left(1-\frac{\Gamma_0 \eta}{2}\right) + \Gamma_0 \rho_0 E_m \qquad (15-24)$$

式中，p 为水体压强；ρ_0 为水的初始密度；η 为名义体积压缩应变；E_m 为比能量，c_0、s 和 Γ_0 均为模型参数。整个计算域 z 方向固定（速度为 0），以满足平面应变条件，模型的底部完全固定（x，y 方向速度为 0），顶部 y 方向固定（速度为 0），侧面部分 x 方向固定（速度为 0）。

由于海相黏土渗透率低且海底斜坡渐进破坏可在短时间内快速完成，因此土体采用不排水强度参数，其应变软化特征，土体强度随着变形的增加线性增大，达到峰值强度后土体强度随着变形的增加线性减小，直到降低至残余强度。如图 15-37 所示，图中 s_u 是不排水抗剪强度，s_{up} 是峰值不排水抗剪强度，s_{uR} 是残余不排水抗剪强度，δ_r 是土体从 s_{up} 降低到 s_{uR} 所需的相对位移量。数值模型的土体参数与水体参数的选取，见表 15-4。

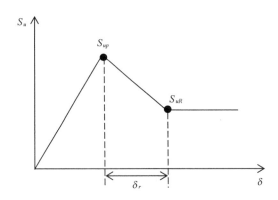

图 15-37 简化后的土体应变软化曲线

表 15-4 土体与水体的参数选取

土体参数		水体参数	
不排水峰值强度 s_{up}/kPa	40	c_0(m/s)	1500
不排水残余强度 s_{uR}/kPa	5.0	s	1.75
土体弱化所需位移量 δ_r/m	0.5	Γ_0	0.28
泊松比 v	0.49	动力黏度 μ/(Pa·s)	0.001 01
重度 γ/(kN/m³)	18	重度 γ/(kN/m³)	10

表中土体参数的选取参考了加拿大 Champlain 海相沉积黏土的取值范围，水体参数 c_0、s 以及 Γ_0 是描述水体积压缩响应的参数，水的动力粘度与温度和压强有关，在 101.325 kPa 下且温度为 20℃时，其动力粘度取值为 0.001 01 Pa·s。

2）斜坡渐进破坏特征

图 15-38 为海底斜坡渐进破坏数值模拟的等效塑性剪切应变云图，图中（a）～（i）分别代表时间 t = 4 s、6 s、10 s、30 s、36 s、48 s、54 s、70 s 以及 100 s 时刻的滑坡破坏形态。图 15-38（a）显示，斜坡坡脚处的初始破坏导致了斜坡前方失去支撑，剪切带在坡脚处水平扩展一段距离后，从斜坡底部向其顶部表面扩展，产生了第一次后退式滑坡［图 15-38（b）中的滑坡 1］。图 15-38（c）显示在滑坡 1 的滑动过程中，滑体发生扩展破坏，剪切带在滑体内形成，将滑体分为地垒（Δ 形）和地堑（▽形）。地垒和地堑在惯性力作用下向前运动的过程中，斜坡后缘底部的黏土发生屈服，剪切带又从坡底逐渐扩展［图 15-38（d）］至坡顶，导致了第二次后退式破坏［图 15-38（e）中的滑坡 2］。遵循相同的破坏机制，滑坡 3 和滑坡 4 分别陆续产生［图 15-38（f）-（h）］。由于前方土体的堆积，导致坡底的剪切带停止扩展，滑坡停止，见图 15-38（i）。滑坡的最终后退距离为 111.9 m。

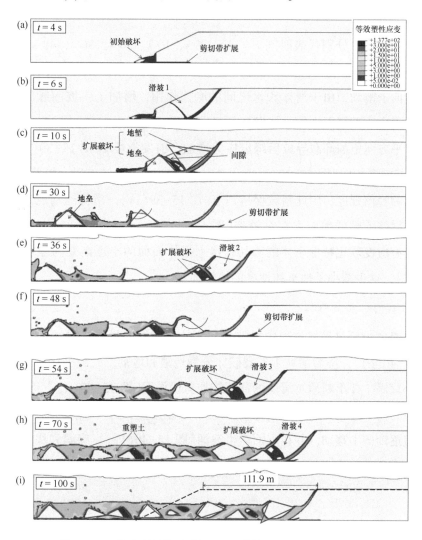

图 15-38　海底斜坡渐进破坏过程（等效塑性剪切应变云图）

图 15-38(d)显示,在滑坡 2 触发之前,地垒和地堑滑动了一段距离。这是因为滑坡 1 滑动后,水立即侵入滑体后缘,并在后缘产生侧向压力,这种侧向压力抑制了后缘底部剪切带的扩展,在一定程度上减缓了滑坡速度。

图 15-38(i)显示,最终滑坡堆积体呈水平状,由大量重塑土组成,在重塑土中有大小不一且一定间隔的 Δ 形地垒群。该现象是由于滑体运动过程中水体作用于滑块上的压力改变了滑体运行的速度引起的。当滑体发生扩展破坏,水流入 Δ 形地垒和∇形地堑之间的间隙中,作用在地垒背面的水压力使地垒保持稳定的 Δ 形态向前移动。相反,作用在∇形地堑前部的水压阻碍了地堑的向前移动。地垒和地堑运动速度的不一致使得后方的地堑失去了前方地垒的支撑,导致运动过程中不稳定的∇形地堑翻转成稳定的 Δ 形[图 15-38(d)],最终导致海底滑坡堆积物中的块体几乎呈现为 Δ 形地垒,而地堑则不明显[图 15-38(i)]。这种现象与上述 Saint-Jude 滑坡形成的地堑和地垒(图 15-26)截然不同。

3)滑坡剪应力分布

图 15-39(a)~(i)分别代表时间 $t = 4\ s$、$6\ s$、$10\ s$、$30\ s$、$36\ s$、$48\ s$、$54\ s$、$70\ s$ 和 $100\ s$ 时刻的海底斜坡渐进破坏过程中的剪应力云图。图 15-39(a)显示,在初始破坏发生后,斜坡开始向下滑动,由于滑体和水之间的摩擦作用,增加了斜坡前缘的剪切力。在滑坡 1 的运动过程中,破坏面上的土体发生了显著变形,剪应力较高[图 15-39(c)]。然后,滑坡 1 引起水平方向上的卸载导致后缘剪应力增加,引发滑坡 2[图 15-39(d)]。滑坡 3 和 4 的破坏机制与前者相同[图 15-39(e)和图 15-39(f)]。滑坡结束后,最终后缘的剪应力,没有达到土体的峰值强度,因此斜坡保持稳定[图 15-39(i)]。滑体运动的过程中,由于水的阻挡作用,滑体前部的剪应力相对较高[图 15-39(d)],这种高剪应力增加了滑体的变形,降低了具有应变软化特性土体的剪切强度,滑体表面的土逐渐变为强度较低的重塑土[图 15-39(i)],这也减小了地堑和地垒的块体体积。

4)滑坡引起的水动力特征

图 15-40 是斜坡渐进破坏过程中滑坡体和水体的速度矢量图。滑坡 1 运动产生了一个大旋涡[图 15-40(c)]。随着滑坡 1 扩展破坏分为地垒和地堑,大旋涡在地垒和地堑后方也分裂为两个小旋涡,并不断地对滑体的背面施加剪切作用[图 15-40(d)],这增加了滑体背面土体的剪应力[图 15-40(f)-(h)],并加速了土体重塑,进一步减小了滑体的体积。此外,这些涡流逐渐向上移动,并在水面产生浪涌[图 15-40(f)]。旋涡和块体之间的相互作用增加了块体表面的剪应力,加速了土体的软化,这就是海底滑坡堆积物中含有大量重塑土的原因之一。

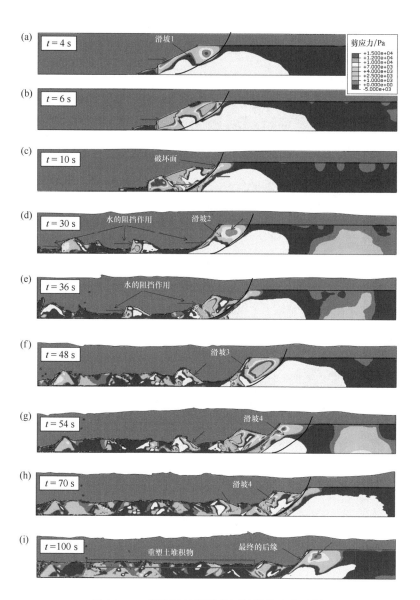

图 15-39　海底斜坡渐进破坏过程剪应力云图

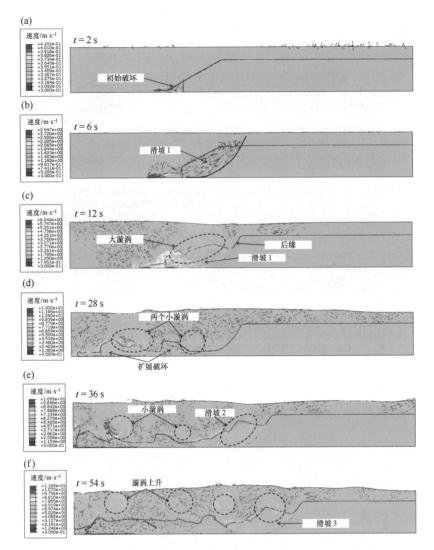

图 15-40　斜坡渐进破坏过程速度矢量

参考文献

龙凡，王立忠，李凯等，2015. 舟山黏土和温州黏土灵敏度差别成因[J]. 浙江大学学报（工学版），49（2）：218-224.

马云，李三忠，梁金强等，2012. 南海北部琼东南盆地海底滑坡特征及其成因机制[J]. 吉林大学学报（地球科学版），42（S3）：196-205.

沈佳轶，陈前，库猛等，2022. 基于 CEL 的灵敏性黏土斜坡渐进破坏数值模拟研究[J]. 岩土工程学报，44（12）：2297-2303.

沈佳轶，库猛，王立忠，2021. 基于剪切带扩展法的海底斜坡稳定性分析[J]. 浙江大学学报（工学版），55（07）：1299-1307.

孙立宁，2019. 滑坡海啸的数值分析研究[D]. 北京：国家海洋环境预报中心.

孙启良，解习农，吴时国，2021. 南海北部海底滑坡的特征、灾害评估和研究展望[J]. 地学前缘，28（02）：258-270.

王立忠, 缪成章, 2008. 慢速滑动泥流对海底管道的作用力研究[J]. 岩土工程学报, 30(7): 982-987.

ADAMS E, SCHLAGER W, 2000. Basic types of submarine slope curvature[J]. Journal of Sedimentary Research, 70 (4): 814-828.

HANCE J, 2003. Submarine Slope Stability[D]. Austin: The University of Texas at Austin.

KVALSTAD T, ANDRESEN L, FORSBERG C, et al., 2005. The Storegga slide: evaluation of triggering sources and slide mechanics[J]. Marine and Petroleum Geology, 22(1-2): 245-256.

LOCAT A, LEROUEIL S, BERNANDER S, et al., 2011. Progressive failures in eastern Canadian and Scandinavian sensitive clays[J]. Canadian Geotechnical Journal, 48(11): 1696-1712.

LOCAT A, LOCAT P, DEMERS D, et al., 2017. The Saint-Jude landslide of 10 May 2010, Quebec, Canada: investigation and characterization of the landslide and its failure mechanism[J]. Canadian Geotechnical Journal, 54 (10): 1357-1374.

PALMER A C, RICE J, 1973. The growth of slip surfaces in the progressive failure of over-consolidated clay[J]. Proceedings of the Royal Society A: Mathematical and Physical Sciences, 332(1591): 527-548.

PUZRIN A, GERMANOVICH L, 2005. The growth of shear bands in the catastrophic failure of soils[J]. Proceedings of the Royal Society A: Mathematical, Physical and Engineering Sciences, 461(2056): 1199-1228.

PUZRIN A, GERMANOVICH L, KIM S, 2004. Catastrophic failure of submerged slopes in normally consolidated sediments[J]. Géotechnique, 54(10): 631-643.

PUZRIN A, GRAY T, HILL A, 2017. Retrogressive shear band propagation and spreading failure criteria for submarine landslides[J]. Géotechnique, 67(2): 1-11.

QUINN P, DIEDERICHS M, ROWE R, et al., 2011. A new model for large landslides in sensitive clay using a fracture mechanics approach[J]. Canadian Geotechnical Journal, 48(8): 1151-1162.

SHEN J, CHEN Q, WANG L, et al., 2023. Numerical investigations of the failure mechanism of spreading landslides [J]. Canadian Geotechnical Journal, e-First (in print).

STOECKLIN A, TRAPPER P, PUZRIN A M, 2021. Controlling factors for post-failure evolution of subaqueous landslides[J]. Géotechnique, 71(10): 879-892.

YUAN F, WANG L, GUO Z, et al., 2012a. A refined analytical model for landslide or debris flow impact on pipelines-Part I: surface pipelines[J]. Applied Ocean Research, 35: 95-104.

YUAN F, WANG L, GUO Z, et al., 2012b. A refined analytical model for landslide or debris flow impact on pipelines-Part II: embedded pipelines[J]. Applied Ocean Research, 35: 105-114.

ZHANG W, WANG D, RANDOLPH M, et al., 2015. Catastrophic failure in planar landslides with a fully softened weak zone[J]. Géotechnique, 65(9): 755-769.

ZHANG W, WANG D, RANDOLPH M, et al., 2017. From progressive to catastrophic failure in submarine landslides with curvilinear slope geometries[J]. Géotechnique, 67(12): 1104-1119.

ZHANG W, RANDOLPH M, PUZRIN A, et al., 2019. Criteria for planar shear band propagation in submarine landslides along weak layers[J]. Landslides, 17(4): 855-876.

ZHANG X, WANG L, KRABBENHOFT K, et al., 2020. A case study and implication: particle finite element modelling of the 2010 Saint-Jude sensitive clay landslide[J]. Landslides, 17(5): 1117-1127.